中国国家标准汇编

2007年修订-21

中国标准出版社　编

中国标准出版社

北京

图书在版编目（CIP）数据

中国国家标准汇编：2007年修订．21/中国标准出版社编．—北京：中国标准出版社，2008

ISBN 978-7-5066-4995-7

Ⅰ．中…　Ⅱ．中…　Ⅲ．国家标准-汇编-中国-2007　Ⅳ．T-652．1

中国版本图书馆 CIP 数据核字（2008）第 101056 号

中国标准出版社出版发行
北京复兴门外三里河北街 16 号
邮政编码：100045
网址 www.spc.net.cn
电话：68523946　68517548
中国标准出版社秦皇岛印刷厂印刷
各地新华书店经销
*
开本 880×1230 1/16　印张 42　字数 1 257 千字
2008 年 7 月第一版　2008 年 7 月第一次印刷
*
定价 200.00 元

ISBN 978-7-5066-4995-7

出 版 说 明

1.《中国国家标准汇编》是一部大型综合性国家标准全集，自1983年起，按国家标准顺序号以精装本、平装本两种装帧形式陆续分册汇编出版。《汇编》在一定程度上反映了我国建国以来标准化事业发展的基本情况和主要成就，是各级标准化管理机构，工矿企事业单位，农林牧副渔系统，科研、设计、教学等部门必不可少的工具书。

2. 由于标准的动态性，每年有相当数量的国家标准被修订，这些国家标准的修订信息无法在已出版的《汇编》中得到反映。为此，自1995年起，新增出版在上一年度被修订的国家标准的汇编本。

3. 修订的国家标准汇编本的正书名、版本形式、装帧形式与《中国国家标准汇编》相同，视篇幅分设若干册，但不占总的分册号，仅在封面和书脊上注明"2006年修订-1,-2,-3,……"等字样，作为对《中国国家标准汇编》的补充。读者配套购买则可收齐前一年新制定和修订的全部国家标准。

4. 修订的国家标准汇编本的各分册中的标准，仍按顺序号由小到大排列(不连续)；如有遗漏的，均在当年最后一分册中补齐。

5. 2007年制修订国家标准1 410项，全部收入在《中国国家标准汇编》第352～367分册和2007年修订-1～修订-23分册中。本分册为"2007年修订-21"，收入新制修订的国家标准44项。

中国标准出版社

2008年6月

目　录

ICS 17.040.30
J 42

GB

中华人民共和国国家标准

GB/T 18761—2007
代替 GB/T 18761—2002

电子数显指示表

Dial indicator with electronic digital display

2007-04-30 发布 2007-10-01 实施

中华人民共和国国家质量监督检验检疫总局
中国国家标准化管理委员会 发布

前言

本标准代替 GB/T 18761—2002《电子数显指示表》。

本标准与 GB/T 18761—2002 的主要差异如下：

——扩展了电子数显指示表的规格品种(2002 版的第 1 章；本版的第 1 章)；

——删除了“电子数显指示表”术语，增加了“浮动零位”术语(2002 版的 3.1；本版的 3.3)；

——用“重复性”术语代替“示值变动性”术语(2002 版的 5.11、7.11；本版的 5.11、8.9)；

——增加了带模拟指示的和可旋转显示屏的电子数显指示表的型式(2002 版的图 1；本版的图 2、5.2.2)；

——增加了对电子数显指示表通讯接口的要求(本版的 5.4)；

——增加了对电子数显指示表防护等级的要求(本版的 5.5)；

——增加了对电子数显指示表抗静电能力和电磁干扰能力的要求(本版的 5.6)；

——增加了对测量头的硬度的要求，并对其表面粗糙度提出了量化指标(2002 版的 5.5.2；本版的 5.7.2)；

——修改了响应速度的要求(2002 版的 5.8；本版的 5.9)；

——修改了测量力和测量力落差的要求，增加了测量力变化的要求(2002 版的 5.12；本版的 5.10)；

——用“允许误差”术语代替“示值误差”术语对电子数显指示表的精确度指标做出规定，并对允许误差的要求进行了修改(2002 版的 5.10、5.11；本版的 5.11)；

——增加了检查条件(本版的第 7 章)；

——将“检验方法”改称“检查方法”，以使得在术语上更明确统一。对具体检查项目的检查方法叙述上作了改动，修改了示值检定点的布点(2002 版的第 7 章、7.9；本版的第 8 章、8.7)。

本标准由中国机械工业联合会提出。

本标准由全国量具量仪标准化技术委员会(SAC/TC 132)归口。

本标准负责起草单位：桂林量具刃具厂。

本标准参加起草单位：威海市量具厂有限公司、成都成量工具有限公司、哈尔滨量具刃具集团有限责任公司、上海量具刃具厂和桂林广陆数字测控股份有限公司。

本标准主要起草人：李小军、赵伟荣、车兆平、李荣农、张伟、田世国、周国明、李海平。

本标准所代替标准的历次版本发布情况为：

——GB/T 18761—2002。

电子数显指示表

1 范围

本标准规定了电子数显指示表的术语和定义、型式与基本参数、技术要求、试验方法、检查条件、检查方法、标志与包装等。

本标准适用于分辨力为0.01 mm、测量范围上限为100 mm，分辨力为0.005 mm、测量范围上限为50 mm，分辨力为0.001 mm、测量范围上限为30 mm的电子数显指示表。

2 规范性引用文件

下列文件中的条款通过本标准的引用而成为本标准的条款。凡是注日期的引用文件，其随后所有的修改单(不包括勘误的内容)或修订版均不适用于本标准，然而，鼓励根据本标准达成协议的各方研究是否可使用这些文件的最新版本。凡是不注日期的引用文件，其最新版本适用于本标准。

GB/T 2423.3—1993 电工电子产品基本环境试验规程 试验Ca：恒定湿热试验方法(eqv IEC 60068-2-3：1984)

GB/T 2423.22—2002 电工电子产品环境试验 第2部分：试验方法 试验N：温度变化(IEC 60068-2-14：1984，Basic environmental testing procedures Part 2：Tests—Test N：Change of temperature，IDT)

GB 4208—1993 外壳防护等级(IP代码)(eqv IEC 529：1989)

GB/T 17163 几何量测量器具术语 基本术语

GB/T 17164 几何量测量器具术语 产品术语

GB/T 17626.2—1998 电磁兼容 试验和测量技术 静电放电抗扰度试验(idt IEC 61000-4-2：1995)

GB/T 17626.3—1998 电磁兼容 试验和测量技术 射频电磁场辐射抗扰度试验(idt IEC 61000-4-3：1995)

3 术语和定义

GB/T 17163、GB/T 17164中确立的以及下列术语和定义适用于本标准。

3.1

自由位置 free place

电子数显指示表测杆处于自由状态时的位置。

3.2

行程 travel

电子数显指示表测杆移动范围上限值和下限值之差。

3.3

浮动零位 floating zero

电子数显指示表在测量范围内任意位置设定零位。

3.4

响应速度 response speed

电子数显指示表能正常显示数值时测量杆的最大移动速度。

3.5

最大允许误差(MPE)　maximum permissible error

由技术规范、规则等对电子数显指示表规定的误差极限值。

4　型式与基本参数

4.1　电子数显指示表的型式见图1、图2所示。图示仅供图解说明,不表示详细结构。

4.2　电子数显指示表的配合尺寸应符合图1、图2的规定。

单位为毫米

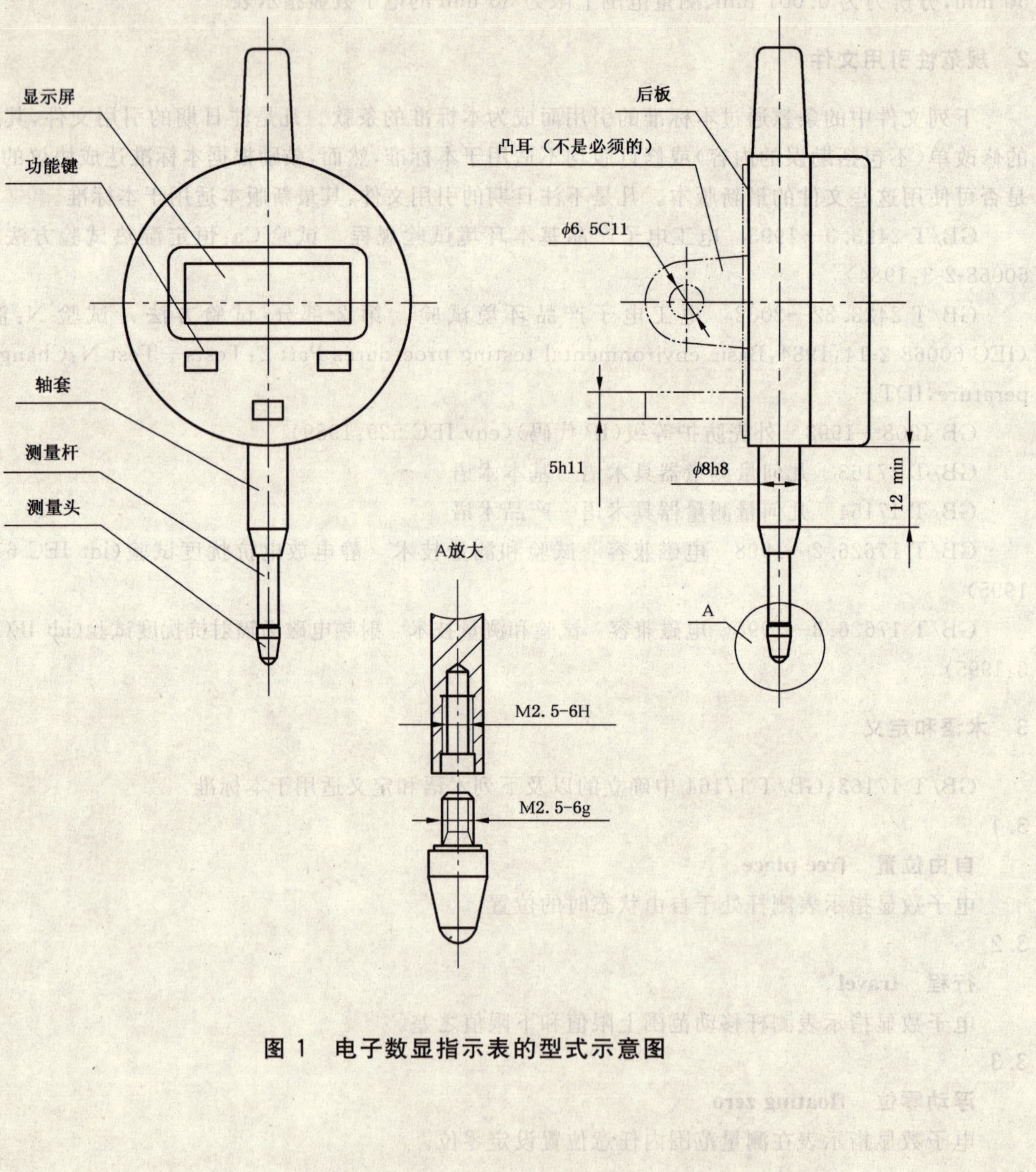

图1　电子数显指示表的型式示意图

单位为毫米

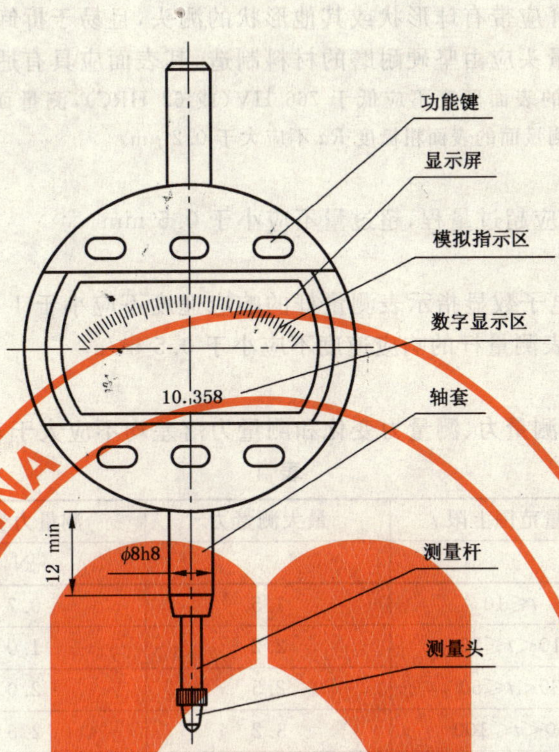

图 2　（带模拟指示的）电子数显指示表的型式示意图

5　要求

5.1　外观

5.1.1　电子数显指示表不应有影响使用性能的外部缺陷。

5.1.2　显示屏应透明、清洁、无划痕、气泡等影响读数的缺陷。

5.2　相互作用

5.2.1　电子数显指示表在正常使用状态下，测杆和指针的运动应平稳、灵活，无卡滞现象。

5.2.2　电子数显指示表的显示屏可固定一个方位，也可任意角度旋转，并应保证其在转到所需位置停下后能可靠保持所调整的位置，且显示正常、无闪跳现象。

5.3　电子显示器性能

5.3.1　数字及模拟指示等显示应清晰，完整、无闪跳现象，字高不宜小于 4.5 mm。

5.3.2　各功能键应灵敏、可靠，标注符号或图文应清晰且含义准确、易懂。

5.3.3　电子数显指示表测量杆在任意位置时，其显示数值的漂移不应大于 1 个分辨力值。

5.3.4　电子数显指示表的工作电流不宜大于 40 μA。

5.3.5　电子数显指示表应能在环境温度为 0℃～40℃，相对湿度不大于 80％的条件下正常工作。

5.4　通讯接口

5.4.1　制造商应能够提供电子数显指示表与其他设备之间的通讯电缆和通讯软件。

5.4.2　通讯电缆应能将电子数显指示表的输出数据转换为 RS-232 或 USB 的输出接口型式。

5.5　防护等级(IP)

电子数显指示表应具有防尘、防水能力，其防护等级不应低于 IP40(见 GB 4208—1993)。

5.6　抗静电干扰能力和电磁干扰能力

电子数显指示表的抗静电干扰能力和电磁干扰能力均不应低于 1 级(见 GB/T 17626.2—1998、GB/T 17626.3—1998)。

5.7 测量头

5.7.1 电子数显指示表测杆应带有球形状或其他形状的测头，且易于拆卸。

5.7.2 电子数显指示表测量头应由坚硬耐磨的材料制造，其表面应具有适当的表面粗糙度。

注：一般情况下，钢制测头的表面硬度不应低于 766 HV（或 62 HRC），测量面的表面粗糙度 *Ra* 值不应大于 0.1 μm；硬质合金测头测量面的表面粗糙度 *Ra* 不应大于 0.2 μm。

5.8 行程

电子数显指示表的行程应超过量程，超过量不应小于 0.5 mm。

5.9 响应速度

分辨力为 0.01 mm 的电子数显指示表测量杆的响应速度不应小于 1 m/s；分辨力为 0.005 mm 和 0.001 mm 的电子数显指示表测量杆的响应速度不应小于 0.5 m/s。

5.10 测量力

电子数显指示表的最大测量力、测量力变化和测量力落差均不应大于表 1 的规定。

表 1

<table>
<tr><th>分辨力</th><th>测量范围上限 t</th><th>最大测量力</th><th>测量力变化</th><th>测量力落差</th></tr>
<tr><th colspan="2">mm</th><th colspan="3">N</th></tr>
<tr><td rowspan="4">0.01、0.005</td><td>t≤10</td><td>1.5</td><td>0.7</td><td>0.6</td></tr>
<tr><td>10<t≤30</td><td>2.2</td><td>1.0</td><td>1.0</td></tr>
<tr><td>30<t≤50</td><td>2.5</td><td>2.0</td><td>1.5</td></tr>
<tr><td>50<t≤100</td><td>3.2</td><td>2.5</td><td>2.2</td></tr>
<tr><td rowspan="4">0.001</td><td>t≤1</td><td rowspan="3">1.5</td><td>0.4</td><td rowspan="2">0.4</td></tr>
<tr><td>1<t≤3</td><td rowspan="2">0.5</td></tr>
<tr><td>3<t≤10</td><td>0.5</td></tr>
<tr><td>10<t≤30</td><td>2.2</td><td>0.8</td><td>1.0</td></tr>
</table>

5.11 允许误差

电子数显指示表的测量头在任意方位时（不包括测量头向上及斜向上），电子数显指示表的最大允许误差、回程误差、重复性均不应超过表 2 的规定。

表 2

单位为毫米

<table>
<tr><th rowspan="2">分辨力</th><th rowspan="2">测量范围上限 t</th><th colspan="5">最大允许误差[a]</th><th rowspan="2">回程误差</th><th rowspan="2">重复性</th></tr>
<tr><th>任意 0.02</th><th>任意 0.2</th><th>任意 1.0</th><th>任意 2.0</th><th>全量程</th></tr>
<tr><td rowspan="4">0.01</td><td>t≤10</td><td rowspan="4">—</td><td rowspan="4">±0.010</td><td>—</td><td rowspan="2"></td><td rowspan="2">±0.020</td><td rowspan="4">0.010</td><td rowspan="4">0.010</td></tr>
<tr><td>10<t≤30</td><td>±0.020</td></tr>
<tr><td>30<t≤50</td><td rowspan="2">—</td><td rowspan="2">±0.020</td><td rowspan="2">±0.030</td></tr>
<tr><td>50<t≤100</td></tr>
<tr><td rowspan="3">0.005</td><td>t≤10</td><td rowspan="3">—</td><td rowspan="3">±0.010</td><td>—</td><td rowspan="2">—</td><td rowspan="2">±0.015</td><td rowspan="3">0.005</td><td rowspan="3">0.005</td></tr>
<tr><td>10<t≤30</td><td>±0.010</td></tr>
<tr><td>30<t≤50</td><td>—</td><td>±0.015</td><td>±0.020</td></tr>
<tr><td rowspan="4">0.001</td><td>t≤1</td><td rowspan="4">±0.002</td><td>—</td><td rowspan="2">—</td><td rowspan="4">—</td><td>±0.003</td><td>0.001</td><td>0.001</td></tr>
<tr><td>1<t≤3</td><td rowspan="3">±0.003</td><td>±0.005</td><td rowspan="2">0.002</td><td rowspan="2">0.002</td></tr>
<tr><td>3<t≤10</td><td>±0.004</td><td>±0.007</td></tr>
<tr><td>10<t≤30</td><td>±0.005</td><td>±0.010</td><td>0.003</td><td>0.003</td></tr>
</table>

表 2(续)

单位为毫米

分辨力	测量范围 上限 t	最大允许误差[a]					回程误差	重复性
		任意 0.02	任意 0.2	任意 1.0	任意 2.0	全量程		
注：任意测量段最大允许误差是指：相应的各个连续测量段内的示值误差取最大值的极限值。如：任意 0.2 mm 的最大示值误差是指：0 mm～0.2 mm，0.2 mm～0.4 mm，……9.8 mm～10 mm 等一系列 0.2 mm 测量段内的示值误差中的最大值。								
a 采用浮动零位原则判定示值误差时，示值误差的带宽不应超过最大允许误差允许值“±”后面所对应的规定值。								

6 试验方法

6.1 温度变化试验

电子数显指示表的温度变化试验应符合 GB/T 2423.22—2002 的规定。

6.2 湿热试验

电子数显指示表的湿热试验应符合 GB/T 2423.3—1993 的规定。

6.3 防尘、防水试验

电子数显指示表的防尘、防水试验应符合 GB 4208—1993 的规定。

6.4 抗静电干扰试验

电子数显指示表的抗静电干扰试验应符合 GB/T 17626.2—1998 的规定。

6.5 抗电磁干扰试验

电子数显指示表的抗电磁干扰试验应符合 GB/T 17626.3—1998 的规定。

7 检查条件

电子数显指示表检查时，室内温度应为 20℃±5℃，相对湿度不应大于 80%。

8 检查方法

将电子数显指示表可靠地紧固在不受其本身自重和测量力影响的检查装置上，下列检查方法不表示唯一的检查方法，但却表述着某种检查方法的检查指导性原则。

8.1 外观

目力观察。

8.2 相互作用

目测观察和手感检查。

8.3 电子显示器性能

8.3.1 数字及模拟指示的显示情况、各功能键的可靠性检查可采用试验的方法确定。

8.3.2 漂移采用试验方法进行检查，推动测量杆并使其停止在任意位置上，观察显示数值在 1 h 内的变化。

8.3.3 工作电流用万用表或专用芯片检测仪进行检测。

8.4 测量头

测量头的表面粗糙度可采用表面粗糙度比较样块目测比较。

8.5 行程

推动测量杆，观察显示数值。

8.6 响应速度

用手动速度模拟，推动测量杆观察显示数值是否正常。

8.7 示值误差

8.7.1 将电子数显指示表可靠地紧固在不受其自重和测量力影响的检验装置上，使测量杆处于水平或垂直向下方位，且与检具或检测仪器的基准位移的送进方向成一条直线。压缩测量杆 0.2 mm 左右并置零后开始检查。在测量杆正、反行程方向上(见图 3)，以适当的间隔进行测量读数直至全量程。根据一系列测得值绘制误差曲线，根据浮动零位原则在测量杆正行程曲线上确定最大示值误差(见图 4)。若发生争议，则根据传感器的结构类型推荐检定点及其布点原则，见表 3。

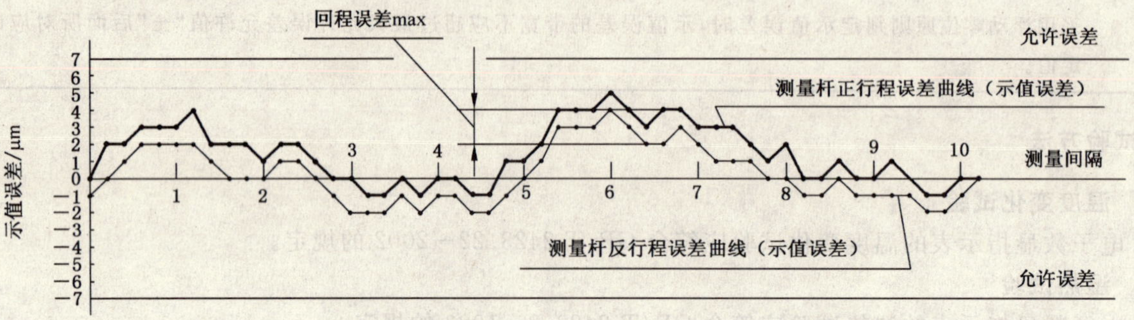

图 3 已设定零位的示值误差(曲线)示意图

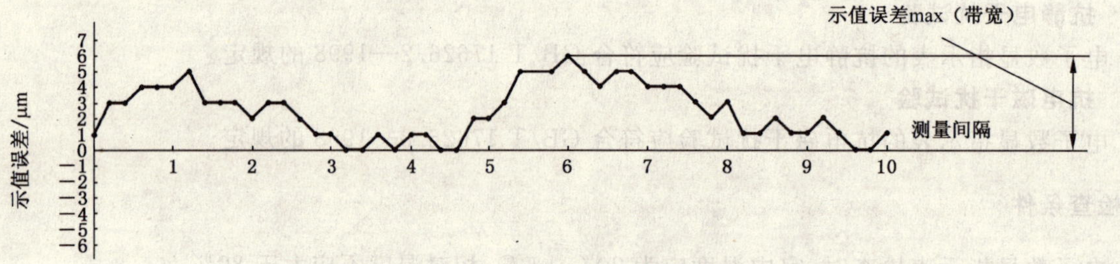

图 4 相对于浮动零位的示值误差(测量杆正行程曲线)示意图

表 3

单位为毫米

分辨力	测量范围上限 t	检查点的设定原则
0.01	$t \leqslant 10$	1) 以每隔 0.2 mm 间隔检一点； 2) 连续至全量程
	$10 < t \leqslant 30$	1) 在 0 mm～10 mm 测量段以每隔 0.2 mm 间隔检一点； 2) 在 10 mm～30 mm 测量段以每隔 1 mm 间隔检一点； 3) 连续至全量程
	$30 < t \leqslant 50$ $50 < t \leqslant 100$	1) 在 0 mm～10 mm 测量段以每隔 0.2 mm 间隔检一点； 2) 在 10 mm～100 mm 测量段以每隔 2 mm 间隔检一点； 3) 连续至全量程
0.005	$t \leqslant 10$	1) 以每隔 0.2 mm 间隔检一点； 2) 连续至全量程
	$10 < t \leqslant 30$	1) 在 0 mm～10 mm 测量段以每隔 0.2 mm 间隔检一点； 2) 在 10 mm～30 mm 测量段以每隔 1 mm 间隔检一点； 3) 连续至全量程
	$30 < t \leqslant 50$	1) 在 0 mm～10 mm 测量段以每隔 0.2 mm 间隔检一点； 2) 在 10 mm～50 mm 测量段以每隔 2 mm 间隔检一点； 3) 连续至全量程

表 3(续)

单位为毫米

分辨力	测量范围上限 t	检查点的设定原则
0.001	$t \leqslant 1$	1) 以每隔 0.02 mm 间隔检一点; 2) 连续至全量程
	$1 < t \leqslant 3$	1) 在 0 mm～1 mm 测量段以每隔 0.02 mm 间隔检一点; 2) 在 1 mm～3 mm 测量段以每隔 0.05 mm 间隔检一点; 3) 连续至全量程
	$3 < t \leqslant 10$	1) 在 0 mm～1 mm 测量段以每隔 0.02 mm 间隔检一点; 2) 在 1 mm～3 mm 测量段以每隔 0.05 mm 间隔检一点; 3) 在 3 mm～10 mm 测量段以每隔 0.5 mm 间隔检一点; 4) 连续至全量程
	$10 < t \leqslant 30$	1) 在 0 mm～1 mm 测量段以每隔 0.02 mm 间隔检一点; 2) 在 1 mm～3 mm 测量段以每隔 0.1 mm 间隔检一点; 3) 在 3 mm～30 mm 测量段以每隔 1 mm 间隔检一点; 4) 连续至全量程

注 1:设点原则为:在容栅传感器的一个栅距内密布 25～50 个检查点,在全量程内均布适当检查点数以反应主栅刻划误差。

注 2:表中推荐的检查点是以直移式容栅传感器数显指示表为例。

注 3:分辨力为 0.01 mm 的传感器常用栅距为:5.08 mm、2.54 mm;
分辨力为 0.005 mm 的传感器常用栅距为:2.54 mm、1.016 mm;
分辨力为 0.001 mm 的传感器常用栅距为:1.016 mm。

8.7.2 用自动检查仪检查时,检定点的布置可采取先检查主栅刻划误差(即:在全量程内均布适当检查点数),根据一系列测得值绘制示值误差曲线,然后在正行程上示值误差曲线的最高点和最低点处的两侧各 1/2 容栅传感器栅距的范围内,密布 25～50 个检查点进行检查,并绘制其局部误差曲线,在局部误差曲线上找出新的最高点和最低点,根据浮动零位原则在测量杆正行程曲线上确定最大示值误差。检定点的分布间隔见表 3。

8.8 回程误差

在示值误差检查完成后所得的误差曲线上,同一受检点正、反行程曲线上的示值误差之差,即为该点的回程误差;取各受检点回程误差中的最大值为受检电子数显指示表的回程误差。

8.9 重复性

在相同的条件下,在测量量程内的起点、中间点和终点三个位置附近,用同一被测量以逐渐地或突然地产生的小位移进行多次(不少于 5 次)重复测量读数,取其同一点的最大示值与最小示值之差即为该点的重复性。取三点(起点,中间点,终点)重复性的最大值作为电子数显指示表的重复性。

注:此处重复性检查结果的数据处理,不采用分散性表述,仅取示值变化的特性表述。

8.10 测量力及测量力变化

用分度值不大于 0.1 N 的测力仪检定,将电子数显指示表测量头向下可靠地紧固在测力仪(计)上,在测量杆正行程内的起点、中间点、终点三个位置附近进行检查,取三点(起点,中间点,终点)中的测量力最大值作为电子数显指示表的测量力。取三个测量力值中的最大值与最小值之差为测量力变化。

8.11 测量力落差

在测量范围内的同一点上,测量杆的正、反行程中测量力之差即为该点的测力落差。取测杆全行程内三点(起点,中间点,终点)的测量力落差的最大值作为电子数显指示表的测量力落差。

9 标志与包装

9.1 电子数显指示表上至少应标志:

a) 制造厂厂名或注册商标;

b) 分辨力;

c) 产品序号。

9.2 电子数显指示表包装盒上至少应标志:

a) 制造厂厂名或注册商标;

b) 产品名称;

c) 分辨力及测量范围。

9.3 电子数显指示表在包装前应经防锈处理并妥善包装,不得因包装不善而在运输过程中损坏产品。

9.4 电子数显指示表经检验符合本标准要求的应附有产品合格证,产品合格证上应标有本标准的标准号、产品序号和出厂日期。

ICS 29.240.10
K 30

中华人民共和国国家标准

GB/T 18802.311—2007/IEC 61643-311:2001

低压电涌保护器元件 第311部分:气体放电管(GDT)规范

Components for low-voltage surge protective devices—Part 311:Specification for gas discharge tubes (GDT)

(IEC 61643-311:2001,IDT)

2007-01-30 发布

2007-09-01 实施

中华人民共和国国家质量监督检验检疫总局
中国国家标准化管理委员会 发布

前　言

GB/T 18802 的结构及名称预计如下：

——低压配电系统的电涌保护器(SPD)　第 1 部分：性能要求和试验方法(GB 18802.1—2002，IEC 61643-1:1998，IDT)；

——低压配电系统的电涌保护器(SPD)　第 12 部分：选择和使用导则；

——低压电涌保护器　第 21 部分：电信和信号网络的电涌保护器(SPD)　性能要求和试验方法(GB/T 18802.21—2004，IEC 61643-21:2000，IDT)；

——低压电涌保护器　第 22 部分：电信和信号网络用低压电涌保护器(SPD)　选择和使用导则；

——低压电涌保护器元件　第 311 部分：气体放电管(GDT)规范；

——低压电涌保护器元件　第 321 部分：雪崩击穿二极管(ABD)规范；

——低压电涌保护器元件　第 331 部分：压敏电阻(MOV)规范；

——低压电涌保护器元件　第 341 部分：电涌抑制晶闸管(TSS)规范。

本部分等同采用 IEC 61643-311:2001《低压电涌保护器元件　第 311 部分：气体放电管(GDT)规范》(英文版)，在编制格式上按 GB/T 1.1—2000。

本部分由中国电器工业协会提出。

本部分由全国避雷器标准化技术委员会归口。

本部分负责起草单位：西安电瓷研究所。

本部分参与起草单位：四川省中光高科产业发展集团、上海西岱尔电子有限公司、镇江市电子管厂、瑞侃电子(上海)有限公司、宁波能士通信设备有限公司、君耀电子。

本部分主要起草人：王新霞。

低压电涌保护器元件
第311部分:气体放电管(GDT)规范

1 范围

气体放电管(GDT)用于交流不超过1 000 V或直流不超过1 500 V的通信或信号电路中,其定义为由密封于非空气放电介质中的单间隙或多间隙组成的器件,用于保护电器和人身免受瞬态过电压的危害。本部分既不是对完整电涌保护器技术规范的要求,也不是对在电子设备中使用的GDT技术规范的全部要求。其中关于GDT性能和电涌保护器耐受能力的精确配合是极其苛刻的。

GB/T 18802的本部分:

——针对二极或三极GDT;

——不涉及安装及其对GDT性能的影响,给出的性能仅适用于按试验要求安装好的GDT;

——不涉及机械尺寸;

——不涉及质量保证要求;

——对于在高频或者多通道系统上使用的GDT来说可能还不够充分;

——不涉及静电电压;

——不涉及为了限制电力系统中续流而与压敏电阻串联的GDT;

——不涉及混合或者组合的GDT器件。

2 规范性引用文件

下列文件中的条款通过GB/T 18802的本部分的引用而成为本部分的条款。凡是注日期的引用文件,其随后所有的修改单(不包括勘误的内容)或修订版均不适用于本部分,然而,鼓励根据本部分达成协议的各方研究是否可使用这些文件的最新版本。凡是不注日期的引用文件,其最新版本适用于本部分。

GB/T 2423.1—2001 电工电子产品环境试验 第2部分:试验方法 试验A:低温(idt IEC 60068-2-1:1990)

GB/T 2423.28—2005 电工电子产品环境试验 第2部分:试验方法 试验T:锡焊(IEC 60068-2-20:1979, IDT)

GB/T 17626.5—1999 电磁兼容 试验和测量技术 浪涌(冲击)抗扰度试验 (idt IEC 61000-4-5:1995)

GB/T 17627.1—1998 低压电气设备的高电压试验技术 第1部分:定义和试验要求(eqv IEC 61180-1:1992)

IEC 60068-2-21:1999 环境试验 第2-21部分:试验 试验U:引出端及整体安装件牢固性

ITU-T 推荐 K.20:2000 安装在电信中心的电信设备对过电压和过电流的耐受能力

3 定义和符号

3.1 定义

下列术语和定义适用于本部分。

3.1.1

弧光电流 arc current

火花放电后,回路阻抗上允许流过的电流,该值大于辉光至弧光转变电流。

3.1.2

弧光电压　arc voltage

弧光模式电压　arc mode voltage

弧光电流流过 GDT 时的电压降。

3.1.3

弧光至辉光转变电流　arc-to-glow transition current

GDT 从弧光模式转变到辉光模式所需要的电流。

3.1.4

电流遮断时间　current turn-off time

GDT 从导通到不导通状态所需的一段时间，仅适用于在规定回路条件下，GDT 承受规定持续直流电压的场合。

3.1.5

直流击穿电压　d.c. breakdown voltage

施加缓慢升高的直流电压时，GDT 从高阻抗状态转变为导通状态时刻的电压。

3.1.6

直流保持状态　d.c. holdover

在线路上有直流电压时，保持状态是指 GDT 经受能使其击穿的足够大的冲击后，仍能保持导通的状态。影响从导通状态恢复至高阻抗状态所需时间的因素包括直流电压和直流电流。

3.1.7

直流保持电压　d.c. holdover voltage

在规定的回路条件下，电涌通过后，预计可清除并重回至高阻抗状态时 GDT 两端的最大直流电压。

3.1.8

直流火花放电电压　d.c. sparkover voltage

施加缓慢升高的直流电压时，GDT 火花放电时的电压。

3.1.9

GDT 放电电流　GDT discharge current

产生火花放电后流过 GDT 的电流。

注：如果通过 GDT 的电流是交流，则为有效值；如果通过 GDT 的电流是冲击电流，则为峰值。

3.1.10

放电电压　discharge voltage

GDT 流过放电电流时，在其端子间出现的电压峰值。

3.1.11

放电电压电流特性　discharge voltage current characteristic

GDT 放电电压峰值随放电电流变化的特性。

3.1.12

气体放电管　gas discharge tube

由密封在不同于大气压下空气的放电介质中的单间隙或多间隙组成的器件，用于保护电器和人身免受瞬态过电压的危害。

3.1.13

辉光电流　glow current

辉光模式电流　glow mode current

击穿后，回路阻抗将续流限制到小于辉光至弧光转变电流时的电流。

3.1.14

辉光至弧光转变电流　glow-to-arc transition current

GDT 从辉光模式转变为弧光模式时所需要的电流。

3.1.15

辉光电压　glow voltage

辉光模式电压　glow mode voltage

GDT 流过辉光电流时的电压降峰值。

3.1.16

冲击火花放电电压　impulse sparkover voltage

施加规定上升率和极性的冲击电压，在放电电流流过 GDT 之前，其两端子间的电压最大值。

3.1.17

冲击波形　impulse waveform

依据 GB/T 17627.1—1998，冲击波形定义为以 X/Y 来表示，其中 $X(\mu s)$ 为波形的上升时间，$Y(\mu s)$ 为衰减到半峰值的时间。

3.1.18

标称交流放电电流　nominal alternating discharge current

规定 GDT 能耐受一定时间的交流电流，其频率在 15 Hz～62 Hz 之间。

3.1.19

标称直流火花放电电压　nominal d.c. sparkover voltage

对于一种规定型号的 GDT 产品，制造厂规定的直流火花放电电压值。

3.1.20

标称冲击放电电流　nominal impulse discharge current

给定波形的冲击电流峰值，为 GDT 的额定值。

3.1.21

火花放电　sparkover

击穿　breakdown

间隙的电阻值由高阻抗到一个相对较低的数值的突变。

3.1.22

横向电压　transverse voltage

对于三极 GDT，连接在主回路上的两根导体的间隙 A 端子与 B 端子之间（见图 2）通过放电电流时，该两间隙之间的放电电压的差值。

3.1.23

转变时间　transition time

间隙开始导通后，导通间隙的电压由初始值降为弧光或辉光所需的时间。

3.2　符号

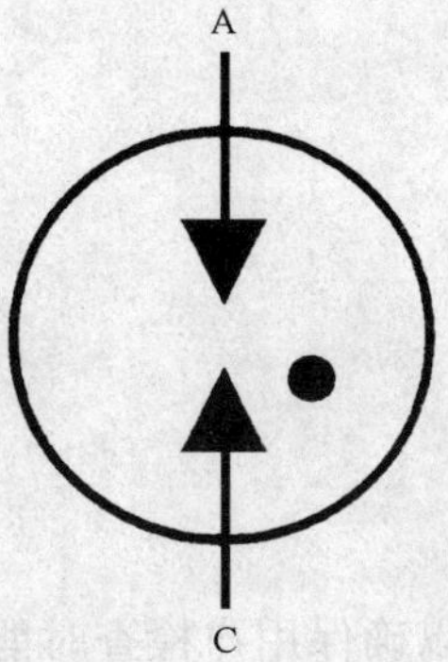

图 1　二极 GDT 的符号

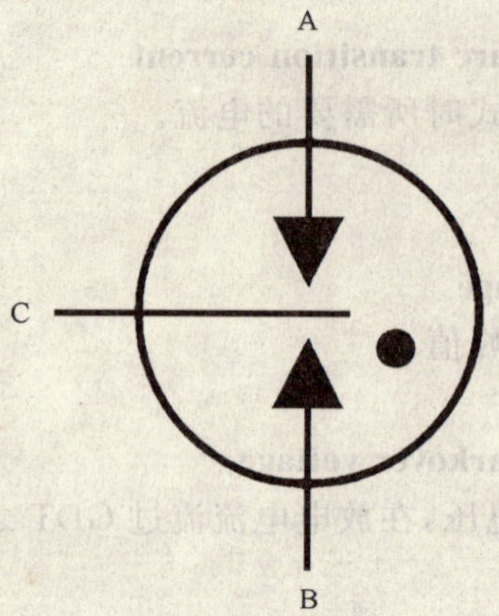

图 2 三极 GDT 的符号

4 运行条件

4.1 端子的牢固性

如果需要，用户应依据 IEC 60068-2-21:1999 进行合适的试验。

4.2 可焊接性

端子的焊接应符合 GB 2423.28—2005，Ta 试验，方法 1 的要求。

4.3 低温

GDT 应能够承受 GB/T 2423.1 中持续 2 h 的 Aa −40℃ 试验，且没有任何损坏。在 −40℃ 时，GDT 应能满足本部分表 1 规定的直流和冲击火花放电的要求。

4.4 存放条件

GDT 在储存期间应能耐受下列条件而无损坏：

a) 温度：−40℃～+40℃；

b) 相对湿度：30%～90%。

4.5 工作条件

温度：−40℃～+70℃。

4.6 辐射

用放射性物质所产生的辐射来预游离 GDT 应控制在制造商和用户所在国家发布的关于防护辐射侵害的法规允许的范围内。此条款对单个 GDT 和批量 GDT 均适用（例如：为了运输、储存而包装在一个厚纸板箱中）。

含放射性的物质的 GDT 的供应商应按照国际原子能机构（IAA）[1][1] 和其他相关的国际要求，应提供关于以下列各项的建议：

a) 每包装单元的最大数字；

b) 每批最大的发货量；

c) 可一起储存的最大量；

d) 任何储存要求；

e) 搬运的预防措施和要求；

f) 废弃处置。

5 标志

GDT 应标有清晰的、永久性的标志，以确保用户检查时能确定下列信息。

1) 方括号指参考文献序号。

a) 制造商或制造商的商标；

b) 生产的年份和用户需要的月份；

c) 所使用的放射性材料的种类；

d) 标称直流火花放电电压；

e) 型号，如果用户需要；

f) 通流容量，如果用户需要。

也可标识其他必要的信息。

6 电气要求

在本部分中，所有的电气要求为最低要求。用户可以规定不同的值。

6.1 初始值

6.1.1 火花放电电压

二极 GDT(图 1)的 A 极和 C 极之间或三极 GDT(图 2)中任何一个线电极(A 或 B)和地电极(C)之间的火花放电电压都必须限制在表 1 规定的范围内。

表 1 直流和冲击火花放电的要求，初始值

100 V/s，A-C 或 A/B-C 的直流火花放电电压优选值 V	火花放电电压，初始值/V		
	100 V/s 到 2 kV/s Min	Max	1 000 V/μs (测量值的 99%)
70	56	84	<750
90/1*	72	108	<900
90/2*	72	108	<500
150	120	180	<600
200/1*	160	240	<900
200/2*	160	240	<450
230/1*	184	276	<700
230/2*	180	300	<900
230/3*	184	276	<450
250	200	300	<700
300	240	360	<1 000
350/1*	280	420	<1 000
350/2*	265	600	<1 000
420	300	500	<1 000
500	400	600	<1 200
600	480	720	<1 400
800	640	960	<1 600
1 000	800	1 200	<2 000
1 400	1 120	1 680	<2 800
1 800	1 440	2 160	<3 600

* 表示 GDT 不同的工艺。

a) 对于三极 GDT，线电极 A-B 之间的火花放电电压不大于两倍的 A-C 或 B-C 之间的火花放电电压，不小于表 1 中第 2 列中的最小直流火花放电电压。

b) 对于无辐射的 GDT，直流火花放电电压的上限值应由制造商和用户共同商定。例如：230 V

的 GDT 的允许误差为－20%～＋30%之间。在任何一种情况下，都应保证冲击火花放电电压在规定的范围内。

6.1.2 绝缘电阻

数值应不小于 100 MΩ。

6.1.3 电容量

数值应不大于 20 pF。

6.1.4 横向电压

对于三极 GDT，最大横向电压应在试验报告中标明；第一个和第二个间隙火花放电的时间间隔不应超过 200 ns。

6.1.5 直流保持电压

依据直流火花放电电压和试验回路参数，电流遮断时间应小于 150 ms。电信应用的实例在表 2 和表 3 中给出，其中表 2 为二极 GDT，表 3 为三极 GDT（试验回路为图 8 和图 9）。

表 2 二极 GDT 在不同直流保持电压试验时试验回路各元件的数值

元件	试验 1	试验 2	试验 3	试验 4[b]
PS_1	52 V	80 V	135 V	135 V
R_3	260 Ω	330 Ω	1 300 Ω	450 Ω
R_2	[a]	150 Ω	150 Ω	150 Ω
C_1	[a]	100 nF	100 nF	100 nF

a 本试验中该元件未采用。

b 推荐为 ISDN 采用。

表 3 三极 GDT 在不同直流保持电压试验时试验回路各元件的参数

元件	试验 1	试验 2	试验 3	试验 4[d]
PS_1	52 V	80 V	135 V	135 V
PS_2	0 V	0 V	52 V	NA
R_3	260 Ω	330 Ω	1 300 Ω	450 Ω
R_2	[a]	150 Ω|272 Ω[b]	150 Ω|272 Ω[b]	150 Ω|272 Ω[b]
C_1	[a]	100 nF|43 nF[b]	100 nF|43 nF[b]	100 nF| 43 nF[b]
R_4[c]	136 Ω	136 Ω	136 Ω	136 Ω
C_2[c]	83 nF	83 nF	83 nF	83 nF

a 本试验中该元件未采用。

b 可选择其中一项。

c 可选择。

d 推荐为 ISDN 采用。

6.1.6 通流容量的要求（见表 4）

6.2 加上负载后的要求

按表 4 试验后，GDT 的火花放电电压（表 5）和绝缘电阻（见 6.2.2）应限制在其规定的范围内。

6.2.1 火花放电电压（见表 5）

6.2.2 绝缘电阻

数值应不小于 10 MΩ。

表 4　通流容量的不同等级

等级	1 s,15 Hz～62 Hz 交流放电电流值 10 次 A	冲击放电电流/kA		n 次冲击寿命试验		
		8/20 μs 10 次[a]	10/350 μs 1 次	试验电流峰值 A	电流波形	
					10/1 000 μs	6/310[b] μs
1	0.05	0.5		1		—
2	0.1	1.0		5		—
3	2.5	2.5	1	50		
4	5	5	2.5	50		
5	10	10	4	100	n=300	n=500
6	20	10	4	100		
7	20	20	4	200		
8	30	10	4	100		
9	40	20	4	200		

细节由制造商和用户共同商讨协定。

[a] 施加次数可以增加,例如 20 次。

[b] 开路电压波形 10/700 μs 按 GB/T 17626.5—1999 和 ITU-T K.20:2000 的规定。

表 5　按表 4 试验后的火花放电电压值

100 V/s A-C 或 A/B-C 的直流火花放电电压优选值 V	试验后的火花放电电压值/V		
	100 V/s Min	100 V/s Max	1 000 V/μs
70	52	88	<900
90/1*	67	113	<1 200
90/2*	65	120	<600
150	110	195	<700
200/1*	150	250	<1 200
200/2*	150	250	<550
230/1*	170	300	<800
230/2*	180	300	<1 200
230/3*	180	300	<550
250	180	325	<800
300	225	375	<1 300
350/1*	260	455	<1 100
350/2*	265	600	<1 000
420	300	550	<1 100
500	400	650	<1 300
600	450	780	<1 500
800	600	1 000	<2 000
1 000	750	1 250	<2 500
1 400	1 050	1 750	<3 500
1 800	1 350	2 250	<4 500

* 表示 GDT 不同的工艺。

6.3 不合格率

被试样品的抽样数量、电气性能等在质量保证要求中规定，本部分不规定。

7 试验方法和试验回路

依据应用要求，应对 GDT 作下列试验。除非另外说明，环境条件如下：

——温度　　15℃～35℃

——相对湿度　　25%～75%

——大气压　　860 hPa(mbar)～1 060 hPa(mbar) 或者 86 kPa～106 kPa

7.1 直流火花放电电压

在没有施加电压时，GDT 应在黑暗中至少放置 24 h，并在这种情况下，用图 3 所示的试验回路进行试验，电压上升率为 100(1±10%)V/s。每种极性下，每个 GDT 的 A 极和 C 极之间的两次测量值都要记录。两次测量的时间间隔应不小于 1 s。

应对三极 GDT 的每对端子分别测量，而另一端子悬空。

所有测量值都应符合表 1 的规定。

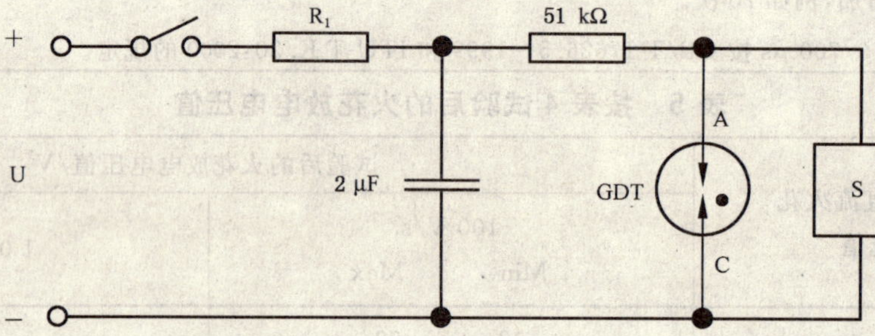

元件：

U——直流电压源。

S——峰值电压表，阻抗大于 10 MΩ 的示波器。

U 和 R_1 的数值调整到 $dU/dt = 100(1\pm 10\%)$V/s。

避免振荡操作。

例如：直流火花放电电压=230 V，U=500 V，R_1=2 MΩ。

依据其他回路参数，电压上升率可以达到 2 kV/s，由制造商和用户共同商定。

图 3　100 V/s 下的直流火花放电电压试验回路

7.2 冲击火花放电电压

在没有施加电压时，GDT 至少应在黑暗中放置 15 min，并在这种情况下，用图 4 所示试验回路进行试验，电压上升率为 1 000(1±20%)V/μs。每种极性下，每个 GDT 的 A 极和 C 极的两次测量值都要记录。

两次测量的时间间隔应不小于 1 s。

应对三极 GDT 的每对端子分别测量，而另一端子悬空。

所有测量值都应符合表 1 的规定。

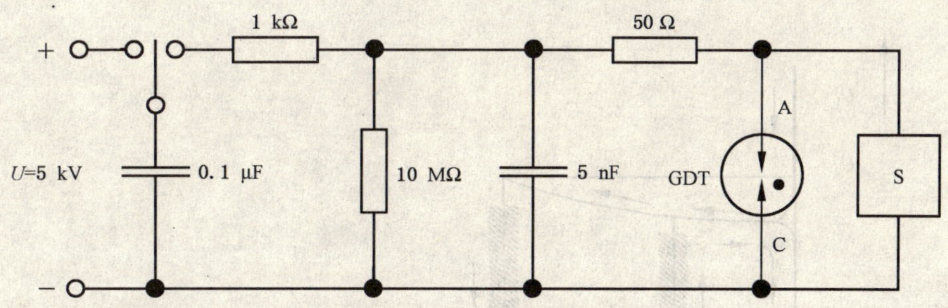

U 和所有的电阻/电容的数值调整到 dU/dt=1 000 V/μs，且是 GDT 直流火花放电电压达 1 000 V 的示例。

元件：

S——峰值电压表、阻抗大于 10 MΩ 的示波器。

图 4　1 000 V/μs 下的冲击火花放电电压回路

7.3　绝缘电阻

在 GDT 的每一端子对其他端子之间测量绝缘电阻。对于标称直流火花放电电压为 90 V 和 150 V 的 GDT，用 50 V 的直流电压试验。当标称直流火花放电电压更高时，采用 100 V 直流电压试验。

所有测量值应满足 6.1.2 的规定。三极 GDT 不测量的端子悬空。

7.4　电容量

电容量仅在 1 MHz 的情况下，在所有端子之间测量。

所有测量值应满足 6.1.3 的要求。三极 GDT 不测量的端子悬空。

7.5　辉光至弧光转变电流，辉光电压，弧光电压

GDT 应放置在图 5 所示的试验回路中。

变压器 Tr 二次侧的电压有效值应至少是标称直流火花放电电压的二倍。放电电流的峰值约为辉光至弧光转变电流的两倍，不超过 2 A。试验最长持续时间为 1 s。

典型 GDT 的电压电流特性如图 6 所示，由图 5 所示试验回路正半个周期产生。

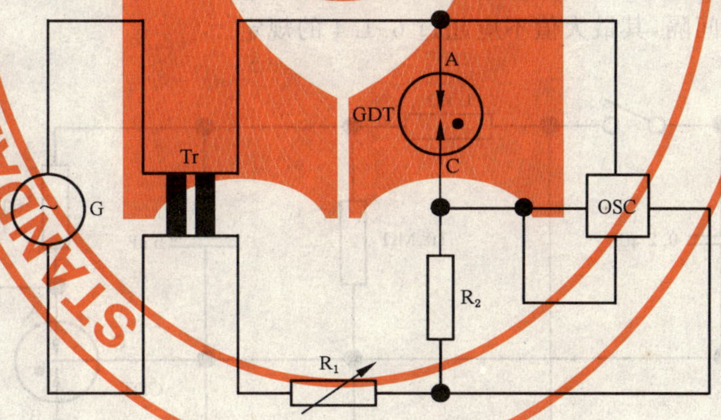

元件：

G——50 Hz 或 60 Hz 电压发生器。

Tr——变压器。

R_1——可调电阻。

R_2——电流取样电阻。

OSC——示波器。

图 5　辉光至弧光转变电流、辉光电压和弧光电压的试验回路

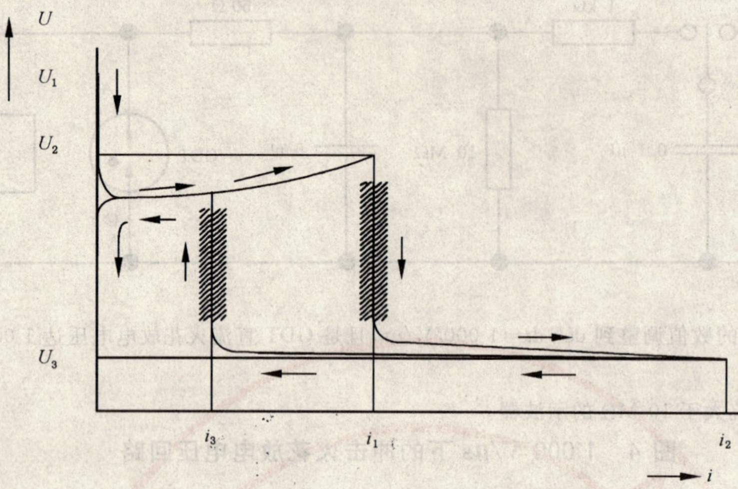

电压-电流特性　　$U=f(i)$（示意图）

元件：

U_1——直流火花放电电压。

U_2——辉光电压。

U_3——弧光电压。

i_1——辉光至弧光转变电流。

i_2——峰值电流。

i_3——弧光至辉光转变电流。

图 6　典型 GDT 的电压-电流特性图，适用于测量辉光至弧光转变电流、辉光电压、弧光电压示例

7.6　横向电压

同时给一个三极 GDT 的两个放电间隙施加冲击波前陡度为 1 000 V/μs 的冲击电压，测量 GDT 的横向电压的幅值和持续时间，按图 7 所示回路进行测量。对两种极性，每次试验应测得第一个间隙和第二个间隙火花放电时间间隔，其最大值不应超过 6.1.4 的规定。

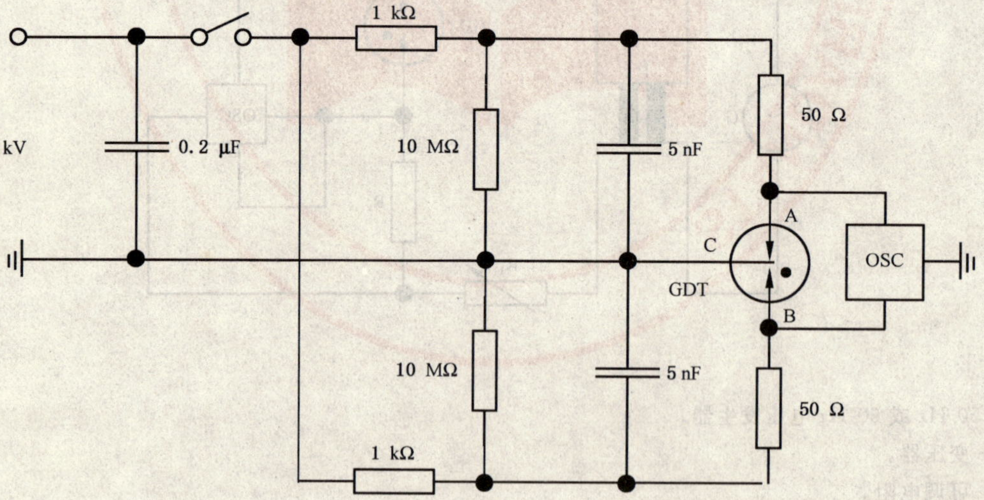

元件：

OSC——双通道示波器。

图 7　横向电压试验回路

7.7 直流保持电压

GDT 的直流保持电压与试验回路相关,用户和制造商应根据具体应用商定专门的试验回路、试验的次数、试验参数等。

GDT 主要用于电信设备的保护。对于击穿电压不小于 230 V 的试品,采用图 8 和图 9 所示的试验回路。

图 8 或图 9 回路元件的参数从表 2 或表 3 中选择。同时施加到三极 GDT 间隙上的电流幅值各自为 100 A,波形为 10/1 000 μs 或者 6/310 μs。调波时可用短路代替 GDT。通过 GDT 冲击电流的极性应和 PS_1 和 PS_2 中的电流一致。

在每种试验条件下,电流遮断时间的试验都采用两种不同极性的冲击电流。在每一极性的三次冲击的时间间隔不超过 1 min,并测定每个冲击的电流遮断时间。

所有测量值均应满足 6.1.5 的规定。

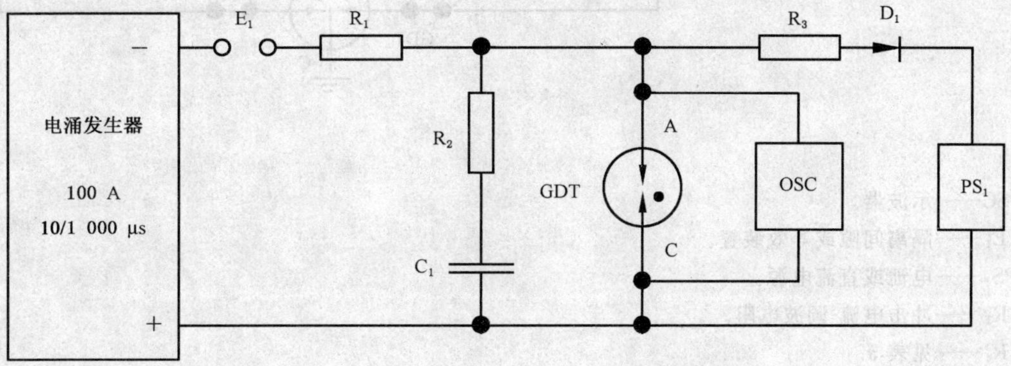

元件:

OSC——示波器。

PS_1——恒压直流源或电池 k。

E_1——隔离间隙或等效装置。

D_1——隔离二极管或其他隔离器件。

R_1——冲击电流-调波电阻。

R_3——见表 2。

R_2——见表 2。

C_1——见表 2。

图 8 二极 GDT 试验回路(用于直流保持电压试验)

7.8 标称交流放电电流的试验回路和方法

采用未使用过的 GDT,施加的冲击电流按表 4 相应 GDT 标称电流的规定值,试验回路用图 10 和图 11。

冲击电流测量应有足够长的时间间隔不至于 GDT 内部过热。电流源的交流电压有效值应超过 GDT 的最大直流火花放电电压至少 50%以上。

规定的交流放电电流及持续时间可用短路来代替 GDT 校核。对于三极 GDT,其每个极应同时向公共极放电(见图 11),各自交流放电电流的规定值见表 4。

完成施加规定的电流次数后,GDT 就应冷却到环境温度。在施加最后一次电流的 1 h 内,按表 5 和 6.2.2 的要求试验。如果有必要,允许在施加最后一次电流后 24 h 重测。

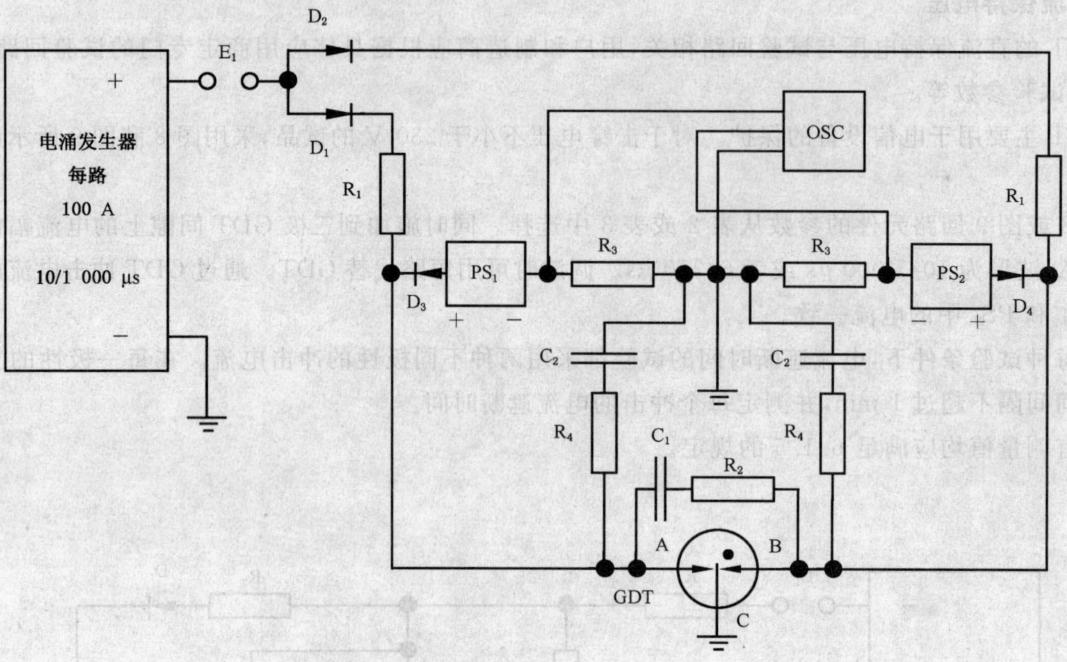

元件：

OSC——示波器。

E_1——隔离间隙或等效装置。

PS_1、PS_2——电池或直流电源。

R_1——冲击电流-调波电阻。

R_2、R_3、R_4——见表 3。

C_1、C_2——见表 3。

注：当直流电源的极性和电涌发生器反向时，二极管 D_1 到 D_4 必须反向。

图 9　三极 GDT 试验回路（用于直流保持电压试验）

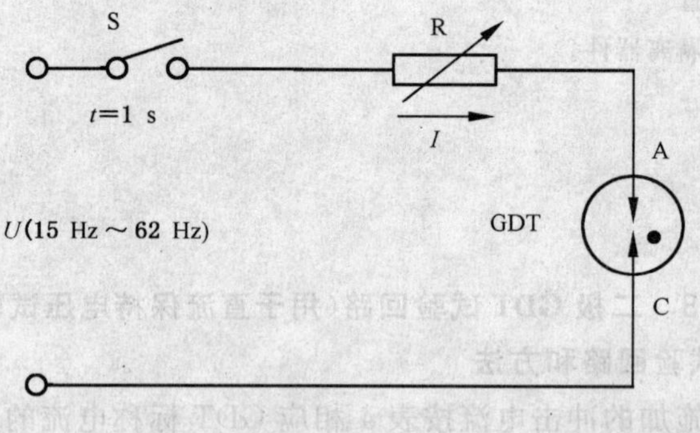

元件：

I——标称交流电流。

R——负载电阻 (U/I)。

S——开关。

图 10　二极 GDT 回路（用于标称交流放电电流试验）

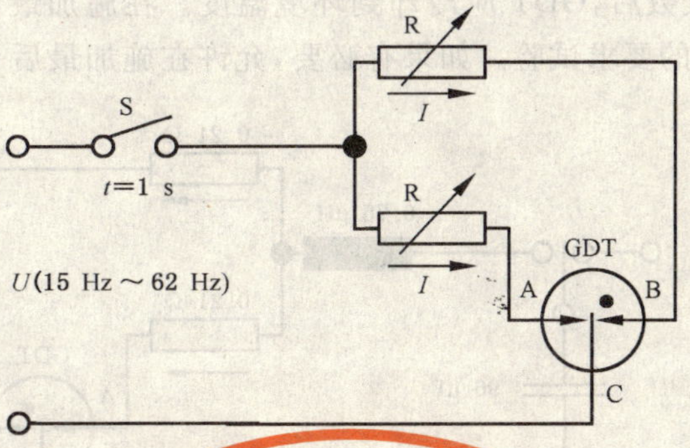

元件：

I——标称交流电流。

R——负载电阻（U/I）。

S——开关。

图 11 三极 GDT 回路（用于标称交流放电电流试验）

7.9 波形为 8/20 μs 的标称冲击放电电流的试验回路和方法

应采用未使用过的 GDT 试品，施加的冲击放电电流按表 4 的规定。对于两极 GDT，产生 8/20 μs 波形的试验回路的示例如图 12 所示。冲击电流测量应有足够长的时间间隔不至于 GDT 内部过热。规定的标称冲击放电电流及其持续时间可用短路来代替 GDT 校核。对于三极 GDT，其每个极应同时向公共极放电（见图 13），各自标称冲击放电电流的规定值见表 4。

完成施加规定的电流次数后，GDT 就应冷却到环境温度。在施加最后一次电流的 1 h 内，按表 5 和 6.2.2 的要求试验。如果有必要，允许在施加最后一次电流后 24 h 重测。

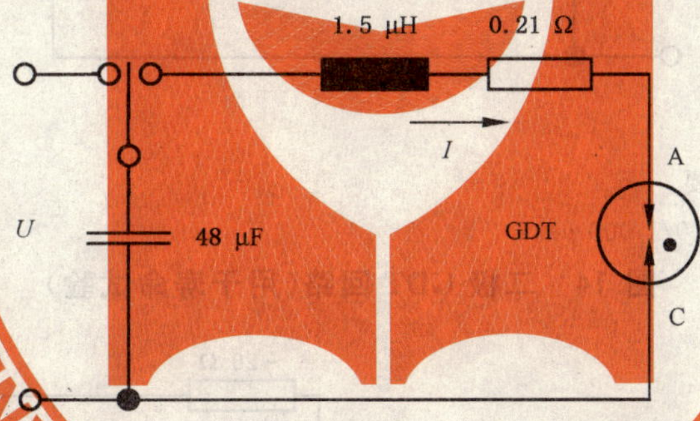

元件：

U——5 kV 直流电压。

I——峰值电流 10 kA，波形 8/20 μs。

图 12 二极 GDT 回路（用于标称冲击放电电流试验）

7.10 用 10/1 000 μs 冲击电流进行寿命试验的回路和方法

采用未使用过的 GDT，施加的冲击电流按表 4 相应 GDT 标称电流的规定值。规定试验次数的一半用一种极性，另一半用相反的极性。或选用一半 GDT 用一种极性，另一半用相反极性的试验方法。冲击的重复频度应防止 GDT 内部热累积。

电源的电压应超过 GDT 的最大冲击火花放电电压至少 50%以上。规定的冲击电流及波形应采用短路来代替 GDT 测量。对于三极 GDT，其每个极应同时向公共极放电，各自的冲击电流的规定值见表 4。

例如，图 14 和 图 15 所示为产生峰值电流为 100 A ，波形为 10/1 000 μs 的试验回路。

每次通过冲击电流试验后对 GDT 进行试验或经用户和制造商同意后减少试验频度，以确保其满足表 5 和 6.2.2 的要求。

施加规定的冲击电流次数后，GDT 应冷却到环境温度。在施加最后一次电流的 1 h 内，按表 5 和 6.2.2 及直流保持电压试验的要求试验。如果有必要，允许在施加最后一次电流后 24 h 重测。

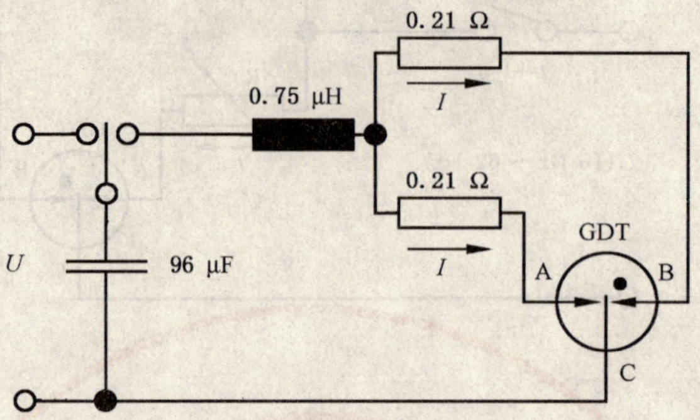

元件：

U——5 kV 交流电压。

I——每路峰值电流 10 kA，波形 8/20 μs。

图 13　三极 GDT 回路（用于标称冲击放电电流试验）

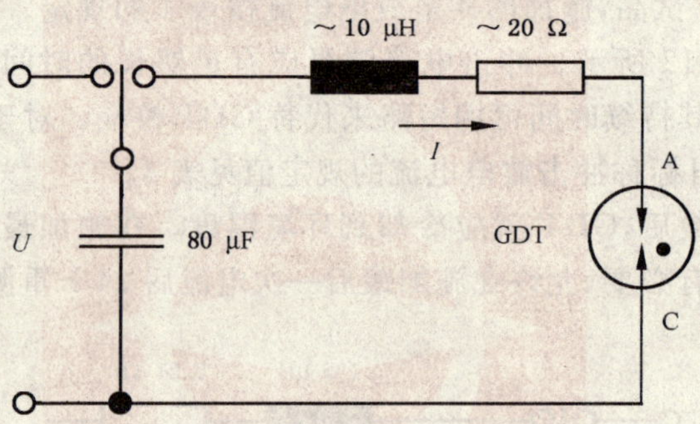

元件：

U——2 kV 直流电压或按需要。

I——峰值电流 100 A，波形 10/1 000 μs。

图 14　二极 GDT 回路（用于寿命试验）

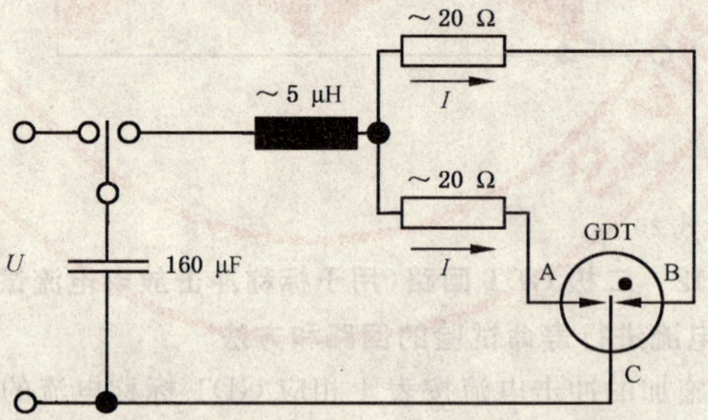

元件：

U——2 kV 直流电压或按需要。

I——每路峰值电流 100 A，波形 10/1 000 μs。

图 15　三极 GDT 回路（用于寿命试验）

参 考 文 献

[1] Regulations for the safe transport of radioactive materials,IAA.

[2] IEEE C 62. 31,"IEEE Standard Test Specifications for Gas-Tube Surge-Protective Devices",1987.

[3] IEEE C 62. 45,"IEEE Guide on Surge Testing for Equipment Connected to Low-Voltage AC Power Circuits",1992.

[4] ITU-T Recommendation K. 12(02/2000),"Characteristics of gas discharge tubes for the protection of telecommunications installations"(Geneva 1927,modified at Malaga-Torremolinos,1984 and at Melbourne,1988;revised in 1995 and 2000).

[5] DIN VDE 0845 Teil 2,Draft July 1993.

[6] REA Specification for GDTs(REA Bulletin 345-83,PE 80,July 1979).

[7] IECQ PQC 76: Generic specification. Surge protective devices.

[8] IECQ PQC 77: Measuring and testing methods for surge protective devices.

[9] IECQ PQC 78: Sectional specification. Surge protective gas discharge tubes.

[10] IECQ PQC 79: Blank detail specification. Surge protective gas discharge tubes.

ICS 29.080.99
K 49

中华人民共和国国家标准

GB/T 18802.321—2007/IEC 61643-321:2001

低压电涌保护器元件
第321部分:雪崩击穿二极管(ABD)规范

**Components for low-voltage surge protective devices—
Part 321:Specifications for avalanche breakdown diode(ABD)**

(IEC 61643-321:2001,IDT)

2007-06-21 发布　　　　2008-02-01 实施

中华人民共和国国家质量监督检验检疫总局
中国国家标准化管理委员会　发布

前　言

GB/T 18802《低压电涌保护器(SPD)》系列标准的结构和名称预计如下：

——低压配电系统用电涌保护器(SPD) 第1部分:性能要求和试验方法(GB 18802.1—2002/IEC 61643-1:1998)；

——低压配电系统用电涌保护器(SPD)　第12部分:选择和使用导则；

——低压电涌保护器　第21部分:电信和信号网络用低压电涌保护器(SPD)——性能要求和试验方法(GB/T 18802.21—2004/IEC 61643-21:2000)；

——低压电涌保护器　第22部分:电信和信号网络用低压电涌保护器(SPD)——选择和使用导则；

——低压电涌保护器元件　第311部分:气体放电管(GDT)规范；

——低压电涌保护器元件　第321部分:雪崩击穿二极管(ABD)规范(GB/T 18802.321—2007/IEC 61643-321:2001)；

——低压电涌保护器元件　第331部分:压敏电阻(MOV)规范；

——低压电涌保护器元件　第341部分:电涌抑制晶闸管(TSS)规范。

本部分等同采用IEC 61643-321:2001《低压电涌保护器器件　雪崩击穿二极管规范》。在技术内容和文本结构上与IEC 61643-321:2001相同。

IEC 61643-321:2001规范性引用文件中所列标准虽然有些部分已被转化为我国国家标准,但转化程度复杂,不便引用,所以本部分仍使用了IEC标准。

为方便使用,本部分做了以下编辑性修改：

a)　用小数点'.'代替作为小数点的逗号','；

b)　删除国际标准的前言。

本部分由中国电器工业协会提出。

本部分由全国避雷器标准化技术委员会(SAC/TC 81)归口。

本部分起草单位:西安电瓷研究所、西安电力电子研究所。

本部分主要起草人:桑建平,秦贤满,祝嘉喜,邵晓萍。

低压电涌保护器元件
第321部分:雪崩击穿二极管(ABD)规范

1 范围

本部分适用于电涌保护器元件(简称SPDC)的雪崩击穿二极管(ABD)。设计和制造的电涌保护器与低压配电系统、输电系统、通信网络系统相连。

本部分中的试验规范适用于单个两端ABD。可将多个ABD封装在一个管壳内作为单个二极管部件。这个部件中的每个二极管都可按本部分进行试验。

本部分包含了一系列用于ABD电性能的测试方法。本部分的测试方法用于验证或测量特定封装设计的ABD的额定值和特性值。

2 规范性引用文件

下列文件中的条款通过本部分的引用而成为本部分的条款。凡是注日期的引用文件,其随后所有的修改单(不包括勘误的内容)或修订版均不适用于本部分,然而,鼓励根据本部分达成协议的各方研究是否可使用这些文件的最新版本。凡是不注日期的引用文件,其最新版本适用于本部分。

IEC 60068 环境试验(所有部分)

IEC 60364 建筑物电气装置(所有部分)

IEC 60364-3:1993 建筑物电气装置 第3部分:总体特性评估

IEC 60721 环境条件分类(所有部分)

IEC 60747-2:2000 半导体器件分立器件和集成电路 第2部分:整流二极管

IEC 60749:1996 半导体器件 机械和气候试验方法

3 术语、定义和符号

下列术语、定义和文字符号适用于本部分:

注:本章定义适用于SPDC的ABD,它具有对称的和不对称的电压—电流(V-I)特性。本章定义针对单向器件而言(见图1),如果考虑双向ABD,第三象限的有关定义则适用于在V-I特性曲线的两个方向。

3.1

雪崩击穿二极管 avalanche breakdown diode;ABD

用于抑制瞬态电压和分流电涌电流的器件。也可以是由多个器件封装而成的具有一个公共端子的两端二极管。

3.2

钳位电压 clamping voltage

V_C

施加规定波形的峰值脉冲电流I_{PP}时,ABD两端测得的峰值电压。

注:由于发热、反作用力或其他影响,峰值电压和峰值脉冲电流不必在时间上位置重合。也用V_{CL}表示。

3.3

额定峰值脉冲电流 rated peak impulse current

I_{PPM}

可施加的不引起二极管失效的峰值脉冲电流I_{PP}的额定最大值。

注:除另有规定外,用于二极管特性的冲击波形为10/1 000 μs。

3.4

最高工作电压　maximum working voltage

V_{WM}

最高直流电压　maximum d.c voltage

可连续施加而不引起ABD劣化或损坏的最高工作峰值电压或直流峰值电压。对于交流电压，用最高工作电压有效值$V_{WM\ rms}$表示。

注：也用V_{RM}（额定最大值）表示，也称为额定截止电压。

3.5

待机电流　stand-by current

I_D

在规定温度和最高工作电压条件下，流过ABD的最大电流。

注：对于反向漏电流，也用I_R表示。

3.6

（雪崩）击穿电压　(avalance) breakdown voltage

V_{BR}

V-I特性曲线上，在规定的脉冲直流电流I_T（或I_{BR}）或接近发生雪崩的电流条件下，ABD两端测得的电压。

3.7

电容　capacitance

C_j

在规定频率和偏压条件下，测得的ABD两端的电容。

注：也用C表示。

3.8

额定峰值脉冲功率　rated peak impulse power dissipation

P_{PPM}

（额定）峰值脉冲功率是额定峰值脉冲电流I_{PPM}和钳位电压V_C的乘积。

$$P_{PPM} = I_{PPM} \times V_C$$

注：也用P_P表示。

3.9

额定正向电涌电流　rated forward surge current

I_{FSM}

不使器件失效的8.3 ms或10 ms正弦半波的最大峰值电流。（本定义仅适用于单向ABD）

3.10

正向电涌电压　forward surge voltage

V_{FS}

在规定的正向电涌电流I_{FS}条件下，ABD两端测得的峰值电压。（本定义仅适用于单向ABD）

注：也用V_F表示。

3.11

击穿电压温度系数　temperature coefficient of breakdown voltage

$\alpha_{V_{BR}}$

击穿电压V_{BR}变化量与温度变化量之比。

注：表示为毫伏每开尔文或百分率每开尔文（mV/K或%/K）。

3.12

温度降额　temperature derating

超过规定的基准温度时，峰值脉冲电流或峰值脉冲功率的减少数额。

注：用电流或功率的百分比表示。

3.13

热阻　thermal resistance

R_{thJA}、R_{thJC}、R_{thJL}

每单位输入功率引起的结温对环境、管壳或引线端子的温升。用开尔文每瓦(K/W)表示。

3.14

瞬态热阻抗　transient thermal impedance

Z_{thJA}、Z_{thJC}、Z_{thJL}

在一个时间区间终点的等效结温与规定基准点或区域(环境、管壳或引线)温度之差，除以引起这个温差的在该时间区间起点按阶跃函数的变化的耗散功率。

注：热阻抗用开尔文每瓦(K/W)表示。

3.15

额定平均功率　rated average power dissipation

$P_{M\ AV}$

在规定的电流和温度条件下，器件承受重复脉冲而不致失效的平均耗散功率。

3.16

过冲峰值电压　peak overshoot voltage

V_{OS}

给定视在波前时间小于或等于10 μs的电流所引起高于器件钳位电压V_C的电压。

注：对于10/1 000 μs的电流波，这个值可表示为钳位电压V_C的百分数。

3.17

脉冲直流试验电流　pulsed d.c. test current

I_T

测量击穿电压V_{BR}的试验电流。该电流值由制造商确定，通常以脉冲持续时间小于40 ms的毫安级电流给出。

注：也用I_{BR}表示。

3.18

峰值脉冲电流　peak impulse current

I_{PP}

用于测定钳位电压V_C而流过ABD的具有规定波形的峰值脉冲电流。

4　雪崩击穿二极管的基本结构和说明

雪崩击穿二极管(ABD)的基本形式是由一个阳极区(P)和一个阴极区(N)组成的单一半导体PN结(见图1 a))。在直流应用中，ABD以反向偏置的方法使用，即阴极(N)侧为正电位(见图1 b))。

当施加电压V_O高于PN结的(雪崩)击穿电压V_{BR}时，ABD开始导通大于待机电流I_D的电流。当出现瞬态电压冲击时，ABD将这个电压限制到预定值。

ABD的主要用途是抑制瞬态电压和分流电涌电流。由于封装，ABD的特性可能不同，这里只列出设计用于电涌保护器中需要选择的那些二极管参数。特殊用途时，对其他参数的选择可能也是重要的，但在此不列出。

ABD可以是多个二极管封装到一个管壳里的结构。为获得要求的SPDC的特性或额定值，也可采用包含多个ABD芯片串联或并联的复合二极管结构。这种结构的ABD仍被当作单个的SPDC。封装在一个管壳里多个(PN)结也能作为多个独立的 ABD 用于多路保护中,因此其中的每个二极管都应按本部分进行试验。

当反向偏置时,ABD 有两种工作模式:待机(高阻抗)或钳制(相对的低阻抗),(见图 1 c)的第三象限)。在待机状态下,流过 ABD 的电流叫待机电流。该电流的大小随结温(或环境温度)而变化。在 ABD 的电压—电流(*V-I*)特性中,由高阻抗(待机)向低阻抗(钳位)转变是雪崩击穿的开始。这种导通状态下,二极管会流过一个很大的瞬态电流,并保持一个高于半导体结击穿电压而又相对较低的钳位电压。图 1 是单向 ABD。ABD 可以是单向的,或者是双向的。双向 ABD 在第一象限和第三象限极性相反,特性相似。

图 1c)中,第一象限的 *V-I* 曲线是单向 ABD 正向偏置状态(半导体结 P 侧施加正向电压)。这种状态下,单向 ABD 与正向 PN 结二极管有着相似的特性。正向时钳位电压较低,瞬态电流很大。然而,在规定波形的瞬态大电流条件下,正向电压会很高。这个电压依赖于结面积和基区半导体材料的电阻。击穿电压随结温或环境温度呈线性变化,故用击穿电压温度系数来描述该电压。通常在 25℃ 测量钳位电压,可用半导体击穿电压温度系数来确定其他环境温度时的击穿电压。

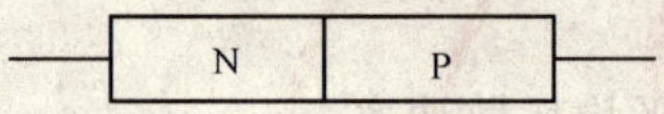

a) 结构

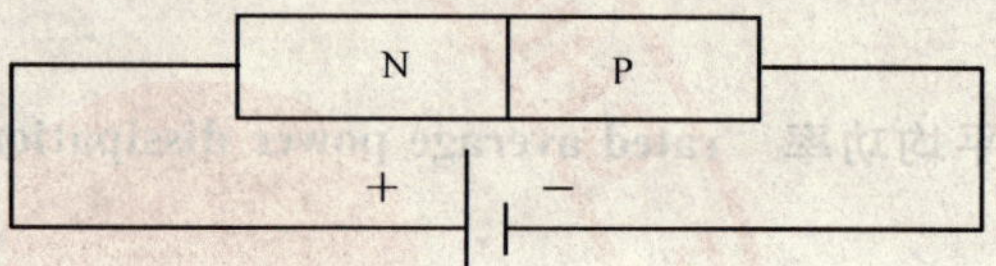

b) 偏置状态

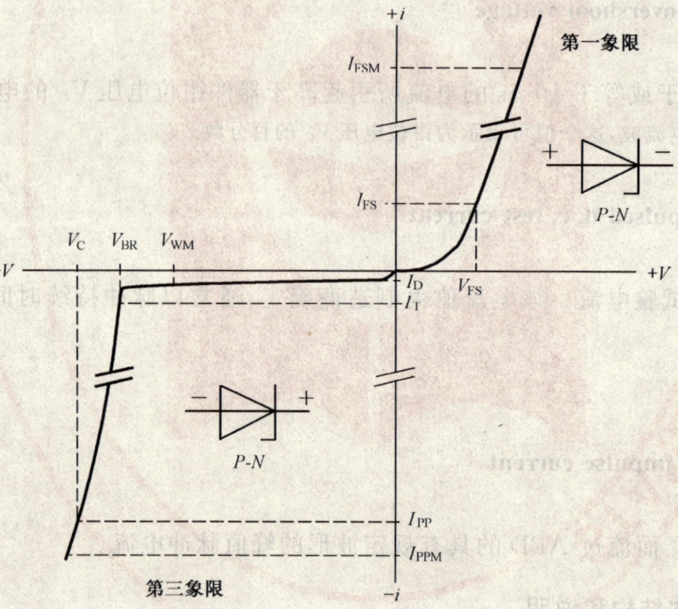

c) *V-I* 特性

雪崩参数:

V_{WM}——最高工作电压;

I_D——待机电流;

V_C——钳位电压;

V_{BR}——击穿电压;

I_{PP}——峰值脉冲电流;

I_{PPM}——额定峰值脉冲电流;

I_T——脉冲直流试验电流。

正向参数:

V_{FS}——正向电涌电压;

I_{FS}——正向电涌电流;

I_{FSM}——额定正向电涌电流。

注:对于双向 ABD,其第三象限的 *V-I* 特性与第一象限的相同。

图 1 单向雪崩击穿二极管的结构、偏置状态和 *V-I* 特性

5 工作条件

正常工作条件如下：

——大气压力：86 kPa～106 kPa（IEC 60749 和 IEC 60721）。

——环境温度：户外：−40℃～+85℃　户内：−20℃～+70℃（IEC 60364）。

——太阳或其他辐射（IEC 60364-3）。

——正常温度条件下的相对湿度（IEC 60068）。

——户内相对湿度不大于 90%，或按其他规定。

——若 SPDC 暴露在非正常工作条件下，在设计和使用 ABD 时，需要特殊考虑并宜提醒制造商注意。

——由制造商提出其他需考虑的，如：二极管最高连续（工作）电压、峰值冲击功率或（温度）电流降额、峰值脉冲电流额定值、瞬态重复额定值、抗溶性、可焊性和可燃性。

6 标准试验方法和程序

6.1 标准型式试验准则

特性参数是 ABD 固有而可测量的参数。额定值参数是确定 ABD 的极限能力或极限条件的量值。6.3 至 6.19 的测试给电涌保护器（SPD）选择器件提供了 ABD 规定参数的标准测试方法。这些参数会因器件不同而改变，故有必要对 SPD 选择的所有器件进行测试。双向 ABD 的正向电压和反向电压均应测试。

6.2 测试条件

除另有规定外，6.3 至 6.19 要求在器件上进行测试的环境条件应为：

——温度：25℃±5℃。

——相对湿度：小于 85%。

——大气压力：86 kPa～106 kPa（IEC 60749）。

注：由于这些测试中要用到电压和能量，所有测试宜考虑其危险性，操作时宜足够小心。

6.3 钳位电压 V_C（见图 2）

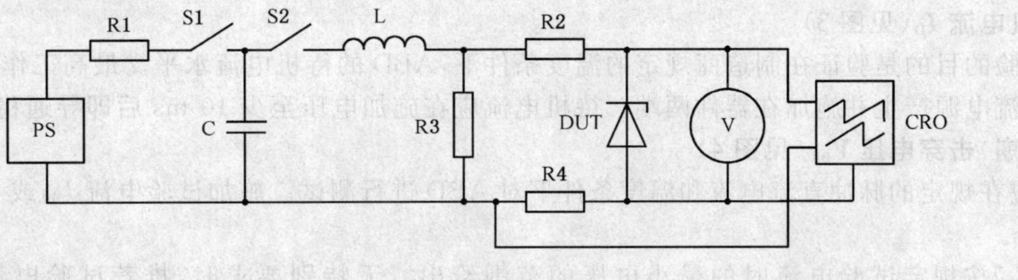

电路组成：

PS——充电电源；

R1——充电电阻；

S1——充电开关；

C——调波脉冲电容器；

S2——脉冲放电开关；

L——调波脉冲电感器；

CRO——观测电流和电压的示波器；

R2——调波冲击及限流电阻；

R3——调波冲击电阻；

R4——感应电流电阻（同轴）。可选用：电流互感器或适当变比的探头；

DUT——受试器件（ABD）；

V——峰值电压表。

注意：给出的电路仅仅是一般说明，应按高频大电流测量技术的要求进行测试，如：采用四点开尔文式接点、差分式示波器、缩短引线等。

图 2　钳位电压 V_C、峰值脉冲电流 I_{PP} 和额定正向电涌电流 I_{FSM} 的测试电路

6.3.1 本测试的目的是在规定波形和幅值的脉冲电流 I_{pp}条件下，测定 ABD 的电压保护能力。除另有规定外，器件应在两种电压极性下测试。

6.3.2 为验证伏安特性曲线，应测量两个电流值的钳位电压。钳位电压峰值和试验电流峰值不必在时间位置上一致。无特别要求时，应采用 10/1 000 μs(或 8/20 μs)波形的 I_{PP}和 $0.2I_{PP}$的试验电流。

6.4 额定峰值脉冲电流 I_{PPM}(见图 2)

本测试的目的是验证符合 ABD 的设计规定的不使器件失效的冲击电流值。应采用 10/1 000 μs(或 8/20 μs)的电流波形，验证该器件承受多次峰值脉冲电流额定值。冲击电流应每 45 s 施加一次。对于对称性器件，每种极性应以施加 10 个连续脉冲进行试验。失效判据应按第 7 章的规定。

6.5 最高工作电压 V_{WM}和最高工作电压有效值 $V_{WM\ rms}$(见图 3)

本测试的目的是验证在规定的温度范围内，可施加在 ABD 两端而不引起失效的最高电压。该电压是由制造商规定的 ABD 最大待机电流来确定的。额定工作电压有效值只适用于对称双向 ABD。

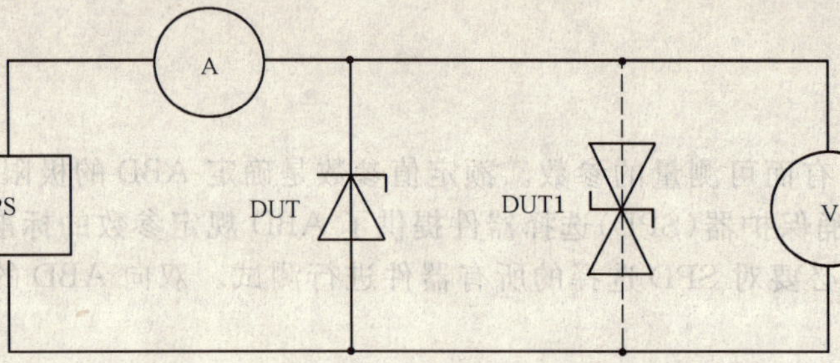

电路组成：

PS——可调直流电压源(如果是交流试验，则为交流电压源)；

A——直流微安表(如果是交流试验，使用交流微安表)；

DUT——受试单向器件；

DUT1——受试双向器件；

V——数字电压表(如果是交流试验，则用示波器)。

图 3 最大工作电压 V_{WM}，待机电流 I_D 和最高工作电压有效值 V_{WMrms}的测试电路

6.6 待机电流 I_D(见图 3)

本试验的目的是验证在制造商规定的温度条件下，ABD 的待机电流水平。最高工作电压 V_{WM}应由易调的直流电源产生并施加在器件两端。待机电流应在施加电压至少 10 ms 后即导通稳定后测量。

6.7 (雪崩)击穿电压 V_{BR}(见图 4)

6.7.1 应在规定的脉冲直流电流和温度条件下对 ABD 进行测试。施加试验电流 I_{BR}或 I_T 的时间应小于 400 ms。

6.7.2 V_{BR}按规定试验电流时的最小电压的范围给出。无特别要求时，推荐试验电流 I_{BR}或 I_T 为 1 mA。低电压器件或大功率器件可规定较大的试验电流。

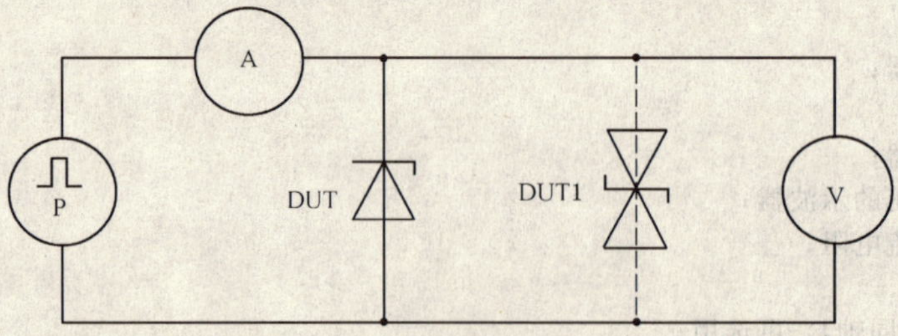

电路组成：

P——脉冲恒流源；

DUT1——受试双向器件；

DUT——受试单向器件；

V——数字电压表。

图 4 (雪崩)击穿电压 V_{BR}的测试电路

6.8 电容 C_j

本试验的目的是测定ABD两端的电容。应在规定的正弦频率和偏压条件下测量ABD规定两端的电容。对于多端子，每对端子的电容应依次测量。应排除所有非试验端子的电容对测量的影响。无特别要求时，建议采用频率为1 MHz，有效值等于或小于0.1 V，直流偏压为0 V的信号。

6.9 额定峰值脉冲功率 P_{PPM}

本试验的目的是在规定的试验条件下验证ABD的功率额定值。该额定值是制造商对每种产品给出的。该参数需要施加额定峰值脉冲电流 I_{PPM} 和测量钳位电压 V_C。峰值脉冲功率定义为峰值脉冲电流和钳位电压之积。应试验足够数量的器件以及按6.3和6.4测量电压—电流特性，以得到期望而在可信范围内的统计性分布。

6.10 额定正向电涌电流 I_{FSM}（见图1 c））

本试验的目的是在符合统计表示的可靠度水平内，验证ABD承受10 ms(8.3 ms)单次正弦半波最大峰值电流。将单向器件反向，按图2进行试验。电涌电流施加在ABD的正向上。（见图1 c）V-I 特性曲线第1象限）

6.11 正向电涌电压 V_{FS}（见图5）

ABD正向流过10 ms(或8.3 ms)单次正弦半波最大峰值电流 I_{FSM} 时测得的正向峰值电压。对于单向ABD，正向电涌电流 I_{FS} 是二极管正向流过的电流。

电路组成：

P——脉冲恒流源；

V——数字电压表；

DUT——受试器件；

A——安培表。

图5 正向电涌电压 V_{FS} 的测试电路

6.12 击穿电压温度系数 $\alpha_{V_{BR}}$

击穿电压温度系数是指击穿电压 V_{BR} 变化量与温度变化量之比。它随器件的不同而改变。但ABD的这个特性与功率额定值无关。当超过温度范围工作时，应考虑该参数。超过温度范围时，击穿电压和最大钳位电压会发生变化，该变化可表示为电压温度系数。若击穿电压超过5 V，该参数总为正值。

$$\alpha_{V_{BR}} = \frac{V_{BR(试验温度)} - V_{BR(基准温度)}}{V_{BR(基准温度)}} \times \frac{100}{T_{(试验时)} - T_{(基准)}}$$

式中：

$\alpha_{V_{BR}}$——击穿电压温度系数，单位为百分率每开尔文(%/K)；

$T_{基准温度}$——实际环境温度(25℃±3℃)，单位为开尔文(K)；

$T_{试验时}$——测量时的最高温度，单位为开尔文(K)。

6.13 温度降额（见图6）

温度降额是描述高于规定温度时，峰值脉冲功率或峰值脉冲电流随温度的升高而变化。功率降额适用于峰值脉冲功率和稳态(平均)功率两种情况。试验方法见IEC 60747-2:2000。

6.14 热阻 R_{thJA} 或 R_{thJC} 或 R_{thJL}

热阻是热流从半导体结向管壳，引线或环境空气流动的阻力的量度。热流以辐射、自然或强迫对流，或通过材料传导的方式发生。每种器件的热特性由制造商提供。本测试的目的是在恒定的电压和电流条件下，测量器件结每单位功率的结-管壳或结-环境的温升。

a) 测试结功率时，要求保持结温恒定，用事先校准的热敏电气参数，如规定的正向电流的正向电压监视，当器件管壳或环境温度按规定的一定量变化时，测量结功率。

b) 当规定的器件管壳或环境温度恒定时，结功率以一定量发生明显变化时测量结温。(用事先校准的热敏电参数，正向电压表示)

6.15 瞬态热阻抗 Z_{thJA} 或 Z_{thJC} 或 Z_{thJL}

瞬态热阻抗是在规定的脉冲功率持续时间内测定 ABD 的承受脉冲功率的能力。目的是测量器件的结和基准点(如 ABD 管壳或环境)之间的瞬态热阻抗。试验方法见 IEC 60747-2:2000 的 2.2.3。

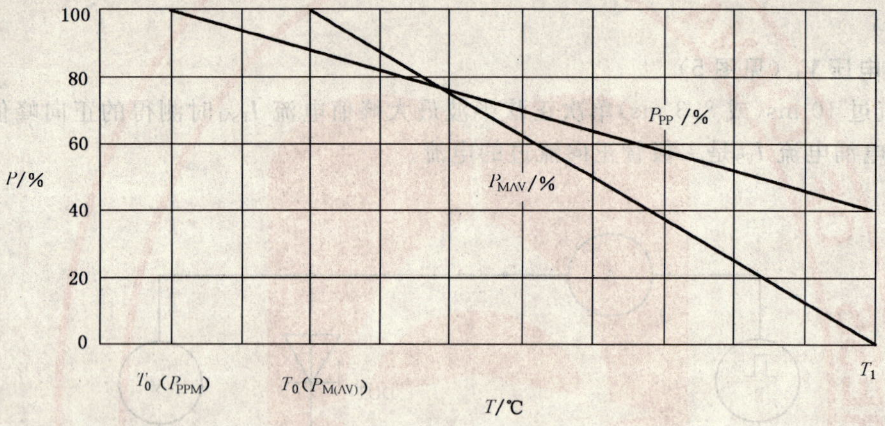

说明：

T_0——降额的起始温度；

T_1——功率或电流为零，或降至最小值的温度。

注：额定峰值脉冲功率 P_{PPM} 或额定峰值脉冲电流 I_{PPM} 以 T_0 时额定值的百分比(%)表示。

图 6 雪崩击穿二极管的降额曲线

6.16 额定平均功率 $P_{M(AV)}$

为 ABD 有可靠的长寿命而限制温度，制造商应提供额定平均功率参数。该参数与两个条件有关：

a) 瞬时通过材料(结)的平均电流，通常以占空比来说明；

b) 制造商推荐的器件到环境、引线和(或)安装的散热器间的热阻值。

6.17 过冲峰值电压 V_{OS}(见图 7)

过冲峰值电压是峰值电压 V_1 与 ABD 钳位电压 V_C 之差，如图 7 所示。试验条件和电路与钳位电压试验相同(见 6.3 和图 2)。

注：为确保准确测量受试器件的过冲峰值电压，所有与设备的连线和受试器件的引线都要尽可能的短。过冲峰值电压值随冲击的波前时间、导线以及 ABD 的引线长度而变化。电路阻抗不匹配引起紧接过冲电压后的震荡会影响过冲峰值电压值。

6.18 过冲持续时间(见图 7)

过冲持续时间是过冲电压 V_1 渐变到钳位电压 V_C 的时间(t_3-t_1)，试验条件和电路与钳位电压试验的相同(见 6.3 和图 2)。

6.19 响应时间(见图 7)

响应时间是 ABD 响应峰值脉冲电流 I_{PP} 波前时间的能力。是从时间零点 t_0 至峰值电压 t_1 的时间，见图 7，脉冲电流波形见图 8。试验条件和电路与钳位电压试验的相同(见 6.3 和图 2)。

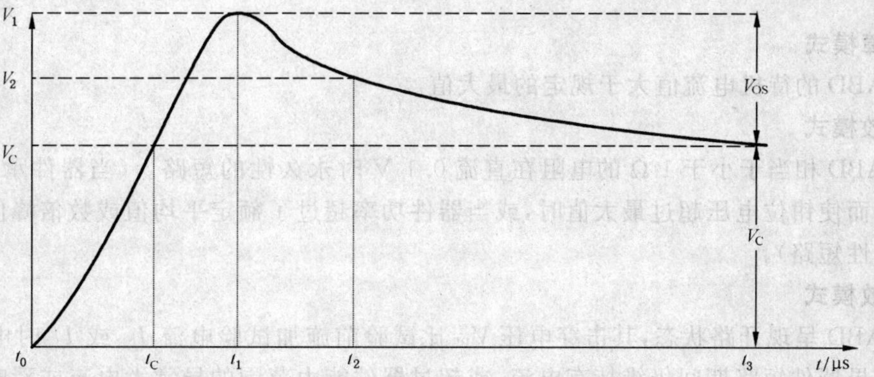

说明：

V_C——规定电流和波形时器件的钳位电压；

V_{OS}——过冲峰值电压(V_1-V_C)；

t_C——器件电压达到钳位电压 V_C 时的时间；

t_1——器件电压达到峰值 V_1 时的时间；

t_2——器件电压降至 50%V_{OS}时的时间；

t_1-t_0——响应时间；

t_3-t_1——过冲持续时间；

V_2——$(V_1-V_C)/2$。

图 7　过冲电压、响应时间、过冲持续时间图示曲线

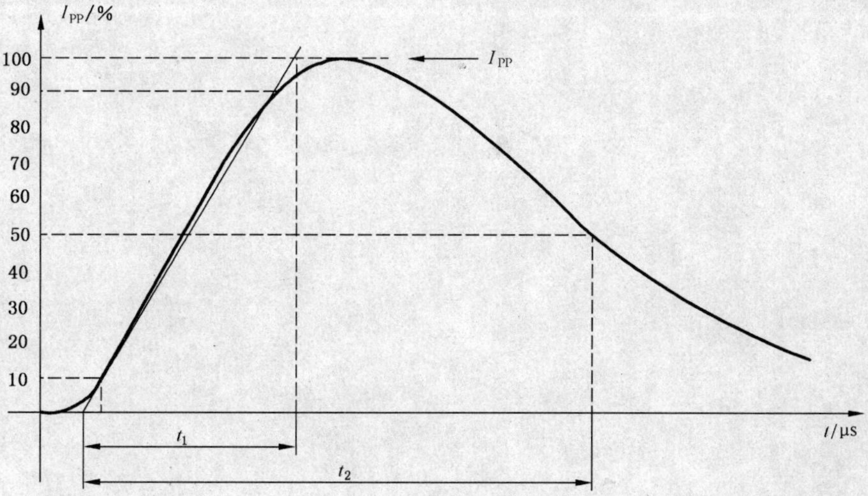

说明：

t_1——视在波前时间。从零值到峰值的时间。

t_2——视在半峰值时间。

例如：对于 10/1 000 μs 的电流波形

10 μs=t_1(视在波前时间)

1 000 μs=t_2(脉冲半峰值时间)

图 8　脉冲电流波形

7　故障和失效模式

无特别要求时，建议采用下列判据。应在器件温度恢复到 25℃±5℃后，再进行判定故障和失效模式的试验。

7.1 劣化故障模式

此模式，ABD的待机电流值大于规定的最大值。

7.2 短路失效模式

此模式，ABD相当于小于1 Ω的电阻在直流0.1 V时永久性的短路。（当器件承受大于额定值的峰值脉冲电流而使钳位电压超过最大值时，或当器件功率超过了额定平均值或数倍峰值冲击功率时，都可能发生永久性短路）。

7.3 开路失效模式

此模式，ABD呈现开路状态，其击穿电压V_{BR}比试验前施加试验电流I_{BR}或I_T时电压值（见6.7.2）高150%。（如果器件短路期间仍维持有电流，或超过器件能力范围的异常大电流或瞬时脉冲电流，都有可能引起器件的开路失效）。

7.4 “安全的失效”作用

上述任何一种器件的失效模式，可用“安全的失效”来描述。一些用户考虑最期望的器件失效模式是保持其保护功能。例如：短路失效模式的“安全的失效”。但其他用户要求特定器件宜在规定的高钳位失效模式中失效，以达到期望的系统性能。因此，在短路模式中的失效，许多用户考虑的“安全的失效”，事实上可能与其他用户期望的“安全”模式相反。所以，推荐采用7.2和7.3定义的失效模式之一来描述失效。

ICS 29.080.99
K 49

中华人民共和国国家标准

GB/T 18802.331—2007/IEC 61643-331:2003

低压电涌保护器元件
第331部分:金属氧化物压敏电阻(MOV)规范

Components for low-voltage surge protective devices—
Part 331:Specification for metal oxide varistors(MOV)

(IEC 61643-331:2003,IDT)

2007-06-21 发布 2008-02-01 实施

中华人民共和国国家质量监督检验检疫总局
中国国家标准化管理委员会 发布

前 言

GB/T 18802《低压电涌保护器(SPD)》系列标准的结构及名称预计如下：

——低压配电系统用电涌保护器(SPD) 第1部分:性能要求和试验方法(GB 18802.1—2002/IEC 61643-1:1998)；

——低压配电系统用电涌保护器(SPD)第12部分:选择和使用导则；

——低压电涌保护器 第21部分:电信和信号网络用低压电涌保护器(SPD)——性能要求和试验方法(GB/T 18802.21—2004/IEC 61643-21:2000)；

——低压电涌保护器 第22部分:电信和信号网络用低压电涌保护器(SPD)——选择和使用导则；

——低压电涌保护器元件 第311部分:气体放电管(GDT)规范；

——低压电涌保护器元件 第321部分:雪崩击穿二极管(ABD)规范(GB/T 18802.321—2007)；

——低压电涌保护器元件 第331部分:金属氧化物压敏电阻(MOV)规范(GB/T 18802.331—2007)；

——低压电涌保护器元件 第341部分:电涌抑制晶闸管(TSS)规范。

本部分为《低压电涌保护器元件 第331部分:金属氧化物压敏电阻(MOV)规范》。

本部分等同采用IEC 61643-331:2003《低压电涌保护器元件 第331部分:金属氧化物压敏电阻(MOV)规范》。

本部分与IEC 61643-331:2003的主要差异体现在：

——3.2.1待机电流的定义删去明显错误的注2(图文不符)；

——8.5.1中符号L_V是持续时间的概念,该符号已用于等效串联电感,显然是编辑性错误,因此,改为L_f；

——附录A.2.2.3改为A.2.3属编辑性问题；

——本部分列出的规范性引用文件中的国家标准均已采用IEC标准,但采用程度不同。

本部分中章、条的编排顺序与IEC 61643-331:2003一致。

本部分附录A中出现的Ⅰ类、Ⅱ类和Ⅲ类试验与GB 18802.1—2002中的Ⅰ级、Ⅱ级和Ⅲ级试验相对应。

本部分的附录A是规范性附录。

本部分由中国电器工业协会提出。

本部分由全国避雷器标准化技术委员会归口。

本部分负责起草单位:西安电瓷研究所。

本部分参加起草单位:贵州飞舸电子有限公司、西安市西无二电子信息集团有限责任公司、君耀电子、广东省佛山科星电子有限公司、汕头市鸿志电子有限公司、科通通信技术(深圳)有限公司。

本部分主要起草人:王玉平、费自豪、王建文、贺西民。

低压电涌保护器元件 第331部分:金属氧化物压敏电阻(MOV)规范

1 范围

本部分是用于交流1 000 V及以下或直流1 500 V及以下供电线路、通信及信号系统中用来保护设备、人员或两者免受高的瞬态电压的危害的金属氧化物压敏电阻的试验规范。

本规范适用于双电极MOV,不适用于混合装置。本规范也不考虑零配件及其安装对MOV特性的影响。所给出的特性仅适用于按试验所述的方式安装的MOV。

2 规范性引用文件

下列文件中的条款通过本部分的引用而成为本部分的条款。凡是注日期的引用文件,其随后所有的修改单(不包括勘误的内容)或修订版均不适用于本部分,然而,鼓励根据本部分达成协议的各方研究是否可使用这些文件的最新版本。凡是不注日期的引用文件,其最新版本适用于本部分。

GB/T 2421—1999　电工电子产品环境试验　第1部分:总则(idt IEC 60068-1:1988)

GB/T 2423.6—1995　电工电子产品环境试验　第二部分:试验方法　试验Eb和导则:碰撞(idt IEC 60068-2-29:1987)

GB/T 2423.18—2000　电工电子产品环境试验　第2部分:试验方法　试验Kb:盐雾、交变(氯化钠溶液)(idt IEC 60068-2-52:1996)

GB/T 2423.22—2002　电工电子产品环境试验　第2部分:试验方法　试验N:温度变化(IEC 60068-2-14:1984,IDT)

GB/T 2423.28—2005　电工电子产品环境试验　第2部分:试验方法　试验T:锡焊(IEC 60068-2-20:1979,IDT)

GB 18802.1—2002　低压配电系统的电涌保护器(SPD)　第1部分:性能要求和试验方法(IEC 61643-1:1998,IDT)

IEC 60068-2-6:1995　环境试验　第2-6部分:试验　试验Fc:振动(正弦)

IEC 60068-2-78:2001　环境试验　第2-78部分:试验 试验箱:湿热/稳态

3 术语、符号及定义

下列术语和定义以及符号适用于本部分。

3.1

额定值　ratings

不使MOV损坏的极限能力或极限条件。

注:极限条件可以是最大值,也可以是最小值。

3.1.1

单次脉冲峰值电流　single-pulse peak current

I_{TM}

不引起MOV失效,可单次施加规定波形脉冲的额定最大值。

注:除非另有规定,应采用8/20 μs波形。某些情况下也可施加额定线电压。

3.1.2

多次脉冲峰值电流　multiple - pulse peak current

I_{TSM}

不引起 MOV 失效，可重复施加规定波形脉冲的额定最大值。

注：除非另有规定，应采用 8/20 μs 波形。

3.1.3

多次脉冲峰值电流相对于脉冲宽度的降额曲线　multiple-pulse peak-current derating against pulse width

在不同的冲击次数下，多次脉冲额定峰值电流与矩形波脉冲宽度的图形。

注：典型曲线包括单次、10 次、10^2 次、10^3 次、10^4 次、10^5 次、10^6 次及不确定次脉冲的曲线。

3.1.4

温度降额曲线　temperature derating curve

参数随温度降低的图形。

注：典型参数有：额定电压，冲击电流，能量及平均功耗。

3.1.5

单次脉冲最大能量　single - pulse maximum energy

W_{TM}

可吸收的规定波形单次脉冲能量的额定最大值。

注：除非另有规定，通常采用 2 ms 矩形波冲击。

3.1.6

最大持续电压　maximum continuous voltage（见图 1）

V_M

规定温度下可连续施加的电压。

3.1.6.1

最大持续交流电压　maximum continuous a. c. voltage

$V_{M(AC)}$

规定温度下可连续施加的交流正弦电压（总谐波畸变小于 5%）的有效值。

3.1.6.2

最大持续直流电压　maximum continuous d. c. voltage

$V_{M(DC)}$

规定温度下可连续施加的直流电压。

3.1.7

最大持续功耗　maximum continuous power dissipation

P_M

给定的寿命期望值下可连续耗散的平均功率。

3.2

特性　characteristics

MOV 可测量的固有特性。

3.2.1

待机电流　standby current

I_D

规定幅值和波形下的脉冲电流。

注：也称为泄漏电流。

3.2.2

标称压敏电压　nominal varistor voltage

V_N

在规定持续时间的脉冲电流(I_N)下测得 MOV 两端的电压(见图 1)。

注：由 MOV 的制造商规定电流值，否则，通常采用 1 mA。除非另有规定，脉冲持续时间应小于 400 ms。通常制造商规定的标称值范围为±10%。

3.2.3

限制电压　clamping voltage

V_C

规定脉冲峰值电流(I_P)及规定波形下测得 MOV 两端的电压峰值(见图 1)。

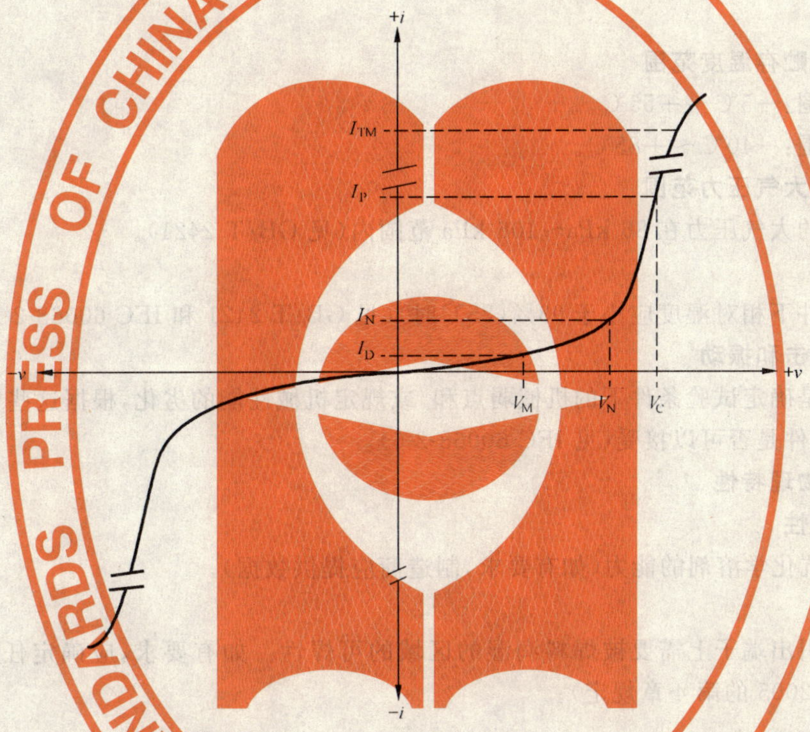

图 1　MOV 的 *V-I* 特性

3.2.4

电容量　capacitance

C_V

规定频率和电压下测得 MOV 的电容量。

3.2.5

等效串联电感　equivalent series inductance

L_V

给定频率下 MOV 端子间的有效电感。

3.2.6

脉冲电流　pulse current

I_N

规定幅值与持续时间的矩形脉冲电流。

3.3

电路符号　circuit symbol

MOV 的符号为：

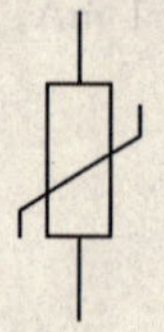

4　使用条件

4.1　正常使用条件

4.1.1　环境条件

4.1.1.1　运行及贮存温度范围

——正常范围：－5℃～＋55℃。

——扩展范围：－40℃～＋85℃。

4.1.1.2　海拔或大气压力范围

海拔所对应的大气压力在 86 kPa～106 kPa 范围内(见 GB/T 2421)。

4.1.1.3　湿度

工作温度条件下相对湿度应小于 93％(25℃时)(见 GB/T 2421 和 IEC 60068-2-78)。

4.1.1.4　机械冲击和振动

本试验目的是确定试验条件下的机械弱点和/或规定机械性能的劣化，根据这些资料并结合相关技术规范，决定该元件是否可以接受(见 IEC 60068-2-6)。

4.1.2　MOV 的物理特性

4.1.2.1　抗溶剂性

确定 MOV 抗化学溶剂的能力(如有要求，制造商应提供数据)。

4.1.2.2　可焊性

确定导线及引出端子上需要被焊料润湿的区域的可焊性。如有要求，应确定任何不润湿区域(见 GB/T 2423.28—2005 的第 4 章规定)。

4.1.3　系统条件

4.1.3.1　系统标称频率

电源频率：直流、或 48 Hz～62 Hz 交流。

4.1.3.2　系统最大持续电压

通常该电压比系统标称电压高 10％，但最终取决于各地电网系统的品质，并随地区的电力条件而有差异。

4.2　异常使用条件

MOV 的使用条件或运行条件与正常条件不同时，在设计制造或使用方面需要特殊考虑。

本标准在异常运行条件下使用时，须经制造商与购买方之间达成协议。这些条件列举如下。

4.2.1　环境条件

——环境温度超出正常使用条件，见 GB/T 2423.22 和 IEC 60068-2-78；

——曝于盐雾中，见 GB/T 2423.18；

——异常的振动或碰撞，见 GB/T 2423.6 和 IEC 60068-2-6；

——重量或空间，包括与附近导电物体间距的限制。

4.2.2 系统条件

系统电压、电流或频率运行条件超出了 MOV 的额定值。

5 基本功能及 MOV 元件描述

本规范中所描述的元件是由金属氧化物(通常是氧化锌及其它添加剂)制成的陶瓷。它是一种具有连续 *V-I* 曲线的非线性元件(正如 GB 18802.1 所描述的限压元件)。元件的电极可以有也可以没有。元件可以用树脂包封或不包封。元件可以带有用于连接的引线或卡子。它们可以单独使用,或与电涌保护器(SPD)中的其它 MOV 或别种连接起来使用。

6 标识

6.1 总则

符合本规范的 ZnO 压敏电阻应按下列内容标识:

——功能及结构特性(6.2);

——制造检验(6.3)。

这些数据总体上构成了某种型式压敏电阻的标识文件。

6.2 功能及结构特性

下列功能特性总体上由制造商提供,包括其测量过程的全面描述:

——限制电压;

——额定冲击峰值电流;

——最大持续工作电压;

——最大待机电流;

——电容量。

结构特性指能使 MOV 被识别和对其功能特性值、可靠性及使用有影响的特性参数。

6.3 制造检验

按照要求,制造商需要提供 MOV 制造期间及制造完成后所进行检查过程的说明。

这些说明包括:

——抽样程序;

——试验及测量方式;

——质量控制过程;

——附加寿命试验。

7 标记

每只 ZnO 压敏电阻除了标有编号和安全认可标记外,制造商还要根据要求提供带有下列信息的资料:

——制造日期和批号;

——系列试验结果;

——结构特性。

注:当标记这些数据的空间不足时,制造商与购买方协议后应以技术文件形式提供。

8 试验及测量方法

8.1 设计试验标准方法

8.3～8.4 所叙述的设计试验提供了测量 MOV 规定参数的标准方法。测量的目的是为了选择合适的 MOV 元件组成电涌保护器(SPD),每只 MOV 的参数可能有差异,为了便于 SPD 的选用,有必要测量所有元件。这时 MOV 的双向性略有差异,应进行正反两个方向电压试验。

8.2 试验条件

MOV 应根据应用需要进行 8.3～8.4 的试验。除非另有规定,试验环境条件应符合:

——温度　　　　　25℃±10℃

——相对湿度　　　<85%

——大气压力　　　86 kPa ～ 106 kPa

8.3 额定值

8.3.1 单次脉冲峰值电流(I_{TM})

本试验的目的是为了检验 MOV 的设计在规定电流冲击时不引起 MOV 失效(试验回路见图 2)。若无特定要求时,试验电流应选取 8/20 μs 波形。

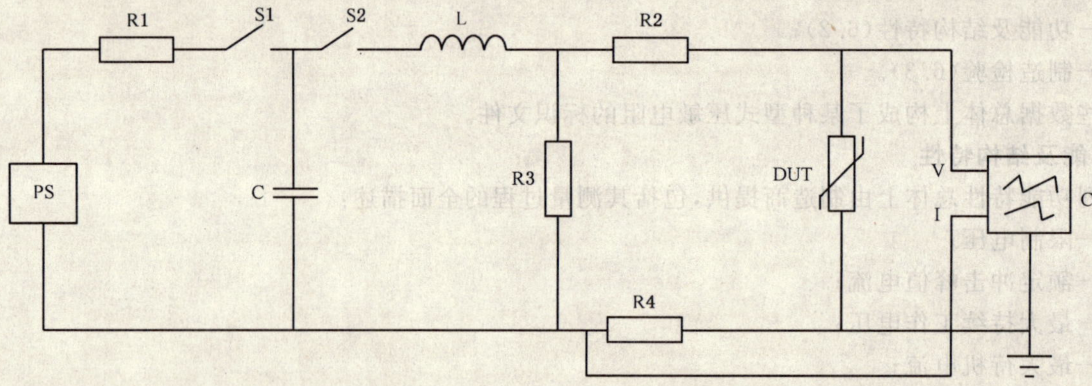

元件:

PS——DC 充电电源;

S1——充电开关;

S2——放电开关;

R1——充电电阻;

C——贮能电容器;

L——调波电感;

R3——调波电阻;

R2——调波限流电阻;

R4——电流传感电阻(同轴)或者可采用适当额定值的电流互感器探头;

DUT——试品(MOV);

CRO——用于观察电流和电压的示波器。

注:注意,所示回路仅为示意图;应采用大电流及高频试验的测量技术如:四点 Kelvin 接法、差动示波器。

图 2　冲击峰值电流(I_P)下冲击峰值电流限制电压(V_C)的试验回路

8.3.2 多次脉冲峰值电流(I_{TSM})

本试验的目的是为了验证 MOV 的设计在规定电流冲击一定次数后不引起 MOV 的显著劣化(如 V_M 变化 10%)。试品(DUT)在规定时间内恢复热平衡(如:达到施加冲击前的初始条件)之后,施加下次冲击(试验回路见图 2)。无特定要求时,试验电流采用 8/20 μs 波形。

注:用于电涌保护器(SPD)中的 MOV,按 GB 18802.1 的规定,要求采用Ⅰ类、Ⅱ类和 Ⅲ 类试验程序及波形。具体试验见附录 A。

8.3.3 最大持续额定电压(V_M)

其参数的验证按 8.4.2。

8.4 电气特性

8.4.1 最大限制电压(V_C)

本试验的目的是为了确定通过规定波形及峰值的脉冲电流 I_P 时 MOV 的保护水平(试验回路见图 2)。限制电压峰值及试验电流峰值基本同时出现。无特定要求时,试验电流应为 8/20 μs 波形。

注:用于电涌保护器(SPD)中的 MOV,按 GB 18802.1—2002 的规定,要求用附录 A 中所述的 1.2/50、8/20 组合波发生器试验。

8.4.2 待机电流(I_D)

本试验的目的是为了验证在规定的温度范围内,可以施加在 MOV 两端的最大额定电压而不致引起流过元器件的电流过大。在该电压下的电流定义为待机电流或泄漏电流,它应小于由制造商规定的最大值。测量时,不管负载阻抗大小电压均应保持在一个稳定值(见图 3)。电源应使用恒压源。不推荐采用将电压表连接在试品(DUT)的两端,因为泄漏电流会流过电压表从而可能引起泄漏电流的读数不准确。

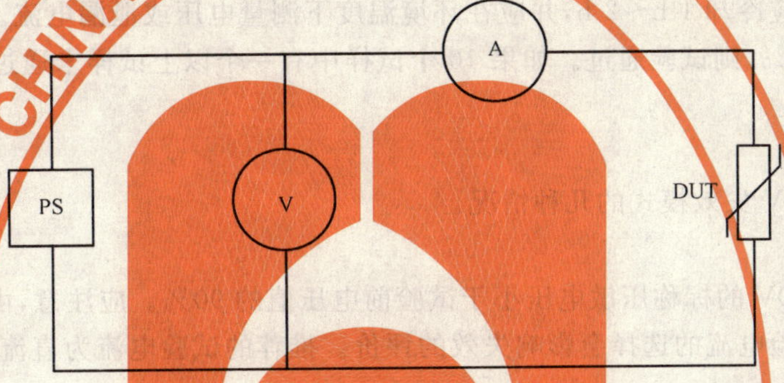

元件:

PS——电压源;

V——数字电压表;

A——微安表。

图 3 测量待机电流的试验回路

8.4.3 标称压敏电压(V_N)

本试验的目的是为了验证 MOV 在规定脉冲电流和规定温度下的压敏电压(见图 4)。试验电流(I_N)施加的时间应小于 400 ms。除非另有规定,试验电流应为直流 1 mA。测量时,电源应使用恒流源。不管负载阻抗大小,电源应保持在一个稳定值。

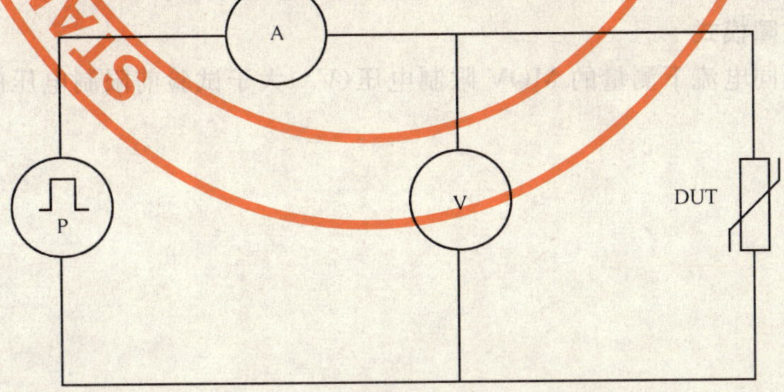

元件:

P——脉冲电流源;

V——数字电压表;

A——电流表。

图 4 测量标称压敏电压(V_N)的试验回路

8.4.4 电容量(C_V)

本试验的目的是为了确定MOV两端间的电容量,其测量应在规定的正弦频率和电压以及规定的温度下进行。除非另有规定,推荐采用25℃下、1 V(r.m.s)、1 kHz的信号。

8.5 可靠性

8.5.1 老化试验

本试验前,应测量并记录试样的标称压敏电压和待机电流,本试验将MOV加热到温度T_V时,施加110%的最大持续工作电压,持续时间为L_t。

8.5.2 试样进行试验的规定

当MOV设计改变或顾客要求时均应进行本试验。进行试验的试样应是一只完整的MOV,从一个批次的MOV产品中随机抽取10只试样。

温度应选择最高工作温度,时间持续1 000 h。试验期间,试验箱内的温度应均匀(应循环),温度的变化保持在5%以内。

试验完成时,试样应冷却1 h~2 h,并应在环境温度下测量电压或泄漏电流。如果电压或电流的终值不超过起始值的120%,则试验通过。如果10个试样中有一个以上试样未通过,则试验未通过。

9 故障和失效模式

本条款定义了MOV失效模式的几种情况。

9.1 劣化故障模式

在这一模式里,MOV的标称压敏电压小于试验前电压值的90%。应注意,由于标称压敏电压是用作失效判定的基准,试验电流的选择会影响失效的评价。推荐的试验电流为直流1 mA。

9.1.1 短路失效模式

在这一模式里,MOV的电阻永久地降低至在直流1 V电压时小于100 Ω。

9.1.2 高限制电压失效模式

在这一模式里,在相同电流下测量的MOV限制电压大于试验前限制电压的110%。

9.2 额定试验失效的故障模式确定

9.2.1 劣化故障模式

在本模式里,MOV的标称压敏电压(V_N)小于试验前电压值的90%(见8.4.3)。

注:由于标称压敏电压是用作失效判定的基准,试验电流的选择会影响失效。推荐的试验电流为直流1 mA。

9.2.2 短路故障模式

在本模式里,MOV的电阻永久地降低至施加直流1V电压时小于100 Ω(≥10 mA)。

9.2.3 高限制电压故障模式

在本模式里,在相同电流下测量的MOV限制电压(V_C)大于试验前限制电压的110%(见8.4.1)。

附 录 A
（规范性附录）
关于 GB 18802.1—2002 低压电涌保护器的 MOV 试验

A.1 序

符合 GB 18802.1—2002 的低压电涌保护器(SPD)须经受一项或多项指定的冲击试验。这些试验被定义为Ⅰ类、Ⅱ类和Ⅲ类。这些试验不同于正常的 MOV 单次或多次额定脉冲试验。全部试验的详细情况包括在 GB 18802.1—2002 中，本附录给出用于 GB 18802.1—2002 中 SPD 的 MOV 试验的概述。

A.2 MOV 选择

GB 18802.1—2002 的 SPD 脉冲额定值可能会由单只 MOV 或多只 MOV 串联、并联、或串并联的组合体得以满足。组合体 MOV 的电流、电压或两者应按 GB 18802.1 SPD 规定额定值的一部分进行其额定值的确定。它将取决于回路混联情况、MOV 的公差及老化特性。尽管 SPD 可在 20℃±15℃的环境温度下进行试验，但是当选择 MOV 试验温度时，应评估 SPD 内部较高温度的小环境情况。

本标准采用与 GB 18802.1—2002 的类别试验相同的术语和符号，但是，如果 MOV 是组合体的元件，MOV 的额定值应是某 SPD 优选额定值的一部分。

A.2.1 Ⅰ类预备性试验及动作负载循环试验

A.2.1.1 Ⅰ类预备性试验

在施加交流额定电压 U_C 下，再施加 3 组冲击。每组 5 次冲击。两次冲击之间的间隔时间为 50 s～60 s，两组之间的间隔时间为 25 min～30 min。为了有助于冷却，两组冲击的间隔期可不施加交流电压。

第一组第一次冲击施加在交流相角正向零相角(0°角)，其余 14 次冲击应以 30°步长增加相角(即 30°、60°、90°、120°至 60°)进行施加。

施加冲击电压视在波前时间为 1.2 μs，半峰值时间为 50 μs。这导致流过 MOV 的电流具有的波形为 8/20，其峰值电流值称为标称放电电流(I_N)。

A.2.1.2 Ⅰ类动作负载循环试验

本试验所采用的脉冲电流 I_{imp} 由峰值电流 I_{peak} 及 10 ms 的积分电荷 Q 进行定义。I_{peak} 与 Q 之间的关系符合 $Q/I_{peak}=0.5$ ms。可看作是矩形脉冲 I_{peak}，持续时间为 0.5 ms。典型的冲击电流，其峰值为 I_{peak}，波形规定为 10/350 μs。

预备性试验后，应施加的冲击为 0.1 I_{peak}、0.25 I_{peak}、0.5 I_{peak}、0.75 I_{speak} 及 I_{peak}。

每次冲击试验应按下列顺序进行：

——施加交流额定电压 U_C；

——在交流正向峰值电压时施加正向冲击；

——连续施加额定电压 30 min，检查热稳定性；

——切断额定电压，使 MOV 冷却至环境温度。

试验通过的判据为对于全部 5 次冲击下 MOV 是热稳定的。

A.2.2 Ⅱ类预备性试验及动作负载试验

A.2.2.1 Ⅱ类预备性试验

Ⅱ类预备性试验与Ⅰ类预备性试验相同(见 A.2.1.1)。

A.2.2.2 Ⅱ类动作负载试验

本试验中，用冲击产生一个流过 MOV 的电流，其规定波形为 8/20 μs 和最大放电电流 I_{max}。(I_{max}

值大于预备性试验值 I_N）。

预备性试验后，应施加的冲击为 $0.1I_{max}$、$0.25I_{max}$、$0.5I_{max}$、$0.75I_{max}$ 和 I_{max}。

每次冲击试验应按下列顺序进行：

——施加交流额定电压 U_C；

——在交流正向峰值电压时施加正向冲击；

——连续施加额定电压 30 min 检查热稳定性；

——切断额定电压，使 MOV 冷却至环境温度。

试验通过的判据为对于全部 5 次冲击下 MOV 是热稳定的。

A.2.3 Ⅲ类动作负载试验

采用组合波冲击发生器产生一波形为 1.2/50 μs 及峰值为 U_{OC} 的开路电压。短路时，发生器产生一波形为 8/20 μs 和峰值为 I_{SC} 的短路电流。U_{OC} 和 I_{SC} 之间的关系定义为 $U_{OC}/I_{SC}=2\ \Omega$。该发生器先后用于预备性试验和动作负载试验。

Ⅲ类预备性试验与Ⅰ类预备性试验相同，采用(1.2/50 8/20)复合冲击发生器调整到 U_{OC} 的要求值(见 A.2.1.1)。

预备性试验后，应施加的冲击为 $0.1U_{OC}$、$0.25\ U_{OC}$、$0.5\ U_{OC}$、$0.75\ U_{OC}$ 及 U_{OC}。

每次冲击试验应按下列顺序进行：

——施加交流额定电压 U_C；

——在交流正向峰值电压时施加正向冲击；

——在上述的交流正向峰值电压之后，在交流负向峰值电压时施加负向冲击；

——连续施加额定电压 30 min，检查热稳定性；

——切断额定电压，使 MOV 冷却至环境温度。

试验通过的判据为对于全部 5 次冲击下 MOV 是热稳定的。

参 考 文 献

[1] GB/T 10193—1997 电子设备用压敏电阻器 第1部分:总规范(idt IEC 61051-1:1991)

[2] GB/T 10194—1997 电子设备用压敏电阻器 第2部分:分规范 浪涌抑制型压敏电阻器(idt IEC 61051-2:1991)

[3] GB/T 10195.1—1997 电子设备用压敏电阻器 第2部分:空白详细规范 碳化硅浪涌抑制型压敏电阻器 评价水平E(idt IEC 61051-2-1:1991)

[4] GB/T 10195.2—1997 电子设备用压敏电阻器 第2部分:空白详细规范 氧化锌浪涌抑制型压敏电阻器 评价水平E(idt IEC 61051-2-2:1991)

[5] GB/T 16927.1—1997 高电压试验技术 第一部分:一般试验要求(eqv IEC 60060-1:1989)

[6] GB/T 17626.5—1999 电磁兼容 试验和测量技术 浪涌(冲击)抗扰度试验(idt IEC 61000-4-5:1995)

[7] GB/T 17627.1—1998 低压电气设备的高电压试验技术 第一部分:定义和试验要求(eqv IEC 61180-1:1992)

ICS 29.080.99
K 49

中华人民共和国国家标准

GB/T 18802.341—2007/IEC 61643-341:2001

低压电涌保护器元件 第341部分:电涌抑制晶闸管(TSS)规范

Components for low-voltage surge protective devices— Part 341:Specification for thyristor surge suppressors (TSS)

(IEC 61643-341:2001,IDT)

2007-06-21 发布 2008-02-01 实施

中华人民共和国国家质量监督检验检疫总局
中国国家标准化管理委员会 发布

前　言

《低压电涌保护器(SPD)》系列标准的结构及名称预计如下：

——低压配电系统用电涌保护器(SPD)　第1部分：性能要求和试验方法(GB 18802.1:2002/IEC 61643-1:1998)；

——低压配电系统用电涌保护器(SPD)　第12部分：选择和使用导则；

——低压电涌保护器　第21部分：电信和信号网络用低压电涌保护器(SPD)　性能要求和试验方法(GB/T 18802.21:2004/IEC 61643-21:2000)；

——低压电涌保护器　第22部分：电信和信号网络用低压电涌保护器(SPD)　选择和使用导则；

——低压电涌保护器元件　第311部分：气体放电管(GDT)规范；

——低压电涌保护器元件　第321部分：雪崩击穿二极管(ABD)规范；

——低压电涌保护器元件　第331部分：压敏电阻(MOV)规范；

——低压电涌保护器元件　第341部分：电涌抑制晶闸管(TSS)规范。

本部分为电涌抑制晶闸管(TSS)规范，等同采用IEC 61643-341:2001《低压电涌保护器元件　电涌抑制晶闸管(TSS)规范》(英文版)。在技术内容上等同上述IEC标准，编写规则符合GB/T 1.1的要求。

本部分做了以下编辑性修改：

a)　用小数点'.'代替作为小数点的逗号','；

b)　删除国际标准的前言。

本部分的附录A是规范性附录，附录B是资料性附录。

本部分由中国电器工业协会提出。

本部分由全国避雷器标准化技术委员会(SAC/TC 81)归口。

本部分起草单位：西安电瓷研究所，西安电力电子研究所。

本部分主要起草人：祝嘉喜、秦贤满、桑建平、邵晓萍。

低压电涌保护器元件
第 341 部分：电涌抑制晶闸管(TSS)规范

1 范围

本部分适用于以钳制和保护的方式限制过电压和分流电涌电流而设计的电涌抑制晶闸管(TSS)，特别适用于电信网络的电涌保护器件。

本部分包含的内容：

——术语、文字符号和定义；

——基本功能、形状和元器件结构；

——工作条件和失效模式；

——额定值验证和特性模式测量。

2 规范性引用文件

下列文件中的条款通过本部分引用而成为本部分的条款。凡是注日期的引用文件，其随后所有的修改单(不包括勘误的内容)或修订版均不适用于本部分，然而，鼓励根据本部分达成协议的各方研究是否可使用这些文件的最新版本。凡是不注日期的引用文件，其最新版本适用于本部分。

GB/T 4023—1997 半导体分立器件和集成电路 第 2 部分：整流二极管(eqv IEC 60747-2:1983)

GB/T 4798.9 电工电子产品应用环境条件 产品内部的微气候(GB/T 4798.9—1997，idt IEC 60721-3-9:1993)

GB/T 14733.3 电信术语 可靠性、可维护性和业务质量(GB/T 14733.3—1993，eqv IEC 60050:1990)

GB/T 15291—1994 半导体器件 第 6 部分：晶闸管(eqv IEC 60747-6:1983)

注：TSS 同 GB/T 15921—1994 描述的晶闸管的性能和应用有本质的不同。这些不同需要修改一些特性的描述和引入一些新术语。这些变化和增加的内容在第 3 章中给出。

GB/T 16896.1—1997 高电压冲击试验用数字记录仪 第一部分：对数字记录仪的要求(eqv IEC 61083-1:1991)

GB/T 17573—1998 半导体器件 分立器件和集成电路 第 1 部分：总则(idt IEC 60747-1:1983)

GB/T 17626.5—1999 电磁兼容 试验和测量技术 浪涌(冲击)抗扰度试验(idt IEC 61000-4-5:1995)

IEC 60050(702) 电信术语 振荡、信号和相关器件

IEC 60099-4 交流无间隙金属氧化物避雷器

IEC 60721-3-3 环境条件的分级 第 3 部分 环境参数及其严酷等级组的分类分级 第 3 节：电工电子产品应用环境条件 有气候防护场所固定使用

IEC 60749:1996 半导体器件 机械和气候试验方法

ITU-T K.20:1996 电信交换设备对过电压和过电流的抵抗

ITU-T K.21:1996 用户端对过电压和过电流的抵抗

ITU-T K.28:1993 保护电信设备用半导体避雷器组件特性

3 术语、符号和定义

下列术语、文字符号和定义适用于本部分。

3.1 参数的术语、符号和定义

这里所采用的术语、文字符号和定义均取自现行晶闸管标准(GB/T 15291—1994)和整流二极管标准(GB/T 4023—1997)。

注1：GB/T 17573—1998 的 5.2.1.1 指出"仅推荐字母 V 和 v 为电压的保留符号；然而在半导体器件领域中，如同 U 和 u 一样亦广泛采用 V 和 v。"本部分采用字母 V 和 v 来代表电压。

注2：当文字符号有几种形式时，首先采用最通用的形式。

3.1.1 主端额定值 Main terminal ratings

列出的额定值包括阻断、导通和开关象限的合适要求。

3.1.1.1

断态重复峰值电压 repetitive peak off-state voltage

V_{DRM}

断态时可施加的包含所有直流和重复性电压分量的额定最高(峰值)瞬时电压。

3.1.1.2

通态重复峰值电流 repetitive peak on-state current

I_{TRM}

可连续施加规定电流波形和频率的额定最大(峰值)通态交流工频电流。

3.1.1.3

通态不重复峰值电流 non-repetitive peak on-state current

I_{TSM}

在规定的时间或交流周波数时，可施加规定波形和频率的额定最大(峰值)通态交流工频电涌电流。

3.1.1.4

不重复峰值冲击电流 non-repetitive peak impulse current

I_{PPSM}；I_{TSM}

可施加的规定幅值和波形的额定最大(峰值)冲击电流。

注：该额定值有几种符号表示，这些符号的意义如下：

I_{PPSM} 技术上正确。为 I_{PP} 的不重复(S)最大值或峰值(M)。

I_{TSM} 对于短时冲击，该符号技术上不正确。因为器件处于通态(T)时，不可能出现不重复(S)电流最大值(M)。

I_{PPM} 不鼓励使用该符号来表示不重复值。该符号表示 I_{PP} 的额定重复最大(M)值。

I_{PP} 不鼓励使用该符号表示额定值。术语峰值冲击电流是一种电路参数，并被定义为一系列基本相同的峰值冲击电流。

3.1.1.5

反向重复峰值电压 repetitive peak reverse voltage

V_{RRM}

在反向阻断方向可施加的，包含所有直流的和重复性的电压分量的额定最高(峰值)瞬时电压。

3.1.1.6

正向不重复峰值电流 non-repetitive peak forward current

I_{FSM}

在规定的时间或交流周波数时，可施加的规定波形和频率的额定最大(峰值)交流工频正向电涌电流。

3.1.1.7

正向重复峰值电流 repetitive peak forward current

I_{FRM}

可连续施加的规定波形和频率的额定最大(峰值)交流工频正向电流。

3.1.1.8

通态电流临界上升率　critical rate of rise of on-state current

di/dt;$(di_T/dt)cr$

器件能承受而不损坏的额定值电流上升率。

3.1.2　**主端特性　Main terminal characteristics**

3.1.2.1

断态电压　off-state voltage

V_D

器件处于断态时的直流电压。

3.1.2.2

断态电流　off-state current

I_D

施加断态电压 V_D 产生的直流电流。

3.1.2.3

断态重复峰值电流　repetitive peak off-state current

I_{DRM}

施加断态重复峰值电压 V_{DRM} 产生的最大(峰值)断态电流。

3.1.2.4

转折电压　breakover voltage

$V_{(BO)}$

在规定的电压上升率和电流上升率条件下,在击穿点或击穿区内测得的器件两端的最高电压。

注:击穿电压有几个 $V_{(BO)}$ 值时,就需要用数字后缀加以区分,并规定相关参数击穿电流的范围例如:$V_{(BO)1}$,$0<I_{(BR)}<10$ mA。

3.1.2.5

维持电流　holding current

I_H

维持晶闸管通态的最小阳极电流(最小主电流或最小晶闸管电流)。

3.1.2.6

断态电容　off-state capacitance

C_0,C_J

在规定的频率 f、幅值 V_d 和直流偏压 V_D 条件下,处于断态时两规定端子间测得的微分电容。

3.1.2.7

反向重复峰值电流　repetitive peak reverse current

I_{RRM}

施加反向重复峰值电压 V_{RRM} 时产生的最大(峰值)反向电流。

3.1.2.8

正向恢复峰值电压　peak forward recovery voltage

V_{FRM}

从零或规定反向电压,施加规定的电压上升率和电流上升率时,器件两端的正向导通最高值电压。

3.1.2.9

断态电压临界上升率　critical rate of rise of off-state voltage

dv/dt;$(dv_D/dt)cr$

不导致器件从断态转换至通态的最大电压(低于 V_{DRM})上升率。

3.1.3　**附加参数和推导参数　Additional and derived parameters**

下列推导和测量的参数，对于比较某些应用或统计过程控制可能是必要或有用的。

3.1.3.1

击穿电压　breakdown voltage

$V_{(BR)}$

在规定击穿电流 $I_{(BR)}$ 的条件下，处于击穿区时(开关点之前)器件两端的电压。

注：对于正极性击穿斜率器件，可用 $V_{(BR)}$ 代替 V_{DRM}。

3.1.3.2

击穿电流　breakdown current

$I_{(BR)}$

器件处于击穿区时流过的电流。

3.1.3.3

转折电流　breakover current

$I_{(BO)}$

在转折电压 $V_{(BO)}$ 条件下流过器件的瞬时电流。

3.1.3.4

开关电压　switching voltage

V_s

器件转换进入通态前，在击穿区终点时器件两端的瞬时电压。

3.1.3.5

开关电流　switching current

I_s

在开关电压 V_s 条件下流过器件的瞬时电流。

3.1.3.6

通态电压　on-state voltage

V_T

在规定通态电流 I_T 条件下的器件两端电压。

3.1.3.7

通态电流　on-state current

I_T

在通态条件下，流过器件的电流。

3.1.3.8

正向电压　forward voltage

V_F

在规定正向导通电流 I_F 条件下的器件两端电压。

3.1.3.9

正向电流　forward current

I_F

器件处于正向导通时通过的电流。

3.1.3.10

开关电阻　switching resistance

R_s

推导得到的击穿区等效斜率电阻 R_s，计算公式为：$R_s=(V_{(BO)}-V_s)/(I_s-I_{(BO)})$

3.1.3.11

绝缘电阻　insulation resistance

推导得到的器件等效绝缘电阻，计算公式为：V_D/I_D。

3.1.4　**温度相关参数　Temperature related parameters**

所有的涉及半导体 TSS 参数都依赖温度。在期望的工作温度范围内，应通过正确规范确定参数的最大值或最小值，通常能消除对温度的影响，下面列举了一些常见与温度有关的术语。

3.1.4.1

击穿电压温度系数　temperature coefficient of breakdown voltage

$\alpha_{V_{(BR)}}$，$dV_{(BR)}/dT_J$

击穿电压 $V_{(BR)}$ 的变化与温度变化之比。

注：以 25℃时的击穿电压为基准，$\alpha_{V_{(BR)}}$ 的单位为毫伏每开尔文(mV/K)或百分比每开尔文(%/K)。mV/℃和%/℃可代替 mV/K 和%/K。

3.1.4.2

维持电流温度曲线　variation of holding current with temperature

维持电流 I_H 随温度变化的关系，以图表示。

3.1.4.3

温度降额　temperature derating

超过规定的基准温度时，额定值随温度升高的减少数额，表示为百分率，例如可应用在施加的冲击峰值电流。

3.1.4.4

热阻　thermal resistance

R_{thJL}，R_{thJC}，R_{thJA}($R_{\theta JL}$，$R_{\theta JC}$，$R_{\theta JA}$)

在热平衡条件下，结耗散单位功率引起的结对规定外部基准点(引线、管壳或环境)的有效温升。

注：热阻通常用 K/W 或℃/W 来表示。

3.1.4.5

瞬时热阻抗　transient thermal impedance

$Z_{thJL(t)}$，$Z_{thJC(t)}$，$Z_{thJA(t)}$，($Z_{\theta JL(t)}$，$Z_{\theta JC(t)}$，$Z_{\theta JA(t)}$)

在一个时间区间终点的等效结温与规定基准点或区域(引线，管壳或环境)的温度之差，除以引起这个温差的该时间区间起点时按阶跃函数变化的耗散功率。

注 1：热阻抗通常用 K/W 与℃/W 互换。

注 2：它是在变化的状态下结的热阻抗，通常以曲线的形式给出作为能量冲击时间的函数。

3.1.4.6

(等效)结温　(virtual) junction temperature

T_J，T_{VJ}

基于器件的热特性和电特性的简化模式，表示计算的结理论温度。

注：术语“等效结温”尤其适用于多结半导体，当规范和试验方法需要时，可用于表示激活的半导体元件的温度。在本标准中，术语“结温”T_j 和“等效结温”T_{vj} 可以互换。

3.1.4.7

最高结温　maximum junction temperature

T_{JM}

TSS 能耐受自身发热而不劣化的最高值允许结温。

3.1.4.8

贮存温度范围　storage temperature range

T_{stg} min. ～T_{stg} max.

不施加任何电压时器件可贮放的温度范围。

注：优选的温度范围为 0℃ ～125℃；－55℃ ～125℃；－65℃ ～150℃（选自的 GB/T 17573—1998 6.5 和 IEC 60749—1995的 3.1.2）

3.1.5　**门极参数　Gate terminal parameters**

3.1.5.1

门极触发电流　gate trigger current

I_{GT}

使器件从断态转入通态所需的最小门极电流。

3.1.5.2

门极触发电压　gate trigger voltage

V_{GT}

产生门极触发电流 I_{GT}所需的门极电压。

3.1.5.3

门极端-邻近端断态峰值电压　gate -to-adjacent terminal peak off-state voltage

在额定断态电压 V_D 且不超过规定断态电流 I_D 的条件下，P-门极器件的门极对阴极可施加的最高电压或 N-门极器件的门极对阳极可施加的最高电压。

3.1.5.4

门极断态峰值电流　peak off-state gate current

I_{GDM}

门极断态峰值电压 V_{GDM}产生的门极最大电流。

3.1.5.5

(邻近端开路时)门极反向电流　gate reverse current, adjacent terminal open

I_{GAD}；I_{GKO}

在 P-门极器件的阴极开路或 N-门极器件的阳极开路的条件下，施加规定的门极偏压 V_G 时通过门极的电流。

3.1.5.6

(主端子短路时)门极反向电流　gate reverse current, main terminals short-circuited

I_{GAS}；I_{GKS}

在 P-门极器件的阴极或 N-门极器件阳极同第三端子短路的条件下，施加规定的门极偏压 V_G 时通过门极的电流。

注：该定义仅适用于门极集成串联了阻断二极管的器件。

3.1.5.7

(通态时)门极反向电流　gate reverse current, on-state

I_{GAT}；I_{GKT}

在规定的门极偏压 V_G 和规定的通态电流 I_T 条件下，通过门极的电流。

注：该定义仅适用于门极集成串联了阻断二极管的器件。

3.1.5.8

(正向导通态时)门极反向电流　gate reverse current, forward conducting state

I_{GAF}；I_{GKF}

在规定门极偏压 V_G 和规定的正向导通电流 I_F 条件下，通过门极的电流。

注：该定义仅适用于门极集成串联了阻断二极管的单向导通器件。

3.1.5.9

门极开关电荷　gate switching charge

Q_{GS}

在冲击条件下，施加规定的门极偏压 V_G 从断态至开关点变换期间，流过门极的电荷。

3.1.5.10

门极峰值开关电流　peak gate switching current

I_{GSM}

施加规定门极偏压 V_G 从断态至开关点变换期间，流过门极的最大电流。

3.1.5.11

门极端-邻近端转折电压　gate -to-adjacent terminal breakover voltage

$V_{GK(BO)}$，$V_{GA(BO)}$

在转折点处，P-门极器件的门极-阴极电压或 N-门型器件的门极-阳极电压。

注：该电压等效于转折电压 $V_{(BO)}$ 和规定门极电压 V_G 之间的电压差。

3.2　TSS、端(子)和特性名词的术语和定义

3.2.1　TSS

3.2.1.1

不对称双向 TSS　asymmetrical bi-directional TSS

主(电压-电流)特性的第一象限和第三象限的开关特性具有实质不同的一种晶闸管。

3.2.1.2

双向 TSS　bidirectional TSS

主(电压-电流)特性的第一象限和第三象限具有开关特性的一种晶闸管。

3.2.1.3

正向阻断 TSS　forward-blocking TSS

仅对主端子 2(阴极)电压为负时转换，主端子 2 电压为正时呈现阻断态的一种 TSS。

3.2.1.4

正向导通 TSS　forward-conducting TSS

仅对主端子 2(阴极)电压为负时转换，主端子 2 电压为正并与通态电压大小相当时，可导通大电流的一种 TSS。

3.2.1.5

负击穿电阻 TSS　negative breakdown resistance TSS

在转换前，静态击穿特性具有负电阻斜率的一种 TSS。

3.2.1.6

N-门极晶闸管　N-gate thyristor

门极端子接至紧靠阳极 P 区的 N 区的一种门控晶闸管，并且通常在门极-阳极间施加负极性信号，使之进入通态。

3.2.1.7

P-门极晶闸管　P-gate thyristor

门极端子接至紧靠阴极 N 区的 P 区的一种门控晶闸管，并且通常在门极-阴极间施加正极性信号，使之进入通态。

3.2.1.8

正击穿电阻 TSS　positive -breakdown-resistance TSS

在转换前，静态击穿特性具有正电阻斜率的一种 TSS。

3.2.1.9

反向阻断 TSS　reverse-blocking TSS

正阴极电压时，呈现阻断态的一种 TSS。

3.2.1.10

反向导通 TSS　reverse-conducting TSS

正阴极电压时，呈现导通态的一种 TSS。

3.2.1.11

对称双向 TSS　symmetrical bi-directional TSS

主(电压-电流)特性的第一象限和第三象限具有基本相同开关特性的一种晶闸管。

3.2.1.12

晶闸管　thyristor

包含三个或更多的结并能从断态转入通态或反之的双稳态半导体器件，这种状态转换至少发生于主电压-电流特性的一个象限中。

3.2.1.13

单向 TSS　unidirectional TSS

仅主电压—电流特性的一个象限中有开关特性的一种 TSS。

3.2.2　端(子)　**Terminals**

3.2.2.1

阳极端　anode

当晶闸管处于通态且门极开路时，电流流入晶闸管的电极端。(GB/T 15291—1994)

注：该术语不适用于双向晶闸管。

3.2.2.2

阴极端　cathode

当晶闸管处于通态且门极开路时，电流流出晶闸管的电极端。

注：该术语不适用于双向晶闸管。

3.2.2.3

门极端　gate

引入控制电流并与半导体一个区域相连的电极端。

3.2.2.4

主端子　main terminals

通过主电流的两个端子。

注：主端子可根据应用习惯命名，例如：在电信业中，连接后的主端子可命名为：R(环)，T(触点)和 G(接地)或 A、B 和 C(公共)。

3.2.2.5

主端子 1　main terminal 1

由器件制造商命名为 1 的主端子。

3.2.2.6

主端子 2　main terminal 2

由器件制造商命名为 2 的主端子。

3.2.2.7

(电气)端　(electrical) terminal

外部有效连接点。

3.2.3 特性名词 Characteristic terminology

3.2.3.1

阻断 blocking

描述半导体器件或结通过电流时呈高阻状态的术语。

3.2.3.2

击穿 breakdown

发生在反向偏置半导体结上，由高动态电阻区转变为显著低动态电阻区时，所观察到反向电流开始剧烈增加的现象。

3.2.3.3

击穿区 breakdown region

从断态高动态电阻转换到显著小的低动态电阻状态开始，延伸至开关点的这部分特性。

3.2.3.4

转折点 breakover point

电压—电流特性曲线击穿区内微分电阻为零，且主电压到达最大值的任一点。（修改采用GB/T 15291—1994中3.2.16）

注：如击穿区的转折点超过一个时，则最高电压值的点为特征点。

3.2.3.5

特性 characteristic

器件固有而可测量的性能。

注：这些性能可是电气的、机械的、热的、水力的、电磁的或核的，并能表示为指定或认可的条件下的量值。特性也可以是一系列相关的数值，这通常以用曲线图表示。

3.2.3.6

钳位 clipping；clamping

一种限位方式，当信号的所有瞬时值超过预定的门槛值时，则减少到接近门槛值，从而使该信号的所有瞬时值得到保护。（IEC 60050(702)）

注：通常用 clamping 代替 clipping，虽然 IEC 60050(702)定义 clamping 为一些重复信号的特性保持基准值。

3.2.3.7

旁通 crowbarring

一种限位方式，当信号瞬态值大于预定的拐点值时，激活与信号源阻抗连接的低阻抗分流支路使信号幅值减小。

3.2.3.8

正向/反向阻断象限 forward/reverse blocking quadrant

器件主电压—电流特性中呈现反向/正向阻断状态的象限。（修改采用 GB/T 15291—1994）

注：正向阻断 TSS 是第一象限，反向阻断 TSS 是第三象限。

3.2.3.9

正向/反向导通象限 forward/reverse conducting quadrant

器件主电压—电流特性中呈现正向/反向导通状态的象限。（修改采用 GB/T 15291—1994）

注：正向导通 TSS 是第一象限，反向导通 TSS 是第三象限。

3.2.3.10

正向 forward direction

1） 当半导体 P 型区相对于 N 型区为正电位时，通过 PN 结的电流方向。

2） 当与半导体 P 型区相连的一个端相对于与 N 型区相连的另一个端为正电位时，通过半导体器件的电流方向。

注：如果一个或多个结至少串联另一个反向的 PN 结，此定义不适用。

3.2.3.11

最大额定值 maximum rating

绝对最大额定值 absolute maximum rating

建立极限能力和极限条件的额定值，超过该值器件可能发生损坏。

注：极限条件可为最大值或最小值。

3.2.3.12

负微分电阻(区) negative differential-resitance (region)

开关象限的主电压—电流特性中微分电阻为负且晶闸管在击穿区和通态区之间转换的区域。(修改采用 GB/T 15291—1994)

3.2.3.13

不重复电流额定值 non-repetitive current rating

在器件寿命期内至少可施加100次而不失效的最大额定值。

注：在该额定状态期间，允许器件在短时间内超过最大额定结温。器件在额定状态期间或紧接该额定状态后至器件恢复初始的热平衡状态前，不要求阻断电压或保持任何门极控制的能力。器件恢复初始热平衡状态后，该额定状态仍可重复。

3.2.3.14

断态(区) off state (region)

TSS能发生转换作用的象限状态，对应于原点和击穿区起点之间特性呈高动态电阻部分。(修改采用 GB/T 15291—1994)

3.2.3.15

通态(区) on state (region)

TSS的一种状态，对应于 TSS 主电压-电流特性开关象限为低电阻、低电压的这部分状态。

3.2.3.16

参数 parameter

描述器件可测量或可量化的物理量，如特性或额定值。

3.2.3.17

主电流 principal current

不含任何门极电流，泛指通过器件电流的一般术语。

注：主电流通过两个主端子。

3.2.3.18

主电压 principal voltage

两个主端子之间的电压。

注1：如为反向阻断或反向导通晶闸管，当阳极电位高于阴极电位，则主电压称正，当阳极电位低于阴极电位，则主电压称负。

注2：如为双向晶闸管，当主端子2电位高于主端1电位，主电压称正。

注3：如为正向导通晶闸管，当阴极电位高于阳极电位，主电压称正；当阴极电位低于阳极电位，主电压称负。

3.2.3.19

主电压—电流特性(主特性) principal voltage-current characteristic (principal charac- teristic)

主电压与主电流的函数关系，常用曲线图表示。

3.2.3.20

象限 quadrant

当主电压—电流特性用曲线图表示时，电压 v 和电流 i 坐标轴产生的四个区域称为象限。这些象限按逆时针方向依次被称作第一象限，第二象限，第三象限，第四象限。发生在第一象限特性为 $+v$ 和 $+i$，以及第三象限为 $-v$ 和 $-i$。

3.2.3.21

额定值 rating

为期望得到满意的工作，用来规定器件、机器、设备、电子装置等的工作状态的电的、热的、机械的或环境的参数量的标称值。

注："额定值"是一个一般性术语。亦见最大额定值(3.2.3.11)。

3.2.3.22

重复额定值 repetitive rating

可连续施加在晶闸管上的最大额定值。

3.2.3.23

反向 reverse direction

1) 当半导体 N 型区相对于 P 型区为正电位时，P-N 结中产生的电流方向。

2) 当与半导体 N 型区相连的一个端子相对于 P 型区相连的另一个端子为正电位时，半导体器件内产生的电流方向。

注：如一个或多个结至少串联另一个反向的 PN 结，此定义不适用。

3.2.3.24

开关点 switching point

晶闸管正反馈并开始转换进入通态的主电压—电流特性曲线上的点。

注：该点位于在击穿区末端和负微分电阻区始端。

3.2.3.25

开关象限 switching quadrant

器件在断态和通态之间转换的主电压—电流特性象限。

注：双向晶闸管的开关象限为第一象限和第三象限。反向阻断或反向导通晶闸管开关象限为第一象限，正向导通或正向阻断晶闸管的开关象限为第三象限。

4 基本功能和器件的说明

本章内容包括 TSS 的类型、器件基本结构、器件等效电路、特性值、工作参数和其他功能结构。

4.1 TSS 的类型

TSS 按第一象限和第三象限的特性型式以及端子数分类。至少一个象限有开关特性(见图 1)，另一个象限可有开关、阻断或二极管导通特性(见图 1 和图 2)。器件仅有一个象限开关特性称为单向，它可能有 2 个端子(二端子)，3 个端子(三端子)或 4 个端子(四端子)。另外，器件有两个象限开关特性称为双向，并可有多达 5 个端子(五端子)(见表 1)。

表 1 TSS 的类型

端子数	另一象限特性		
	阻 断	导 通	开 关
2 (二端子)	反向阻断二端子型 TSS 或正向阻断二端子型 TSS	反向导通二端子型 TSS 或正向导通二端子型 TSS	双向二端子型 TSS
3 (三端子)	反向阻断三端子型 TSS 或正向阻断三端子型 TSS (P-门极或 N-门极)	反向导通三端子型 TSS 或正向导通三端子型 TSS (P-门极或 N-门极)。	P-门极双向三端子型 TSS 或 N-门极双向三端子型 TSS 或 P-门极和 N-门极组合的双向三端子型晶闸管(TRTAC)

表 1（续）

端子数	另一象限特性		
	阻　断	导　通	开　关
4 （四端子）	反向阻断四端子型 TSS 或正向阻断四端子型 TSS （P-门极或 N-门极）	反向导通四端子型 TSS 或正向导通四端子型 TSS （P-门极或 N-门极）	双向四端子型 TSS（二门极）
5 （五端子）	—	—	双向五端子型 TSS（三门极）

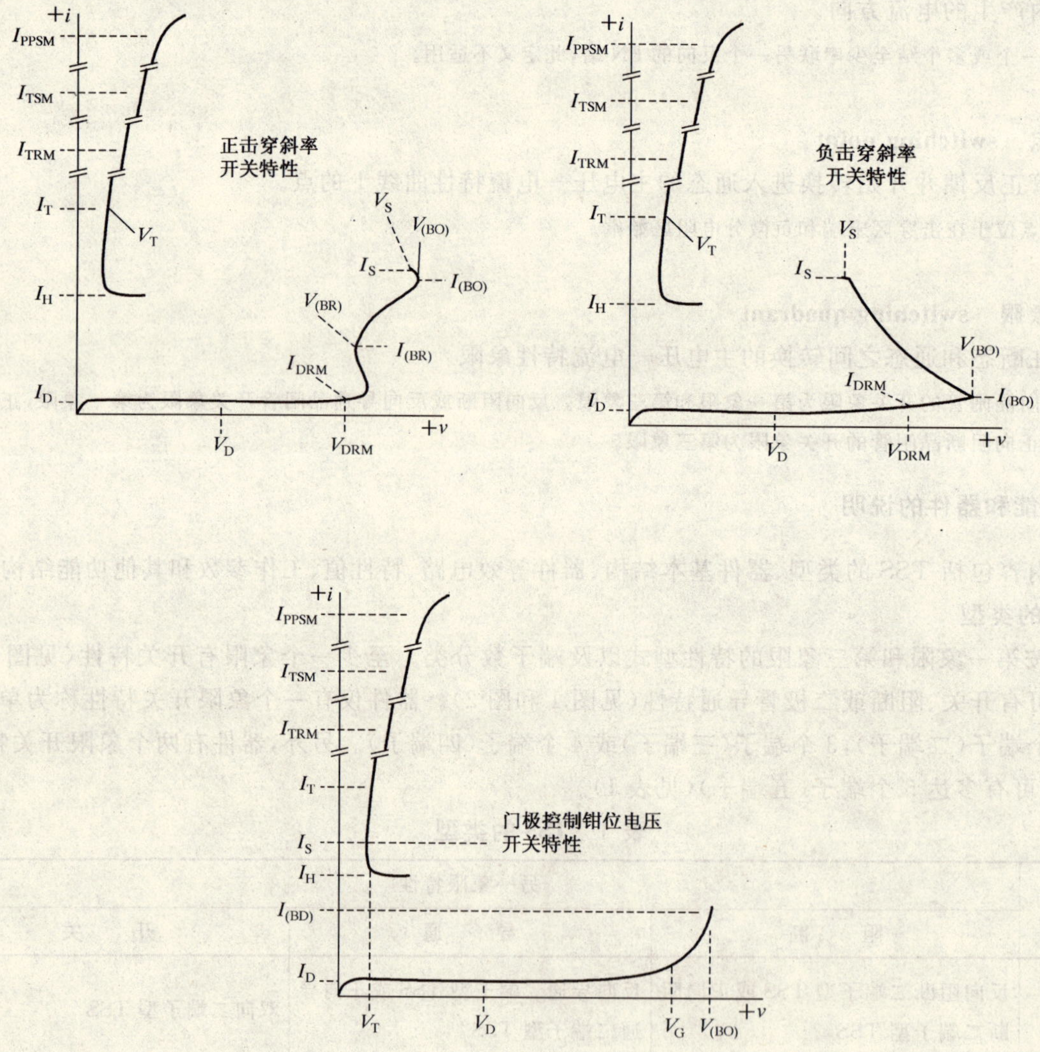

图 1　开关特性

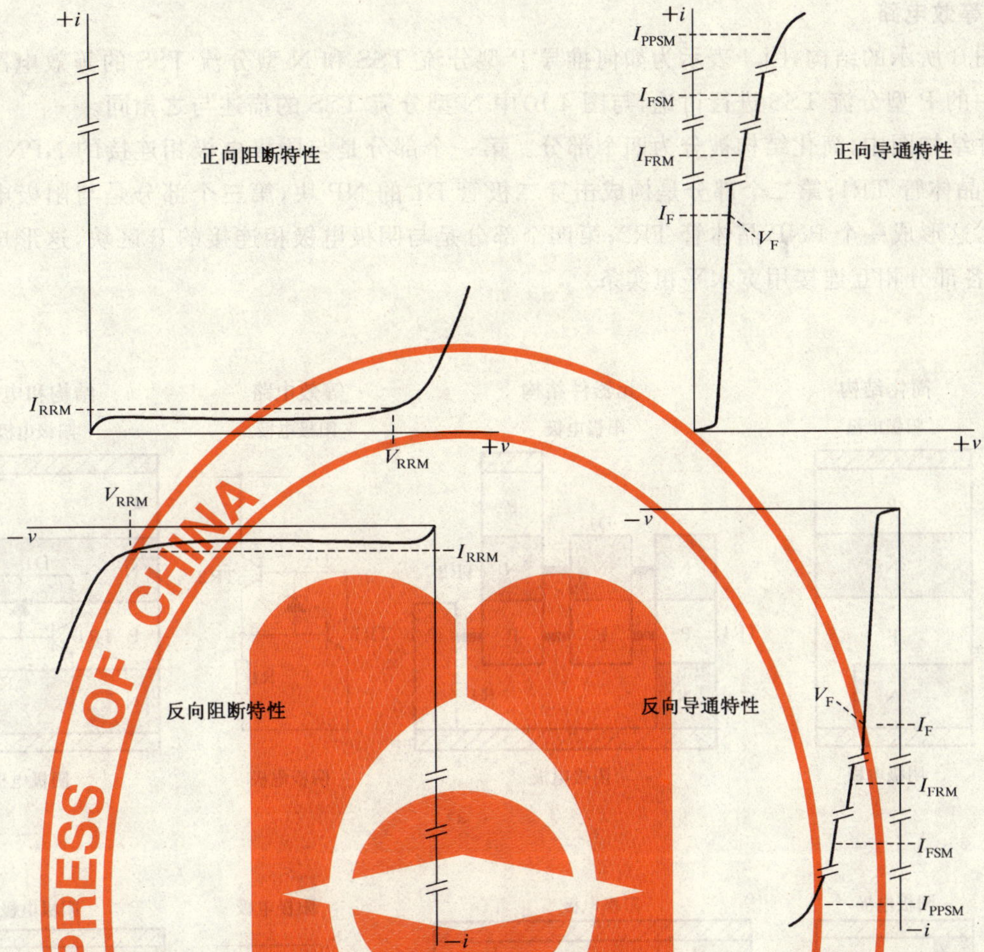

图 2　无开关特性(象限)

4.2　器件基本结构

过电压保护用晶闸管是通过在一个硅芯片中制造 N 型层和 P 型层串联而成。晶闸管基本结构有三个 PN 结组成及对应的 4 个层(PNPN),见图 3 a)。当初始硅片(P 型或 N 型)一层导电类型确定时,则另三个层就必须按 PNPN 的结构制造产生。P 型和 N 型层的电气接触由制作金属电极实现(图 3 所示的顶部和底部阴影部分)。

图 3 表示了三种单向晶闸管的简化结构。一旦开通后,基本晶闸管保持导通很小的电流。TSS 要求用大的电流关断。通过一个 PN 结电极的阻性分流能获得大关断电流。图 3 b)表示 P 型材料对阴极的阻性分流,图 3c)表示 N 型材料对阳极的阻性分流。当顶部阳极电极相对于底部阴极为正时,出现开关特性。

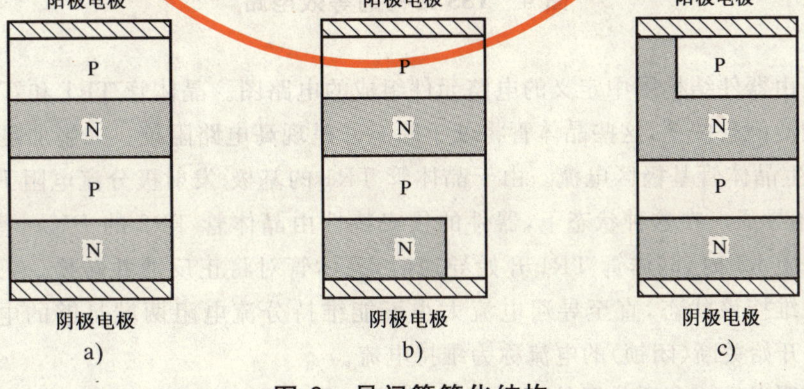

图 3　晶闸管简化结构

4.3 器件等效电路

基于图 3 所示的结构，图 4 表示为如何推导 P 型分流 TSS 和 N 型分流 TSS 的等效电路。在此仅对图 4 a)中的 P 型分流 TSS 进行讨论，与图 4 b)中 N 型分流 TSS 的描述与之相同。

在器件结构图中，简化结构被分为四个部分。第一个部分是与阴极电极相连接的 NPN 块，这形成一个 NPN 晶体管 TR1；第二个部分是构成击穿二极管 D1 的 NP 块；第三个部分是与阳极电极相连接的 PNP 块，这形成一个 PNP 晶体管 TR2；第四个部分是与阴极电极相连接的 P 区块，这形成一个分流电阻 R1。各部分相互连接用宽水平粗实条。

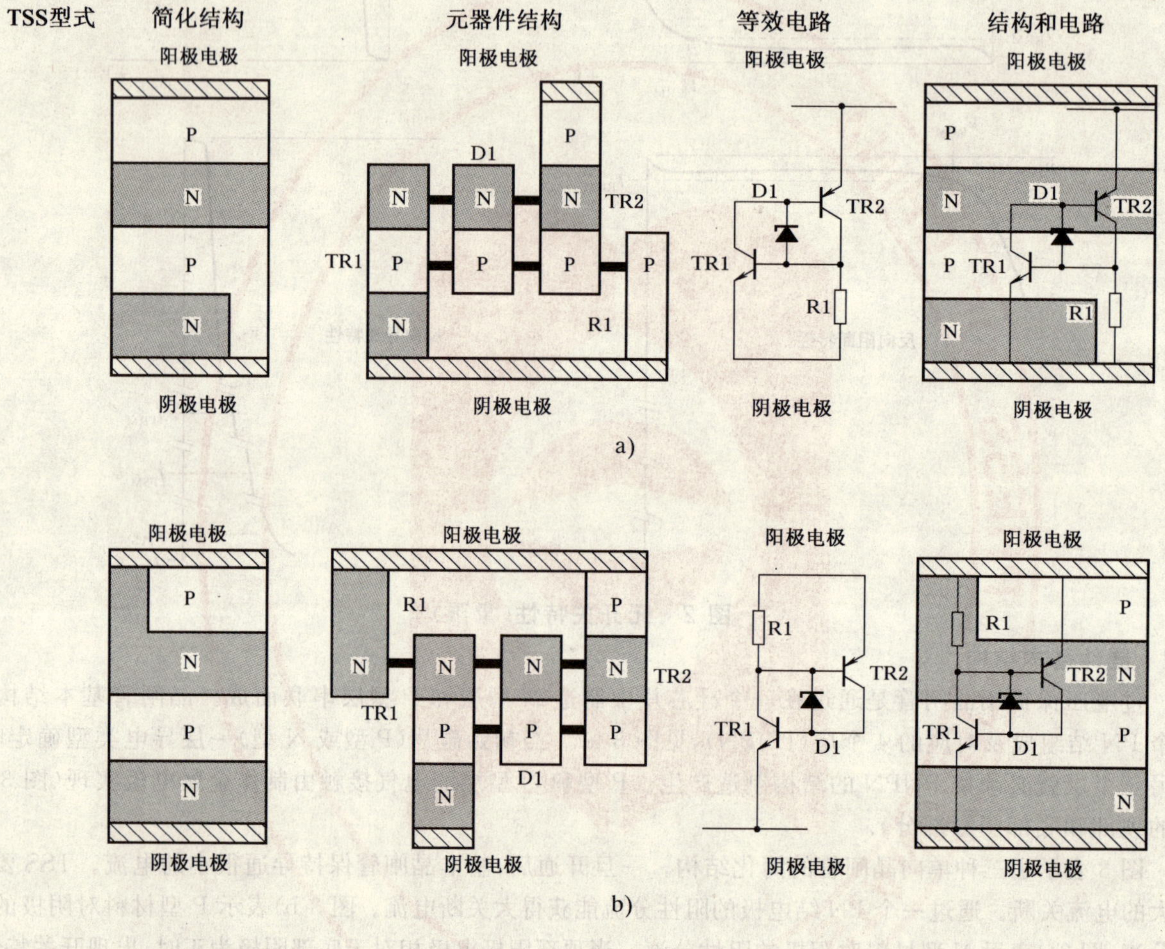

图 4　TSS 结构的等效电路

等效电路图是由器件结构图中定义的电路元件组成的电路图。晶体管 TR1 和 TR2 连接形成一对正反馈。在未被激活的条件下，这些晶体管将处于断态并呈现高电路阻抗。如施加足够的正电压，二极管 D1 将击穿并产生晶体管基极区电流。由于晶体管 TR1 的基极-发射极分流电阻 R1 的旁路电流，晶体管 TR2 仅在初始导通。在这种状态下，器件的伏安特性由晶体管 TR2 的 BV_{CEO} 特性决定。当足够的电流通过分流电阻 R1 时，晶体管 TR1 开始导通时，晶体管对将正反馈并转换（旁通）到低电压通态状态。晶体管对将维持该状态，直至导通电流太小不能维持分流电阻两端足够的电压来激活晶体管 TR1。使晶体管对开始关断（闭锁）的电流称为维持电流。

结构和电路说明以结构合适位置的电路元件，组成了简化结构的等效电路。

4.4 开关象限特性

TSS 的开关特性包含四个区域(见图 5):a) 断态,b) 击穿,c) 负电阻,d) 通态

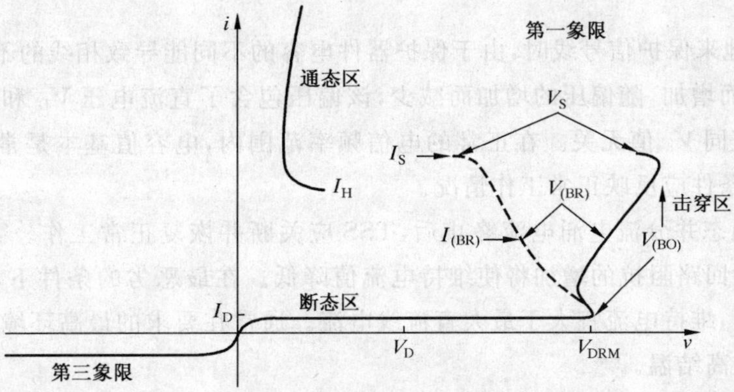

图 5 **TSS 的开关特性**

4.4.1 断态区

断态区是电压—电流特性的高电阻、低电流区域。该区域从原点延伸至击穿起始点。断态电流是结反向电流和所有表面漏电流的总和。在该区域进行两种典型的测量:施加直流断态电压(V_D)测量断态电流(I_D)和施加额定断态重复峰值电压(V_{DRM})测量断态重复峰值电流(I_{DRM})。

4.4.2 击穿区

击穿区是电压—电流特性的低电阻、高电压区域。该区域是从电压—电流特性的高动态电阻的低电流部分开始变化,至显著的低动态电阻区、电流剧增的区域。最终,当晶闸管正反馈出现足以激活开通时,该区域终止。击穿区末点电压可高于或低于起始电压,这决定于晶闸管的设计和温度。由于伴随晶体管激活的结雪崩击穿,使该区域是低电阻特性。在击穿区域呈现的最高电压定义为转折电压($V_{(BO)}$)。其他测量值为给定击穿电流($I_{(BR)}$)时的击穿电压($V_{(BR)}$)(对于正斜率 TSS 器件),以及开关点的电压和电流(V_S,I_S)。

4.4.3 负电阻区

负电阻区表示从击穿区开关点到通态状态的轨迹。该区域是一个动态状态,晶闸管正反馈随时间而增加导致电流增加,这引起晶闸管两端的电压降低,直至达到通态状态。

4.4.4 通态区

通态区是电压—电流特性的低电阻、高电流部分。在通态状态时,完全正反馈的晶闸管通过的电流产生最低电压降。刚好维持通态的最小电流定义为维持电流(I_H)。低于该电流会导致晶闸管关断。

4.5 TSS 的性能判据

TSS 的性能可分成三类领域:

a) 系统负载 用输出电流、维持电流和电容量表示;

b) 设备保护 由允许通过峰值电压和失效模式定义;

c) 耐久性 由电涌和环境寿命来评定。

4.5.1 系统负载

在系统正常工作条件下,TSS 的作用是显而易见的。在待机或最大信号条件下,当出现电涌或由于电容量差别导致相线不平衡后,不能恢复正常的运行时,TSS 通过引导过量电流避免系统承担负载。

待机负载的主要参数为断态电流 I_D。对于大多数的电话应用,—50 V 的试验偏压 V_D 是合适的。断态电流随温度增加,因此此参数需规定在预期系统最高环境温度时的最大值。

两个参数中的一个参数能定义无主电压钳位的系统最高电压。为保证 TSS 在最高信号幅值时仍处于断态,额定断态重复峰值电压 V_{DRM} 必须高于该信号水平。在许多系统中,几毫安的钳位电流将不

会干扰系统运行。在这些情况中的正击穿斜率 TSS 器件，低电流（$I_{(BR)} \approx 1$ mA）的击穿电压 $V_{(BR)}$ 可规定为等于最高信号幅值。在低温时这两个参数的电压值都将降低，因此宜规定在预期系统最低环境温度时的要求值。

当通过 TSS 接地来保护信号线时，由于保护器件电容的不同能导致相线的不平衡。TSS 的断态电容随结温 T_j 的增加而增加，随偏压的增加而减少，该偏压包含了直流电压 V_D 和交流信号电压 V_d。当 $V_D >> V_d$ 时，电容值同 V_d 值无关。在正常的电信频率范围内，电容值基本是常数。为准确评估 TSS 对的微分电容，测试条件应反映正常工作情况。

TSS 转换进入通态并分流电涌电流终止后，TSS 应关断并恢复正常工作。TSS 的维持电流 I_H 确定关断电流。结温和回路阻抗的增加将使维持电流值降低。在最恶劣的条件下，例如在最大电路源阻抗和最高结温条件下，维持电流宜大于最大直流线电流。通常在要求的最高环境温度时，长时间交流功率电涌过后将出现最高结温。

4.5.2 设备保护

以保护为目的，在所有过电压条件下，TSS 允许通过的峰值电压不应超过设备的电压额定值。在一些应用中，最高电涌水平是未知的，应规定由过度电涌水平产生而需要的失效模式。

过电压是由冲击或相对长的交流应力引起的。在交流电涌条件下，发热和导致的结温升高使转折电压增加。在低电流时，由击穿区的损耗引起发热。通态区的大电流导致主要损耗。由于冲击上升率增加，冲击允许通过峰值电压将提高。

当电涌大大超过 TSS 的承受容量时，TSS 将突然失效。在电信业应用中，保护器有两个等级——主要和次要。主要保护在系统中防止大部分应力的能量扩展到远端规定的界面。次要保护是在主要保护之后动作，并承担比较小而较确定的应力水平。在过电涌条件下，通过短路使主要保护器失效是合乎需要的，这样就防止了电涌进一步的扩展。主要保护器通常通过破坏性试验来确保它们的失效模式是安全而有效的。

4.5.3 耐久性

TSS 应有足够的工作寿命，典型的设计寿命超过 20 年。寿命的大部分时间是在正常的工作条件下，并且产品应通过验证预期寿命的一系列侵蚀性的环境试验。电涌出现虽然少但很重要，它与工作寿命相关。通过用不同电流水平对保护器重复施加电涌来典型评估电涌耐久性。

4.6 其他 TSS 结构类型

4.6.1 门控型 TSS

这些器件有一个控制开关区特性的门极（G，g）端子和两个提供保护功能的主端子。由于该附加端子可以同 TSS 中间的 P 型层或 N 型层或 NP 区连接，故三种门极的型式是可能的。一些门极可控型 TSS 设计也允许不用门极控制进行工作。不用门极控制时，器件工作和特性与定位电压型 TSS 相同。

所有门控型 TSS 都等效于一个 PNP 晶体管和一个 NPN 晶体管连接形成的一个正反馈对（如图 4），在未激活的条件下，该晶体管对将处于断态且表现为高电路阻抗。门极端子层和与它邻近的主端子层形成一个 PN 结，当此 PN 结导通电流时，电荷载流子注入晶体管对。如有足够的门极电流通过，晶体管对将正反馈并转换（旁通）成为低电压的通态。晶体管对将维持该状态，直至主电流太低不能维持晶体管对的导通。

对于门极电流可能有两个回路。一个是门极同邻近主端子之间连接而产生的门极电流回路。另一个是当两个主端子之间相连接时产生的门极电流回路。当 TSS 处于断态时主端子间没有明显的电流直接流过。在这种情况下，电流回路完全是通过门极和非邻近主端子之间连接而形成的。电流流过的路径包括邻近主端子、门极端子以及通过门极电路到达的非邻近主端子。

用于这些器件最通用的电路是常用的门极线路接法。使门极保护电压随外部基准电压（例如保护集成电路电源的电压)而偏置,从而使保护电压跟踪基准电压值。相对于阳极为负门极偏置的P-门极器件,提供相对于阳极为负的瞬态电压保护。同样,相对于阴极为正门极偏置的N-门极器件,提供相对于阴极为正的瞬态电压保护。

在常规方式中,这些器件仍能用电流触发。在某些情况下,通过门极与串联保护相线邻近电极连接来完成。

4.6.2 单向阻断型 TSS

在4.4中涉及到这种结构(图6)的开关象限性能。通过门极控制能使固有的(固定的)击穿电压降低,门极控制可用单门极也可用双门极。在没有开关特性的象限中,对于P型支路TSS,通过反向偏置的NP阳极结来阻断电流,对于N型分流TSS,通过反向偏置的PN阴极结来阻断电流。

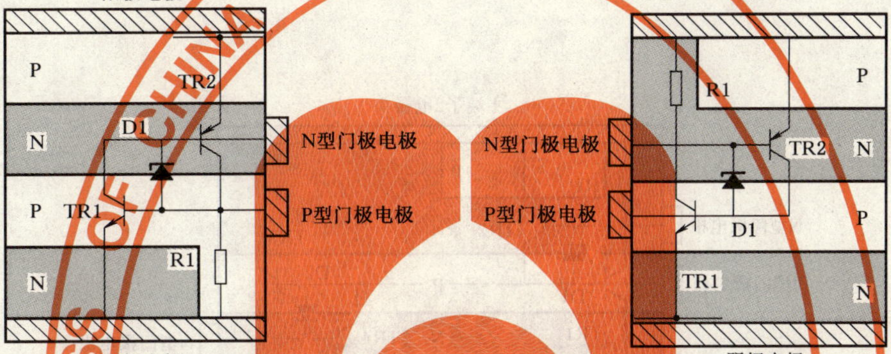

图6 单向阻断型TSS

4.6.3 单向导通型 TSS

在4.4中涉及到这种结构(图7)的开关象限性能。通过门极控制能使固有的(固定的)击穿电压降低,门极控制可用单门极也可用双门极。在没有开关特性的象限中,通过正向偏置PN二极管来导通电流。

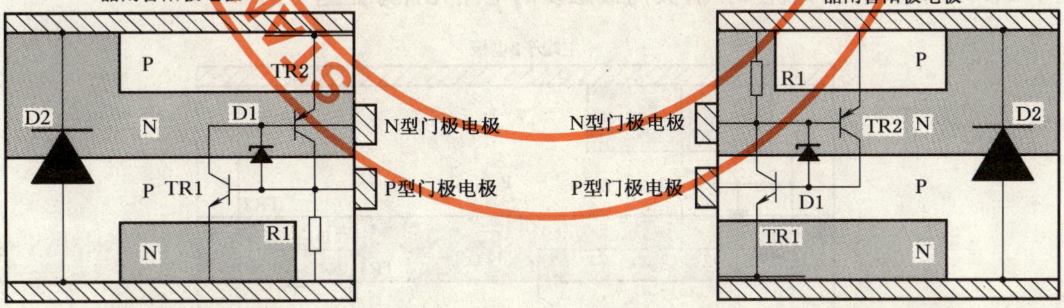

图7 单向导通型TSS

4.6.4 双向型 TSS

这种TSS是由两个单向阻断型单元反并联而成,在第一象限和第三象限有开关作用(见图8)。每一象限通过控制相应的单门极或多门极使固有的(固定的)击穿电压降低。

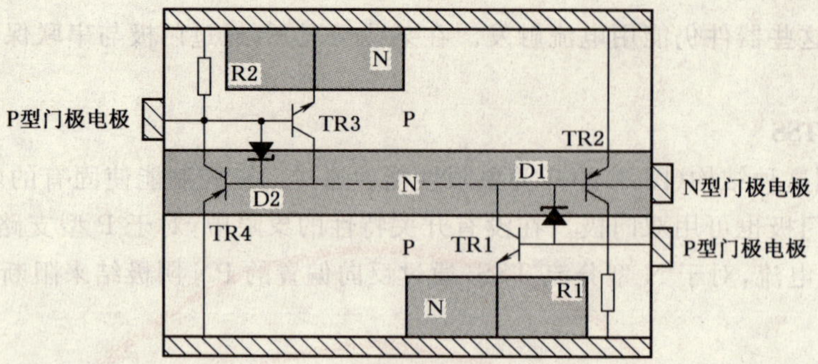

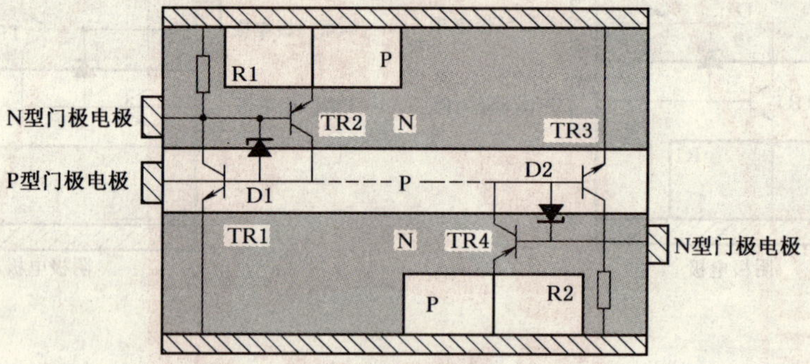

图 8 双向型 TSS

4.6.5 双向 TRIAC 型 TSS

这种双向 TSS 有一个特殊的门极结构(图 9),它允许用一个单独的门极端子控制两个象限。图 9 为一个标准的 TRIAC(交流控制器的三极管)结构。这种结构的等效电路是不完整的,仅当门极触发器同主端子 2(MT2)有相同的极性时,有关门极触发的电路元件才是适合的。

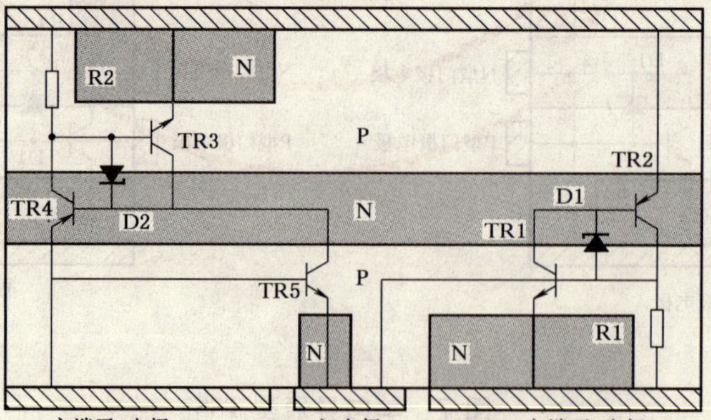

图 9 双向 TRIAC 型 TSS

5 标准测试方法

5.1 测试条件

TSS的额定值和特性测试应按应用要求或器件规范的详细内容进行。TSS应在规定的环境条件(如温度范围和安装位形)下测试。

5.1.1 标准大气条件

所有室温电气测量以及测量后的恢复条件应按 IEC 60749:1996 的 1.4 推荐的下述条件进行：

—— 温度　25℃±5℃；
—— 相对湿度　45%～75%,当适用时；
—— 大气压　86 kPa～106 kPa (860 mbar～1 060 mbar)。

基准测试按如下标准大气条件进行(见 IEC 60749:1996 的 1.4)：

—— 温度　25℃±1℃；
—— 相对湿度　48%～52%；
—— 大气压　86 kPa～106 kPa (860 mbar～1 060 mbar)。

当TSS参数试验温度超过了温度范围,宜按 GB/T 17573—1998 的 6.5 推荐的温度值表中选择合适的值。除这些值外,－40℃和35℃是目前首选的温度值。无特殊要求时,首选半导体环境温度范围宜采用下面的一种：

—— 正常范围　0℃～70℃；
—— 扩展范围　－40℃～85℃。

5.1.2 测量误差

接地回路、一般性阻抗、磁感应、电感应和电磁辐射都能引起测量误差。通过增加回路阻抗能减少接地回路循环电流引起的电压误差,一般通过钳定电缆探头的铁芯可以做到。利用开尔文电路同DUT电源以及测量相连接时,可避免一般性阻抗。采用绞扭线缩短引线长度并尽量减少回路区域,能减少磁感应和其他感应的影响。通过将DUT放入与无信号接地相连接的法拉第笼中,能避免电感应(电容耦合干扰)。利用磁感应屏蔽的方法和技术能减少电磁感应的干扰。

5.1.3 测量准确度

模拟示波器上升时间应比信号时间快5倍。这样保证显示上升时间的误差低于2%。数字示波器(按 GB/T 16896.1—1997)采样时间应至少为 $30/T_X$,T_X 为测量的时间间隔。试验推荐满标偏差(2^{-8}满标偏差)的0.4%或更小值为其额定分辨率,这仅适用于冲击参数的评定。对于要求对比记录的基准试验,额定分辨率采用满标偏差(2^{-9}满标偏差)的0.2%或更小值。

5.1.4 冲击波形和幅值

通过两个参数的组合来表述冲击的波形。第一个参数表示视在波前时间(T_1),第二个参数表示到波尾半峰值处的视在时间(T_2)。两个参数写成 T_1/T_2,单位都是μs,符号"/"没有任何数学意义。

引用的TSS电流额定值为短路试验发生器值。在试验条件下,由于发生器与器件特性的相互影响,器件的真实电流将是不同的。

5.1.5 多重 TSS

封装一起的多重TSS,应用时可同时工作。如一个TSS的参数受到其他TSS工作的显著影响,则试验应仿效单个TSS工作相同的条件进行。

5.1.6 门控型 TSS 试验

所有固定电压的TSS试验应在门控型TSS上进行验证和确定保护端子性能。门控型TSS试验应在合适的门极偏压值 V_{GG} 和其电路中进行。除另有规定外,用于试验的门极偏压应是应用期望的最大值和最小值。门控型TSS的限位电压的任何试验,门极电源都应是低阻抗(去偶),没有内部门极阻断的TSS应有合适极性的直接与门极端子串联的阻断二极管。当门控型TSS已经设计给定门极控制和固定的电压保护时，固定电压 TSS 试验也应在门极开路的情况下($I_G=0$)进行。

5.2 工作条件

5.2.1 正常工作条件

TSS 通常安装在设备或模块的内部，该内部是微环境等级条件(见 GB/T 4798.9)。符合该标准的 TSS 应适应应在有气候防护场所的固定使用(见 IEC 60721-3-3)。无特殊要求时，TSS 应适应应在下列一般工作条件、一种或两种微环境条件下运行。

a) 标准微环境

1) 环境空气温度范围　　0℃～70℃

2) 大气压范围　　86 kPa～106 kPa

3) 相对湿度范围　　20%～75%

b) 扩展微环境

1) 环境空气温度范围　　－40℃～85℃

2) 大气压范围　　70 kPa～106 kPa

3) 相对湿度范围　　10%～95%

c) 一般工作条件

1) 等于或低于 TSS 额定电压值的最大系统信号水平；

2) 等于或低于 TSS 额定电流值的最大预期极限；

3) TSS 同其他过电流和过电压保护元器件一起工作；

4) TSS 工作前，按制造商的推荐对 TSS 进行处理、装配和安装。

5.2.2 非正常工作条件

TSS 在非正常应用或其他条件下工作时，可能需要对设计、制造或应用加以特殊的考虑。在非正常工作条件下，使用本部分，应得到制造商和用户的共同认可。附录 A 列举出了各非正常工作条件。

5.3 失效和故障模式

器件失效是终止器件完成要求功能的能力的事件。器件失效后出现故障。对于给定的功能要求(见 GB/T 14733.3)，一种故障模式就是一种不合格器件的可能状态。

无特殊要求时，建议采用下列判据。确定故障状态的试验应在器件温度恢复到 25℃±5℃后进行。

5.3.1 降级失效

在该失效事件中，早期可认为 TSS 有逐渐失效和部分失效两种。TSS 的一些特性显示确定的变化，但在应用电路中器件仍可能有满意的功能。逐渐失效(也称失效趋势)是由于器件给定特性随时间逐渐变化引起的。部分失效导致器件不能完成某些(但不是全部)要求功能的能力。

注：该失效不会停止所有功能，但至少损失一种能力，并最终可成为毁坏性的。最易受影响而恶化的特性是反向阻断电流和断态电流。逐渐失效可通过先前的检查或监控进行预先处理，有时也能通过预防性的维护来避免。

5.3.2 大断态电流故障模式

在该模式中，TSS 的断态电流大于规定值。

注：无特殊应用要求时，断态电流宜在断态重复峰值电压条件下测量。

5.3.3 大反向电流故障模式

在该模式中，TSS 的反向重复峰值电流大于规定值。

5.3.4 高转折电压故障模式

在该模式中，TSS 的转折电压大于规定值。

5.3.5 小维持电流故障模式

在该模式中，TSS 的维持电流小于规定值。

5.3.6 毁坏性(完全损坏)失效

在该事件中，TSS 有突然失效和完全失效两种。完全失效是器件失去运行所有要求功能的全部能力。突然失效是通过预先检查或监控而不能预知的事件。毁坏性失效导致 TSS 的所有基本功能丧失。

注：该失效一般是由在主端子之间发生电气短路而引起的。然而，如果引起的短路电流足够大时，器件内部元件可融化，从而使器件开路。

5.3.7　短路故障模式

在该模式中，TSS 为永久性短路。

注：无特殊应用要求时，按刚好能保护设备进行正常的运行条件，确定短路电路中阻抗的最大值。

5.3.8　开路故障模式

在该模式中，TSS 为永久性开路。

注：无特殊应用要求时，建议在该模式中，失效的器件在施加 150% 的最大值转折电压时，不宜导通大于断态重复峰值电流值的电流。

5.3.9　临界失效

该失效很可能造成人身伤害、主要材料损坏或其他不可接受的后果。

注：非临界失效不大会造成人身伤害、主要材料损坏或其他不可接受的后果。

5.3.10　安全性失效

这是一种防止由临界故障而引起临界失效的设计性能。但是，用“安全性失效”来描述 TSS 的失效事件和故障模式是不可行的。因为，器件的失效可能在上述任一种模式中产生。有些用户认为器件最希望的故障模式是维持其保护功能（如短路故障模式中的失效）；然而，另一些用户则从系统目标考虑，要求特定器件能在开路故障模式中失效，以完成希望的系统保护功能。

这样，许多用户认为短路故障模式失效的“安全性失效”，而事实可能恰恰受到另一些用户的反对。因此，实际推荐是通过上述定义的一种模式来描述失效类型。

5.4　额定值试验程序

采用的过电压和过电流试验值应引用第 2 章中的 IEC 和 ITU-U 标准中的一个或多个值。该试验值可根据最终的设备能力修改，设备能力包括试验电路中设备的与电涌匹配的元器件的。

5.4.1　断态重复峰值电压 V_{DRM}

本试验目的是验证当 TSS 持续承受额定断态重复峰值电压时，维持高阻抗断态的能力。断态重复峰值电压的额定值 V_{DRM} 应施加在器件两端，试验期间断态重复峰值电流 I_{DRM} 用图 10 所示的原理等效电路测量。

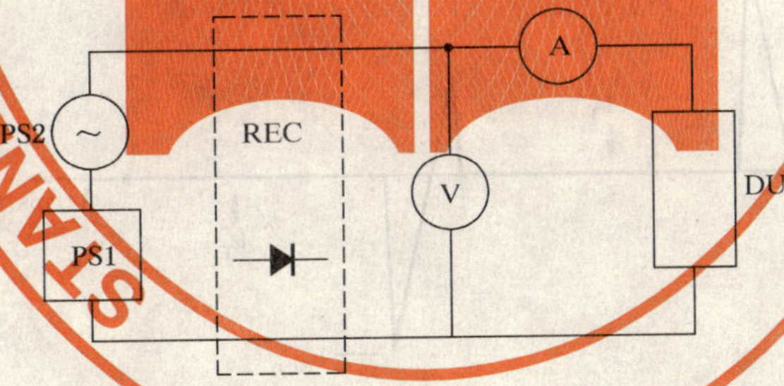

电路组成：

DUT——受试器件；

A——峰值电流表；

V——电压表，可测交流峰值；

PS1——提供 V_{DRM} 的直流分量直流电源；

PS2——提供 V_{DRM} 的交流分量交流电源；

REC——全波或半波整流电路，当 V_{DRM} 的交流分量为反向极性时，用于单向试验。

图 10　验证断态重复峰值电压（V_{DRM}）的试验电路

测得的电流应不超过规定的 I_{DRM} 最大值。V_{DRM} 试验后，器件的任何规定特性应无恶化。试验持续时间应足够长以建立要求器件可靠性的置信度。TSS 的每个开关象限应分别试验和测量（试验前后特性出现的大变化，说明器件特性可能已劣化）。试验失效类别应按 5.3 的判据分类。

5.4.2 通态重复峰值电流 I_{TRM}

该试验目的是验证 TSS 能连续导通额定通态重复峰值电流(准正弦波)而不失效或不超过额定最高结温。采用的试验电路应在原理上等效于图 11。

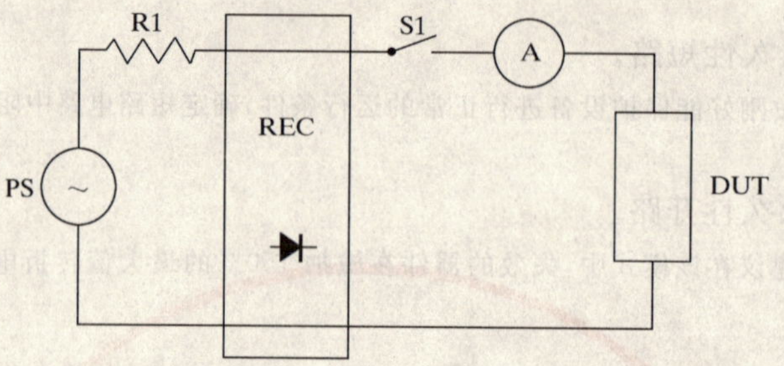

电路组成:

DUT——受试器件;

A——峰值电流表;

PS——交流电源,提供规定电压用;

R1——电阻,限定短路峰值电流用;

S1——开关,闭合进行试验;

REC——全波或半波整流电路,单向试验用。

图 11 验证通态重复峰值电流 I_{TRM} 的试验电路

应规定交流试验发生器的开路电压和短路电流或等效的波形和波形峰值。发生器的容量应确保 TSS 将始终开通处于通态。无额定双向电流工作的单向 TSS 要求在交流电源上增加桥式或半波整流器件,以进行全波和半波试验。在 I_{TRM} 试验期间,温度敏感器件的参数,如 I_H,能通过示波器监测,示波器的电压和电流探头如图 15 所示方式与 DUT 连接。

平均工作结温能通过测量的参数值、参数温度系数和 DUT 的初始温度计算得到。I_{TRM} 试验后,器件的任何规定特性应无恶化。试验持续时间应足够长以建立要求的器件可靠性的置信度(试验前后特性的大变化,说明器件特性可能已劣化)。试验失效类别应按 5.3 的判据分类。

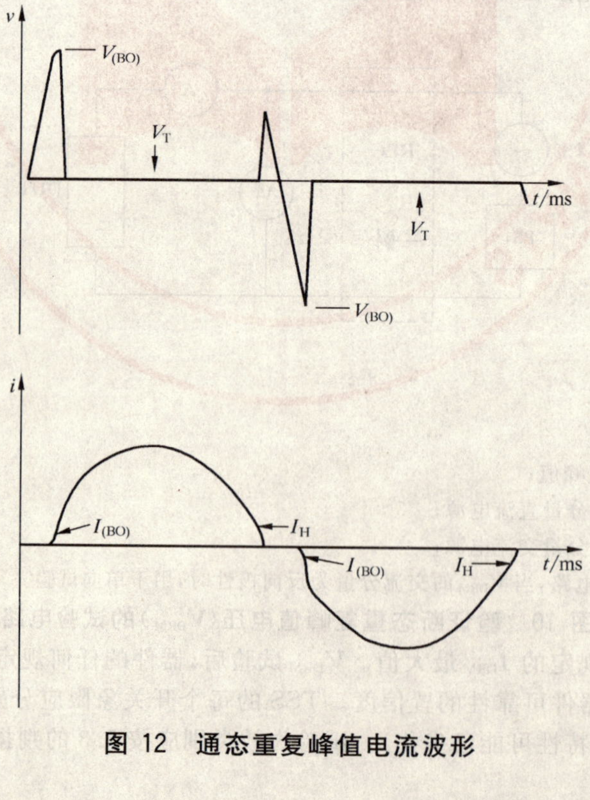

图 12 通态重复峰值电流波形

5.4.3 通态不重复峰值电流 I_{TSM}

该试验目的是验证 TSS 在规定持续时间内能承受规定的交流电涌电流(准正弦波)而不失效。采用的试验电路应在原理上等效于图 12。

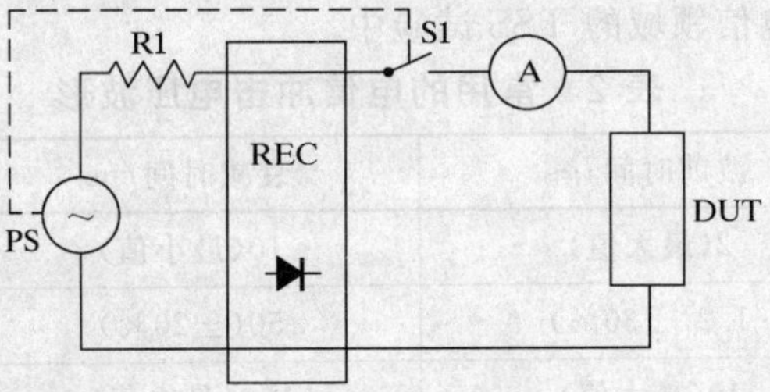

电路组成:

DUT——受试器件;

A——峰值电流表;

PS——交流电源,提供规定电压用;

R1——电阻,限定短路峰值电流用;

S1——开关,规定的持续时间闭合,与交流电压的零点时同时动作;

REC——全波或半波整流电路,单向试验用。

图 13 验证通态不重复峰值电流 I_{TSM} 的试验电路

开关 S1 仅在交流电压源的电压过零时断开或闭合。这样确保器件在半波交流或全波交流周期进行试验。交流试验发生器应规定开路电压和短路电流或等效的波形、波形峰值以及开关 S1 的闭合时间。发生器的容量应确保 TSS 将始终开通处于通态。为进行全波和半波试验,无额定双向电流工作的单向 TSS 要求在交流电源上增加桥式或半波整流器。当开关 S1 在规定的试验时间动作且器件恢复热平衡状态后,器件的任何规定特性不应失效(试前和试后特性出现的大变化,说明器件可能已劣化)。试验失效类别应按 5.3 的判据分类。

试验持续时间可规定为一段时间或规定电源频率的交流周波数。不重复电流额定值的试验在器件恢复热平衡条件前不应重复。无特殊要求时,推荐器件在寿命期间具有承受超过 100 次电涌电流试验而不失效的能力。I_{TSM} 额定值随试验持续时间不同而不同,为满足应用要求持续时间采用几个值,推荐的持续时间是 0.1 s,1 s 和 10 s 的一个周波时间。

5.4.4 不重复峰值冲击电流 I_{PPSM}

该试验目的是验证 TSS 能承受规定冲击波形的短路电流 I_{PPSM} 而不失效。采用的试验电路原理上等效于图 14。对冲击试验发生器应规定开路电压和短路电流值或与之等效的波形和波形峰值。发生器的容量应确保 TSS 将始终开通处于通态,对器件施加冲击 I_{PPSM} 并恢复热平衡状态后,器件的任何规定特性不应失效(试前和试后特性出现大的变化,说明器件可能已劣化)。试验失效类别应按 5.3 的判据分类。

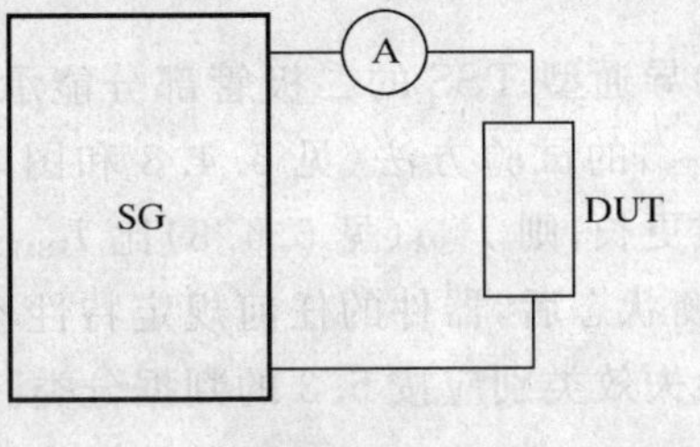

电路组成:

DUT——受试器件;

A——峰值电流表;

SG——具有规定特性的冲击发生器。

图 14 验证不重复峰值冲击电流 I_{PPSM} 的试验电路

TSS的每个开关象限应分别试验和测量。不重复电流额定值试验在器件恢复热平衡条件前不应重复。无特殊要求时，推荐器件在寿命期间应能承受超过100次该试验而不失效。对于验证试验，可能选做少量次数的试验。I_{PPSM}额定值随波形不同而变化，为满足应用要求，可能需要几种波形值试验。表2和表3所示波形常用于电信领域的TSS试验中。

表2 常用的电信冲击电压波形

波 形	波前时间/μs	衰减时间/μs	参考文献
2/10	2(最大值)	10(最小值)	GR-1089-CORE[B.1]
1.2/50 复合波	1.2(±30%)	50(±20%)	GB/T 17626.5—1999
10/160	10(最大值)	160(最小值)	FCC,47CFR Part 68[B.2]
10/560	10(最大值)	560(最小值)	FCC,47CFR Part 68[B.2]
10/700	10(±30%)	700(±20%)	GB/T 17626.5—1999
	9(±30%)	720(±20%)	FCC,47 CFR Part 68[B.2]
10/1 000	10^{+0}_{-5}	$1\,000^{+1\,000}_{-0}$	IEEE Std C62.45[B.3]

表3 常用的电信冲击电流波形

波 形	波前时间/μs	衰减时间/μs	参考文献
2/10	2(最大值)	10(最小值)	GR-1089-CORE[B.1]
8/20 复合波	8(±20%)	20(±20%)	GB/T 17626.5—1999
10/160	10(最大值)	160(最小值)	FCC,47CFR Part 68[B.2]
10/560	10(最大值)	560(最小值)	FCC,47CFR Part 68[B.2]
5/320	5(±30%)	320(±20%)	FCC,47 CFR Part 68[B.2]
10/1 000	10^{+0}_{-5}	1 000(±200)	IEEE Std C62.45[B.3]

注：对于1.2/50,8/20复合波发生器，GB/T 17626.5—1999规定试验通信线路时，需要外部串接一个最小值为40 Ω的电阻。视在短路电流波形不是8/20，而更像1.2/50电压波形。

5.4.5 反向重复峰值电压 V_{RRM}

该试验目的是验证TSS在连续承受额定反向重复峰值电压条件下，维持高阻抗阻断状态的能力。反向重复峰值电压的额定值V_{RRM}应施加在器件的阻断方向上。测量反向重复峰值电流I_{RRM}，采用的试验电路原理上应等效于图14。测量的电流值不应大于规定的最大值I_{RRM}。V_{RRM}试验后，器件的任何规定特性不应失效。试验持续时间应足够长以建立要求的器件可靠性的置信度(试前和试后特性出现的大变化，说明器件可能已劣化)。试验失效类别应按5.3的判据分类。

5.4.6 正向不重复峰值电流 I_{FSM}

该试验目的是验证正向(反向)导通型TSS的二极管部分能承受规定时间的交流电涌电流而不失效。应采用通态不重复峰值电流I_{TSM}的试验方法(见5.4.3和图13)验证正向不重复峰值电流I_{FSM}。如采用的导通时间是一个全周波或更长，则I_{TSM}(见5.4.3)比I_{FSM}适用。(I_{TSM}包括二极管和晶闸管的导通)。器件I_{FSM}试验并恢复热平衡状态后，器件的任何规定特性不应失效(试前和试后特性出现的大变化，说明器件可能已劣化)。试验失效类别应按5.3的判据分类。

5.4.7 正向重复峰值电流 I_{FRM}

该试验目的是验证正向(反向)导通型TSS的二极管部分能连续导通额定正向重复峰值电流而不失效或不超过额定最高结温。验证正向重复峰值电流I_{FRM}应采用通态重复峰值电流I_{TRM}的试验方法(见5.4.2和图11)。无特殊要求时，推荐：应规定I_{TRM}代替I_{FRM}，在此I_{TRM}包括二极管和晶闸管的导通。

5.4.8 通态电流临界上升率 d*i*/d*t*

该试验目的是验证 TSS 承受出现在冲击波前沿快速上升脉冲电流的能力。采用的试验电路原理上应等效于图 15。

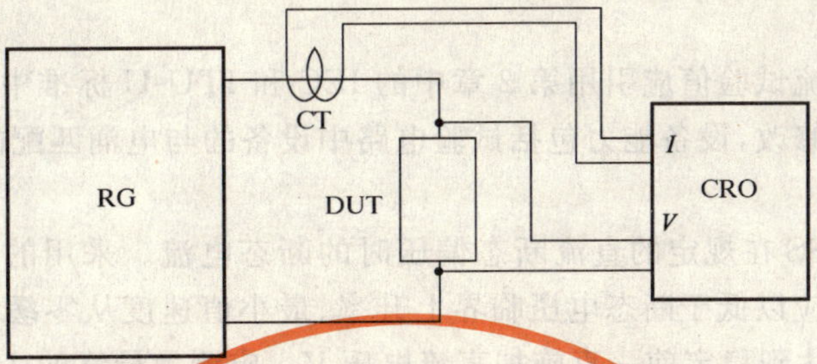

电路组成：

DUT——受试器件；

CT——电流互感器或等效的装置；

RG——提供规定 d*i*/d*t* 的斜率发生器；

CRO——双通道示波器或等效的仪表。

图 15 验证通态电流临界上升率的试验电路

使用电压 *V* 和电流 *I* 的监测仪器（典型的带有电压和电流探头的数字式或存储式示波器）记录电路的状态。对器件施加 d*i*/d*t* 冲击，并恢复到热平衡时，器件的任何规定特性不应失效（试前和试后特性出现的大变化，说明器件可能已劣化）。试验失效类别应按 5.3 的判据分类。

对 d*i*/d*t* 试验发生器应规定波前 d*i*/d*t*、峰值电流和波形（通常波尾相对比较短）。本试验的关键是使用正确的波形，且器件的制造商宜了解试验电路和波形的详细情况。无特殊要求时，推荐采用基于晶闸管标准 d*i*/d*t* 试验电路的发生器。基本电路图及其波形如图 16 所示。

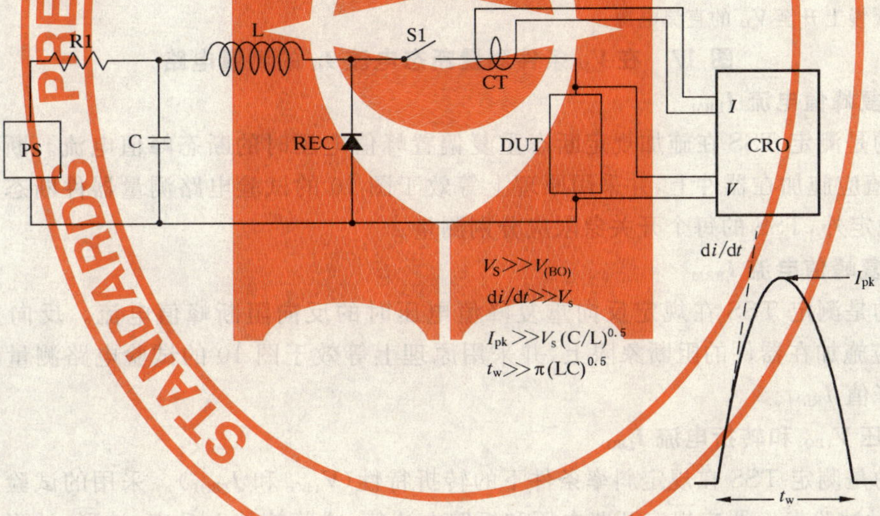

电路组成：

DUT——受试器件；

CT——电流互感器或等效装置；

PS——直流电源，设定 V_S 用；

R1——电阻，限制充电电流用；

S1——开关，闭合进行试验；电流过零时断开；

REC——整流电路，导通负电流用；

C——电容器，设定储存和控时用；

L——电感，设定 d*i*/d*t* 用；

CRO——双通道示波器或等效仪表。

图 16 半正弦波 d*i*/d*t* 的试验电路

TSS 的每一个开关象限应分别试验和测量。不重复电流额定值试验在器件热平衡恢复前不应重复。除特殊要求外，推荐器件在其寿命期内，每个试验极性应能承受 100 次 di/dt 试验而不失效。对于验证试验，最好采用较少次数的 di/dt 试验。

5.5 特性测量程序

采用的过电压和过电流试验值应引用第 2 章中的 IEC 和 ITU-U 标准中的一个或多个值。该试验值可根据最终的设备能力修改，设备能力包括试验电路中设备的与电涌匹配的元器件的。

5.5.1 断态电流 I_D

该测量目的是测定 TSS 在规定的直流断态偏压时的断态电流。采用的试验电路原理上等效于图 17。直流电源的电压输出应以低于断态电压临界上升率、最小值速度从零缓慢上升至规定的直流断态电压 V_D。在断态电流 I_D 达到稳定前一直施加直流电压 V_D，应测量最终的 I_D 稳态值。除另有规定外，TSS 的每个开关象限应分别测量。

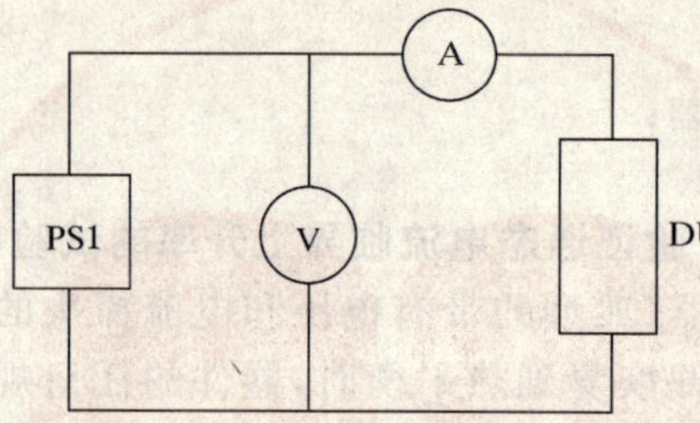

电路组成：

DUT——受试器件；

V——直流电压表；

A——微安电流表；

PS1——能缓慢上升至 V_D 的直流电源。

图 17 在 V_D 条件测量断态电流 I_D 的测量电路

5.5.2 断态重复峰值电流 I_{DRM}

该试验目的是测定 TSS 在施加规定断态重复偏置峰值电压时的断态峰值电流。断态重复峰值电压 V_{DRM} 的额定值应施加在器件上，并采用原理上等效于图 10 的试验电路测量器件断态重复峰值电流 I_{DRM}。除另有规定外，TSS 的每个开关象限应分别测量。

5.5.3 反向重复峰值电流 I_{RRM}

该试验目的是测定 TSS 在规定反向重复峰值电压时的反向阻断峰值电流。反向重复峰值电压 V_{RRM} 的额定值应施加在器件的阻断象限上，并采用原理上等效于图 10 的试验电路测量器件的反向重复峰值电流的峰值 I_{RRM}。

5.5.4 转折电压 $V_{(BO)}$ 和转折电流 $I_{(BO)}$

该试验目的是测定 TSS 在规定斜率条件下的转折特性（$V_{(BO)}$ 和 $I_{(BO)}$）。采用的试验电路原理上应等效于图 18。对试验发生器应规定开路电压和短路电流值，或等效的上升率、波形、波形峰值和交流试验的持续时间。同时，还应给出试验发生器电路图。应测量受试器件（DUT）从断态到通态转换的峰值电压 $V_{(BO)}$（见图 19～图 24）。对于多周波交流试验，测量值应为所有单个周波 $V_{(BO)}$ 的最高值。还应测量在电源频率电压斜率条件下，对应 $V_{(BO)}$ 的器件瞬态电流 $I_{(BO)}$（如图 20、图 22 和图 24）。

图 19～图 24 表示正击穿斜率，负击穿斜率和门控三种类型 TSS 的开关象限的电压和电流的波形。全部波形的扩展部分详细说明了钳位、通态和断态。（图 1 给出了三种类型器件的主电压—电流特性）图示的那些波形是说明器件类型的基本波形，这些波形不宜作为典型值采用。

TSS 的每个开关象限应分别测量。单向 TSS 的多周波交流试验应按应用要求用交流全波或半波整流波进行。$V_{(BO)}$ 值和 $I_{(BO)}$ 值随上升率不同而变化，因而可能需要几种斜率才能满足应用要求。无特殊要求时，推荐采用表 4 给出的一种或多种上升率进行试验。

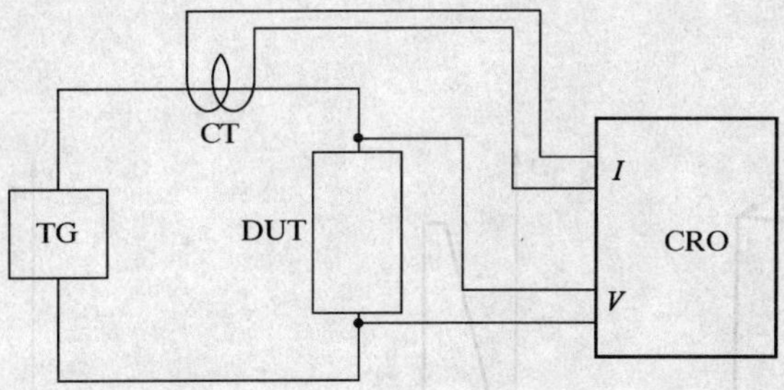

电路组成：

DUT——受试器件；

CT——直流电源探头或等效的设备；

TG——试验发生器，提供规定的受试器件从断态至通态转换的特性；

CRO——双通道示波器或等效的仪器。

例：试验发生器 TG 用来得到图 19～图 24 的波形，发生器由电流源和 300 Ω 的分流电阻组成。电流源从零开始以 3.33 A/ms(1 000 V/ms 开路电压)的速度上升到 3 A；然后阶跃升至 5 A 保持 200 ms 后降至 2 A，最后电流以 0.2 A/ms 的速度降至零。本序列试验是围绕器件特性进行的测试器件相关特性，它能够合理测量器件的 $V_{(BO)}$、$I_{(BO)}$、V_S、I_S、V_T 和 I_H 值。

图 18 转折特性 $V_{(BO)}$、$I_{(BO)}$ 和通态电压 V_T 的测量电路

表 4 转折电压斜率试验值

应　　用	dv/dt（开路）	电源电阻 R	di/dt（短路）
缓斜率	4 V/ms	500 Ω(正极性) 4 000 Ω(负极性)	8 mA/ms 1 mA/ms
交　流	250 V/ms	250 Ω	1 A/ms
缓波前冲击	100 V/μs	100 Ω	1 A/μs
快波前冲击	1000 V/μs	100 Ω	10 A/μs

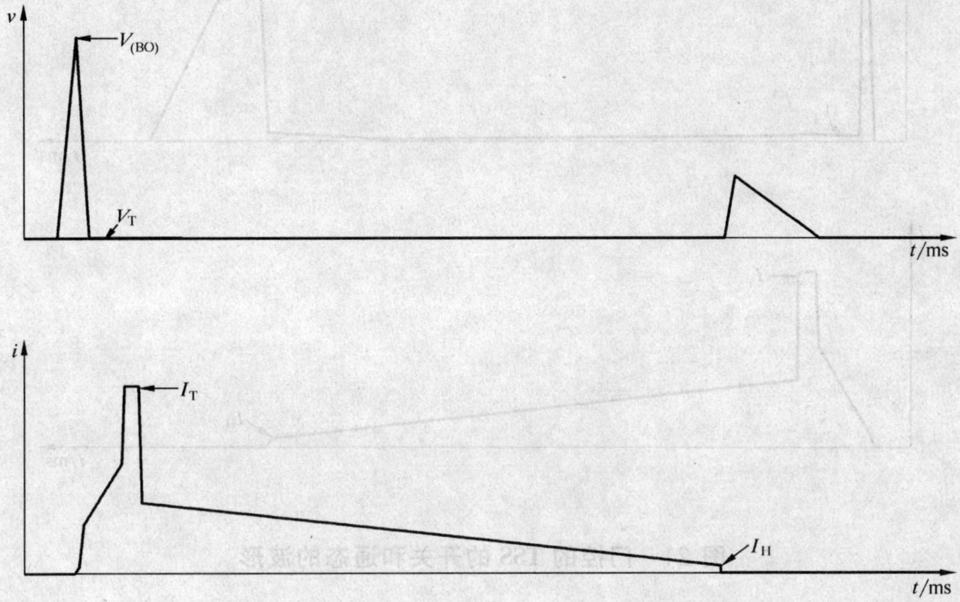

图 19 正击穿斜率 TSS 的开关和通态的波形

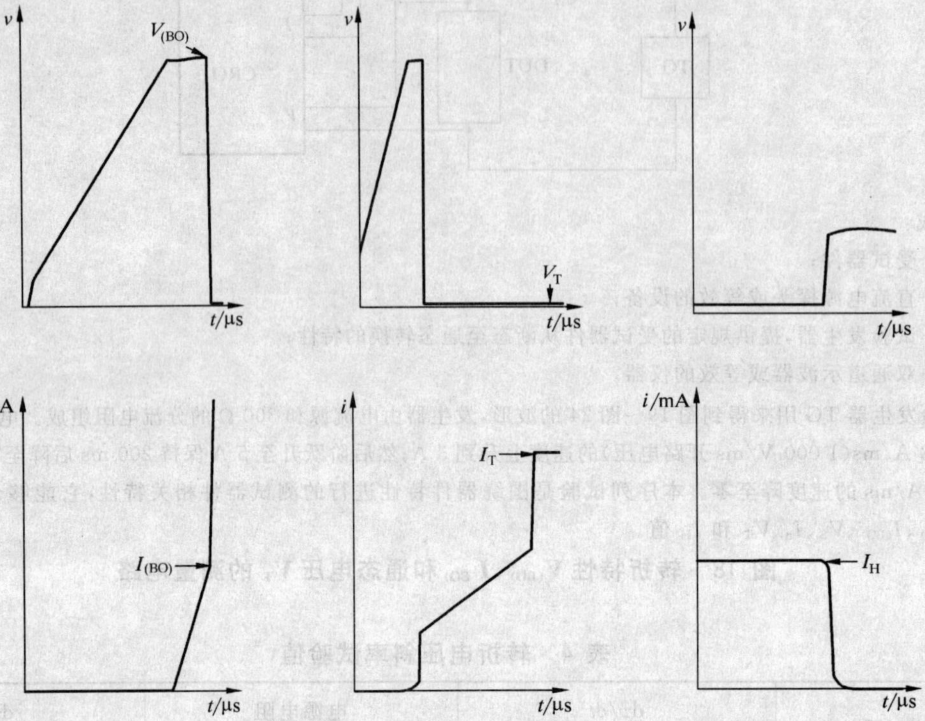

图 20 图 19 的放大波形

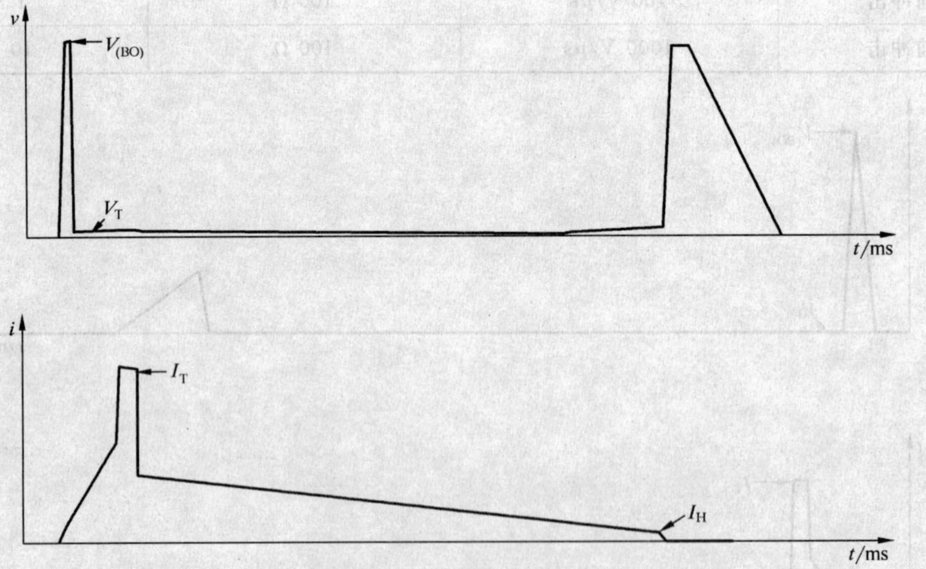

图 21 门控的 TSS 的开关和通态的波形

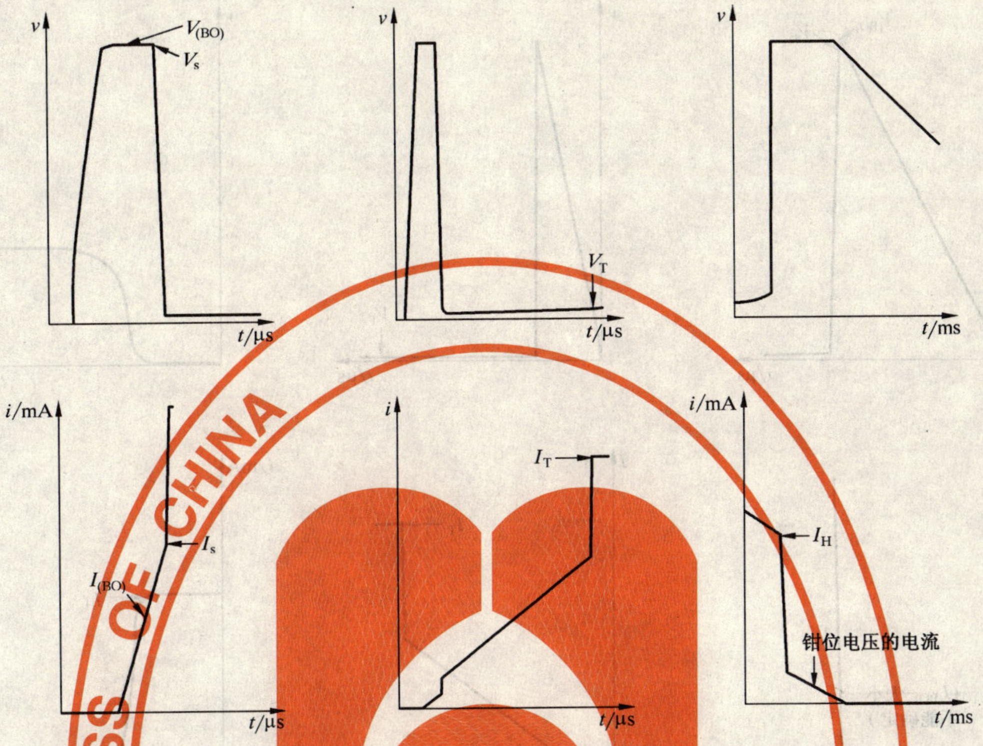

图 22　图 21 的放大波形

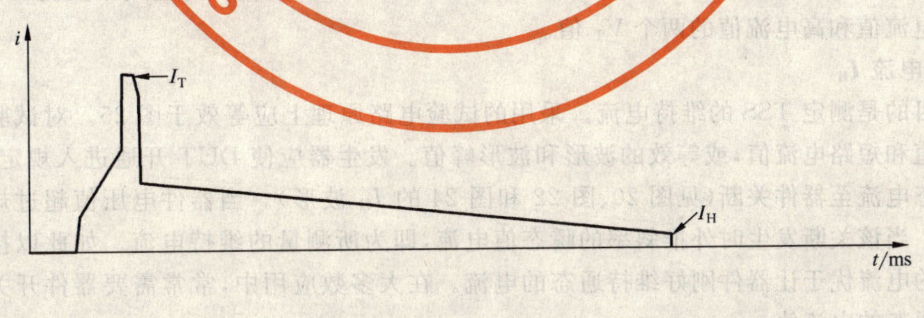

图 23　负击穿斜率 TSS 的开关和通态的波形

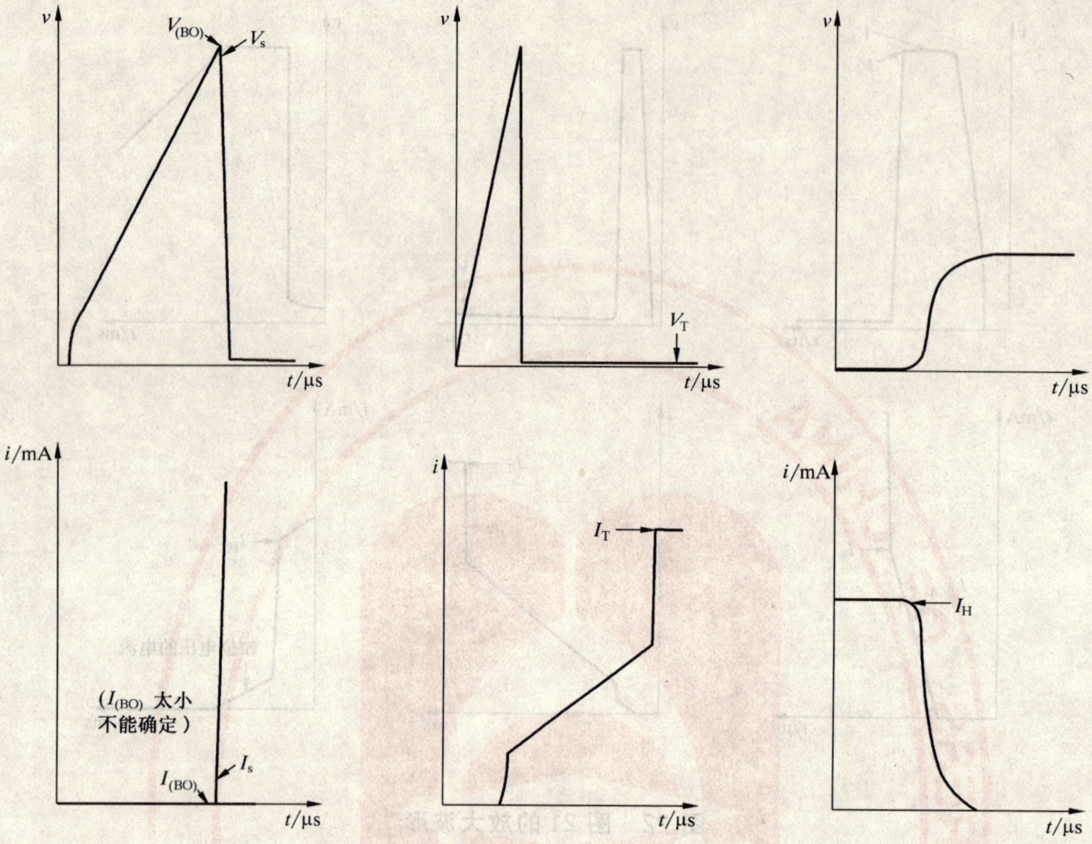

图 24　图 23 的放大波形

5.5.5　通态电压 V_T

该测试目的是测定在规定电流条件下的通态电压,用此电压值可计算通态耗散功率。采用的测量电路原理上应等效于图 18。对试验发生器应规定开路电压值和短路电流值,或等效的波形和波形峰值。同时,还应给出试验发生器的电路图。

发生器应使 DUT 转换进入通态,通态电压 V_T 值应在通态电流 I_T 的规定时间和规定值条件下测量(见图 20、图 22 和图 24 的 V_T 波形)。

TSS 的每个开关极性应分别测量。V_T 值将随 I_T 值和时间而变化。为适用于交流工作和脉冲工作可能需求低电流值和高电流值的两个 V_T 值。

5.5.6　维持电流 I_H

该试验目的是测定 TSS 的维持电流。采用的试验电路原理上应等效于图 25。对试验发生器应规定开路电压值和短路电流值,或等效的波形和波形峰值。发生器应使 DUT 开通进入规定的通态,然后缓慢下降通态电流至器件关断(见图 20、图 22 和图 24 的 I_H 波形)。当器件电压值超过规定的门槛值时确认关断。当该关断发生时外推斜率的瞬态值电流,即为所测量的维持电流。如此以接近法在器件关断时测量的电流优于让器件刚好维持通态的电流。在大多数应用中,常常需要器件开关时的电流值而不是维持通态的电流值。

当用冲击发生器作为试验发生器时,为足以辨别关断点,在维持电流值时的脉冲输出电压可能太低。为提高关断电压值,发生器和直流电压源($<V_{DRM}$)提供的电流(小于规定的最小值 I_H)宜将二极管按“或”回路加在 DUT 上(见图 26)。TSS 的每个开关象限应分别测量。

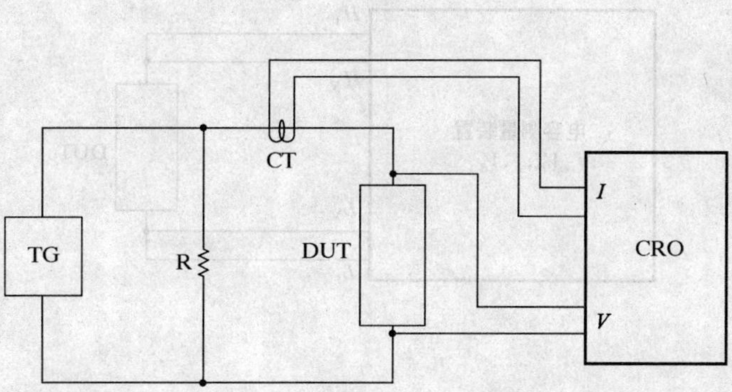

电路组成：

DUT——受试器件；

CT——直流电源探头或等效设备；

TG——具有规定特性的试验发生器：转换 DUT 至通过规定的通态电流 I_T，然后以规定的 di/dt 减少电流至关断；

R——确定电源电阻值的电阻（如要求）；

CRO——双通道示波器或等效设备。

图 25　维持电流 I_H 测量电路

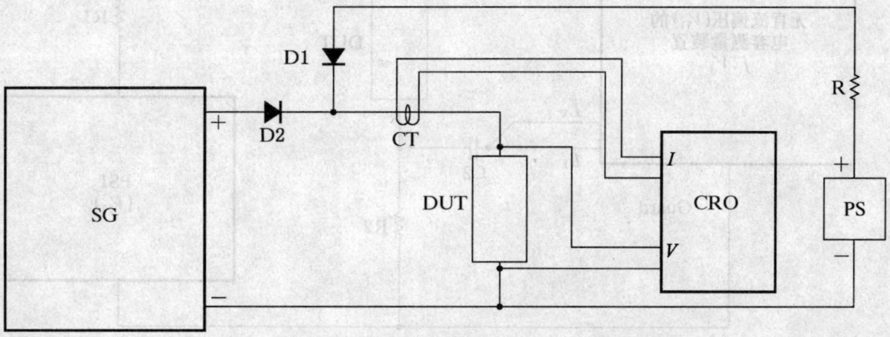

电路组成：

DUT——受试器件；

CT——直流电源探头或等效设备；

SG——具有规定特性的冲击发生器；

PS——直流电压源，提供规定的电压用；

R——限定直流电源电阻的电阻；

D1——PS 的隔离二极管；

D2——SG 的隔离二极管；

CRO——双通道示波器或等效设备。

图 26　具有附加直流偏置的维持电流测量电路

5.5.7　断态电容 C_0

该试验目的是测定 TSS 在规定条件下的断态电容。采用的试验电路原理上应等效于如图 27。DUT 的断态电容 C_0，应在规定的直流（V_D）和交流（V_d 和 f）偏置条件下测量。无特殊要求时，推荐采用在 100 kHz＜f＜1 MHz 频率时的 V_d＝0.1 V(rms)的交流偏置条件。直流偏置电压值宜为 0 V，任何其他值是应用要求的有代表性的值。

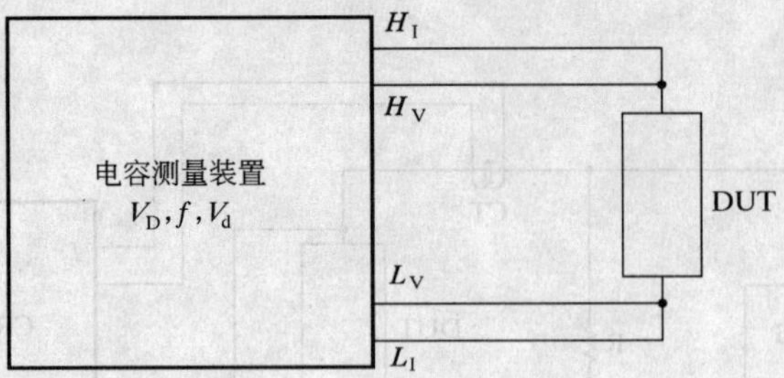

电路组成：

DUT——受试器件；

H_V——H_i，电压测量阳极引线；

H_I——H_i，电流测量阳极引线；

L_V——L_o，电压测量阴极引线；

L_I——L_o，电流测量阴极引线。

图 27　电容测量电路

如电容测量设备不能提供要求的直流偏压，可采用图 28 所示的组合电路。

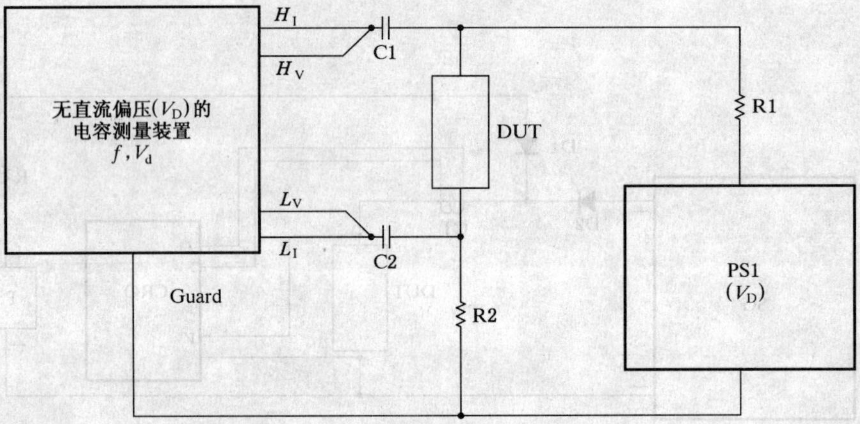

电路组成：

DUT——受试器件；

C1,C2——隔离直流电容器，$C1 = C2 >> C_O$；

R1,R2——直流电源的电阻，$R1 = R2 << V_D/I_D$；

PS1——设定 V_D 的可调电压的直流电源；

H_V——H_i，电压测量阳极引线；

H_I——H_i，电流测量阳极引线；

L_V——L_o，电压测量阴极引线；

L_I——L_o，电流测量阴极引线；

Guard——保护用接地端子(零性元器件与测量端子连接)。

图 28　带有外部直流偏压的电容测量电路

受试 TSS 有三个端子，非测量端子对电容测量应零性化，直流偏压是有代表性的应用期望值(见图 29)。同样的测量技术可用于多重 TSS，此多重被封装为一个整体，并有 4 个或更多的端子，在测量端和零性端之间直接提供一个零性元件(见图 29)。如多于一个零性元件与测量端子对的内部(非端子)结点连接，这种测量技术将不能工作。

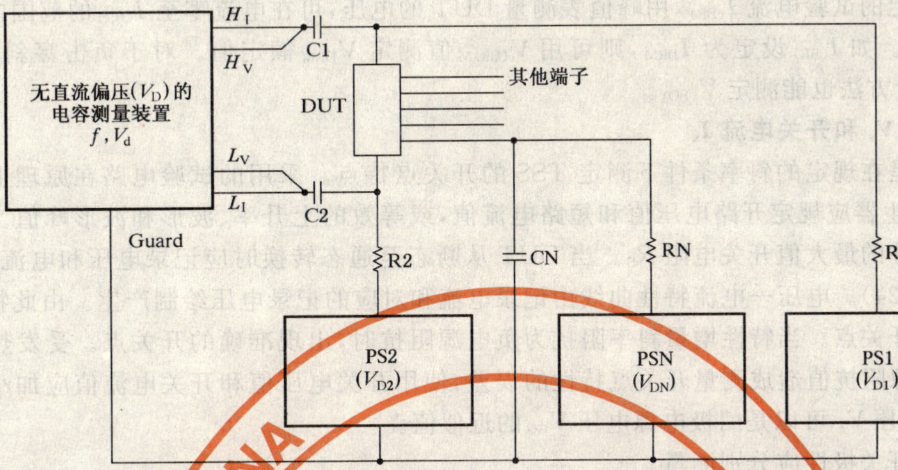

电路组成：

DUT——受试器件；

C1,C2…CN——隔离直流电容器，$C1=C2\cdots C_N \gg C_O$；

R1,R2…RN——直流电源的电阻，$R1=R2\cdots R_N \ll V_D/I_D$；

PS1,PS2…PSN——设定 V_{D1}，$V_{D2}\cdots V_{DN}$ 可调直流电压源；

H_V——H_i，电压测量阳极引线；

H_i——H_i，电流测量阳极引线；

L_V——L_o，电压测量阴极引线；

L_V——L_o，电流测量阴极引线；

Guard——保护用接地端子(零性元器件与测量端子连接)。

图 29　多端 TSS 的电容测量电路

5.5.8　击穿电压 $V_{(BR)}$

该试验目的是在规定的电流条件下测定 TSS 的击穿电压。规定的脉冲宽度和击穿电流 $I_{(BR)}$ 幅值应施加在 DUT 上，采用的试验电路原理上应等效于如图 30，在靠近冲击终点时测量稳定的击穿电压值 $V_{(BR)}$。无特殊要求时，推荐试验电流 $I_{(BR)}$ 为 1 mA 的脉冲宽度小于 400 ms。TSS 的每个开关极性应分别测量。$V_{(BR)}$ 值由结温(初始值与由试验引起的)和试验电流决定。

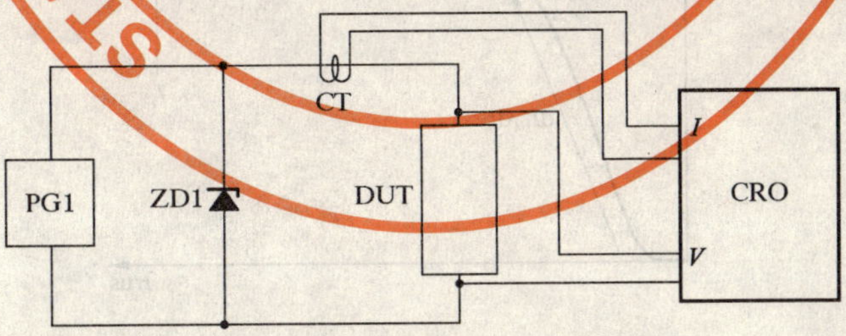

电路组成：

DUT—— 受试器件；

CT—— 直流电流探头或等效设备；

PG1—— 恒流 $I_{(BR)}$ 脉冲发生器；

ZD1—— 电压限幅 $>V_{(BO)}$；

CRO—— 双通道示波器或等效设备。

图 30　在 $I_{(BR)}$ 条件下击穿电压 $V_{(BR)}$ 的测量电路

正击穿斜率 TSS(见图 1)可能存在在击穿特性的低电流区,该区域击穿电压随电流增加降低。电流从零缓慢升至规定的试验电流 $I_{(BR)}$,用峰值表测量 DUT 的电压,可在电流零至 $I_{(BR)}$ 的范围内能测定击穿电压峰值 $V_{(BR)}$。如 $I_{(BR)}$ 设定为 I_{DRM},则可用 $V_{(BR)M}$ 值测定 V_{DRM} 额定值。对于负击穿斜率 TSS(见图 1),采用该测量方法也能测定 $V_{(BO)}$。

5.5.9 开关电压 V_s 和开关电流 I_s

该试验目的是在规定的斜率条件下测定 TSS 的开关点特点。采用的试验电路在原理上应等效于图 18。对试验发生器应规定开路电压值和短路电流值,或等效的上升率、波形和波形峰值。等效的电源阻抗应大于器件的最大值开关电阻 R_S。当 DUT 从断态至通态转换时应记录电压和电流的波形(见图 20、图 22 和图 24)。电压—电流特性曲线由记录电流和对应的记录电压绘制产生。由此特性曲线用视觉评估能得到开关点。当特性增量斜率阻抗为负电源阻抗时,出现准确的开关点。受发热和开关时间影响的限定电源阻抗值造成测量开关点特性的误差,使用开关电压值和开关电流值应加小心。对于门控 TSS,开关电压 V_s 可以是门极电源电压 V_{GG} 的近似值。

TSS 的每个开关极性应分别测量。

5.5.10 正向电压 V_F

该试验目的是测定正向导通型 TSS 在规定电流条件下的正向电压。该电压值用于计算正向耗散功率。采用的测量电路和波形应与测定通态电压 V_T(见图 18)采用的电路和波形相一致。发生器应使 DUT 转换进入正向导通,正向电压值 V_F 应在规定时间或正向电流 I_F 的规定值时测量。快速上升电流波形可产生附加的正向恢复电压 V_{FRM},该电压不应包含在 V_F 测量中(见图 31)。

为适用于交流和冲击两种工作可要求低和高两种电流值的两个 V_F 值。

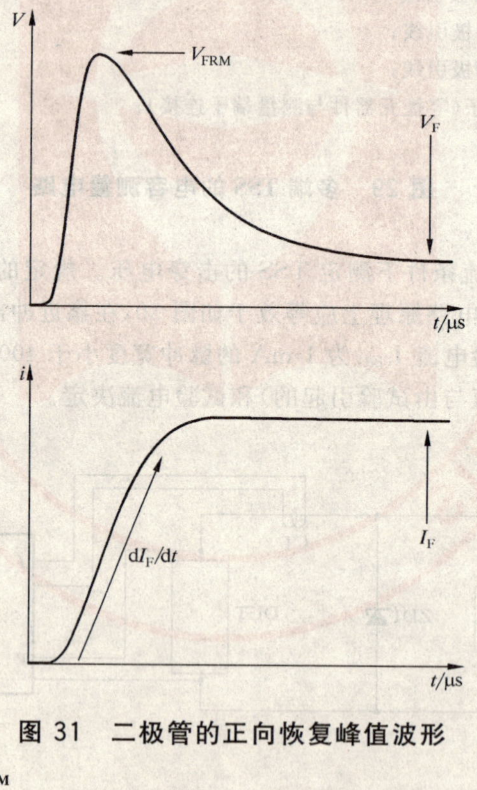

图 31 二极管的正向恢复峰值波形

5.5.11 正向恢复峰值电压 V_{FRM}

该试验目的是在快速上升电流波形条件下,测定正向导通 TSS 的正向峰值电压,该电压值是保护电路系统中最大应力。采用的测量电路和有关量值应与测定快速冲击转折电压 $V_{(BO)}$(见图 18)的一致。发生器应以规定的正向电流上升率 dI_F/dt 条件下转换二极管进入通态,而后测量正向恢复峰值电压值 V_{FRM}(见图 31)。无特殊要求时,推荐参照表 4 给出的 1 000 V/μs 和 10 A/μs 的快速冲击上升率进行试验。

5.5.12 断态电压临界上升率 d*v*/d*t*

该试验目的是验证 TSS 承受峰值幅值低于额定值 V_{DRM} 的快速上升系统峰值电压而不开通的能力。规定等于临界 d*v*/d*t* 最小值的电压斜率和幅值 V_{DRM} 应施加在未为开通的 DUT 上。上升的峰值电压应至少保持 50 μs。在试验期间，DUT 不应开通，甚至不应部分开通。电压上升可以是指数式或线性的(见图 32 和图 33)。对于指数上升曲线，d*v*/d*t* 值按 0.632 V_{DRM}/t 计算，这里 *t* 是电压开始上升到 0.632 V_{DRM} 的时间。对于线性上升曲线，d*v*/d*t* 值按 0.8 $V_{DRM}/(t_{90}-t_{10})$ 计算，t_{10} 和 t_{90} 分别是电压上升到 0.1 V_{DRM} 和 0.9 V_{DRM} 的时间。

TSS 的每个开关极性应分别测量。

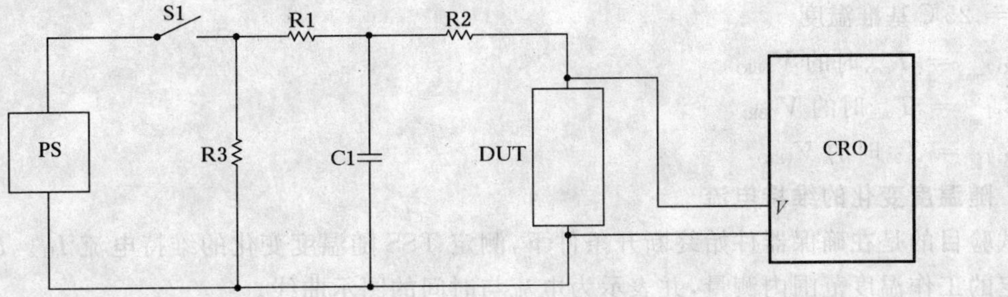

电路组成：

DUT——受试器件；

PS——直流电压电源；

S1——开始试验开关；

R1——充电电阻；

R2——当 DUT 转换时，限制电流的电阻；

R3——S1 断开后，放电电阻；

C1——充电电容器；

CRO——示波器或等效装置。

图 32 指数式断态电压临界上升率 d*v*/d*t* 的测量电路

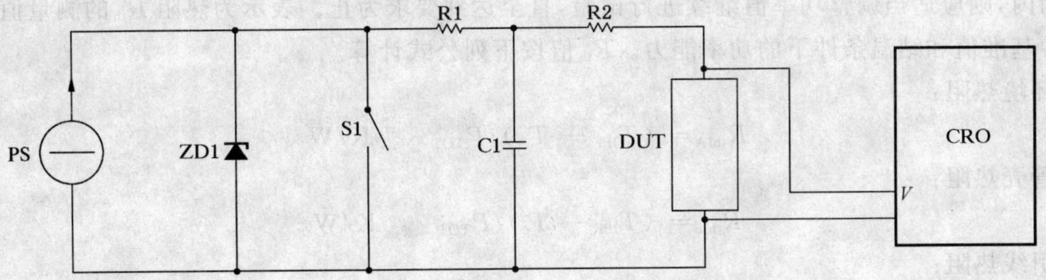

电路组成：

DUT——受试器件；

PS——直流电压恒流源；

S1——NC 开关(启动则开始试验)；

ZD1——钳位于电压 V_{DRM} 的二极管；

R2——如果试品开通后，限制电流的电阻；

C1——充电电容器；

R1——S1 闭合后的放电电阻；

CRO——示波器或等效仪器。

图 33 线性断态电压临界上升率 d*v*/d*t* 的试验电路

5.5.13 击穿电压温度系数 $\alpha_{V_{(BR)}}$

该试验目的是测定TSS随温度变化的低电流击穿电压$V_{(BR)}$，该电压作为电路电压的钳位值。$V_{(BR)}$的值应在规定的温度范围测量。如$V_{(BR)}$随温度变化是非线性的，则应表示为$V_{(BR)}$与温度的函数曲线图。如$V_{(BR)}$随温度变化基本上是线性的，则在规定温度范围内的变化可表示为平均的%/K或mV/K。

$$\alpha_{V_{(BR)}} = 1\,000(V_{(BR)T_{max}} - V_{(BR)T_{min}})/(T_{max} - T_{min}) \quad \text{mV/K}$$

$$或\ \alpha_{V_{(BR)}} = 1\,000(V_{(BR)T_{max}} - V_{(BR)T_{min}})/[(T_{max} - T_{min})(V_{(BR)T_{25}})] \quad \%/\text{K}$$

这里 T_{max}＝最高工作温度(℃)

T_{min}＝最低工作温度(℃)

T_{25}＝ 25℃基准温度

$V_{(BR)T_{max}}$ ＝ T_{max}时的$V_{(BR)}$

$V_{(BR)T_{min}}$ ＝ T_{min}时的$V_{(BR)}$

$V_{(BR)T_{25}}$ ＝ T_{25}时的$V_{(BR)}$

5.5.14 随温度变化的维持电流

该试验目的是在确保器件始终断开条件下，测定TSS随温度变化的维持电流I_H。I_H值(见5.5.6)应在规定的工作温度范围内测量，并表示为电流与时间的图示曲线。

5.5.15 温度降额

该试验目的是为确保保护器可靠的工作而在规定的温度范围内测定TSS的降额曲线。TSS的额定值在低温或高温都可以降额。对于V_{DRM}、V_{RM}、I_{FRM}、I_{FSM}、I_{PPSM}、I_{TRM}、I_{TSM}和di/dt相关额定值采用适当调整的试验温度应力水平进行试验。功率降额可通过已确定的R_{th}值、最高结温和基准点(环境、管壳、导线)温度计算最大功率来验证。

5.5.16 热阻 R_{th}

该试验目的是为测定TSS的连续功率负载能力。采用的试验电路原理上应等效于图34。紧接施加功率前，依赖温度的特性值应在基准温度时测量。然后将恒定值功率施加在器件上。功率中断的短时间(<2%占空比)内完成测量依赖温度的特性。当这些测量稳定时，达到稳态条件。根据预先的温度特性，无功率的和稳态的测量能变换为结温值。如稳态结温不在器件最高结温T_{JM}的+0%和−20%允差范围内，则应适当调整功率值继续进行试验，直至达到要求为止。表示为热阻R_{th}的测量值，可用于计算各种基准值和结温条件下的功率能力。R_{th}值按下列公式计算。

结-环境热阻：

$$R_{thJA} = (T_{JPK} - T_A)/P_{TOT} \quad \text{K/W}$$

结-管壳热阻：

$$R_{thJc} = (T_{JPK} - T_c)/P_{TOT} \quad \text{K/W}$$

结-引线热阻：

$$R_{thJL} = (T_{JPK} - T_L)/P_{TOT} \quad \text{K/W}$$

这里：T_A——环境基准温度；

T_C——管壳基准温度，通过冷却保持恒定值；

T_L——引线基准参考温度，通过冷却保持恒定值；

T_{JPK}——峰值结温，$0.8T_{JM} < T_{JPK} < T_{JM}$；

P_{TOT}——脉冲功率幅值。

TSS的每个开关象限和正向导通极性应分别测试。在测试期间内，确定建立测量条件和读值所需要的时间。在该期间结温冷却，并由此计算的温度将较低。通过紧接切断功率后立即测量和外推温度衰减返回到断电开始时的方法能修正该温度误差。

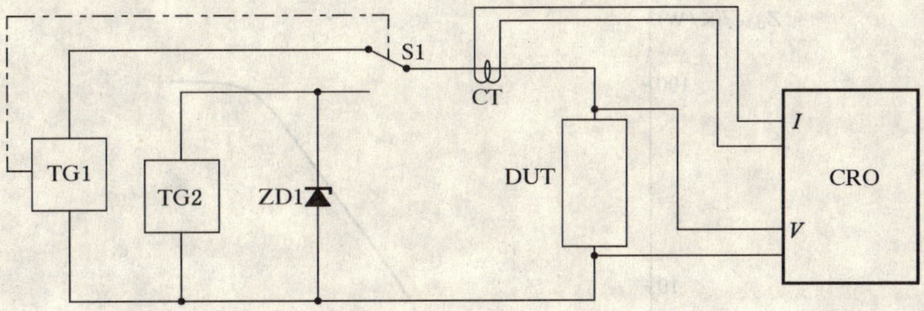

电路组成：

DUT——受试器件；

CT——直流电流探头或等效装置；

TG1——测量热敏特性的发生器；

TG2——恒定功率发生器；

S1——在 TG1 和 TG2 间转换连接 DUT 的开关；

ZD1——电压钳位 $>V_{(BO)}$；

CRO——双通道示波器或等效的其他仪表；

— · — TG1 和 S1 同步。

图 34　热阻和热阻抗的测量电路

5.5.17　瞬态热阻抗 $Z_{th(t)}$

该试验的目的是在规定的功率脉冲持续时间 t 的条件下，测定 TSS 负载功率的能力。采用的测量电路应原理上等效于图 34。紧接施加功率前，依赖温度的特性值应在基准温度时测量。然后将恒定值功率应施加在器件上，重新测量依赖温度的特性。根据预先的温度特性，上述两个测量值能变换为结温值。功率脉冲后，器件的最高结温 T_{JM} 如不在 $+0\%$、-20% 允差内，则应适当调整功率值重复上述试验，直至达到为止。两次试验之间应有足够的时间以使器件恢复热平衡，可表示为热阻抗 $Z_{th(t)}$ 的测量值，可用于计算各种基准点和结温条件下的功率能力。$Z_{th(t)}$ 值按下列公式计算：

在规定时间间隔(t)，结-环境瞬态热阻抗：

$$Z_{thJA(t)}=(T_{JPK}-T_A)/P_{TOT} \quad \text{K/W}$$

在规定时间间隔(t)，结-管壳瞬态热阻抗：

$$Z_{thJC(t)}=(T_{JPK}-T_C)/P_{TOT} \quad \text{K/W}$$

在规定时间间隔(t)，结-引线瞬态热阻抗：

$$Z_{thJL(t)}=(T_{JPK}-T_L)/P_{TOT} \quad \text{K/W}$$

这里：

T_A——环境基准温度；

T_C——管壳基准温度，通过冷却保持恒定值；

T_L——引线基准温度，通过冷却保持恒定值；

T_{JPK}——峰值结温，$0.8\ T_{JM}<T_{JPK}<T_{JM}$；

P_{TOT}——脉冲功率幅值；

t——脉冲功率的宽度。

TSS 的每个开关象限和正向导通极性应分别测试。施加脉冲功率后，需花费时间建立测量条件和读值。由于在该期间结温冷却，计算的温度将是较低的。通过紧接切断功率后立即测量和外推温度衰减返回到断电开始时的方法能修正这个温度误差。无特殊要求时，推荐用 100 μs 的时间间隔来确定 $Z_{th(t)}$ 值，该期间近似至稳态工作的时间，并用 $Z_{th(t)}-t_{(s)}$ 曲线图表示(见图 35)。

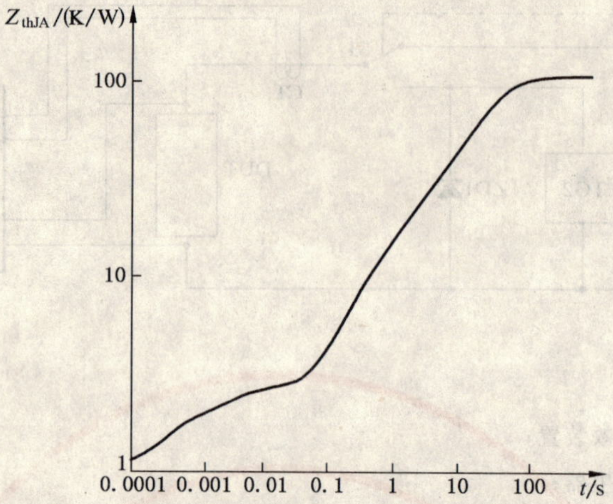

图 35 瞬态热阻抗与时间的关系曲线

5.5.18 门极端-邻近端断态峰值电压和断态峰值电流 V_{GDM}，I_{GDM}

该试验目的是测定 TSS 的门极端对邻近端的最高电压。该电压将维持保护端子在规定电压时的高阻抗断态。采用如图 36 适当的电路，规定值 V_D 应施加在器件的保护端子上，门极端对邻近端电压值从零增加至达到保护端子电流 I_D 的规定值。门极端对邻近端电压的测量值是 V_{GDM}，测量值的门极电流是 I_{GDM}。

TSS 的每个门极开关极性应分别测量。门极控制 TSS 的断态重复峰值电压是 V_{GG} 与 V_{GDM} 之和，并等于 TSS 的固定电压 V_{DRM}。

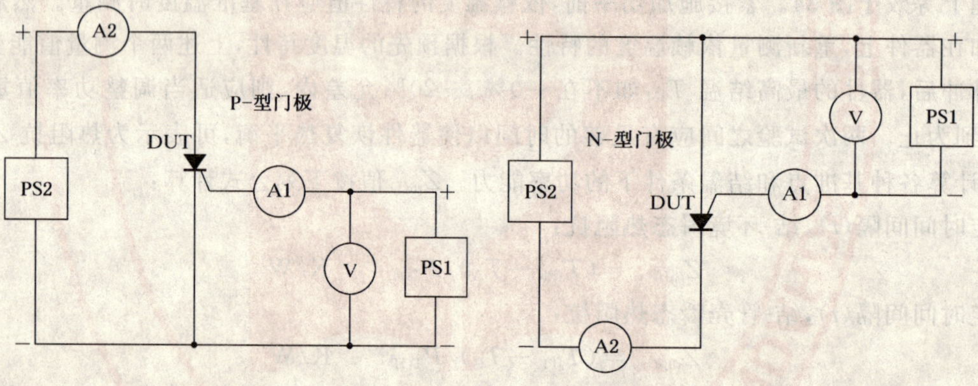

电路组成：

DUT——受试器件；

A1——测量门极电流的电流表；

A2——测量 I_D 的电流表；

V——电压表，测量门极端-邻近端电压用；

PS1——可调直流电压源，设置规定值 I_D 用；

PS2——直流电压源，设定 V_D 用。

图 36 门极端-邻近端断态峰值电压和断态峰值电流的测量电路

5.5.19 （邻近端开路时）门极反向电流 I_{GAO}，I_{GKO}

该试验目的是在邻近端开路时，测定通过门极电压源的漏电流。采用如图 37 的适当电路，门极偏压 V_{GG} 的规定值应施加在门极上，测量通过门极的电流。该试验对于 P-门极型器件阴极端开路时，测量门极对阳极的反向断态电流 I_{GAO}，对于 N-门极器件阳极开路时，是测量门极对至阴极的反向断态电流 I_{GKO}。

TSS 的每个可控开关极性应分别测量。

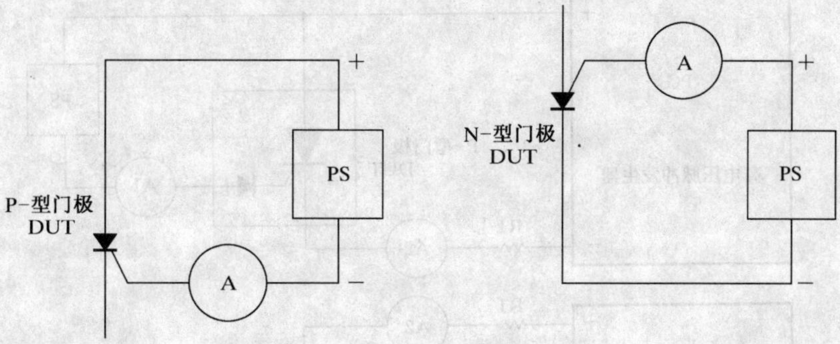

电路组成：

DUT——受试器件；

A—— 电流表，测量反向门极电流用；

PS——直流电源，设置规定的门极电压 V_{GG} 用。

图 37　邻近端开路时，门极反向电流 I_{GAO} 和 I_{GKO} 的测量电路

5.5.20　（主端子短路时）门极反向电流 I_{GAS}，I_{GKS}

该试验目的是在邻近端同另一个保护端短路时，测定通过门极电压源的漏电流。采用如图 38 的适当电路，规定值门极偏压 V_{GG} 应施加在门极上，测量通过门极的电流。该试验具体测定 P-门极器件阴极-阳极短路的门极反向断态电流 I_{GAS}，或 N-门极器件阳极-阴极短路的门极反向断态电流 I_{GKS}。

TSS 的每个门极开关极性应分别测量。该试验仅用于门极集成串联了阻断二极管的器件。

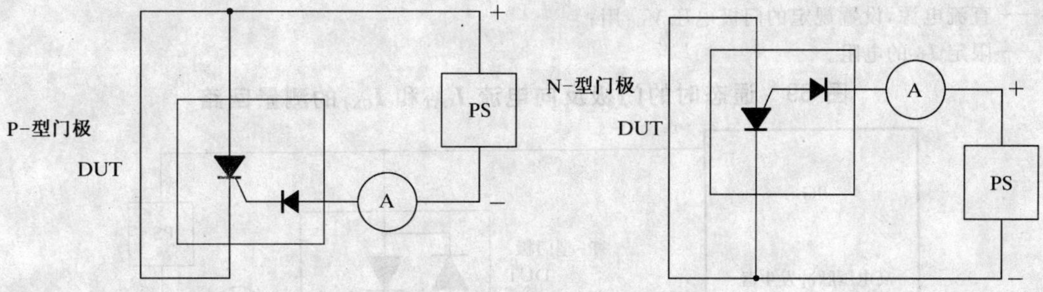

电路组成：

DUT——受试器件；

A——电流表，测量反向门极电流用；

PS——直流电源，设置规定的门极电压 V_{GG} 用。

图 38　主端短路时，门极反向电流 I_{GAS} 和 I_{GKS} 的测量电路

5.5.21　（通态时）门极反向电流 I_{GAT}，I_{GKT}

该试验目的是在 TSS 处于通态时，测定通过门极电压源的漏电流。采用如图 39 的适当电路，规定值门极偏压 V_{GG} 的应施加在门极上，用与保护端子相连的发生器使器件转换进入通态。门极电流应在规定的通态电流 I_T 条件下测量。发生器和 I_T 的值应与测定交流 V_T 或直流 V_T 的相同。该试验具体测定 P-门极器件通态时的门极反向电流 I_{GAT}，或 N-门极器件通态时的门极反向电流 I_{GKT}。

TSS 的每个可控开关极性应分别测量，该试验应仅用于门极集成串联了阻断二极管的器件。

5.5.22　（正向导通态时）门极反向电流 I_{GAF}，I_{GKF}

该试验目的是在 TSS 正向导通（TSS 的二极管导通）时，测定通过门极电压源的漏电流。采用如图 40的适当电路，规定值门极偏压 V_{GG} 应施加在门极上，用与保护端连接的发生器使器件进入正向导通状态。门极电流应在规定的正向导通电流 I_F 条件下测量。发生器和 I_F 值应与测定交流 V_F 和直流 V_F 的相同。该测量具体测定 P-门极器件正向导通态时的门极反向电流 I_{GAF}，或 N-门极器件正向导通态时的门极反向电流 I_{GKF}。该试验应仅用于门极集成串联了阻断二极管的正向导通 TSS。

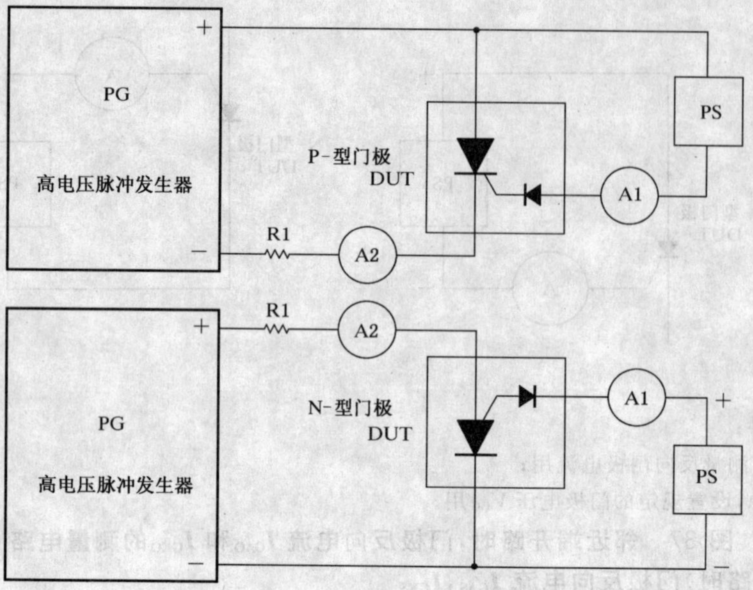

电路组成：

DUT——受试器件；

A1——峰值电流表，观测 I_T 用；

A2——峰值电流表；

PG——具有规定特性的高电压脉冲发生器；

PS——直流电源，设置规定的门极电压 V_{GG} 用；

R1——限定 I_T 的电阻。

图 39 通态时的门极反向电流 I_{GAT} 和 I_{GKT} 的测量回路

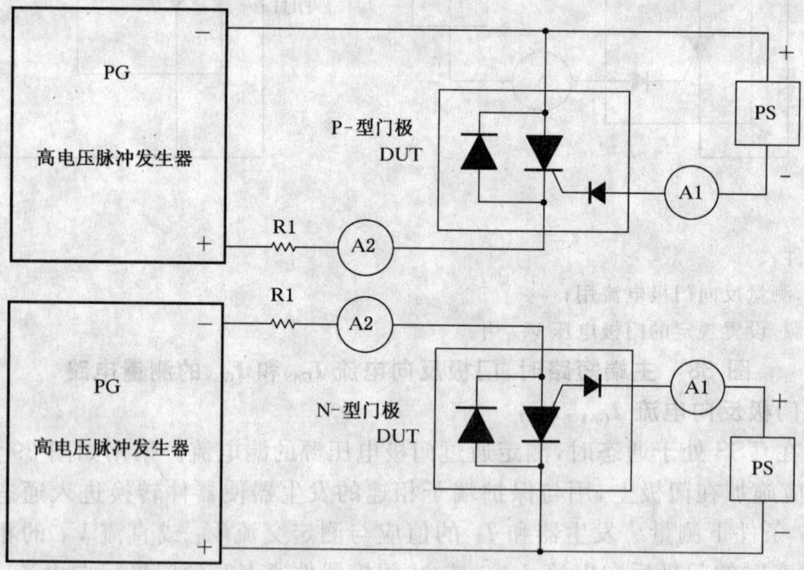

电路组成：

DUT——受试器件；

A1——峰值电流表，观测 I_F 用；

A2——峰值电流表；

PG——具有规定特性的高电压脉冲发生器；

PS——直流电源，设置规定的门极电压 V_{GG} 用；

R1——限定 I_F 的电阻。

图 40 正向导通态时的门极反向电流 I_{GAF} 和 I_{GKF} 的测量电路

5.5.23 门极开关电荷 Q_{GS}

该试验目的是为了确定电压限制TSS的门极去偶电容的大小，而测定门极端电源需求的电荷量。采用如图41或图42的适当电路，规定值门极偏压 V_{GG} 应施加在门极上，用与保护端子连接的发生器使器件转换进入通态。门极电荷应通过记录电压限位期间的门极电流并对该电流积分得到。见图43示例。采用的发生器应与测定快速上升 $V_{(BO)}$ 的相同。

TSS的每个可控开关极性应分别测量。

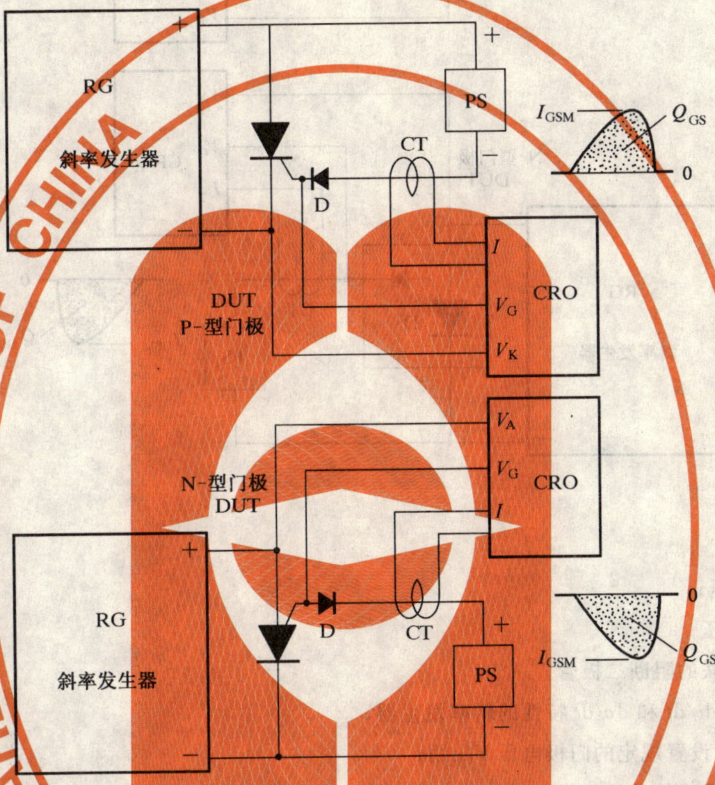

电路组成：

DUT——受试器件；

V_A，V_K——邻近端电压；

V_G——门极端电压；

D——与门极串联的阻断二极管；

RG——具有规定 di/dt 和 dv/dt 特性的斜率发生器；

PS——直流电源，设置规定的门极电压 V_{GG} 用；

CT——电流互感器或等效装置；

CRO——双通道示波器或等效仪器。

图41 门极开关电流 I_{GSM}，门极开关电荷 Q_{GS} 和门极端-邻近端转折电压 $V_{GK(BO)}$，$V_{GA(BO)}$ 的测量电路

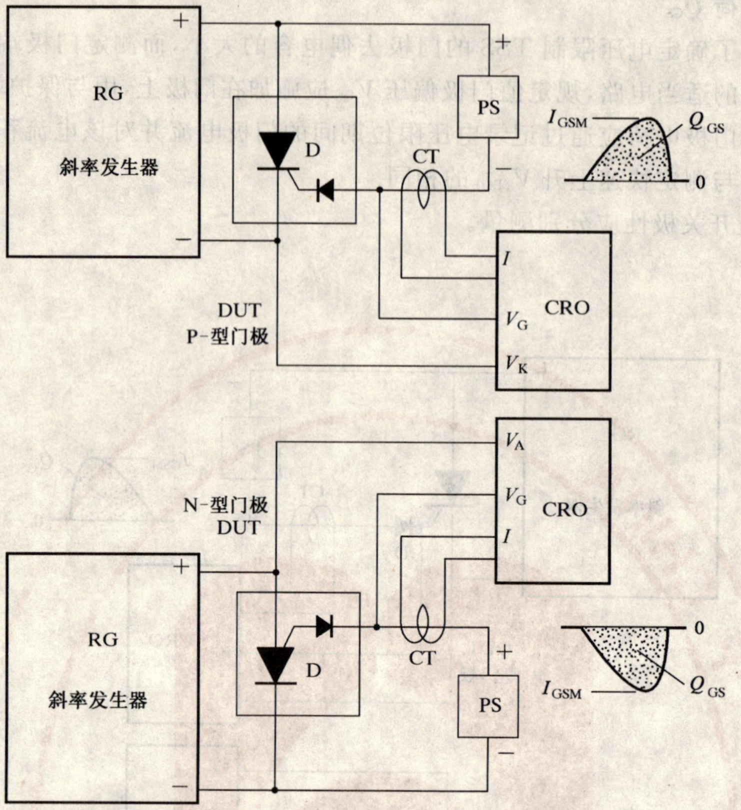

电路组成：

DUT——受试器件；

V_A，V_F——邻近端电压；

V_G——门极端电压；

D——与门极串联的阻断二极管；

RG——具有规定 di/dt 和 dv/dt 特性的斜率发生器；

PS——直流电源，设置规定的门极电压 V_{GG}用；

CT——电流互感器或等效的装置；

CRO——双通道示波器或等效的仪器。

图 42　门极集成有二极管的 DUT 的门极开关电流 I_{GSM}，门极开关电荷 Q_{GS}，门极端-邻近端转折电压 $V_{GK(BO)}$，$V_{GA(BO)}$ 的测量电路

5.5.24　门极开关峰值电流 I_{GSM}

该试验目的是为门极电源不发生过电压上升提供数据，而测定 TSS 在电压限位时的门极电源的峰值电流。采用适当的电路，如图 41 或图 42，规定值门极偏压 V_{GG}应施加在门极上，用与保护端子连接的发生器使器件转换进入通态。门极峰值电流 I_{GSM}应在电压限制期间测量。采用的发生器应与测定慢上升 $V_{(BO)}$的相同。

TSS 的每个可控开关极性应分别测量。

5.5.25　门极端-邻近端转折电压 $V_{GK(BO)}$，$V_{GA(BO)}$

该试验目的是为能计算整个电源电压和斜率范围内的转折电压，而测定 TSS 的门极电压与转折电压的电压差。采用如图 41 或图 42 的适当电路，规定值门极偏压 V_{GG}应施加在门极上，用与保护端子连接的发生器使器件转换进入通态。

门极端-邻近端峰值电压值应在转折点测量(见图43示例)。采用的发生器应与测定 $V_{(BO)}$ 的相同。对于P-门极器件,测量门极-阴极的转折点电压 $V_{GK(BO)}$,对于N-门极器件,测量门极-阳极的转折点电压 $V_{GA(BO)}$。

TSS每个可控开关极性应分别测量。

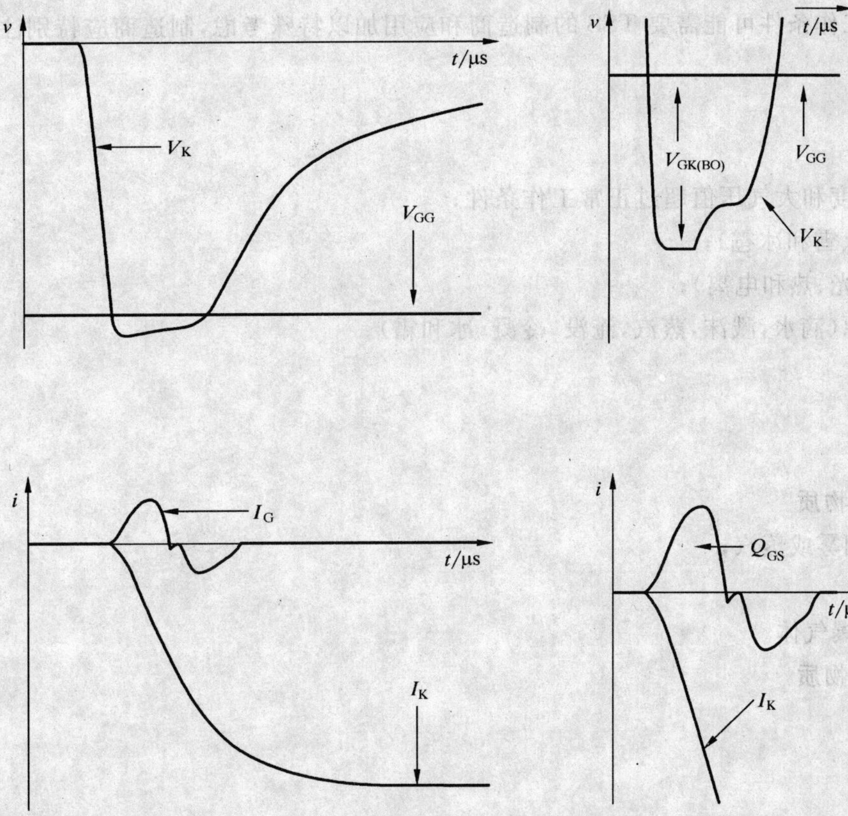

图43 测量P-型门极DUT的 $V_{GK(BO)}$ 和 Q_{GS} 的整体波形和钳位部分的放大波形(di_K/dt=10 A/μs,V_{GG}= −72 V)

附 录 A
（规范性附录）
异常工作条件

下列的异常工作条件可能需要 TSS 的制造商和应用加以特殊考虑，制造商应特别注意。

A.1 环境条件

A.1.1 气候条件

a) 温度、湿度和大气压值超过正常工作条件；

b) 降水（雨、雪和冰雹）；

c) 辐射（日光、热和电离）；

d) 其他水源（滴水，溅沫，蒸汽，淹没，冷凝，冰和霜）。

A.1.2 生物条件

a) 植物；

b) 动物。

A.1.3 化学活化物质

a) 破坏性烟雾或蒸汽；

b) 盐雾；

c) 易燃、易爆气体。

A.1.4 机电活性物质

a) 灰尘；

b) 煤烟；

c) 沙。

A.1.5 流质污染

A.2 机械条件

a) 振荡（稳态的或冲击）；

b) 跌落（稳态的或冲击）；

c) 碰撞冲击；

d) 静态负荷。

A.3 混合因素

a) 组装前和组装期间的预处理；

b) 可焊性；

c) 可燃性；

d) 异常的运输和存储条件；

e) 电气过载超过器件额定值；

f) 过载期间包装可能的破裂；

g) 异常的接地电位；

h) 用户知道的任何其他异常条件。

附 录 B
（资料性附录）
基准脉冲波形的美国认证标准

B.1 中央办公室设备验证

1997 年 11 月第二版，Bellcore，GR-1089-CORE，电磁兼容和电器安全 电信网络设备的一般准则

B.2 用户设备验收

1998 年 3 月，FCC Title 47 CFR，第 68 部分 电话网络的终端电路设备，子部分 D 注册条件

B.3 试验波形

ANSI/IEEE Std C62.45—1992，与低电压交流电路连接的设备电涌试验的 IEEE 导则

ICS 31.120
L 47

中华人民共和国国家标准

GB/T 18910.4—2007/IEC 61747-4:1998

液晶和固态显示器件 第4部分:液晶显示模块和屏 基本额定值和特性

**Liquid crystal and solid-state display devices—
Part 4:Liquid crystal display modules and cells—
Essential ratings and characteristics**

(IEC 61747-4:1998,IDT)

2007-02-09 发布　　　　2007-09-01 实施

中华人民共和国国家质量监督检验检疫总局
中国国家标准化管理委员会　发布

前　言

GB/T 18910《液晶和固态显示器件》的预计结构如下：

GB/T 18910.1　液晶和固态显示器件　第1部分：总规范(IEC 61747-1:1998,IDT)；

GB/T 18910.2　液晶和固态显示器件　第2部分：液晶显示模块　分规范(IEC 61747-2:1998,IDT)；

GB/T 18910.21　液晶和固态显示器件　第2-1部分：无源矩阵单色液晶显示模块　空白详细规范(IEC 61747-2-1:1998,IDT)；

GB/T 18910.3　液晶和固态显示器件　第3部分：液晶显示屏　分规范；

GB/T 18910.31　液晶和固态显示器件　第3-1部分：液晶显示屏　空白详细规范；

GB/T 18910.4　液晶和固态显示器件　第4部分：液晶显示模块和屏　基本额定值和特性(IEC 61747-4:1998,IDT)；

GB/T 18910.5　液晶和固态显示器件　第5部分：环境、耐久性和机械试验方法。

GB/T 18910的本部分等同采用IEC 61747-4:1998《液晶和固态显示器件　第4部分：液晶显示模块和屏　基本额定值和特性》(英文版)。

为了便于使用，本部分作如下编辑性修改：

a)　用小数点“.”代替作为小数点的逗号“,”；

b)　删除国际标准的前言；

c)　根据3.4.1的实际内容，将标题改为“材料说明”。

本部分由中华人民共和国信息产业部提出。

本部分由信息产业部(电子)归口。

本部分起草单位：长春联信光电子有限责任公司。

本部分主要起草人：陈兰、谢展四、张金龙。

液晶和固态显示器件 第4部分:液晶显示模块和屏 基本额定值和特性

1 总则

1.1 范围

GB/T 18910.4 的本部分表述了液晶显示(LCD)屏和无源矩阵单色液晶显示(LCD)模块的基本额定值和特性。

不适用于有源矩阵 LCD 屏,也不适用于多色屏。

1.2 规范性引用文件

下列文件中的条款通过 GB/T 18910 的本部分的引用而成为本部分的条款。凡是注日期的引用文件,其随后所有的修改单(不包括勘误的内容)或修订版均不适用于本部分,然而,鼓励根据本部分达成协议的各方研究是否可使用这些文件的最新版本。凡是不注日期的引用文件,其最新版本适用于本部分。

GB/T 18910.1—2002 液晶和固态显示器件 第1部分:总规范 (IEC 61747-1:1998,IDT)

2 液晶显示模块

2.1 类型

液晶显示模块由液晶显示屏、电路,通常也有边框组成。

2.2 构造和材料

例如:带电路和管脚连接的 TN 型显示屏。

适用时,光源的类型。

2.3 工作模式

2.3.1 光学工作模式

——显示方式:例如反射、透射、透反射。

——灰度级:数字或模拟。

——暗底亮图形或亮底暗图形。

2.3.2 电学工作模式

——例如:静态模式、多路模式等。

2.4 详细说明

2.4.1 材料、机械说明

——例如:玻璃、塑料、金属等。

——结构:例如集成背光、边框构造。

2.4.2 连接方法

——连接器、柔性带或管脚连接等。

2.4.3 外形图和尺寸

——外形尺寸。

——可视区和显示区域。

2.4.4 外引线列表和(或)连接图

——连接器类型。

2.4.5 推荐或已设计的视角方向

2.5 极限值(绝对最大额定值制,除非另有规定,适用于整个工作温度范围)

2.5.1 最小和最大工作温度(T_{op})

2.5.2 最小和最大贮存温度(T_{stg})

2.5.3 提供逻辑驱动和 LCD 驱动的最小和最大电源电压值

2.5.4 最小和最大输入信号电压(V_{IN})

2.5.5 最大背光源电压(V_{BL},适用时)

2.5.6 最高焊接温度(T_{sld},适用时)

——应规定最长焊接时间和最小焊接距离。

2.6 电光特性

下列参数应按表 1 的规定。

表 1 LCD 模块的电、光特性

条号	特性	条件 除非另有规定, $T_{op}=25℃$	符号	要求	
2.6.1	电源电压		$V_{DD}-V_{SS}$	Min.	Max.
	逻辑驱动电压 LCD 驱动电压		$V_{DD}-V_{EE}$ $V_{EE}-V_{SS}$ V_O-V_{SS} $V_{DD}-V_O$	Min.	Max.
2.6.2	输入信号电压 高电平输入电压 低电平输入电压		V_{IN} V_{IH} V_{IL}	Min.	Max.
2.6.3	背光源电压(适用时)		V_{BL}	Min.	Max.
2.6.4	工作频率(适用时) 帧频 振荡器频率		f_{op} f_{FRM} f_{OSC}	Min.	Max.
2.6.5	工作电流	为达到最大工作电流所选择的条件,例如:合适的工作电压、显示图案等	I_{tot} I_{DD}和(或)I_{EE}		Max.
2.6.6	高电平输入信号电流(适用时)		I_{IH}		Max.
2.6.7	低电平输入信号电流(适用时)		I_{IL}		Max.
2.6.8	背光源工作电流(适用时)		I_{BL}	Min.	Max.
2.6.9	对比度(漫射光和(或)直射光)	当模块有背光系统时,应在规定的背光亮度下测量对比度	CR_{diff} CR_{dir}	Min.	
2.6.10	工作显示亮度(适用时)	规定的测量方法和条件	L	Min.	
2.6.11	视角范围	规定的视角方向定义和规定的对比度	θ_V 和 θ_H	Min.	Max.
2.6.12	开启时间	规定温度	t_{on}		Max.

表 1(续)

条号	特　　性	条件 除非另有规定， $T_{op}=25℃$	符　　号	要	求
2.6.13	关闭时间	规定温度	t_{off}		Max.
2.6.14	透射率(适用时) (漫射光和(或)直射光)	规定测试方法和条件	τ_r 和(或) τ_d	Min.	
2.6.15	反射率(适用时) (漫射光和(或)直射光)	规定测试方法和条件	ρ_r 和(或) ρ_d	Min.	Max.

2.7　补充说明

2.7.1　对比度与视角的关系

2.7.2　开关时间与温度的关系

2.7.3　时序特性与逻辑电压时序间的关系

2.7.4　适用时，电源电压的加电顺序

2.7.5　适用时，在规定的对比度下，工作电压范围与温度的关系

2.7.6　色域与白光色度

2.7.7　搬运和操作说明

2.7.8　静电防护

2.7.9　安装要求：机械的和(或)电的

2.7.10　安全信息

2.7.11　漫反射、镜面反射和透射的特性

3　液晶显示屏(LCD 屏)

3.1　类型

不带任何电路的液晶显示器件。

3.2　构造和材料

例如：扭曲向列相液晶显示屏。

3.3　工作模式

3.3.1　光学工作模式

——显示模式：例如反射、透射和透反射；

——暗底亮图形，或亮底暗图形。

3.3.2　电学工作模式

静态模式或多路模式。

3.4　详细说明

3.4.1　材料说明

例如：玻璃或塑料。

3.4.2　连接方法

3.4.3　外形图

尺寸和显示图案。

3.4.4　外引线列表和(或)连接图

3.4.5　用于定义视角的 LCD 屏参照轴

3.4.6　推荐的视角方向

3.5 极限值(绝对最大额定值制,除非另有规定,适用于整个工作温度范围)

3.5.1 最小和最大贮存温度(T_{stg})

3.5.2 最小和最大工作温度(T_{op})

3.5.3 最大环境湿度(RH)

3.5.4 最小和最大外部气压

3.5.5 最大机械冲击

3.5.6 最大振动

3.5.7 最大加速度

3.5.8 屏的最大抗弯曲强度(在考虑中)

3.5.9 屏的最大抗扭曲强度(在考虑中)

3.5.10 驱动电压的最大均方根值

3.5.11 最大峰-峰电压

3.5.12 驱动电压的最大直流分量

3.5.13 适用时,最大焊接温度和时间

3.6 电光特性

应规定下列参数:

——视角方向及对比度条件;

——电学工作模式。

表 2 LCD 屏的电、光特性

条号	特性	条件 除非另有规定, T_{op}=25℃	符号	要求	
3.6.1	驱动电压			Min.	Max.
3.6.2	驱动频率			Min.	Max.
3.6.3	阈值电压	在规定的频率下	V_{th}	Min.	Max.
3.6.4	饱和电压	在规定的频率下	V_{sat}	Min.	Max.
3.6.5	总电流: 静态驱动下,全部像素被选	在规定的电压和频率下			Max.
3.6.6	总电容: 静态驱动下,全部像素被选	在规定的电压和频率下			Max.
3.6.7	对比度	规定的视角方向。 (漫射光和(或)直射光)	CR_{diff} 和(或) CR_{dir}	Min.	
3.6.8	开启时间		t_{on}		Max.
3.6.9	关闭时间		t_{off}		Max.
3.6.10	适用时,直射光和(或)漫射光的透射率		τ_d 和(或) τ_r	Min.	
3.6.11	适用时,直射光和(或)漫射光的反射率		ρ_d 和(或) ρ_r	Min.	Max.

3.7 补充说明

3.7.1 对比度与视角的关系

3.7.2 开关时间与温度的关系

3.7.3 工作范围

——阈值电压与温度的关系；

——在规定的对比度下，工作电压范围随温度变化的函数关系。

3.7.4 所有像素的面积

（所有单个像素面积的总和，如：字段、符号或点。）

3.7.5 搬运和操作说明

3.7.6 预防措施

3.7.7 色坐标

3.7.8 一致性

ICS 31.120
L 47

中华人民共和国国家标准

GB/T 18910.21—2007/IEC 61747-2-1:1998
QC 720301

液晶和固态显示器件 第2-1部分:无源矩阵单色液晶显示模块 空白详细规范

Liquid crystal and solid-state display devices—Part 2-1: Passive matrix monochrome LCD modules—Blank detail specification

(IEC 61747-2-1:1998,IDT)

2007-07-03 发布　　　　2007-09-01 实施

中华人民共和国国家质量监督检验检疫总局
中国国家标准化管理委员会　发布

前　言

GB/T 18910《液晶和固态显示器件》的预计结构如下：

GB/T 18910.1　液晶和固态显示器件　第1部分：总规范(IEC 61747-1:1998,IDT)

GB/T 18910.2　液晶和固态显示器件　第2部分：液晶显示模块　分规范(IEC 61747-2:1998,IDT)

GB/T 18910.21　液晶和固态显示器件　第2-1部分：无源矩阵单色液晶显示模块　空白详细规范(IEC 61747-2-1:1998,IDT)

GB/T 18910.3　液晶和固态显示器件　第3部分：液晶显示屏　分规范

GB/T 18910.31　液晶和固态显示器件　第3-1部分：液晶显示屏　空白详细规范

GB/T 18910.4　液晶和固态显示器件　第4部分：液晶显示模块和屏　基本额定值和特性(IEC 61747-4:1998,IDT)

GB/T 18910.5　液晶和固态显示器件　第5部分：环境、耐久性和机械试验方法

本部分等同采用IEC 61747-2-1:1998(QC 720301)《液晶和固态显示器件　第2-1部分：无源矩阵单色液晶显示模块　空白详细规范》(英文版)。

为了便于使用，本部分作如下编辑性修改：

a)　用小数点“.”代替作为小数点的逗号“,”；

b)　删除国际标准的前言；

c)　为使标准具有完整性，在6.3增加“(见图1)”；

d)　根据已发布的GB/T 18910.1的实际内容，将A1分组极限值栏改为“见总规范的6.2.1”。

中国电子元器件质量认证委员会标准化机构是中国电子技术标准化研究所。

本部分由中华人民共和国信息产业部提出。

本部分由信息产业部(电子)归口。

本部分起草单位：长春联信光电子有限责任公司。

本部分主要起草人：陈兰、谢展四、张金龙。

液晶和固态显示器件
第2-1部分:无源矩阵单色液晶显示模块
空白详细规范

引言

IEC电子元器件质量评定体系遵循IEC章程并在IEC授权下工作。该体系的目的是确定质量评定程序,以这种方式使一个参加国按相关规范要求放行的电子元器件,无需进一步试验而为其他所有参加国同样接受。

本空白详细规范是液晶显示器件的一系列空白详细规范之一,并应与下列IEC标准和国家标准一起使用:

GB/T 18910.1 液晶和固态显示器件 第1部分:总规范(GB/T 18910.1—2002,IEC 61747-1:1998,IDT)

GB/T 18910.2 液晶和固态显示器件 第2部分:液晶显示模块分规范(GB/T 18910.2—2003,IEC 61747-2:1998,IDT)

IEC 61747-5 液晶和固态显示器件 第5部分:环境、耐久性和机械试验方法

要求资料:

下列所要求的各项内容,应列入相应的空栏内。

详细规范的识别:

[1] 授权发布详细规范的国家标准化机构名称。

[2] IECQ详细规范号。

[3] 总规范和分规范的版本号及标准号。

[4] 国家标准详细规范的编号、发布日期及国家标准体系要求的任何更详细的资料。

元器件的识别:

[5] 元器件型号。

[6] 典型结构和用途的说明。如果已设计的器件具备几种用途,应在此说明。针对这些用途应满足特性、极限值和检验的要求。如果器件对静电敏感或含有害材料,应在详细规范中增加警告的陈述。

[7] 外形图和(或)参考的相关外形标准。

[8] 质量评定类别。

[9] 最重要的特性参数,以便不同型号之间的比较。

---

1) [在本部分中,方括号内给出的内容仅供指导制定详细规范时用,而不包括在详细规范中。]

2) [在本部分中,在特性或额定值栏中,"×"表示在详细规范中应给出具体值。]

<table>
<tr><td>[授权发布详细规范的国家标准化机构的名称] [1]</td><td>[IECQ 详细规范号、版本号和(或)发布日期] [2]</td></tr>
<tr><td>评定电子元器件质量的依据: [3]
GB/T 18910.1 《液晶和固态显示器件 第1部分:总规范》
GB/T 18910.2 《液晶和固态显示器件 第2部分:液晶显示模块 分规范》</td><td>[详细规范国家标准编号] [4]

[如果国家标准号与 IECQ 编号相同,则本栏可不填写]</td></tr>
<tr><td colspan="2">空白详细规范适用于:无源矩阵单色 LCD 模块 [5]
[相关的器件型号,以及适用时结构相似器件。]
订货资料:见本规范第 5 章</td></tr>
<tr><td>1 机械说明</td><td>2 简略说明</td></tr>
<tr><td rowspan="4">参考的外形标准: [7]
[IEC 标准和(或)国家标准号,如果可行应强制]

结构:
例如——COG 封装或分立 PWB 的 LCD
——内置背光源

外形图和尺寸:
——外形尺寸
——可视区
——有效显示区域

显示格式:
——行数和列数
——像素大小
——像素节距

连接方式:
例如——管脚
——连接器
a) 所用的连接器的型号
b) 配套的连接器的型号

标志:
[器件上的标志应在相应详细规范中描述]
[见总规范的 4.4 和本规范的第 4 章]

质量:</td><td>光电效应类型: [6]
例如——扭曲向列相(TN)、超扭曲向列相(STN)等

光学工作模式:
例如——反射式、透反式、透射式
——灰度级:级数
——暗底亮图形或亮底暗图形

推荐的视角方向:

电学说明:
例如——接口(电源、数据)
——背光源(如:CCFL/HCFL、LED、EL)

用途:
例如——个人计算机、汽车等</td></tr>
<tr><td>3 质量评定类别</td></tr>
<tr><td>[见总规范的 4.5。] [8]</td></tr>
<tr><td>参考数据 [9]</td></tr>
<tr><td colspan="2">已按本部分鉴定合格的产品,其生产厂家的有关资料见现行合格产品一览表。</td></tr>
</table>

4 标志

[除第1章和(或)总规范的4.4规定之外的任何特殊信息,应在本章加以规定。]

5 订货资料

除非另有规定,订购规定的器件至少需要下列信息:

——准确的型号;

——有关的IECQ详细规范版本号和(或)发布日期;

——在总规范4.5中规定的质量评定类别,及有要求时在分规范4.8中规定的筛选次序;

——其他要求。

6 极限值(绝对最大额定值制)

除非另有规定,这些值适用于整个工作温度范围。

[只重复使用带标题的分条号,任何增加的参数可在适当的地方给出,但没有分条号。]

条号	参数	符号	数值		单位
			最小	最大	
6.1	工作环境温度	T_{op}	×	×	℃
6.2	贮存温度	T_{stg}	×	×	℃
6.3	电源电压(见图1)				
6.3.1	逻辑驱动电压	$V_{DD}-V_{SS}$	×	×	V
6.3.2	LCD驱动电压	$V_{DD}-V_{EE}$ 或 $V_{EE}-V_{SS}$ 或 $V_{O}-V_{SS}$ 或 $V_{DD}-V_{O}$	×	×	V
6.4	输入信号电压	V_{IN}	×	×	V
6.5	背光源电压(适用时)	V_{BL}		×	V
6.6	焊接温度(适用时)	T_{sld}		×	℃

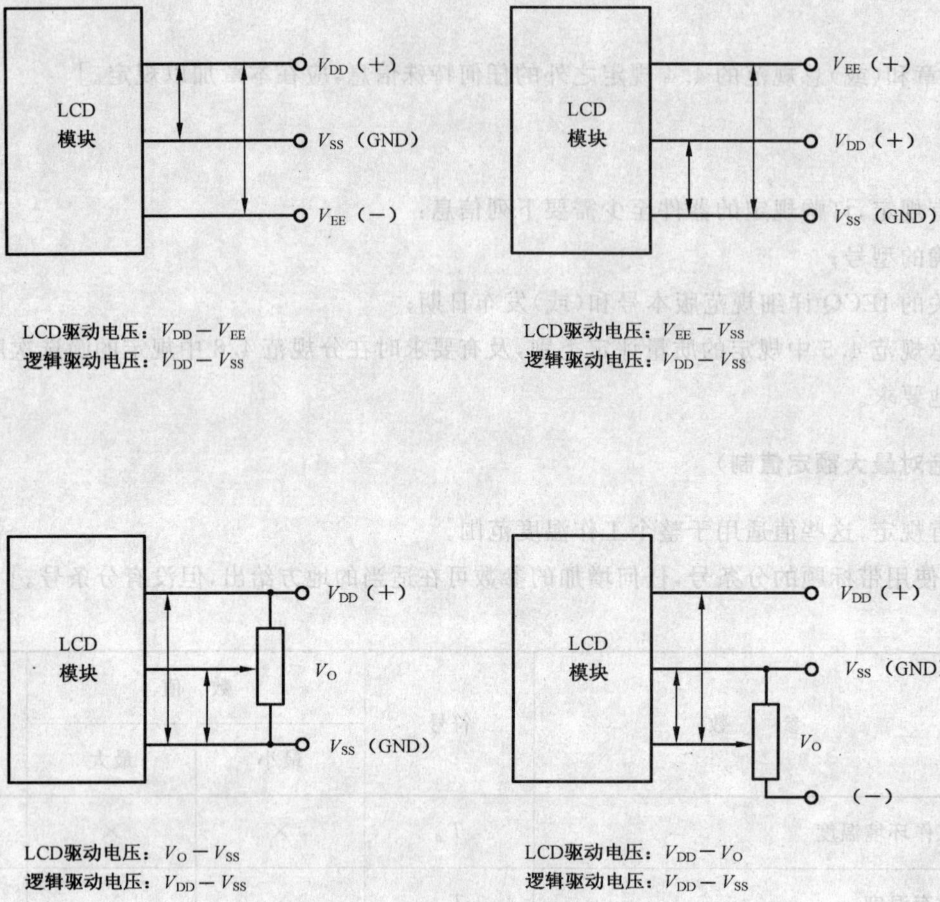

注：在任何空白详细规范或详细规范中，不要求描述内部电路图。

图 1　电源电压说明的方框图

7　工作范围和电光特性

7.1　推荐的工作范围

条号	特　性 除非另有规定，T_{op}＝25℃	符号	数　值		单位
			最小	最大	
7.1.1	电源电压工作范围				
7.1.1.1	逻辑驱动电压	$V_{DD}-V_{SS}$	×	×	V
7.1.1.2	LCD 驱动电压	$V_{DD}-V_{EE}$ 或 $V_{EE}-V_{SS}$ 或 $V_{O}-V_{SS}$ 或 $V_{DD}-V_{O}$	×	×	V
7.1.2	输入信号电压工作范围	V_{IN}			
7.1.2.1	高电平输入信号电压	V_{IH}	×	×	V
7.1.2.2	低电平输入信号电压	V_{IL}	×	×	V

表(续)

条号	特　性 除非另有规定,$T_{op}=25℃$	符号	数　值		单位
			最小	最大	
7.1.3	背光源电压工作范围(适用时)	V_{BL}	×	×	V
7.1.4	工作频率范围(适用时)	f_{op}			
7.1.4.1	工作帧频范围	f_{FRM}	×	×	Hz
和(或)					
7.1.4.2	振荡器频率范围	f_{osc}	×	×	Hz

7.2 电光特性

关于检验要求见本部分第8章。

[只重复使用带标题的分条号,任何增加的参数可在适当的地方给出,但没有分条号。]

[当在同一个详细规范中规定一系列器件时,相关数值应以连续方式给出,避免相同数值的重复。]

条号	特性和条件 除非另有规定,$T_{op}=25℃$	符号	单位	数　值		检验分组
				最小	最大	
7.2.1	工作电流 在规定的帧频和工作电源电压条件下,选择适当的显示图案及其他电驱动条件,使工作电流达到最大值	I_{tot} 或 I_{DD} 和(或) I_{EE}	mA		×	A3
7.2.2	背光源工作电流(适用时) 在规定的工作背光源电压下	I_{BL}	mA		×	A3
7.2.3.1	对比度(直射光和(或)漫射光) 在规定的光源和视角方向下	CR_{dir} 和(或) CR_{diff}		× × 		A2
7.2.3.2	对比度(直射光和(或)漫射光) T_{op}分别为最大和最小或规定的温度,规定的光源和视角方向	CR_{dir} 和(或) CR_{diff}		× × 		C2b
7.2.4	工作显示亮度(适用时) 在规定的视角方向和测量点下	L	cd/m²	×		A2
7.2.5	视角范围 在规定的视角方向和对比度下	θ_H 和 θ_V	deg deg	× ×	× ×	C2a
7.2.6	开启时间 在规定温度下	t_{on}	ms		×	C2a
7.2.7	关闭时间 在规定温度下	t_{off}	ms		×	C2a
7.2.8	透射率(直射光和(或)漫射光)(适用时) 在规定测量方法和条件下	τ_d 和(或) τ_r	%	×		C2a
7.2.9	反射率(直射光和(或)漫射光)(适用时) 在规定测量方法和条件下	ρ_d 和(或) ρ_r	%	×	×	C2a

8 试验条件和检验要求

[在以下各表中给出的数值和确切的试验条件,应按照给定型号的要求及相关标准中有关试验的要求加以规定。

当在同一详细规范中包含若干规定的器件时,相关的试验条件和(或)数值应以连续的方式给出,避免相同的条件和(或)数值重复出现。]

除非另有规定,试验应在25℃下进行。

标有(D)的试验是破坏性试验。

A组——逐批检验

分组	试验	条件 除非另有规定,$T_{op}=25$℃ (见总规范第4章)	极限值	
			最小	最大
A1	外观目检(不加电)		见总规范的6.2.1	
A2	显示缺陷		见IEC 61747-5	
	对比度	见7.2.3.1	×	
	工作显示亮度(适用时)	见7.2.4	×	
A3	工作电流	见7.2.1		×
	背光源工作电流(适用时)	见7.2.2		×

B组——逐批检验

(在质量评定类别为Ⅰ的情况下,见总规范的4.5)

分组	试验	条件 除非另有规定,$T_{op}=25$℃ (见总规范第4章)	极限值	
			最小	最大
B1	尺寸		见第1章	

C组——周期试验

分组	试验	条件 除非另有规定,$T_{op}=25$℃ (见总规范第4章)	极限值	
			最小	最大
C1	尺寸		见第1章	
C2a	视角范围	见7.2.5	×	×
	开启时间	见7.2.6		×
	关闭时间	见7.2.7		×
	透射率(适用时)	见7.2.8	×	
	反射率(适用时)	见7.2.9	×	×
C2b	对比度	见7.2.3.2	×	
C4	引出端连接强度(D)	见IEC 61747-5的2.6		
C5	温度变化(D)	见IEC 61747-5的3.1		
C6	冲击(D)	见IEC 61747-5的2.4		
	振动(D)	见IEC 61747-5的2.3		

C组(续)

分组	试验	条件 除非另有规定，$T_{op}=25℃$ (见总规范第4章)	极限值	
			最小	最大
C7	湿热循环(12 h+12 h循环)(D)	见IEC 61747-5的3.6		
C8	电耐久性(D)	在详细规范中规定		
C9	高温贮存	见IEC 61747-5的3.2		
	低温贮存	见IEC 61747-5的3.3		
C10	低气压(D)	见IEC 61747-5的3.4		
C11	标志耐久性(D)	见IEC 61747-5的4.1		
CRRL	应给出C5、C6、C7、C8、C9和C11的属性资料			

9 鉴定批准试验(D组)

[当要求时，仅对于鉴定批准的这些试验应在详细规范中规定。]

10 补充说明

10.1 显示区域像素的图形

10.2 数据输入时序

10.3 接口时序图表

10.4 接口时序值

10.5 电路方框图

10.6 亮度的测量点

10.7 静电防护

10.8 安装要求：机械的和(或)电的

10.9 电源电压的加电顺序

10.10 搬运说明

10.11 危险或安全信息

10.12 漫反射、镜面反射和透射的特性

ICS 29.180
K 41

中华人民共和国国家标准

GB 19212.9—2007
部分代替 GB 13028—1991

电力变压器、电源装置和类似产品的安全 第9部分:电铃和电钟变压器的特殊要求

Safety of power transformers, power supply units and similar devices—Part 9: Particular requirements for bell and chime transformers

(IEC 61558-2-8:1998, MOD)

2007-04-30 发布

2008-04-01 实施

中华人民共和国国家质量监督检验检疫总局
中国国家标准化管理委员会 发布

前　言

GB 19212 的本部分的全部技术内容为强制性。

GB 19212《电力变压器、电源装置和类似产品的安全》目前拟分为 24 个部分：

第 1 部分：通用要求和试验；

第 2 部分：一般用途分离变压器的特殊要求；

第 3 部分：控制变压器的特殊要求；

第 4 部分：燃气和燃油燃烧器点火变压器的特殊要求；

第 5 部分：一般用途隔离变压器的特殊要求；

第 6 部分：剃须刀用变压器和剃须刀用电源装置的特殊要求；

第 7 部分：一般用途安全隔离变压器的特殊要求；

第 8 部分：玩具用变压器的特殊要求；

第 9 部分：电铃和电钟变压器的特殊要求；

第 10 部分：Ⅲ类手提钨丝灯用变压器的特殊要求；

第 11 部分：工作电压 1 000 V 以上高绝缘等级变压器的特殊要求；

第 12 部分：漏磁场变压器的特殊要求；

第 13 部分：恒压变压器的特殊要求；

第 14 部分：一般用途自耦变压器的特殊要求；

第 15 部分：调压器的特殊要求；

第 16 部分：医疗场所供电用隔离变压器的特殊要求；

第 17 部分：电源装置和类似产品的特殊要求；

第 18 部分：开关型电源用变压器的特殊要求；

第 19 部分：医疗设备用变压器的特殊要求；

第 20 部分：干扰衰减变压器的特殊要求；

第 21 部分：小型电抗器的特殊要求；

第 22 部分：具有特殊介质(液体介质 SF_6)的变压器的特殊要求；

第 23 部分：灯具用具有最高额定温度的变压器的特殊要求；

第 24 部分：建筑工地用变压器的特殊要求。

本部分为 GB 19212 的第 9 部分。

本部分修改采用国际标准 IEC 61558-2-8:1998(第 1 版)《电力变压器、电源装置和类似产品的安全　第 2-8 部分：电铃和电钟变压器的特殊要求》(英文版)。

本部分代替 GB 13028—1991《隔离变压器和安全隔离变压器技术要求》的第三篇第 3 章。

本部分根据 IEC 61558-2-8:1998 重新起草。本部分与 IEC 61558-2-8:1998(第 1 版)的技术性差异除本部分所修改的内容外，全部是由于本部分所引用的 GB 19212.1—2003《电力变压器、电源装置和类似产品的安全　第 1 部分：通用要求和试验》(IEC 61558-1:1998,MOD)与 IEC 61558-1:1998 存在的技术性差异而产生的，详见 GB 19212.1—2003 的前言。考虑到我国国情，在采用 IEC 61558-2-8:1998 时，本部分做了一些修改。有关技术性差异已编入正文中，并在它们所涉及的条款的页边空白处用垂直单线标识。

为便于使用，本部分对 IEC 61558-2-8:1998 还做了下列编辑性修改：

a) “本国际标准”一词改为“本部分”；

b） 用小数点“.”代替作为小数点的逗号“,”；

c） 删除 IEC 61558-2-8:1998 的前言。

考虑到我国的实际情况，本部分对 IEC 61558-2-8:1998 在供电电压与额定电压的允许偏差方面进行了修改。IEC 标准规定为＋6％、－10％，而本部分根据我国国家标准规定，改为＋7％、－10％。

本部分是在 GB 19212.1—2003 的基础上制定的，本部分需与 GB 19212.1—2003 配合使用。

本部分是对 GB 19212.1—2003 的相应章、条进行补充和修改，以便将 GB 19212.1—2003 的内容转化为本部分的内容。本部分针对 GB 19212.1—2003 新增加的条款从 101 开始编号。

本部分由中国电器工业协会提出。

本部分由全国变压器标准化技术委员会(SAC/TC 44)归口。

本部分由沈阳变压器研究所负责起草。

本部分主要起草人：孙军、范履苞。

电力变压器、电源装置和类似产品的安全
第9部分：电铃和电钟变压器的特殊要求

1 范围

GB 19212.1—2003 的该章用下列内容来代替：

本部分规定了变压器各个方面（例如：电气、温度和机械方面）的安全要求。

本部分适用于固定式、单相、空气冷却（自然冷却或强制冷却）、独立或配套用供电铃和电钟用的安全隔离变压器，其额定电源电压不超过交流 250 V、额定频率不超过 500 Hz、额定输出不超过 100 VA。

空载输出电压不应超过交流 33 V 或无纹波直流 46 V，额定输出电压不应超过交流 24 V 或无纹波直流 33 V。

电铃和电钟变压器一般短时加有负载，为家用电声信号设备和其他类似装置供电。

注 1：所施加的负载中，有一部分可能是作为照明用。

本部分适用于按安装规程或设备规范，要求电路之间采用双重绝缘或加强绝缘的特殊安全隔离变压器（电铃和电钟变压器）。

本部分适用于干式变压器。其绕组可以是密封或非密封的。

注 2：应注意，对用于热带地区的变压器可能需要特殊要求。

本部分适用于含有电子电路的变压器。本部分不适用于拟接到变压器输入端子和输出端子或插座的外部电路及其元器件。

2 规范性引用文件

GB 19212.1—2003 的该章适用。

3 定义

除下列条目外，GB 19212.1—2003 的该章适用：

该章增加下列条目：

3.101

电铃和电钟变压器　bell and chime transformer

一种专门为家用电声信号设备和其他类似产品供电的单相安全隔离变压器。

3.102

正常运行　normal operation

变压器正常使用时的运行条件（见第 14 章）。

4 一般要求

GB 19212.1—2003 的该章适用。

5 试验的一般说明

GB 19212.1—2003 的该章适用。

6 额定值

除下列条款外，GB 19212.1—2003 的该章适用。

该章增加下列条款：

6.101 额定输出电压不应超过交流 24 V 或无纹波直流 33 V。

额定输出电压优先值为：

——交流 8 V，10 V，12 V，16 V，24 V；

——直流 6 V，12 V，24 V。

6.102 额定输出不应超过 100 VA。

额定输出优先值为：

——4 VA，8 VA，10 VA，12 VA，16 VA，18 VA，20 VA，24 VA，36 VA，48 VA。

6.103 额定频率不应超过 500 Hz。

6.104 额定电源电压不应超过交流 250 V。

是否满足 6.101、6.102、6.103 和 6.104 的要求，通过目视检查标志来判断。

7 分类

除下列条款外，GB 19212.1—2003 的该章适用：

7.2 该条用下列内容来代替：

按短路保护或非正常使用保护分类：

——固有耐短路变压器；

——非固有耐短路变压器；

——无危害式变压器。

7.4 该条用下列内容来代替：

按移动性分类：

——固定式变压器。

7.5 该条用下列内容来代替：

按工作时间分类：

——短时工作；

——间歇工作。

注：照明用的那部分负载可以连续施加。

该章增加下列条款：

7.101 按安装方式分类：

——装在配电装置内；

——装在电声信号装置(电铃、电钟、蜂鸣器等)内；

——装在出线盒或出线箱上；

——嵌入安装；

——表面安装。

8 标志和其他信息

除下列条款外，GB 19212.1—2003 的该章适用：

8.1 该条增加下列内容：

h) 电铃和电钟变压器应用 8.11 中所示的一种图形符号来标志。

8.11　该条增加下列内容：

符号	说　　明	IEC 60417-2 中符号的编号
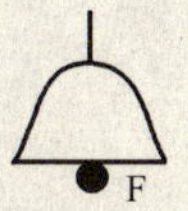	无危害式电铃和电钟变压器	
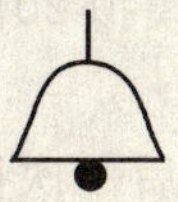	耐短路电铃和电钟变压器(固有耐短路或非固有耐短路)	5013

9　触及危险带电零部件的防护

除下列条款外，GB 19212.1—2003 的该章适用：

该章增加下列内容：

9.101　当将导线接至输出端子时，应防止偶然触及绕组和输入电路中的危险带电零部件。

是否满足要求，通过目视检查和用 GB 19212.1 中图 2 所示的标准试验指来判断。试验指应不可能触及绕组或输入电路中的危险带电零部件。

10　输入电压设定值的改变

GB 19212.1—2003 的该章适用。

11　负载输出电压和输出电流

除下列条款外，GB 19212.1—2003 的该章适用：

11.1　该条进行下列修改：

a)　用 15%代替 10%；

b)　用 15%代替 10%；

c)　用 20%代替 15%；

d)　用 15%代替 5%。

是否满足要求，在试验开始 2 min 后通过测量输出电压来判断。

12　空载输出电压

除下列条款外，GB 19212.1—2003 的该章适用：

该章增加下列内容：

12.101　在任何情况下，即使不拟串联连接的各独立的输出绕组呈串联连接时，空载输出电压也不应超过交流 33 V 或无纹波直流 46 V。

12.102　空载输出电压与负载输出电压相差不得过大。

是否满足 12.101 和 12.102 的要求，应在环境温度下，通过测量变压器的空载输出电压来判断。测量时，应将变压器接上额定频率的额定电源电压。

按本条测得的空载输出电压与按第 11 章测得的负载输出电压之差，当表示为后者的百分数时，不得超过 100%。

注：该比值定义如下：

$$\frac{U_{空载}-U_{负载}}{U_{负载}}\times 100\%$$

13 短路电压

GB 19212.1—2003 的该章不适用。

14 发热

除下列条款外，GB 19212.1—2003 的该章适用：

14.2 该条用下列内容修改：

采用 20 次循环的循环试验来确定温度，每一次循环包括模拟满负载运行 1 min 和模拟 20%满负载运行 5 min。

循环试验应在环境温度下、施加电源电压值为 1.07 倍额定电源电压时进行。在最后一次循环中测量温升。

模拟满负载要按变压器在环境温度下施加额定电源电压，在额定输出电压和额定功率因数（对交流）下能产生额定输出时的阻抗来计算。

循环试验是靠轮流切换二个不同阻抗值来进行的。其中一个阻抗值与模拟满负载相对应，另一个则与 20%模拟满负载相对应。

表 1 中的脚注[c] 用下列内容来代替：

[c] 按 14.2 安装的电铃和电钟变压器的外壳只包括与标准试验指相触及的那些部件。

该条增加下列内容：

表 1 中对“支撑件”增加脚注“[e]”，并增加下述注“[e]”的内容：

[e] 支撑件包括黑色涂层胶合板支撑件的任何部位，但不包括安装系统的任何金属部件（横梁、出线盒等）。

15 短路和过载保护

除下列条款外，GB 19212.1—2003 的该章适用：

该章增加下列内容：

15.101 当变压器接上 1.07 倍额定电源电压，在短路后 5 s 时测量的最大短路输出电流不应超过 10 A。

16 机械强度

除下列条款外，GB 19212.1—2003 的该章适用：

16.2 该条用下列内容修改：

撞击锤的能量为（0.2±0.05）J。

17 灰尘、固体异物和潮湿有害进入的防护

GB 19212.1—2003 的该章适用。

18 绝缘电阻和介电强度

GB 19212.1—2003 的该章适用。

19 结构

除下列条款外，GB 19212.1—2003 的该章适用：

19.1 该条用下列内容来代替：

输入电路和输出电路在电气上应彼此隔离，在结构上，要使这些电路之间不可能有任何连接，既不能直接也不能间接地通过其他金属部件来连接。

是否满足要求，通过目视检查和测量来判断，并考虑第 18 章和第 26 章的要求。

19.1.1 输入绕组与输出绕组之间的绝缘应由双重绝缘或加强绝缘构成，但满足 19.1.3 的要求时除外。

此外，下列条款适用：

——对Ⅰ类变压器，输入绕组与壳体之间的绝缘应由基本绝缘构成，输出绕组与壳体之间的绝缘，应由附加绝缘构成；

——对Ⅱ类变压器，输入绕组与壳体之间的绝缘以及输出绕组与壳体之间的绝缘应由双重绝缘或加强绝缘构成。

19.1.2 对带有不与壳体相连且位于输入绕组与输出绕组之间的中间金属部件（例如：铁心）的变压器，中间金属部件与输入绕组之间的绝缘或中间金属部件与输出绕组之间的绝缘，应至少由基本绝缘构成。

注：没有用至少为基本绝缘与输入绕组、输出绕组或壳体隔开的中间金属部件，可认为是与有关部件相连。

此外，下列条款适用：

——对Ⅰ类变压器，经过中间金属部件的输入绕组与输出绕组之间的绝缘，应由双重绝缘或加强绝缘构成。

——对Ⅱ类变压器，经过中间金属部件的输入绕组与输出绕组之间的绝缘，应由双重绝缘或加强绝缘构成；经过中间金属部件的输入绕组与壳体之间及输出绕组与壳体之间的绝缘，应由双重绝缘或加强绝缘构成。

19.1.3 对具有保护屏蔽的Ⅰ类变压器，如果满足下列条件，则输入绕组与输出绕组之间的绝缘可用基本绝缘加上保护屏蔽来代替双重绝缘或加强绝缘：

——输入绕组与保护屏蔽之间的绝缘应满足基本绝缘的要求（按额定输入电压）；

——输出绕组与保护屏蔽之间的绝缘应满足基本绝缘的要求（按额定输出电压）；

——除非另有规定，保护屏蔽应由金属箔片或导线卷制成，屏蔽体至少应延伸到与其邻近的那个绕组的总宽度，凡是用导线卷制的屏蔽应紧密地绕制，匝间不要留有空隙；

——卷制屏蔽的导线和保护屏蔽的引出线，其截面至少应与过载保护装置的额定电流相配合，以确保一旦绝缘发生击穿时，过载保护装置将在引出线损坏之前先将电路切断；

——引出线应焊接到保护屏上或用具有同样可靠的其他方式固定在保护屏上。

注：本条所指的"绕组"不包括内部电路。

绕组结构示例见 GB 19212.1—2003 附录 M。

19.1.4 对用插头接到电源的电铃和电钟变压器，不允许用基本绝缘加上保护屏蔽的结构。

该章增加下列内容：

19.101 输出绕组与壳体或与保护接地电路（如果有）之间应无任何电气连接，但对配套变压器，当与其相关的设备标准允许相连时除外。

19.102 变压器不应提供将输入电路和输出电路进行电气连接的电容器。

是否满足要求，通过目视检查来判断。

19.103 用于连接外部导线的输入和输出端子应这样布置，以保证进入这些端子的各导线端头之间的距离不少于 25 mm。如果该距离是用隔板来实现的，则该隔板应当用绝缘材料制成，而且应当永久固定在变压器上。

是否满足要求，通过目视检查及忽略中间金属部件时的测量来判断。

20 元器件

除下列条款外，GB 19212.1—2003 的该章适用：

20.2 该条用下列内容修改：

如果电铃和电钟变压器含有用于断开输入绕组电源的开关，则此开关可以是单极微气隙结构，并且可以断开任何一个极。

21 内部布线

GB 19212.1—2003 的该章适用。

22 电源连接和其他外部软电缆或软线

除下列条款外，GB 19212.1—2003 的该章适用：

22.3 该条进行下列修改：

第一段用下述内容来代替：

嵌入式电铃和电钟变压器可以设计成在变压器装进嵌入式安装盒以前，外部导线已经与端子连接好的结构。

22.5 该条用下列内容来代替：

电铃和电钟变压器的电源软线不得轻于轻型聚氯乙烯护套软线（GB 5023.1—1997 中的标志代号 52[1]）或普通强度橡套软线（GB 5013.1—1997 中的标志代号 53）。

23 外部导线接线端子

GB 19212.1—2003 的该章适用。

24 保护接地装置

GB 19212.1—2003 的该章适用。

25 螺钉和连接

除下列条款外，GB 19212.1—2003 的该章适用：

25.3 该条增加下列内容：

此要求不适用于额定输出不超过 12 VA 的变压器的电气连接件，但其输出电路上的保护接地连接件除外。

26 爬电距离、电气间隙和穿过绝缘的距离

除下列条款外，GB 19212.1—2003 的该章适用：

表 13 中的 1）不适用。

27 耐热、耐异常热、耐燃和耐漏电起痕

GB 19212.1—2003 的该章适用。

28 防锈

GB 19212.1—2003 的该章适用。

1）IEC 标准的标志代号为 IEC 60227 中 53，对应 GB 5023.1 的代号也是 53，疑有误。

附 录

除下列附录外，GB 19212.1—2003 的附录适用：

附 录 C
（规范性附录）
爬电距离、电气间隙和穿过绝缘的距离
材料组别Ⅱ

除下列内容外，GB 19212.1—2003 的该附录适用：

表 C.1 中的 1）不适用。

附 录 D
（规范性附录）
爬电距离、电气间隙和穿过绝缘的距离
材料组别Ⅰ

除下列内容外，GB 19212.1—2003 的该附录适用：

表 D.1 中的 1）不适用。

ICS 29.180
K 41

中华人民共和国国家标准

GB 19212.10—2007
部分代替 GB 13028—1991

电力变压器、电源装置和类似产品的安全 第10部分:Ⅲ类手提钨丝灯用变压器的特殊要求

Safety of power transformers, power supply units and similar devices—Part 10: Particular requirements for transformers for class Ⅲ handlamps for tungsten filament lamps

(IEC 61558-2-9:2002, MOD)

2007-04-30 发布　　2008-04-01 实施

中华人民共和国国家质量监督检验检疫总局
中国国家标准化管理委员会　发布

前　言

GB 19212 的本部分的全部技术内容为强制性。

GB 19212《电力变压器、电源装置和类似产品的安全》目前拟分为 24 个部分：

第 1 部分：通用要求和试验；

第 2 部分：一般用途分离变压器的特殊要求；

第 3 部分：控制变压器的特殊要求；

第 4 部分：燃气和燃油燃烧器点火变压器的特殊要求；

第 5 部分：一般用途隔离变压器的特殊要求；

第 6 部分：剃须刀用变压器和剃须刀用电源装置的特殊要求；

第 7 部分：一般用途安全隔离变压器的特殊要求；

第 8 部分：玩具用变压器的特殊要求；

第 9 部分：电铃和电钟变压器的特殊要求；

第 10 部分：Ⅲ类手提钨丝灯用变压器的特殊要求；

第 11 部分：工作电压 1 000 V 以上高绝缘等级变压器的特殊要求；

第 12 部分：漏磁场变压器的特殊要求；

第 13 部分：恒压变压器的特殊要求；

第 14 部分：一般用途自耦变压器的特殊要求；

第 15 部分：调压器的特殊要求；

第 16 部分：医疗场所供电用隔离变压器的特殊要求；

第 17 部分：电源装置和类似产品的特殊要求；

第 18 部分：开关型电源用变压器的特殊要求；

第 19 部分：医疗设备用变压器的特殊要求；

第 20 部分：干扰衰减变压器的特殊要求；

第 21 部分：小型电抗器的特殊要求；

第 22 部分：具有特殊介质（液体介质 SF_6）的变压器的特殊要求；

第 23 部分：灯具用具有最高额定温度的变压器的特殊要求；

第 24 部分：建筑工地用变压器的特殊要求；

本部分为 GB 19212 的第 10 部分。

本部分修改采用国际标准 IEC 61558-2-9:2002（第 1 版）《电力变压器、电源装置和类似产品的安全　第 2-9 部分：Ⅲ类手提钨丝灯用变压器的特殊要求》（英文版）。

本部分代替 GB 13028—1991《隔离变压器和安全隔离变压器技术要求》的第三篇第 4 章。

本部分根据 IEC 61558-2-9:2002 重新起草。本部分与 IEC 61558-2-9:2002（第 1 版）的技术性差异，全部是由于本部分所引用的 GB 19212.1—2003《电力变压器、电源装置和类似产品的安全　第 1 部分：通用要求和试验》（IEC 61558-1:1998，MOD）与 IEC 61558-1:1998 存在的技术性差异而产生的，详见 GB 19212.1—2003 的前言。

为便于使用，本部分对 IEC 61558-2-9:2002 还做了下列编辑性修改：

a) “本国际标准”一词改为“本部分”；

b) 用小数点“.”代替作为小数点的逗号“,”；

c) 删除 IEC 61558-2-9:2002 的前言。

本部分是在GB 19212.1—2003的基础上制定的，本部分需与GB 19212.1—2003配合使用。

本部分是对GB 19212.1—2003的相应章、条进行补充和修改，以便将GB 19212.1—2003的内容转化为本部分的内容。本部分针对GB 19212.1—2003新增加的条款从101开始编号。

本部分由中国电器工业协会提出。

本部分由全国变压器标准化技术委员会(SAC/TC 44)归口。

本部分由沈阳变压器研究所负责起草。

本部分主要起草人：孙军、范履苞。

电力变压器、电源装置和类似产品的安全 第10部分：Ⅲ类手提钨丝灯用变压器的特殊要求

1 范围

GB 19212.1—2003的该章用下列内容代替：

本部分规定了变压器各个方面(例如：电气、温度和机械方面)的安全要求。

本部分适用于驻立式或移动式、单相、空气冷却(自然冷却或强制冷却)、配套用Ⅲ类手提钨丝灯用安全隔离变压器，其额定电源电压不超过交流1 000 V、额定频率不超过500 Hz、额定输出不超过10 kVA。

Ⅲ类手提钨丝灯用变压器：

——空载输出电压和额定输出电压不超过交流50 V或无纹波直流120 V；

——按安装规程或设备规范，用于要求各电路之间有双重绝缘或加强绝缘的场合；

——空载输出电压与额定输出电压相差很小；

——输出电压受到限制。

本部分适用于干式变压器。其绕组可以是密封或非密封的。

注1：对充有液体介质或粉末材料(如砂子)的变压器，其补充要求正在考虑中。

注2：应注意以下情况：

——对车用、船用或飞机用的变压器，可能需要附加要求(按其他适用的标准、国家规程等)；

——对用于热带地区的变压器，也应考虑采取措施使外壳及其内部元器件不受外界的影响(如霉菌、虫蛀和白蚁)；

——位于环境条件特殊的地区，可能需要特殊要求(按其他适用的标准、国家规程等)。

本部分适用于含有电子电路的变压器。本部分不适用于拟接到变压器输入端子和输出端子或插座的外部电路及其元器件。

2 规范性引用文件

GB 19212.1—2003的该章适用。

3 定义

除下列条目外，GB 19212.1—2003的该章适用。

该章增加下列条目：

3.1.101

Ⅲ类手提钨丝灯用变压器 transformer for class Ⅲ handlamps for tungsten filament lamps

为一个或多个Ⅲ类手提钨丝灯供电的配套用安全隔离变压器。

4 一般要求

GB 19212.1—2003的该章适用。

5 试验的一般说明

GB 19212.1—2003的该章适用。

6 额定值

除下列条款外，GB 19212.1—2003 的该章适用。

该章增加下列内容：

6.101 额定输出电压不应超过交流 50 V 或无纹波直流 120 V。

6.102 额定输出不应超过 10 kVA。

6.103 额定频率不应超过 500 Hz。

6.104 额定电源电压不应超过交流 1 000 V。

是否满足 6.101～6.104 的要求，通过目视检查标志来判断。

7 分类

除下列条款外，GB 19212.1—2003 的该章适用：

7.2 该条用下列内容代替：

按短路保护或非正常使用保护分类：

——固有耐短路变压器；

——非固有耐短路变压器。

7.3 该条用下列内容来代替：

Ⅲ类手提灯用移动式变压器的外壳防护等级应为 IP24 或更高的等级。

7.4 该条用下列内容来代替：

按移动性分类：

——驻立式变压器；

——移动式变压器。

7.5 该条用下列内容来代替：

按工作时间分类：

——连续工作。

8 标志和其他信息

除下列条款外，GB 19212.1—2003 的该章适用：

8.11 该条增加下列内容：

符 号	说 明
	Ⅲ类手提钨丝灯用耐短路变压器(固有耐短路或非固有耐短路)

该章增加下列内容：

8.101 对要用软电缆或软线及插头与电源连接的变压器，应随变压器一起提供一份说明书或相应的文件，提醒用户注意输出电路应按国家布线规程进行安装和保护。

9 触及危险带电零部件的防护

除下列条款外，GB 19212.1—2003 的该章适用：

9.2 第一段之前增加下列内容：

空载输出电压不超过交流 35 V(峰值)或无纹波直流 60 V 的输出电路带电零部件是可以触及的。

在第二个破折号后增加如下新正文：

——根据其使用特点，与带电零部件(一般接到输出电路上)相接触的零部件是可触及的。当空载输出电压超过交流 35 V(峰值)或无纹波直流 60 V 时，至少有一根导线应是不可触及的。

10 输入电压设定值的改变

除下列条款外，GB 19212.1—2003 的该章适用：

该章增加下列内容：

10.101 用插头连接的变压器应只有一个额定电源电压值，但如当将较高标志电压接到较低电压绕组，其输出电压不会超过本适用范围的限值时除外。

若一台用插头连接的变压器带有一台调压装置(例如：用分接头)改变输入接线，以使该变压器与电源电压相适应，当这种电压变化范围不超过该范围中点对应电压值的 10%时，则不认为该变压器具有多个电源电压。

11 负载输出电压和输出电流

除下列条款外，GB 19212.1—2003 的该章适用：

11.1 第一段用下列内容来代替：

当变压器接到额定频率的额定电源电压，并用在额定输出电压以及额定功率因数(对交流)下能产生 50%额定输出的阻抗作负载时，输出电压与额定输出电压之差不应大于 5%。

12 空载输出电压

除下列条款外，GB 19212.1—2003 的该章适用：

该章增加下列内容：

12.101 即使在不拟串联连接的各独立的输出绕组呈串联连接时，空载输出电压也不应超过交流50 V 或无纹波直流 120 V。

12.102 空载输出电压与负载输出电压相差不得过大。

是否满足 12.101 和 12.102 的要求，应在环境温度下，通过测量变压器的空载输出电压来判断。测量时，应将变压器接上额定频率的额定电源电压。

按本条测得的空载输出电压与按第 11 章测得的负载输出电压之差，当表示为后者的百分数时，不应超过表 101 中所示的值。

注：该比值定义如下：

$$\frac{U_{空载}-U_{负载}}{U_{负载}}\times 100\%$$

表 101 Ⅲ类手提钨丝灯用变压器的输出电压比值

变压器额定输出/VA	空载输出电压与负载输出电压的比值/%
≤63	7.5
>63～≤630	5.0
>630	2.5

13 短路电压

GB 19212.1—2003 的该章适用。

14 发热

GB 19212.1—2003 的该章适用。

15 短路和过载保护

GB 19212.1—2003 的该章适用。

16 机械强度

GB 19212.1—2003 的该章适用。

17 灰尘、固体异物和潮湿有害进入的防护

GB 19212.1—2003 的该章适用。

18 绝缘电阻和介电强度

GB 19212.1—2003 的该章适用。

19 结构

除下列条款外，GB 19212.1—2003 的该章适用：

该章相应条款用下列内容来代替：

19.1 输入电路和输出电路在电气上应彼此隔离，在结构上，要使这些电路之间不可能有任何连接，既不能直接也不能间接地通过其他金属部件来连接。

是否满足要求，通过目视检查和测量来判断，并考虑第 18 章和第 26 章的要求。

19.1.1 输入绕组与输出绕组之间的绝缘应由双重绝缘或加强绝缘构成，但满足 19.1.3 的要求时除外。

此外，还要符合下列要求：

——对Ⅰ类变压器，输入绕组与壳体之间的绝缘应由基本绝缘构成，输出绕组与壳体之间的绝缘，应由附加绝缘构成；

——对Ⅱ类变压器，输入绕组与壳体之间的绝缘以及输出绕组与壳体之间的绝缘应由双重绝缘或加强绝缘构成。

19.1.2 对带有不与壳体相连且位于输入绕组与输出绕组之间的中间金属部件（例如：铁心）的变压器，中间金属部件与输入绕组之间的绝缘或中间金属部件与输出绕组之间的绝缘，应至少由基本绝缘构成。

注：没有用至少为基本绝缘与输入绕组、输出绕组或壳体隔开的中间金属部件，可认为是与有关部件相连。

此外，还要符合下列要求：

——对Ⅰ类变压器，经过中间金属部件的输入绕组与输出绕组之间的绝缘，应由双重绝缘或加强绝缘构成。

——对Ⅱ类变压器，经过中间金属部件的输入绕组与输出绕组之间的绝缘，应由双重绝缘或加强绝缘构成；经过中间金属部件的输入绕组与壳体之间及输出绕组与壳体之间的绝缘，应由双重绝缘或加强绝缘构成。

19.1.3 对不用插头与电源连接的Ⅰ类变压器，如果满足下列条件，则输入绕组与输出绕组之间的绝缘可用基本绝缘加上保护屏蔽来代替双重绝缘或加强绝缘：

——输入绕组与保护屏蔽之间的绝缘应满足基本绝缘的要求（按额定输入电压）；

——保护屏蔽与输出绕组之间的绝缘应满足基本绝缘的要求（按额定输出电压）；

——除非另有规定，保护屏蔽应由金属箔片或导线卷制成，屏蔽体至少应延伸到输入绕组的总宽度，不要留有空隙或空洞；

——当保护屏蔽不能覆盖输入绕组的总宽度时，应额外地使用粘带或类似材料，以便在该处构成双重绝缘；

——如果保护屏蔽是由金属箔片制成的，则各匝之间应彼此绝缘；如果只有一匝，其绝缘搭接至少应为 3 mm；

——卷制屏蔽的导线和保护屏蔽的引出线，其截面至少应与过载保护装置的额定电流相配合，以确保一旦绝缘发生击穿时，过载保护装置将在引出线损坏之前先将电路切断。

——引出线应焊接到保护屏上或用同样可靠的其他方式固定在保护屏上。

注：本条所指的“绕组”不包括内部电路。

绕组结构示例见 GB 19212.1—2003 附录 M。

19.1.4 变压器不应提供将输入电路和输出电路进行电气连接的电容器。

19.16 移动式变压器的防护等级至少为 IP24。

该章增加下列内容：

19.101 输出绕组与保护接地之间应无电气连接。

19.102 输出绕组与壳体之间应无电气连接。

是否满足要求，通过目视检查来判断。

19.103 用于连接外部导线的输入和输出端子应这样布置，以保证进入这些端子的各导线端头之间的距离不少于 25 mm。如果该距离是用隔板来实现的，则该隔板应当用绝缘材料制成，而且应当永久固定在变压器上。

是否满足要求，通过目视检查及忽略中间金属部件时的测量来判断。

19.104 额定输出不超过 630 VA 的移动式变压器应属于Ⅱ类变压器。

19.105～19.110 空白。

20 元器件

GB 19212.1—2003 的该章适用。

21 内部布线

GB 19212.1—2003 的该章适用。

22 电源连接和其他外部软电缆或软线

除下列条款外，GB 19212.1—2003 的该章适用：

22.5 防护等级为 IPX0 以外的变压器，其电源软线不得轻于普通氯丁橡套软线(GB 5013.1—1997 中的标志代号 57)。

23 外部导线接线端子

GB 19212.1—2003 的该章适用。

24 保护接地装置

GB 19212.1—2003 的该章适用。

25 螺钉和连接

GB 19212.1—2003 的该章适用。

26 爬电距离、电气间隙和穿过绝缘的距离

除下列条款外，GB 19212.1—2003 的该章适用：

表 13、表 C.1 和表 D.1 中的 1)不适用。

27 耐热、耐异常热、耐燃和耐漏电起痕

GB 19212.1—2003 的该章适用。

28 防锈

GB 19212.1—2003 的该章适用。

附　录

除下列附录外，GB 19212.1—2003 的附录适用：

附　录　C
（规范性附录）
爬电距离、电气间隙和穿过绝缘的距离
材料组别Ⅱ

除下列内容外，GB 19212.1—2003 的该附录适用：

表 C.1 中的 1）不适用。

附　录　D
（规范性附录）
爬电距离、电气间隙和穿过绝缘的距离
材料组别Ⅰ

除下列内容外，GB 19212.1—2003 的该附录适用：

表 D.1 中的 1）不适用。

附　录　L
（规范性附录）
例行试验（生产试验）

除下列内容外，GB 19212.1—2003 的该附录适用：

标题中用“规范性附录”代替“资料性附录”。

ICS 29.180
K 41

中华人民共和国国家标准

GB 19212.14—2007

电力变压器、电源装置和类似产品的安全 第14部分：一般用途自耦变压器的特殊要求

Safety of power transformers, power supply units and similar devices—Part 14: Particular requirements for auto-transformers for general use

(IEC 61558-2-13:1999, MOD)

2007-04-30 发布　　2008-04-01 实施

中华人民共和国国家质量监督检验检疫总局
中国国家标准化管理委员会　发布

前 言

GB 19212 的本部分的全部技术内容为强制性。

GB 19212《电力变压器、电源装置和类似产品的安全》目前拟分为 24 个部分：

第 1 部分：通用要求和试验；

第 2 部分：一般用途分离变压器的特殊要求；

第 3 部分：控制变压器的特殊要求；

第 4 部分：燃气和燃油燃烧器点火变压器的特殊要求；

第 5 部分：一般用途隔离变压器的特殊要求；

第 6 部分：剃须刀用变压器和剃须刀用电源装置的特殊要求；

第 7 部分：一般用途安全隔离变压器的特殊要求；

第 8 部分：玩具用变压器的特殊要求；

第 9 部分：电铃和电钟变压器的特殊要求；

第 10 部分：Ⅲ类手提钨丝灯用变压器的特殊要求；

第 11 部分：工作电压 1 000 V 以上高绝缘等级变压器的特殊要求；

第 12 部分：漏磁场变压器的特殊要求；

第 13 部分：恒压变压器的特殊要求；

第 14 部分：一般用途自耦变压器的特殊要求；

第 15 部分：调压器的特殊要求；

第 16 部分：医疗场所供电用隔离变压器的特殊要求；

第 17 部分：电源装置和类似产品的特殊要求；

第 18 部分：开关型电源用变压器的特殊要求；

第 19 部分：医疗设备用变压器的特殊要求；

第 20 部分：干扰衰减变压器的特殊要求；

第 21 部分：小型电抗器的特殊要求；

第 22 部分：具有特殊介质(液体介质 SF_6)的变压器的特殊要求；

第 23 部分：灯具用具有最高额定温度的变压器的特殊要求；

第 24 部分：建筑工地用变压器的特殊要求。

本部分为 GB 19212 的第 14 部分。

本部分修改采用国际标准 IEC 61558-2-13:1999(第 1 版)《电力变压器、电源装置和类似产品的安全　第 2-13 部分：一般用途自耦变压器的特殊要求》(英文版)。

本部分根据 IEC 61558-2-13:1999 重新起草。本部分与 IEC 61558-2-13:1999(第 1 版)的技术性差异除本部分所修改的内容外，全部是由于本部分所引用的 GB 19212.1—2003《电力变压器、电源装置和类似产品的安全　第 1 部分：通用要求和试验》(IEC 61558-1:1998，MOD)与 IEC 61558-1:1998 存在的技术性差异而产生的，详见 GB 19212.1—2003 的前言。考虑到我国国情，在采用 IEC 61558-2-13:1999 时，本部分做了一些修改。有关技术性差异已编入正文中，并在它们所涉及的条款的页边空白处用垂直单线标识。

为便于使用，本部分对 IEC 61558-2-13:1999 还做了下列编辑性修改：

a) “本国际标准”一词改为“本部分”；

b) 用小数点“.”代替作为小数点的逗号“,”；

c) 删除 IEC 61558-2-13:1999 的前言。

考虑到我国的实际情况，本部分对 IEC 61558-2-13:1999 在供电电压与额定电压的允许偏差方面进行了修改。IEC 标准规定为+6%、-10%，而本部分根据我国国家标准规定，改为+7%、-10%。

本部分是在 GB 19212.1—2003 的基础上制定的，本部分需与 GB 19212.1—2003 配合使用。

本部分是对 GB 19212.1—2003 的相应章、条进行补充和修改，以便将 GB 19212.1—2003 的内容转化为本部分的内容。本部分针对 GB 19212.1—2003 新增加的条款从 101 开始编号。

本部分由中国电器工业协会提出。

本部分由全国变压器标准化技术委员会(SAC/TC 44)归口。

本部分由沈阳变压器研究所负责起草。

本部分主要起草人:孙军、范履苞。

电力变压器、电源装置和类似产品的安全 第14部分：一般用途自耦变压器的特殊要求

1 范围

GB 19212.1—2003 的该章用下列内容代替：

本部分规定了变压器各个方面(例如：电气、温度和机械方面)的安全要求。

本部分适用于驻立式或移动式、单相或多相、空气冷却(自然冷却或强制冷却)、配套用或独立的自耦变压器，其额定电源电压不超过交流 1 000 V、额定频率不超过 500 Hz。

铁心容量不超过：

——1 kVA，对单相自耦变压器；

——5 kVA，对多相自耦变压器。

额定输出不超过：

——20 kVA，对单相自耦变压器；

——100 kVA，对多相自耦变压器。

本部分也适用于铁心容量达到 40 kVA 的自耦变压器，但是，这类变压器被认为是特殊变压器，且需由用户与制造单位协商确定。这种特殊的自耦变压器无额定输出限制。

空载输出电压和额定输出电压不应超过交流 1 000 V 或无纹波直流 1 415 V。

对独立自耦变压器，空载输出电压和额定输出电压应不低于交流 50 V 或无纹波直流 120 V。

本部分适用于按安装规程或设备规范，对各电路之间不要求绝缘的场合使用的变压器。

注 1：通常，自耦变压器要与设备配套使用，以提供设备运行所需的、与电源电压不同的电压。安全绝缘可由设备的其他部件，如壳体来保障。

本部分适用于干式变压器。其绕组可以是密封或非密封的。

注 2：对充有液体介质或粉末材料(如砂子)的变压器，其要求正在考虑中。

注 3：应注意以下情况：

——对车用或船用或飞机用的变压器，可能需要附加要求；

——对用于热带地区的变压器，可能需要特殊要求；

——在环境条件特殊的地区，可能需要特殊要求。

本部分适用于含有电子电路的变压器。本部分不适用于拟接到变压器输入端子和输出端子或插座的外部电路及其元器件。

本部分不适用于 IEC 60989 规定的可变自耦变压器。

2 规范性引用文件

GB 19212.1—2003 的该章适用。

3 定义

除下列条目外，GB 19212.1—2003 的该章适用：

该章增加下列条目：

3.1.101

自耦变压器　auto-transformer

输入电压和输出电压来自一个公共绕组的一种变压器。

注1：自耦变压器可以具有用于调节电压的分接头或辅助绕组(见图101和图102)。

注2：就本部分而言，若各绕组之间至少用功能性绝缘隔开且又有电气连接的变压器，可认为是自耦变压器(见图103)。

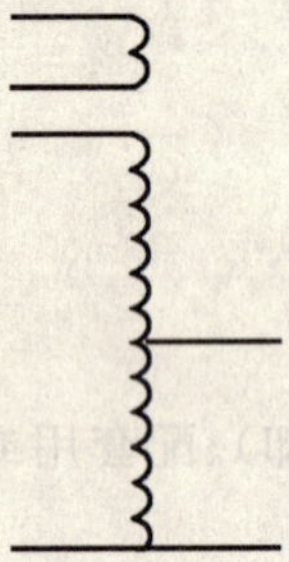

图 101

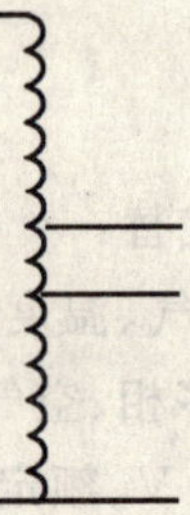

图 102

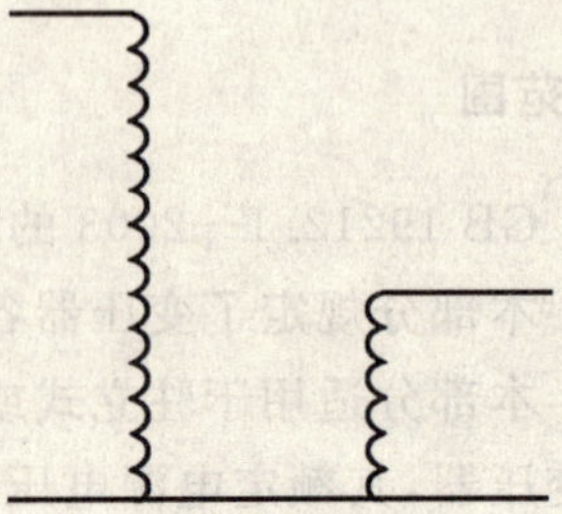

图 103

3.5.101

铁心容量　core power

在相同的电源电压、输出电压和频率下，如果自耦变压器的铁心用于独立绕组的变压器时，该铁心能够传递的容量。

4　一般要求

GB 19212.1—2003 的该章适用。

5　试验的一般说明

GB 19212.1—2003 的该章适用。

6　额定值

除下列条款外，GB 19212.1—2003 的该章适用。

该章增加下列条款：

6.101　额定输出电压不应超过交流 1 000 V 或无纹波直流 1 415 V。

对独立自耦变压器，其额定输出电压应大于交流 50 V 或无纹波直流 120 V。

额定输出电压优先值为：72 V，120 V，230 V，400 V，440 V 和 660 V。

6.102　单相自耦变压器的额定输出不应超过 20 kVA，多相自耦变压器的额定输出不应超过 100 kVA，特殊单相或多相自耦变压器的额定输出不作限制。

6.103　额定频率不应超过 500 Hz。

6.104　额定电源电压不应超过交流 1 000 V。

6.105　单相变压器的铁心容量不应超过 1 kVA，多相变压器的铁心容量不应超过 5 kVA，特殊变压器的铁心容量不应超过 40 kVA。

$$\text{铁心容量(VA)} = \frac{V_{max} - V_{min}}{V_{max}} \times \text{额定输出(VA)}$$

式中：V_{max} 和 V_{min} 是额定电源电压或额定输出电压的最大值和最小值。

注：此公式不适用于具有独立绕组且相互间有电气连接的变压器(见图103)。在这种情况下，铁心容量限值适用于额定输出。

是否满足要求，通过目视检查标志和计算来判断。

7 分类

GB 19212.1—2003 的该章适用。

8 标志和其他信息

除下列条款外，GB 19212.1—2003 的该章适用：

8.1 h) 自耦变压器应用 8.11 中所示的一种图形符号来标志。

8.11 该条增加下列内容：

符　　号	说　　明	IEC 60417 中符号的编号
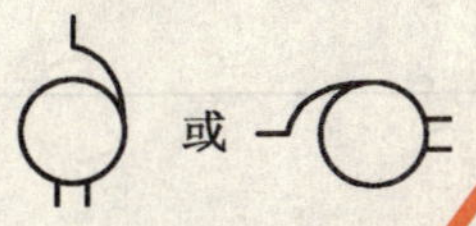	非耐短路自耦变压器	
	耐短路自耦变压器(固有耐短路或非固有耐短路)	
	无危害式自耦变压器	

该章增加下列条款：

8.101 如果“星接”点是可触及的，应标明通过“星接”点的最大电流。

9 触及危险带电零部件的防护

GB 19212.1—2003 的该章适用。

10 输入电压设定值的改变

GB 19212.1—2003 的该章适用。

11 负载输出电压和输出电流

GB 19212.1—2003 的该章适用。

12 空载输出电压

除下列条款外，GB 19212.1—2003 的该章适用：

该章增加下列条款：

12.101 在任何情况下，即使不拟串联连接的各独立的输出绕组呈串联连接时，空载输出电压也不应超过交流 1 000 V 或无纹波直流 1 415 V。

注：由于调节上的原因，自耦变压器可以有一个以上的输出绕组。

12.102 空载输出电压与负载输出电压相差不得过大。

是否满足 12.101 和 12.102 的要求，应在环境温度下，测量其空载输出电压来判断。测量时，应将变压器接至额定频率的额定电源电压。

按本条测得的空载输出电压与按第 11 章测得的负载输出电压之差，当表示为后者的百分数时，不应超过表 101 中所示的值。

注：该比值定义如下：

$$\frac{U_{空载}-U_{负载}}{U_{负载}}\times 100\%$$

表 101 输出电压比值

自耦变压器类型 额定输出/VA	空载输出电压与负载输出电压的比值/%
固有耐短路自耦变压器：	
≤63	100
>63～≤630	50
>630	20
其他类型自耦变压器：	
≤10	100
>10～≤25	50
>25～≤63	20
>63～≤250	15
>250～≤630	10
>630	5

13 短路电压

GB 19212.1—2003 的该章适用。

14 发热

GB 19212.1—2003 的该章适用。

15 短路和过载保护

GB 19212.1—2003 的该章适用。

16 机械强度

GB 19212.1—2003 的该章适用。

17 灰尘、固体异物和潮湿有害进入的防护

GB 19212.1—2003 的该章适用。

18 绝缘电阻和介电强度

除下列条款外，GB 19212.1—2003 的该章适用：

18.2 表 7：输入电路与输出电路之间的值不适用。

18.3 表 8：1)和 2)不适用。

19 结构

除下列条款外，GB 19212.1—2003 的该章适用：

19.1 不适用。

该章增加下列条款：

19.101～19.105　空白。

19.106　对额定输入电压高于额定输出电压的用插头连接的自耦变压器，其输出插座处的对地电压不应大于额定输出电压。

应使用下列方法之一来满足该要求：

19.106.1　有极性标志的输入插头和输出插头以及插座系统

在这种情况下，对不使用带有无极性标志的插头和插座系统的变压器，应给出使用说明。

19.106.2　自动工作装置

只有当输出插座中的各极对地电压不超过额定输出电压时，可靠的自动工作装置才能对输出电路供电。

是否满足要求，通过下列试验来检查：

在最不利的负载条件和输出电压条件下，将自耦变压器接到电压为1.07倍额定输入电压的电源。然后在输入电压极性反接下重复进行本试验。在试验中，测得的每极对地电压不应超过该负载下的最大输出电压(考虑到第11章的允许偏差，它为1.07倍额定输出电压)。

自动工作装置中每个极的触头间距至少应为3 mm。

是否满足要求，通过测量来检查。

如果由于功能上的原因，自动工作装置采用了对地电流流过的方式时，则此电流不应超过0.75 mA，而且只应在测量期间流过，直到输出电压接通为止。

是否满足要求，通过测量来检查。

按GB 19212.1—2003附录H的H.15.8的故障条件，重复进行各项试验。在这种情况下，加载超过5 s时，每极对地电压不应超过最大输出电压值。

是否满足要求，通过测量来检查。

20　元器件

GB 19212.1—2003的该章适用。

21　内部布线

GB 19212.1—2003的该章适用。

22　电源连接和其他外部软电缆或软线

GB 19212.1—2003的该章适用。

23　外部导线接线端子

GB 19212.1—2003的该章适用。

24　保护接地装置

GB 19212.1—2003的该章适用。

25　螺钉和连接

GB 19212.1—2003的该章适用。

26　爬电距离、电气间隙和穿过绝缘的距离

除下列条款外，GB 19212.1—2003的该章适用：

表 13 中的 1a)、1c)、2)和 3)不适用。

27 耐热、耐异常热、耐燃和耐漏电起痕

GB 19212.1—2003 的该章适用。

28 防锈

GB 19212.1—2003 的该章适用。

附　录

除下列附录外，GB 19212.1—2003 的附录适用。

附　录　C
（规范性附录）
爬电距离、电气间隙和穿过绝缘的距离
材料组别Ⅱ

除下列条款外，GB 19212.1—2003 的该附录适用：

表 C.1 中的 1a)、1c)、2)和 3)不适用。

附　录　D
（规范性附录）
爬电距离、电气间隙和穿过绝缘的距离
材料组别Ⅰ

除下列条款外，GB 19212.1—2003 的该附录适用：

表 D.1 中的 1a)、1c)、2)和 3)不适用。

附　录　L
（资料性附录）
例行试验（生产试验）

除下列条款外，GB 19212.1—2003 的该附录适用：

该章进行下列修改：

L.3　介电强度试验

输入电路和输出电路之间的试验不适用。

ICS 29.180
K 41

中华人民共和国国家标准

GB 19212.21—2007

电力变压器、电源装置和类似产品的安全 第21部分：小型电抗器的特殊要求

Safety of power transformers, power supply units and similar devices—Part 21: Particular requirements for small reactors

(IEC 61558-2-20:2000, MOD)

2007-04-30 发布　　2008-04-01 实施

中华人民共和国国家质量监督检验检疫总局
中国国家标准化管理委员会　发布

前 言

GB 19212 的本部分的全部技术内容为强制性。

GB 19212《电力变压器、电源装置和类似产品的安全》目前拟分为 24 个部分：

第 1 部分：通用要求和试验；

第 2 部分：一般用途分离变压器的特殊要求；

第 3 部分：控制变压器的特殊要求；

第 4 部分：燃气和燃油燃烧器点火变压器的特殊要求；

第 5 部分：一般用途隔离变压器的特殊要求；

第 6 部分：剃须刀用变压器和剃须刀用电源装置的特殊要求；

第 7 部分：一般用途安全隔离变压器的特殊要求；

第 8 部分：玩具用变压器的特殊要求；

第 9 部分：电铃和电钟变压器的特殊要求；

第 10 部分：Ⅲ类手提钨丝灯用变压器的特殊要求；

第 11 部分：工作电压 1 000 V 以上高绝缘等级变压器的特殊要求；

第 12 部分：漏磁场变压器的特殊要求；

第 13 部分：恒压变压器的特殊要求；

第 14 部分：一般用途自耦变压器的特殊要求；

第 15 部分：调压器的特殊要求；

第 16 部分：医疗场所供电用隔离变压器的特殊要求；

第 17 部分：电源装置和类似产品的特殊要求；

第 18 部分：开关型电源用变压器的特殊要求；

第 19 部分：医疗设备用变压器的特殊要求；

第 20 部分：干扰衰减变压器的特殊要求；

第 21 部分：小型电抗器的特殊要求；

第 22 部分：具有特殊介质（液体介质 SF_6）的变压器的特殊要求；

第 23 部分：灯具用具有最高额定温度的变压器的特殊要求；

第 24 部分：建筑工地用变压器的特殊要求；

本部分为 GB 19212 的第 21 部分。

本部分修改采用国际标准 IEC 61558-2-20:2000（第 1 版）《电力变压器、电源装置和类似产品的安全　第 2-20 部分：小型电抗器的特殊要求》（英文版）。

本部分根据 IEC 61558-2-20:2000 重新起草。本部分与 IEC 61558-2-20:2000（第 1 版）的技术性差异除本部分所修改的内容外，全部是由于本部分所引用的 GB 19212.1—2003《电力变压器、电源装置和类似产品的安全　第 1 部分：通用要求和试验》（IEC 61558-1:1998，MOD）与 IEC 61558-1:1998 存在的技术性差异而产生的，详见 GB 19212.1—2003 的前言。考虑到我国国情，在采用 IEC 61558-2-20:2000 时，本部分做了一些修改。有关技术性差异已编入正文中，并在它们所涉及的条款的页边空白处用垂直单线标识。

为便于使用，本部分对 IEC 61558-2-20:2000 还做了下列编辑性修改：

a) “本国际标准”一词改为“本部分”；

b) 用小数点“.”代替作为小数点的逗号“，”；

c） 删除 IEC 61558-2-20：2000 的前言。

考虑到我国的实际情况，本部分对 IEC 61558-2-20：2000 在供电电压与额定电压的允许偏差方面进行了修改。IEC 标准规定为＋6％、－10％，而本部分根据我国国家标准规定，改为＋7％、－10％。附录 S 中将部分 IEC 标准改为采用国际标准的我国标准。

本部分是在 GB 19212.1—2003 的基础上制定的，本部分需与 GB 19212.1—2003 配合使用。

本部分对 GB 19212.1—2003 的相应章、条进行补充和修改，以便将 GB 19212.1—2003 的内容转化为本部分的内容。本部分针对 GB 19212.1—2003 新增加的条款从 101 开始编号。

本部分由中国电器工业协会提出。

本部分由全国变压器标准化技术委员会（SAC/TC 44）归口。

本部分由沈阳变压器研究所负责起草。

本部分主要起草人：孙军、范履苞。

电力变压器、电源装置和类似产品的安全 第21部分：小型电抗器的特殊要求

1 范围

GB 19212.1—2003 的该章用下列内容来代替：

本部分适用于驻立式或移动式、单相或多相、空气冷却(自然冷却或强制冷却)、配套用或独立的通用小型电抗器，包括交流、预励磁和电流补偿电抗器，其额定电源电压不超过交流 1 000 V 或直流 1 000 V，额定频率不超过 1 MHz，额定容量不超过：

——单相电抗器，交流 2 kvar(直流 2 kW)；

——多相电抗器，交流 10 kvar(直流 10 kW)。

本部分也适用于无额定容量限制的小型电抗器，但是，这类小型电抗器被认为是特殊电抗器，且需由用户与制造单位协商确定。

本部分适用于小型干式电抗器。其绕组可以是密封或非密封的。

本部分不适用于：

——GB/T 10229 包括的电抗器；

——IEC 60920 包括的管形荧光灯镇流器；

——IEC 60922 包括的放电灯(不包括管形荧光灯)用镇流器。

注 1：对充有液体介质或粉末材料(如砂子)的小型电抗器，其补充要求正在考虑中。

注 2：位于环境条件特殊的地区，可能需要特殊要求。

注 3：通常，小型电抗器要与设备配套以满足设备的功能要求，或者安装规程或其他使用规范的要求。

注 4：装有电子电路和元器件的小型电抗器也包含在本部分中。

注 5：安全绝缘可由设备的其他部件或特征，如壳体来保障(或完善)。

注 6：特殊用途的小型电抗器将包含在以后补充的规范性附录中。

2 规范性引用文件

GB 19212.1—2003 的该章适用。

3 定义

除下列条目外，GB 19212.1—2003 的该章适用：

该章进行下列修改：

只要 GB 19212.1—2003 适用，所用的“变压器”一词应改为“电抗器”。

该章增加下列条目：

3.1.101

电抗器 reactor

由一个或多个绕组组成，绕组阻抗与频率相关，它按自感原理工作，励磁电流通过导磁铁心或空气产生磁场。

注：本定义也包括具有环形铁心的电抗器。

3.1.102

交流电抗器 alternating current reactor

励磁电流在内部产生一个交变磁场，且该磁场的极性是随频率交替变化的一种电抗器。

3.1.103

预励磁电抗器　premagnetised reactor

直流励磁电流在内部产生一个单极性的磁场，而叠加的交流电流将按其大小和频率使直流磁场发生变化的一种电抗器。

3.1.104

电流补偿式电抗器　current compensated reactor

在一个公共铁心上至少有两个绕组，而为了降低磁通，使各励磁电流的方向彼此相反的一种电抗器。

3.1.105

耐过载电抗器　overload proof reactor

当电抗器过载时，其温度不超过规定的限值，而且在消除过载后，仍能继续满足本部分所有要求的一种电抗器。

3.1.105.1

非固有耐过载电抗器　non-inherently overload proof reactor

装有保护装置，当电抗器过载时，保护装置能断开电路或者降低电路中的电流，且在消除过载并在保护装置复位或更换后，仍能继续满足本部分所有要求的一种耐过载电抗器。

注1：保护装置的例子有熔断器、过载释放器、热熔断器、热熔断体、热切断器、PTC电阻器和自动断路器。

注2：如果采用不能更换也不能复位的装置来进行保护，则"在消除过载后仍能继续满足本部分所有要求"一句不意味着电抗器仍能继续工作。

3.1.105.2

固有耐过载电抗器　inherently overload proof reactor

不装有保护电抗器的装置，在过载的情况下，因其结构特点，电抗器的温度不会超过规定的限值，而且在消除过载后仍能继续工作并满足本部分所有要求的一种耐过载电抗器。

3.1.106

非耐过载电抗器　non-overload proof reactor

拟用不随电抗器一起提供的保护装置来防止温度过高，而且在消除过载并在保护装置复位或更换后仍能继续满足本部分所有要求的一种电抗器。

3.1.107

无危害式电抗器　fail-safe reactor

在非正常使用后，虽然因故障电路断开而永远失去原有功能，但是对使用者或周围环境不造成危害的一种电抗器。

3.4　电路和绕组

GB 19212.1的该条不适用。

3.5　额定值

除下列条款外，GB 19212.1—2003的该条适用：

该条用下列内容来代替：

3.5.4

额定电流　rated current

制造单位对电抗器标称的额定电流，包括对电抗器发热有影响的各次谐波(如果有)。

该条增加下列内容：

3.5.101

额定容量　rated power

各个绕组在额定频率下的额定电压降与额定电流乘积值的总和。

3.5.102

额定电感　rated inductance

制造单位按电抗器的规定运行条件设计的电抗器的电感量。

注：直流电抗器的规定运行条件由直流分量和叠加的交流分量确定。

3.5.103

额定电阻　rated resistance

制造单位按电抗器的规定运行条件设计的电抗器绕组的直流电阻值。

3.5.104

额定电压降　rated voltage drop

制造单位标称的在额定电流和额定频率下，电抗器绕组两端上的电压。

3.6　空载值

GB 19212.1—2003 的该条不适用。

3.7　绝缘

GB 19212.1—2003 的该条适用。

4　一般要求

GB 19212.1—2003 的该章适用。

5　试验的一般说明

GB 19212.1—2003 的该章适用。

6　额定值

除下列条款外，GB 19212.1—2003 的该章适用。

该章增加下列条款：

6.101　额定电源电压不应超过交流 1 000 V 或直流 1 000 V。

6.102　单相电抗器的额定容量不应超过交流 2 kvar(直流 2 kW)，多相电抗器的额定容量不应超过交流 10 kvar(直流 10 kW)。

6.103　额定频率不应超过 1 MHz。

6.104　额定电感值和额定电阻值应是指额定环境温度时的无负载条件下的值，且其偏差应由制造单位阐明。

是否满足 6.101～6.104 的要求，通过目视检查来判断。

7　分类

除下列条款外，GB 19212.1—2003 的该章适用。

7.1　该条用下列内容来代替：

按电击防护分类：

——Ⅰ类电抗器；

——Ⅱ类电抗器。

注：对内装式电抗器不进行分类，它们的电击防护分类由其内装方式来确定。

7.2 该条用下列内容来代替：

按非正常使用保护分类：

——固有耐过载电抗器；

——非固有耐过载电抗器；

——非耐过载电抗器；

——无危害式电抗器。

8 标志和其他信息

除下列条款外，GB 19212.1—2003 的该章适用：

8.1 该条用下列内容来代替：

电抗器应标注以下各项：

a) 额定电源电压，V；

b) 额定电压降，V，只用于交流电抗器；

c) 额定容量，交流用 var 或 kvar，直流用 W 或 kW；

d) 额定电流和各次谐波(如果有)，A 或 mA；

e) 对直流，标出其符号或缩写 DC(如果适用)；

f) 对交流，标出其符号或缩写 AC(如果适用)；

g) 绕组额定电感，H 或 mH，对直流电抗器应加标相应的偏差；

注 1：在 b)、c)或 g)中只需标注其中的一个值，因为其他值可从给定值计算出来。

h) 8.11 所示的图形符号；

i) 绕组额定电阻，Ω 或 mΩ，随后加标相应的偏差；

注 2：项 i)亦可在本产品有关文件中给出，从而不需标出。

8.4 该条用下列内容来代替：

带分接或多绕组的电抗器，应按 8.1 明确标出。

8.5 该条用下列内容来代替：

对声明属于耐过载的电抗器且又符合这种电抗器要求的电抗器，应当标有耐过载电抗器的符号。

另外，对装有熔断器的非固有耐过载电抗器以及设计成使用熔断器保护的非耐过载电抗器，应当标有该熔断体的额定电流(单位为 A 或 mA)，如果适用，还要在该标志后面或前面标上符合相关标准规定的熔断器的时间电流特性的符号。

另外，对装有除熔断器外的可更换保护装置的非固有耐过载电抗器以及设计成使用除熔断器外的保护装置来保护的非耐过载电抗器，应当标有该保护装置的制造单位规定的型号和/或该保护装置的额定值。

注：装有不可更换保护装置的耐过载电抗器无需另外标出有关该保护装置的标志。

标志内容应当足以确保保护装置的正确更换。

如果使用除熔断器外的可更换保护装置，则有关该保护装置的安装说明应当在随电抗器一起提供的说明书上或类似的说明上给出。

对声明属于无危害式电抗器且符合这种电抗器要求的电抗器，应当标有无危害式电抗器的符号。

该条增加下列内容：

8.11

符　　号	说　　明	IEC 60417 中符号的编号
H[a]	亨利	—
Ω[a]	欧姆	—
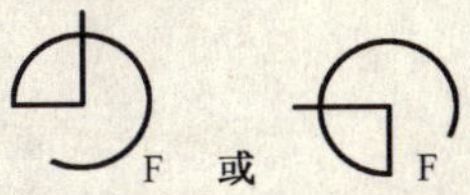	无危害式电抗器	
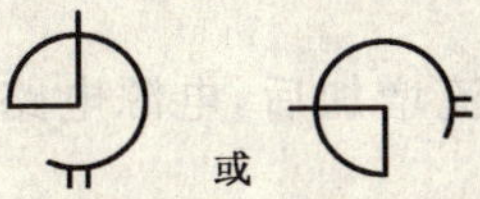	非耐过载电抗器	
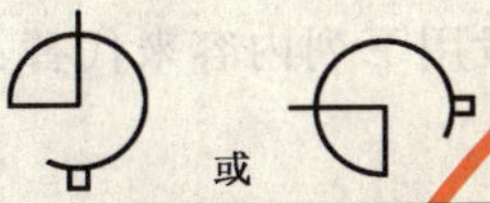	耐过载电抗器(固有耐过载或非固有耐过载)	
a　允许用其倍数或分数作为单位。		

9　触及危险带电零部件的防护

GB 19212.1—2003 的该章适用。

10　输入电压设定值的改变

该章用下列内容来代替：

10　电压设定值的改变

具有多个额定电源电压或多个额定电压降的电抗器，在结构上应当做到不用工具就不能改变电压设定值。

能设定成不同额定电源电压和额定电压降的电抗器，在结构上应当做到当电抗器准备使用时，其上的电压指示值清晰可辨。

是否满足，是通过目视检查来判断的。

注：例如，如果在改变电压设定值之前需要使用工具将盖板移开，则认为满足关于电压设定值的要求。

11　负载输出电压和输出电流

该章用下列内容来代替：

11　电压降

11.1　电压降不应超过额定电压的 25%。

对预励磁电抗器和带有如电容器、整流器等元器件的电抗器，其电压降与额定值之差不应大于额定值的 30%。

是否满足要求，要使电抗器在额定频率的额定电流下达到稳定状态时，通过测量或计算此电压降来判断。

对具有多个额定电压降的电抗器，本要求适用于每一个额定电压降。

除非另有规定，对具有多个绕组的电抗器，每个绕组应同时施加负载。

11.2　GB 19212.1—2003 的该条不适用。

12　空载输出电压

GB 19212.1—2003 的该章不适用。

13 短路电压

GB 19212.1—2003 的该章不适用。

14 发热

除下列条款外，GB 19212.1—2003 的该章适用：

14.2 该条进行下列修改：

开头为“变压器连接到……”的第九段用下列内容来代替：

将电抗器接到额定频率的电源，并使其流过 1.1 倍额定电流，在此电流增加后，电源电路无需再作改变。

开头为“对具有一个以上的输入或输出绕组的变压器……”的第 15 段用下列内容来代替：

对带分接绕组的电抗器，所测得的结果要考虑其中的最高温度。

15 短路和过载保护

除下列条款外，GB 19212.1—2003 的该章适用：

标题进行下列修改：

15 过载保护

15.1 该条进行下列修改：

结尾为“……短路”的第 1 段和第 2 段用下列内容修改：

电抗器不能因为正常使用中的过载而变得不安全。

是否满足要求，通过目视检查和下列试验来判断。本试验应在 14.2 规定的试验结束后立即进行，试验时，环境温度、施加的电流值及被试电抗器的置放位置均不变动。

——对固有耐过载电抗器，进行 15.2 的试验；

——对非固有耐过载电抗器，进行 15.3 的试验；

——对非耐过载电抗器，进行 15.4 的试验；

——对无危害式电抗器，进行 15.5 的试验。

该条用下列内容来代替：

15.2 固有耐过载电抗器应直接通以 1.07 倍额定电源电压来进行试验，直到其达到稳定状态为止。

15.3 该条进行下列修改：

15.3 非固有耐过载电抗器的试验如下：

15.3.1 GB 19212.1—2003 的该条不适用。

15.4 该条用下列内容来代替：

15.4 非耐过载电抗器按 15.3 的规定进行试验。制造单位规定的保护装置应安装在相应的电路中。

对配套用非耐过载电抗器，制造单位规定的合适的保护装置要装在电路中，在正常使用的最不利的条件下，以及在专为其设计电抗器的该设备类型或电路的最不利的负载条件下来进行试验。

注：负载条件的例子有：连续工作、短时工作或间歇工作。

15.5 该条用下列内容来代替：

15.5 无危害式电抗器

15.5.1 三个附加的样品仅用于下述试验。用于其他试验的电抗器不进行本试验。

三个样品中的每一个要按正常使用的方式安装在厚度为 20 mm 的涂有无光黑色涂层的胶合板表面上。每台电抗器都在 1.07 倍额定电源电压和 1.5 倍额定电流下运行，直至达到稳定状态或电抗器失效(取其首先出现者)为止。

如果电抗器出现失效，无论是在试验中或是在试验后，它都应符合15.5.2规定的准则。

如果电抗器未出现失效，则记下达到稳定状态的时间，然后每隔10 min逐级增加50%的额定电流直到电抗器出现失效为止。在这一部分试验时，每一个样品试验的持续时间不得大于达到稳定状态所需要的时间，但不超过5 h。

电抗器的失效应当是安全的，无论在试验中或试验后，它都应符合15.5.2规定的准则。

如果电抗器不出现失效，则不能认为它是无危害式电抗器。

15.5.2　GB 19212.1—2003的该条适用。

16　机械强度

GB 19212.1—2003的该章适用。

17　灰尘、固体异物和潮湿有害进入的防护

GB 19212.1—2003的该章适用。

18　绝缘电阻和介电强度

GB 19212.1—2003的该章适用。

19　结构

除下列条款外，GB 19212.1—2003的该章适用：

19.1　GB 19212.1—2003的该条不适用。

该章增加下列内容：

19.12.101　电抗器在承受更大电流后，其铁心、绕组和连接线不应出现位移或变形。

是否满足要求，要通过以下试验来检验：

交流电抗器直接接上额定频率的正弦电源电压，直流电抗器直接接上额定频率的半波整流的正弦电压。电路应该用一个15倍额定电流的熔断器来保护。要在2 s内将电压值调节到能产生15倍的额定电流值，但该电压不得超过1.07倍额定电源电压。为避免过热，试验应在满负载下历时2 s后立即停止。

注：允许将电源导线固定。

试验结束后，目视检查应表明电气连接未松动，爬电距离和电气间隙未降至小于第26章规定的值，且未出现使第9章规定的防护性能降低的变形。当有疑问时，可在拆除电抗器后进行实际测量(如果需要)。

20　元器件

除下列条款外，GB 19212.1—2003的该章适用：

20.5.3　该条用下列内容来代替：

对间接加热型PTC电阻器，在本部分中被认为是非自复位的热切断器。

是否满足要求，要通过下列试验来检验：

电抗器直接与电源电路相连，历时48 h(2 d)。

48 h后，使电抗器冷却到接近环境温度。本试验应在电抗器规定的最高环境温度下重复进行5次。

在电抗器直接接通电源时的这部分循环期间，PTC电阻器应当动作并停留在高阻抗状态，直到将电源切断为止。试验结束时，电抗器应能承受第18章的试验，不得出现损坏，而且应当能在本部分意义范围内正常工作。

21 内部布线

GB 19212.1—2003 的该章适用。

22 电源连接和其他外部软线

GB 19212.1—2003 的该章适用。

23 外部导线接线端子

GB 19212.1—2003 的该章适用。

24 保护接地装置

GB 19212.1—2003 的该章适用。

25 螺钉和连接

GB 19212.1—2003 的该章适用。

26 爬电距离、电气间隙和穿过绝缘的距离

GB 19212.1—2003 的该章适用。

27 耐热、耐异常热、耐燃和耐漏电起痕

除下列条款外，GB 19212.1—2003 的该章适用：

27.3 该条进行下列修改：

开头为“就本试验…”的第三和第四段用下列内容代替：

就本试验而言，需要一个附加的、经过特别制备的样品，在样品中预先装好各短路绕组，或者通过引出线从外部来形成短路绕组。

电抗器接上额定电源电压，并用电阻器使其电流限制到标称值。然后使电压上升 7%。将每个绕组的 20%匝数短路。短路要在绕组的中部产生。如果有多个绕组，则同时在所有绕组上施加短路。试验期间允许不作调节。

对电流补偿式电抗器，只在一个绕组上进行短路以减弱其对称性。

28 防锈

GB 19212.1—2003 的该章适用。

附　录

除下列条款外,GB 19212.1—2003 的附录适用:

附　录　S
(资料性附录)
文　献

GB/T 10229—1988　电抗器(eqv IEC 60289:1987)

IEC 60920:1990　管形荧光灯镇流器一般要求和安全要求

IEC 60922:1997　灯用附件　放电灯用镇流器(管形荧光灯除外)　总则和安全要求

ICS 67.160.10
X 61

中华人民共和国国家标准

GB/T 19327—2007
代替 GB 19327—2003

地理标志产品 古井贡酒

Product of geographical indication—Gujinggong liquor

2007-09-19 发布　　　　2008-05-01 实施

中华人民共和国国家质量监督检验检疫总局
中国国家标准化管理委员会　发布

前　言

本标准根据国家质量监督检验检疫总局颁布的《地理标志产品保护规定》、GB 17924—1999《原产地域产品通用要求》的要求，参考 GB/T 10781.1—2006《浓香型白酒》制定。

本标准代替 GB 19327—2003《原产地域产品　古井贡酒》。

本标准与 GB 19327—2003 相比主要变化如下：

——根据国家质量监督检验检疫总局颁布的《地理标志产品保护规定》，修改相关名称；

——由强制性改为推荐性；

——范围中增加“及生产工艺、质量要求与古井贡酒一致的古井酒”；

——对部分理化指标进行了修改。

本标准的附录 A 为规范性附录。

本标准由全国原产地域产品标准化工作组提出并归口。

本标准起草单位：安徽古井贡酒股份有限公司。

本标准主要起草人：卢建春、沈怡方、高景炎、高月明、杨明、赖登燡、魏威、李安军、万春环。

本标准所代替标准的历次版本发布情况为：

——GB 19327—2003。

地理标志产品　古井贡酒

1　范围

本标准规定了古井贡酒的地理标志产品保护范围、术语和定义、要求、试验方法、检验规则和标志、标签、包装、运输、贮存。

本标准适用于国家质量监督检验检疫行政主管部门根据《地理标志产品保护规定》批准保护的古井贡酒，及生产工艺、质量要求与古井贡酒一致的古井酒。

2　规范性引用文件

下列文件中的条款通过本标准的引用而成为本标准的条款。凡是注日期的引用文件，其随后所有的修改单（不包括勘误的内容）或修订版均不适用于本标准，然而，鼓励根据本标准达成协议的各方研究是否可使用这些文件的最新版本。凡是不注日期的引用文件，其最新版本适用于本标准。

GB 1351　小麦

GB 1353　玉米

GB 1354　大米

GB 2757　蒸馏酒及配制酒卫生标准

GB/T 5009.48　蒸馏酒及配制酒卫生标准的分析方法

GB 5749　生活饮用水卫生标准

GB/T 8231　高粱

GB 10344　预包装饮料酒标签通则

GB/T 10345　白酒分析方法

GB/T 10346　白酒检验规则和标志、包装、运输、贮存

GB/T 15109　白酒工业术语

定量包装商品计量监督管理办法　国家质量监督检验检疫总局［2005 年］第 75 号令

3　地理标志产品保护范围

古井贡酒的产地保护范围限于国家质量监督检验检疫行政主管部门根据《地理标志产品保护规定》批准的范围，见附录 A。

4　术语和定义

GB/T 15109 确立的以及下列术语和定义适用于本标准。

4.1

古井贡酒　Gujinggong liquor

以安徽优质小麦、高粱、大米、糯米、玉米和水为原料，并在地理标志产品保护范围内利用其自然微生物按独特的传统工艺生产的酒。

4.2

古井贡酒大曲　Gujinggong liquor brick shaped raw starter

以优质小麦为原料，按古井贡酒传统制曲工艺制成三种大曲，又称“两花一伏”大曲。即在春季制得

“桃花曲”(中温曲),在夏季制得“伏曲”(高温曲),在秋季制得“菊花曲”(中高温曲)。

4.3

酒龄　storage time of liquor

古井贡酒的基酒、调味酒在陶坛中贮存老熟的时间,以年为单位。

4.4

发酵周期　fermentation cycle

从开窖起糟、配料、上甑、蒸馏、出甑加浆、冷却加曲后入窖至下一次开窖起糟的时间。

5　要求

5.1　原料

5.1.1　水

取自古井镇优质地下水,应符合 GB 5749 的规定。

5.1.2　高粱

应符合 GB/T 8231 的规定。

5.1.3　小麦

应符合 GB 1351 的规定。

5.1.4　大米

应符合 GB 1354 的规定。

5.1.5　糯米

应符合 GB 1354 的规定。

5.1.6　玉米

应符合 GB 1353 的规定。

5.2　酿造环境

应符合地理标志产品保护规定的地域范围。

该区域位于海拔在 32 m～42 m 之间,全年四季分明,光照充足,气候温和,年平均气温 15.6℃左右,年平均降雨量达 1 065.8 mm 左右。温暖湿润的气候和古井水系,孕育了古井贡酒以哑铃状芽孢杆菌为主要功能菌的微生物菌群的生存和繁衍,这些微生物在代谢过程中,形成了以己酸乙酯为主的一系列有益代谢产物。

5.3　生产工艺

古井贡酒是传统工艺与现代微生物技术相结合的产物。以高粱为主要原料,采用富含哑铃状芽孢杆菌的泥窖和贮存期不少于六个月的古井贡酒三种大曲,按不同比例混合在不同轮次中使用。每年采用三轮次发酵周期生产,前两轮各为两个月,第三轮为八个月,并用“三高一低”(入池淀粉高、入池酸度高、入池水分高、入池温度低)和“三清一控”(清蒸原料、清蒸辅料、清蒸池底醅、控浆除杂)的独特工艺,按不同发酵周期分层蒸馏,量质摘酒,分窖香、醇香、醇甜三个典型酒体分别入陶坛贮存,基酒酒龄不少于五年,调味酒酒龄不少于十年。经尝评、分析、勾兑、陈酿后包装出厂,从原料投入到产品出厂不少于五年。

5.4　感官要求

感官要求见表 1。

表 1 感官要求

项目	酒精度≥50%vol(优级)	酒精度 49%vol～40%vol(优级)	酒精度 39%vol～31%vol(优级)	酒精度≤30%vol(优级)
色泽	无色(或微黄)透明、无悬浮物、无沉淀[a]			
香气	窖香幽雅、醇香怡人	窖香幽雅、醇香清怡	窖香幽雅、醇香自然	窖香幽雅、醇香舒适
口味	醇甜绵柔、甘润爽口、香寓味中,余味悠长	醇甜柔顺、净润爽口、香寓味中、余味绵长	醇甜柔和、清润爽口、香寓味中、余味怡畅	醇甜爽口、后味怡畅
风格	具有幽香淡雅的浓香型独特风格			
[a] 当酒的温度低于10℃时,允许出现白色絮状物质或失光,10℃以上一定时间内应逐渐恢复正常。				

5.5 理化指标

理化指标见表2。

表 2 理化指标

项目		要求(优级)			
酒精度/(%vol)		≥50	49～40	39～31	≤30
总酸(以乙酸计)/(g/L)	≥	0.50	0.40	0.35	0.20
总酯(以乙酸乙酯计)/(g/L)	≥	1.85	1.45	1.00	0.30
己酸乙酯/(g/L)	≥	0.80	0.50	0.30	0.10
固形物/(g/L)	≤	1.00			
注:酒精度允许公差为±1%vol。					

5.6 卫生指标

按GB 2757规定执行。

6 试验方法

按GB/T 10345和GB/T 5009.48的规定执行。

7 检验规则

按《定量包装商品计量监督管理办法》和GB/T 10346的规定执行。

8 标志、标签、包装、运输、贮存

标志、标签按GB 10344执行,也可以同时标注"地理标志产品保护专用标志";包装、运输、贮存按GB/T 10346执行。

附 录 A
（规范性附录）
古井贡酒地理标志产品保护范围图

古井贡酒地理标志产品保护范围见图 A.1。

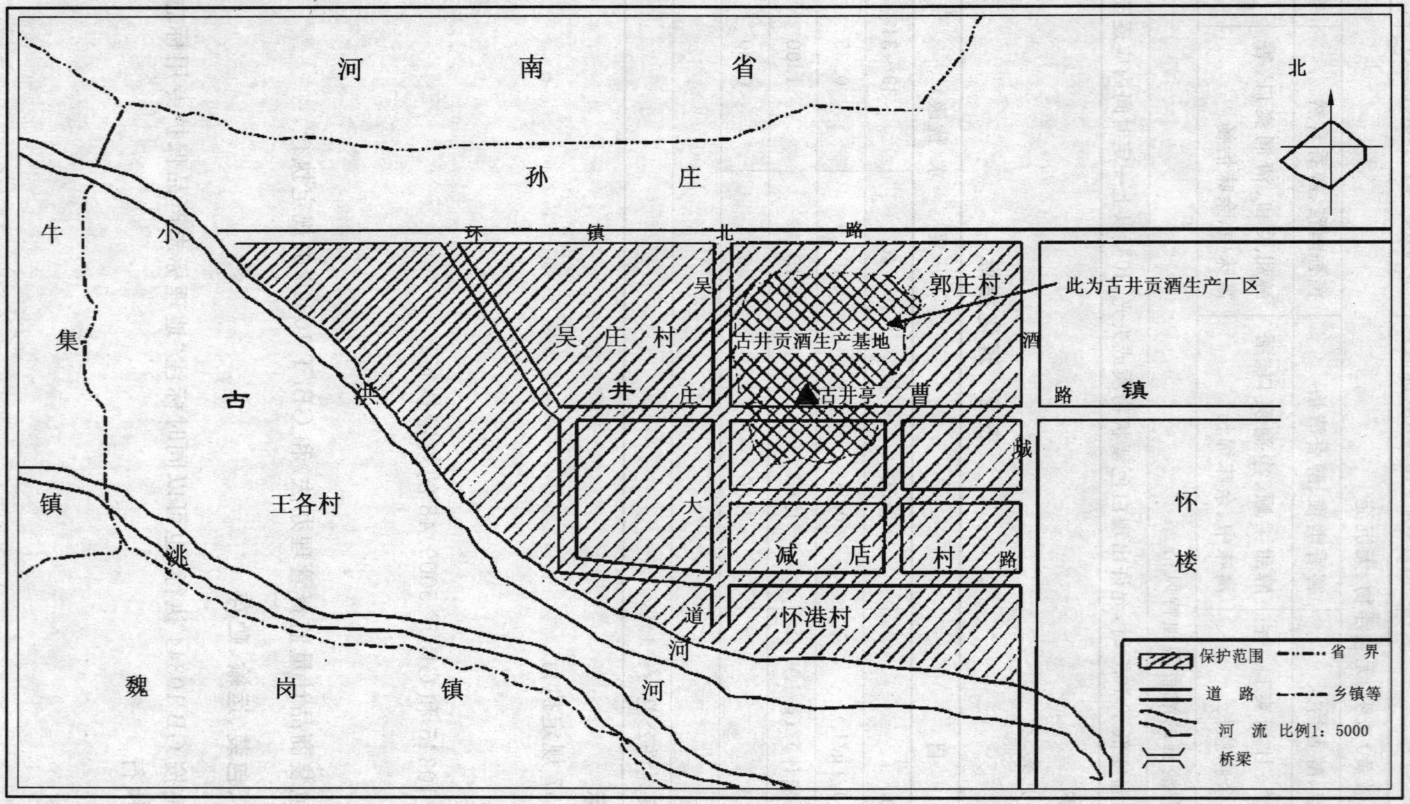

注：古井贡酒地理标志保护范围是亳州市古井镇中心镇。经纬度是：东经 115°32′、北纬 33°21′，海拔 32 m～42 m。

图 A.1 古井贡酒地理标志产品保护范围图

ICS 67.160.10
X 61

中华人民共和国国家标准

GB/T 19328—2007
代替 GB 19328—2003

地理标志产品 口子窖酒

Product of geographical indication—Kouzijiao liquor

2007-09-19 发布

2008-05-01 实施

中华人民共和国国家质量监督检验检疫总局
中国国家标准化管理委员会 发布

前　言

本标准根据国家质量监督检验检疫总局颁布的《地理标志产品保护规定》与GB 17924—1999《原产地域产品通用要求》制定。

本标准代替并废止GB 19328—2003《原产地域产品　口子窖酒》。

本标准与GB 19328—2003相比主要修改内容如下：

——根据国家质量监督检验检疫总局颁布的《地理标志产品保护规定》，修改相关名称；

——由强制性改为推荐性；

——修改了感官要求中的部分表述及理化指标的部分指标值，使之更符合产品和生产的实际情况。

本标准的附录A为规范性附录。

本标准由全国原产地域产品标准化工作组提出并归口。

本标准起草单位：安徽口子酒业股份有限公司。

本标准主要起草人：张国强、沈怡方、高景炎、高月明、杨明、赖登燡、周图亮。

本标准所代替标准的历次版本发布情况为：

——GB 19328—2003。

地理标志产品 口子窖酒

1 范围

本标准规定了口子窖酒的地理标志产品保护范围、术语和定义、要求、试验方法、检验规则和标志、标签、包装、运输、贮存。

本标准适用于国家质量监督检验检疫行政主管部门根据《地理标志产品保护规定》批准保护的口子窖酒。

2 规范性引用文件

下列文件中的条款通过本标准的引用而成为本标准的条款。凡是注日期的引用文件，其随后所有的修改单(不包括勘误的内容)或修订版均不适用于本标准，然而，鼓励根据本标准达成协议的各方研究是否可使用这些文件的最新版本。凡是不注日期的引用文件，其最新版本适用于本标准。

GB 1351 小麦

GB 1353 玉米

GB 1354 大米

GB 2757 蒸馏酒及配制酒卫生标准

GB/T 5009.48 蒸馏酒及配制酒卫生标准的分析方法

GB 5749 生活饮用水卫生标准

GB 7718 预包装食品标签通则

GB/T 8231 高粱

GB 10344 预包装饮料酒标签通则

GB/T 10345 白酒分析方法

GB/T 10346 白酒检验规则和标志、包装、运输、贮存

GB/T 10460 豌豆

GB/T 15109 白酒工业术语

《定量包装商品计量监督管理办法》国家质量监督检验检疫总局[2005 年]第 75 号令

3 地理标志产品保护范围

口子窖酒的产地保护范围限于国家质量监督检验检疫行政主管部门根据《地理标志产品保护规定》批准保护的范围，见附录 A。

4 术语和定义

GB/T 15109 确立的以及下列术语和定义适用于本标准。

4.1

口子窖酒 Kouzijiao liquor

以多种粮食为原料，在口子窖酒产地保护范围内按照口子窖酒工艺生产的酒。

4.2

酒龄 storage time of liquor

从原酒入库到出库贮存老熟的时间，以年为单位。

4.3

口子窖酒大曲 Kouzijiao liquor brick shaped raw starter

按口子窖酒传统制曲工艺与现代生物技术结合生产的两类强化大曲，以优质小麦、大麦、豌豆为原料制成中温曲，成品断面呈菊花状，俗称“菊花心”曲；以纯小麦为原料，在盛夏时节制成高温曲，俗称“香曲”。

4.4

发酵周期 fermentation cycle

酒醅从入窖发酵到出窖蒸酒前所需要的时间。

4.5

典型体 typical base liquor

主要包括陈香、醇甜、窖底香三种，是组成口子窖酒的特有香型。

4.6

调味酒 flavoring liquor

采用特殊工艺生产的用于谐调平衡基础酒香味的酒。

4.7

勾兑 blending

用典型体的基酒和调味酒，按口子窖酒质量要求组成成品酒的工序。

5 要求

5.1 原料

5.1.1 水

取自濉溪地下古泉水，符合 GB 5749 的规定。

5.1.2 高粱

符合 GB/T 8231 的规定。

5.1.3 玉米

符合 GB 1353 的规定。

5.1.4 大米

符合 GB 1354 的规定。

5.1.5 糯米

符合 GB 1354 的规定。

5.1.6 豌豆

符合 GB 10460 的规定。

5.1.7 小麦

符合 GB 1351 的规定。

5.1.8 大麦

浅黄色，颗粒饱满、均匀，气味正常，无霉变、无虫蛀。

5.2 酿造环境

符合地理标志产品保护规定划定的地域范围。

该保护范围位于安徽淮北平原，海拔在 15 m～40 m 之间，土壤深厚肥沃，地下水丰富，雨量充沛、气候温和，年平均气温约为 14.6℃，年平均无霜期约 206.9 d，年平均降水量 854.8 mm 左右。优越的地理位置，温湿的自然气候为口子窖酒微生物的生长繁殖和酿造提供了良好的自然条件。

5.3 生产工艺

口子窖酒以优质高粱、大米、玉米、糯米、小麦为原料，采用口子窖酒大曲为糖化、发酵、生香剂，续糙混蒸老五甑，分别入泥窖双轮、单轮发酵，入石板窖多轮发酵，发酵期 120 d、60 d、30 d，缓慢蒸馏，量质摘酒，分级贮存，再经勾兑、陈酿、包装出厂。基酒酒龄不少于五年，调味酒酒龄不少于十年。

5.4 感官要求

感官要求见表 1。

表 1 感官要求

项目	40.0%vol 以上（优级）	40.0%vol～35.0%vol（优级）	34.9%vol～28.0%vol（优级）	28.0%vol 以下（优级）
色泽	无色或微黄，清亮透明，无悬浮物，无沉淀			
香气	窖香馥郁典雅	窖香馥郁典雅	窖香馥郁	窖香馥郁
口味	绵甜醇厚，酒体丰富，余味悠长	绵甜醇和，酒体丰富，尾净味爽	醇和甜净，酒体丰富	醇和爽净，酒体谐调
风格	具有口子窖酒独特的风格			
注：当酒的温度低于 10℃时，允许出现白色絮状沉淀物质或失光。10℃以上时应逐渐恢复正常。				

5.5 理化指标

理化指标见表 2。

表 2 理化指标

项　　目		要　　求			
酒精度/(%vol)		40.0 以上(优级)	40.0～35.0(优级)	34.9～28.0(优级)	28.0 以下(优级)
总酸(以乙酸计)/(g/L)	≥	0.50	0.40	0.35	0.30
总酯(以乙酸乙酯计)/(g/L)	≥	1.85	1.45	1.25	0.65
己酸乙酯/(g/L)	≤	1.80	1.40	1.20	0.60
固形物/(g/L)	≤	0.60	0.70	0.80	0.80
注：酒精度允许公差为±1.0% vol。					

5.6 卫生指标

卫生指标应符合 GB 2757 的规定。

5.7 微量成分比值

微量成分比值见表 3。

表 3 微量成分比值表

微量成分	比　　值
乳酸乙酯/乙酸乙酯	0.60～1.50
乳酸乙酯/己酸乙酯	0.40～0.90

6 试验方法

6.1 感官要求、理化指标按 GB/T 10345 执行。

6.2 卫生指标按 GB/T 5009.48 执行。

7 检验规则

按 GB/T 10346 和《定量包装商品计量监督管理办法》的规定执行。

8 标志、标签

按 GB 10344 和 GB 7718 执行，也可以同时标注“地理标志产品保护专用标志”。

9 包装、运输、贮存

按 GB/T 10346 的规定执行。

附　录　A
（规范性附录）
口子窖酒地理标志产品保护范围图

口子窖酒地理标志产品保护范围见图 A.1。

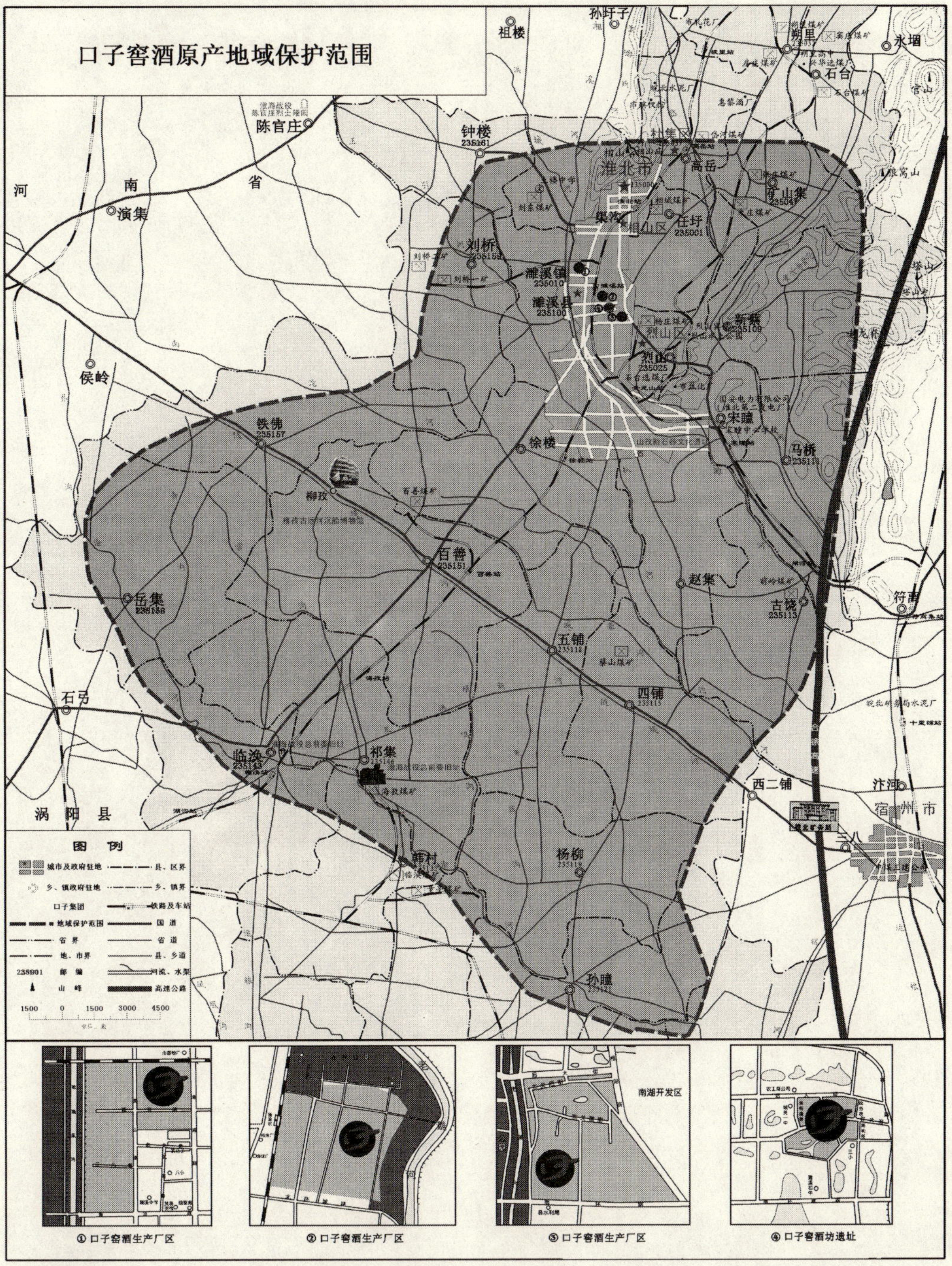

注：口子窖酒的产地保护范围为淮北市相山以南、浍河濉溪段以北、岳集乡以东、淮北市老龙脊山以西，所在经纬度是东经 116°23′～东经 117°23′，北纬 33°16′～北纬 34°14′，海拔在 15 m～40 m 之间。

图 A.1　口子窖酒地理标志产品保护范围图

ICS 67.160.10
X 61

GB

中华人民共和国国家标准

GB/T 19329—2007
代替 GB 19329—2003

地理标志产品 道光廿五贡酒（锦州道光廿五贡酒）

Product of geographical indication—Daoguang nianwu gong liquor（Jinzhou Daoguang nianwu gong liquor）

2007-09-19 发布　　　　2008-05-01 实施

中华人民共和国国家质量监督检验检疫总局
中国国家标准化管理委员会　发布

前　言

本标准按照国家质量监督检验检疫总局颁布的《地理标志产品保护规定》与GB 17924—1999《原产地域产品通用要求》制定。

本标准代替并废止GB 19329—2003《原产地域产品　道光廿五贡酒(锦州道光廿五贡酒)》。

本标准与GB 19329—2003相比主要修改内容如下：

——根据国家质量监督检验检疫总局颁布的《地理标志产品保护规定》，修改相关名称；

——由强制性改为推荐性；

——调整了理化指标的部分指标值，更符合生产实际情况。

本标准的附录A为规范性附录。

本标准由全国原产地域产品标准化工作组提出并归口。

本标准起草单位：辽宁道光廿五集团满族酿酒有限责任公司。

本标准主要起草人：张广新、沈怡方、高景炎、高月明、杨明、赖登燡、谭兆美。

本标准所代替标准的历次版本发布情况为：

——GB 19329—2003。

地理标志产品
道光廿五贡酒(锦州道光廿五贡酒)

1 范围

本标准规定了道光廿五贡酒(锦州道光廿五贡酒)的地理标志产品保护范围、术语和定义、要求、试验方法、检验规则及标志、标签、包装、运输、贮存。

本标准适用于国家质量监督检验检疫行政主管部门根据《地理标志产品保护规定》批准保护的道光廿五贡酒。

2 规范性引用文件

下列文件中的条款通过本标准的引用而成为本标准的条款。凡是注日期的引用文件,其随后所有的修改单(不包括勘误的内容)或修订版均不适用于本标准,然而,鼓励根据本标准达成协议的各方研究是否可使用这些文件的最新版本。凡是不注日期的引用文件,其最新版本适用于本标准。

GB 1351 小麦

GB 2757 蒸馏酒及配制酒卫生标准

GB/T 5009.48 蒸馏酒及配制酒卫生标准的分析方法

GB 5749 生活饮用水卫生标准

GB/T 8231 高粱

GB 10344 预包装饮料酒标签通则

GB/T 10345 白酒分析方法

GB/T 10346 白酒检验规则和标志、包装、运输、贮存

GB/T 10460 豌豆

GB/T 15109 白酒工业术语

《定量包装商品计量监督管理办法》 国家质量监督检验检疫总局[2005年]第75号令

《产品标识标注规定》 国家质量技术监督局技监局监发[1997]172号

3 地理标志产品保护范围

道光廿五贡酒的产地保护范围限于国家质量监督检验检疫行政主管部门根据《地理标志产品保护规定》批准的范围,见附录A。

4 术语和定义

GB/T 15109确立的以及下列术语和定义适用于本标准。

4.1

道光廿五贡酒 Daoguang nianwu gong liquor

以高粱、薏米、稗谷、水为原料,在地理标志产品保护范围内按满族传统工艺生产的酒。

4.2

满族酒曲 brick shaped raw starter and bran koji of Manzu liquor

以优质大麦、小麦、豌豆为原料,加入中草药制成的大曲,贮存期三个月以上;以麸皮为主要原料,加入中草药,以优良纯菌种培育制成的麸曲。

4.3

酒海 big conservator for liquor storage

满族传统的贮酒容器。

4.4

酒龄 storage time of liquor

道光廿五贡酒在酒海中贮存老熟的时间，以年为单位。

4.5

陈香 Chen flavor

陈香是由清香、酱香、药香三种典型酒经贮存、勾兑而成的复合香气。

4.6

勾兑 blending

用不同典型或不同酒龄的基酒，按一定比例组合调制的方法。

5 要求

5.1 原料

5.1.1 水

取自地理标志产品保护范围内小凌河流域的水，符合 GB 5749 的规定。

5.1.2 高粱

产于锦州市的粳高粱，符合 GB/T 8231 的规定。

5.1.3 薏米

白色，颗粒饱满、均匀，气味正常、无霉变、无虫蛀。

5.1.4 稗谷

浅黄色，颗粒饱满、均匀，气味正常、无霉变、无虫蛀。

5.1.5 小麦

符合 GB 1351 的规定。

5.1.6 大麦

颗粒饱满、均匀，气味正常，无霉变、无虫蛀。

5.1.7 豌豆

符合 GB/T 10460 的规定。

5.1.8 酒曲

采用道光廿五贡酒满族酒曲。

5.2 酿造环境

符合地理标志产品保护规定划定的地域范围。

该区域位于辽宁省西南部的平原地区，土壤肥沃、水源丰富、冬寒夏热，年平均气温 9.1℃，年平均无霜期 165 d，年平均降水量 600 mm，优越的生态环境为酿酒微生物的生存和繁衍提供了良好的自然条件。

5.3 生产工艺

采用满族传统生产和现代生物技术相结合的独特酿酒工艺，以高粱、薏米、稗谷为原料，使用大曲、麸曲分别发酵。酿酒采用高温润料、晾堂堆积、窖泥封顶，砖窖发酵，出窖酒醅分层缓慢蒸馏，分段量质摘酒，分三种典型酒入酒海贮存三年以上，经分析、尝评、勾兑、调味、陈酿、包装检测出厂。

5.4 感官要求

感官要求见表 1。

表 1　感官要求

项目	酒精度>50.0%vol	酒精度 50.0%vol~40.0%vol	酒精度<40.0%vol
色泽	微黄透明、无悬浮物、无沉淀		
香气	陈香突出，典雅	陈香明显，典雅	陈香自然，典雅
口味	绵柔醇厚、香味谐调、后味悠长	绵柔醇甜、香味谐调、后味净长	绵甜醇和、香味谐调、余味爽净
风格	具有独特的满族酒的陈香风格		

5.5　**理化指标**

理化指标见表 2。

表 2　理化指标

项　目		指　标		
酒精度/(%vol)		>50.0	50.0~40.0	<40.0
总酸(以乙酸计)/(g/L)	≥	0.80	0.60	0.50
总酯(以乙酸乙酯计)/(g/L)	≥	1.80	1.50	1.00
乙酸乙酯/己酸乙酯	<	4.00		
固形物/(g/L)	≤	1.20	0.80	0.80
注：酒精度允许公差为±1.0%vol。				

5.6　**卫生指标**

按 GB 2757 规定执行。

6　试验方法

按 GB/T 10345、GB/T 5009.48 规定执行。

7　检验规则

按《定量包装商品计量监督管理办法》和 GB/T 10346 的规定执行。

8　标志、标签、包装、运输、贮存

8.1　**标志、标签**

按 GB 10344 和《产品标识标注规定》执行，也可以同时标注“地理标志产品保护专用标志”。

8.2　**包装、运输、贮存**

按 GB/T 10346 的规定执行。

附 录 A
（规范性附录）
道光廿五贡酒地理标志保护范围

道光廿五贡酒地理标志保护范围见图 A.1。

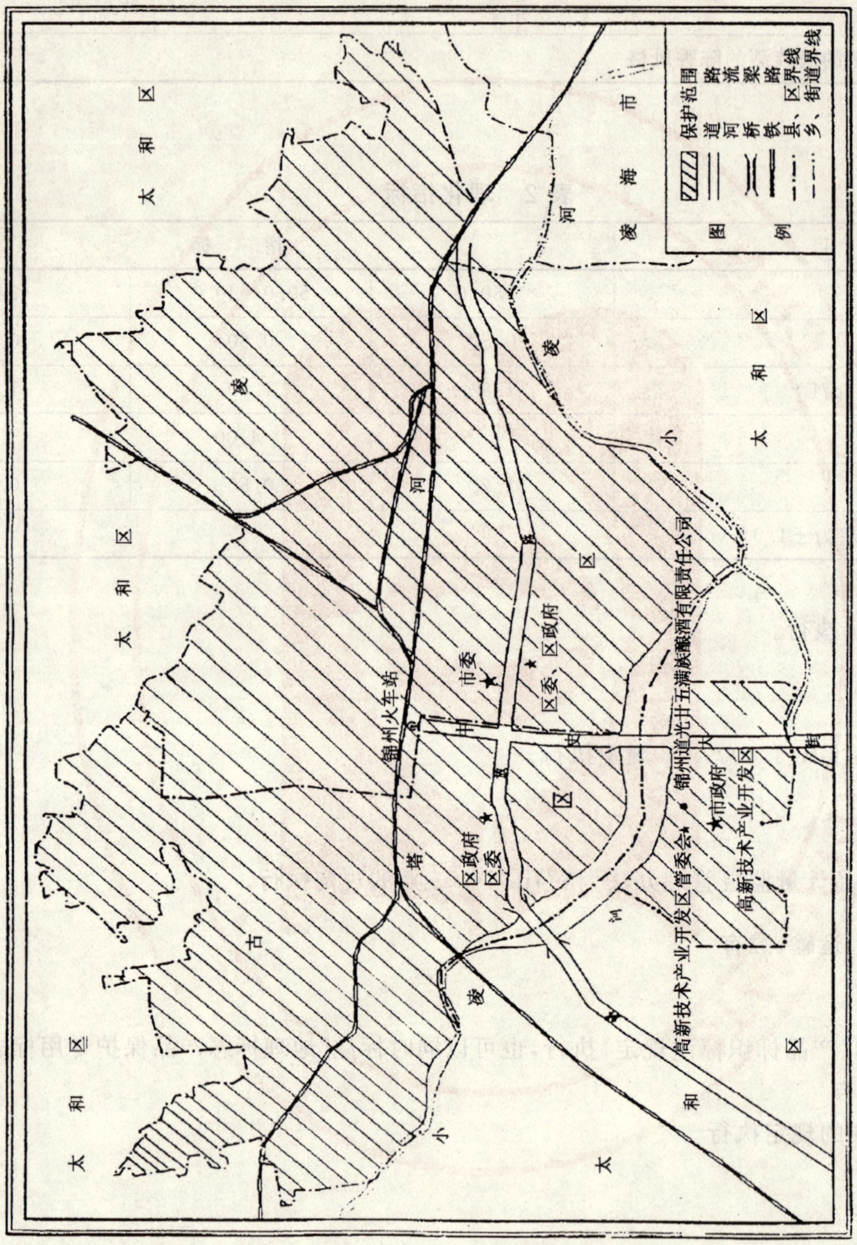

注：地理位置为：东经 122°36′，北纬 42°08′，平均海拔为：50 m。

图 A.1 道光廿五贡酒地理标志保护范围图

ICS 67.160.10
X 61

中华人民共和国国家标准

GB/T 19331—2007
代替 GB 19331—2003

地理标志产品 互助青稞酒

**Product of geographical indication—
Huzhu highland barley liquor**

2007-09-19 发布　　2008-05-01 实施

中华人民共和国国家质量监督检验检疫总局
中国国家标准化管理委员会　发布

前　言

本标准根据国家质量监督检验检疫总局颁布的《地理标志产品保护规定》、GB 17924—1999《原产地域产品通用要求》、GB/T 10781.2—2006《清香型白酒》制定，并增加了微量成分的比值。

本标准代替并废止 GB 19331—2003《原产地域产品　互助青稞酒》。

本标准与 GB 19331—2003 相比主要修改内容如下：

——根据国家质量监督检验检疫总局颁布的《地理标志产品保护规定》，修改相关名称；

——由强制性改为推荐性；

——修改了感官要求中的部分表述及理化指标的部分指标值，使之更符合产品和生产的实际情况。

本标准的附录 A 和附录 B 为规范性附录。

本标准由全国原产地域产品标准化工作组提出并归口。

本标准起草单位：青海互助青稞酒有限公司、青海省质量技术监督局。

本标准主要起草人：王鹏珍、沈怡方、高月明、高景炎、赖登燡、韩印、杨明、张国强、张世满、党宁一。

本标准所代替标准的历次版本发布情况为：

——GB 19331—2003。

地理标志产品 互助青稞酒

1 范围

本标准规定了互助青稞酒的地理标志产品保护范围、术语和定义、要求、试验方法、检验规则和标志、标签、包装、运输、贮存。

本标准适用于国家质量监督检验检疫行政主管部门根据《地理标志产品保护规定》批准保护的互助青稞酒。

2 规范性引用文件

下列文件中的条款通过本标准的引用而成为本标准的条款。凡是注日期的引用文件，其随后所有的修改单(不包括勘误的内容)或修订版均不适用于本标准，然而，鼓励根据本标准达成协议的各方研究是否可使用这些文件的最新版本。凡是不注日期的引用文件，其最新版本适用于本标准。

GB/T 191 包装储运图示标志(GB/T 191—2000,eqv ISO 780:1997)

GB 2757 蒸馏酒及配制酒卫生标准

GB/T 5009.48 蒸馏酒及配制酒卫生标准的分析方法

GB 5749 生活饮用水卫生标准

GB 10344 预包装饮料酒标签通则

GB/T 10345 白酒分析方法

GB/T 10346 白酒检验规则和标志、包装、运输、贮存

GB/T 10460 豌豆

GB/T 11760 米大麦

GB/T 15109 白酒工业术语

《定量包装商品计量监督管理办法》国家质量监督检验检疫总局[2005年]第75号令

3 地理标志产品保护范围

互助青稞酒的地理标志产品保护范围限于国家质量监督检验检疫行政主管部门根据《地理标志产品保护规定》批准的范围，地理位置介于北纬36°30′～北纬37°09′、东经101°46′～东经102°45′之内的互助土族自治县现辖行政区域，见附录A。

4 术语和定义

GB/T 15109确立的以及下列术语和定义适用于本标准。

4.1

互助青稞酒 Huzhu highland barley liquor

以优质青稞、豌豆和水为原料，在互助土族自治县地域范围内利用其自然微生物按互助青稞酒传统工艺生产的酒。

4.2

互助青稞酒大曲 Huzhu highland barley liquor brick shaped raw starter

以优质青稞、豌豆为原料，按互助青稞酒传统生产工艺制成两种糖化发酵剂，在冬春季节制得中低温曲，名为“槐瓤曲”；在夏秋季节制得中高温曲，名为“白霜满天星曲”。

4.3

酒龄　storage time of liquor

互助青稞酒的基酒、调味酒在容器中贮存老熟的时间，以年为单位。

4.4

发酵周期　fermentation cycle

从原粮蒸煮、散冷、加曲、入窖发酵、出窖蒸馏到丢糟的时间。

5　要求

5.1　原料

5.1.1　水

取自互助土族自治县辖区威远古井之水或等同水源，符合 GB 5749 的规定。

5.1.2　青稞

产于青藏高原的无污染地区，符合 GB/T 11760 的规定。

5.1.3　豌豆

符合 GB/T 10460 的规定。

5.1.4　大曲

采用互助青稞酒大曲。

5.2　酿造环境

该区域位于青海省互助土族自治县，三面环山，常年气流稳定，毗邻原始森林，属温带大陆性气候，春季干旱少雨，气温上升缓慢，夏季凉爽，秋季雨量集中，冬季寒冷少雪，年平均气温 1.0℃～2.4℃，年平均日照 2 593 h，无霜期 60 d～85 d，年平均降水量 534.2 mm 左右，适于互助青稞酒微生物的稳定繁殖。

5.3　生产工艺

互助青稞酒是传统工艺与现代生物工程相结合的产物。采用经贮存三个月以上的两种互助青稞酒大曲按比例混合使用。酿造工艺为“清蒸清烧四次清”，大楂、二楂发酵时间各 25 d，三楂、回糟各 15 d，从原粮投入到丢糟合计 80 d，整个发酵遵循“养大楂、保二楂、挤三楂、追回糟”的原则。成熟酒醅经蒸馏、量质摘酒，按纯正、醇甜、爽净三个典型体分级贮存，基酒酒龄不少于 1.5 年，调味酒酒龄不少于 3 年。基酒经过分析、尝评、勾兑、调味、陈酿、检测合格后包装出厂。

5.4　感官要求

感官要求见表 1。

表 1　感官要求

项目	酒精度≥50%vol	酒精度 40%vol～49%vol	酒精度≤39%vol
色泽	无色（或微黄），清亮透明，无悬浮物，无沉淀		
香气	清雅纯正，怡悦馥合		
口味	绵甜爽净，醇厚丰满，香味谐调，回味怡畅	绵甜柔顺，醇和爽净，香味谐调，余味绵长	绵甜柔和，香味谐调，余味爽净
风格	具有青稞酒清雅的独特风格		

5.5　理化指标

理化指标见表 2。

表 2　理化指标

项　　目	指　标　要　求		
酒精度/(%vol)	≥50	40～49	≤39
总酸(以乙酸计)/(g/L)　　≥	0.50	0.40	0.30
总酯(以乙酸乙酯计)/(g/L)　≥	2.00	1.60	1.20
乙酸乙酯/(g/L)　　≥	1.00	0.80	0.60
固形物/(g/L)　　≤	0.60		
注：酒精度允许公差±1%vol。			

5.6　微量成分比值

微量成分比值见表 3。

表 3　微量成分比值

微 量 成 分	比　　值
乳酸乙酯/乙酸乙酯	0.40～0.90
丁酸乙酯/乙酸乙酯	0.01～0.08

5.7　卫生指标

按 GB 2757 规定执行。

6　试验方法

6.1　按 GB/T 10345、GB/T 5009.48 的规定执行。

6.2　乳酸乙酯、丁酸乙酯按附录 B 规定执行。

7　检验规则

按 GB/T 10346 和《定量包装商品计量监督管理办法》执行。

8　标志、标签、包装、运输、贮存

8.1　标志、标签

按 GB 10344 的规定执行，同时标注“地理标志产品保护专用标志”。

8.2　包装、运输、贮存

按 GB/T 10346 和 GB/T 191 的规定执行。

附 录 A
（规范性附录）
互助青稞酒地理标志产品保护范围图

互助青稞酒地理标志产品保护范围见图 A.1。

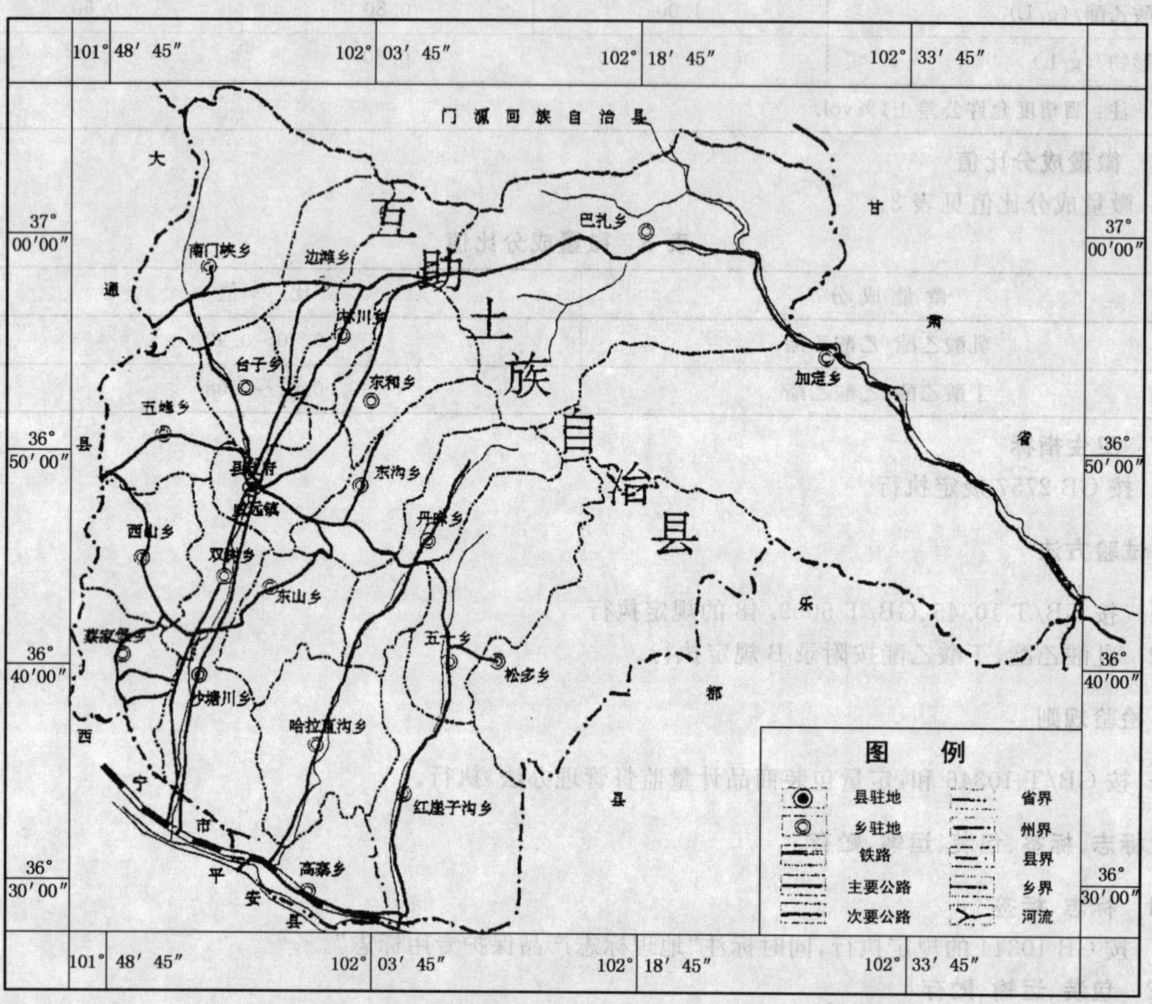

图 A.1 互助青稞酒地理标志产品保护范围图

附 录 B
（规范性附录）
丁酸乙酯、乳酸乙酯的试验方法 气相色谱法

B.1 原理

不同组分在气液两相中具有不同的分配系数，在载气带动下作相对运动，经多次分配达到完全分离，在氢火焰中电离进行检测，内标法定量。

B.2 试剂和材料

B.2.1 乙酸正丁酯：色谱纯，作内标用。2%vol 溶液（用 60%乙醇配制）。

B.2.2 丁酸乙酯、乳酸乙酯：色谱纯，作标样用。配成各 2%vol 的混合标准溶液（用 60%乙醇配制）。

B.2.3 载体：Chromosorb w(AW)或白色担体 102（酸洗，硅烷化）80～100 色谱柱。

B.2.4 固定液：20%DNP（邻苯二甲酸二壬酯）+7%吐温-80。

B.2.5 毛细管柱：柱长不应少于 30 m。

B.3 仪器

B.3.1 气相色谱仪：配有氢火焰离子化检测器。

B.3.2 微量注射器：10 μL。

B.4 分析步骤

B.4.1 色谱柱与色谱条件

采用邻苯二甲酸二壬酯+吐温-80 混合柱（柱长不应少于 2 m）或毛细管柱（柱长不应少于 30 m），载气、氢气、空气的流速及柱温等条件随仪器而异，应通过实验选择最佳操作条件，以丁酸乙酯、乳酸乙酯与内标峰和酒样中其他组分峰获得完全分离为准。

B.4.2 标样 *f* 值的测定

吸取 2%的丁酸乙酯、乳酸乙酯混合标准溶液 0.2 mL 于 10 mL 容量瓶中，准确加入 2%的内标溶液 0.2 mL，然后用 60%乙醇稀释至刻度。上述溶液中丁酸乙酯、乳酸乙酯及内标的浓度均为 0.04% vol。待色谱仪基线稳定后，用微量注射器进样，进样量随仪器的灵敏度而定。记录丁酸乙酯、乳酸乙酯峰的保留时间及其峰面积，用其峰面积与内标峰面积之比分别计算出丁酸乙酯、乳酸乙酯的相对质量校正因子 *f* 值。

B.4.3 样品的测定

吸取酒样 10 mL 放入容量瓶内，加入 2%的内标液 0.2 mL，混匀后，在与 *f* 值测定相同的条件下进样，根据保留时间确定丁酸乙酯的位置，并分别测定丁酸乙酯、乳酸乙酯与内标峰的面积，求出峰面积之比，分别计算出酒样中丁酸乙酯和乳酸乙酯的含量。

B.5 分析结果的表述

B.5.1 计算方法见式（B.1）、式（B.2）。

$$f_i = \frac{A_1}{A_2} \times \frac{d_1}{d_2} \qquad \cdots\cdots\cdots\cdots (B.1)$$

$$X_i = f \times \frac{A_3}{A_4} \times 352.8 \qquad \cdots\cdots\cdots\cdots (B.2)$$

式中：

f_i——丁酸乙酯或乳酸乙酯的相对质量校正因子；

X_i——酒样中丁酸乙酯或乳酸乙酯的含量，单位为毫克每升(mg/L)；

A_1——标样 f 值测定时内标的峰面积；

A_2——标样 f 值测定时丁酸乙酯或乳酸乙酯的峰面积；

A_3——酒样中丁酸乙酯或乳酸乙酯的峰面积；

A_4——添加于酒样中内标的峰面积；

d_1——丁酸乙酯或乳酸乙酯的相对密度；

d_2——内标的相对密度；

352.8——酒样中添加内标的量，单位为毫克每升(mg/L)。

B.5.2 微量成分比值的计算见式(B.3)、式(B.4)。

$$乳酸乙酯/乙酸乙酯=\frac{X_{乳}}{X_{乙}} \quad \cdots\cdots\cdots\cdots(B.3)$$

$$丁酸乙酯/乙酸乙酯=\frac{X_{丁}}{X_{乙}} \quad \cdots\cdots\cdots\cdots(B.4)$$

式中：

X——某一组分的含量。

所得结果保留至两位小数。

B.5.3 测试方法的精密度

同一样品两次测定之差，不得超过平均值的10%，保留一位小数。

ICS 65.120
B 46

中华人民共和国国家标准

GB/T 19371.2—2007
代替 GB/T 19371.2—2003

饲料中蛋氨酸羟基类似物的测定 高效液相色谱法

Determination of methionine hydroxy analogue in feeds—High-performance liquid chromatography

2007-06-21 发布　　　　2007-09-01 实施

中华人民共和国国家质量监督检验检疫总局
中国国家标准化管理委员会　发布

前　言

本标准是 GB/T 19371.2—2003《饲料中液态蛋氨酸羟基类似物的测定　高效液相色谱法》的修订版。

本标准与 GB/T 19371.2—2003 的主要差异如下：

——对标准名称的修改，由“饲料中液态蛋氨酸羟基类似物的测定”改为“饲料中蛋氨酸羟基类似物的测定”。

——对测定范围的修改，在范围中增加了预混料中羟基蛋氨酸钙的测定。

——对结果计算的修改，增加了羟基蛋氨酸钙的计算公式。

——将最低检出量规范为最低定量限。

本标准自实施之日起代替 GB/T 19371.2—2003。

本标准由中华人民共和国农业部提出。

本标准由全国饲料工业标准化技术委员会归口。

本标准起草单位：国家饲料质量监督检验中心(北京)。

本标准主要起草人：闫惠文、赵小阳、索德成、怀明燕。

本标准所代替标准的历次版本发布情况为：

——GB/T 19371.2—2003。

饲料中蛋氨酸羟基类似物的测定
高效液相色谱法

1 范围

本标准规定了高效液相色谱法(HPLC)测定配合饲料和浓缩饲料中液态蛋氨酸羟基类似物及配合饲料、浓缩饲料和添加剂预混合饲料中羟基蛋氨酸钙的方法。

本标准适用于配合饲料和浓缩饲料中液态蛋氨酸羟基类似物的测定,也适用于配合饲料、浓缩饲料和添加剂预混合饲料中羟基蛋氨酸钙的测定。

本标准最低定量限为0.03%。

2 规范性引用文件

下列文件中的条款通过本标准的引用而成为本标准的条款。凡是注日期的引用文件,其随后所有的修改单(不包括勘误的内容)或修订版均不适用于本标准,然而,鼓励根据本标准达成协议的各方研究是否可使用这些文件的最新版本。凡是不注日期的引用文件,其最新版本适用于本标准。

GB/T 6682 分析实验室用水规格和试验方法

GB/T 14699.1 饲料 采样

GB/T 19371.1—2003 饲料添加剂 液态蛋氨酸羟基类似物

3 原理

用10%的乙腈水溶液提取样品中的蛋氨酸羟基类似物,用氢氧化钾将蛋氨酸羟基类似物水解为有活性的单体,磷酸调节水解液的pH值。反相高效液相色谱分离,紫外检测器214 nm处测定蛋氨酸羟基类似物含量。由蛋氨酸羟基类似物含量可以换算出羟基蛋氨酸钙的含量。

4 试剂

以下所用的试剂,除特别注明外均为优级纯试剂,水符合GB/T 6682一级用水的规定。

4.1 乙腈:色谱纯。

4.2 提取剂:10%乙腈水溶液。

4.3 氢氧化钾溶液:50%。

4.4 磷酸溶液:1+1(体积比)。

4.5 HPLC流动相:5%乙腈水溶液,每升加入0.5 mL三氟乙酸。

4.6 蛋氨酸羟基类似物标准样品:除非购买标样,否则需按GB/T 19371.1—2003准确测定含量。

5 仪器设备

5.1 振荡器:水平方向振荡,频率250 r/min~300 r/min。

5.2 超声水浴。

5.3 HPLC系统,由下述部件组成。

5.3.1 紫外检测器,适合在210 nm处测定。

5.3.2 分析柱:填有粒度为5 μm键合硅胶的C_{18}柱或性能相当的其他分析柱。柱温为室温。

6 采样

6.1 采样步骤

按 GB/T 14699.1 采集实验室样品。

6.2 试样的制备

将实验室样品粉碎，全部通过 0.45 mm 筛，充分混匀，贮于磨口瓶中备用。

7 分析步骤

7.1 提取

称取适量制备好的试料 2 g～5 g(精确至 0.000 1 g)，置于 150 mL 具塞三角瓶中，准确加入一定量的提取液，一般 50 mL～100 mL，混合后置于振荡器上剧烈振荡 30 min 或置于超声水浴中提取30 min，静置 10 min，离心或过滤，滤液备用。

7.2 水解

准确移取滤液 5 mL 于 10 mL 具塞试管中，准确加入 0.1 mL 氢氧化钾溶液(4.3)，手摇至少 10 s，准确加入 0.2 mL 磷酸溶液(4.4)，手摇至少 10 s，水解液离心或过滤，滤液过 0.45 μm 滤膜后备用。

7.3 标准溶液的制备

准确称取 0.113 6 g 液态蛋氨酸羟基类似物(88.00%)标准样品，用提取剂(4.2)定容至 100 mL，蛋氨酸羟基类似物浓度为 1.00 mg/mL。

准确吸取 2.5、5.0、10.0、20.0 mL 以上溶液至 50 mL 容量瓶，用提取剂(4.2)定容至刻度后摇匀，此标准系列的浓度为 0.05、0.10、0.20、0.40、1.00 mg/mL。

用以上标准系列与试样提取液同时做水解，测定。

7.4 HPLC 测定

7.4.1 色谱条件

流速：1.0 mL/min。

检测波长：210 nm。

进样量：20 μL～50 μL。

7.4.2 测定

向 HPLC 分析仪连续注入蛋氨酸羟基类似物标准溶液，直至得到基线平稳、峰形对称且峰面积能够重现的色谱峰。

依次注入标准及试样水解液，积分得到峰面积，用标准系列进行单点或多点校准。

8 结果计算

试样中蛋氨酸羟基类似物的含量 X_1 以质量分数(%)表示，按式(1)计算：

$$X_1 = \frac{c \times V}{m \times 1\,000} \times 100 \qquad \cdots\cdots(1)$$

试样中羟基蛋氨酸钙的含量 X_2 以质量分数(%)表示，按式(2)计算：

$$X_2 = \frac{c \times V}{m \times 1\,000} \times \frac{338.4}{300.4} \times 100 \qquad \cdots\cdots(2)$$

式中：

c——由标准曲线查得的试样测定液中蛋氨酸羟基类似物的浓度，单位为毫克每毫升(mg/mL)；

V——加到试样中的提取液体积，单位为毫升(mL)；

m——试样质量，单位为克(g)；

338.4——羟基蛋氨酸钙的分子质量；

300.4——羟基蛋氨酸的分子质量。

平行测定结果用算术平均值表示，结果表示至小数点后两位。

9 允许差

当含量小于0.5％时，两个平行试料测定值相差不大于0.05％；当含量大于或等于0.5％时，两个平行试料测定值的相对偏差不大于5％。

ICS 67.160.10
X 61

GB

中华人民共和国国家标准

GB/T 19508—2007
代替 GB 19508—2004

地理标志产品 西凤酒

Product of geographical indication—Xifeng liquor

2007-09-19 发布　　　　2008-05-01 实施

中华人民共和国国家质量监督检验检疫总局
中国国家标准化管理委员会　发布

前　言

本标准根据国家质量监督检验检疫总局颁布的《地理标志产品保护规定》、GB 17924—1999《原产地域产品通用要求》和 GB/T 14867—2007《凤香型白酒》制定。

本标准代替并废止 GB 19508—2004《原产地域产品　西凤酒》。

本标准与 GB 19508—2004 相比主要修改内容如下：

——根据国家质量监督检验检疫总局颁布的《地理标志产品保护规定》，修改相关名称；

——由强制性改为推荐性；

——对部分文字进行了修改完善，使其表述更准确。

本标准的附录 A 为规范性附录。

本标准由全国原产地域产品标准化工作组提出并归口。

本标准起草单位：陕西西凤酒股份有限公司。

本标准主要起草人：贾智勇、沈怡方、高月明、高景炎、赖登烨、杨明、冯晓山。

本标准所代替标准的历次版本发布情况为：

——GB 19508—2004。

地理标志产品　西凤酒

1　范围

本标准规定了西凤酒的地理标志产品保护范围、术语和定义、要求、试验方法、检验规则和标志、标签、包装、运输、贮存。

本标准适用于国家质量监督检验检疫行政主管部门根据《地理标志产品保护规定》批准保护的西凤酒。

2　规范性引用文件

下列文件中的条款通过本标准的引用而成为本标准的条款。凡是注日期的引用文件，其随后所有的修改单(不包括勘误的内容)或修订版均不适用于本标准。然而，鼓励根据本标准达成协议的各方研究是否可使用这些文件的最新版本。凡是不注日期的引用文件，其最新版本适用于本标准。

GB 1351　小麦

GB 2757　蒸馏酒及配制酒卫生标准

GB/T 5009.48　蒸馏酒及配制酒卫生标准的分析方法

GB 5749　生活饮用水卫生标准

GB/T 8231　高粱

GB 10344　预包装饮料酒标签通则

GB/T 10345　白酒分析方法

GB/T 10346　白酒检验规则和标志、包装、运输、贮存

GB/T 10460　豌豆

GB/T 15109　白酒工业术语

3　地理标志产品保护范围

西凤酒的产地保护范围限于国家质量监督检验检疫行政主管部门根据《地理标志产品保护规定》批准的范围，见附录A。

4　术语和定义

GB/T 15109确立的以及下列术语和定义适用于本标准。

4.1

西凤酒　Xifeng liquor

以优质大麦、小麦、豌豆、高粱、水为原料，在地理标志产品保护范围内，按西凤酒传统与创新工艺生产的酒。

4.2

西凤酒大曲　Xifeng liquor brick shaped raw starer

以优质大麦、小麦、豌豆为原料，按西凤酒传统工艺制成的糖化发酵剂，分为青茬曲、槐瓤曲、红心曲。

4.3

酒海　big conservator for liquor storage

用藤条编制，以鸡蛋清等物质配成粘合剂，用白棉布等裱糊，贮存西凤酒的专用容器。

4.4

酒龄　storage time of liquor

西凤酒在酒海中贮存老熟的时间，以年为单位。

4.5

发酵周期　fermentation cycle

从开窖出醅、配料、上甑蒸馏、出甑加浆、摊晾加曲后入窖发酵至下一次开窖出醅的时间。

4.6

立窖　first fermented stage

每年新投产时，原料经配料、堆积、蒸煮糊化、摊晾加曲成三甑大楂入窖发酵的工艺过程。

4.7

破窖　second fermented stage

立窖酒醅经一个发酵周期后，加入新粮混合蒸馏，摊晾加曲成四甑大楂入窖发酵的工艺过程。

4.8

顶窖　third fermented stage

破窖酒醅经一个发酵周期后，先取三甑大楂酒醅加入新粮混合蒸馏，摊晾加曲成四甑大楂；剩余一甑大楂酒醅经蒸馏、摊晾加曲成回楂，分层入窖发酵的工艺过程。

4.9

圆窖　normal fermented stage

顶窖酒醅经一个发酵周期后，先取三甑大楂酒醅加入新粮混合蒸馏，摊晾加曲成四甑大楂；剩余一甑大楂酒醅经蒸馏、摊晾加曲成回楂，再分层入窖发酵。顶窖回楂直接蒸馏取酒后成为扔糟的工艺过程。此后进入循环生产。

4.10

插窖　quitting fermented stage

完成本年生产周期之前的一轮生产工艺过程，全部大楂酒醅不再投入新粮，加入清蒸后的稻壳蒸馏，摊晾加曲成回楂，入窖发酵，圆窖回楂直接蒸馏取酒后成为扔糟。

4.11

挑窖　ending of fermented stage

插窖回楂经一个发酵周期，直接蒸馏取酒成为扔糟。

5　要求

5.1　原料

5.1.1　水

取自产地保护范围内地下水，应符合 GB 5749 的规定。

5.1.2　高粱

主要产于凤翔县及周边各县，部分来自特定高粱生产基地。要求高粱颗粒饱满，糯性强，应符合 GB/T 8231 的规定。

5.1.3　小麦

主要产于凤翔县及周边各县，应符合 GB 1351 的规定。

5.1.4　大麦

5.1.4.1　感官要求

籽粒饱满，色泽金黄，有大麦固有的香气，无病斑粒，无霉味和其他异味。

5.1.4.2　理化要求

——纯粮率≥95.0％；

——杂质≤1.5%；

——水分≤13.5%；

——淀粉含量≥55.0%。

5.1.5 豌豆

符合 GB/T 10460 的规定。

5.1.6 大曲

采用西凤酒大曲，贮存期三个月以上。

5.2 酿造环境

该区域位于陕西省凤翔县北山前洪积扇裙部位，海拔约 830 m，黄土覆盖层厚度百余米，土质属黄绵土类中的塿土，适宜于做发酵池和农作物生长。属暖温带半干旱气候，年平均气温 11.5℃，年平均降水量 600 mm。四季光照充足，昼夜温差较大，使这一区域形成了特有的微生物群落，为西凤酒酿造提供了独特的自然生态环境。

5.3 生产工艺

西凤酒是传统工艺与现代科技相结合的产物。采用续粒法、土窖发酵，每年更新一次窖皮泥，发酵周期为 14 d～30 d，经蒸馏在酒海中贮存三年以上。每个生产年度要经过立窖、破窖、顶窖、圆窖、插窖、挑窖六个阶段；不同阶段生产的酒与特殊工艺生产的调味酒经分析、勾兑、尝评、陈酿、包装出厂。

5.4 感官要求

感官要求见表 1。

表 1 感官要求

项目	酒精度≥40.0%vol(20℃)	酒精度＜40.0%vol(20℃)
色泽	无色，清亮透明，无悬浮物，无沉淀	
香气	醇香秀雅，具有乙酸乙酯和己酸乙酯为主的复合香气	
口味	醇厚丰满，甘润挺爽，诸味谐调，尾净悠长	醇和甘润，谐调爽净
风格	具有本品独特的风格	

5.5 理化指标

理化指标见表 2。

表 2 理化指标

项目		指标	
		酒精度≥40.0%vol(20℃)	酒精度＜40.0%vol(20℃)
总酸（以乙酸计）/(g/L)	≥	0.35	0.20
总酯(乙酸乙酯计)/(g/L)	≥	1.80	1.20
乙酸乙酯/(g/L)	≥	0.60	0.40
己酸乙酯/(g/L)	≥	0.30	0.20
固形物/(g/L)	≤	1.20	1.10
注：酒精度允许公差为±1.0%vol(20℃)。			

5.6 卫生指标

按 GB 2757 规定执行。

6 试验方法

按 GB/T 10345、GB/T 5009.48 规定执行。

7 检验规则

按 GB/T 10346 规定执行。

8 标志、标签、包装、运输、贮存

标志、标签按 GB 10344 执行，也可以同时标注“地理标志产品保护专用标志”。包装、运输、贮存按 GB/T 10346 规定执行。

附 录 A
（规范性附录）
西凤酒地理标志产品保护范围图

西凤酒地理标志产品保护范围见图 A.1。

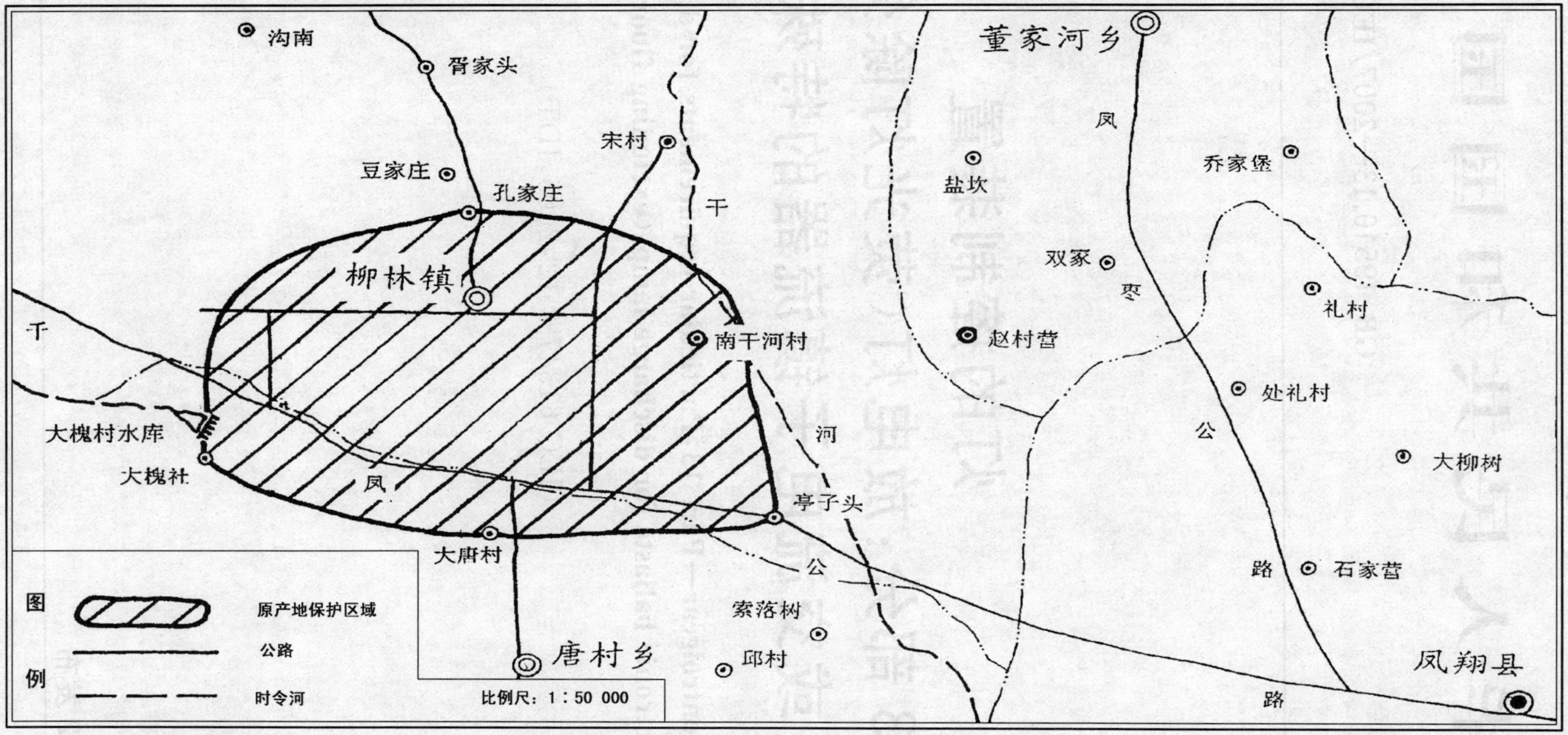

注：西凤酒地理标志产品保护范围：东径 107°16′36″～东径 107°19′58″，北纬 34°32′14″～北纬 34°33′43″。

图 A.1 西凤酒地理标志产品保护范围图

ICS 29.140.99
K 74

GB

中华人民共和国国家标准

GB 19510.13—2007/IEC 61347-2-12:2005

灯的控制装置 第13部分:放电灯(荧光灯除外)用直流或交流电子镇流器的特殊要求

Lamp controlgear—Part 13: Particular requirements for d. c. or a. c. supplied electronic ballasts for discharge lamps(excluding fluorescent lamps)

(IEC 61347-2-12:2005,IDT)

2007-11-12 发布　　2009-01-01 实施

中华人民共和国国家质量监督检验检疫总局
中国国家标准化管理委员会　发布

前　言

本部分的全部技术内容为强制性。

GB 19510《灯的控制装置》现有 13 个部分：

——第 1 部分：一般要求和安全要求；

——第 2 部分：启动装置(辉光启动器除外)的特殊要求；

——第 3 部分：钨丝灯用直流/交流电子降压转换器的特殊要求；

——第 4 部分：荧光灯用交流电子镇流器的特殊要求；

——第 5 部分：普通照明用直流电子镇流器的特殊要求；

——第 6 部分：公共交通运输工具照明用直流电子镇流器的特殊要求；

——第 7 部分：航空器照明用直流电子镇流器的特殊要求；

——第 8 部分：应急照明用直流电子镇流器的特殊要求；

——第 9 部分：荧光灯用镇流器的特殊要求；

——第 10 部分：放电灯(荧光灯除外)用镇流器的特殊要求；

——第 11 部分：高频冷启动管形放电灯(霓虹灯)用电子换流器和变频器的特殊要求；

——第 12 部分：与灯具联用的杂类电子线路的特殊要求；

——第 13 部分：放电灯(荧光灯除外)用直流或交流电子镇流器的特殊要求。

本部分为 GB 19510 的第 13 部分。

本部分应与 GB 19510.1—2004 一起使用，它是在对 GB 19510.1—2004 的相应条款进行补充或修改之后制定而成的。

本部分等同采用 IEC 61347-2-12:2005《灯的控制装置　第 2-12 部分：放电灯(荧光灯除外)用直流或交流电子镇流器的特殊要求》。

本部分等同翻译 IEC 61347-2-12:2005。

为了便于使用，本部分做了下列编辑性修改：

a)　“IEC 61347-2-12”改为“本部分”，“IEC 61347-2-12 号标准”一词改为“GB 19510.13”；

b)　删除 IEC 61347-2-12 的前言；

c)　将国际标准中的“(注：)”形式中的括号去除；

d)　用小数点“.”代替作为小数点的“,”；

e)　对于引用的其他国际标准中有被等同采用为我国标准的，本部分用引用我国的这些国家标准或行业标准代替对应的国际标准，其余未有等同采用为我国标准的国际标准，在本部分中均被直接引用(见本部分第 2 章)。

本部分的附录 A、附录 B、附录 C、附录 D、附录 E、附录 F、附录 G、附录 H 和附录 I 为规范性附录。

本部分由中国轻工业联合会提出。

本部分由全国照明电器标准化技术委员会(SAC/TC 224)归口。

本部分主要起草单位：国家电光源质量监督检验中心(上海)、飞利浦照明电子有限公司、福建源光亚明电器有限公司、欧司朗(中国)照明有限公司、佛山华全电气照明有限公司、浙江阳光集团股份有限公司、元光德控股有限公司、广东东松三雄电器有限公司、中山市乔森电气有限公司、上海新华电子设备有限公司、惠州市西顿工业发展有限公司、中山市欧普照明股份有限公司、陕西新腾飞科技有限公司、上海源明照明电器有限公司、北京电光源研究所。

本部分主要起草人：杨樾、倪伟、俞安琪、毛孝君、张和泉、张翼鹏、叶志辉、李晓英、区志扬、柯柏权、徐国荣、吴国明、徐建光、张贤庆、林岩、朱伟亮、何荣标、吴志敏、徐宝玉、胡永宏、王耀海、赵雪松、叶际爽、叶炳金、赵秀荣、江姗。

本部分首次发布。

灯的控制装置
第13部分:放电灯(荧光灯除外)用直流或交流电子镇流器的特殊要求

1 范围

本部分规定了直流或交流电子镇流器的一般要求和安全要求。电源包括交流电源为50 Hz/60 Hz、1 000 V以下电源。此类镇流器是一种装有触发和稳定部件的转换器,这种转换器能在直流或与电源频率不同的频率下使放电灯工作。与镇流器匹配的灯在IEC 60188《高压汞灯》,IEC 60192《低压钠灯》,IEC 60662《高压钠灯》,IEC 61167《金属卤化物灯》和其他普通照明光源标准中均有规定。本部分不包括荧光灯用镇流器及剧院和机动车辆用特种灯用的镇流器。

2 规范性引用文件

下列文件中的条款通过GB 19510的本部分的引用而成为本部分的条款。凡是注日期的引用文件,其随后所有的修改单(不包括勘误的内容)或修订版均不适用于本部分,然而,鼓励根据本部分达成协议的各方研究是否可使用这些文件的最新版本。凡是不注日期的引用文件,其最新版本适用于本部分。

本部分采用GB 19510.1—2004第2章所给出的规范性引用文件以及下述规范性引用文件:

GB 19510.1—2004 灯的控制装置 第1部分:一般要求和安全要求(IEC 61347-1:2003,IDT)

GB 19510.2—2005 灯的控制装置 第2部分:启动装置(辉光启动器除外)的特殊要求(IEC 61347-2-1:2000,IDT)

IEC 60052:2002 用标准空隙测量电压的方法

IEC 60417-5036(DB[1]:2002-10) 设备用图形符号

3 定义

本部分采用GB 19510.1—2004第3章所确立的以及下述定义。

3.1

输出功率 output power

预定由电子镇流器提供的平均功率值。

3.2

输出接线端子 output terminals

镇流器上预定连接到HID灯的接线端子。

注:此接线端子不可理解为是一供卤钨灯中间过渡用的接线端子。

3.3

触发电压 ignition voltage

U_p

输出接线端子之间产生的电压最大值。

注1:基本上,由以下类型的脉冲组成:

a) 连续有效值工作电压叠加非正弦单脉冲;

b) 连续正弦脉冲电压;

c) 连续正弦脉冲电压叠加非正弦单脉冲;

d) 连续方波电压在每个临界点叠加振荡正弦电压。

1) "DB"指IEC在线数据库。

注 2：应将术语“脉冲”与术语“电涌”区别开来，“电涌”指的是电气设备或使用的电网中出现的瞬变现象。

3.4

球形放电器　spher ical spark gap

两个具有相同的标称直径的金属球，在规定的距离和规定的条件下用来测量 15 kV 以上的峰值电压。

4　一般要求

按照 GB 19510.1—2004 第 4 章的要求。

5　试验说明

按照 GB 19510.1—2004 第 5 章的要求以及下述补充要求：

5.1　样品的数量

应将下述数量的样品提交试验：

——一只样品进行第 6 章～第 12 章和第 15 章～第 22 章所述试验；

——一只样品进行第 14 章试验：故障状态(如有必要，可与制造商协商追加样品或零部件)。

5.2　不适用。

6　分类

按照 GB 19510.1—2004 第 6 章的要求以及下述补充要求：

6.1　触发电压

镇流器按照触发电压分类：

——5 kV 以下(包括 5 kV)；

——5 kV～10 kV(包括 10 kV)；

——10 kV～100 kV(包括 100 kV)。

6.2　不适用。

7　标志

作为灯具的组成部分的镇流器不需要标志。按照 GB 19510.1—2004 中 7.2 的要求。

7.1　强制性标志

应按照 GB 19510.1—2004 中 7.1 的要求在镇流器上清晰耐久地标上下述强制性标志，整体式镇流器除外：

——GB 19510.1—2004 中 7.1 的 a)，b)，c)，d)，e)，f)，k)和 l)条款。

——可控式镇流器，控制端子应标识。

——输出端子同样应做出标识。

——超过 1 500 V 的触发电压值(第 16 章)。具有此电压的连接应标志；对于触发电压超过 5 kV 的镇流器，标志应是一个闪光符号，参见 IEC 60417-5036(DB:2002-10)。

——根据 15.1 要求的下述部件之间的最大工作电压(有效值)说明：

· 输出端子之间；

· 任一输出端子和地之间，如适用。

每一个值的说明均应在制造商的说明书中给出，当工作电压小于或等于 500 V 时，以 10 V 为一档；当工作电压大于 500 V 时，以 50 V 为一档。

最大规定电压值应在镇流器上标“输出工作电压＝×××V”(或 U－OUT＝×××V)。

7.2 适用时应提供的说明

除了上述强制性标志之外,如适用,若声明下述信息,应标在镇流器上或写在制造商的产品目录或类似地方中:

GB 19510.1—2004 中 7.1 的 h),i),j),m)和 n)条款和下述条款:

——在镇流器由一个以上的独立部件组成的情况下,所有的部件必须标志以便能清晰地识别匹配部件;

——警告安装者要防止安装在灯杆、接线箱中的多个镇流器安装装置中的镇流器和相关部件过热。

——触发电压时间极限的标志;

——如果控制端子与电源不是基本绝缘,应在镇流器上标明。

8 接线端子

按照 GB 19510.1—2004 第 8 章的要求。

9 接地规定

按照 GB 19510.1—2004 第 9 章的要求。

10 防止意外接触带电部件的保护措施

按照 GB 19510.1—2004 第 10 章的要求。

11 防潮与绝缘

按照 GB 19510.1—2004 第 11 章的要求。

12 介电强度

按照 GB 19510.1—2004 第 12 章的要求。

13 绕组的耐热试验

不按照 GB 19510.1—2004 第 13 章的要求。

14 故障状态

按照 GB 19510.1—2004 第 14 章的要求。

15 关联部件的保护措施

测量的输出电压应是所有输出端子之间及任一输出端子与接地端子之间的电压。

15.1 在正常和异常工作条件下,输出电压均不应超过制造商声称的工作电压。由接通电源产生的触发状态或在第 16 章的时间极限之内开始的触发过程均除外。

15.2 在正常和异常状态下(见第 17 章),如果规定了触发时间极限,则不应超过该时间极限。

15.3 对于可控式电子镇流器,应采用至少与基本绝缘相同的绝缘措施使控制端子与电源电路隔离,但另有说明时除外,见 7.2。

16 触发电压

16.1 仪器

对小于 100 kV 的触发电压,采用示波器或静电电压表进行测量。

注:GB 19510.2—2005 的图 1 中规定了典型的静电电压表。

许多电子镇流器没有接地输出端子。如果使用微分探头，试验指在小于 10 kHz 时阻抗大于 1 MΩ。对于较高的频率 f，试验指的阻抗 Z 必须大于由下述公式得出的 15 pF 电容(C)的阻抗：

$$Z=1/(2\pi fC)$$

在－3 dB 的情况下，截止频率应≥30 MHz。

大于 15 kV 时可使用球形放电器，所用方法以 IEC 60052:2002 所示方法为依据，并参照附录 I。

如有疑问，以静电电压表的测量为基准方法。

16.2 触发电压限值

在额定电压下带着 20 pF 的负载电容(包括试验指的电容)或采用 GB 19510.2—2005 中图 1 正脉冲或负脉冲电路时，触发电压的最大值不应超过 5 kV，但是要考虑相应灯的参数表所规定的最大触发电压。

如果相应灯的参数表未另作说明，对于触发电压超过 5 kV 的电子镇流器，当在额定电压下带着 20 pF的负载电容工作时，触发电压的最大值不应超过 1.3 U_p，U_p 是制造商声称的值。

注：在某些国家，触发电压被限制在 4 kV。

16.3 触发时间断路器

装有断路器的电子镇流器应有这样的结构，在灯未被点燃的情况下，断路器应能中断触发电压的产生。

断路器切断电路后，允许触发电压在镇流器与电源断开又重新接通之后产生，或者通过控制信号产生。

触发电压超过 5 kV 的电子镇流器应装有触发断路器。中断时间的限制：

——触发电压为 5 kV～10 kV：　　60 s；

——触发电压＞10 kV：

a) 3 s；或

b) 30 s，如果制造商在说明书中声明。

根据灯的类型，5 kV～10 kV 的触发电压的中断时间可由 60 s 延长至 20 min，在此期间触发脉冲时间之和不大于 60 s，此时应使维修人员清楚地知道控制装置仍在试图触发。

17 异常状态

当镇流器在额定电源电压的 90%～110%之间任一电压的异常状态下工作时，其安全性不应受到损害。制造商可声称不同的额定电源电压范围。

合格性可通过下述试验进行检验：

使镇流器按照制造商的说明书工作 1 h，并对其施加下述每一个条件(如有规定，包括散热片)：

a) 未插入灯，或灯未被触发；

b) 灯头漏电；

c) 灯工作，但处于整流状态。

采用条件 a)进行试验时，输出端开路。

采用条件 b)进行试验时，要采用图 1 所示电路。

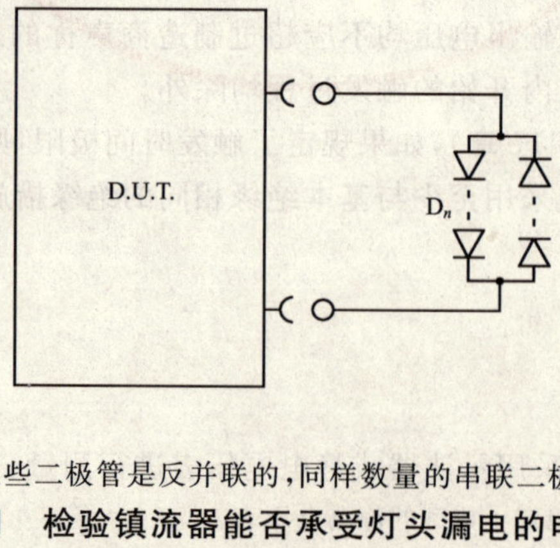

D. U. T. ——受试装置；

D_n——具有串联二极管的电路，这些二极管是反并联的，同样数量的串联二极管能产生 10 V～15 V 电压降。

图 1 检验镇流器能否承受灯头漏电的电路

在采用条件 c)进行试验时，要采用图 2 所示电路(见图 2)。

必须检验电流的两个方向：镇流器的接线端子 1 连接电路引线 1，以及镇流器的接线端子 1 连接电路引线 2。

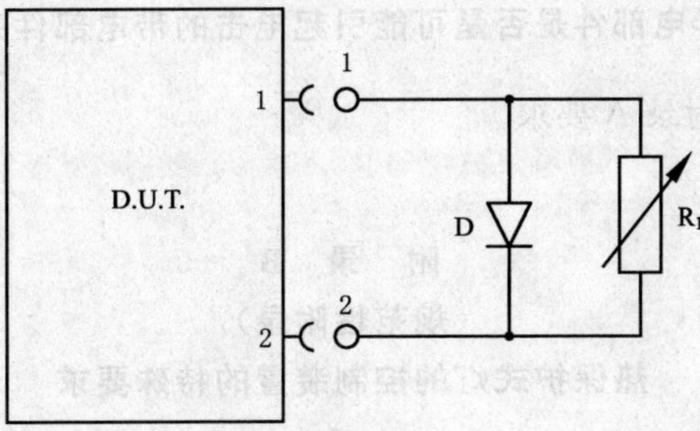

D. U. T. ——受试装置；

D——二极管：100 A，600 V；

R_1——0 Ω～200 Ω(电阻的额定功率应至少为灯功率的 1/2)。

图 2　检验镇流器是否能承受整流效应的电路

在 a)～c)中所规定的试验进行期间或试验结束时，镇流器上不应出现损害安全性的故障，也不应有任何火苗、熔化材料，可燃气体或烟雾产生。

18　结构

按照 GB 19510.1—2004 第 15 章要求。

19　爬电距离和电气间隙

按照 GB 19510.1—2004 第 16 章要求。

20　螺钉、载流部件和连接件

按照 GB 19510.1—2004 第 17 章要求。

21　耐热、防火及耐漏电起痕

按照 GB 19510.1—2004 第 18 章要求。

22　耐腐蚀

按照 GB 19510.1—2004 第 19 章要求。

附　录　A
（规范性附录）
确定导电部件是否是可能引起电击的带电部件的试验

按照 GB 19510.1—2004 附录 A 要求。

附　录　B
（规范性附录）
热保护式灯的控制装置的特殊要求

不按照 GB 19510.1—2004 附录 B 要求。

附　录　C
（规范性附录）
带过热保护器的电子式灯的控制装置的特殊要求

按照 GB 19510.1—2004 附录 C 要求。

附　录　D
（规范性附录）
热保护式灯的控制装置的加热试验要求

按照 GB 19510.1—2004 附录 D 要求。

附　录　E
（规范性附录）
不同于 4 500 的常数 S 在 t_w（绕组温度）试验中的应用

不按照 GB 19510.1—2004 附录 E 要求。

附　录　F
（规范性附录）
防对流风试验箱

按照 GB 19510.1—2004 附录 F 要求。

附 录 G
（规范性附录）
脉冲电压值的推导方法

不按照 GB 19510.1—2004 附录 G 要求。

附 录 H
（规范性附录）
试 验

不按照 GB 19510.1—2004 附录 H 要求。

附 录 I
（规范性附录）
用球形放电器进行测量时应当遵守的注意事项

因为许多电子镇流器没有一极是地电位的输出端子，所以不能直接采用 IEC 60052:2002。

在所有的情况下均应遵守下述要求以及 IEC 60052:2002 中的适用要求。

I.1 球形放电器

球间隙（即球间火花隙）应大于预期的击穿距离，并且应使其逐渐缩小，直至击穿现象发生（也就是说，在非瞬态放电距离以下过于微小的球间隙不是确定正确电压值的有效方法）。

I.2 击穿间隙距离

应记录下击穿间隙距离，并应根据 IEC 60052:2002 中表 2 来确定 50％的峰值电压。

I.3 电子镇流器的占空因数

应测量电子镇流器的占空因数以确保不会引起部件过度发热或发生故障。

I.4 试验结束

应遵守所有的安全性注意事项，并且在试验结束时应使电压全部释放。

参 考 文 献

［1］ IEC 60188 高压汞灯 性能要求

［2］ IEC 60192 低压钠灯 性能要求

［3］ IEC 60662 高压钠灯

［4］ IEC 61167 金属卤化物灯

ICS 31.240
K 05

中华人民共和国国家标准

GB/T 19520.1—2007/IEC 60297-1:1986

电子设备机械结构
482.6 mm(19 in)系列机械结构尺寸
第1部分:面板和机架

Mechanical structures for electronic equipment—
Dimensions of mechanical structures of the 482.6 mm(19 in)series—
Part 1:Panels and racks

(IEC 60297-1:1986,IDT)

2007-01-23 发布　　　　2007-08-01 实施

中华人民共和国国家质量监督检验检疫总局
中国国家标准化管理委员会　发布

前　言

GB/T 19520《电子设备机械结构　482.6 mm(19 in)系列机械结构尺寸》分为以下几部分：

——第1部分：面板和机架；

——第2部分：机柜和机架结构的格距；

——第3部分：插箱及其插件；

——第4部分：插箱及其插件　附加尺寸；

——第5-100部分：插箱及其插件　设计概述；

——第5-101部分：插箱及其插件　插拔器手柄；

——第5-102部分：插箱及其插件　电磁屏蔽结构；

——第5-103部分：插箱及其插件　静电放电防护；

——第5-104部分：插箱及其插件　编码键；

——第5-105部分：插箱及其插件　定位/接地销；

——第5-107部分：插箱及其插件　后安装插件。

本部分为GB/T 19520的第1部分。

本部分等同采用IEC 60297-1:1986《482.6 mm(19 in)系列机械结构尺寸　第1部分：面板和机架》。

为便于使用，本部分作了下列编辑性修改：

——"本标准"一词改为"本部分"；

——删除了国际标准的前言；

——中文名称增加了"电子设备机械结构"；

——小数点","改为"."。

本部分由中国电器工业协会提出。

本部分由全国电工电子设备结构综合标准化技术委员会归口。

本部分起草单位：中兴通讯股份有限公司、中国船舶重工集团公司第七一五研究所、国电南京电力自动化股份有限公司。

本部分主要起草人：殷宝剑、李波、郭建、吴蓓。

电子设备机械结构
482.6 mm(19 in)系列机械结构尺寸
第1部分:面板和机架

1 范围

本部分适用于以482.6 mm(19 in)为基础的各种用途的面板和机架。

本部分宜与下列相关标准一起使用:

GB/T 19520.2—2007 电子设备机械结构 482.6 mm(19 in)系列机械结构尺寸 第2部分:机柜和机架结构的格距(IEC 60297-2:1982,IDT)

GB/T 19520.3—2004 电子设备机械结构 482.6 mm(19 in)系列机械结构尺寸 第3部分:插箱及其插件(IEC 60297-3:1984,IDT)

2 面板尺寸

符号U表示数值为44.45 mm(1.750 in)的垂直增量,见表1。面板尺寸见图1~图3。

公差不累计。

表1

图号	面板类型[a]	A	E	Z	Y	A	E	Z	Y
		mm (公差±0.4)				in (公差±0.015)			
1	1U	5.9	43.6	—	—	0.234	1.719	—	—
	2U	37.7	88.1	—	—	1.484	3.469	—	—
2	1U	5.9	43.6	31.8	—	0.234	1.719	1.250	—
	2U	5.9	88.1	76.2	—	0.234	3.469	3.000	—
	3U	37.7	132.5	57.15	—	1.484	5.219	2.250	—
	4U	37.7	177.0	101.6	—	1.484	6.969	4.000	—
	5U	37.7	221.5	146.1	—	1.484	8.719	5.750	—
	6U	37.7	265.9	190.5	—	1.484	10.469	7.500	—
3	6U	37.7	265.9	57.15	76.2	1.484	10.469	2.250	3.000
	7U	37.7	310.3	88.9	57.15	1.484	12.219	3.500	2.250
	8U	37.7	354.8	101.6	76.2	1.484	13.969	4.000	3.000
	9U	37.7	399.2	101.6	120.6	1.484	15.719	4.000	4.750
	10U	37.7	443.7	101.6	165.1	1.484	17.469	4.000	6.500
	11U	37.7	488.1	133.3	146.1	1.484	19.219	5.250	5.750
	12U	37.7	532.6	133.3	190.6	1.484	20.969	5.250	7.500

a 见图6。

尺寸单位为毫米，括号内为英寸

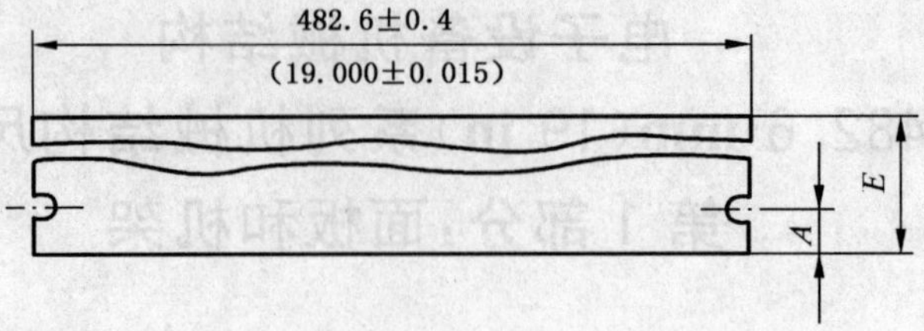

图 1

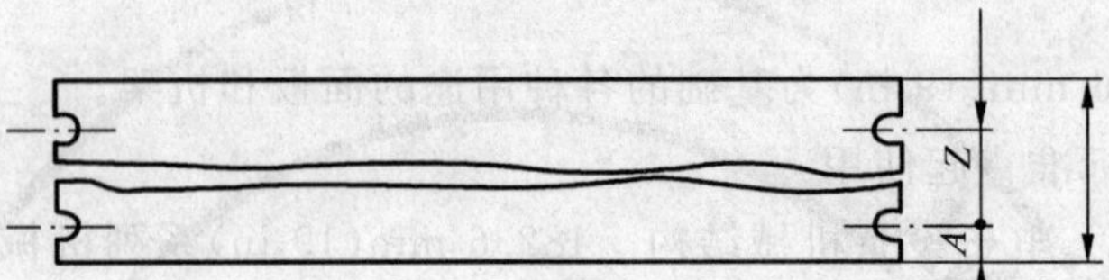

图 2

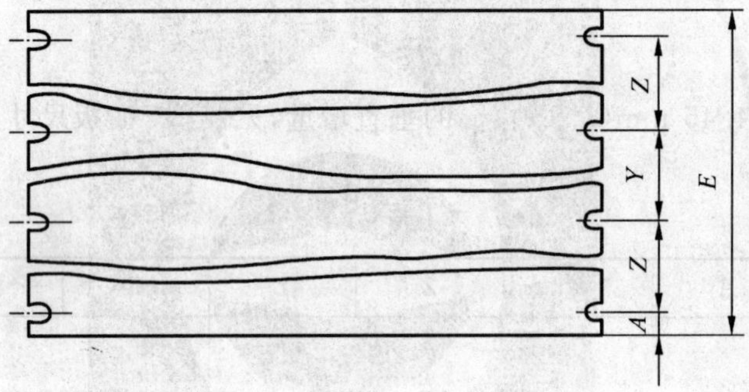

图 3

3 槽口详图

图 4 a)、b)所示的开口槽和封口槽都是标准的。

尺寸单位为毫米，括号内为英寸

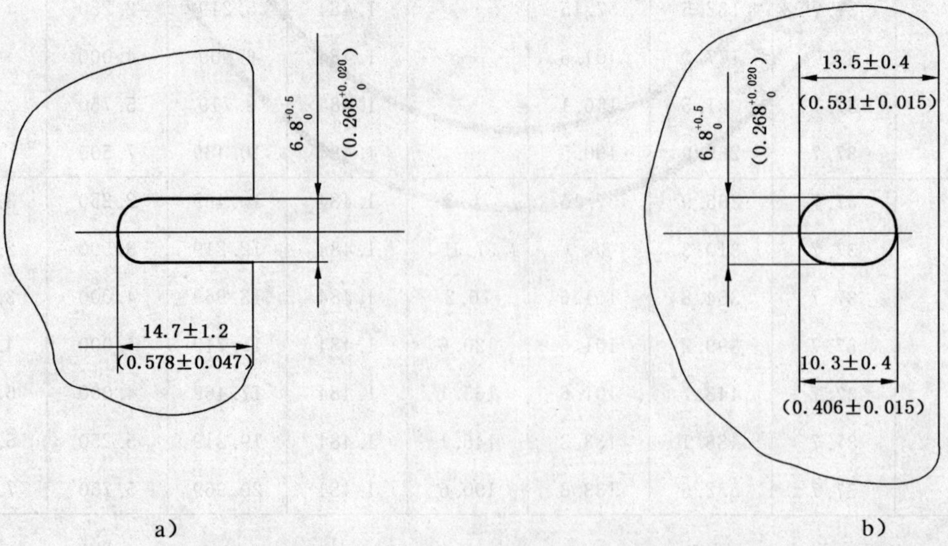

图 4

4 机架尺寸

机架尺寸见图 5。

尺寸单位为毫米，括号内为英寸

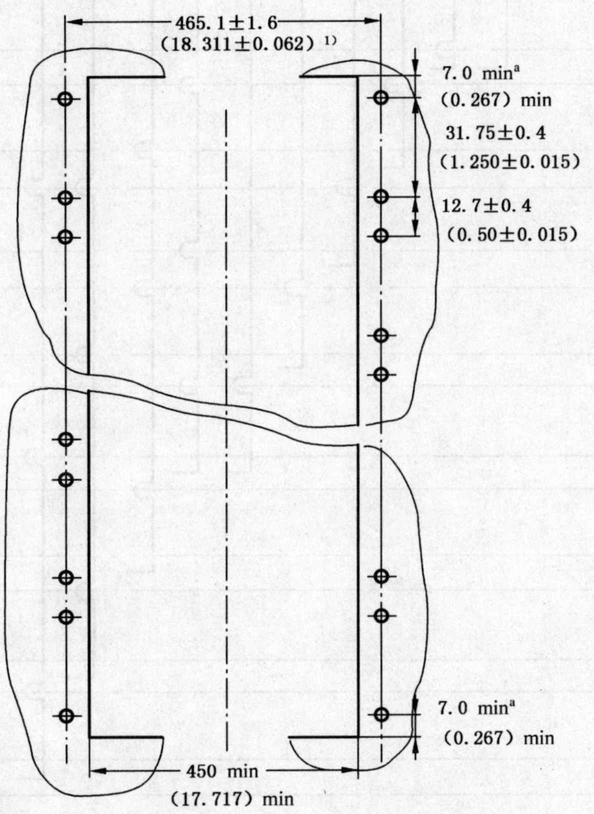

[a] 通常采用(7.9±0.8)mm[(0.312±0.031)in]。

图 5

4.1 在 1 m(39.3 in)范围内，任意两孔之间的极限偏差为±0.4 mm(±0.015 in)。

4.2 允许增加附加的安装孔。

---

1) IEC 60297-1 图 5 中为 18.312，为了与本系列其他标准统一，改为 18.311。

5 面板类型

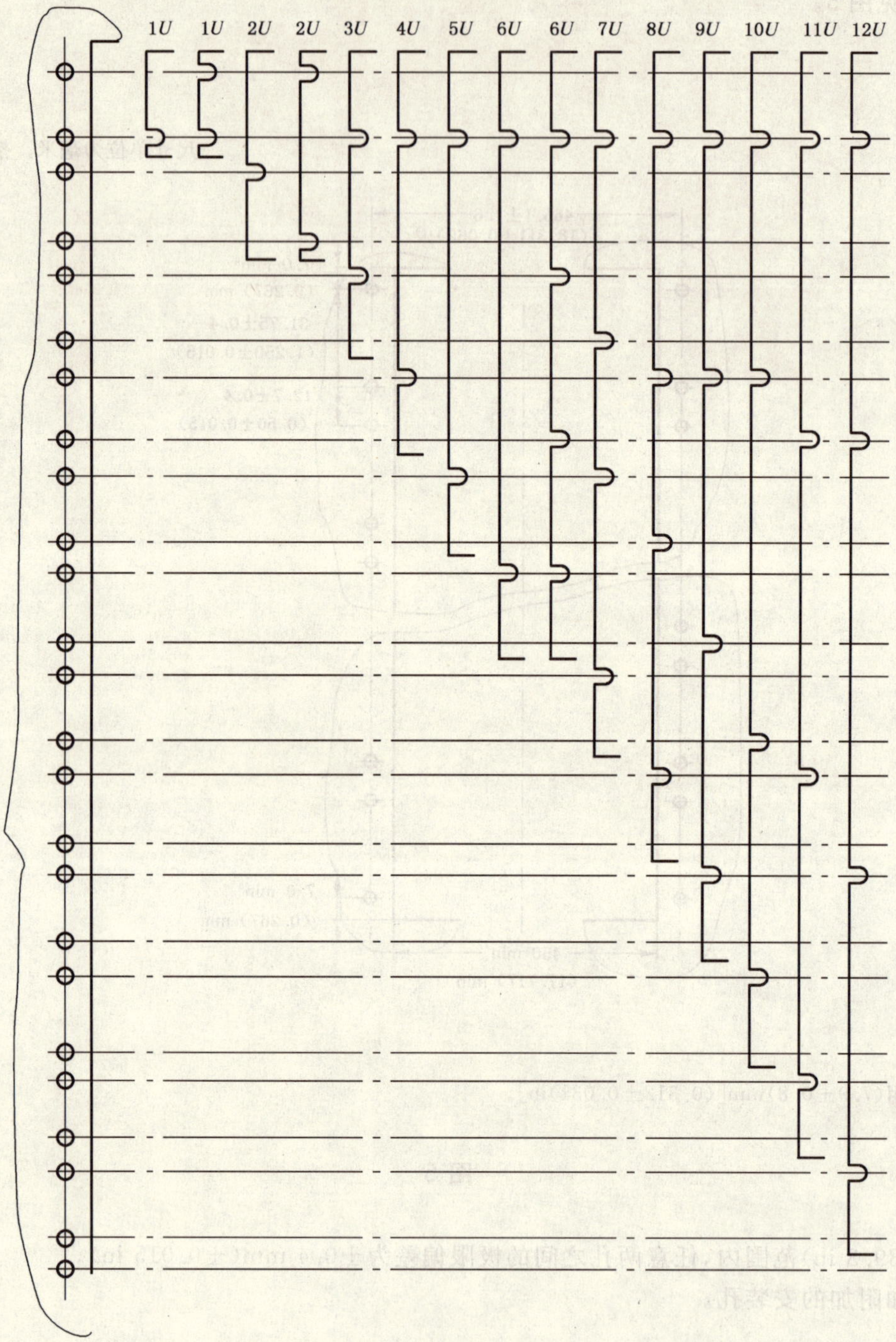

图 6

ICS 31.240
K 05

中华人民共和国国家标准

GB/T 19520.2—2007/IEC 60297-2:1982

电子设备机械结构 482.6 mm(19 in)系列机械结构尺寸 第2部分:机柜和机架结构的格距

Mechanical structures for electronic equipment—Dimensions of mechanical structures of the 482.6 mm(19 in) series—Part 2:Cabinets and pitches of rack structures

(IEC 60297-2:1982,IDT)

2007-01-23 发布　　2007-08-01 实施

中华人民共和国国家质量监督检验检疫总局
中国国家标准化管理委员会　发布

前 言

GB/T 19520《电子设备机械结构 482.6 mm(19 in)系列机械结构尺寸》分为以下几部分:

——第1部分:面板和机架;

——第2部分:机柜和机架结构的格距;

——第3部分:插箱及其插件;

——第4部分:插箱及其插件 附加尺寸;

——第5-100部分:插箱及其插件 设计概述;

——第5-101部分:插箱及其插件 插拔器手柄;

——第5-102部分:插箱及其插件 电磁屏蔽结构;

——第5-103部分:插箱及其插件 静电放电防护;

——第5-104部分:插箱及其插件 编码键;

——第5-105部分:插箱及其插件 定位/接地销;

——第5-107部分:插箱及其插件 后安装插件。

本部分为GB/T 19520的第2部分。

本部分等同采用IEC 60297-2:1982《482.6 mm(19 in)系列机械结构尺寸 第2部分:机柜和机架结构的格距》。

为便于使用,本部分作了下列编辑性修改:

——"本标准"一词改为"本部分";

——删除了国际标准的前言;

——中文名称增加了"电子设备机械结构";

——小数点","改为".";

——增加了"规范性引用文件"一章。

本部分由中国电器工业协会提出。

本部分由全国电工电子设备结构综合标准化技术委员会归口。

本部分起草单位:中兴通讯股份有限公司、国电南京电力自动化股份有限公司。

本部分主要起草人:冯柏忠、殷宝剑、吴蓓。

电子设备机械结构
482.6 mm(19 in)系列机械结构尺寸
第2部分:机柜和机架结构的格距

1 范围

本部分规定了482.6 mm(19 in)机架和面板电子设备的独立式机柜和固定式机架结构的基本尺寸。

2 规范性引用文件

下列文件中的条款通过GB/T 19520的本部分的引用而成为本部分的条款。凡是注日期的引用文件,其随后所有的修改单(不包括勘误的内容)或修订版均不适用于本部分,然而,鼓励根据本部分达成协议的各方研究是否可使用这些文件的最新版本。凡是不注日期的引用文件,其最新版本适用于本部分。

GB/T 19520.1—2007 电子设备机械结构 482.6 mm(19 in)系列机械结构尺寸 第1部分:面板和机架(IEC 60297-1:1986,IDT)

3 机柜说明

对本部分而言,机柜定义为供电子设备单独使用或与其他机柜一起配套使用的独立式的自支撑机壳。机柜可以有,也可以没有底座、支脚、滚轮、脚轮等,这取决于使用者对载荷和可移动性的要求。

机柜可在一侧或多侧装有门和(或)侧板,以适应不同的用途。

机柜包含有或装有能安装符合GB/T 19520.1—2007[1)]的面板等垂直构件。

机架是没有门或覆板的金属构架。

4 机柜基本尺寸

机柜基本尺寸见图1和表1～表3。

1) IEC 60297已由IEC 60297-1代替,其采标标准为GB/T 19520.1。

尺寸单位为毫米，括号内为英寸

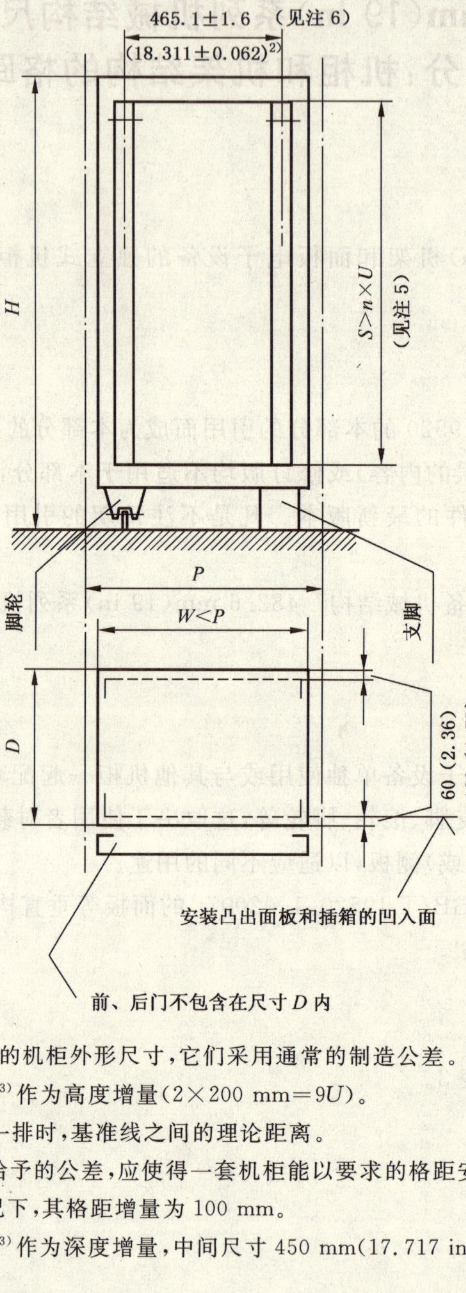

注 1：高度 H 和深度 D 是总的机柜外形尺寸，它们采用通常的制造公差。此高度包括脚轮和支脚在内。

注 2：选用 200 mm(7.87 in)[3)] 作为高度增量(2×200 mm＝9U)。

注 3：格距 P 是机柜安装成一排时，基准线之间的理论距离。

宽度 $W<P$ 的选用及给予的公差，应使得一套机柜能以要求的格距安装。

在需用其他格距的情况下，其格距增量为 100 mm。

注 4：选用 200 mm(7.87 in)[3)] 作为深度增量，中间尺寸 450 mm(17.717 in)是国际电话和电报咨询委员会(CCITT)推荐的数值。

注 5：S 表示用于安装面板和插箱的垂直框口高度，它只是一个典型的尺寸。U 符合 GB/T 19520.1—2007 规定的 44.45 mm(1.75 in)的垂直增量。

注 6：安装尺寸见 GB/T 19520.1—2007。

图 1

2) 数值 18.311 缺少公差。为与 GB/T 19520.1 一致，增加公差±0.062 in。下同。

3) IEC 60297-2 中该数值为“200 mm(7.97 in)”，有误。经核算，应为“200 mm(7.87 in)”。

表 1

高度 *H*	mm	800	1 000	1 200	1 400	1 600	1 800
	in	31.49	39.37	47.24	55.11	62.99	70.86
S	$n\times U$	$13\times U$	$18\times U$	$22\times U$	$27\times U$	$31\times U$	$36\times U$

表 2

格距 *P* $W<P$	mm	550[a]	600	700[b]	800	900
	in	21.65	23.62	27.55	31.49	35.43

[a] $P=550$ mm，适用于使用空间限制在 600 mm 以下，并且在机柜内侧边上敷设电缆极少的场合。

[b] $P=700$ mm，主要适用于含有回转框架的机架。

表 3

深度 *D*	mm	400	450[a]	600	650[b]	800	900
	in	15.74	17.72	23.62	25.59	31.49	35.43

[a] $D=450$ mm，基本深度尺寸 450 mm 符合 CCITT 推荐标准 C.231，它允许在前门和后面附加操作控制装置、散热片和罩盖。其总深度可增至 520 mm。

[b] $D=650$ mm，建议将来不使用。

5 固定机架结构说明

就本部分而言，固定机架结构的定义为：按照预定格距配置的一系列成对的垂直构件，这些构件底部固定在地板上，顶部固定在天花板和（或）墙壁上。每对垂直构件都能安装符合 GB/T 19520.1—2007 的面板等部件。固定机架结构的格距等于许多机架的理论中心距。只要格距保持不变，每个机架的垂直构件可以与相邻机架的垂直构件分开或组合。

本部分不规定此类机架的高度和深度。

6 固定机架结构的格距

固定机架结构的格距是安装成一排时机架基准线之间的距离。固定机架结构的格距尺寸见图 2 和表 4。

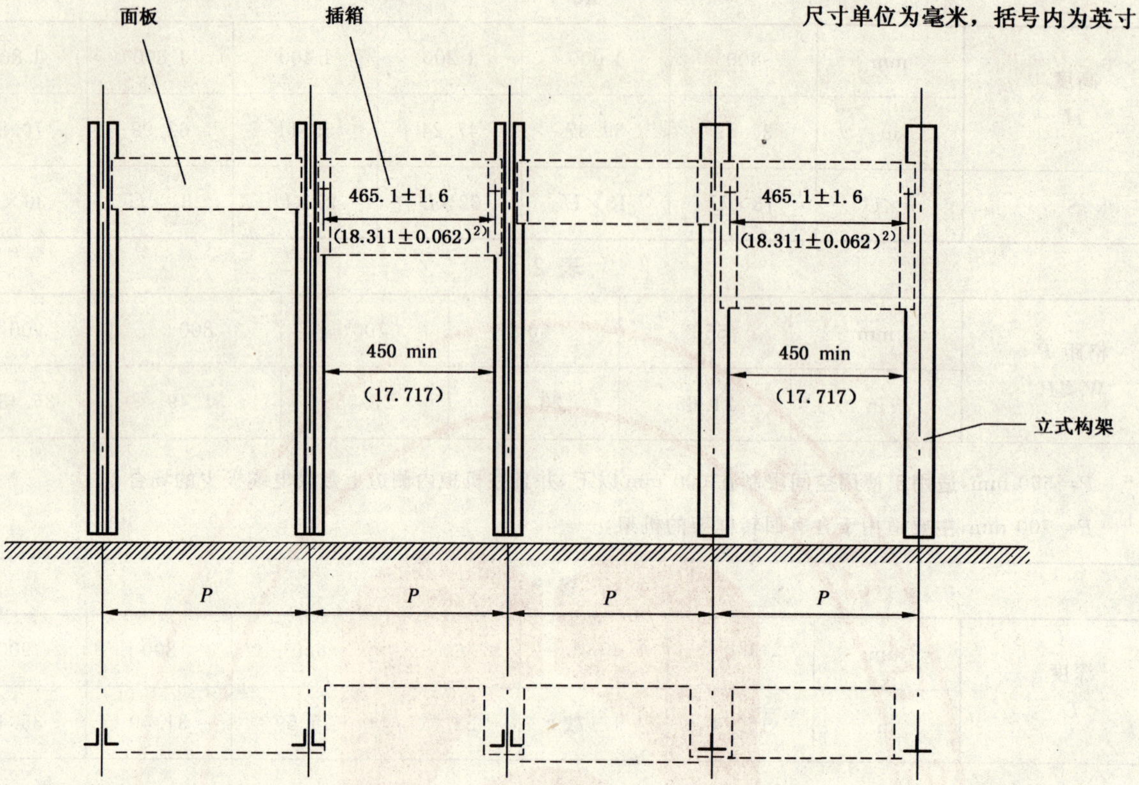

图 2

表 4

构架格距 P	mm	500	525	550	600
	in	19.68	20.66	21.65	23.62

ICS 65.120
B 46

中华人民共和国国家标准

GB/T 19542—2007
代替 GB/T 19542—2004

饲料中磺胺类药物的测定 高效液相色谱法

Determination of sulfonamides in feeds—High-performance liquid chromatography

2007-06-21 发布　　2007-09-01 实施

中华人民共和国国家质量监督检验检疫总局
中国国家标准化管理委员会　发布

前　言

本标准是GB/T 19542—2004《饲料中磺胺二甲基嘧啶和磺胺间甲氧嘧啶的测定　高效液相色谱法》的修订版。

本标准与GB/T 19542—2004主要差异如下：

——补充了磺胺嘧啶、磺胺喹恶啉、磺胺甲恶唑三种磺胺药物的测定；

——增加了净化步骤。

本标准自实施之日起代替GB/T 19542—2004。

本标准由中华人民共和国农业部提出。

本标准由全国饲料工业标准化技术委员会归口。

本标准起草单位：国家饲料质量监督检验中心(北京)。

本标准主要起草人：李兰、杨曙明、索德成、田河山、范理、赵根龙。

本标准所代替标准的历次版本发布情况为：

——GB/T 19542—2004。

饲料中磺胺类药物的测定 高效液相色谱法

1 范围

本标准规定了用高效液相色谱仪测定饲料中磺胺类药物：磺胺嘧啶、磺胺二甲基嘧啶、磺胺间甲氧嘧啶、磺胺甲恶唑、磺胺喹恶啉含量的方法。

本标准适用于配合饲料、浓缩饲料、添加剂预混合饲料中磺胺类药物的测定。

2 规范性引用文件

下列文件中的条款通过本标准的引用而成为本标准的条款。凡是注日期的引用文件，其随后所有的修改单(不包括勘误的内容)或修订版均不适用于本标准，然而，鼓励根据本标准达成协议的各方研究是否可使用这些文件的最新版本。凡是不注日期的引用文件，其最新版本适用于本标准。

GB/T 6682　分析实验室用水规格和试验方法

GB/T 14699.1　饲料　采样

3 原理

试样中磺胺类药物经乙腈振荡提取后，用碱性氧化铝小柱净化，注入高效液相色谱仪反相色谱系统中进行分离，用紫外检测器或二极管矩阵检测器检测，外标法计算磺胺类药物的含量。

注：该方法最低定量限分别为：磺胺嘧啶、磺胺间甲氧嘧啶 5 mg/kg；磺胺二甲基嘧啶、磺胺甲恶唑、磺胺喹恶啉 2 mg/kg。

4 试剂和溶液

除非另有规定，在分析中仅使用确认为分析纯的试剂和符合 GB/T 6682 规定的三级用水。

4.1　冰乙酸：优级纯。

4.2　乙腈：色谱纯。

4.3　乙腈：分析纯。

4.4　甲醇：色谱纯。

4.5　流动相：在 1 000 mL 容量瓶中加入 750 mL 去离子水，移取冰乙酸(4.1)3 mL 加入水中，与 250 mL乙腈(4.2)混合、摇匀，过 0.45 μm 滤膜，脱气，备用。

4.6　磺胺嘧啶标准品：纯度应大于 97%。

4.7　磺胺二甲基嘧啶标准品：纯度应大于 97%。

4.8　磺胺间甲氧嘧啶标准品：纯度应大于 97%。

4.9　磺胺甲恶唑标准品：纯度应大于 97%。

4.10　磺胺喹恶啉标准品：纯度应大于 97%。

4.11　磺胺嘧啶标准溶液

4.11.1　磺胺嘧啶标准贮备液：准确称取已知纯度的磺胺嘧啶标准品 100 mg，精确至 0.000 1 g，置于 100 mL 棕色容量瓶中，加乙腈(4.2)超声使之完全溶解，并定容至刻度，摇匀，该溶液中磺胺嘧啶浓度为 1 mg/mL，于－16℃保存可使用 6 个月。

4.11.2　磺胺嘧啶标准中间液：准确移取磺胺嘧啶标准贮备液(4.11.1)5 mL 于 50 mL 棕色容量瓶中，用乙腈(4.2)定容至刻度，该溶液中磺胺嘧啶浓度为 100 μg/mL，于 4℃保存可使用 1 个月。

4.11.3 磺胺嘧啶标准工作液:准确移取磺胺嘧啶标准中间液(4.11.2)5 mL 于 50 mL 棕色容量瓶中,用流动相(4.5)定容至刻度,该溶液中磺胺嘧啶浓度为 10 μg/mL,当日使用。

4.12 磺胺二甲基嘧啶标准溶液:配制过程同磺胺嘧啶。

4.13 磺胺间甲氧嘧啶标准溶液:配制过程同磺胺嘧啶。

4.14 磺胺甲恶唑标准溶液:配制过程同磺胺嘧啶。

4.15 磺胺喹恶啉标准溶液

4.15.1 磺胺喹恶啉标准贮备液:准确称取已知纯度的磺胺喹恶啉标准品 100 mg,精确至 0.000 1 g,置于 100 mL 棕色容量瓶中,加甲醇(4.4)超声使之完全溶解,并定容至刻度,摇匀,该溶液中磺胺喹恶啉浓度为 1 mg/mL,于−16℃保存可使用 6 个月。

4.15.2 磺胺喹恶啉标准中间液:准确移取磺胺喹恶啉标准贮备液(4.15.1)5 mL 于 50 mL 棕色容量瓶中,用乙腈(4.2)定容至刻度,该溶液中磺胺喹恶啉浓度为 100 μg/mL,于 4℃保存可使用 1 个月。

4.15.3 磺胺喹恶啉标准工作液:准确移取磺胺喹恶啉标准中间液(4.15.2)5 mL 于 50 mL 棕色容量瓶中,用流动相(4.5)定容至刻度,该溶液中磺胺喹恶啉浓度为 10 μg/mL,当日使用。

注:若单独测定各组分,也可配制标准工作液使测定组分的浓度在 20 ng～100 ng 之间。

4.16 磺胺类药物混合标准工作液

分别移取磺胺类药物标准中间液各 5 mL 于 50 mL 棕色容量瓶中,用流动相(4.5)定容至刻度,该溶液中磺胺药物的浓度均为 10 μg/mL,当日使用。

注:若同时测定可配制混合标准工作液。

5 仪器

5.1 实验室常用仪器设备。

5.2 具塞锥形瓶:150 mL。

5.3 振荡器。

5.4 高效液相色谱仪:紫外检测器或二极管矩阵检测器。

5.5 针头过滤器:备孔径为 0.45 μm 有机微孔滤膜。

5.6 碱性氧化铝 SPE 小柱:1 000 mg/12 mL、120Å。

6 试样的选取和制备

6.1 按 GB/T 14699.1 采样。

6.2 选取有代表性饲料样品至少 500 g,四分法缩减至 100 g,磨碎,全部通过 40 目筛,混匀,装入密闭容器中,避光低温保存,备用。

7 分析步骤

7.1 试液的制备

7.1.1 提取

称取配合饲料、浓缩饲料、添加剂预混合饲料样品 2 g(精确至 0.001 g),置于具塞锥形瓶(5.2)中,加入 50 mL 的乙腈(4.3),于振荡器(5.3)振荡提取 30 min,过滤,滤液备用。

7.1.2 净化

准确吸取试液(7.1.1):配合饲料 10 mL～20 mL;浓缩饲料、添加剂预混合饲料 2 mL,移入用 10 mL乙腈淋洗过的碱性氧化铝小柱(5.5)中,令其自然流速流出。待试液(7.1.1)全部流出后,吹干,用两次 2 mL 流动相(4.5)洗脱,收集洗脱液,并过 0.45 μm 的滤膜,滤液上机测定。

7.2 色谱条件

7.2.1 色谱柱:具有 C_{18} 填料的柱子(粒度为 5 μm),柱长 250 mm,内径 4.6 mm。

7.2.2 流动相:25%乙腈水(4.5),以1.0 mL/min 流速洗脱。

7.2.3 进样量:20 μL。

7.2.4 检测器:紫外检测器或二极管矩阵检测器,检测波长270 nm。若单独测定磺胺嘧啶检测波长为268 nm;磺胺二甲基嘧啶检测波长为266 nm;磺胺间甲氧嘧啶检测波长为271 nm;磺胺甲恶唑检测波长为268 nm;磺胺喹恶啉检测波长为246 nm。

8 定量测定

按高效液相色谱仪说明书调整仪器操作参数。向液相色谱柱中注入待测定磺胺标准工作液或混合标准工作液(4.16)及试样溶液(7.1),得到色谱峰面积响应值,用外标法定量。

9 结果计算

9.1 试样中每种磺胺的含量分别按式(1)计算:

$$w_i = \frac{P_i \times V \times c_i \times V_{st}}{P_{sti} \times m \times V_i} \qquad \cdots\cdots(1)$$

式中:

w_i——试样中每种磺胺的含量,单位为毫克每千克(mg/kg);

P_i——试样溶液峰面积值;

V——样品的总稀释体积,单位为毫升(mL);

c_i——标准溶液浓度,单位为微克每毫升(μg/mL);

V_{st}——标准溶液进样体积,单位为微升(μL);

P_{sti}——标准溶液峰面积平均值;

m——试样质量,单位为克(g);

V_i——试样溶液进样体积,单位为微升(μL)。

9.2 平行测定结果用算术平均值表示,保留三位有效数字。

10 重复性

同一分析者对同一试样同时两次平行测定结果的相对偏差不大于10%。

ICS 59.060.10
B 32

GB

中华人民共和国国家标准

GB/T 19617—2007
代替 GB/T 19617—2004

棉花长度试验方法　手扯尺量法

Test method for length of cotton—Hand-measured staple length

2007-08-20 发布　　2007-09-01 实施

中华人民共和国国家质量监督检验检疫总局
中国国家标准化管理委员会　发布

前　言

本标准是对GB/T 19617—2004《棉花长度试验方法　手扯尺量法》的修订。本标准自实施之日起代替GB/T 19617—2004。

本标准修订的主要内容如下：

——增加了棉花上半部平均长度的定义；

——修改了棉花手扯长度的定义；

——修改了校准方法：手扯尺量法检验长度，应经常采用棉花手扯长度实物标准进行校准，使检验结果与上半部平均长度相一致。

本标准由中国纤维检验局提出并归口。

本标准主要起草单位：江苏省纤维检验所。

本标准主要起草人：孙俊华、王洪山、陈晓燕。

本标准2004年首次发布，本次为第一次修订。

棉花长度试验方法　手扯尺量法

1　范围

本标准规定了手扯尺量测定棉花长度的取样方法、检验步骤、校准方法、结果计算等。

本标准适用于籽棉收购的长度检验和成包皮棉按批检验的长度检验。

2　规范性引用文件

下列文件中的条款通过本标准的引用而成为本标准的条款。凡是注日期的引用文件，其随后所有的修改单(不包括勘误的内容)或修订版均不适用于本标准，然而，鼓励根据本标准达成协议的各方研究是否可使用这些文件的最新版本。凡是不注日期的引用文件，其最新版本适用于本标准。

GSB 11—2057　棉花手扯长度实物标准

3　术语和定义

下列术语和定义适用于本标准。

3.1

上半部平均长度　upper half mean length

在照影曲线图中，从纤维数量50%处作照影曲线的切线，切线与长度坐标轴相交点所显示的长度值。

3.2

手扯长度　staple length

用手扯尺量的方法测得的棉纤维长度，以毫米为单位。

4　原理

通过抽取一定量有代表性的纤维，整理成符合要求的棉束，用纤维专用尺直接测量棉束长度。

5　试验工具

绒板；

纤维专用尺(分度值为0.5 mm)。

6　取样和制备

6.1　对收购籽棉的每个试轧样品逐样检验，每个样品随机抽取2份～3份有代表性的试样，每份试样约10 g；对成包皮棉批样逐样检验，每个样品检验时，随机抽取有代表性的试样约10 g。

6.2　将试样稍加整理，使纤维趋于平顺。双手分别握住试样的两端，采取两拳平行相对或两拳掌心相对两种方式用力分离试样。双手平分后，合并试样，一手握持试样，另一手拇指与食指剔除试样中的索丝、杂物和未被控制的游离纤维。

6.3　用食指第一节侧面与拇指的第一节平面平行对齐，夹取被握持试样截面上伸出的纤维，顺次缓缓抽取，边抽取边清除索丝、杂质等，将抽取的纤维均匀整齐地重叠在拇指与食指之间，直至成为一定量的棉束。

7 方法和步骤

7.1 一端整齐法

7.1.1 整理棉束

用拇指与食指整理取样后形成的棉束，清除棉束中的游离纤维、索丝、杂质等，并将松散的棉束轻轻捻拢，稍加压力，使棉束面积缩小，初步达到平直、整齐的状态。

7.1.2 抽拔棉束

用手压紧整理过的棉束，另一手拇指与食指第一节平行对齐，抽取棉束中伸出的纤维前端，每次抽取一薄层，逐层叠放，并随时清除纤维中的棉结、杂物等，形成平齐的棉束。重复抽拔 1 次～2 次，使之成为没有丝团、杂物和游离纤维的一端平齐的平直棉束。棉束质量约为 60 mg，宽度约为 20 mm。

7.1.3 切量棉束

将棉束置于绒板上，用纤维专用尺刃面在棉束两端分别切线，两条切线平行并与棉束垂直。切线位置以不露绒板底色为准。量取两切线间的距离，即为该棉束的手扯长度。记录结果，以毫米为单位，保留一位小数。

7.2 两端整齐法

7.2.1 整理棉束

用拇指与食指整理取样后形成的棉束，将棉束稍加压紧，清除游离纤维、索丝、杂质等，并剔除过长纤维，使棉束露出的一端扁平整齐。

7.2.2 抽拔棉束

用手压紧整理过的棉束，另一手拇指与食指第一节平行对齐，抽取棉束中伸出的纤维前端，每次抽取一薄层，逐层叠放，并随时清除纤维中的棉结、杂物等，整理并剔除过长和过短的纤维，形成两端平齐的棉束。重复抽拔 2 次，最后形成两端整齐的平直棉束。棉束质量约为 60 mg，宽度约为 20 mm。

7.2.3 测量棉束

将棉束置于绒板上，用纤维专用尺直接测量棉束两端的距离，以不露绒板底色为准，即为该棉束的手扯长度。记录结果，以毫米为单位，保留一位小数。

7.3 校准

手扯尺量法检验长度，应经常采用棉花手扯长度实物标准(GSB 11—2057)进行校准，使检验结果与上半部平均长度相一致。

8 结果计算

8.1 籽棉收购检验

籽棉收购检验时，对试轧后的每个样品检验两个试样。若两个试样结果差异小于等于 0.5 mm，以两个试样的平均值作为该样品的检验结果；若两个试样结果差异大于 0.5 mm，增加一个试样，以三个试样的平均值作为该样品的检验结果。

8.2 成包皮棉检验

成包皮棉按批检验时，对批样的每个样品各检验一个试样。根据各个棉样长度检验结果计算出整批棉花的算术平均长度及各长度级百分比，结果保留一位小数。长度平均值对应的长度级定为该批棉花的长度级。

ICS 29.220.20
K 84

中华人民共和国国家标准

GB/T 19639.2—2007

小型阀控密封式铅酸蓄电池 产品分类

Product classification of small-sized valve-regulated lead-acid batteries

(IEC 61056-2:2002,General purpose lead-acid batteries,valve-regulated types—Part 2:Dimensions,terminals and marking,MOD)

2007-01-16 发布　　　　2007-08-01 实施

中华人民共和国国家质量监督检验检疫总局
中国国家标准化管理委员会　发布

前　言

GB/T 19639《小型阀控密封式铅酸蓄电池》分为两个部分：

——第 1 部分：《小型阀控密封式铅酸蓄电池　技术条件》；

——第 2 部分：《小型阀控密封式铅酸蓄电池　产品分类》。

本部分为 GB/T 19639 的第 2 部分，修改采用了 IEC 61056-2:2002《携带式铅酸蓄电池(阀控式)　第 2 部分：尺寸、端子和标记》。与 IEC 61056-2:2002 相比，主要差异如下：

——编写格式按照 GB/T 1.1—2000《标准化工作导则　第 1 部分：标准的结构和编写规则》对该标准进行编写。

——变更了标准名称。

——增加了使用范围。

——按照我国国情和行业特点变更了产品型号编制。

——增加部分产品的规格型号。

——变动了标记。

本部分由中国电器工业协会提出。

本部分由全国铅酸蓄电池标准化技术委员会归口。

本部分主要起草单位：沈阳蓄电池研究所、福建泉州大华蓄电池有限公司、福建安溪闽华蓄电池有限公司、南京震宇金辉胶体蓄电池科技有限公司、曲阜圣阳电源有限公司。

本部分主要起草人：付艳玲、万少波、林金树、钱学海、周庆申。

本部分为首次发布。

小型阀控密封式铅酸蓄电池
产品分类

1 范围

GB/T 19639 的本部分规定了小型阀控密封式铅酸蓄电池(以下简称蓄电池)的型号编制、结构尺寸、端子位置、标记、规格及外型尺寸。

本部分适用于应急照明设备、不间断电源、移动测量设备等,额定容量在 65Ah(含 65Ah)以下的各种直流电源用蓄电池。这类铅酸蓄组的单体电池,可以是平板电极装在方型槽中的,也可以是卷绕式电极装在圆筒中的。蓄电池中的硫酸电解液是不流动的,或吸附在电极间微孔结构中或呈胶体形式。

2 规范性引用文件

下列文件中的条款通过 GB/T 19639 的本部分的引用而成为本部分的条款。凡是注日期的引用文件,其随后所有的修改单(不包括勘误的内容)或修订版均不适用于本部分,然而,鼓励根据本部分达成协议的各方研究是否可使用这些文件的最新版本。凡是不注日期的引用文件,其最新版本适用于本部分。

IEC 61056—2002 一般用铅酸蓄电池(阀控式) 第 2 部分:尺寸、端子和标记

3 型号编制

标准编制、产品类型及特征代号确定为汉语拼音“FM”。

型号意义:

6—F M—10

- 10 —— 20 h 率额定容量
- M —— 密封式
- F —— 阀控型
- 6 —— 串联的单体蓄电池数

4 结构尺寸

4.1 矩形蓄电池外型结构尺寸分别见图 1 和表 1。

4.2 圆柱形蓄电池外型结构尺寸分别见图 2 和表 2。

图 1 矩形蓄电池

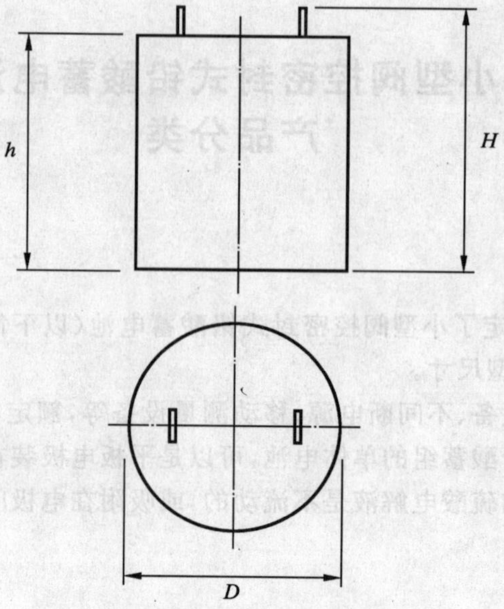

图 2　圆柱形蓄电池

5　端子位置

端子位置分为矩形、插入式、螺栓螺母式、引线式、端子式等五种，如图 3～图 12 所示，具体选择可由用户与制造厂协商。

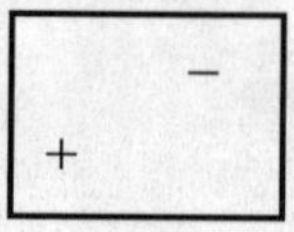

图 3　矩形端子 1

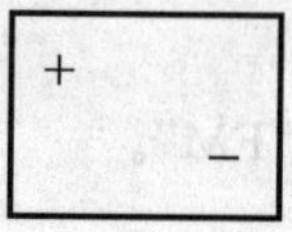

图 4　矩形端子 2

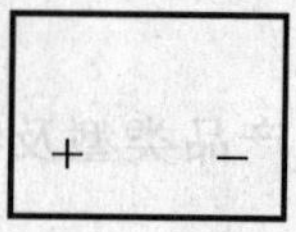

图 5　矩形端子 3

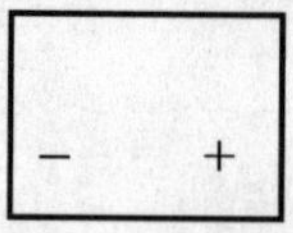

图 6　矩形端子 4

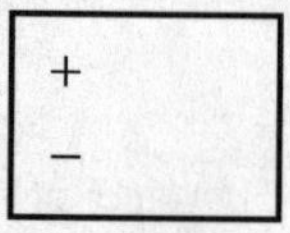

图 7　矩形端子 5

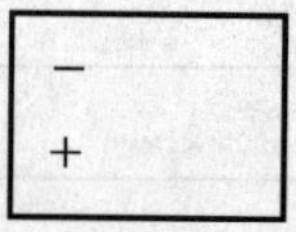

图 8　矩形端子 6

尺寸单位为毫米

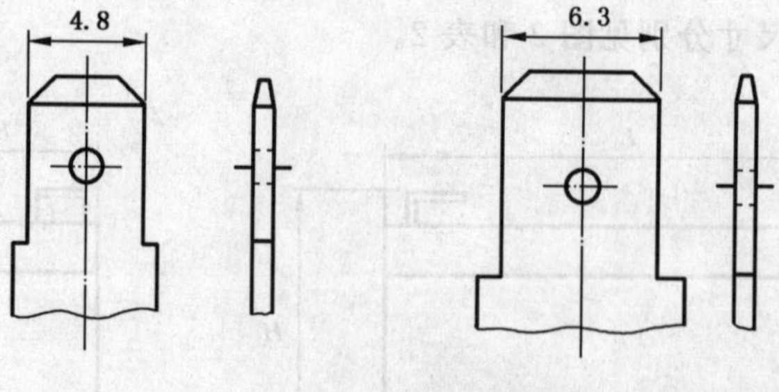

图 9　插入式端子

尺寸单位为毫米

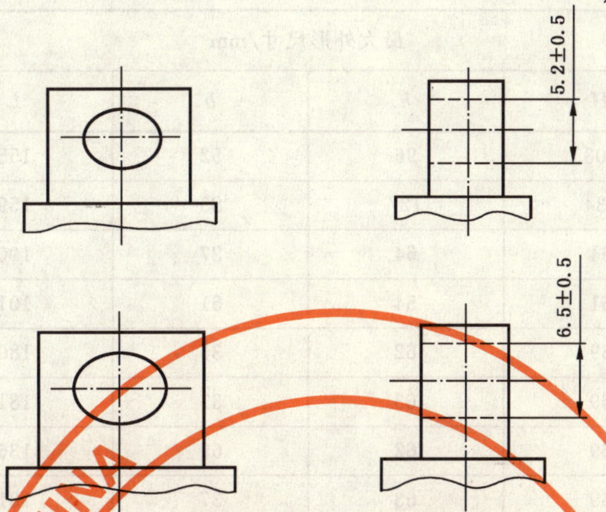

图 10 螺栓螺母式端子

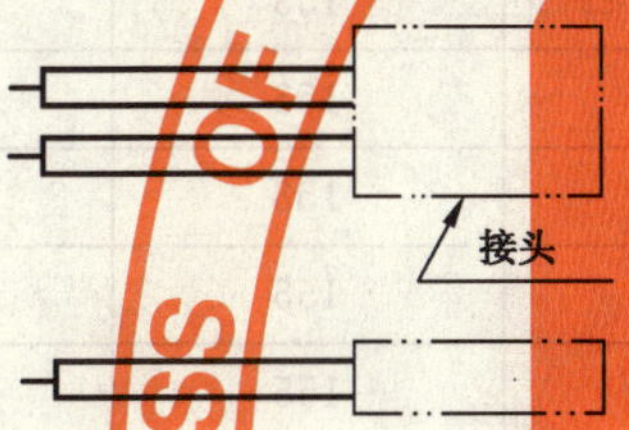

图 11 引线式端子

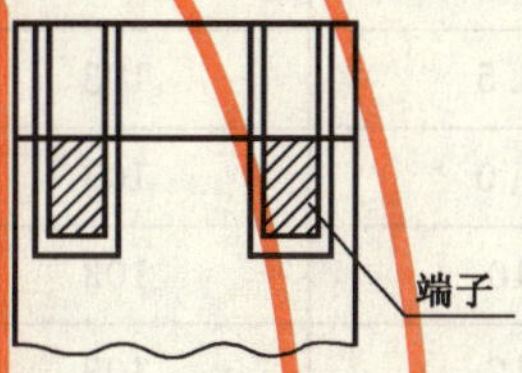

图 12 端子式端子

表 1 矩形蓄电池

型号	最大外形尺寸/mm				额定容量/Ah (20 h率)
	H	*h*	*b*	*L*	
3-FM-1.0	60	53	44	52	1.0
3-FM-1.2	60	53	26	99	1.2
3-FM-2.0	62	55	53	77	2.0
3-FM-3.0	69	62	36	137	3.0
3-FM-3.2	132	127	35	68	3.2
3-FM-3.4	69	62	36	136	3.4
3-FM-4.0	111	104	50	72	4.0
3-FM-6.0	103	96	36	153	6.0
3-FM-6.5	95	92	53	119	6.5
3-FM-7.0	127	120	58	100	7.0
3-FM-8.0	103	96	52	153	8.0
3-FM-10	103	96	52	153	10

表 1(续)

型　号	最大外形尺寸/mm				额定容量/Ah（20 h率）
	H	*h*	*b*	*L*	
3-FM-12	103	96	52	155	12
3-FM-20	134	127	85	159	20
6-FM-0.7	64	64	27	100	0.7
6-FM-1.2	61	54	51	101	1.2
6-FM-1.9	69	62	36	180	1.9
6-FM-2.2	69	63	37	181	2.2
6-FM-3.0	69	62	69	136	3.0
6-FM-3.4	69	63	37	181	3.4
6-FM-4.0	79	72	49	197	4.0
6-FM-6.0	103	96	67	153	6.0
6-FM-6.5	103	96	67	153	6.5
6-FM-7.0	103	96	67	153	7.0
6-FM-10	103	93	100	155	10
6-FM-12	103	96	100	155	12
6-FM-15	176	169	78	183	15
6-FM-17	176	170	80	184	17
6-FM-24	134	127	168	177	24
6-FM-31	134	130	172	193	31
6-FM-38	176	176	169	200	38
6-FM-60	220	220	170	260	60
6-FM-65	176	174	166	350	65
2-FM-4.0	121	121	38	50	4.0
4-FM-3.0	65	62	36	181	3.0
注：表中未列规格尺寸，可由用户与制造厂协商。					

表 2　圆柱形

型　号	最大外形尺寸/mm			额定容量/Ah（20 h率）
	H	*h*	*D*	
1-FM-2.5	69	61	34	2.5
1-FM-5.0	82	72	46	5.0
1-FM-13	137	123	54	13
1-FM-25	176	158	66	25
注：表中未列规格尺寸，可由用户与制造厂协商。				

6 标记

与电池组一起提供的标记信息至少包括：

如下的信息应清晰、永久地标记在每只电池上

a） 生产厂名称/或商标；

b） 标称电压；

c） 标称容量；

d） 极性；

e） 生产日期、缩写和代码。

ICS 35.020
L 01

GB

中华人民共和国国家标准

GB/T 19668.2—2007

信息化工程监理规范 第2部分:通用布缆系统工程监理规范

Information system project surveillance specification—
Part 2: Generic cabling system project surveillance specification

2007-08-24 发布　　2008-01-01 实施

中华人民共和国国家质量监督检验检疫总局
中国国家标准化管理委员会　发布

前言

GB/T 19668《信息化工程监理规范》分为六部分：

——第1部分：总则；

——第2部分：通用布缆系统工程监理规范；

——第3部分：电子设备机房系统工程监理规范；

——第4部分：计算机网络系统工程监理规范；

——第5部分：软件工程监理规范；

——第6部分：信息化工程安全监理规范。

本部分为GB/T 19668的第2部分。

本部分由国家电子政务标准化总体组提出并归口。

本部分项目召集单位：中国电子技术标准化研究所。

本部分项目副召集单位：北京市质量技术监督局、上海市信息化办公室、中国电子信息产业发展研究院。

本部分专家组：葛迺康、张保栋、马应章、包兵、窦传义。本部分工作组秘书：徐全平。

本部分起草单位：山东正中计算机网络技术咨询有限公司、北京交通大学计算机与信息技术学院、新疆天衡信息工程监理公司。

本部分主要起草人：许志国、董火民、杨志军、刘焕进、张斌。

信息化工程监理规范
第2部分:通用布缆系统工程监理规范

1 范围

GB/T 19668的本部分规定了通用布缆系统新建、升级、改造工程中各阶段监理工作的目标、主要内容和监理要点。

本部分适用于由双绞线、光缆、同轴电缆、无线等传输媒体组成的通用布缆系统工程的监理工作。

本部分不对通用布缆系统工程中涉及的产品、服务的技术规格和条件做出规定或要求,有关内容参见相应的产品或服务的技术标准。

2 规范性引用文件

下列文件中的条款通过GB/T 19668的本部分的引用而成为本部分的条款。凡是注日期的引用文件,其随后所有的修改单(不包括勘误的内容)或修订版均不适用于本部分,然而,鼓励根据本部分达成协议的各方研究是否可使用这些文件的最新版本。凡是不注日期的引用文件,其最新版本适用于本部分。

GB/T 19668.1—2005 信息化工程监理规范 第1部分:总则

3 术语和定义

GB/T 19668.1—2005确立的以及下列术语和定义适用于GB/T 19668的本部分。

3.1

通用布缆系统 generic cabling system

能支持广泛应用范围的结构化信息布缆系统,一般由双绞线、光缆、同轴电缆、无线等传输媒体组成。

3.2

通用布缆系统工程 generic cabling system project

涉及通用布缆系统建设的工程项目。

3.3

隐蔽工程 concealed work

通用布缆系统工程建设过程中,施工后形成的不可见的部分。

3.4

抽检测试 casual test

按照约定的抽样原则,对工程所用线材、连接硬件或需要检测的部分进行检查或测试的监理活动。

3.5

示范施工 demonstration work

监理机构要求承建单位组织人员,按照施工规范进行的部分施工工作,该部分施工应包括该通用布缆系统工程的主要施工工艺。

4 一般要求

本部分遵循GB/T 19668.1—2005的一般原则和要求,重点描述通用布缆系统工程各阶段的监理目标、监理内容和监理要点。

通用布缆系统工程监理工作的一般原则和要求(包括监理机构、监理设施、监理人员、监理内容、工作流程和各方职责等方面)按照 GB/T 19668.1—2005 执行。

在通用布缆系统工程的监理工作中,应同时使用 GB/T 19668.1—2005 和本部分。

5 工程招标阶段

5.1 监理目标

监理机构通过监理工作,应实现如下目标:

a) 理解工程的需求、目标和范围;

b) 促使招标文件与工程的需求、目标和范围相符合;

c) 协助业主单位选定合适的承建单位;

d) 促使承建合同在技术、经济上合理有效。

5.2 监理内容

工程招标阶段的监理工作主要内容如下:

a) 协助业主单位明确工程需求;

b) 宜参与招标前的准备工作,协助业主单位编制通用布缆系统工程的工作计划;

c) 对本阶段的工作进度提出监理意见;

d) 宜了解业主单位估算的工程总投资;

e) 协助业主单位参与招标文件的编制或对招标文件提出监理意见;

f) 可协助评标,对投标书与招标书的符合性及投标书的合理性提出监理意见;

g) 应参与承建合同的签订过程,促使合同相关条款符合业主单位招标文件的要求,并且在承建合同中明确要求承建单位接受监理机构的监理;

h) 与业主单位、承建单位以及相关单位建立信息沟通和工作协调机制,明确本阶段需要各方提交的文档要求,并向业主单位提供所需信息。

5.3 监理要点

5.3.1 工程应用需求

监理机构协助业主单位明确工程应用需求时,应考察确定通用布缆系统的如下方面:

a) 传输媒体的类型支持的带宽;

b) 通用布缆系统的稳定性、可靠性和安全性的要求;

c) 建筑物的相关图纸和建设规划;

d) 建筑物的结构、功能等信息;

e) 施工环境和施工限制情况;

f) 通用布缆系统管线路由与建筑物其他子系统,如供配电、给排水、暖通空调、自动控制等管线路由的关系等。

5.3.2 招标文件

监理机构宜参与招标文件的编制,或对其提出监理意见,招标文件应包括如下内容:

a) 工程概括;

b) 投标单位的资质或能力要求;

c) 工程的质量要求;

d) 工程工期要求;

e) 系统测试标准;

f) 工程验收方法等。

5.3.3 承建合同

监理机构应协助业主单位在承建合同中明确如下方面内容:

a) 合同各方的责任、权利和义务；
b) 工程建设的目标、范围和内容；
c) 工程质量要求；
d) 工程建设依据的标准；
e) 工程验收的标准、方式和条件要求；
f) 工程款支付的方式和支付条件等。

6 工程设计阶段

6.1 监理目标

监理机构通过监理工作，应实现如下目标：
a) 促使形成可行的、优化的工程设计方案；
b) 协助业主单位明确工程施工的关键点，明确工程施工的要求。

6.2 监理内容

工程设计阶段的监理工作主要内容如下：
a) 推动业主单位和承建单位明确工程建设的具体需求，规范工程设计过程；
b) 确定工程各方往来文档的种类、格式、签批人等事宜；
c) 审核承建单位提交的设计需求说明书，经确认的设计需求说明书作为工程设计的依据；
d) 协助业主单位组织召开设计技术交流会，澄清设计技术细节，并做会议纪要；
e) 协调业主单位和承建单位就设计变更内容达成一致；
f) 审核设计变更的合理性，并对变更引起的质量、进度和投资变化提出监理意见；
g) 审核承建单位提交的工程设计方案，并提出监理意见。

6.3 监理要点

6.3.1 设计需求说明书

监理机构对承建单位提交的设计需求说明书的如下内容进行审核，并提出监理意见：
a) 通用布缆系统结构；
b) 室内外管线路由；
c) 配线间的布局及位置；
d) 电信插座的位置；
e) 电源的要求；
f) 无线设备的位置等。

6.3.2 设计方案

监理机构应审核承建单位提交的工程设计方案：
a) 承建单位应提交经技术负责人审核签认的工程设计方案，工程设计方案至少应包括：
   1) 工程名称、范围、内容、目标；
   2) 设计依据；
   3) 线缆材料选择说明；
   4) 施工工艺要求；
   5) 测试验收方案；
   6) 设计图纸(系统结构图、平面布置图等)等；
b) 监理机构应根据招标书、投标书、设计需求说明书等文件，对通用布缆系统工程设计方案的如下方面进行审核：
   1) 工程设计所依据的标准及文件应为现行可用，且符合业主单位需求；
   2) 工程设计应满足工程应用需求，并符合相关设计规范要求；

3） 通用布缆系统设计一般应包括园区主干、楼宇主干、水平布缆三个布缆子系统；
4） 通用布缆系统的结构应能支持总线型、星型、环型等不同的拓扑结构；
5） 线缆材料类别和型号选择符合工程应用需求；
6） 设备间内的环境要求明确且符合设计规范；
7） 屏蔽系统的接地措施符合设计规范或要求；
8） 关键施工点的工艺流程符合施工规范或要求；
9） 隐蔽工程实施方案应明确；
10） 图纸与实际环境的相符性等；

c） 监理机构应审查工程设计方案中无线局域网部署技术关键点，要点如下：
1） 设备与天线的选型符合标准规范；
2） 每个无线点的天线增益、高度、方位及信道的选择符合设计规范；
3） 天线架设位置应合适，接收发射信号方向上应无遮挡物，所有天线位置应在避雷针的保护范围内；
4） 架设天线的支架或铁塔应与接地系统良好连接，天线接地电阻满足标准要求。

7 工程实施阶段

7.1 监理目标

监理机构通过监理工作，应实现如下目标：

a） 促使工程质量满足设计要求和工程应用需求；
b） 促使工程在预定工期内完成；
c） 促使工程投资受控且合理。

7.2 监理内容

工程实施阶段的监理工作主要内容如下：

a） 审核承建单位提交的工程实施组织设计方案，并提出监理意见；
b） 根据工程实施组织设计方案及相关标准制定监理实施细则；
c） 根据工程设计方案、工程实施组织设计方案、标准及规范，对工程实施的质量进行监理，核实施工人员，并按照既定程序处理工程实施中的质量事故；
d） 根据工程实施组织设计方案，对承建单位的实施计划进行审核并监督执行；
e） 审查工程分包单位的资质，确认其具备完成所分包部分的能力；
f） 检查验收进场的线材和连接硬件，并出具验收报告；
g） 检查确认承建单位的示范施工；
h） 响应承建单位提出的隐蔽工程报验，并对隐蔽工程进行检查签认；
i） 响应承建单位提出的工程变更申请，审核工程变更的可行性、合理性、经济性；
j） 审核承建单位提交的付款申请，并根据合同和工程实际实施的进度和质量，签认付款证书；
k） 按照既定程序处理工程索赔申请；
l） 根据监理规划和监理实施细则，做好实施阶段的信息管理和协调工作。

7.3 监理要点

7.3.1 工程实施组织设计方案

监理机构应对承建单位提交的工程实施组织设计方案的如下方面进行审核：

a） 施工组织结构配置的合理性，配备的项目经理、安全员和质量检查员等应符合工程建设要求；
b） 施工进度计划应合理，应和其他系统建设的进度计划协调一致；
c） 施工进度计划应包括人力配备计划、设备配备计划、材料供应计划、实施进度计划等；
d） 施工工艺应符合技术规范，工序合理，符合设计方案要求；

e) 隐蔽工程工序应合理，有质量检验保证措施；

f) 测试仪器设备精度应满足设计方案中规定的测试规范要求；

g) 测试计划方案应满足相关标准及设计方案要求；

h) 系统维护计划及培训计划合理。

7.3.2 工程分包

监理机构应审查工程分包的如下内容：

a) 范围；

b) 质量要求；

c) 工期要求；

d) 检测验收标准或要求；

e) 分包单位的能力；

f) 分包单位的施工组织方案等。

7.3.3 施工准备

监理机构应及时检查承建单位工程施工准备情况，如满足要求，应签认承建单位的开工申请。监理机构应检查承建单位的下述准备内容：

a) 施工方案签批情况；

b) 关键施工工具、施工人员到位情况；

c) 关键质量检测设备到位情况；

d) 关键线材和连接硬件到货情况等。

7.3.4 质量保证措施

监理机构应从如下方面审核承建单位的质量保证措施：

a) 布缆产品入场质量检查措施；

b) 关键施工点的质量检查措施；

c) 隐蔽工程的工序及报验措施；

d) 通用布缆链路测试标准和方案等。

7.3.5 线材、连接硬件验收

监理机构对承建单位进场使用的线材、连接硬件进行检查验收。

a) 监理机构在通用布缆系统工程主要材料到场后，应及时组织业主单位、承建单位进行验收，检查相关证明材料，验收合格后出具验收报告；

b) 进场线材和连接硬件的检查要点如下：

   1) 线材和连接硬件数量、规格、质量与合同、设计方案的符合性；

   2) 线材和连接硬件的合格证、检验报告等资料的真实性、有效性；

c) 必要时，监理机构对进场的线材进行抽检测试，并出具抽检测试报告；

d) 检查验收不合格或抽检测试不合格的线缆和连接硬件不得进场使用。

7.4 示范施工

监理机构应按照如下程序对示范施工进行检查确认：

a) 督促承建单位根据工程特点，组织示范施工，示范施工应包括布缆施工及主要的材料、设备；

b) 监理机构利用抽检测试等方法对示范施工的施工工艺及施工质量进行监督、测试、评估；

c) 督促承建单位整改示范施工出现的问题，整改后的部分需经监理机构检查确认；

d) 确认符合工程设计方案和工程实施组织设计方案的示范施工，并要求承建单位按照示范施工的施工工艺标准进行实施。

7.5 隐蔽工程

监理机构应按照如下程序对隐蔽工程施工进行监理：

a) 承建单位在隐蔽工程开工前必须进行报验；

b) 处理承建单位提交的隐蔽工程报验申请和隐蔽工程检查记录，并在隐蔽工程施工过程中按照监理实施细则确定的程序，进行现场监理；

c) 现场检查隐蔽工程，并对符合设计要求的隐蔽工程进行签认；

d) 未经验收或验收不合格的隐蔽工程，监理机构应拒绝签认，并要求承建单位不得进行下一道工序的实施。

7.6 施工过程

监理机构应对施工过程中的如下方面进行检查：

a) 根据监理实施细则确定的检查控制点，对承建单位的施工进行现场检查，并做检查记录。

b) 对承建单位的施工进行阶段性的监理抽检测试，并形成报告。

c) 保护设施安装的检查工作：

   1) 安装位置、路由和设计方案的符合性；
   2) 桥架与线槽联接的紧密性；
   3) 金属桥架接地联接的可靠性；
   4) 桥架及线槽的密闭性；
   5) 室外立杆或管道施工与相关标准的符合性；
   6) 对于屏蔽布缆系统，屏蔽和等电位联结应完整、可靠且连续。屏蔽系统接地应符合设计规范。

d) 机柜、机架安装的检查工作：

   1) 安装符合技术规范要求；
   2) 安装应牢固；
   3) 接地极进行可靠连接；
   4) 配线架标识规范。

e) 电信插座安装的检查工作：

   1) 安装位置和设计方案的相符性；
   2) 安装应牢固；
   3) 施工符合施工规范；
   4) 电信插座标识规范。

f) 连接硬件安装的检查工作：

   1) 园区主干子系统、楼宇主干子系统和水平布缆子系统设备间内的连接硬件安装应符合规范要求；
   2) 连接硬件应使用压接跳线或快接跳线；
   3) 连接硬件应有标识和管理手段。

g) 线缆敷设的检查工作：

   1) 路由与设计方案的符合性；
   2) 线缆标识应满足技术标准的要求；
   3) 线缆在管、槽中的填充量应符合规范要求；
   4) 线缆敷设转弯处弯曲半径应符合设计规范；
   5) 敷设时应有消除拉伸、急剧弯折和紧捆线缆引起的线缆张力的保护措施；
   6) 铜缆与其他系统线缆之间的距离应满足相关技术标准要求。

h) 标识、记录的检查工作：

   1) 所有线材和连接硬件应标识并记录；
   2) 变更的线缆或连接硬件应做记录。

i) 无线施工的检查工作：

1) 设备放置位置的温湿度应符合设备工作要求，馈线长度符合要求；

2) 天线、馈线安装时不能有碰撞，防止受力变形，影响技术性能；

3) 天线安装的高度和方位，各安装部件要紧固良好；

4) 馈线弯曲和扭转时，弯曲半径和扭转角度要符合馈线安装要求；

5) 天线接地应可靠，馈线固定应牢固；

6) 馈线衰耗值符合设计要求；

7) 所需线缆的类型应合适，敷设应规范。

8 工程验收阶段

8.1 监理目标

监理机构通过监理工作，应实现如下目标：

a) 形成符合设计要求和工程应用需求的测试验收方案；

b) 测试验收通过的工程顺利移交。

8.2 监理内容

工程验收阶段的监理工作主要内容如下：

a) 审核承建单位提交的测试验收方案，并提出监理意见；

b) 审核并确认工程的验收条件；

c) 监督检查承建单位工程自测，并审核承建单位自测报告；

d) 如有必要，协助业主单位委托第三方检测机构对通用布缆系统进行检测；

e) 督促承建单位按照业主单位存档要求编制竣工文档，并审核竣工文档；

f) 编制工程监理总结报告，整理并向业主单位提交工程全部监理文档；

g) 协助业主单位组织验收，协助完成工程移交。

8.3 监理要点

8.3.1 工程自测

承建单位应对完成的工程进行自测，监理机构对承建单位自测的以下方面进行检查：

a) 检查承建单位的测试仪器的有效性和可用性；

b) 要求承建单位对通用布缆系统工程包括的所有链路进行测试，并提交自测报告；

c) 审核承建单位提交的测试报告，测试应符合设计方案依据的验收标准；

d) 对于测试不合格的链路，监理机构应要求承建单位在测试报告中记录，采取整改措施，并复测；

e) 监理机构应对布缆系统进行抽检测试，验证承建单位施工及测试情况，并向业主单位提交抽检测试报告。

8.3.2 验收方案

承建单位应向监理机构提交验收方案，监理机构对承建单位提交的验收方案的如下方面进行审核：

a) 验收目的、范围、内容与承建合同的一致性；

b) 验收计划安排的合理性；

c) 验收的标准；

d) 测试的方法和设备。

8.3.3 初验条件

监理机构应核实初验的如下条件：

a) 除承建单位、业主单位同意，并签认工程备忘录的未完成工作外，工程建设全部完成；

b) 工程建设文档齐备，且经监理机构审核确认；

c) 验收方案经审核确认；

d） 承建单位工程自测、监理机构抽检测试或第三方测试已完成，承建单位对于不合格项进行了整改并复测。

8.3.4 竣工文档

承建单位竣工文档主要包括如下内容：

a） 承建合同；

b） 招标文件；

c） 投标文件；

d） 设计方案；

e） 工程实施组织设计方案；

f） 工程施工报告；

g） 隐蔽工程记录；

h） 变更记录；

i） 自测报告；

j） 信息点分布图(表)；

k） 园区、楼宇、水平配线表；

l） 竣工图纸等。

参 考 文 献

[1] GB/T 18233—2000 信息技术 用户建筑群的通用布缆
[2] GB/T 50311—2000 建筑与建筑群综合布线系统工程设计规范
[3] GB/T 50312—2000 建筑与建筑群综合布线系统工程验收规范
[4] TIA/EIA-568B 商业建筑布线标准
[5] TIA/EIA-569 商务建筑电信通道和空间标准
[6] 葛迺康. 信息工程建设监理. 北京:电子工业出版社,2002.9
[7] Priscilla Oppenheimer. 园区网故障排除. 北京:机械工业出版社,2003.3
[8] 黎连业. 网络综合布线系统与施工技术. 北京:机械工业出版社,2003.3

ICS 35.020
L 01

中华人民共和国国家标准

GB/T 19668.3—2007

信息化工程监理规范
第3部分：电子设备机房系统工程监理规范

Information system project surveillance specification—
Part 3：Electronic equipment room system project surveillance specification

2007-08-24 发布　　2008-01-01 实施

中华人民共和国国家质量监督检验检疫总局
中国国家标准化管理委员会　发布

前　言

GB/T 19668《信息化工程监理规范》分为六部分：

——第 1 部分：总则；

——第 2 部分：通用布缆系统工程监理规范；

——第 3 部分：电子设备机房系统工程监理规范；

——第 4 部分：计算机网络系统工程监理规范；

——第 5 部分：软件工程监理规范；

——第 6 部分：信息化工程安全监理规范。

本部分为 GB/T 19668 的第 3 部分。

本部分由国家电子政务标准化总体组提出并归口。

本部分项目召集单位：中国电子技术标准化研究所。

本部分项目副召集单位：北京市质量技术监督局、上海市信息化办公室、中国电子信息产业发展研究院。

本部分专家组：葛迺康、张保栋、马应章、包兵、窦传义。本部分工作组秘书：徐全平。

本部分主要起草单位：深圳市信息工程协会、深圳市都信建设监理有限公司、深圳市珞珈远望科技有限公司。

本部分主要起草人：唐尖兵、刘威、游启运、陈坤荣、苗茁、周楚生、何建军、马文霞、王锡玉、毛建伟、操卫、宛卫文、刘洪东、陈兴康、刘燕青、程燕、朱立胜、张望。

信息化工程监理规范
第3部分:电子设备机房系统工程监理规范

1 范围

GB/T 19668的本部分规定了电子设备机房系统新建、升级、改造工程中各阶段监理工作的目标、主要内容和监理要点。

本部分适用于电子设备机房系统工程中的供配电、空调、装饰装修、消防、安全防范和环境等系统工程的监理工作。

本部分不对电子设备机房系统工程中涉及的产品、服务的技术规格和条件做出规定或要求,有关内容参见相应的产品或服务的技术标准。

2 规范性引用文件

下列文件中的条款通过GB/T 19668的本部分的引用而成为本部分的条款。凡是注日期的引用文件,其随后所有的修改单(不包括勘误的内容)或修订版均不适用于本部分,然而,鼓励根据本部分达成协议的各方研究是否可使用这些文件的最新版本。凡是不注日期的引用文件,其最新版本适用于本部分。

GB 4343.1—2003 电磁兼容 家用电器、电动工具和类似器具的要求 第1部分:发射(CISPR 14-1:2000,IDT)

GB 4824—2004 工业、科学和医疗(ISM)射频设备 电磁骚扰特性 限值和测量方法(CISPR 11:2003,IDT)

GB 9254—1998 信息技术设备的无线电骚扰限值和测量方法(idt CISPR 22:1997)

GB 13836—2000 电视和声音信号电缆分配系统 第2部分:设备的电磁兼容(neq IEC/FDIS 60728-2:1997)

GB 13837—2003 声音和电视广播接收机及有关设备无线电骚扰特性限值和测量方法(IEC/CISPR 13:2001,MOD)

GB/T 15540—2006 陆地移动通信设备电磁兼容技术要求和测量方法

GB 17625.1—2003 电磁兼容 限值 谐波电流发射限值(设备每相输入电流≤16 A)(IEC 61000-3-2:2001,IDT)

GB 17743—1999 电气照明和类似设备的无线电骚扰特性的限值和测量方法(idt CISPR 15:1996)

GB/T 19668.1—2005 信息化工程监理规范 第1部分:总则

GB 50045—1995 高层民用建筑设计防火规范

GB 50057—1994 建筑物防雷设计规范

GB 50116—1998 火灾自动报警系统设计规范

GB 50166—1992 火灾自动报警系统施工及验收规范

GB 50198—1994 民用闭路监视电视系统工程技术规范

GB 50203—2002 砌体工程施工质量验收规范

GB 50209—2002 建筑地面工程施工质量验收规范

GB 50210—2001 建筑装饰装修工程施工质量验收规范

GB 50235—1997 工业金属管道工程施工及验收规范
GB 50236—1998 现场设备、工业管道焊接工程施工及验收规范
GB 50243—2002 通风与空调工程施工质量验收规范
GB 50254—1996 电气装置安装工程 低压电器施工及验收规范
GB 50255—1996 电气装置安装工程 电力变流设备施工及验收规范
GB 50256—1996 电气装置安装工程 起重机电气装置施工及验收规范
GB 50257—1996 电气装置安装工程 爆炸和火灾危险环境电气装置施工及验收规范
GB 50264—1997 工业设备及管道绝热工程设计规范
GB 50300—2001 建筑工程施工质量验收统一标准
GB 50303—2002 建筑电气工程施工质量验收规范
GB 50314—2000 智能建筑设计标准
GB 50325—2001 民用建筑工程室内环境污染控制规范
GB 50339—2003 智能建筑工程质量验收规范
GB 50343—2004 建筑物电子信息系统防雷技术规范
GB 50348—2004 安全防范工程技术规范
GA 308—2001 安全防范系统验收规则
JG/T 3409—1998 建筑室内用腻子
YD 5078—1998 通信工程电源系统防雷技术规定

3 术语和定义

GB/T 19668.1—2005 确立的以及下列术语和定义适用于 GB/T 19668 的本部分。

3.1

电子设备机房系统工程 electronic equipment room system project

在信息系统工程中，为保证计算机、电信等所有电子设备的安全有效运行而提供的配套工程。

注：电子设备机房系统工程包括以下内容：供配电系统工程、空调系统工程、装饰装修系统工程、消防系统工程、安全防范系统工程、环境系统工程。

3.2

供配电系统工程 electric power supply system project

为电子设备机房中所有有源设备和设施提供符合要求电源的系统工程。

注：供配电系统工程包括但不限于以下内容：配电柜(箱)安装、测试；不间断电源(UPS)设备安装、测试；蓄电池安装、测试；电缆桥架安装和桥架内电缆敷设；电线电缆导管和线槽敷设；电线电缆穿管和线槽敷线；电缆头制作、接线和绝缘测试；照明、开关、插座安装、检查；防雷、接地装置安装。

3.3

空调系统工程 air condition system project

为满足电子设备机房内所有电子设备对运行环境的温度、湿度要求而进行的系统工程。

注：空调系统工程包括但不限于以下内容：空调机组设备安装；风管制作；风管及部件安装；管道安装；风管、管道保温；空调系统调试及综合效能试验。

3.4

装饰装修系统工程 decoration system project

为保护建筑物的主体结构、完善建筑物的使用功能和美化建筑物，采用装饰装修材料和饰物，对建筑的内外表面及空间进行的各种处理过程。

注：装饰装修系统工程包括但不限于以下内容：地面工程、吊顶工程、隔断墙工程、抹灰工程、防水工程、门窗工程、涂饰工程。

3.5

消防系统工程　fire protection system project

消防系统工程包括但不限于以下内容：气体消防；火灾自动报警、广播；火灾早期报警；干粉灭火及消防联动。

3.6

安全防范系统工程　security & protection system project

以设备安全为目的，运用安全防范产品和其他相关措施以维护电子设备机房产品安全所构成的入侵报警系统、视频安全防范监控系统、出入口控制系统、防爆安全检查系统、机房管理系统等；或由这些系统为子系统组合或集成的电子系统或网络。

3.7

环境系统工程　environmental system project

电子设备机房的室内环境。

注：包括但不限于以下内容：室内空间环境、室内电磁环境、室内空气环境、视觉照明环境和室内噪声环境。

4　一般要求

本部分遵循 GB/T 19668.1—2005 的一般原则和要求，重点描述电子设备机房系统工程各监理阶段的主要监理目标、监理内容和监理要点。

在电子设备机房系统工程的监理工作中，应同时使用 GB/T 19668.1—2005 和本部分。

电子设备机房系统工程包括供配电、空调、装饰装修、消防、安全防范和环境等子系统工程。

5　工程招标阶段

5.1　监理目标

监理机构通过监理工作，应实现如下目标：

a)　理解工程的需求、目标和范围；

b)　促使招标文件与工程的需求、目标和范围相符合；

c)　协助业主单位选定合适的承建单位；

d)　促使承建合同在技术、经济上合理有效。

5.2　监理内容

工程招标阶段的监理工作主要内容如下：

a)　协助业主单位明确工程需求；

b)　宜参与招标前的准备工作，协助业主单位编制电子设备机房系统工程的工作计划；

c)　对本阶段的工作进度提出监理意见；

d)　宜了解业主单位估算的工程总投资；

e)　协助业主单位参与招标文件的编制或对招标文件提出监理意见；

f)　可协助评标，对投标书与招标书的符合性及投标书的合理性提出监理意见；

g)　应参与承建合同的签订过程，促使承建合同相关条款符合业主单位招标文件的要求，并且在承建合同中明确要求承建单位接受监理机构的监理；

h)　与业主单位、承建单位以及相关单位建立信息沟通和工作协调机制，明确本阶段需要各方提交的文档要求，并向业主单位提供所需信息。

5.3　监理要点

5.3.1　项目需求

监理机构应从如下方面理解业主单位对电子设备机房系统工程的需求：

a)　工程建设目标；

b) 工程建设范围；

c) 电子设备机房系统工程的功能、性能需求；

d) 工程投资规模；

e) 工程进度计划；

f) 工程建设应遵循的法律、法规、技术标准和管理标准；

g) 若存在现有网络系统，应考虑目标网络系统与现有网络系统的兼容性，以保护业主单位的原有投资。

5.3.2 招标文件

监理机构宜参与招标文件的编制，并对如下内容提出监理意见：

a) 项目需求；

b) 投标单位的资质要求；

c) 工程的技术和质量要求；

d) 工程的时间和进度要求；

e) 主要设备、产品及服务的要求；

f) 验收方法、接收准则；

g) 投标文件的要求；

h) 分包合同的要求；

i) 合同主要条款或合同草案。

5.3.3 承建合同

监理机构应参与承建合同的签订，协助业主单位对承建合同的如下内容进行检查，并提出监理意见：

a) 工程建设目标、范围；

b) 业主单位和承建单位的责任；

c) 工程使用的主要技术标准；

d) 电子设备机房系统的功能和性能要求、测试和验收要求；

e) 要求承建单位按照项目管理计划实施工程建设；

f) 明确监理机构在工程款支付中的作用；

g) 工程阶段划分及其质量和进度要求，以及和工程付款相关的约束关系；

h) 主要设备的保修条款以及系统的运行维护等相关服务的要求；

i) 各阶段需要承建单位提交的工程文档，以及需要完成的培训等相关服务内容；

j) 为工程变更和扩展问题规定的处理方法。

6 工程设计阶段

6.1 监理目标

监理机构通过监理工作，应实现如下目标：

a) 推动业主单位、承建单位对电子设备机房系统工程项目需求和设计进行规范化的技术描述，为工程实施提供优化的设计方案；

b) 促使电子设备机房系统工程计划、设计方案满足项目需求，符合相关的法律、法规和标准，并与工程承建合同相符。

6.2 监理内容

工程设计阶段的监理工作主要内容如下：

a) 要求承建单位组织人员对电子设备机房系统工程需求进行调研和分析，并形成文档。监理机构对其内容进行审核后提出监理意见。

b) 协助业主单位与承建单位签订工程设计委托合同，明确双方的责、权、利及设计文件的质量要求。

c) 审核设计概算及施工图预算的合理性和业主单位投资能力的可行性。

d) 全面审查设计合同的执行情况，核定设计费用。

7 工程实施阶段

7.1 监理目标

监理机构通过监理工作，应实现如下目标：

a) 加强电子设备机房系统工程实施方案的合法性、合理性、与设计方案的符合性；

b) 促使电子设备机房系统工程所使用的产品和服务符合承建合同及国家相关法律法规、电子设备机房系统工程技术规范与标准；

c) 明确电子设备机房系统工程实施计划、对于计划的调整应合理、受控；

d) 促使电子设备机房系统工程实施过程满足承建合同的要求，并与工程设计方案、工程实施方案、工程实施计划相符。

7.2 监理内容

工程实施阶段的监理工作主要内容如下：

a) 组织监理人员进场，熟悉监理合同和承建合同，对监理人员进行合理分工，建立监理人员岗位责任制，编制和审批监理实施细则。

b) 审查承建单位的资质，符合国家相应的规定方准进场施工。

c) 审核承建单位报审的工程实施组织设计方案、工程实施方案、工程实施计划，并签署意见，督促承包商实施，其审核内容主要有以下几点：

1) 施工采用的标准是否适宜；

2) 工程实施计划编制是否符合实际情况要求；

3) 关键工序的施工工艺是否符合规范要求；

4) 施工安全保护措施是否全面和可行性；

5) 项目组织机构人员配置是否满足施工要求，相关人员是否具备相应的资格证书或上岗证。

d) 组织图纸会审，并形成图纸会审纪要。

8 工程验收阶段

8.1 监理目标

监理机构通过监理工作，应实现如下目标：

a) 确认工程达到验收条件，明确电子设备机房系统工程测试验收方案的可行性、与承建合同的符合性；

b) 确认按照验收方案所规定的验收程序，实施初验、试运行和终验，促使电子设备机房系统工程的最终功能和性能符合承建合同、法律、法规和相关技术标准的要求；

c) 推动承建单位所提供的工程各阶段形成的技术、管理文档的内容和种类符合相关标准。

8.2 监理内容

工程验收阶段的监理工作主要内容如下：

a) 协调业主单位和承建单位在验收计划、验收目标、验收范围、验收内容、验收方法和验收标准达成一致，并填报工程备忘录；

b) 处理承建单位提交的工程验收申请，审核其中的验收计划、验收方案等，并签署监理意见；

c) 审核并确认承建单位达到验收条件；

d) 敦促业主单位、承建单位按照事先约定，编制、签署并妥善保存验收阶段的各类工程文档；

e) 敦促业主单位和承建单位及时整理并妥善保管整个工程相关文档；

f) 协助业主单位完成验收工作；

g) 协助业主单位和承建单位完成工程移交工作；

h) 督促承建单位完成项目实施方案中确定的培训，并对培训效果做出评估；

i) 编制项目监理总结报告，整理并向业主单位提交与工程有关的全部监理文档。

9 各子系统工程的监理要点

9.1 供配电系统工程

9.1.1 设计阶段

9.1.1.1 供配电

监理机构应从如下方面进行监理工作：

a) 协助业主单位及时、准确、完整地向承建单位提供经业主单位签字的设计所需基础数据和原始资料；

b) 审查设计文件中供配电的容量配置、各项技术指标是否满足用电设备、设施的需求。

9.1.1.2 不间断电源(UPS)设备

监理机构应从如下方面进行监理工作：

a) 协助业主单位及时、准确、完整地向承建单位提供经业主单位签字的不间断电源(UPS)需求数据和原始资料；

b) 审查设计文件中 UPS 类型、容量、负荷计算、冗余、运行时间、转换时间、充放电时间、远程监控接口、维修旁路、噪声、设备型号规格等是否满足要求；

c) 审查不间断电源(UPS)的安装位置及地板承重能力，应符合现场情况的要求。

9.1.1.3 蓄电池

审查设计文件中蓄电池的类型、电池容量、运行环境是否满足使用、维护和安全的需要。

9.1.1.4 电缆桥架和桥架内电缆敷设

检查电缆桥架的设计是否满足电缆敷设数量要求，设计的路由走向、标高是否符合现场要求。

9.1.1.5 电线电缆导管和线槽及线缆敷设

检查电线电缆导管和线槽的设计规格是否满足电线电缆敷设要求。

9.1.1.6 照明、应急照明

监理机构应从如下方面进行监理工作：

a) 检查设计的灯具型号、数量和安装位置是否合理，能否满足电子设备机房对照度、亮度、均匀度等的技术要求；

b) 应急照明灯应有双路电源供电。

9.1.1.7 开关、插座

监理机构应从如下方面进行监理工作：

a) 检查设计的开关、插座的规格型号、数量、安装位置是否符合电子设备机房要求；

b) 各类型号的开关、插座必须符合相关国家标准和行业标准要求。

9.1.1.8 防雷及接地装置

监理机构应从如下方面进行监理工作：

a) 检查防雷及接地装置的设计等级是否满足电子设备机房内各类设备的要求；

b) 电子设备机房的防雷及接地装置的设计必须符合 GB 50057—1994 的规范要求。

9.1.2 实施阶段

9.1.2.1 配电

监理机构应从如下方面进行监理工作：

a) 供配电设备的型号规格等应符合设计要求；

b) 供配电设备的安装应符合相关规范。

9.1.2.2 不间断电源(UPS)设备

监理机构应从如下方面进行监理工作：

a) 不间断电源(UPS)设备的型号规格等应符合设计要求；

b) 不间断电源(UPS)设备的安装应符合相关规范及厂家的技术要求。

9.1.2.3 蓄电池

监理机构应从如下方面进行监理工作：

a) 蓄电池设备的型号规格等应符合设计要求；

b) 蓄电池设备的安装应符合相关规范及厂家的技术要求。

9.1.2.4 电缆桥架和桥架内电缆敷设

监理机构应从如下方面进行监理工作：

a) 对超过规范规定长度电缆桥架设置伸缩节；

b) 电缆桥架和桥架内电缆的型号规格等应符合设计要求；

c) 电缆桥架和桥架内电缆的安装应符合相关规范的技术要求。

9.1.2.5 电线电缆导管和线槽敷设

监理机构应从如下方面进行监理工作：

a) 电线电缆导管和线槽的型号规格等应符合设计要求；

b) 电线电缆导管和线槽的敷设应符合相关规范。

9.1.2.6 开关、插座

监理机构应从如下方面进行监理工作：

a) 开关、插座的型号规格等应符合设计要求；

b) 开关、插座的安装应符合相关规范；

c) 当接插有触电危险电器的电源时，采用能断开电源的带开关插座，开关断开相线。

9.1.2.7 电缆头制作、接线和绝缘测试

监理机构应从如下方面进行监理工作：

a) 电线、电缆的接线、并联运行电线和电缆的型号、规格、相位等应符合设计要求；

b) 电缆头制作、接线和绝缘测试要严格按照相关标准及规范实施。

9.1.2.8 照明、应急照明

监理机构应从如下方面进行监理工作：

a) 照明、应急照明灯具的型号规格等应符合设计要求；

b) 照明、应急照明灯具的安装应符合相关规范。

9.1.2.9 防雷及接地装置

监理机构应从如下方面进行监理工作：

a) 电子设备机房的防雷及接地装置的接地电阻测试必须符合设计及规范要求；

b) 电子设备机房内设备的防过流、过压的接地装置、防电磁干扰屏蔽的接地装置、防静电接地装置应连接可靠，其设置应符合设计要求。

9.1.3 验收阶段

9.1.3.1 供配电的验收测试

监理机构应从如下方面进行监理工作：

a) 供配电的测试检查结果必须符合 GB 50303—2002 及设计文件的要求；

b) 供配电等电气设备系统交接试验结果应符合相关交接试验标准、设计文件和产品规范要求。

9.1.3.2　**不间断电源(UPS)设备的验收测试**

不间断电源(UPS)的各项技术性能指标的测试结果必须符合设计文件和产品规范要求。

9.1.3.3　**蓄电池的验收测试**

确认设备的各项技术指标应符合设计及产品规范的要求。

9.1.3.4　**电缆桥架和桥架内电缆敷设的测试验收**

桥架安装定位应符合设计要求及相关规范。

9.1.3.5　**电线电缆导管和线槽敷设的测试验收**

监理机构应从如下方面进行监理工作：

a)　金属导管和线槽必须可靠接地或接零；

b)　不同导管和线槽其接地符合 GB 50303—2002 中 14.1.1 的规定。

9.1.3.6　**电缆头制作、接线和绝缘测试的测试验收**

监理机构应从如下方面进行监理工作：

a)　低压电线和电缆，其线间和线对地间的绝缘电阻值必须满足相应规范要求；

b)　芯线与电器设备的连接应符合 GB 50303—2002 中 18.2.1 的规定。

9.1.3.7　**照明、应急照明的测试验收**

监理机构应从如下方面进行监理工作：

a)　导线绝缘测试合格，才能进行灯具接线，灯具的导线线芯最小截面应符合 GB 50303—2002 中 19.2.1 的规定；

b)　灯具的安装高度、位置和使用电压等级应符合设计要求，设计无要求时，应满足 GB 50303—2002 中 19.1.5 的规定；

c)　应急照明在正常电源切断后，电源转换时间应符合设计要求和相应规范。

9.1.3.8　**开关、插座的测试验收**

插座接线应符合设计和 GB 50303—2002 中 22.1.2 的规定。

9.1.3.9　**防雷及接地装置的测试验收**

监理机构应从如下方面进行监理工作：

a)　电子设备机房的防雷及接地系统应与依据 GB 50303—2002 验收合格的建筑共用接地装置；采用建筑物金属体作为接地装置时，接地电阻不宜大于 1 Ω；

b)　电子设备机房电源系统中各设备应按 YD 5078—1998 中 5.2 的规定加装避雷器和浪涌吸收装置；

c)　电子设备机房电源系统所装防雷避雷器的残压应符合 YD 5078—1998 中附录 B 的规定；

d)　电子设备机房电源系统耐雷电冲击指标应符合 YD 5078—1998 中 4.0.1 和 4.0.3 的规定；

e)　电子设备机房的接地装置应符合 YD 5078—1998 中第 6 章的规定；

f)　电子设备机房与建筑物作等电位联结应符合 GB 50303—2002 中的相关规定。

9.2　空调系统工程

9.2.1　设计阶段

监理机构应从如下方面进行监理工作：

a)　审查承担电子设备机房空调工程的承建单位和设计人员必须具有相应资质；

b)　协助业主制定电子设备机房内空调工程项目的需求及空调设备、主要材料的质量目标要求；

c)　空调设备的选型及设备性能的稳定性需保障电子设备机房的需求；

d)　审查设计图纸的合理性、可靠性及安全性。

9.2.2　实施阶段

9.2.2.1　**准备工作**

监理机构应从如下方面进行监理工作：

a） 协助业主单位组织各承建单位参加的施工图纸会审和设计交底会，领会设计意图，了解工程特点和工程质量要求，对图纸中的问题提出监理意见。

b） 审查施工单位是否具有相应资质，特殊工种人员需持证上岗。

c） 审核施工单位提交的工程实施组织设计和工程实施方案，重点审查有无可靠的组织措施、技术措施和安全措施，有无完整的质保体系。经批准后方可实施。

d） 电子设备机房空调工程所使用设备、主要材料必须具有质量合格证明文件，产品型号、规格及性能检测报告应符合国家技术标准、设计要求及合同规定要求，随带技术文件齐全，进口设备还应有商检证明。

9.2.2.2 空调机组设备安装

监理机构应从如下方面进行监理工作：

a） 设备基础的位置、强度、尺寸、标高、预留孔洞及预埋件应符合设计要求；

b） 设备的搬运和吊装应符合产品技术文件和 GB 50243—2002 中 7.1.5 的规定；

c） 设备稳固性、设备安装垂直及水平度应符合设计及规范要求；

d） 组合式空调机组及柜式空调机组的组装应符合设计规定顺序和要求；

e） 分体式空调机组的室外机和风冷式空调机组冷却器的安装，除应满足冷却风循环空间的要求外，还应符合卫生环境保护有关的规定；

f） 分体式空调机组的室内机的位置应正确，并保持水平，冷凝排放应畅通，管道穿墙处需有相应防雨水措施；

g） 风冷式空调机组管道的连接应严密、无渗漏，四周应留有相应的维修空间。

9.2.2.3 风管制作

监理机构应从如下方面进行监理工作：

a） 风管制作的材料品种、规格与性能等应符合设计和现行国家产品标准的规定；

b） 风管下料、咬口、加固、法兰制作应按 GB 50243—2002 相关要求进行设计及施工。

9.2.2.4 风管及部件安装

监理机构应从如下方面进行监理工作：

a） 检查水平风管安装后的水平度和垂直风管安装后的垂直度；检查风管安装的位置、标高、走向；检查支、吊、托架排列距离，预埋件或膨胀螺栓牢固度；检查法兰连接风管的连接垫片及连接后的严密性和牢固性，其检查结果必须符合设计及 GB 50243—2002 的要求；

b） 检查双层活动百叶风口叶片松紧程度；检查风口与风管连接的严密度、牢固度；其检查结果必须符合设计及 GB 50243—2002 的要求；

c） 检查各类风阀的安装位置；检查转动装置灵活和可靠性及阀板关闭的严密性；检查防火阀、止回阀安装位置及安装方向；其检查结果必须符合设计及 GB 50243—2002 的要求。

9.2.2.5 管道安装

监理机构应从如下方面进行监理工作：

a） 管道布放安装位置符合设计要求，管道排列安装工艺及管道焊接工艺应符合 GB 50235—1997 和 GB 50236—1998 的要求；

b） 制冷管道的接驳工艺检查；

c） 冷凝水管的安装应符合设计及规范要求；

d） 支吊架的型式、位置、间距、标高应符合设计文件要求；

e） 各种管道密闭性检查应符合设计及 GB 50235—1997 的要求；

f） 风管、管道的安装应符合设计及 GB 50264—1997 的要求。

9.2.3 验收阶段

监理机构应从如下方面进行监理工作：

a) 根据不同空调机型，空调系统调试记录及其检查测试结果必须符合设计、通信机房的安全可靠特殊性要求、GB 50243—2002 的要求；

b) 空调系统综合效能试验检测调试结果必须符合空调设备技术文件、设计文件及在保证通信机房安全、可靠情况下节能高效运行。

9.3 装饰装修系统工程

9.3.1 设计阶段

监理机构应从如下方面进行监理工作：

a) 装饰装修工程设计必须保证建筑物的结构安全和主要使用功能。当涉及主体和承重结构改动或增加荷载时，必须由原结构承建单位或具备相应资质的承建单位核查有关原始资料，对既有建筑结构的安全性进行核验、确认，或进行加固处理。

b) 审核承建单位的资质和设计人员资格，必须满足相应工程等级的要求。

c) 工程设计前，协助业主单位与承建单位沟通，将业主单位的需求形成书面意见，在工程设计前由业主单位签认。

d) 协助业主单位与承建单位签订工程设计委托合同，明确双方的责、权、利及设计文件的质量要求。

e) 审核设计文件与业主单位需求的符合性，重点审查平面及天花布置、墙体分隔、装修标准是否满足业主单位的需求。

f) 审核设计文件的质量及设计深度是否满足设计规范及相关标准的要求。

g) 装修系统工程设计必须符合城市规划、消防、环保、节能等有关规定。

9.3.2 实施阶段

9.3.2.1 准备工作

监理机构应从如下方面进行监理工作：

a) 组织或协助业主单位组织各参建单位参加的施工图纸会审和设计交底会，领会设计意图，了解工程特点和工程质量要求，对图纸中的问题提出监理意见；

b) 审核施工单位提交的工程实施组织设计方案和工程实施方案，重点审查有无可靠的组织措施、技术措施和安全措施，有无完整的质保体系，经批准后方可实施；

c) 审查承建单位的施工资质、施工组织架构及人员配置、施工机械是否满足施工合同及投标书的要求，并作出相应的批复或监理意见；

d) 电子设备机房装饰装修系统工程所使用设备、主要材料必须具有质量合格证明文件，产品型号、规格及性能检测报告应符合国家技术标准、设计要求及合同规定要求，随带技术文件齐全，进口设备还应有商检证明；

e) 审查承建单位的施工基线、标高，对承建单位的施工基线、标高进行复测和验收。

9.3.2.2 地面工程

监理机构应从如下方面进行监理工作：

a) 基层找平及相关工作的检查结果必须符合 GB 50209—2002 的要求；

b) 磨石地面工程及相关工作的检查结果必须符合设计及 GB 50209—2002 的要求；

c) 大理石、花岗石、瓷砖等板材地面工程及相关工作的检查结果必须符合设计及 GB 50209—2002 的要求；

d) 活动地板地面工程及相关工作的检查结果必须符合设计及 GB 50209—2002 的要求。

e) 塑料板地面工程及相关工作的检查结果必须符合设计及 GB 50209—2002、GB 50325—2001 的要求。

9.3.2.3 吊顶工程

监理机构应从如下方面进行监理工作：

a) 监理工程师应检查吊顶的标高、尺寸、起拱和造型，以上检查结果必须符合设计及 GB 50210—2001 的要求；

b) 吊顶工程的吊杆、龙骨、饰面材料的安装必须牢固，饰面材料的材质、品种、规格、图案、颜色应满足设计要求；

c) 吊杆、龙骨的材质、规格、安装间距及连接方式应符合设计及 GB 50210—2001 的要求；

d) 吊顶工程安装的允许偏差应满足 GB 50210—2001 的 6.2.11 的要求；

e) 采用上走线方式的电子设备机房不应吊顶，天花工程执行涂饰工程的标准。

9.3.2.4 隔断墙工程

监理机构应从如下方面进行监理工作：

a) 砖隔墙工程及相关工作的检查结果必须符合设计及 GB 50203—2001 的要求；

b) 板材隔墙工程及相关工作的检查结果必须符合设计及 GB 50210—2001 的要求；

c) 骨架隔墙工程及相关工作的检查结果必须符合设计及 GB 50210—2001 的要求；

d) 活动隔墙工程及相关工作的检查结果必须符合设计及 GB 50210—2001 的要求；

e) 玻璃隔墙工程及相关工作的检查结果必须符合设计及 GB 50210—2001 的要求。

9.3.2.5 抹灰工程

抹灰工程及其相关工作的检查结果必须符合设计及 GB 50210—2001 的要求。

9.3.2.6 门窗工程

监理机构应从如下方面进行监理工作：

a) 木门窗制作与安装工程及相关工作的检查结果必须符合设计及 GB 50210—2001 的要求；

b) 金属门窗安装工程及相关工作的检查结果必须符合设计及 GB 50210—2001 的要求；

c) 塑料门窗安装工程及相关工作的检查结果必须符合设计及 GB 50210—2001 的要求；

d) 特种门安装及相关工作的检查结果必须符合设计及 GB 50210—2001 的要求。

9.3.2.7 涂饰工程

监理机构应从如下方面进行监理工作：

a) 基层处理及相关工作的检查结果必须符合设计及 JG/T 3409—1998 的要求；

b) 水性涂料涂饰工程及相关工作的检查结果必须符合设计及 GB 50210—2001 的要求；

c) 溶剂型涂料涂饰工程及相关工作的检查结果必须符合设计及 GB 50210—2001 的要求；

d) 美术涂饰工程及相关工作的检查结果必须符合设计及 GB 50210—2001 的要求。

9.3.3 验收阶段

监理机构应从如下方面进行监理工作：

a) 工程验收阶段的质量控制按照 GB/T 19668.1—2005 的相关条文进行；

b) 协助业主与承建单位签订工程保修协议，明确工程质量缺陷保修的质量标准和保修期限；

c) 工程验收阶段的质量控制以及工程修补、修复的质量控制与实施阶段一致；

d) 对工程修补、修复的质量作出评价。

9.4 消防系统工程

9.4.1 设计阶段

监理机构应从如下方面进行监理工作：

a) 消防系统工程的设计应针对电子设备机房的特点，遵循安全适用、技术先进、经济合理的原则。

b) 电子设备机房的耐火等级为特级和一级，设有自动灭火设备时，可按二级耐火等级的要求。电子设备机房的火灾自动报警系统按一级保护进行设计。电子设备机房的火灾自动报警系统形式宜按集中报警系统或控制中心报警系统进行选择。

c) 火灾自动报警控制器和消防联动控制设备在消防控制室内的布置，应按现行国家标准 GB 50045—1995等的有关规定执行；

d) 消防联动控制系统设计应按现行国家标准 GB 50116—1998 的有关规定执行；

e) 火灾应急广播的设置应符合相关规范规定；

f) 工程设计前，协助业主单位与设计单位沟通，尽可能将业主单位的需求形成书面意见，在工程设计前由业主单位签认；

g) 协助业主单位与设计单位签订工程设计委托合同，明确双方的责、权、利及设计文件的质量要求。

9.4.2 实施阶段

9.4.2.1 准备工作

监理机构应从如下方面进行监理工作：

a) 审查承建单位的施工基线、标高，对承建单位的施工基线、标高进行复测和验收；

b) 消防产品及设备，应采用经国家有关产品监督检测单位检验合格的产品；

c) 消防系统工程的施工，必须受国家工程建设的有关政策及公安消防监督机构监督。

9.4.2.2 火灾自动报警系统工程

监理机构应从如下方面进行监理工作：

a) 火灾自动报警系统的布线施工应符合 GB 50254—1996、GB 50255—1996、GB 50256—1996、GB 50257—1996 及 GB 50166—1992 的有关规定。

b) 设备安装过程：

1) 点型火灾探测器的安装位置，应符合设计文件、GB/T 50314—2006 和有关规定；

2) 探测器、报警按钮、火灾报警控制器、引入控制器、消防控制设备的外接导线、消防控制设备盘(柜)、工作接地线与保护接地线的检查结果应符合 GB 50116—1998、GB 50166—1992 及设计文件的要求。

9.4.2.3 气体灭火系统工程

监理机构应从如下方面进行监理工作：

a) 一般规定：

1) 气体灭火系统应采用洁净气体灭火剂：惰性气体、七氟丙烷、三氟甲烷、二氧化碳；

2) 防护区宜为单个封闭空间，一个防护区的面积不宜大于 500 m^2，容积不宜大于 2 000 m^3；防护区内的围护结构应能承受 1.2 kPa 的压力；防护区内应设置泄压口，并应位于防护区净高的 2/3 以上。

b) 系统组件的外观检查，应符合设计文件及相关规定。

c) 安装前应检查灭火剂贮存容器内的充装量与充装压力，应符合设计文件及相关规定。

d) 气体灭火系统安装前应对选择阀、液体单向阀、高压软管和阀驱支装置中的气体单向阀逐个进行水压强度试验和气压严密性试验，应符合设计文件及相关规定。

e) 在气体灭火系统安装前应对阀驱动装置进行检查，应符合设计文件及相关规定。

f) 灭火剂贮存容器的安装，应符合设计文件及相关规定。

g) 集流管的制作与安装，应符合设计文件及相关规定。

h) 阀的安装，应符合设计文件及相关规定。

i) 灭火剂输送管道的施工，应符合设计文件及相关规定。

j) 喷嘴的数量和口径应满足喷嘴最大保护半径和灭火剂喷放量的要求，喷嘴的最大安装高度为 5m，超过 5m 时应在高度方向另加装喷嘴。

9.4.3 验收阶段

监理机构应从如下方面进行监理工作：

a) 监理工程师应按 GB 50166—1992、GB 50300—2001 的有关标准和检验办法对已完成的消防系统工程进行检验评定，保证工程质量；

b) 消防系统工程在交付使用前必须经过公安消防监督机构验收；

c) 对工程整改的质量控制与实施阶段一致，对工程整改的质量作出评价；

d) 各阶段的进度与投资控制、合同管理与信息管理及协调工作按照GB/T 19668.1—2005的相关条文进行。

9.5 安全防范系统工程

9.5.1 设计阶段

监理机构应从如下方面进行监理工作：

a) 安全防范系统工程设计的防护级别必须符合被保护对象的风险等级，配置先进、可靠、合理、适用；

b) 审核设计文件与业主单位需求的符合性，重点审查门禁控制的房间以及通道、摄像机监视范围、入侵报警探测范围和巡更路线是否满足业主单位的需求；

c) 安全防范系统工程设计必须符合国家公共安全行业的有关规定。

9.5.2 实施阶段

9.5.2.1 准备工作

监理机构应从如下方面进行监理工作：

a) 组织监理人员进场，熟悉监理合同和承建合同，对监理人员进行合理分工，建立监理人员岗位责任制，编制和审批监理实施细则；

b) 审查承建单位的资质，符合国家相应的规定方准进场施工；

c) 审核承建单位报审的工程实施组织设计、实施方案，并签署意见，督促承建单位实施，其审核内容如下：

1) 施工采用的标准是否适宜；

2) 施工计划编制是否符合实际情况要求；

3) 关键工序的施工工艺是否符合规范要求；

4) 施工安全保护措施是否全面和可行性；

5) 项目组织机构人员配置是否满足施工要求，相关人员是否具备相应的资格证书或上岗证。

d) 组织图纸会审，并形成图纸会审纪要。

9.5.2.2 质量控制

监理机构应从如下方面进行监理工作：

a) 安全防范系统施工质量检查和观感质量验收，应根据合同技术文件、设计施工图从以下几方面进行监理：

1) 电(光)缆敷设与布线应检验管线的防水、防潮，电缆排列位置，布放、绑扎质量，桥架的架设质量，缆线在桥架内的安装质量，焊接及插接头安装质量和接线盒接线质量等；

2) 对接地线应检验接地材料、接地线焊接质量、接地电阻等；

3) 对系统的各类探测器、摄像机、云台、防护罩、控制器、辅助电源、电锁、对讲设备等的安装部位、安装质量和观感质量等进行检验应符合GB 50348—2004的有关规定；

4) 同轴电缆的敷设、摄像机、机架、监视器等的安装质量检验应符合GB 50198—1994的有关规定；

5) 控制柜、箱与控制台等的安装质量检验应遵照GB 50303—2002的有关规定执行；

b) 督促承建单位对各类探测器、控制器、执行器等部件的电气性能和功能进行自检，自检采用逐点测试的形式进行；

c) 检查承建单位用于工程的材料、构配件必须符合国家相应的法律、法规和标准的要求，并与正式设计文件、工程合同的内容相符合，设备及器材的进场验收按照GB 50339—2003的相关规定执行；

d) 督促承建单位完善质量保证体系,把影响工序质量的因素都纳入受控状态;
e) 安全防范系统线缆敷设、设备安装前,现场应具备下列条件:预埋管、预留件、桥架等的安装符合设计要求;机房、弱电竖井的施工已结束;
f) 安全防范系统的电缆桥架、电缆沟、电缆竖井、电线导管的施工及线缆敷设必须符合GB 50303—2002的有关规定,如有特殊要求应以设计施工图的要求为准;
g) 检查现场的设备安装必须符合 GB 50339—2003 的有关规定和设计文件要求;
h) 系统功能与主要性能检验必须由国家或行业授权的检测机构进行检测,并出具检测报告,检测内容、合格判据应执行 GB 50348—2004 的有关规定;
i) 检查设备和系统的防雷接地必须符合 GB 50057—1994 和 GB 50343—2004 的有关规定和设计文件的要求。

9.5.2.3 出入口控制(门禁)系统

监理机构应从如下方面进行监理工作:
a) 出入口控制(门禁)系统的功能检测:
  1) 系统主机在离线的情况下,出入口(门禁)控制器独立工作的准确性、实时性和储存信息的功能;
  2) 系统主机对出入口(门禁)控制器在线控制时,出入口(门禁)控制器工作的准确性、实时性和储存信息的功能,以及出入口(门禁)控制器和系统主机之间的信息传输功能;
  3) 检测掉电后,系统启用备用电源应急工作的准确性、实时性和信息的存储和恢复能力;
  4) 通过系统主机、出入口(门禁)控制器及其他控制终端,实时监控出入控制点的人员状况;
  5) 系统对非法强行入侵及时报警的能力;
  6) 检测本系统与消防系统报警时的联动功能;
  7) 出入口管理系统的数据存储记录保存时间应满足管理要求;
  8) 根据安全管理的要求,出入口控制系统必须与消防报警系统联动,保证火灾情况下的紧急逃生。
b) 系统的软件检测:
  1) 演示软件的所有功能,以证明软件功能与任务书或合同书要求一致;
  2) 根据需求说明书中规定的性能要求,包括时间、适应性、稳定性等以及图形化界面友好程度,对软件逐项进行测试;
  3) 对软件系统操作的安全性进行测试,如系统操作人员的分级授权、系统操作人员操作信息的存储记录等;
  4) 在软件测试的基础上,对被验收的软件进行综合评审,给出综合评审结论,包括:软件设计与需求的一致性,程序与软件设计的一致性,文档描述与程序的一致性、完整性、准确性和标准化程度等。

9.5.2.4 视频监控系统

监理机构应从如下方面进行监理工作:
a) 系统功能检测:云台转动,镜头、光圈的调节,调焦变倍,图像切换,防护罩功能的检测。
b) 图像质量检测:在摄像机的标准照度下进行图像的清晰度及抗干扰能力的检测。
c) 系统整体功能检测:
  1) 功能检测应包括视频安全防范监控系统的监控范围;矩阵监控主机的切换、控制、编程、巡检、记录等功能;
  2) 对数字视频录像式监控系统还应检查主机死机记录、图像显示和记录速度、图像质量、对前端设备的控制功能以及通信接口功能、远端联网功能等;
  3) 对数字硬盘录像监控系统除检测其记录速度外,还应检测记录的检索、回放等功能。

d) 系统联动功能检测应包括与出入口管理系统、入侵报警系统、巡更管理系统等的联动控制功能。

e) 视频安全防范监控系统的图像记录保存时间应满足管理要求。

9.5.2.5 入侵报警系统

监理机构应从如下方面进行监理工作：

a) 探测器的盲区检测，防动物功能检测；

b) 探测器的防破坏功能检测应包括报警器的防拆报警功能，信号线开路、短路报警功能，电源线被剪的报警功能；

c) 探测器的灵敏度检测；

d) 系统控制功能检测应包括系统的撤防、布防功能，关机报警功能，系统后备电源自动切换功能等；

e) 系统通信功能检测应包括报警信息传输、报警响应功能；

f) 系统的联动功能检测应包括报警信号对相关报警现场照明系统的自动触发、对监控摄像机的自动启动、视频安全防范监视画面的自动调入，相关出入口的自动启闭，录像设备的自动启动等；

g) 报警系统管理软件（含电子地图）功能检测；

h) 报警信号联网上传功能的检测；

i) 报警系统报警事件存储记录的保存时间应满足管理要求。

9.5.2.6 巡更管理系统

监理机构应从如下方面进行监理工作：

a) 按照巡更路线图检查系统的巡更终端、读卡机的响应功能；

b) 检查巡更管理系统编程、修改功能以及撤防、布防功能；

c) 检查系统的运行状态、信息传输、故障报警和指示故障位置的功能；

d) 检查巡更管理系统对巡更人员的监督和记录情况、安全保障措施和对意外情况及时报警的处理手段；

e) 对在线联网式巡更管理系统还需要检查电子地图上的显示信息，遇有故障时的报警信号以及视频安全防范监控系统等的联动功能；

f) 巡更系统的数据存储记录保存时间应满足管理要求。

9.5.2.7 防鼠害

监理机构应从如下方面进行监理工作：

a) 机房内所有的孔洞在施工完后都必须及时封堵；

b) 所有的线槽都必须盖好、密封；

c) 所有电缆竖井都必须用防火泥封堵。

9.5.3 验收阶段

监理机构应从如下方面进行监理工作：

a) 安全防范系统工程的验收应按照 GA 308—2001 的有关规定执行，以确认其符合承建合同、法律、法规及相关标准的要求；

b) 对工程整改的质量控制与实施阶段一致，对工程整改的质量作出评价；

c) 各阶段的进度与投资控制、合同管理与信息管理及协调工作按照 GB/T 19668.1—2005 的相关条文进行。

9.6 环境系统工程

9.6.1 设计阶段

审核设计文件是否符合相关的法律、法规和标准，并与工程建设合同相符，具有可验证性。

9.6.2　实施阶段

9.6.2.1　室内空间环境

监理机构应从如下方面进行监理工作：

a)　结构工程掺加剂的控制，不宜使用早强剂、膨胀剂，严格控制掺加剂用量；

b)　围护结构玻璃的控制，不宜使用浮法透明玻璃；

c)　装饰材料进场和使用控制，应符合 GB 50325—2001 的规定；

d)　装饰材料放射性抽样检验报告(原件)的检查；

e)　装饰工程结束后有害气体的检验报告(原件)的检查，检测值应符合设计要求；

f)　室内通风和日照条件的满足情况检查：

1)　室内净空高度应符合要求；

2)　门窗设置须满足窗台高度和外墙面积比要求。

9.6.2.2　电磁环境

监理机构应从如下方面进行监理工作：

a)　材料、设备质量控制检查，应符合国家有关电磁辐射防护标准和设计文件技术要求，宜进行相应的检验。

b)　传输线缆应检查布置位置、防干扰接地质量。

c)　进线管道的布置位置和施工质量的检查。

d)　强弱电线管的走线方式和接地装置质量的检查。

e)　卫星接收天线、自动移动通信接收发射设备、电器设备是否满足防电磁干扰或抗电磁干扰性能指标。对达不到防干扰标准的设备应采取屏蔽措施。

f)　卫星接收天线、自动移动通信接收发射设备、电器设备的安装位置是否符合设计文件的要求。

g)　相关设备的无线电干扰测试的要求：

1)　信息技术设备、金融和贸易结算电子设备应满足 GB 9254—1998 要求；

2)　陆地移动通信设备传导发射(CE)、辐射发射(RE)应满足 GB/T 15540—2006 的要求；

3)　射频设备应满足 GB 4824—2004 的要求；

4)　声音、电视广播接收机和有关设备应满足 GB 13837—2003 的要求；

5)　电源设备及照明设备应满足 GB 17743—1999 的要求；

6)　空调制冷设备应满足 GB 4343.1—2003 的要求。

h)　相关设备的无线电抗扰度测试的要求：

1)　信息技术设备、金融和贸易结算电子设备、安全防范设备应满足 GB 9254—1998 要求；

2)　声音和电视信号的电缆分配系统设备与部件应满足 GB 13836—2000 的要求；

3)　电源设备、空调制冷设备及照明设备应满足 GB 17625.1—2003 的要求；

4)　陆地移动通信设备的传导敏感度(CS)、辐射敏感度(RS)应满足 GB/T 15540—2006 的要求。

i)　各类主机房及监控室室内电磁场强的检测。

j)　ITE 分级检测指标中准峰值、平均峰值、准峰极限值、测量距离的检测。

9.6.2.3　室内空气环境

监理机构应从如下方面进行监理工作：

a)　室内空气洁净度和有害气体的检验检测，其检验检测结果应符合 GB 50325—2001 的规定；

b)　室内通风条件和换气条件检查验收；

c)　室内日照条件检查验收；

d)　室内温、湿度条件的检查验收；

e)　室内风速的检查验收；

f) 相应检查验收、检验测量的书面报告(原件)的检查复核。

9.6.2.4 室内照明

监理机构应从如下方面进行监理工作:

a) 材料、设备验收:

1) 应满足工作环境的特殊要求和设计指标要求;

2) 硬件设备,包括灯具、遥控/手动开关、红外线传感器、同步门锁、控制接收器、自然光控设备等质保材料验收和设计技术性能指标的满足性验收。

b) 安装位置和光源控制质量验收:

1) 照度质量验收包括:照度水平、亮度分布、照度均匀度、阴影、眩光控制、颜色和照度稳定性;

2) 自然采光系统质量验收和相应控制设备设施的质量验收。

9.6.2.5 室内噪声

监理机构应从如下方面进行监理工作:

a) 降低噪声,防止噪声扩散的措施检查验收;

b) 建筑布局和设备安装位置对噪声控制的影响以及处理措施的检查验收;

c) 高噪声环境中的特殊措施的检查验收;

d) 隔绝材料和隔绝措施的质量验收;

e) 室内噪声控制测试控制值应满足相应规范和设计技术要求。

9.6.3 验收阶段

监理机构应从如下方面进行监理工作:

a) 依据工程承建合同、设计文件以及国家有关强制性标准、规范,检查工程质量是否符合相关文件的要求;

b) 各阶段的进度与投资控制、合同管理与信息管理及协调工作按照 GB/T 19668.1—2005 的相关条文进行。

参 考 文 献

[1] GBJ 16—1987 建筑设计防火规范
[2] GBJ 304—1988 通风与空调工程质量检验评定标准
[3] GB 8702 电磁辐射防护规定
[4] GB 9175 环境电磁波卫生标准
[5] GB 50054—1995 低压配电设计规范
[6] GB 50150—1991 电气装置安装工程电气设备交接试验标准
[7] GB 50169—1992 电气装置安装工程接地装置施工及验收规范
[8] GB 50193—1993 二氧化碳灭火系统设计规范
[9] GB 50219—1995 水喷雾灭火系统设计规范
[10] GB 50222—1995 建筑内部装修设计防火规范
[11] GB 50242—2002 建筑给水排水及采暖工程施工质量验收规范
[12] GB 50261—1996 自动喷水灭火系统施工及验收规范
[13] GB 50263—1997 气体灭火系统施工及验收规范
[14] JG/T 16—1992 民用建筑电气设计规范
[15] YD 5040—1997 通信电源设备安装设计规范
[16] YD 5002—1994 邮电建筑防火设计标准

ICS 35.020
L 01

GB

中华人民共和国国家标准

GB/T 19668.4—2007

信息化工程监理规范
第4部分:计算机网络系统工程监理规范

Information system project surveillance specification—
Part 4:Computer network system project surveillance specification

2007-08-24 发布　　2008-01-01 实施

中华人民共和国国家质量监督检验检疫总局
中国国家标准化管理委员会　发布

前 言

GB/T 19668《信息化工程监理规范》分为六部分:

——第1部分:总则;

——第2部分:通用布缆系统工程监理规范;

——第3部分:电子设备机房系统工程监理规范;

——第4部分:计算机网络系统工程监理规范;

——第5部分:软件工程监理规范;

——第6部分:信息化工程安全监理规范。

本部分为GB/T 19668的第4部分。

本部分由国家电子政务标准化总体组提出并归口。

本部分项目召集单位:中国电子技术标准化研究所。

本部分项目副召集单位:北京市质量技术监督局、上海市信息化办公室、中国电子信息产业发展研究院。

本部分专家组:葛迺康、张保栋、马应章、包兵、窦传义。本部分工作组秘书:徐全平。

本部分起草单位:北京航空航天大学软件学院、北京万博智业信息技术有限公司、北京赛迪信息工程监理有限公司、深圳市艾泰克信息工程监理有限公司、深圳市信息工程协会、北京联合大学、铁道部信息中心、深圳市星火电子工程公司。

本部分主要起草人:黄河、齐爱新、祁云峰、徐福生、卓兰、叶明芷、田绵石、周大忠。

信息化工程监理规范
第4部分:计算机网络系统工程监理规范

1 范围

GB/T 19668 的本部分规定了计算机网络系统新建、升级、改造工程中各阶段监理工作的目标、主要内容和监理要点。

本部分适用于计算机网络系统工程中网络基础设施、网络服务、网络管理以及网络安全的监理工作。

本部分不对计算机网络系统工程中涉及的产品、服务的技术规格和条件做出规定或要求,有关内容参见相应的产品或服务的技术标准。

2 规范性引用文件

下列文件中的条款通过 GB/T 19668 的本部分的引用而成为本部分的条款。凡是注日期的引用文件,其随后所有的修改单(不包括勘误的内容)或修订版均不适用于本部分,然而,鼓励根据本部分达成协议的各方研究是否可使用这些文件的最新版本。凡是不注日期的引用文件,其最新版本适用于本部分。

GB/T 19668.1—2005 信息化工程监理规范 第1部分:总则

GB/T 19668.2—2007 信息化工程监理规范 第2部分:通用布缆系统工程监理规范

GB/T 19668.3—2007 信息化工程监理规范 第3部分:电子设备机房系统工程监理规范

GB/T 19668.5—2007 信息化工程监理规范 第5部分:软件工程监理规范

GB/T 19668.6—2007 信息化工程监理规范 第6部分:信息化工程安全监理规范

3 术语和定义

GB/T 19668.1—2005 确立的以及下列术语和定义适用于 GB/T 19668 的本部分。

3.1

计算机网络系统 computer network system

由两个或两个以上按一定协议互连的计算机组成的复合体。

注1:改写 GB/T 11457—1995,定义 2.274。

注2:本部分定义的计算机网络系统包括网络基础设施、网络服务、网络安全和网络管理系统。

3.2

计算机网络系统工程 computer network system project

涉及计算机网络系统的新建、升级、改造的项目。

3.3

网络基础设施 network infrastructure

为计算机网络系统的运行提供支撑的基本软件、硬件资源。

注:包括通信线路、网络设备、主机、操作系统及其他支撑软件。

3.4

网络服务 network service

计算机网络系统提供的服务或应用。

注:网络服务的例子如 WWW 服务、文件传输服务、电子邮件服务、多媒体服务等。

3.5

网络管理系统　network management system

对计算机网络各组成部分的监视和控制的软件和硬件系统。

4　一般要求

本部分遵循 GB/T 19668.1—2005 的一般原则和要求，重点描述计算机网络系统工程各监理阶段的主要监理目标、监理工作内容、监理要点。

在计算机网络系统工程的监理工作中，应同时使用 GB/T 19668.1—2005 和本部分。

计算机网络系统工程的监理对象包括网络基础设施、网络服务、网络安全和网络管理系统等部分。其中，网络基础设施中通信线路部分的工程监理应遵循 GB/T 19668.2—2007 的要求；网络安全部分的工程监理应遵循 GB/T 19668.6—2007 的要求。计算机网络系统工程中涉及软件开发的工程应遵循 GB/T 19668.5—2007 的要求。网络系统核心设备的环境要求应遵循 GB/T 19668.3—2007。

5　工程招标阶段

5.1　监理目标

监理机构通过监理工作，应实现如下目标：

a)　理解工程的需求、目标和范围；

b)　促使招标文件与工程的需求、目标和范围相符合；

c)　协助业主单位选定合适的承建单位；

d)　促使承建合同在技术、经济上合理有效。

5.2　监理内容

工程招标阶段的监理工作主要内容如下：

a)　协助业主单位明确工程需求；

b)　宜参与招标前的准备工作，协助业主单位编制计算机网络系统工程的工作计划；

c)　对本阶段的工作进度提出监理意见；

d)　宜了解业主单位估算的工程总投资；

e)　协助业主单位参与招标文件的编制或对招标文件提出监理意见；

f)　可协助评标，对投标书与招标书的符合性及投标书的合理性提出监理意见；

g)　应参与承建合同的签订过程，促使合同相关条款符合业主单位招标文件的要求，并且在承建合同中明确要求承建单位接受监理机构的监理；

h)　与业主单位、承建单位以及相关单位建立信息沟通和工作协调机制，明确本阶段需要各方提交的文档要求，并向业主单位提供所需信息。

5.3　监理要点

5.3.1　项目需求

监理机构应从如下方面理解业主单位对计算机网络系统工程的需求：

a)　工程建设目标；

b)　工程建设范围；

c)　计算机网络系统的需求，如网络基础设施的需求、网络服务和应用的需求、网络管理的需求、网络功能、性能、可靠性和安全性需求等；

d)　工程投资规模；

e)　工程进度计划；

f)　工程建设应遵循的法律、法规、技术标准和管理标准；

g)　若存在现有网络系统，应考虑目标网络系统与现有网络系统的兼容性，以保护业主单位的原有投资。

5.3.2 招标文件

监理机构宜参与招标文件的编制，并对如下内容提出监理意见：

a) 项目需求；
b) 投标单位的资质要求；
c) 工程的技术和质量要求；
d) 工程的时间和进度要求；
e) 主要网络设备、产品及服务的要求；
f) 验收方法、接收准则；
g) 投标文件的要求；
h) 分包合同的要求；
i) 合同主要条款或合同草案。

5.3.3 承建合同

监理机构应参与承建合同的签订，协助业主单位对承建合同的如下内容进行检查，并提出监理意见：

a) 工程建设目标、范围；
b) 业主单位和承建单位的责任；
c) 工程使用的主要技术标准；
d) 计算机网络系统的功能和性能要求、测试和验收要求；
e) 要求承建单位按照项目管理计划实施工程；
f) 明确监理机构在工程款支付中的作用；
g) 工程阶段划分及其质量和进度要求，以及和工程付款相关的约束关系；
h) 主要设备的保修条款以及系统的运行维护等相关服务的要求；
i) 各阶段需要承建单位提交的工程文档，以及需要完成的培训等相关服务内容；
j) 为工程变更和扩展问题规定的处理方法。

6 工程设计阶段

6.1 监理目标

监理机构通过监理工作，应实现如下目标：

a) 推动业主单位、承建单位对计算机网络系统工程需求和设计进行规范化的技术描述，为工程实施提供优化的设计方案；
b) 促使计算机网络系统工程计划、设计方案满足工程需求，符合相关的法律、法规和标准，并与承建合同相符。

6.2 监理内容

工程设计阶段的监理工作主要内容如下：

a) 要求承建单位组织人员对计算机网络系统工程需求进行调研和分析，并形成文档。监理机构对其内容进行审核后提出监理意见。
b) 促使业主单位调动适当的资源，配合承建单位完成工程设计前期的需求调研和分析工作。
c) 要求承建单位提交计算机网络系统工程设计方案和工程实施组织设计方案(设计方案报审表见GB/T 19668.1—2005 表 B.1)。监理机构对其内容进行审核后提出监理意见。
d) 必要时，协助业主单位组织专业人员进行设计方案的评审，在投资允许的情况下优化设计方案，并且使用户了解由于其条件限制而存在的风险。
e) 确定项目阶段性进度、质量、投资控制的措施及方法，并作为监理细则的内容。

f） 协调业主单位和承建单位就设计变更内容达成一致，并对由于设计变更引起的质量、进度和投资变化提出监理意见。

g） 监理机构应妥善保管工程设计阶段的文档，并检查工程文档的时效性和可用性。

h） 监理机构应对工程中各方提出保密要求的信息实施保密，尊重各方的知识产权。

i） 与业主单位、承建单位确定工程设计阶段的协调形式和方法。

6.3 监理要点

6.3.1 系统需求分析

监理机构应从如下方面审核承建单位提交的设计阶段计算机网络系统需求分析：

a） 网络服务和应用的需求，可列出网络服务以及网络系统建成后在其上运行的应用系统的类型、特性、对网络系统的要求等；

b） 网络用户的类型、特征和数量；

c） 网络地址和子网划分的要求；

d） 网络性能要求，如带宽、响应时间等；

e） 网络服务质量的要求，如服务质量模型、服务质量参数等；

f） 网络可靠性要求，如单点失效、故障恢复能力等；

g） 网络可扩展性要求；

h） 如适用，因特网的接入方式、带宽需求；

i） 网络安全性需求；

j） 网络管理的需求；

k） 若存在现有网络系统，应对现有网络系统及其业务进行分析，考虑目标系统与现有网络系统的兼容性和互操作性要求；

l） 网络系统的其他需求。

6.3.2 工程设计方案

监理机构应从如下方面对承建单位提交的工程设计方案提出监理意见：

a） 工程设计方案的可行性及其与需求的符合性；

b） 如适用，是否考虑目标系统与现有网络系统的兼容性和互操作性要求；

c） 网络系统的体系结构和网络拓扑的设计；

d） 网络地址规划和子网划分；

e） 网络系统的接口和整体连通性设计；

f） 网络基础设施，包括通用布缆的设计，以及主要网络设备、主机、操作系统的选择和配置等；

g） 网络应用层协议及网络服务的选择和配置；

h） 网络管理系统的选择和配置；

i） 网络安全性设计；

j） 网络可靠性设计；

k） 工程关键技术的实现方法、流程及技术保障措施；

l） 工程实施的质量保证措施和进度计划的可行性、合理性及文档的完整性。

6.3.3 网络基础设施

监理机构应从如下方面审核工程设计方案中的网络基础设施：

a） 网络设备及其互连，包括：

1） 网络协议（指物理层、数据链路层、网络层协议，包括路由协议和策略）的选择和配置；

2） 网络集成的设计，包括接入方式、带宽等；

3） 服务质量实现方式；

4） 故障恢复能力和措施；

5） 网络安全机制；

6） 网络设备关键部件的冗余能力；

7） 网络设备端口的可扩容性；

8） 固件的维护、升级和可管理能力。

b） 主机硬件系统，包括：

1） 对网络服务和应用的支持能力；

2） 处理能力；

3） 可靠性指标；

4） 可扩充能力；

5） 冗余能力。

c） 操作系统，包括：

1） 软硬件资源配置和可管理性；

2） 系统组件的选择和配置；

3） 网络协议（指网络层、传输层和应用层协议）的选择和配置；

4） 安全性设计，包括安全等级、安全机制、安全策略、安全组件的选择等。

6.3.4 网络服务

监理机构应从如下方面审核工程设计方案中的网络服务：

a） 对应用系统的支持能力；

b） 与操作系统的兼容性；

c） 应用层协议的选择和配置；

d） 网络服务软件的配置；

e） 网络服务的可靠性；

f） 网络服务的可扩展性；

g） 网络服务的可维护性；

h） 网络服务的安全性。

6.3.5 网络管理系统

监理机构应从如下方面审核工程设计方案中的网络管理系统：

a） 网络管理系统的功能，包括：

1） 故障管理：对网络系统中的故障进行检测、隔离以及对异常操作进行处理，包括维护和检查错误日志、接收错误检测通知并采取相应措施、跟踪和确定故障、执行诊断测试、排除故障等。

2） 记账管理：根据网络系统中资源的使用状况而确定开销收费，包括费用或消耗资源的通知、记账限额的设置、通信费用的确定等。

3） 配置管理：对网络系统进行识别、实施控制、从中搜集数据，为之提供数据，以便于准备、初始化、启动网络互连服务，提供网络互连服务的连续操作，以及终止互连服务。包括设置网络系统例行程序操作的参数、将名字与被管客体和被管客体组相关联、初始化和关闭被管客体、搜集网络系统当前环境信息、获得系统环境重大改变的通知、改变网络系统的配置等。

4） 性能管理：评估网络系统的资源行为和通信活动，包括搜索统计信息、维护和检查系统历史状态日志、确定系统在自然和人工环境下的性能、改变系统操作模式以便实施性能管理活动等。

5） 安全管理：通过安全管理功能支持安全策略的应用，安全管理功能包括安全服务和机制的创建、删除与控制；安全相关信息的分发；安全相关事件的报告等。

b） 网络管理系统的性能，包括：
   1） 统计信息搜索的准确性；
   2） 故障处理的响应时间；
   3） 网络管理数据的存储能力；
   4） 日志存储能力；
   5） 时间精度。
c） 其他需要考虑的因素，包括：
   1） 系统的开放性；
   2） 系统遵循的网络管理协议和标准；
   3） 系统的安全性；
   4） 网络管理信息对网络吞吐量的影响。

6.3.6 网络安全性设计

承建单位应针对业主单位网络安全方面的风险和需求，设计网络各部分的安全性解决方案，监理机构应从如下方面提出监理意见：

a） 对业主单位的网络安全目标和安全需求理解的准确性；
b） 与国家相关法律、法规、标准的符合性；
c） 网络安全风险分析；
d） 所选网络安全技术的开放性、兼容性、可扩展性；
e） 网络安全所遵循的标准和达到的相应等级；
f） 网络安全管理，包括安全策略、组织的安全、资产分类和控制、人员安全、物理与环境安全、通信和操作管理等。

7 工程实施阶段

7.1 监理目标

监理机构通过监理工作，应实现如下目标：

a） 加强计算机网络系统工程实施方案的合法性、合理性、与设计方案的符合性；
b） 促使计算机网络系统工程中使用的产品和服务符合承建合同及国家相关法律、法规、计算机网络技术规范与标准；
c） 明确计算机网络系统工程实施计划，对于计划的调整应合理、受控；
d） 促使计算机网络系统工程实施过程满足承建合同的要求，并与工程设计方案、工程实施方案、工程实施计划相符。

7.2 监理内容

工程实施阶段的监理工作主要内容如下：

a） 审核承建单位提交的工程实施方案和工程质量管理计划（包括质量管理、工程实施组织、工程实施阶段性进度计划等），组织召开工程实施准备会议，要求承建单位落实工程实施前的准备工作；
b） 进行工程实施过程监理，执行阶段性质量控制措施，并做监理日志；
c） 处理承建单位提交的工程关键环节实施申请；
d） 进行承建单位工程实施状况、人员与实施方案的一致性检查；
e） 组织对承建单位提供的主要网络设备、产品及服务进行验收，对验收结果做验收记录，对不符合承建合同或相关规定的设备、产品及服务拒绝签认；
f） 审核承建单位提交的工程阶段性报告和付款申请；
g） 处理工程变更申请，促使工程变更合理、受控；

h) 按照既定程序处理工程中出现的质量事故；

i) 按照既定程序处理工程索赔；

j) 做好实施阶段的信息管理和协调工作。

7.3 监理要点

7.3.1 工程实施方案

监理机构应从如下方面对承建单位提交的工程实施方案提出监理意见：

a) 设备的安装调试，包括各类设备的采购、进场、配置、调试和管理等；

b) 网络系统集成，包括软硬件系统集成、系统连通性验证等；

c) 网络系统拓扑图、网络设备布局图、配线图；

d) 网络基础设施、网络服务、网络安全和网络管理系统各部分实施方案的合理性和可行性，与承建合同、工程设计方案的符合性；

e) 工程实施组织，包括实施人员、实施顺序、实施测量、安全措施、特殊处理措施等；

f) 工程实施计划，包括实施步骤、实施方法、实施进度等；

g) 如适用，项目分包工程实施方案，包括实施组织、实施方法、实施进度，以及有关质量、安全等主要技术和组织措施等。

7.3.2 工程实施过程

工程实施过程中，监理机构应从如下方面开展监理工作：

a) 工程现场实施人员与实施方案中规定的实施人员的一致性检查；

b) 检查设备的互连线缆是否经过测试并符合要求；

c) 设备安装环境和条件的检查，应检查主要网络设备的安放环境是否符合设备的运行要求；

d) 设备安装、调试和网络系统集成的检查；

e) 工程实施的安全性检查；

f) 定期检查、记录工程的进度情况；

g) 如适用，检查设备到货和工程实施的变更请求的合理性和必要性，评估变更对工程的质量、进度和投资的影响，并提出监理意见；

h) 工程有分包单位时，监理机构应审核分包单位的工程实施资质，不具备工程实施资质的分包单位不得参与工程实施；

i) 按照既定程序(见 GB/T 19668.1—2005 中的 6.3.1)处理工程中出现的质量事故。

7.3.3 主要设备到货验收

设备到货验收中，监理机构应从如下方面开展监理工作：

a) 监理机构应组织对承建单位提供的主要网络设备、产品及服务进行验收。对于重要网络设备可依据承建合同、网络技术标准或事先约定的方法检测其功能和性能。

b) 对于数量较大的同类产品，监理机构可进行抽样检查。必要时，监理机构应要求承建单位提交第三方测试机构出具的测试报告，并核验产品认证证书、检测报告的真实性和有效性。

c) 监理机构应从如下方面对主要网络设备进行到货验收，并提出监理意见：

   1) 外包装检查；

   2) 开箱检查，包括设备型号、类别、数量、附件及文档等；

   3) 记录各个产品的唯一性标识，如产品序列号等；

   4) 必要时，可确认主要设备的合法性；

   5) 进行加电自检测试；

   6) 三方共同填写设备到货验收单。

7.3.4 系统安装调试

监理机构应从如下方面对网络系统的安装调试进行监理，确认其达到工程设计方案和实施方案的要求：

a） 网络设备和主机的安装、配置及调试；

b） 操作系统、网络管理系统、网络服务及其他软件的安装和配置；

c） 网络系统集成的调试。

8 工程验收阶段

8.1 监理目标

监理机构通过监理工作，应实现如下目标：

a） 确认工程达到验收条件，明确计算机网络系统工程测试验收方案的可行性、与承建合同的符合性；

b） 确认按照验收方案所规定的验收程序，实施初验、试运行和终验，促使计算机网络系统工程的最终功能和性能符合承建合同、法律、法规和相关技术标准的要求；

c） 推动承建单位所提供的工程各阶段形成的技术、管理文档的内容和种类符合相关标准。

8.2 监理内容

工程验收阶段的监理工作主要内容如下：

a） 协调业主单位和承建单位在验收计划、验收目标、验收范围、验收内容、验收方法和验收标准等方面达成一致，填报工程备忘录，并经三方签认；

b） 处理承建单位提交的工程验收申请，审核其中的验收计划、验收方案等，并签署监理意见；

c） 检查并确认工程达到验收条件；

d） 协助业主单位按照工程验收方案所规定的验收内容和方式组织初验、试运行和终验，对其结果进行确认，对验收过程中发现的问题提出监理意见，并要求承建单位进行整改；

e） 敦促业主单位、承建单位按照事先约定，编制、签署并妥善保存验收阶段的各类工程文档，敦促业主单位和承建单位及时整理并妥善保管整个工程的相关文档；

f） 编制项目监理总结报告，整理并向业主单位提交与工程有关的全部监理文档；

g） 协助业主单位完成验收工作，协助业主单位和承建单位完成工程移交工作；

h） 督促承建单位完成项目实施方案中确定的培训。

8.3 监理要点

8.3.1 验收方案

监理机构应从如下方面审核承建单位提交的工程验收（终验）方案，确认其符合承建合同、法律、法规及相关标准的要求：

a） 验收计划和组织；

b） 验收目标；

c） 验收方式，包括测试方式；

d） 验收流程；

e） 验收环境；

f） 验收内容及合格指标，包括验收提交清单，网络系统的主要功能和性能指标等；

g） 验收报告内容约定。

8.3.2 验收条件

工程验收（终验）前，监理机构应协助业主单位确认工程达到验收（终验）条件，包括：

a） 工程建设内容按照合同要求全部完成，各种技术文档和验收资料完备；

b） 系统已通过初验、试运行，用户已出具初验和试运行意见，并且初验和试运行中出现的问题已解决；

c） 承建单位提交了符合要求的验收（终验）方案和计划，并且验收（终验）方案和计划已通过审核；

d) 业主单位同意进行验收。

8.3.3 验收测试

监理机构应从如下方面进行监理工作：

a) 监理机构应参加由业主单位主持的系统验收测试方案生成过程，协助业主单位在初验和试运行的基础上，进一步依照承建合同提出终验测试内容及相关指标（包括网络系统的功能测试、性能测试等），并同承建单位协商，最终形成工程终验测试方案，同时确定承建单位应提供的测试文档清单；

b) 工程终验的测试机构可以是三方共同成立的测试小组，或是业主单位聘请的专家测试小组，必要时可委托专业的第三方测试机构；

c) 监理机构应对测试机构提交的测试报告进行审查，测试结果应经三方签认。

参 考 文 献

[1] 电子政务标准化指南

[2] GB/T 9387.4—1996 信息处理系统 开放系统互连 基本参考模型 第4部分:管理框架

[3] GB/T 11753—2006 信息技术 软件工程术语

ICS 35.020
L 01

GB

中华人民共和国国家标准

GB/T 19668.5—2007

信息化工程监理规范
第5部分:软件工程监理规范

Information system project surveillance specification—
Part 5:Software project surveillance specification

2007-08-24 发布 2008-01-01 实施

中华人民共和国国家质量监督检验检疫总局
中国国家标准化管理委员会 发布

前言

GB/T 19668《信息化工程监理规范》分为如下六个部分：

——第1部分：总则；

——第2部分：通用布缆系统工程监理规范；

——第3部分：电子设备机房系统工程监理规范；

——第4部分：计算机网络系统工程监理规范；

——第5部分：软件工程监理规范；

——第6部分：信息化工程安全监理规范。

本部分为GB/T 19668的第5部分。

本部分的附录A为规范性附录，附录B为资料性附录。

本部分由国家电子政务标准化总体组提出并归口。

本部分项目召集单位：中国电子技术标准化研究所。

本部分项目副召集单位：北京市质量技术监督局、上海市信息化办公室、中国电子信息产业发展研究院。

本部分专家组：葛迺康、张保栋、马应章、包兵、窦传义。本部分工作组秘书：徐全平。

本部分起草单位：山东正中计算机网络技术咨询有限公司、北京赛迪信息工程监理有限公司、中国电子技术标准化研究所、上海中标信息工程监理有限公司、中国生产力促进中心协会、新疆天衡信息工程监理公司、广州赛宝联睿信息工程监理有限公司、北京航空航天大学经济管理学院、铁道部信息中心、深圳市都信建设监理有限公司、北京万博智业信息技术有限公司。

本部分主要起草人：李刚、董火民、卢学哲、王宣言、陈兵、邓超、韩红强、葛健、费翔、郭树端、李晖、苗苗、齐爱新。

信息化工程监理规范
第5部分:软件工程监理规范

1 范围

GB/T 19668的本部分规定了信息化工程中软件工程监理的监理对象及其所属的监理阶段或支持过程,并规定了相关软件工程监理工作的要求。本部分规定的软件工程,是指信息化工程建设中按业务目标、应用需求而构建整个软件系统的工程项目。

本部分适用于信息化工程中软件工程项目的监理工作,包括新开发、修改、维护、采购或者任何会产生软件产品的其他活动。

本部分不对软件工程项目中涉及的产品、服务的技术规格和条件做出规定或要求,有关内容参见相应的产品或服务的技术标准。

本部分包含了信息化工程中软件工程项目监理工作的过程、活动和任务,可根据软件工程项目的情况加以剪裁。剪裁过程可以删除不适用的过程、活动和任务,也可按监理合同中的规定增加独特的或专门的过程、活动和任务。

2 规范性引用文件

下列文件中的条款通过GB/T 19668的本部分的引用而成为本部分的条款。凡是注日期的引用文件,其随后所有的修改单(不包括勘误的内容)或修订版均不适用于本部分,然而,鼓励根据本部分达成协议的各方研究是否可使用这些文件的最新版本。凡是不注日期的引用文件,其最新版本适用于本部分。

GB/T 19668.1—2005 信息化工程监理规范 第1部分:总则

3 术语及定义

GB/T 19668.1—2005确立的以及下列术语和定义适用于GB/T 19668的本部分。

3.1

认定 to realize and consent

监理机构对业主单位或承建单位所提供的信息的理解、认可和确定。

4 一般要求

4.1 概述

本部分遵循GB/T 19668.1—2005的一般原则和要求,从技术管理的角度阐述了软件工程项目监理活动的原则、方式和要求。

在软件工程项目的监理工作中,应同时使用GB/T 19668.1和本部分。

4.2 监理对象的说明

本部分根据GB/T 19668.1的信息化工程监理规范技术参考模型对监理阶段的划分,结合信息化工程中应用软件开发的一般要求,将软件工程项目监理的监理对象划分为23个过程,分布于4个监理阶段(见表1)和软件工程支持过程中(见附录A)。

表 1 监理对象说明

监理阶段	监 理 对 象
工程招标阶段	需求认定(5.2.1);招标准备(5.2.2);招标过程(5.2.3);合同准备、签订(5.2.4)
工程设计阶段	工程计划制定(6.2.1);系统需求分析(6.2.2);系统结构设计(6.2.3)
工程实施阶段	软件需求分析(7.2.1);软件结构设计(7.2.2);软件详细设计(7.2.3);软件编码和测试(7.2.4);软件集成(7.2.5);软件合格性测试(7.2.6);系统集成(7.2.7)
工程验收阶段	培训(8.2.1);系统初验(8.2.2);系统试运行(8.2.3);系统终验(8.2.4);工程移交(8.2.5)

4.3 附录和正文的关系

附录A将软件工程招标、设计、实施和验收阶段所涉及的支持过程的监理工作分别在文档编制过程的监理(A.1)、配置管理过程的监理(A.2)、质量保证过程的监理(A.3)和变更控制过程的监理(A.4)部分予以说明。软件工程的支持过程被软件工程招标、设计、实施和验收阶段的各过程所使用。

附录B将正文中描述的监理活动抽象为软件工程监理可采用的监理控制措施,包括工程计划的审查、工程过程的跟踪、确认、联合评审、审核、问题解决、测量和分析。

附录B中的监理控制措施遵循质量管理的原则,以"计划、执行、检查和改进"为准则,对软件开发过程进行闭环地监督和理顺。

5 工程招标阶段

5.1 监理目标

监理机构通过监理工作,应实现如下目标:

a) 理解用户业务目标和业务模式,认定业主单位确定的系统需求;
b) 促使招标文件与工程的需求、目标和范围相符合;
c) 协助业主单位选定合适的承建单位;
d) 促使承建合同在技术、经济上合理有效。

5.2 监理内容和要点

5.2.1 需求认定

需求认定阶段的监理内容和要点如下:

a) 监理机构应了解业主单位的业务目标、系统建设目标、现行和预期的业务模式,并将其作为监理工作的依据之一。
b) 监理机构应取得必要的工程资料,并理解和确认如下内容:
   1) 软件工程项目的可行性分析;
   2) 业主单位的业务现状和业务流程;
   3) 目标系统的功能和性能指标;
   4) 实现系统建设目标所必需的资源;
   5) 如适用,应包括信息资源规划;
   6) 如适用,应包括业务流程再造的策略;
   7) 如适用,应包括业务持续改进计划;
   8) 如适用,应包括业务指标评价体系。
c) 监理机构宜协助业主单位初步定义系统建设范围、系统需求和约束条件。系统需求宜包含如下内容:
   1) 业务、组织和用户需求;

2) 安全性、保密安全性要求；
3) 测试有关的要求；
4) 应遵循的标准、规程等。

d) 监理机构应在了解业主单位的业务目标和系统需求的基础上，确定监理目标，并依据下列准则编制监理规划：
1) 与业务目标的符合性；
2) 与监理合同的可追溯性、一致性；
3) 监理工作方法和措施的适宜性；
4) 监理组织及监理人员的适宜性；
5) 监理设施和工作制度的适宜性。

5.2.2 招标准备阶段的监理

招标准备阶段的监理内容和要点如下：

a) 监理机构应了解业主单位确定的工程规模、工程进度和相关的估算方法。
b) 监理机构宜了解业主单位估算的工程总投资。
c) 监理机构应了解业主单位确定的初步验收策略和验收条件。
d) 监理机构宜协助业主单位编制招标书，并要求在招标书中初步确定合同执行的里程碑。
e) 当获取现货软件产品时，监理机构应审查要求是否包含如下内容，并提出监理意见：
1) 满足系统建设目标和系统需求；
2) 对文档的要求；
3) 对知识产权的要求；
4) 对此软件产品的服务和支持要求；
5) 对供货单位提供此软件产品能力的要求。

5.2.3 招标过程的监理

招标过程的监理内容和要点如下：

a) 监理机构宜协助业主单位建立选择承建单位的规程，包括标书的评价准则和符合需求的程度。
b) 监理机构宜协助业主单位审查投标单位的工程能力，应考虑以下内容：
1) 资质文件的真实性和完整性；
2) 投标单位的技术资质及等级与本工程所需技术及特定要求的符合性；
3) 投标单位工程人员的资格与本工程所需技术及特定要求的符合性。
c) 如果工程涉及分包，监理机构宜协助业主单位对分包单位进行审查。
d) 监理机构宜协助评标，协助业主单位根据投标单位的标书、能力评价和其他必要的因素选择合格的承建单位。

5.2.4 合同准备、签订阶段的监理

合同准备、签订阶段的监理内容和要点如下：

a) 监理机构应要求在承建合同中明确承建单位应接受监理机构的监理。
b) 如果工程涉及分包，监理机构应协助业主单位要求承建单位负责对分包单位进行管理。
c) 监理机构宜参与业主单位与承建单位的合同签订过程，对合同的如下内容提出监理意见：
1) 功能要求；
2) 技术要求；
3) 质量责任；
4) 测试标准和验收要求；
5) 工程阶段划分；
6) 质量和进度要求。

d) 监理机构宜协助业主单位根据下列原则评价准备签订的合同：
   1) 合同中对目标系统的要求覆盖用户的系统建设目标；
   2) 合同中对目标系统的要求是前后一致的；
   3) 已规定处理变更和升级问题的必要规程；
   4) 如适用，已规定相关各方接口与合作的规程及其范围；
   5) 验收准则和规程符合对目标系统的要求；
   6) 已明确监理机构在工程款支付中的作用；
   7) 工程的里程碑已划分和界定，并作为工程阶段性付款的依据。
e) 监理机构宜要求业主单位组织与合同执行、管理相关的部门参与合同见证工作。
f) 监理机构应要求工程各方启动合同管理机制及其配套的文档编制、配置管理和变更控制措施。

6 工程设计阶段

6.1 监理目标

监理机构通过监理工作，应实现如下目标：

a) 促使承建单位提交的软件工程项目计划合理、可行，并与承建合同相符；
b) 促使承建单位系统需求分析符合正确性、完备性、准确性、可测试性和一致性；
c) 促使承建单位的系统设计方案满足软件工程项目的系统需求和有关的法规、标准，并符合承建合同的要求。

6.2 监理内容和要点

6.2.1 工程计划制定的监理

工程计划制定的监理内容和要点如下：

a) 监理机构应要求承建单位提交工程计划文档，并要求其包括如下内容：
   1) 工程的组织结构(包括外部组织)、人员职责及其能力要求；
   2) 工程环境，包括测试环境、程序库、设备、设施、标准、规程和工具；
   3) 任务分解安排，连同预算、人员、物理资源、软件规模和相关的任务进度安排；
   4) 进度安排、跟踪和报告方法；
   5) 软件产品或服务的质量特性的管理，可以制定独立的质量保证计划；
   6) 软件产品或服务的安全、保密安全和其他关键需求的管理，可以制定独立的安全、保密安全计划；
   7) 如适用，应包括分包单位的管理；
   8) 验证和确认方式和条件；
   9) 风险管理；
   10) 用户培训计划。
b) 监理机构应根据下列准则审核工程计划，并提出监理意见：
   1) 与承建合同的可追溯性；
   2) 系统范围及工作任务分解的完整性；
   3) 工程过程及重要里程碑划分的合理性，包括适宜的软件生存周期模型；
   4) 工程规模估算方法的正确性，包括对工程项目任务和工作产品规模、时间安排、资源的使用；
   5) 工程进度计划的合理性，包括项目质量保证计划、配置管理计划等；
   6) 工程计划中部署现货产品(软件和硬件)的可行性；
   7) 对工程风险有必要的识别、分析、处理和跟踪。
c) 监理机构应促使业主单位和承建单位适时对工程计划及其相关文档进行评审，并及时取得各方对工程计划的书面批准和承诺。

d） 监理机构宜在了解系统内容和工程计划的基础上，根据下列准则制定监理实施细则：

1） 与业务目标的符合性；

2） 与监理规划的可追溯性、一致性；

3） 与工程专业技术的符合性；

4） 监理工作流程、控制要点、监理方法的可行性。

6.2.2 系统需求分析阶段的监理

系统需求分析阶段的监理内容和要点如下：

a） 监理机构应要求承建单位为系统需求分析过程的实施提交详细的计划，并要求业主单位予以相应的配合。

b） 监理机构应督促承建单位按照计划的要求开展系统需求分析活动。

c） 监理机构宜要求业主单位及承建单位定义并分析系统建设目标。如适用，监理机构宜要求业主单位和承建单位定义并分析业务流程再造、业务持续改进、信息资源规划及业务指标评价体系。

d） 监理机构应要求承建单位提交系统需求文档，对系统需求文档编制的监理见 A.1，变更的监理见 A.4。监理机构宜检查系统需求文档的如下内容，并提出监理意见：

1） 系统的功能和性能；

2） 业务、组织和用户的需求及相关方的需要；

3） 如适用，可包括人机工程学要求及其他接口要求；

4） 运行和维护的需求；

5） 系统设计限制因素；

6） 系统评审和验收测试方面的需求；

7） 安全和保密安全的需求；

8） 法律法规要求、合同要求以及有关技术标准要求。

e） 监理机构宜协助业主单位组织通过评审、确认、联合评审等方式根据下列准则评价系统需求：

1） 与合同的可追溯性、一致性；

2） 业务目标及系统建设目标的可追溯性、一致性；

3） 如适用，信息资源规划和业务指标评价体系的可测试性；

4） 如适用，业务流程再造、业务持续改进、信息资源利用的可行性；

5） 系统结构设计的可行性；

6） 运作和维护的可行性。

f） 监理机构宜要求承建单位提交系统验收初步方案。

g） 监理机构应监督承建单位解决系统需求分析中发现的问题和不合格项，并提出监理意见。

6.2.3 系统结构设计阶段的监理

系统结构设计阶段的监理内容和要点如下：

a） 监理机构应要求承建单位为系统结构设计过程的实施提交详细的计划，并督促承建单位按计划开展系统结构设计活动。

b） 监理机构宜要求业主单位制定相应业务指标评价体系，督促承建单位对系统结构开展合理的方案设计。如适用，监理机构宜推动业主单位按计划开展业务流程再造、业务持续改进、信息资源利用的设计活动。

c） 监理机构应要求承建单位提交系统结构设计文档，对系统结构文档编制的监理见 A.1，变更的监理见 A.4。监理机构宜检查系统结构设计文档的如下内容，并提出监理意见：

1） 应建立系统的顶层结构；

2） 系统结构应标出硬件、软件和人工操作项；

3） 应保证所有系统需求分配到各项中；

4） 应顺序标出硬件配置项、软件配置项和手工操作项；

5） 分配到各项中的系统结构和系统需求应形成文档。

d） 监理机构宜协助业主单位通过审核、确认、联合评审等方式根据下列原则评价系统结构设计：

1） 与合同的可追溯性、一致性；

2） 与业务目标的符合性；

3） 系统需求的可追溯性、一致性；

4） 所使用的设计标准和方法的适宜性；

5） 软件项满足指定需求的可行性；

6） 信息资源规划和业务指标评价体系的可测试性；

7） 业务流程再造、业务持续改进、信息资源开发的可行性；

8） 运作与维护的可行性。

e） 监理机构应监督承建单位解决系统结构设计中发现的问题和不合格项，并提出监理意见。

7 工程实施阶段

7.1 监理目标

监理机构通过监理工作，应实现如下目标：

a） 促使承建单位的软件需求分析文档、软件设计文档满足系统需求和系统设计方案的要求；

b） 督促承建单位的编码、测试活动，验证软件符合系统需求和系统设计的要求；

c） 促使工程实施过程满足承建合同的要求，并与工程计划相符。

7.2 监理内容和要点

7.2.1 软件需求分析阶段的监理

软件需求分析阶段的监理内容和要点如下：

a） 监理机构应要求承建单位为软件需求分析过程的实施提交详细的计划，并要求业主单位予以相应的配合。

b） 监理机构应督促承建单位按照计划的要求开展软件需求分析活动。

c） 监理机构应要求承建单位提交软件需求文档，对软件需求文档编制的监理见 A.1，变更的监理见 A.4。监理机构宜检查软件需求文档的如下内容，并提出监理意见：

1） 功能与能力规格说明，包括性能、物理特性和软件项执行的环境条件；

2） 鉴定需求；

3） 安全规格说明；

4） 保密安全规定；

5） 数据定义和数据库需求；

6） 在运作和维护场所，对已交付的软件产品的安装与验收需求；

7） 用户文档；

8） 用户操作与执行需求；

9） 用户维护需求；

10） 如适用，可包括软件项的外部接口；

11） 如适用，可包括人机工程学规格需求。

d） 监理机构宜协助业主单位组织通过评审、确认、联合评审等方式根据下列准则评价软件需求：

1） 与合同的可追溯性和一致性；

2） 与业务目标和系统建设目标的一致性；

3) 与系统需求和系统设计的可追溯性、一致性；
4) 内部一致性；
5) 基于信息资源规划和业务指标评价体系的可测试性；
6) 业务流程再造、业务持续改进、信息资源开发的可行性；
7) 软件设计的可行性；
8) 运作和维护的可行性。

e) 监理机构应监督承建单位解决软件需求分析中发现的问题和不合格项，并提出监理意见。

7.2.2 软件结构设计阶段的监理

软件结构设计阶段的监理内容和要点如下：

a) 监理机构应要求承建单位为软件结构设计过程的实施提交详细的计划，并督促承建单位按照计划的要求开展软件结构设计活动。
b) 监理机构应要求承建单位提交软件结构设计文档，对软件结构设计文档编制的监理见 A.1，变更的监理见 A.4。
c) 如适用，监理机构宜检查承建单位编制的接口的顶层设计和数据库的顶层设计。
d) 监理机构宜检查承建单位编制用户文档的最初版本。
e) 监理机构应要求承建单位提交软件集成的初步测试需求和进度安排。
f) 监理机构宜协助业主单位组织通过评审、确认、联合评审等方式根据下列准则评价软件结构设计：
1) 软件项需求的可追溯性；
2) 与软件项需求的外部一致性；
3) 软件部件之间的内部一致性；
4) 所采用的设计方法和标准的适宜性；
5) 详细设计的可行性；
6) 运作与维护的可行性。
g) 监理机构应监督承建单位解决软件结构设计中发现的问题和不合格项，并提出监理意见。

7.2.3 软件详细设计阶段的监理

软件详细设计阶段的监理内容和要点如下：

a) 监理机构应要求承建单位为软件详细设计过程的实施提交详细的计划，并督促承建单位按照计划的要求开展软件设计活动；
b) 如适用，监理机构应要求承建单位提交详细设计文档，对详细设计文档编制的监理见 A.1，变更的监理见 A.4；
c) 如适用，监理机构应检查承建单位编制的接口的详细设计和数据库的详细设计；
d) 监理机构应督促承建单位解决软件详细设计中发现的问题和不合格项，并提出监理意见。

7.2.4 软件编码和测试阶段的监理

软件编码和测试阶段的监理内容和要点如下：

a) 监理机构应要求承建单位为软件编码过程和单元测试过程的实施提交详细的计划，并督促承建单位按照计划的要求开展工作；
b) 监理机构宜检查承建单位单元测试过程中的问题的记录及其改正的记录。

7.2.5 软件集成阶段的监理

软件集成阶段的监理内容和要点如下：

a) 监理机构应要求承建单位提交软件集成计划，并督促承建单位按照计划的要求开展软件集成活动；
b) 监理机构宜监督承建单位解决软件集成中发现的问题和不合格项，并提出监理意见。

7.2.6 软件合格性测试阶段的监理

软件合格性测试阶段的监理内容和要点如下：

a) 监理机构应要求承建单位提交测试计划，并督促承建单位按照计划的要求开展软件合格性测试活动。

b) 当要获取现货软件产品时，监理机构应验收现货软件产品是否满足下列条件，并提出监理意见：

1) 满足合同的要求；

2) 满足系统建设目标和系统需求；

3) 具有有效的文档；

4) 满足知识产权的要求；

5) 供货单位具备提供此软件产品及其服务的能力。

c) 监理机构应监督承建单位解决软件合格性测试中发现的问题和不合格项，并提出监理意见。

7.2.7 系统集成阶段的监理

系统集成阶段的监理内容和要点如下：

a) 监理机构应要求承建单位提交系统集成计划。该计划应包括测试需求规程、数据、职责和进度安排。

b) 监理机构应督促承建单位按照集成计划的要求开展系统集成活动并提交系统集成文档，对系统集成文档编制的监理见 A.1，变更的监理见 A.4。

c) 监理机构宜根据下列准则审核已集成的系统，并提出监理意见：

1) 与合同的一致性；

2) 与系统需求的一致性；

3) 业务目标的符合性；

4) 所采用的测试方法和标准的适宜性；

5) 与预期结果的符合程度，包括但不限于与信息资源规划、业务流程再造需求及业务持续改进需求和业务指标评价体系的符合程度；

6) 系统合格性测试的可行性；

7) 运作与维护的可行性；

d) 监理机构应监督承建单位解决系统集成中发现的问题和不合格项，并提出监理意见。

8 工程验收阶段

8.1 监理目标

监理机构通过监理工作，应实现如下目标：

a) 跟踪培训过程，促使培训达到合同的要求；

b) 协助业主单位进行初验、试运行和终验的工作，促使工程项目的最终功能和性能符合承建合同、法律、法规和标准的要求；

c) 协助业主单位、承建单位进行软件工程项目的移交工作，促使工程项目顺利完成。

8.2 监理内容和要点

8.2.1 培训阶段的监理

培训阶段的监理内容和要点如下：

a) 监理机构应要求承建单位确定培训的类型、水平以及需要培训人员的类别，提交包括实施进度安排、资源需求和培训需求的培训计划文档；

b) 监理机构应督促承建单位按照培训计划的要求开展培训阶段的活动；

c) 监理机构应要求承建单位拥有可执行培训计划并具备相关培训能力的合格培训人员；

d) 监理机构应要求承建单位提交培训记录；

e) 监理机构宜依据培训需求、培训计划和培训记录对培训效果提出监理意见。

8.2.2 系统初验阶段的监理

系统初验阶段的监理内容和要点如下：

a) 监理机构应对承建单位的初验申请进行审查。初验条件应符合合同规定，并符合如下条件：

1) 可提交合同规定的文档；

2) 软件产品已纳入配置管理并可交付；

3) 软件系统已通过测试，必要时，监理机构应要求承建单位提交第三方测试机构出具的测试报告，第三方测试机构应经业主单位和监理机构同意。

b) 监理机构应审查承建单位提交的验收方案(验收计划、验收目标、责任双方、验收范围、验收提交清单、验收标准、验收方法等)的符合性及可行性。

c) 监理机构宜对承建单位提交的文档进行审核，并提出监理意见。

d) 监理机构宜协助业主单位根据下列准则确认软件产品，并提出监理意见：

1) 与合同的一致性；

2) 与系统需求的一致性；

3) 与预期结果的符合程度，包括但不限于与信息资源规划、业务流程再造需求及业务持续改进需求和业务指标评价体系的符合程度；

4) 与业务需求的符合程度；

5) 与运行环境的适用性；

6) 运作和维护的可行性。

e) 监理机构应监督承建单位解决系统初验中发现的问题和不合格项，并提出监理意见。

8.2.3 系统试运行阶段的监理

系统试运行阶段的监理内容和要点如下：

a) 监理机构应要求承建单位为系统试运行过程的实施提交详细的计划；

b) 必要时，监理机构应督促承建单位协助业主单位进行系统安装，该安装活动和结果应形成文档；

c) 当安装的软件产品正在代替现有系统时，监理机构应检查承建单位支持合同要求的并行运行的活动；

d) 监理机构宜协助承建单位和业主单位按照计划实施试运行活动；

e) 监理机构应要求承建单位配合业主单位试运行过程中的测试，测试的结果应形成文档；

f) 监理机构应监督承建单位解决系统试运行中发现的问题和不合格项，并提出监理意见。

8.2.4 系统终验阶段的监理

系统终验阶段的监理内容和要点如下：

a) 监理机构应要求承建单位按合同中的规定提交评价、评审、审核、测试和解决问题的报告。并审核是否达到合同规定的验收条件，验收条件还应包括如下内容：

1) 满足初验的条件；

2) 初验合格；

3) 试运行正常或者出现的问题已经得到解决。

b) 监理机构协助业主单位根据已确定的验收策略和准则准备验收，宜包括准备测试用例、测试数据、测试规程和测试环境，并确定承建单位参与的程度。

c) 监理机构宜协助业主单位对可交付软件产品或服务进行验收评审和验收测试，验收活动和结果应形成文档。

d) 监理机构宜协助业主单位根据下列准则验收系统，并提出监理意见：

1） 与合同的一致性；

2） 与系统需求的一致性；

3） 与业务需求的符合程度；

4） 与业务结果的符合程度，包括但不限于与信息资源规划、业务流程再造需求及业务持续改进需求和业务指标评价体系的符合程度。

e） 监理机构应监督承建单位解决系统终验中发现的问题和不合格项，并提出监理意见。

8.2.5 工程移交阶段的监理

工程移交阶段的监理内容和要点如下：

a） 监理机构应要求承建单位提交工程款支付的申请，宜包括软件交付清单和相关工程文档；

b） 监理机构宜依据合同中的有关条款协助业主单位进行工程决算及处理相关事宜；

c） 监理机构宜协助工程参与各方完成对工程的总结和后续系统运行的建议；

d） 监理机构应完成工程监理总结，整理完成与工程有关的全部监理文档，并移交。

附 录 A
（规范性附录）
软件工程支持过程的监理

A.1 软件工程文档编制过程的监理

软件工程文档编制过程的监理内容和要点如下：

a) 监理机构宜与业主单位、承建单位共同制定软件工程项目所需文档的计划，每种文档应包括如下内容：
   1) 标题或名称；
   2) 目的；
   3) 文档的使用单位及人员；
   4) 有关输入、开发、评审、修改、批准、生产、贮存、发行、维护和配置管理的规程和职责；
   5) 中间和最终版本的日程安排。
b) 监理机构宜与业主单位、承建单位共同对工程所需文档的设计、开发做出要求，应包括如下内容：
   1) 每一种指明的文档应根据适合的文档编写标准进行设计，这些标准包括格式、内容叙述、页码编写、插图、表格安排、专利标志、保密安全标志、封装以及其他叙述项目。
   2) 文档输入数据的来源和适合性应加以确认。可以使用自动化的文档编制工具。
   3) 编制的文档应按照其文档编制标准加以评审和编辑，以便符合格式、技术内容和表述方式要求。文档在发布前应由授权人员批准。
c) 监理机构宜与业主单位、承建单位共同对工程所需文档的编制过程做出要求，应包括如下内容：
   1) 文档应按照计划编制和提供。文档的编制和发行可以使用纸张、电子或其他媒体。主要资料应按照有关记录保存、保密安全、维护和备份要求妥善贮存。
   2) 应按照配置管理过程进行控制。
d) 监理机构宜与业主单位、承建单位共同对工程所产生文档的维护做出要求，应包含如下内容：
   1) 对文档的修改应按照业主单位、监理机构、承建单位共同确定的流程执行；
   2) 对于配置管理下的文档，修改工作应按照配置管理过程管理。

A.2 软件工程配置管理过程的监理

软件工程配置管理过程的监理内容和要点如下：

a) 监理机构应敦促承建单位建立有效的配置管理过程，确定实施管理和技术规程的策略，以及标识、定义系统中的软件项并指定基线。
b) 监理机构宜监督承建单位配置管理的执行情况。包括控制软件项的修改和发行；记录和报告软件项的状态和修改申请。
c) 监理机构宜与业主单位、承建单位共同对配置管理做出要求，应包含如下内容：
   1) 配置项的完整性、协调性和正确性；
   2) 能控制配置项的储存、处理和交付。

A.3 软件工程质量保证过程的监理

软件工程质量保证过程的监理内容和要点如下：

a） 监理机构应要求承建单位提交执行质量保证过程活动和任务的计划文档。计划应包含如下内容：

1） 开展质量保证活动的质量标准、方法、规程和工具；

2） 合同评审及其协调规程；

3） 质量记录的标识、收集、归档、维护和处理的规程；

4） 开展质量保证活动的资源、日程和职责；

5） 活动和任务。

b） 监理机构应要求承建单位实施计划中的和持续的质量保证活动和任务。

c） 监理机构应要求承建单位编制并提交质量活动和任务及其实施情况、发现的问题以及解决办法的记录。

d） 存在分包工程时，监理机构应协助业主单位要求承建单位对分保单位进行质量管理并承担责任。

A.4 软件工程变更控制过程的监理

软件工程变更控制过程的监理内容和要点如下：

a） 监理机构宜协助业主单位和承建单位建立变更沟通机制；

b） 监理机构应及时对变更进行响应，任何变更都需要得到业主单位、监理机构、承建单位的确认；

c） 监理机构宜协助业主单位认定工程变更的目标、范围；

d） 监理机构宜对变更风险以及变更效果评估，并审核变更方案，提出监理意见；

e） 监理机构宜要求业主单位和承建单位妥善保管有关的变更记录；

f） 监理机构宜协助业主单位与承建单位通过谈判来控制对合同的变更，应调查变更对工程计划、费用、效益、质量和进度的影响。

附 录 B
（资料性附录）
软件工程监理控制措施

B.1 工程阶段计划的审查

工程阶段计划的审查的内容如下：

a) 监理机构应要求承建单位为各阶段活动的实施提交详细的实施计划。必要时，可以制定彼此独立的计划，这些计划应形成文档。计划应包括但并不限于如下内容：
   1) 及时完成任务的进度表；
   2) 工作成果的评估；
   3) 执行任务所需充分的资源；
   4) 任务的分配；
   5) 责任的指定；
   6) 与任务或过程自身有关的风险的量化；
   7) 过程执行过程中采用的质量控制度量；
   8) 与过程执行有关的费用；
   9) 环境和基础结构的保证。
b) 监理机构宜评价实施计划，评价时要考虑下列准则，并提出监理意见：
   1) 计划内容与法律、法规、标准、规范的符合性；
   2) 计划内容的合理性和可行性；
   3) 计划内容与合同、总体计划的符合性；
   4) 计划执行的组织结构。

B.2 工程过程的跟踪

工程过程的跟踪的内容是监理机构宜验证过程的执行，提出监理意见，并向业主单位提供过程进展的报告。验证时要考虑下列准则：

a) 为工程选定的过程是适当的，已按计划执行并满足合同要求；
b) 工程过程所采用的标准规程和环境是适当的；
c) 根据合同要求为工程配备经过培训的人员。

B.3 确认

确认的内容如下：

a) 监理机构宜协助业主单位制定确认计划。
b) 监理机构宜协助业主单位为分析测试结果准备选定的测试需求、测试用例和测试规格说明。
c) 监理机构宜协助业主单位实施确认过程，确认过程和结果应形成文档。测试包括代表性用户使用软件产品能够成功地完成预期任务的测试等。

B.4 联合评审

联合评审的内容如下：

a) 必要时，应按照工程计划中的规定，在预先确定的里程碑处进行联合评审。
b) 在每次联合评审时，监理机构应协调各方就下列事项达成协议：

1） 会议代表、软件产品（活动的结果）和需要评审的问题；

2） 范围和程序；

3） 评审的输入和输出准则。

c） 评审期间发现的问题应加以记录，并按要求记录问题解决过程。

d） 评审结果应形成文档并分发。监理机构应协调各方就评审结论、措施责任和结果准则达成协议。

e） 实施联合评审，评价时要考虑下列准则：

1） 完整并符合标准和规范；

2） 变更被正确地实施并且仅仅影响配置管理过程所标明的区域；

3） 遵循适用的规程；

4） 已为下一个活动做好准备；

5） 根据工程的计划、进度安排、标准和指南，正在进行开发、运作或维护。

B.5 审核

审核的内容如下：

a） 应按工程计划中的规定，监理机构在预先确定的里程碑处进行审核。

b） 审核人员对他们审核的软件产品和活动应无直接责任。

c） 在每次审核时，监理机构应协调各方就下列事项协商一致：

1） 代表；

2） 需审核的软件产品（和活动的结果）；

3） 审核范围和规程；

4） 审核的输入和输出准则。

d） 审核中出现的问题应加以记录，并按要求记录问题解决过程。

e） 监理机构完成审核之后，审核结果应形成文档，并提供给承建单位，承建单位应了解监理机构在审核中发现的问题，并做出解决有关问题的计划。

f） 审核时，审核结果应考虑下列准则：

1）编码的软件产品应反映设计文档；

2） 文档所述的验收评审和测试需求对于软件产品的验收是适当的；

3） 测试数据符合规格说明；

4） 软件产品已成功进行测试并符合其规格说明；

5） 测试报告是正确的，实际情况和预期结果之间的差异已得到解决；

6） 用户文档符合规定的标准；

7） 已按照适用的需求计划和合同完成了活动；

8） 费用和进度符合制定的计划。

B.6 问题解决

问题解决的内容如下：

a） 监理机构应与业主单位、承建单位共同协商建立软件工程项目问题解决机制，以便处理在软件工程项目中发现的所有问题（包括不合格项）。这种过程应符合下列要求：

1） 该机制应是一个闭环，以便保证发现的所有问题及时地报告并纳入问题解决过程，及时着手采取措施。合适时，将存在的问题告知有关各方，标识、分析原因；可能时，要清楚问题原因，达到解决和处理，跟踪并报告状态。问题的记录要按合同中的规定保存。

2） 该机制应对问题分类、优先级做出安排，以便对问题分类并排出优先顺序。每一问题均应按类别和优先权分级，以便于进行分析和问题解决。

3） 该机制应明确问题处理的组织者及参与者，以便及时进行分析，以发现所报告问题的性质。

4） 该机制应对问题的解决和处理结果做出评价：评价问题是否得到解决，不良趋势是否扭转，更改是否已在适当的软件产品的活动中正确地实现，确定是否发生新的问题。

b） 监理机构应监督业主单位、承建单位共同执行问题处理机制的要求，主要工作包括：

1） 业主单位、监理机构、承建单位中任何一方在软件工程项目中发现问题（包括不合格项）时，应编制问题报告描述发现的每个问题。

2） 业主单位、监理机构、承建单位按照确定的问题处理机制解决问题。即从发现问题开始，直到问题及其原因的调查、分析和解决，继而通过问题发现倾向。

B.7 测量和分析

测量和分析的内容如下：

a） 监理机构应要求并监督承建单位建立和保持测量能力，用于支持承建单位为满足合同需求所开展的活动。

b） 监理机构宜检查承建单位在本工程上开展的所有测量工程测量规范及相应的测量分析结果。监理机构应对照工程计划和有关要求，对测量和分析从如下方面提出监理意见：

1） 工程确定的测量项具有完备、可执行的测量和分析规范；

2） 测量数据得到识别、及时正确收集、储存、客观、有效；

3） 测量数据得到正确分析、报告和交流；

4） 测量数据用于工程决策和行动依据；

5） 建立和保持完整的测量数据、测量分析报告，以及有关措施的记录。

c） 监理机构应保存所有收到的测量分析报告、有关措施的记录，以及监理活动产生的书面文档。

ICS 35.020
L 01

中华人民共和国国家标准

GB/T 19668.6—2007

信息化工程监理规范
第6部分:信息化工程安全监理规范

**Information system project surveillance specification—
Part 6:Information system project security surveillance specification**

2007-08-24 发布　　2008-01-01 实施

中华人民共和国国家质量监督检验检疫总局
中国国家标准化管理委员会　发布

前　言

GB/T 19668《信息化工程监理规范》分为六部分：

——第1部分：总则；

——第2部分：通用布缆系统工程监理规范；

——第3部分：电子设备机房系统工程监理规范；

——第4部分：计算机网络系统工程监理规范；

——第5部分：软件工程监理规范；

——第6部分：信息化工程安全监理规范。

本部分为GB/T 19668的第6部分。

本部分由国家电子政务标准化总体组提出并归口。

本部分项目召集单位：中国电子技术标准化研究所。

本部分项目副召集单位：北京市质量技术监督局、上海市信息化办公室、中国电子信息产业发展研究院。

本部分专家组：葛迺康、张保栋、马应章、包兵、窦传义。本部分工作组秘书：徐全平。

本部分主要起草单位：上海三零卫士信息安全有限公司、北京市信息安全测评中心、广州赛宝联睿信息工程监理有限公司、北京同方信息安全技术股份有限公司、山东正中计算机网络技术咨询有限公司、新疆天衡信息工程监理公司、北京知识安全工程中心。

本部分主要起草人：孔一童、张晓梅、闵京华、彭细正、周鸣乐、董火民、张斌、王新杰、姚世全。

信息化工程监理规范
第6部分:信息化工程安全监理规范

1 范围

GB/T 19668的本部分规定了信息化工程新建、升级、改造过程中各监理阶段安全监理工作的主要目标、内容和要点。

本部分适用于GB/T 19668.1—2005中各监理对象中涉及信息安全的监理工作。

本部分不对信息化工程安全监理中涉及的产品、服务的技术规格和条件做出规定或要求,有关内容参见相应的产品或服务的技术标准。

2 规范性引用文件

下列文件中的条款通过GB/T 19668的本部分的引用而成为本部分的条款。凡是注日期的引用文件,其随后所有的修改单(不包括勘误的内容)或修订版均不适用于本部分,然而,鼓励根据本部分达成协议的各方研究是否可使用这些文件的最新版本。凡是不注日期的引用文件,其最新版本适用于本部分。

GB 9361—1988 计算站场地安全要求

GB/T 19668.1—2005 信息化工程监理规范 第1部分:总则

3 术语和定义

GB/T 19668.1—2005确立的以及下列术语和定义适用于GB/T 19668的本部分。

3.1

信息安全 information security

保持信息的保密性、完整性、可用性;另外也可包括诸如真实性、可核查性、不可否认性和可靠性等。

注:见ISO/IEC 17799:2005,定义2.5。

3.2

信息化工程安全监理 information system project security surveillance

信息化工程新建、升级、改造过程中涉及信息安全的监理活动。

4 一般要求

本部分遵循GB/T 19668.1—2005的一般原则和要求,重点描述信息化工程安全监理各监理阶段的监理目标、监理内容和监理要点等。

在信息化工程的安全监理工作中,应同时使用GB/T 19668.1—2005和本部分。

信息化工程安全监理的监理对象为GB/T 19668.1—2005所包括的各类信息化工程中涉及信息安全的工程活动。信息化工程安全监理以保障信息系统安全作为监理活动的最终目标,对各监理对象实施监理。

5 工程招标阶段

5.1 监理目标

监理机构通过监理工作,应实现如下目标:

a) 协助业主单位明确工程的安全需求；

b) 如适用，协助业主单位确定系统安全保护等级；

c) 协助业主单位编制的招标文件与安全相关的内容在技术上合理有效；

d) 协助业主单位对投标文件中与安全相关的内容进行评审，对投标单位的安全资质进行审核，选出适合的承建单位；

e) 促使承建合同中与安全相关的条款在技术、经济上合理有效。

5.2 监理内容

工程招标阶段的主要监理内容如下：

a) 监理机构应根据监理合同编制监理规划，经业主单位签认后作为监理工作的依据；

b) 如适用，监理机构应协助业主单位依据国家等级保护相关标准，确定系统安全保护等级；

c) 监理机构应协助业主单位在深入调研的基础上，明确信息化工程的安全目标和安全需求；

d) 监理机构应检查业主单位提出的安全需求与安全目标是否一致，与国家和地方的信息安全政策法规、行业标准是否符合；

e) 监理机构应检查招标文件中工程的安全需求、安全范围、产品及服务等技术要求是否明确；

f) 监理机构可参与招标答疑工作，协助业主单位对工程所涉及的安全功能、安全技术指标向投标单位解释，并保存会议纪要(见 GB/T 19668.1—2005 表 C.6)和相关文件；

g) 监理机构宜参与投标文件评审，监督评审过程的合理性与公正性，对投标单位的安全相关资质进行审查，并提出监理意见，协助业主单位挑选出适合的承建单位；

h) 监理机构宜参与承建合同的签订过程，检查承建合同中安全功能、技术要求、测试标准、验收要求和质量责任等条款的合理性，在承建合同中应明确要求承建单位接受监理机构的监理；

i) 若工程建设中涉及到各方的内部敏感信息，监理机构应促使三方(业主单位、承建单位、监理单位)签署保密协议。

5.3 监理要点

5.3.1 安全需求

监理机构应从如下方面了解业主单位的安全需求：

a) 监理机构应协助业主单位通过调查研究，明确信息化工程建设的安全目标，从安全目标导出安全需求；

b) 监理机构应检查业主单位提出的安全需求与安全目标的一致性，与国家和地方信息安全法律、法规和标准的符合性；

c) 如适用，在确定安全等级后，监理机构宜协助业主单位将确定的安全保护等级结果报相应主管部门审查或备案。

5.3.2 招标文件

监理机构宜参与招标文件的编制，从如下方面对招标文件提出监理意见：

a) 工程安全体系建设，应能达到预定的安全目标与安全需求；

b) 投标单位的资质要求，如信息系统安全集成或服务资质、类似成功案例等；

c) 投标单位项目组人员的资格要求，如信息安全领域的相关资质，安全领域的工作年限和项目经验等；

d) 新建工程项目对原有信息系统安全性的可能影响及处理；

e) 所参照的相关法规、标准，投标文件应符合国家信息安全相关法律、法规和标准。

5.3.3 承建合同

监理机构应参与承建合同的签订，协助业主单位对承建合同的如下内容进行检查，并提出监理意见：

a) 信息安全相关建设内容，包括名称、范围和要求等；

b) 潜在安全风险的处理办法；

c) 保密条款和安全责任条款；

d) 项目验收标准、方法及文档交付；

e) 监理机构在工程款支付中的作用；

f) 工程变更和扩展引发安全问题的处理方法。

6 工程设计阶段

6.1 监理目标

监理机构通过监理工作，应实现如下目标：

a) 促使业主单位与承建单位进行充分的沟通，形成深化的设计需求；

b) 推动承建单位对工程的安全设计进行规范化的技术描述，形成优化的安全设计方案；

c) 促使业主单位、承建单位消除设计文档在进入工程实施前可预见的信息安全缺陷。

6.2 监理内容

工程设计阶段的主要监理内容如下：

a) 监理机构应根据监理规划、承建合同、安全设计方案等文档编制监理细则；

b) 监理机构应促使业主单位和承建单位就工程安全需求进行专门的讨论，对系统的安全需求形成一致的理解；

c) 监理机构应建议承建单位在信息安全需求调研和信息安全风险评估的基础上进行安全设计；

d) 如适用，已确定的信息安全保护等级也应作为安全设计的基础；

e) 监理机构应建议承建单位在进行系统安全性设计时，充分考虑新建项目对现有系统和目标系统安全性可能造成的影响，并在设计方案中有所体现；

f) 要求承建单位提交工程设计方案和工程实施组织设计方案（设计方案报审表见GB/T 19668.1—2005 表 B.1），监理机构对其中的安全设计内容进行审核后提出监理意见；

g) 监理机构应协助业主单位调动适当的资源，配合承建单位完成工程设计前期的安全需求调查和分析工作；

h) 监理机构应协助业主单位和承建单位与信息安全相关主管部门进行充分的沟通和协调，确保安全设计方案符合政策要求；

i) 监理机构应就设计阶段的各种变更对工程安全性的可能影响提出监理意见。

6.3 监理要点

6.3.1 安全需求分析

监理机构应从如下方面审核承建单位提交的工程安全需求文档，并提出监理意见：

a) 信息安全相关法规、标准、其他因素；

b) 系统的用途及其与业主单位业务安全的关联性；

c) 系统的安全功能、性能、互操作性、接口要求的描述是否明晰；

d) 安全性检验手段。

6.3.2 工程设计方案

监理机构应从如下方面对设计方案进行审核，并提出监理意见：

a) 与安全目标和安全需求的一致性；

b) 技术设计和施工组织的安全性；

c) 残余风险的考虑；

d) 对项目实施过程中可能存在的安全风险和处理办法的考虑；

e) 技术方案的开放性、兼容性、可扩展性；

f) 设计方案中安全设计与承建合同的符合性；

g) 与国家相关法律、法规、标准的符合性。

7 工程实施阶段

7.1 监理目标

监理机构通过监理工作，应实现如下目标：

a) 促使工程实施方案安全、合理，与设计方案符合；

b) 促使工程中所使用的产品和服务符合国家相关法律、法规和标准；

c) 促使工程实施计划合理、受控；

d) 确认工程实施过程满足承建合同提出的安全要求，并与安全设计方案、实施方案、实施计划相符。

7.2 监理内容

工程实施阶段的主要监理内容如下：

a) 在工程实施前，监理机构应督促承建单位提供工程实施方案、工程实施计划、工程进度安排等文档，确定实施人员组成；

b) 监理机构应对工程实施方案进行审核，检查实施方案与承建合同、安全设计方案的一致性，并提出监理意见；

c) 监理机构应对承建单位提交的工程进度安排进行审核，保证信息化工程中的各项安全措施实施符合信息化工程的总体时间安排，在时间进度上合理、有效；

d) 在工程实施中，监理机构应检查工程实施过程与实施方案的一致性，对工程实际建设中的变更进行记录并给出监理意见；

e) 监督对到货安全设备的验收；

f) 督促承建单位按照规范进行系统和设备的安装与调试；

g) 监理单位应促使业主单位和承建单位做好工程实施中的安全管理工作；

h) 如工程实施中存在重大变更，监理单位应督促承建单位对系统安全性进行再评估。

7.3 监理要点

7.3.1 工程实施方案和工程实施组织方案

监理机构应从如下方面对承建单位提交的工程实施方案和工程实施组织方案提出监理意见：

a) 实施方案与安全设计方案的符合性；

b) 安全设备安装调试规划，包括各类安全设备的采购、进场、配置、调试和管理的规划等；

c) 工程实施组织中的安全，如工程实施人员安全管理措施等；

d) 如适用，项目分包工程实施的安全控制措施。

7.3.2 安全设备验收

监理机构应从如下方面对主要设备进行到货验收，并提出监理意见：

a) 具有合法销售许可证；

b) 由合法供应商供应；

c) 符合设计规定的功能、性能；

d) 安全设备及型号与安全产品认证证书一致；

e) 如适用，由第三方测试机构出具的测试报告；

f) 设备运转正常，功能、性能达到合同要求。

7.3.3 工程实施管理

监理机构应从如下方面对工程实施中的安全管理进行监督：

a) 督促承建单位严格按照审批通过的实施方案进行施工；

b) 对承建单位施工人员的身份与资格进行审查；

c) 督促承建单位在施工中严格遵守业主单位的相关安全管理规定。

8 工程验收阶段

8.1 监理目标

监理机构通过监理工作，应实现如下目标：

a) 明确工程安全测试验收方案的符合性及可行性；

b) 促使工程的最终安全性能和功能符合承建合同、法律、法规和标准的要求；

c) 促使承建单位所提供的工程技术、管理文档的内容符合相关标准。

8.2 监理内容

验收阶段的主要监理内容如下：

a) 依据承建合同、安全设计方案、实施方案、实施记录、国家或地方相关标准和技术指导文件，对信息化工程进行安全符合性检查，以验证项目是否实现了项目设计目标和安全等级要求；

b) 根据信息系统的安全等级，协助业主单位委托外部测评机构对安全建设项目进行测评；

c) 协助业主单位建立验收工作机构，组织最终的项目验收会议；

d) 协助验收工作机构审核承建单位提供的验收工作方案，并提出监理意见；

e) 协助业主单位对承建单位提供的项目验收报告进行评审，并提出监理意见；

f) 协助业主单位收集工程实施中的各种关键文档。

8.3 监理要点

8.3.1 测试

监理机构应从如下方面开展测试中的监理工作：

a) 监理单位应督促承建单位按照网络、操作系统、应用系统、各类产品等安全功能及性能的不同，采用不同的技术检测方法，设计详细的测试技术方案和控制流程。

b) 监理机构应督促承建单位对工程进展中安装的设备或产品进行测试，以评估产品是否能符合业主单位或工程的安全要求。

c) 监理机构应督促承建单位在系统建设完成之后，在开通和交付业主单位验收、使用之前，进行总体安全性测试。

d) 监理机构应督促承建单位对安全测试的内容做详细的工作文档记录，包括安全工程测试方法、测试结果、测试指标结果等。

e) 如适用，监理机构应督促承建单位及时纠正测试中发现的安全问题。

f) 监理机构应从以下方面对测试结果进行审查，并提交监理意见：

1) 系统安全功能，如用户授权管理、访问控制、传输加密等；

2) 系统安全性能，如密码算法强度等。

8.3.2 信息系统安全测评

监理机构应从如下方面开展信息系统安全测评中的监理工作：

a) 协助业主单位做好与安全测评机构的沟通，协调项目各方与测评机构做好配合工作；

b) 协助业主单位审核测评机构编写的安全验收测评方案；

c) 对业主单位和承建单位进行的安全验收测评的技术准备、文档准备和人员准备情况进行检查；

d) 如适用，监理机构应协助业主单位，并督促承建单位整改安全测评中发现的问题。

8.3.3 工程验收

监理机构应从如下方面开展工程验收中的监理工作：

a) 监理机构应督促承建单位在系统验收前先进行系统的测试和试运行，并进行详细的文档记录；

b) 监理机构应建议业主单位和承建单位根据详细设计书及相关部门颁发的有关文件、各专业的设计规范、建设规范和验收规范进行项目验收；

c) 如适用,承建单位应提供由国家授权信息安全测评机构提供的系统安全测评报告,作为工程验收的材料。

9 各类信息化工程的安全监理要点

9.1 通用布缆系统工程的安全监理要点

监理机构可从如下方面对通用布缆系统工程进行安全监理:

a) 电源和运载数据或支持信息服务的电信布缆应免受窃听或损坏。
b) 线缆的选择除满足数据传输的技术要求外,还应注意电缆敷设的环境要求,如在强电磁干扰区域应采用屏蔽线或光缆。
c) 进入信息处理设施的电源和通信线路宜在地下,若可能,或提供足够的可替换的保护。
d) 线缆应免受未授权窃听或损坏,如利用电缆管道或使路由避开公众区域。
e) 为了防止干扰,电源电缆要与通信电缆分开。
f) 对于敏感或关键的系统,还应考虑以下的措施:
   1) 在检查点和终接点处安装铠装电缆管道和上锁的房间或盒子;
   2) 使用可替换的路由选择和/或传输介质;
   3) 使用光纤或屏蔽线布缆;
   4) 使用电磁防辐射装置保护电缆。

9.2 电子设备机房系统工程的安全监理要点

监理机构可从如下方面对电子设备机房系统工程进行安全监理:

a) 电子设备机房的安全设计应符合 GB 9361—1988 的规定。
b) 电子设备机房应保证供配电系统的安全,包括安装防雷和接地装置,部署不间断电源设备等。
c) 电子设备机房应安装消防设施,包括安装火灾报警装置,放置手提式灭火器等。凡设有气体灭火装置的电子设备机房,应安装排气装置。
d) 电子设备机房应根据其重要性,安装门禁系统、视频监视系统、入侵报警系统等安防系统。
e) 电子设备机房应保证电子设备运行的温度、湿度要求,部署空调系统;重要的电子设备机房应安装精密空调等装置以保证对温湿度的精确控制。
f) 电子设备机房应保证对静电的防护或处理,采取防静电地板、接地等措施,防止静电对机房内电子设备的损害。

9.3 计算机网络系统工程的安全监理要点

监理机构可从如下方面对计算机网络系统工程进行安全监理:

a) 网络系统工程中的中心机房应满足 9.2 的要求,各种服务器及网络核心设备宜放置在专门的电子设备机房;
b) 信息网络平台中涉及的防火墙、防病毒系统等网络安全软硬件设备应通过国家相关安全测评认证机构的认证;
c) 交换机、路由器和防火墙等网络设备初始安装后应重新配置,以符合系统安全策略或系统对应的安全等级保护要求;
d) 合理划分网络安全域,对外提供服务的区域应和内部网络隔离;内部服务器及办公主机应放置在内网,对外提供服务的服务器应放置在对外服务区;
e) 在网络系统与外部网络接口处应设置防火墙、隔离网闸等边界保护设备;
f) 应分别从网络防病毒、主机防病毒等各个层次加强网络对病毒的防范能力;
g) 网络应用的安全应满足 9.4 的要求。

9.4 软件工程的安全监理要点

监理机构可从如下方面对软件工程进行安全监理:

a) 应用软件在设计上应考虑合适的控制和审核跟踪或活动日志，以防止丢失、修改或滥用应用系统中的用户数据，包括输入数据确认、内部处理控制、输出数据确认等；
b) 软件系统应采用适当的密码系统和技术来保护信息的保密性、真实性和完整性；
c) 对于重要的信息系统，应分离开发、测试和运行设施，规定从开发状态到运行状态的安全控制措施并形成文件，以防止开发和测试活动可能引起的问题；
d) 软件的测试过程应注意保护和控制测试数据，避免使用包含个人信息的运行数据库；
e) 软件的开发过程中，对源程序库的访问应维护严格的控制，以减少计算机程序被损坏的可能；
f) 如存在外包的软件开发，应注意对外包过程的信息管理。

ICS 27.010
F 01

中华人民共和国国家标准

GB 19762—2007
代替 GB 19762—2005

清水离心泵能效限定值及节能评价值

The minimum allowable values of energy efficiency and evaluating values of energy conservation of centrifugal pump for fresh water

2007-11-02 发布　　　　2008-07-01 实施

中华人民共和国国家质量监督检验检疫总局
中国国家标准化管理委员会　发布

前　言

本标准第6章、第7章是强制性的，其余条款是推荐性的。

本标准代替GB 19762—2005《清水离心泵能效限定值及节能评价值》。

本标准与GB 19762—2005相比主要变化如下：

——增加了泵目标能效限定值，指标提高幅度在1%～2%；

——增加了表2、表3、表4的内容；

——修改了GB 19762—2005中表1的内容；

——修改了GB 19762—2005中图1、图2的内容；

——修改了GB 19762—2005中5.1的内容；

——删除了GB 19762—2005中图5、图6的内容；

——删除了GB 19762—2005中第4章的内容；

——删除了长轴离心深井泵的相关内容。

本标准的附录A和附录B为资料性附录。

本标准由全国能源基础与管理标准化技术委员会提出。

本标准由全国能源基础与管理标准化技术委员会合理用电分技术委员会归口。

本标准起草单位：中国标准化研究院、浙江工业大学工业泵研究所、沈阳水泵研究所、上海东方泵业（集团）有限公司、上海凯泉泵业（集团）有限公司、上海连成（集团）有限公司、广东佛山水泵厂有限公司、国家排灌及节水设备产品质量监督检验中心、上海人民电机厂有限公司。

本标准主要起草人：张新、牟介刚、赵跃进、刘卫伟、袁宗久、肖功槐、宋青松、陈龙玲、胡涛、刘平。

本标准于2005年5月13日首次发布。

清水离心泵能效限定值及节能评价值

1 范围

本标准规定了清水离心泵(以下简称泵)的基本要求、泵效率、泵能效限定值、泵目标能效限定值、泵节能评价值。

本标准适用于单级单吸清水离心泵、单级双吸清水离心泵、多级清水离心泵。

本标准不适用于其他类型泵。

2 规范性引用文件

下列文件中的条款通过本标准的引用而成为本标准的条款。凡是注日期的引用文件,其随后所有的修改单(不包括勘误的内容)或修订版均不适用于本标准,然而,鼓励根据本标准达成协议的各方研究是否可使用这些文件的最新版本。凡是不注日期的引用文件,其最新版本适用于本标准。

GB/T 3216—2005　回转动力泵　水力性能验收试验　1级和2级(ISO 9906:1999,MOD)

GB/T 5657—1995　离心泵　技术条件(Ⅲ类)(eqv ISO 9908:1993)

GB/T 7021　离心泵名词术语

GB/T 13006　离心泵、混流泵和轴流泵　汽蚀余量

3 术语和定义

GB/T 7021确立的以及下列术语和定义适用于本标准。

3.1

规定点　specified point

性能曲线上由规定流量和规定扬程所确定的点

3.2

泵能效限定值　The minimum allowable values of energy efficiency for pumps

在标准规定测试条件下,允许泵规定点的最低效率。

3.3

泵目标能效限定值　The target minimum allowable values of energy efficiency for pumps

在本标准实施一定年限后,允许泵规定点的最低效率。

3.4

泵节能评价值　The evaluating values of energy conservation for pumps

在标准规定测试条件下,满足节能认证要求应达到的泵规定点最低效率。

4 基本要求

4.1　泵产品的设计、制造和质量应符合GB/T 5657—1995的规定。

4.2　泵产品规定点的必需汽蚀余量(NPSHR)应符合GB/T 13006的规定。

4.3　泵产品的试验方法应符合GB/T 3216—2005中的2级规定要求,泵的性能Q、H、η、NPSHR允许容差系数应符合GB/T 3216—2005中的2级规定要求。

5 泵效率

5.1 泵效率为泵输出功率与轴功率之比的百分数。按式(1)计算:

$$\eta = \frac{P_u}{P_a} \times 100\% \quad \cdots\cdots(1)$$

式中:

η——泵效率,%;

P_u——泵输出功率(有效功率),单位为千瓦(kW);

P_a——泵轴功率(输入功率),单位为千瓦(kW)。

5.2 泵输出功率按式(2)计算:

$$P_u = \rho g Q H \times 10^{-3} \quad \cdots\cdots(2)$$

式中:

ρ——密度,单位为千克每立方米(kg/m^3);

g——重力加速度,$g = 9.81\ m/s^2$;

Q——流量,单位为立方米每秒(m^3/s);

H——扬程,单位为米(m)。

6 泵能效限定值

6.1 当流量在 5 m^3/h~10 000 m^3/h 范围内,泵能效限定值 η_1 按表 1 确定。计算方法示例见附录 A。

6.2 当流量大于 10 000 m^3/h,单级单吸清水离心泵能效限定值 η_1 为 87%,单级双吸清水离心泵能效限定值 η_1 为 86%。

7 泵目标能效限定值

7.1 当流量在 5 m^3/h~10 000 m^3/h、比转速在 20~300 范围内,泵目标能效限定值 η_2 确定如下:单级清水离心泵从图 1 曲线"目标限定值"中直接读取或按表 2"目标限定值"栏查取 η_2,多级清水离心泵从图 2 曲线"目标限定值"中直接读取或按表 3"目标限定值"栏查取 η_2;如果比转速在 20~120、210~300 范围内,其目标能效限定值 η_2 应分别按图 3、图 4 或者表 4 的规定进行修正。计算方法示例见附录 B。

7.2 当流量大于 10 000 m^3/h,泵效率的目标能效限定值 η_2 为 88%。

7.3 泵目标能效限定值 η_2 在本标准实施之日 3 年后开始实施,并替代本标准第 6 章中的泵能效限定值 η_1。

8 泵节能评价值

8.1 当流量在 5 m^3/h~10 000 m^3/h 范围内,泵节能评价值 η_3 按表 1 确定。计算方法示例见附录 A。

8.2 当流量大于 10 000 m^3/h,泵效率的节能评价值 η_3 为 90%。

表 1 泵能效限定值及节能评价值

泵类型	流量 Q/(m^3/h)	比转速 n_s	未修正效率值 η/%	效率修正值 $\Delta\eta$/%	泵规定点效率值 η_0/%	泵能效限定值 η_1/%	泵节能评价值 η_3/%
单级单吸清水离心泵	≤300	120～210	按图 1 曲线“基准值”或表 2“基准值”栏查 η	0	$\eta_0=\eta$	$\eta_1=\eta_0-3$	$\eta_3=\eta_0+2$
		<120、>210	按图 1 曲线“基准值”或表 2“基准值”栏查 η	按图 3 或图 4 或表 4 查 $\Delta\eta$	$\eta_0=\eta-\Delta\eta$	$\eta_1=\eta_0-3$	$\eta_3=\eta_0+2$
	>300	120～210	按图 1 曲线“基准值”或表 2“基准值”栏查 η	0	$\eta_0=\eta$	$\eta_1=\eta_0-3$	$\eta_3=\eta_0+1$
		<120、>210	按图 1 曲线“基准值”或表 2“基准值”栏查 η	按图 3 或图 4 或表 4 查 $\Delta\eta$	$\eta_0=\eta-\Delta\eta$	$\eta_1=\eta_0-3$	$\eta_3=\eta_0+1$
单级双吸清水离心泵	≤600	120～210	按图 1 曲线“基准值”或表 2“基准值”栏查 η	0	$\eta_0=\eta$	$\eta_1=\eta_0-3$	$\eta_3=\eta_0+2$
		<120、>210	按图 1 曲线“基准值”或表 2“基准值”栏查 η	按图 3 或图 4 或表 4 查 $\Delta\eta$	$\eta_0=\eta-\Delta\eta$	$\eta_1=\eta_0-3$	$\eta_3=\eta_0+2$
	>600	120～210	按图 1 曲线“基准值”或表 2“基准值”栏查 η	0	$\eta_0=\eta$	$\eta_1=\eta_0-4$	$\eta_3=\eta_0+1$
		<120、>210	按图 1 曲线“基准值”或表 2“基准值”栏查 η	按图 3 或图 4 或表 4 查 $\Delta\eta$	$\eta_0=\eta-\Delta\eta$	$\eta_1=\eta_0-4$	$\eta_3=\eta_0+1$
多级清水离心泵	≤100	120～210	按图 2 曲线“基准值”或表 3“基准值”栏查 η	0	$\eta_0=\eta$	$\eta_1=\eta_0-3$	$\eta_3=\eta_0+2$
		<120、>210	按图 2 曲线“基准值”或表 3“基准值”栏查 η	按图 3 或图 4 或表 4 查 $\Delta\eta$	$\eta_0=\eta-\Delta\eta$	$\eta_1=\eta_0-3$	$\eta_3=\eta_0+2$
	>100	120～210	按图 2 曲线“基准值”或表 3“基准值”栏查 η	0	$\eta_0=\eta$	$\eta_1=\eta_0-4$	$\eta_3=\eta_0+1$
		<120、>210	按图 2 曲线“基准值”或表 3“基准值”栏查 η	按图 3 或图 4 或表 4 查 $\Delta\eta$	$\eta_0=\eta-\Delta\eta$	$\eta_1=\eta_0-4$	$\eta_3=\eta_0+1$

注：基准值是当前泵行业较好产品效率平均值。

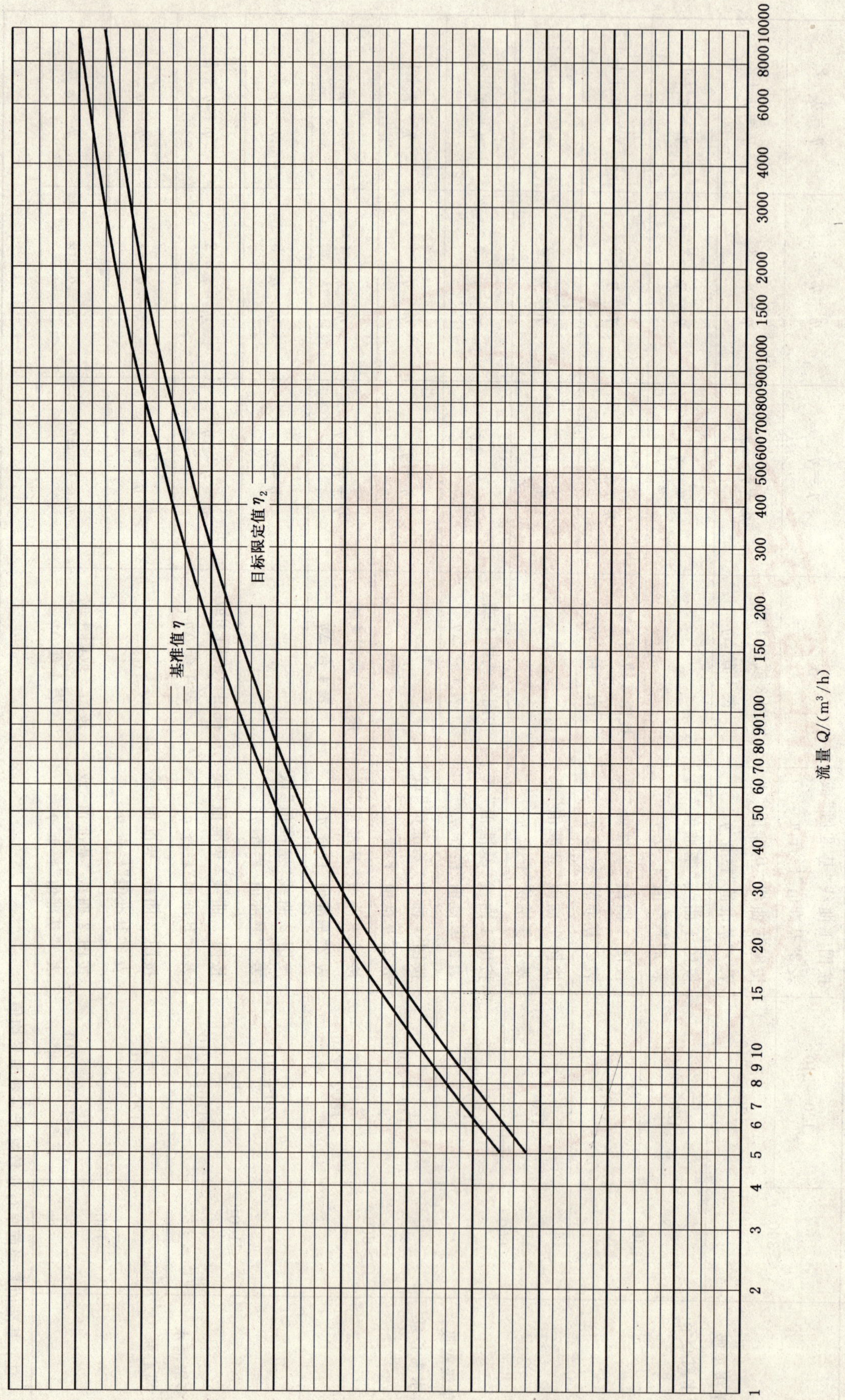

注：对于单级双吸离心水泵，图中流量是指全流量值。

图 1　单级清水离心泵效率

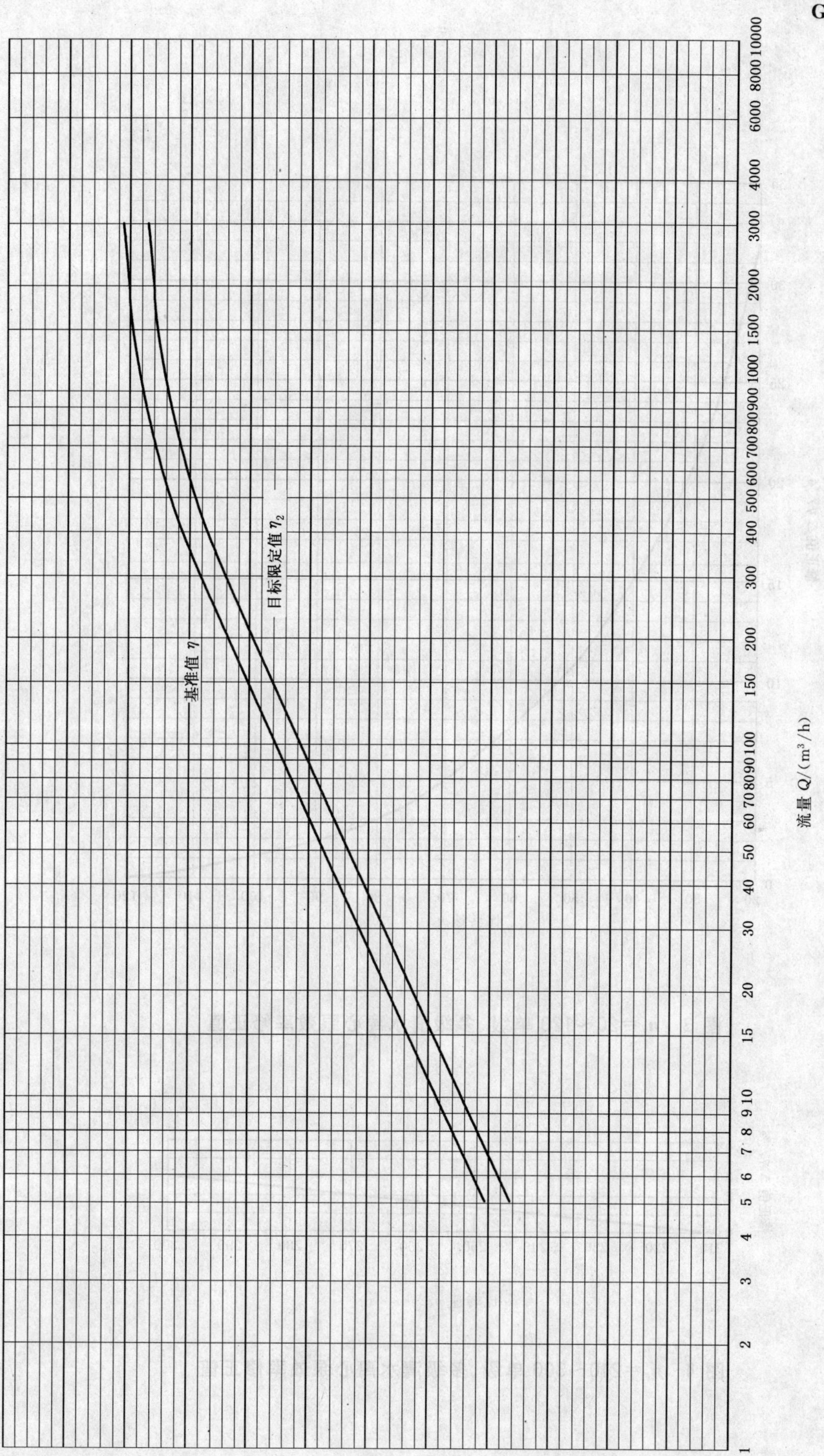

图 2 多级清水离心泵效率

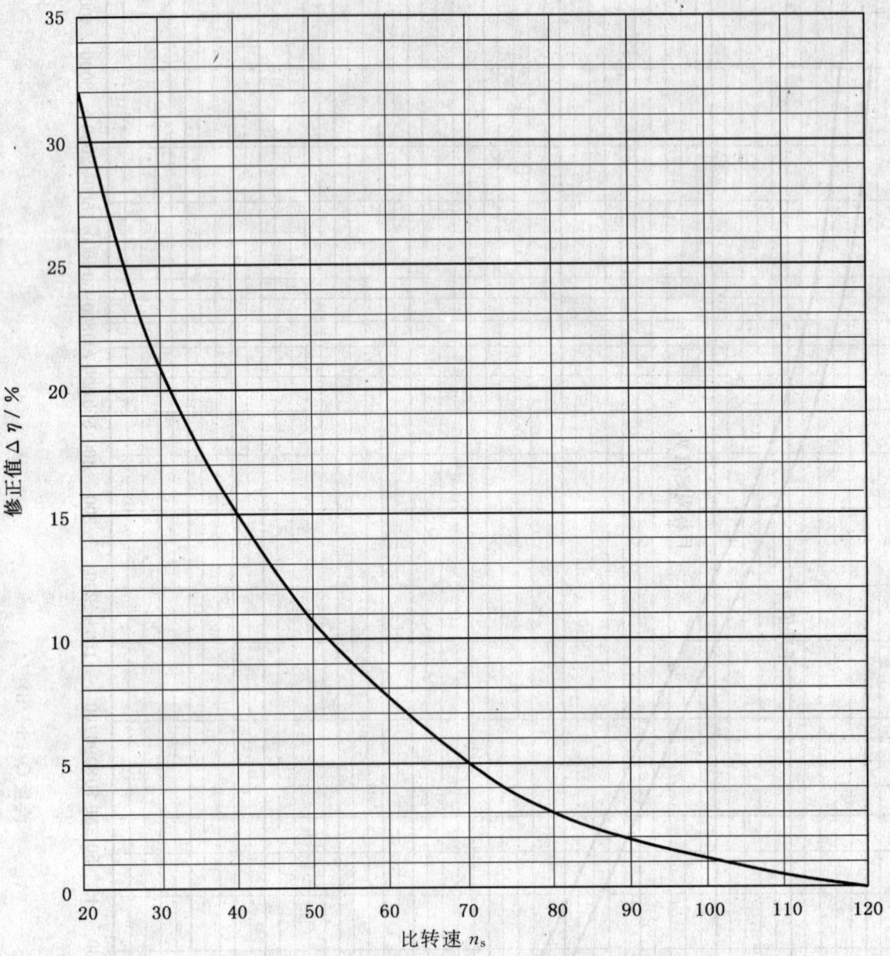

图 3　n_s = 20～120 单级、多级清水离心泵效率修正值

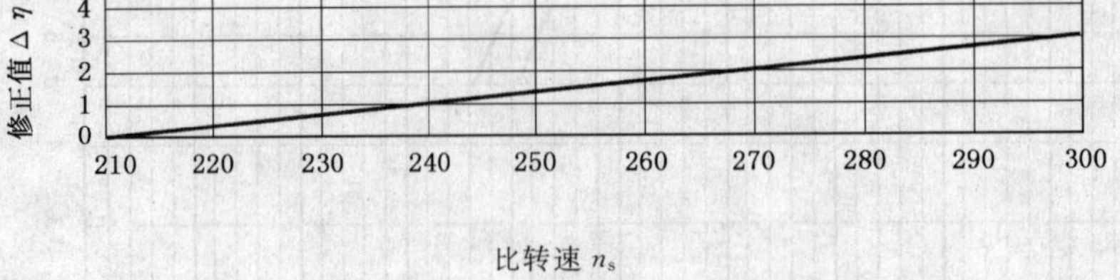

图 4　n_s = 210～300 单级、多级清水离心泵效率修正值

表 2　单级清水离心泵效率

$Q/(m^3/h)$	5	10	15	20	25	30	40	50	60	70	80
基准值 $\eta/\%$	58.0	64.0	67.2	69.4	70.9	72.0	73.8	74.9	75.8	76.5	77.0
目标限定值 $\eta_2/\%$	56.0	62.0	65.2	67.4	68.9	70.0	71.8	72.9	73.8	74.5	75.0
$Q/(m^3/h)$	90	100	150	200	300	400	500	600	700	800	900
基准值 $\eta/\%$	77.6	78.0	79.8	80.8	82.0	83.0	83.7	84.2	84.7	85.0	85.3
目标限定值 $\eta_2/\%$	75.6	76.0	77.8	78.8	80.0	81.0	81.7	82.2	82.7	83.0	83.3
$Q/(m^3/h)$	1 000	1 500	2 000	3 000	4 000	5 000	6 000	7 000	8 000	9 000	10 000
基准值 $\eta/\%$	85.7	86.6	87.2	88.0	88.6	89.0	89.2	89.5	89.7	89.9	90.0
目标限定值 $\eta_2/\%$	83.7	84.6	85.2	86.0	86.6	87.0	87.2	87.5	87.7	87.9	88.0

注：表中单级双吸离心水泵的流量是指全流量值。

表 3　多级清水离心泵效率

$Q/(m^3/h)$	5	10	15	20	25	30	40	50	60	70	80	90	100
基准值 $\eta/\%$	55.4	59.4	61.8	63.5	64.8	65.9	67.5	68.9	69.9	70.9	71.5	72.3	72.9
目标限定值 $\eta_2/\%$	53.4	57.4	59.8	61.5	62.8	63.9	65.5	66.9	67.9	68.9	69.5	70.3	70.9
$Q/(m^3/h)$	150	200	300	400	500	600	700	800	900	1 000	1 500	2 000	3 000
基准值 $\eta/\%$	75.3	76.9	79.2	80.6	81.5	82.2	82.8	83.1	83.5	83.9	84.8	85.1	85.5
目标限定值 $\eta_2/\%$	73.3	74.9	77.2	78.6	79.5	80.2	80.8	81.1	81.5	81.9	82.8	83.1	83.5

表 4　n_s＝20～300 单级、多级清水离心泵效率修正值

n_s	20	25	30	35	40	45	50	55	60	65
$\Delta\eta/\%$	32	25.5	20.6	17.3	14.7	12.5	10.5	9.0	7.5	6.0
n_s	70	75	80	85	90	95	100	110	120	130
$\Delta\eta/\%$	5.0	4.0	3.2	2.5	2.0	1.5	1.0	0.5	0	0
n_s	140	150	160	170	180	190	200	210	220	230
$\Delta\eta/\%$	0	0	0	0	0	0	0	0	0.3	0.7
n_s	240	250	260	270	280	290	300			
$\Delta\eta/\%$	1.0	1.3	1.7	1.9	2.2	2.7	3.0			

附 录 A
（资料性附录）
泵能效限定值及节能评价值计算方法示例

某单级双吸清水离心泵规定点性能：$Q=800\ m^3/h$，$H=12\ m$，$n=1\ 470\ r/min$，求其能效限定值 η_1 及节能评价值 η_3。

A.1 按式(A.1)计算泵的比转速 n_s

$$n_s=\frac{3.65n\sqrt{Q}}{H^{3/4}} \qquad \cdots\cdots(A.1)$$

式中：

Q——流量，单位为立方米每秒(m^3/s)(双吸泵计算流量时取 $Q/2$)；

H——扬程，单位为米(m)(多级泵计算取单级扬程)；

n——转速，单位为转每分(r/min)。

数据代入式(A.1)得

$$n_s=\frac{3.65n\sqrt{\frac{Q}{2}}}{H^{3/4}}=\frac{3.65\times1\ 470\times\sqrt{\frac{800}{2\times3\ 600}}}{12^{3/4}}=277.4$$

A.2 查取未修正效率值 η

查图 1 曲线“基准值”或表 2“基准值”栏，当 $Q=800\ m^3/h$ 时，$\eta=85\%$。

A.3 确定效率修正值 $\Delta\eta$

查图 4 或表 4，当 $n_s=277.4$ 时，$\Delta\eta=2.1\%$。

A.4 计算泵规定点效率值 η_0

$\eta_0=\eta-\Delta\eta=85\%-2.1\%=82.9\%$。

A.5 计算能效限定值 η_1

$\eta_1=\eta_0-4\%=82.9\%-4\%=78.9\%$。

A.6 计算节能评价值 η_3

$\eta_3=\eta_0+1\%=82.9\%+1\%=83.9\%$。

附 录 B
（资料性附录）
泵目标能效限定值计算方法示例

某单级单吸清水离心泵规定点性能：$Q=100\ m^3/h$，$H=125\ m$，$n=2\ 900\ r/min$，求其目标能效限定值 η_2。

B.1 计算泵的比转速 n_s

数据代入式（A.1）得

$$n_s=\frac{3.65\times 2\ 900\times\sqrt{\frac{100}{3\ 600}}}{125^{3/4}}=47.2$$

B.2 查取未修正效率值 η

查图1曲线"目标限定值"或表2"目标限定值"栏，当 $Q=100\ m^3/h$ 时，$\eta=76\%$。

B.3 确定效率修正值 $\Delta\eta$

查图3或表4，当 $n_s=47.2$ 时，$\Delta\eta=11.5\%$。

B.4 计算泵目标能效限定值 η_2

$\eta_2=\eta-\Delta\eta=76\%-11.5\%=64.5\%$。

ICS 25.040.40;35.240.50
N 10

GB

中华人民共和国国家标准

GB/T 19769.4—2007

工业过程测量和控制系统用功能块 第4部分：一致性行规指南

Function blocks for industrial-process measurement and control system—Part 4: Rules for compliance profiles

(IEC/PAS 61499-4:2002,NEQ)

2007-01-18 发布　　　　2007-06-01 实施

中华人民共和国国家质量监督检验检疫总局
中国国家标准化管理委员会　发布

前言

GB/T 19769《工业过程测量和控制系统用功能块》分为如下几部分：

——第1部分：结构；

——第2部分：软件工具要求；

——第3部分：应用指南；

——第4部分：一致性行规指南。

本部分为GB/T 19769的第4部分。

本部分对应于IEC/PAS 61499-4:2002《工业过程测量和控制系统用功能块　第4部分：一致性行规指南》(英文版)，其一致性程度为非等效。

本部分的附录A和附录B为资料性附录。

本部分由中国机械工业联合会提出。

本部分由全国工业过程测量和控制标准化技术委员会第二分技术委员会归口。

本部分负责起草单位：西南大学、中国四联仪器仪表集团、上海自动化仪表股份有限公司。

本部分参加起草单位：机械工业仪器仪表综合技术经济研究所、浙江大学、北京机械工业自动化研究所。

本部分主要起草人：张为群、刘枫、刘进、包伟华、吕静、庄夏。

本部分参加起草人：冯晓升、冯冬芹、谢兵兵。

本部分是首次制定。

工业过程测量和控制系统用功能块 第4部分:一致性行规指南

1 总则

1.1 范围

GB/T 19769的本部分定义了开发一致性行规的规则,该一致性行规规定了GB/T 19769.1和GB/T 19769.2要实现的特性,以发挥下列基于GB/T 19769的系统、设备和软件工具的属性:

——来自多个供应商的设备的可互操作性;

——在多个供应商的软件工具之间软件的可移植性;

——多个供应商的软件工具,对来自多个供应商的设备的可配置性。

这些属性举例说明于图1中。

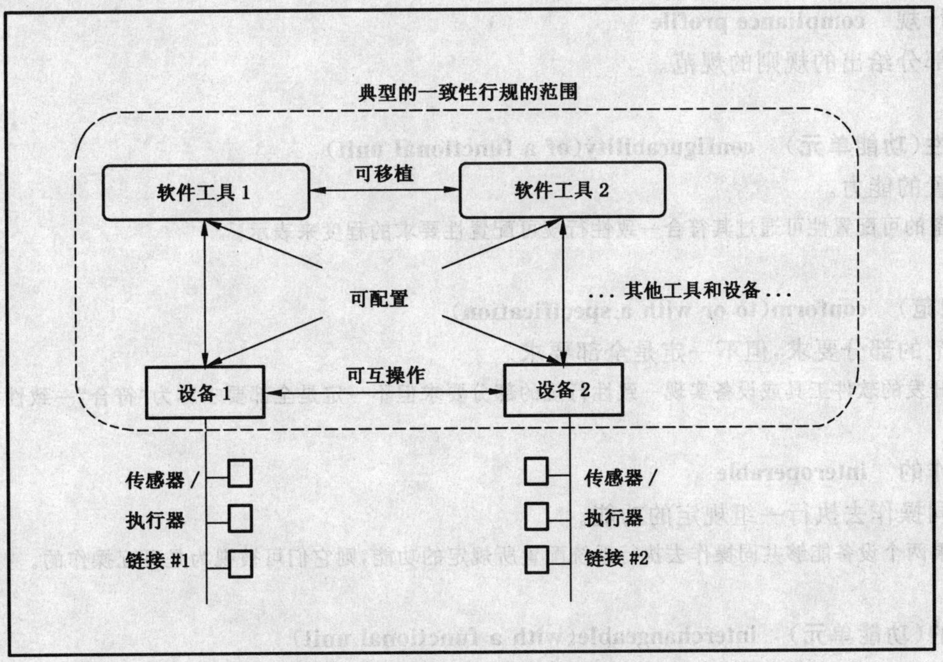

图1 典型的一致性行规的范围

注1:对于促进设备可互换性的条款的规范超出了本部分的范围。

注2:图1中标明的传感器/执行器链接#1和链接#2可以是不可互操作的。然而,遵守特定行规的系统,使用适当的配置和互连的服务接口功能块可以实现一个链接上的传感器的事件和数据到另一条链接上的执行器的传送。

注3:一致性行规可以扩展它们的范围,超出图1所示,以包含传感器和执行器的可互操作性。

注4:软件工具供应商应保证他们的产品符合GB/T 19769.2的需求以及定义在一致性行规中可适用于他们的特殊软件工具的任何特定需求。

1.2 规范性引用文件

下列文件中的条款通过GB/T 19769的本部分的引用而成为本部分的条款。凡是注日期的引用文件,其随后所有的修改单(不包括勘误的内容)或修订版均不适用于本部分,然而,鼓励根据本部分达成协议的各方研究是否可使用这些文件的最新版本。凡是不注日期的引用文件,其最新版本适用于本部分。

GB/T 1.1—2000 标准化工作导则 第1部分：标准的结构和编写规则(ISO/IEC Directives, Part 3, 1997, Rules for the structure and drafting of International standards, NEQ)

GB/T 19769.1—2005 工业过程测量和控制系统用功能块 第1部分：结构(IEC/CD 61499-1：2003, IDT)

GB/T 19769.2—2005 工业过程测量和控制系统用功能块 第2部分：软件工具要求(IEC/CD 61499-2：2003, IDT)

1.3 术语和定义

GB/T 19769.1—2005 和 GB/T 19769.2—2005 中给出的所有术语和定义均适用于本部分。此外，下列术语和定义适用于本部分。

注：本部分没有定义或引用的术语参见 ISO/AFNOR 计算机科学词典和电工术语。

1.3.1

遵从(规范) comply(to or with a specification)

满足(规范)的全部要求。

示例：根据本部分给出的指南而形成的一致性行规称为“遵从”或“遵照”本部分。

1.3.2

一致性行规 compliance profile

遵从本部分给出的规则的规范。

1.3.3

可配置性(功能单元) configurability(of a functional unit)

能被配置的能力。

示例：设备的可配置性可通过其符合一致性行规可配置性要求的程度来表示。

1.3.4

符合(规范) conform(to or with a specification)

满足规范的部分要求，但不一定是全部要求。

示例：所开发的软件工具或设备实现一致性行规的部分要求但不一定是全部要求称为“符合”一致性行规。

1.3.5

可互操作的 interoperable

能够共同操作去执行一组规定的功能。

示例：如果两个设备能够共同操作去执行系统配置所规定的功能，则它们可被视为是可互操作的。

1.3.6

可互换的(功能单元) interchangeable(with a functional unit)

能够替换功能单元。

示例：如果一个设备可以替换另一个设备，替换后之前的任何分布式应用照常继续运行，包括涉及该设备的任何分布式应用具有同样的动态响应，那么该设备与另一设备可视为是可互换的。

1.3.7

可移植的(软件工具之间) portable(between software tools)

能够被多个软件工具接受和正确地解释。

示例：在两个软件工具之间，如果一个软件库元素能够被两个软件工具接受和解释，那么这个软件库元素是可移植的。

2 一致性行规的目录

一致性行规应遵循表1给出的概要。这一行规的特定章和条的编写规则在本章的后续部分给出。

一致性行规的标题应具有“符合 GB/T 19769 的〈yyy〉一致性行规”的格式，这里〈yyy〉表示该行规的适用性范围。标题页或前言也应指明负责该一致性行规的开发和维护的组织或个人。

一致性行规可以定义 GB/T 19769.1 和 GB/T 19769.2 中没有规定的特性。这些特性应描述为“GB/T 19769.1 的扩展”或“GB/T 19769.2 的扩展”，且该一致性行规应分别规定它们到“GB/T 19769.1或“GB/T 19769.2”所描述的元素的映射。

表 1 一致性行规的目录

0 标题
0.1 前言
1 总则
1.1 范围
1.2 规范性引用文件
1.3 术语和定义
2 可移植性条款
3 可互操作性条款
3.1 物理层
3.2 数据链路层
3.3 网络层、传输层和会话层
3.4 表示层
3.5 应用层
4 可配置性条款
4.1 软件工具
4.2 设备管理服务
4.3 设备

2.1 总则

本条提供了一致性行规第 1 章各条组成的规则。

2.1.1 范围

一致性行规的 1.1 应提出下列题目：

a) 由该一致性行规提出的应用类型。

b) 由该一致性行规提出的功能范围。这可以通过适当的文字补充本部分的图 1 形成合适的修订版来提出。

c) 必须是在该一致性行规的范围内的任何超出 GB/T 19769.1 和 GB/T 19769.2 的附加要求和限制。

d) 在该一致性行规范围内不需要满足 GB/T 19769.1 和 GB/T 19769.2 的任何要求。

e) 与 GB/T 19769.1 和 GB/T 19769.2 的规范性要求相矛盾的该一致性行规的条款和关于这一矛盾的技术上的原因。

在上述类型 e) 的任何要素存在的情况下，应当通报 TC124 秘书处可能需要修改相应的 GB/T 19769的规范性要求。

注：一致性行规的作者应确定他们引用的是 GB/T 19769.1—2005。

2.1.2 规范性引用文件

一致性行规的 1.2 应遵循 GB/T 1.1—2000 中 6.2.3 给出的规范性引用文件的表示规则。

2.1.3 术语和定义

一致性行规的 1.3 应遵循 GB/T 1.1—2000 中 6.3.1 给出的定义的表示规则。

2.2 可移植性条款

一致性行规的第 2 章应包含如下信息：

——一致性软件工具应能以 GB/T 19769.2—2005 附录 A 和附录 B 中定义的语法和语义来生成库元素的程度。

——一致性软件工具应能以 GB/T 19769.2—2005 附录 A 和附录 B 中定义的语法和语义来正确

地分析和解释库元素的程度。

——用于库元素交换的文件名格式(如果有的话),例如:〈LibraryElementName〉. xml.。

2.3 可互操作性条款

一致性行规的第 3 章应该按照 GB/T 19769.1—2005 中 3.2 定义的通信功能块的事件和数据的输入和输出的语义,规定该一致性行规的功能范围内满足实体中通信要求所使用的方法。

注:通信功能块的事件和数据的输入和输出的语法可以(但不要求)用于满足本条的要求。

2.4 可配置性条款

为了获得软件工具对设备的可配置性,一致性行规的第 4 章应规定设备和软件工具要实现的方法(如果有的话)。这可以包括关于设备的一个或多个可配置性类。

注:3 个可配置性类的定义的示例如附录 B 所示。

2.5 附录

一致性行规可以包含规范性或资料性附录。规范性附录含有必须通过一致的实现来满足的条款,而资料性附录则不含有这类条款。每一附录的规范性或资料性特性应通过在正文中提到、在该一致性行规的前言中声明这一作用以及在该行规的目录和附录的标题下予以指出的方法来阐明。

附　录　A
（资料性附录）
一致性行规示例

GB/T 19769 参照采用 IEC 61499，可行性示范项目的文件可从 http://www.holobloc.com/doc/ita/index.htm 上在线得到。为了节省篇幅，这一文件将不在此列出。由于该项目仍在进行中，上述网站将反映当前信息。该引用文件的更新通知将在 http://www.holobloc.com/上发布。

附　录　B
（资料性附录）
设备可配置性类示例

与本部分一致的设备的类型和实例应按照 GB/T 19769.1—2005 第 3 章给出的规则来规定。与本部分一致的设备应描述为 3 种可配置性类之一，即：

- Class 0：简单设备；
- Class 1：简单可编程设备；
- Class 2：用户可重编程设备。

可根据表 B.1 中列出的管理命令对设备进行配置。

表 B.1　设备可配置性类（资料性）

CMD[a]	对　　象	CLASS 0	CLASS 1	CLASS 2
CREATE	type_declaration			必需的
	fb_type_declaration			必需的
	fb_instance_definition		必需的	必需的
	connection_definition	必需的[b]	必需的	必需的
	access_path_declaration		必需的[c]	必需的[c]
DELETE	data_type_name			必需的
	fb_type_name			必需的
	fb_instance_reference		必需的	必需的
	connection_definition		必需的	必需的
	access_path_name		必需的[c]	必需的[c]
START	fb_instance_reference	必需的	必需的	必需的
	application_name	必需的	必需的	必需的
STOP	fb_instance_reference	必需的	必需的	必需的
	application_name	必需的	必需的	必需的
KILL	fb_instance_reference		必需的	必需的
QUERY	all_data_types	必需的	必需的	必需的
	all_fb_types	必需的	必需的	必需的
	data_type_name			必需的

表 B.1（续）

CMD[a]	对　象	CLASS 0	CLASS 1	CLASS 2
QUERY	fb_type_name			必需的
	fb_instance_reference		必需的	必需的
	connection_start_point		必需的	必需的
	application_name		必需的	必需的
	access_path_name		必需的[c]	必需的[c]
READ	access_path_name	必需的[c]	必需的[c]	必需的[c]
WRITE	access_path_data	必需的[c]	必需的[c]	必需的[c]

a　这些命令的语义的定义见 GB/T 19769.1—2005 的 3.3.2。

b　只有新参数值到功能块的数据输入的连接是 Class 0 的设备所必需的。

c　只有在支持访问路径的设备中这一能力才是必需的。

ICS 97.220.01
Y 55

中华人民共和国国家标准

GB/T 19851.13—2007

中小学体育器材和场地 第13部分：排球网柱、羽毛球网柱、网球网柱

Sports equipment and playground for middle school and primary school Part 13: Volleyball net post, badminton net post, tennis net post

2007-04-30 发布　　2007-06-01 实施

中华人民共和国国家质量监督检验检疫总局
中国国家标准化管理委员会　发布

前　言

GB/T 19851《中小学体育器材和场地》分为22个部分：

——第1部分：健身器材；

——第2部分：体操器材；

——第3部分：篮球架；

——第4部分：篮球；

——第5部分：排球；

——第6部分：软式排球；

——第7部分：乒乓球台；

——第8部分：乒乓球；

——第9部分：羽毛球拍；

——第10部分：网球拍；

——第11部分：合成材料面层运动场地；

——第12部分：学生体质健康测试器材；

——第13部分：排球网柱、羽毛球网柱、网球网柱；

——第14部分：球网；

——第15部分：足球门；

——第16部分：跨栏架；

——第17部分：跳高架；

——第18部分：实心球；

——第19部分：垒球；

——第20部分：跳绳；

——第21部分：毽球、花毽；

——第22部分：软式橄榄球。

本部分为GB/T 19851的第13部分。

本部分的排球网柱参照了《排球竞赛规则》(2005～2008)中2.1、2.5规定的球网高度、网柱高度。

本部分中学用羽毛球网柱的拉网高度采用《羽毛球竞赛规则》(2005)中1.10规定的球网高度和网柱高度。小学用羽毛球网柱的拉网高度参照了《羽毛球竞赛规则》(2005)中1.10规定的球网高度和网柱高度。羽毛球网柱的刚性要求采用QB/T 2758.2—2005《羽毛球网柱》中优等品的规定。

本部分网球网柱的拉网高度采用《网球竞赛规则》(2004)中规定的球网高度和网柱高度。

我国中小学体育器材中的排球网柱、羽毛球网柱、网球网柱除符合本部分的要求外，还应符合GB 19272—2003《健身器材　室外健身器材的安全　通用要求》中的相关条款。

本部分由中华人民共和国教育部提出。

本部分由全国体育用品标准化技术委员会归口。

本部分负责起草单位：教育部体育卫生与艺术教育司、中央教育科学研究所、深圳市好家庭实业有限公司、北京国体世纪体育用品质量认证中心。

本部分参加起草单位：北京体之杰体育用品有限公司、北京市圣日体育设施工程有限公司、宁波奇胜运动器材有限公司、南京千方健身有限公司、山西澳瑞特健康产业股份有限公司、朗捷体育用品有限公司。

本部分主要起草人：张家祥、贾志勇、刘畅、侯力波、战善波、奚小刚、刘少树、郭飞、秦有年、庄弼、凌镇球、曾文飞、陆立青、王敬泽、张耀辉、吴键。

中小学体育器材和场地
第13部分：排球网柱、羽毛球网柱、
网球网柱

1 范围

GB/T 19851的本部分规定了中小学生体育器材和场地中排球网柱、羽毛球网柱、网球网柱产品的分类与规格、要求、试验方法、检验规则、标志、包装、运输和贮存。

本部分适用于九年义务教育阶段学校教学和课外体育活动中使用的排球网柱、羽毛球网柱、网球网柱。

2 规范性引用文件

下列文件中的条款通过GB/T 19851的本部分的引用而成为本部分的条款。凡是注日期的引用文件，其随后所有的修改单(不包括勘误的内容)或修订版均不适用于本部分，然而，鼓励根据本部分达成协议的各方研究是否可使用这些文件的最新版本。凡是不注日期的引用文件，其最新版本适用于本部分。

GB/T 2828.1—2003 计数抽样检验程序 第1部分：按接收质量限(AQL)检索的逐批检验抽样计划

GB/T 2829—2002 周期检验计数抽样程序及表(适用于对过程稳定性的检验)

GB 19272—2003 健身器材 室外健身器材的安全 通用要求

3 分类、规格

3.1 排球网柱、羽毛球网柱、网球网柱按其安装形式不同分为移动式和固定式。

3.2 排球网柱的基本尺寸应符合表1的规定。

表1 排球网柱基本尺寸

单位为毫米

类型	中学	小学
拉网中央高度	2 000±5	1 800±5
网柱高度	2 120±5	1 920±5
球网两端高度	球网两端高度不应高于拉网中央高度20 mm，且两端应相等。	

3.3 羽毛球网柱的基本尺寸应符合表2的规定。

表2 羽毛球网柱基本尺寸

单位为毫米

类型	中学	小学
拉网中央高度	1 524±5	1 314±5
网柱高度	1 550±8	1 340±8
球网两端高度	球网两端高度不应高于拉网中央高度26 mm，且两端应相等。	

3.4 网球网柱的基本尺寸应符合表3的规定。

表3 网球网柱基本尺寸

单位为毫米

拉网中央高度	914±5
网柱高度	1 070±5

4 要求

4.1 垂直度

球网被拉紧时，网柱应稳固地与地面保持垂直，立柱轴线对水平面的垂直公差≤1/500。

4.2 刚性要求

4.2.1 排球网柱、网球网柱分别应能承受不低于600 N的外力，羽毛球网柱应能承受不低于200 N的外力，球柱应不产生永久变形，无倾倒现象。

4.2.2 移动式的排球网柱、羽毛球网柱、网球网柱的立柱与底座间应无拉动摆动现象，在移动时底座轮子应灵活，使用时底座轮子不应支撑地面。

4.3 紧网装置

4.3.1 穿网绳应能牢固拉紧，并与网柱顶平齐。

4.3.2 紧网装置应紧线灵活，锁定可靠，不应有卡滞或自动返松现象。

4.4 调节装置

球柱高度可调时，其高度调节应升降灵活，无卡滞现象。

4.5 外形和结构设计要求

4.5.1 网柱底座和立柱各支撑体表面的所有楞边和尖角，应使其半径 $R \geqslant 5$ mm。

4.5.2 任何结构形式的网柱，其各部位均不应侵入场地边线(内)的垂直线内。

4.5.3 除本部分已有要求内容相同和相类似的规定外，在器材的外形和结构设计方面，均应符合GB 19272—2003中5.2的相关要求。

4.6 环保要求

应符合GB 19272—2003中5.9.2的相关规定要求。

4.7 表面质量要求

应符合GB 19272—2003中5.10的相关规定要求。

5 试验方法

5.1 基本尺寸检验

将网柱与球网按使用要求安装后，用钢卷尺或钢直尺测量。

5.2 垂直度检验

网柱轴线对水平面的垂直度用铅垂法或倾角仪测量。

5.3 网柱刚性检验

分别在排球网柱、羽毛球网柱、网球网柱上最高挂网位置，对网柱施加规定的水平力，保持5 min后，去除外力后，用感官检验。

底座轮子灵活且不支撑地面，用感官检验。

5.4 网柱圆角半径

用相应精度的 R 规(或半径样板)进行测量。

5.5 紧网装置、调节装置检验

用感官(触感和目视)及试用进行检验。

5.6 外观检验

用感官(触感和目视)检验。

5.7 环保要求检验

按GB 19272—2003中6.9.2的规定进行。

5.8 表面质量要求的检验

按GB 19272—2003中6.10的相关规定进行。

6 检验规则

6.1 交收检验

6.1.1 每批产品出厂前应由企业按本标准检验,并加注检验标识后方可出厂。

6.1.2 交收试验按 GB/T 2828.1—2003 一般检验水平 I、正常检验一次抽样方案进行,检验项目、要求、试验方法、接收质量限(AQL)应符合表 4 的规定。

表 4 检验项目、要求、试验方法、接收质量限(AQL)

检验项目	要　求	试验方法	接收质量限(AQL)
基本尺寸	3.2、3.3、3.4	5.1	4.0
垂直度	4.1	5.2	
底座轮子灵活且不支撑地面	4.2.2	5.3	
紧网装置	4.3	5.5	
调节装置	4.4	5.5	
外形和结构设计	4.5	5.6	6.5
环保要求	4.6	5.7	
表面质量要求	4.7	5.7	

6.2 型式检验

6.2.1 型式检验按本标准中规定的技术要求全部指标进行。

6.2.2 型式试验的样品应在交收检验合格的批中抽取,按交收检验规定项目全数进行复查,各项目均应合格,若不合格,则以合格品替换。

6.2.3 通常情况下,每年进行一次型式试验。有下列情况之一时,应进行型式试验:

——新产品生产前,产品主要结构设计、关键工艺或主要材料有更改时;

——成品检验与上次型式检验结果有很大差异时;

——停产六个月以上重新生产时;

——国家质量监督机构提出进行型式检验要求时。

6.2.4 型式试验按 GB/T 2829—2002 判别水平 I 的一次抽样方案进行,检验项目、要求、试验方法、不合格质量水平(RQL)应符合表 5 的规定。

表 5 检验项目、要求、试验方法、不合格质量水平(RQL)

检验项目	要　求	试验方法	不合格质量水平(RQL)
垂直度	4.1	5.2	65
网柱刚性要求	4.2.1	5.3	

7 标志、包装、运输、贮存

7.1 标志

产品及其包装应有下列标志:合格证、产品名称和型号、注册商标、生产日期、企业名称和地址、电话等。

7.2 包装

应符合 GB 19272—2003 中 7.2.1 中的规定。

7.3 运输与贮存

应符合 GB 19272—2003 中 7.3、7.4 中的规定。

ICS 97.220.01
Y 55

中华人民共和国国家标准

GB/T 19851.14—2007

中小学体育器材和场地
第14部分：球网

Sports equipment and playground for middle school and primary school
Part 14: Net

2007-04-30 发布　　2007-06-01 实施

中华人民共和国国家质量监督检验检疫总局
中国国家标准化管理委员会　发布

前 言

GB/T 19851《中小学体育器材和场地》分为 22 个部分：

——第 1 部分：健身器材；

——第 2 部分：体操器材；

——第 3 部分：篮球架；

——第 4 部分：篮球；

——第 5 部分：排球；

——第 6 部分：软式排球；

——第 7 部分：乒乓球台；

——第 8 部分：乒乓球；

——第 9 部分：羽毛球拍；

——第 10 部分：网球拍；

——第 11 部分：合成材料面层运动场地；

——第 12 部分：学生体质健康测试器材；

——第 13 部分：排球网柱、羽毛球网柱、网球网柱；

——第 14 部分：球网；

——第 15 部分：足球门；

——第 16 部分：跨栏架；

——第 17 部分：跳高架；

——第 18 部分：实心球；

——第 19 部分：垒球；

——第 20 部分：跳绳；

——第 21 部分：毽球、花毽；

——第 22 部分：软式橄榄球。

本部分为 GB/T 19851 的第 14 部分。

本部分的排球网参照了《排球竞赛规则》(2005～2008)中 2.2 规定的球网构造。

本部分的羽毛球网参照了《羽毛球竞赛规则》(2005)中 1.6、1.7、1.8、1.9 规定的球网的要求，其基本尺寸中的球网长度、网孔边长、上包边宽度、中学生用的球网宽度与 QB/T 2758.1—2005 的基本尺寸一致，极限偏差与 QB/T 2758.1—2005 一等品的极限偏差一致。

本部分网球网参照了《网球竞赛规则》(2004)中规定的球网高度。

本部分足球网参照了《足球竞赛规则》(2005)中规定的球网要求。

本部分篮球网参照了《篮球竞赛规则》(2004～2006)中规定的篮球网要求。

本部分由中华人民共和国教育部提出。

本部分由全国体育用品标准化技术委员会归口。

本部分负责起草单位：教育部体育卫生与艺术教育司、中央教育科学研究所、深圳市好家庭实业有限公司、北京国体世纪体育用品质量认证中心。

本部分参加起草单位：北京体之杰体育用品有限公司、北京市圣日体育设施工程有限公司、宁波奇胜运动器材有限公司、南京千方健身有限公司、山西澳瑞特健康产业股份有限公司、朗捷体育用品有限公司。

本部分主要起草人:张家祥、肖彤岭、刘海元、贾志勇、刘畅、侯力波、战善波、奚小刚、刘少树、郭飞、庄弼、凌镇球、曾文飞、陆立青、王敬泽、张耀辉、吴键。

中小学体育器材和场地
第14部分:球网

1 范围

GB/T 19851的本部分规定了中小学生体育器材和场地中球网产品的术语和定义、分类、要求、试验方法、标志、包装、运输和贮存。

本部分适用于九年义务教育阶段学校教学和课外体育活动中使用的球网。

2 规范性引用文件

下列文件中的条款通过GB/T 19851的本部分的引用而成为本部分的条款。凡是注日期的引用文件,其随后所有的修改单(不包括勘误的内容)或修订版均不适用于本部分,然而,鼓励根据本部分达成协议的各方研究是否可使用这些文件的最新版本。凡是不注日期的引用文件,其最新版本适用于本部分。

QB/T 2758.1—2005 羽毛球网

3 术语和定义

下列术语和定义适用于GB/T 19851的本部分。

3.1

1号足球网 type of 1 net

指与11人制足球比赛用的球门相配的足球网。

3.2

2号足球网 type of 2 net

指与7人制足球比赛用的球门相配的足球网。

3.3

3号足球网 type of 3 net

指与5人制足球比赛用的球门相配的足球网。

4 分类

球网根据用途分为中小学用排球网、羽毛球网、网球网、1号足球网、2号足球网、3号足球网、篮球网。

5 要求

5.1 中小学用排球网的基本尺寸

中小学用排球网基本尺寸应符合表1的规定,示意图见图1。

表1 排球网基本尺寸

单位为毫米

部位名称		基本尺寸
球网长度 L		9 500~10 000
球网宽度 B	中学	1 000±25
	小学	700±25

表 1(续)

单位为毫米

部位名称	基本尺寸
网孔尺寸 L_2	(100±20)×(100±20)(正方形)
球网上包边宽 W	70±4
球网左右包边宽 W_1	50±4
网线直径	ϕ4～ϕ5

5.2 中小学用羽毛球网的基本尺寸

中小学用羽毛球网基本尺寸应符合 QB/T 2758.1—2005 中 3.1 的一等品和本标准表 2 的规定，示意图见图 1。

表 2 羽毛球网基本尺寸

单位为毫米

部位名称		基本尺寸
球网长度 L		≥6 100
球网宽度 B	中学	760±25
	小学	500±25
网孔尺寸 L_2		(18±3)×(18±3)(正方形)
球网上包边宽 W		70±4
球网左右包边宽 W_1		50±4
网线直径		ϕ1.5～ϕ2

5.3 中小学用网球网的基本尺寸

中小学用网球网的基本尺寸应符合表 3 的规定，示意图见图 1。

表 3 网球网基本尺寸

单位为毫米

部位名称	基本尺寸
球网长度 L	12 800±30
球网宽度 B	1 070±25
网孔尺寸 L_2	(45±3)×(45±3)(正方形)
球网上包边宽 W	40～50
球网左右包边宽 W_1	40～50
网线直径	ϕ2.5～ϕ3.5

5.4 中小学用 1 号足球网、2 号足球网、3 号足球网的基本尺寸

中小学用 1 号足球网、2 号足球网、3 号足球网的基本尺寸应符合表 4 的规定，示意图见图 2。

表 4 足球网基本尺寸

单位为毫米

基本尺寸 / 部位名称	1 号足球网		2 号足球网		3 号足球网		偏差
	矩形网	方形网	矩形网	方形网	矩形网	方形网	
A	3 000	3 000	2 000	2 000	1 500	1 500	±50
B	2 440		2 000		2 000		+50 0
C	2 400	3 000	1 400	2 000	900	1 500	±50
D	2 500	2 440	2 100	2 000	2 100	1 500	—

表 4(续)　　　　单位为毫米

基本尺寸 \ 部位名称	1号足球网		2号足球网		3号足球网		偏差
	矩形网	方形网	矩形网	方形网	矩形网	方形网	
E	7 320		5 500		3 000		+80 0
网线直径	ϕ2.5～ϕ4.0						
网眼	(100×100)～(150×150)(正方形)						

5.5　中小学用篮球网的基本尺寸

中小学用篮球网基本尺寸应符合表5的规定，示意图见图3。

表 5　篮球网基本尺寸　　　　单位为毫米

网眼	网线直径	网高 *A*	网口直径 *B*	网底直径 *C*
45～50(菱形)	ϕ2.5～ϕ4.0	400～450	450±8	350±8

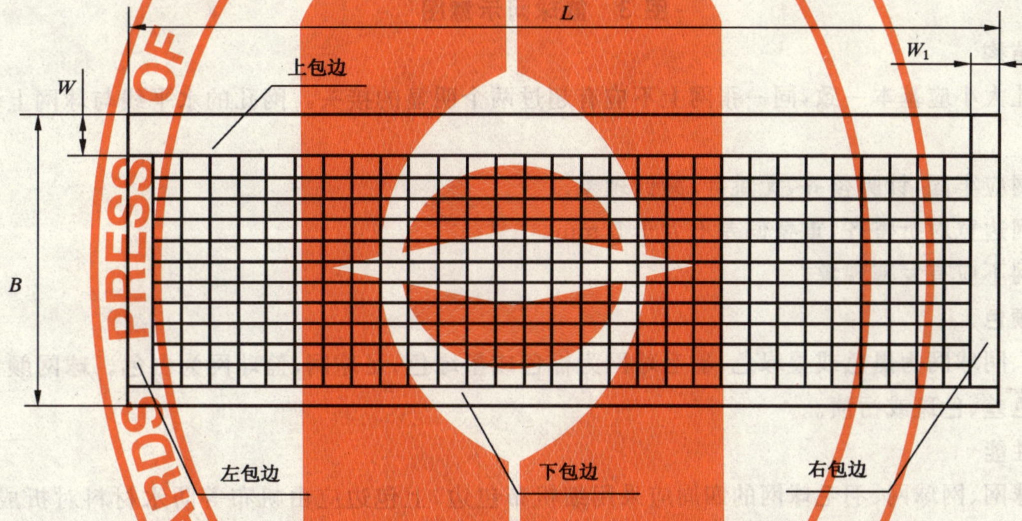

图 1　排球网、羽毛球网、网球网示意图

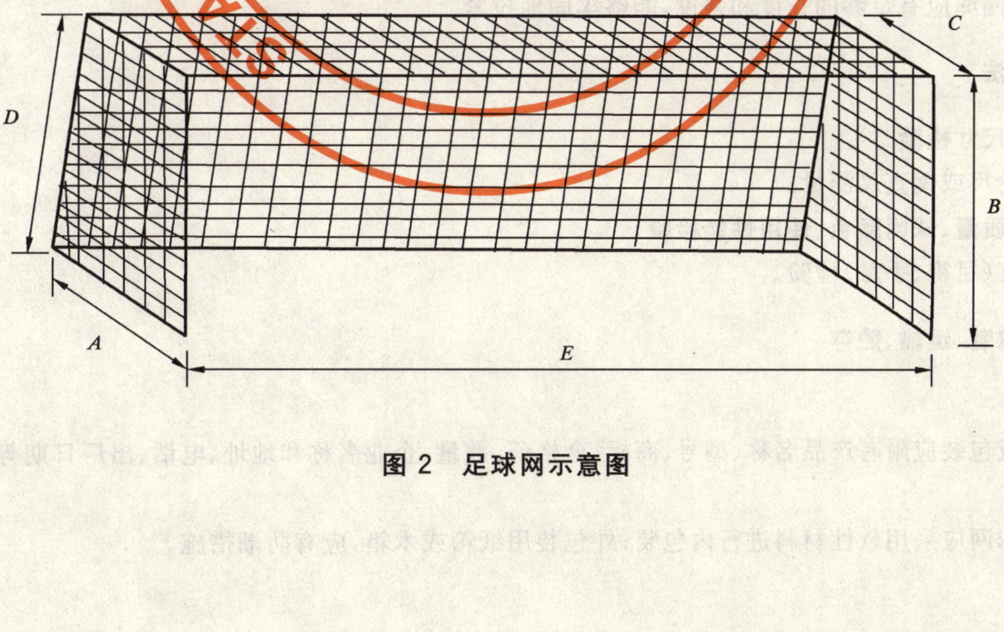

图 2　足球网示意图

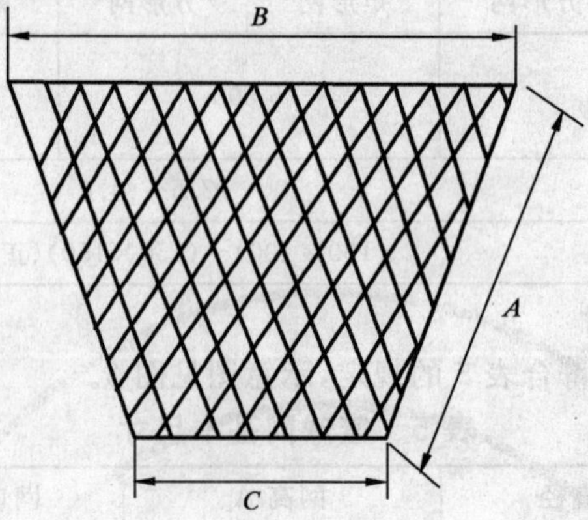

图 3 篮球网示意图

5.6 外观结构

5.6.1 网孔大小应基本一致，同一张网上不应有超过两个明显的接头。网孔的水平线与球网上包边基本平行。

5.6.2 球网应牢固，针脚整齐，无跳针、漏针现象。

5.6.3 球网边宽对折整齐，重叠偏差不大于 5 mm。

5.6.4 球网不应有发霉现象。

5.7 球网颜色

排球网、网球网为黑色或墨绿色；羽毛球网为棕色或墨绿色；足球网、篮球网为白色。球网颜色应色泽一致，无色差、色斑或污渍。

5.8 使用性能

5.8.1 排球网、网球网、羽毛球网的四周应采用细帆布包边，上包边应由帆布等防水材料对折成夹层，用绳索或钢丝制成的穿网绳从夹层内穿过，且夹层内的上沿应紧贴穿网绳。

5.8.2 排球网、网球网、羽毛球网上沿包边不应有拼接，穿网绳不应有接头。

5.8.3 穿网绳应有足够的长度和强度，能够牢固地拉紧。

6 试验方法

6.1 基本尺寸检验

用钢卷尺或钢直尺测量。

6.2 外观质量、球网颜色、使用性能检验

用感官（目视、手触）检验。

7 标志、包装、运输、贮存

7.1 标志

产品或包装应附有产品名称、型号、商标、合格证、数量、企业名称和地址、电话、出厂日期等标志。

7.2 包装

每张球网应采用软性材料进行内包装；外包装用纸箱或木箱，应有防潮措施。

7.3 运输

运输途中不应雨淋、受潮、重压。

7.4 贮存

仓库应通风干燥，无漏雨和化学性污染，存放时箱底应有高于地面200 mm以上的干燥垫板。符合存放要求的产品，自生产之日起，其贮存期宜为一年。

ICS 97.220.40
Y 55

GB

中华人民共和国国家标准

GB/T 19851.15—2007

中小学体育器材和场地
第15部分：足球门

Sports equipment and playground for middle school and primary school
Part 15: Football goal

2007-04-30 发布　　2007-06-01 实施

中华人民共和国国家质量监督检验检疫总局
中国国家标准化管理委员会　发布

前言

GB/T 19851《中小学体育器材和场地》分为22个部分：

——第1部分：健身器材；
——第2部分：体操器材；
——第3部分：篮球架；
——第4部分：篮球；
——第5部分：排球；
——第6部分：软式排球；
——第7部分：乒乓球台；
——第8部分：乒乓球；
——第9部分：羽毛球拍；
——第10部分：网球拍；
——第11部分：合成材料面层运动场地；
——第12部分：学生体质健康测试器材；
——第13部分：排球网柱、羽毛球网柱、网球网柱；
——第14部分：球网；
——第15部分：足球门；
——第16部分：跨栏架；
——第17部分：跳高架；
——第18部分：实心球；
——第19部分：垒球；
——第20部分：跳绳；
——第21部分：毽球、花毽；
——第22部分：软式橄榄球。

本部分为GB/T 19851的第15部分。

本部分参照了《足球竞赛规则》(2005)中球门两个柱子之间距离7.23 m、从横梁的下沿至地面的距离2.44 m；球门颜色；球门柱及横梁材料、形状，去掉了正方形和长方形柱子和横梁。

我国中小学体育器材中的足球门除符合本部分的要求外，还应符合GB 19272—2003《健身器材 室外健身器材的安全 通用要求》中的相关条款。

本部分由中华人民共和国教育部提出。

本部分由全国体育用品标准化技术委员会归口。

本部分负责起草单位：教育部体育卫生与艺术教育司、中央教育科学研究所、北京国体世纪体育用品质量认证中心。

本部分参加起草单位：北京市圣日体育设施工程有限公司、宁波奇胜运动器材有限公司、南京千方健身有限公司、山西澳瑞特健康产业股份有限公司、朗捷体育用品有限公司、北京体之杰体育用品有限公司。

本部分主要起草人：侯力波、刘海元、肖彤岭、吴键、刘少树、战善波、奚小刚、郭飞、庄弼、凌镇球、曾文飞、陆立青、王敬泽、张耀辉、贾志勇。

中小学体育器材和场地
第15部分:足球门

1 范围

GB/T 19851的本部分规定了中小学生体育器材和场地中足球门产品的术语和定义、分类、要求、试验方法、检验规则、标志、包装、运输和贮存。

本部分适用于九年义务教育阶段学校教学和课外体育活动中使用的足球门。

2 规范性引用文件

下列文件中的条款通过GB/T 19851的本部分的引用而成为本部分的条款。凡是注日期的引用文件,其随后所有的修改单(不包括勘误的内容)或修订版均不适用于本部分,然而,鼓励根据本部分达成协议的各方研究是否可使用这些文件的最新版本。凡是不注日期的引用文件,其最新版本适用于本部分。

GB/T 2828.1—2003 计数抽样检验程序 第1部分:按接收质量限(AQL)检索的逐批检验抽样计划

GB/T 2829—2002 周期检验计数抽样程序及表(适用于对过程稳定性的检验)

GB 19272—2003 健身器材 室外健身器材的安全 通用要求

3 术语和定义

下列术语和定义适用于GB/T 19851的本部分。

3.1

1号足球门 type of 1 soccer goal

指11人制足球比赛用的足球门。

3.2

2号足球门 type of 2 soccer goal

指7人制足球比赛用的足球门。

3.3

3号足球门 type of 3 soccer goal

指5人制足球比赛用的足球门。

4 分类

中、小学用足球门分为1号足球门、2号足球门、3号足球门。

5 要求

5.1 规格尺寸

足球门的规格尺寸应符合表1的规定。

表 1　足球门规格尺寸

单位为毫米

<table>
<tr><th rowspan="2">基本尺寸
部位名称</th><th colspan="2">1 号足球门</th><th colspan="2">2 号足球门</th><th colspan="2">3 号足球门</th><th rowspan="2">对角线误差</th><th rowspan="2">横梁挠度</th></tr>
<tr><th>矩形球门</th><th>方形球门</th><th>矩形球门</th><th>方形球门</th><th>矩形球门</th><th>方形球门</th></tr>
<tr><td>球门下方深度</td><td>3 000</td><td>3 000</td><td>2 000</td><td>2 000</td><td>1 500</td><td>1 500</td><td rowspan="4">≤15</td><td rowspan="4">≤10</td></tr>
<tr><td>球门内口高度</td><td colspan="2">2 440±10</td><td colspan="2">2 000±10</td><td colspan="2">2 000±10</td></tr>
<tr><td>球门上方深度</td><td>2 400</td><td>3 000</td><td>1 400</td><td>2 000</td><td>900</td><td>1 500</td></tr>
<tr><td>球门内口宽度</td><td colspan="2">7 320±10</td><td colspan="2">5 500±10</td><td colspan="2">3 000±10</td></tr>
</table>

5.2　门柱及横梁

门柱及横梁材料应为金属或经国际足球理事会批准的其他材料；形状为圆型、半圆型或椭圆型；颜色为白色。1 号足球门、2 号足球门、3 号足球门的门柱及横梁直径应分别不低于 120 mm、89 mm、76 mm。

5.3　外观

5.3.1　所有零部件表面应光滑、平整，所有棱边和尖角，均应使其半径 $R>2.5$ mm。

5.3.2　涂饰件应色泽均匀，结合牢固，无起皮脱落、漏涂、裂痕及较明显的流痕、花斑、片点等缺陷。

5.4　稳定性

5.4.1　足球门应能够牢固地固定在地上。在正常使用以及在 6.3 规定的试验条件下，不应有任何方向的倾斜、翻倒或较明显的永久变形现象。

5.4.2　足球门应能承受的水平拉力为 1 000 N。

5.5　静负荷

足球门横梁应能承受 2 700 N 的静负荷，横梁不应出现断裂和明显的永久变形等现象。

6　试验方法

6.1　尺寸检验

将球门按使用要求安装后，用钢卷尺或钢直尺测量；圆角半径，用相应精度的 R 规（或半径样板）进行测量。

6.2　外观检验

用感官（目测、手触）检验。

6.3　稳定性试验

在足球门横梁中部约 100 mm 宽度的承载面上，向足球门易倾翻方向施以规定的水平拉力，保持 5 min。

6.4　静负荷试验

在足球门横梁中部约 100 mm 宽度的承载面上，垂直向下施加规定的静负荷，保持 1 min。

7　检验规则

7.1　交收检验

7.1.1　每批产品出厂前应由企业按本标准检验，并加注检验标识后方可出厂。

7.1.2　交收试验按 GB/T 2828.1—2003 一般检验水平 I、正常检验一次抽样方案进行，检验项目、要求、试验方法、接收质量限（AQL）应符合表 2 的规定。

表 2 检验项目、要求、试验方法、接收质量限(AQL)

检验项目	要　求	试验方法	接收质量限(AQL)
规格尺寸	5.1	6.1	4.0
门柱及横梁	5.2	6.1、6.2	
外观	5.3	6.2	6.5

7.2 型式检验

7.2.1 型式检验按本标准中规定的技术要求全部指标进行。

7.2.2 型式试验的样品应在交收检验合格的批中抽取，按交收检验规定项目全数进行复查，各项目均应合格，若不合格，则以合格品替换。

7.2.3 通常情况下，每年进行一次型式试验。有下列情况之一时，应进行型式试验：

——新产品生产前，产品主要结构设计、关键工艺或主要材料有更改时；

——成品检验与上次型式检验结果有很大差异时；

——停产六个月以上重新生产时；

——国家质量监督机构提出进行型式检验要求时。

7.2.4 型式试验按 GB/T 2829—2002 判别水平Ⅰ的一次抽样方案进行，检验项目、要求、试验方法、不合格质量水平(RQL)应符合表 3 的规定。

表 3 检验项目、要求、试验方法、不合格质量水平(RQL)

检验项目	要　求	试验方法	不合格质量水平(RQL)
稳定性	5.4	6.3	65
静负荷	5.5	6.4	

8 标志、包装、运输、贮存

8.1 标志

产品及其包装应有下列标志：合格证、产品名称和型号、注册商标、生产日期、企业名称和地址、电话等。

8.2 包装

应符合 GB 19272—2003 中 7.2.1 中的规定。

8.3 运输与贮存

应符合 GB 19272—2003 中 7.3、7.4 中的规定。

ICS 97.220.40
Y 55

中华人民共和国国家标准

GB/T 19851.16—2007

中小学体育器材和场地 第16部分：跨栏架

Sports equipment and playground for middle school and primary school
Part 16: Hurdle shelf

2007-04-30 发布　　2007-06-01 实施

中华人民共和国国家质量监督检验检疫总局
中国国家标准化管理委员会　发布

前言

GB/T 19851《中小学体育器材和场地》分为22个部分：
——第1部分:健身器材；
——第2部分:体操器材；
——第3部分:篮球架；
——第4部分:篮球；
——第5部分:排球；
——第6部分:软式排球；
——第7部分:乒乓球台；
——第8部分:乒乓球；
——第9部分:羽毛球拍；
——第10部分:网球拍；
——第11部分:合成材料面层运动场地；
——第12部分:学生体质健康测试器材；
——第13部分:排球网柱、羽毛球网柱、网球网柱；
——第14部分:球网；
——第15部分:足球门；
——第16部分:跨栏架；
——第17部分:跳高架；
——第18部分:实心球；
——第19部分:垒球；
——第20部分:跳绳；
——第21部分:毽球、花毽；
——第22部分:软式橄榄球。

本部分为GB/T 19851的第16部分。

本部分的跨栏架参照了《田径竞赛规则》(2006)中规定的栏架结构，栏架的宽度、底座最长长度、重量，栏顶横木的尺寸和颜色的要求。

我国中小学体育器材中的跨栏架除符合本部分的要求外，还应符合GB 19272—2003《健身器材 室外健身器材的安全 通用要求》中的相关条款。

本部分由中华人民共和国教育部提出。

本部分由全国体育用品标准化技术委员会归口。

本部分负责起草单位：教育部体育卫生与艺术教育司、中央教育科学研究所、朗捷体育用品有限公司、北京国体世纪体育用品质量认证中心。

本部分参加起草单位：宁波奇胜运动器材有限公司、南京千方健身有限公司、山西澳瑞特健康产业股份有限公司、北京体之杰体育用品有限公司、北京市圣日体育设施工程有限公司。

本部分主要起草人：庄弼、吴键、陆立青、王敬泽、侯力波、战善波、奚小刚、郭飞、刘少树、凌镇球、曾文飞、秦有年、张耀辉、贾志勇。

中小学体育器材和场地
第16部分：跨栏架

1 范围

GB/T 19851的本部分规定了中小学生体育器材和场地中跨栏架产品的分类、要求、试验方法、检验规则、标志、包装、运输和贮存。

本部分适用于九年义务教育阶段学校教学和课外体育活动中使用的跨栏架。

2 规范性引用文件

下列文件中的条款通过GB/T 19851的本部分的引用而成为本部分的条款。凡是注日期的引用文件，其随后所有的修改单（不包括勘误的内容）或修订版均不适用于本部分，然而，鼓励根据本部分达成协议的各方研究是否可使用这些文件的最新版本。凡是不注日期的引用文件，其最新版本适用于本部分。

GB/T 2828.1—2003 计数抽样检验程序 第1部分：按接收质量限（AQL）检索的逐批检验抽样计划

GB/T 2829—2002 周期检验计数抽样程序及表（适用于对过程稳定性的检验）

GB 19272—2003 健身器材 室外健身器材的安全 通用要求

3 分类

中小学生用跨栏架的规格分小学生用跨栏架与中学生用跨栏架。

4 要求

4.1 规格、结构

中小学生用跨栏架的规格、结构应符合表1的规定，示意图见图1。

表1 中小学生用跨栏架规格、结构

单位为毫米

项目名称		规格、外观结构	适用范围	
栏架		① 应用金属或其他适宜材料制成 ② 两底座和两根立柱之间应有1根～2根横梁连接 ③ 两立柱应与地面垂直，并固定在底座末端	中学	小学
栏板	用料	应选择具有一定的强度、环保的、有软感的适宜材料制成，栏板上沿应圆滑，其倒角圆角 R 不小于5 m	中学	小学
	长度	1 000～1 200，据学校跑道宽而定		
	宽度	50～70		
	颜色	黑白相间或对比醒目的颜色		
栏架底座长		≤700	中学	小学
栏架高度		男子：914±3	中学	
栏架高度		女子：840±3	中学	
栏架高度		762±3	中学	小学
栏架高度		(550±3)～(700±3)（每50一档，据不同年龄阶段而定）		小学

4.2 调节装置

高度调节装置应保证跨栏架升降顺畅，固定时应牢固。

4.3 栏板倾翻力

对栏板顶端中央施加规定的力，栏架应翻倒。中学用栏架施加的力为(16～20)N，小学用栏架施加的力为(10～15)N。

4.4 外观

除本部分已有要求内容相同和相类似的规定外，跨栏架的外观结构还应符合 GB 19272—2003 中 5.2 的相关要求。

4.5 表面质量要求

应符合 GB 19272—2003 中 5.10 的相关规定要求。

单位为毫米

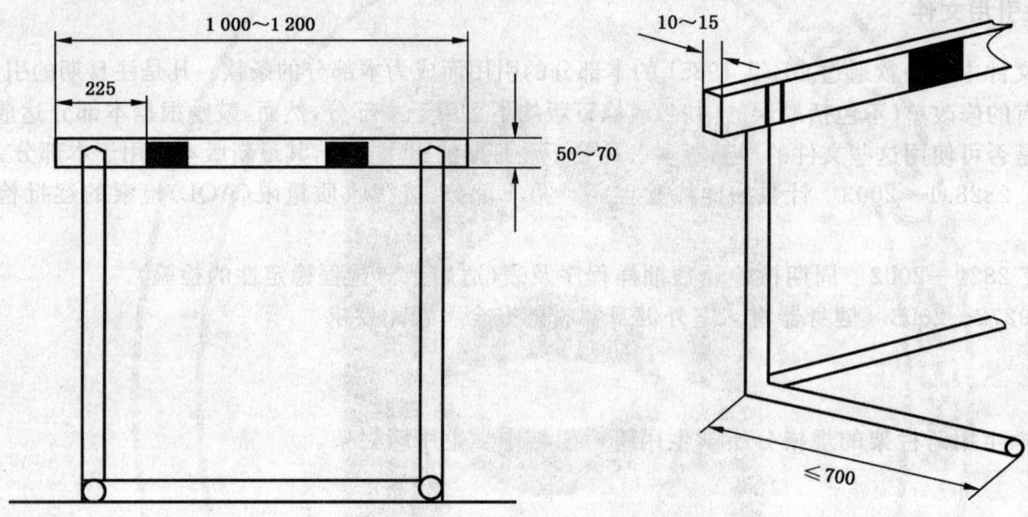

图 1 跨栏架示意图

5 试验方法

5.1 规格、结构检验

将跨栏架调到规定高度，用精度不低于 0.5 mm 的通用测量具测量。倒角用 *R* 规(或半径样板)进行测量。

5.2 调节装置检验

用感官(目视、手触)检验。

5.3 受力翻倒试验

将跨栏架调到最低高度，在栏板中央对跨栏架施加规定范围的水平方向的力，跨栏架应翻倒。

5.4 外观检验

外观用感官(目测、手触)检验。

5.5 表面质量要求的检验

按 GB 19272—2003 中 6.10 的相关规定进行。

6 检验规则

6.1 交收检验

6.1.1 每批产品出厂前应由企业按本标准检验，并加注检验标识后方可出厂。

6.1.2 交收试验按 GB/T 2828.1—2003 一般检验水平Ⅰ、正常检验一次抽样方案进行，检验项目、要求、试验方法、接收质量限(AQL)应符合表2的规定。

表2 检验项目、要求、试验方法、接收质量限(AQL)

检验项目	要 求	试验方法	接收质量限(AQL)
规格、结构	4.1	5.1	4.0
调节装置	4.2	5.2	
外观	4.4	5.4	6.5
表面质量要求	4.5	5.5	

6.2 型式检验

6.2.1 型式检验按本标准中规定的技术要求全部指标进行。

6.2.2 型式试验的样品应在交收检验合格的批中抽取,按交收检验规定项目全数进行复查,各项目均应合格,若不合格,则以合格品替换。

6.2.3 通常情况下,每年进行一次型式试验。有下列情况之一时,应进行型式试验:

——新产品生产前,产品主要结构设计、关键工艺或主要材料有更改时;

——成品检验与上次型式检验结果有很大差异时;

——停产三个月以上重新生产时;

——国家质量监督机构提出进行型式检验要求时。

6.2.4 型式试验按GB/T 2829—2002判别水平Ⅰ的一次抽样方案进行,检验项目、要求、试验方法、不合格质量水平(RQL)应符合表3的规定。

表3 检验项目、要求、试验方法、不合格质量水平(RQL)

检验项目	要 求	试验方法	不合格质量水平(RQL)
栏板倾翻力	4.3	5.3	65

7 标志、包装、运输、贮存

7.1 标志

产品及其包装应有下列标志:合格证、产品名称和型号、注册商标、生产日期、企业名称和地址、电话等。

7.2 包装

应符合GB 19272—2003中7.2.1中的规定。

7.3 运输与贮存

应符合GB 19272—2003中7.3、7.4中的规定。

ICS 97.220.40
Y 55

中华人民共和国国家标准

GB/T 19851.17—2007

中小学体育器材和场地 第17部分:跳高架

Sports equipment and playground for middle school and primary school
Part 17: Jumping standard

2007-04-30 发布　　2007-06-01 实施

中华人民共和国国家质量监督检验检疫总局
中国国家标准化管理委员会　发布

前言

GB/T 19851《中小学体育器材和场地》分为22个部分：

——第1部分：健身器材；

——第2部分：体操器材；

——第3部分：篮球架；

——第4部分：篮球；

——第5部分：排球；

——第6部分：软式排球；

——第7部分：乒乓球台；

——第8部分：乒乓球；

——第9部分：羽毛球拍；

——第10部分：网球拍；

——第11部分：合成材料面层运动场地；

——第12部分：学生体质健康测试器材；

——第13部分：排球网柱、羽毛球网柱、网球网柱；

——第14部分：球网；

——第15部分：足球门；

——第16部分：跨栏架；

——第17部分：跳高架；

——第18部分：实心球；

——第19部分：垒球；

——第20部分：跳绳；

——第21部分：毽球、花毽；

——第22部分：软式橄榄球。

本部分为GB/T 19851的第17部分。

本部分参照了《田径竞赛规则》(2005)中跳高器材的要求，主要内容如下：

——横杆长度3 000 mm～4 000 mm，重量不超过2 kg；横杆应用适宜材料制成，不得采用金属材料。除两端外，横杆横截面应呈圆形；

——横杆固定在立柱上，中心自然下垂应小于20 mm；

——横杆托长60 mm±5 mm、宽40 mm±3 mm；横杆托上不得包裹橡胶或其他能够增大与横杆之间摩擦力的任何物质。

我国中小学体育器材中的跳高架除符合本部分的要求外，还应符合GB 19272—2003《健身器材室外健身器材的安全　通用要求》中的相关条款。

本部分由中华人民共和国教育部提出。

本部分由全国体育用品标准化技术委员会归口。

本部分负责起草单位：教育部体育卫生与艺术教育司、中央教育科学研究所、朗捷体育用品有限公司、北京国体世纪体育用品质量认证中心。

本部分参加起草单位：山西澳瑞特健康产业股份有限公司、南京千方健身有限公司、北京体之杰体育用品有限公司、北京市圣日体育设施工程有限公司、宁波奇胜运动器材有限公司。

本部分主要起草人：曾文飞、吴键、秦有年、张耀辉、庄弼、郭飞、刘少树、凌镇球、陆立青、王敬泽、贾志勇、侯力波、战善波、奚小刚。

中小学体育器材和场地 第17部分：跳高架

1 范围

GB/T 19851的本部分规定了中小学生体育器材和场地中跳高架产品的要求、试验方法、检验规则、标志、包装、运输和贮存。

本部分适用于九年义务教育阶段学校教学和课外体育活动中使用的跳高架。

2 规范性引用文件

下列文件中的条款通过GB/T 19851的本部分的引用而成为本部分的条款。凡是注日期的引用文件，其随后所有的修改单(不包括勘误的内容)或修订版均不适用于本部分，然而，鼓励根据本部分达成协议的各方研究是否可使用这些文件的最新版本。凡是不注日期的引用文件，其最新版本适用于本部分。

GB/T 2828.1—2003 计数抽样检验程序 第1部分：按接收质量限(AQL)检索的逐批检验抽样计划

GB/T 2829—2002 周期检验计数抽样程序及表(适用于对过程稳定性的检验)

GB 19272—2003 健身器材 室外健身器材的安全 通用要求

3 要求

3.1 规格、质量

中小学生用跳高架规格、质量应符合表1的规定，示意图见图1。

表1 中小学生用跳高架规格、质量

项目名称	要 求
立柱高度	1 600 mm～2 000 mm
高度刻度	500 mm～1 800 mm
横杆	长度3 000 mm～4 000 mm；直径ϕ25 mm～ϕ30 mm；质量应不超过2 000 g
横杆托	长60 mm±5 mm，宽40 mm±3 mm

3.2 外观结构

3.2.1 跳高架的立柱应垂直地面，垂直公差不大于1/800；其高度刻度应精确、清晰；两立柱高度刻度应对称。

3.2.2 跳高架高度应超过横杆实际提升高度100 mm。

3.2.3 横杆应采用不易折断的适宜材料制成，不得采用金属材料。除两端外，横杆横截面应呈圆形。横杆颜色应醒目，表面应不得有毛刺，所有楞边和尖角，应使其半径$R \geqslant 5$ mm。

3.2.4 横杆固定在立柱上，中心自然下垂应小于20 mm。

3.2.5 横杆托应能牢固地固定在立柱的刻度内；横杆托上不得包裹橡胶或其他能够增大与横杆之间摩擦力的任何物质，亦不得使用任何种类的弹簧，进行跳高运动时，碰触横杆要使横杆容易掉下。

3.2.6 除本部分已有要求内容相同和相类似的规定外，跳高架的外观结构还应符合GB 19272—2003中5.2的相关要求。

3.3 横杆弹性

横杆应具有一定的弹性，在横杆中央悬挂 3 kg 重物时，横杆中心下垂应不超过 70 mm。

3.4 稳定性

跳高架的立柱应能承受 100 N 的水平力而保持稳定，不得出现倾翻现象。

3.5 环保要求

应符合 GB 19272—2003 中 5.9.2 的相关规定要求。

3.6 表面质量要求

应符合 GB 19272—2003 中 5.10 的相关规定要求。

单位为毫米

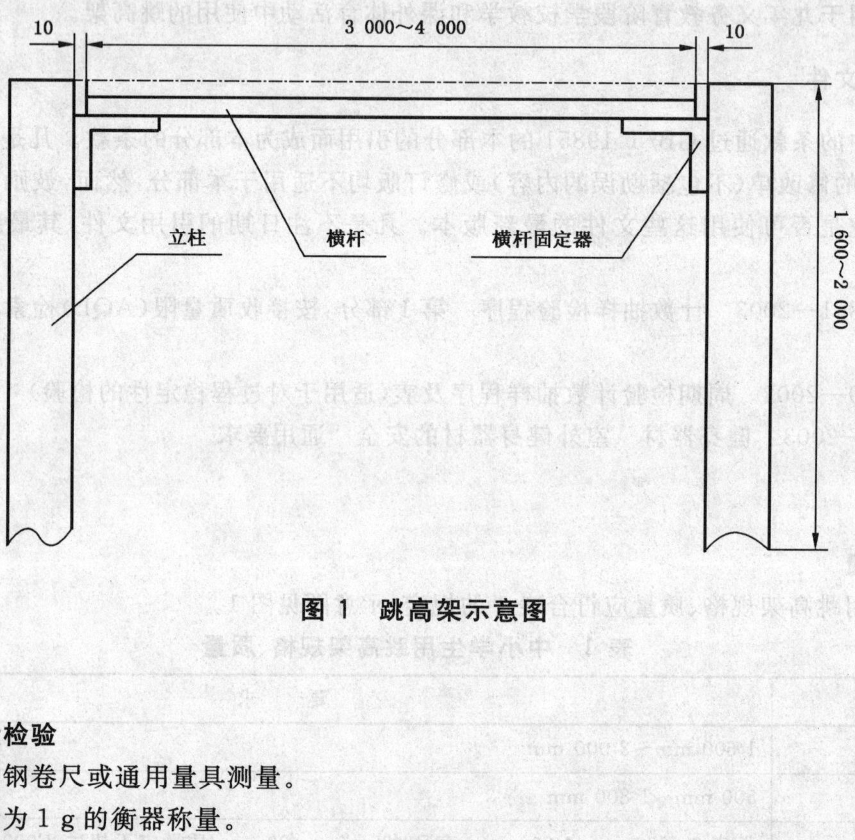

图 1 跳高架示意图

4 试验方法

4.1 规格、质量检验

规格尺寸用钢卷尺或通用量具测量。

质量用感量为 1 g 的衡器称量。

4.2 垂直度检验

把立柱放在水平地面上，用吊砣和钢直尺测量立柱的垂直公差。

4.3 外观结构检验

将高度调到一致，放上横杆，用钢尺或通用量具测量刻度的对称、横杆的自然下垂；

圆角半径用相应精度的 *R* 规(或半径样板)进行测量；

外观用感官(目测、手触)检验。

4.4 横杆弹性检验

将跳高架安放好，在横杆中央悬挂 3 kg 重物，用钢尺或通用量具在横杆中心位置测量其下垂量。

4.5 稳定性检验

在跳高架立柱离地高度为 1 500 mm 处，沿立柱最易倾倒方向，对立柱施加 100 N 的水平力，保持 1 min。

4.6 环保要求的检验

按 GB 19272—2003 中 6.9.2 的相关规定进行。

4.7 表面质量要求的检验

按 GB 19272—2003 中 6.10 的相关规定进行。

5 检验规则

5.1 交收检验

5.1.1 每批产品出厂前应由企业按本标准检验，并加注检验标识后方可出厂。

5.1.2 交收试验按 GB/T 2828.1—2003 一般检验水平Ⅰ、正常检验一次抽样方案进行，检验项目、要求、试验方法、接收质量限(AQL)应符合表 2 的规定。

表 2 检验项目、要求、试验方法、接收质量限(AQL)

检验项目	要求	试验方法	接收质量限(AQL)
规格	3.1	4.1	4.0
外观结构	3.2	4.2、4.3	
环保要求	3.5	4.6	6.5
表面质量要求	3.6	4.7	

5.2 型式检验

5.2.1 型式检验按本标准中规定的技术要求全部指标进行。

5.2.2 型式试验的样品应在交收检验合格的批中抽取，按交收检验规定项目全数进行复查，各项目均应合格，若不合格，则以合格品替换。

5.2.3 通常情况下，每年进行一次型式试验。有下列情况之一时，应进行型式试验：

——新产品生产前，产品主要结构设计、关键工艺或主要材料有更改时；

——成品检验与上次型式检验结果有很大差异时；

——停产六个月以上重新生产时；

——国家质量监督机构提出进行型式检验要求时。

5.2.4 型式试验按 GB/T 2829—2002 判别水平Ⅰ的一次抽样方案进行，检验项目、要求、试验方法、不合格质量水平(RQL)应符合表 3 的规定。

表 3 检验项目、要求、试验方法、不合格质量水平(RQL)

检验项目	要求	试验方法	不合格质量水平(RQL)
横杆弹性	3.3	4.4	65
稳定性	3.4	4.5	

6 标志、包装、运输和贮存

6.1 标志

产品及其包装应有下列标志：合格证、产品名称和型号、注册商标、生产日期、企业名称和地址、电话等。

6.2 包装

应符合 GB 19272—2003 中 7.2.1 中的规定。

6.3 运输和贮存

应符合 GB 19272—2003 中 7.3、7.4 中的规定。

ICS 97.220.40
Y 55

中华人民共和国国家标准

GB/T 19851.18—2007

中小学体育器材和场地 第18部分:实心球

Sports equipment and playground for middle school and primary school Part 18: Medicine ball

2007-04-30 发布

2007-06-01 实施

中华人民共和国国家质量监督检验检疫总局
中国国家标准化管理委员会 发布

前言

GB/T 19851《中小学体育器材和场地》分为22个部分：

——第1部分：健身器材；

——第2部分：体操器材；

——第3部分：篮球架；

——第4部分：篮球；

——第5部分：排球；

——第6部分：软式排球；

——第7部分：乒乓球台；

——第8部分：乒乓球；

——第9部分：羽毛球拍；

——第10部分：网球拍；

——第11部分：合成材料面层运动场地；

——第12部分：学生体质健康测试器材；

——第13部分：排球网柱、羽毛球网柱、网球网柱；

——第14部分：球网；

——第15部分：足球门；

——第16部分：跨栏架；

——第17部分：跳高架；

——第18部分：实心球；

——第19部分：垒球；

——第20部分：跳绳；

——第21部分：毽球、花毽；

——第22部分：软式橄榄球。

本部分为GB/T 19851的第18部分。

本部分的实心球圆周差的测量采用了GB/T 14625.5—1995《篮球、足球、排球、手球圆周长、圆周差的测量》中圆周长的测量方法。

本部分由中华人民共和国教育部提出。

本部分由全国体育用品标准化技术委员会归口。

本部分负责起草单位：教育部体育卫生与艺术教育司、中央教育科学研究所、朗捷体育用品有限公司、北京国体世纪体育用品质量认证中心。

本部分参加起草单位：南京千方健身有限公司、山西澳瑞特健康产业股份有限公司、北京体之杰体育用品有限公司、北京市圣日体育设施工程有限公司、宁波奇胜运动器材有限公司。

本部分主要起草人：凌镇球、吴键、曾文飞、张耀辉、庄弼、郭飞、刘少树、陆立青、王敬泽、贾志勇、侯力波、战善波、奚小刚。

中小学体育器材和场地
第 18 部分：实心球

1 范围

GB/T 19851 的本部分规定了中小学生体育器材和场地中实心球产品的要求、试验方法、标志、包装、运输和贮存。

本部分适用于九年义务教育阶段学校教学和课外体育活动中使用的实心球。

2 规范性引用文件

下列文件中的条款通过 GB/T 19851 的本部分的引用而成为本部分的条款。凡是注日期的引用文件，其随后所有的修改单(不包括勘误的内容)或修订版均不适用于本部分，然而，鼓励根据本部分达成协议的各方研究是否可使用这些文件的最新版本。凡是不注日期的引用文件，其最新版本适用于本部分。

GB/T 14625.5—1995　篮球、足球、排球、手球圆周长、圆周差的测量

GB 19272—2003　健身器材　室外健身器材的安全　通用要求

3 要求

3.1 圆周长、质量

中小学生用实心球的圆周长、质量应符合表 1 规定。

表 1　中小学生用实心球圆周长、质量

名称	圆周长 mm	质量 g
1 号实心球	420～780	2 000±30
2 号实心球	400～780	1 500±30
3 号实心球	350～780	1 000±30

3.2 外观结构

3.2.1　实心球应采用适宜的软性材料制成。球体表面应进行防滑处理，不得有颗粒脱落、裂缝等缺陷。

3.2.2　图案商标字迹应清晰、端正；5 mm 视距应无明显污渍，颜色应牢固、色泽均匀一致。

3.3 环保要求

应符合 GB 19272—2003 中 5.9.2 的要求

3.4 耐冲击力

实心球经过从 10 m 高处自由落体试验后，应无破裂。

4 试验方法

4.1 圆周长检验

按 GB/T 14625.5—1995 中 5.1 的规定进行测量。

4.2 质量检验

球的质量用感量为 1 g 的衡器称量。

4.3　外观检验

用感官(目测、手触)检验。

4.4　环保要求检验

按 GB 19272—2003 中 6.9.2 的规定进行。

4.5　跌落试验

在平整坚硬地面(如水泥地面)上,将实心球从 10 m 高处自由落体落下,共 10 次,检查实心球是否破裂。

5　标志、包装、运输和贮存

5.1　标志

产品及其包装应有下列标志:合格证、产品名称和型号、注册商标、生产日期、企业名称和地址、电话等。

5.2　包装

每只实心球应采用软性材料进行内包装;外包装用纸箱或木箱,应有防潮措施。

5.3　运输

运输途中不应雨淋、受潮、重压。

5.4　贮存

仓库应通风干燥,无漏雨和化学性污染,存放时箱底应有高于地面 200 mm 以上的干燥垫板。符合存放要求的产品,自生产之日起,其贮存期宜为一年。

ICS 97.220.40
Y 55

中华人民共和国国家标准

GB/T 19851.19—2007

中小学体育器材和场地
第19部分：垒球

Sports equipment and playground for middle school and primary school
Part 19:Softball

2007-04-30 发布　　2007-06-01 实施

中华人民共和国国家质量监督检验检疫总局
中国国家标准化管理委员会　发布

前　言

GB/T 19851《中小学体育器材和场地》分为22个部分：

——第1部分：健身器材；

——第2部分：体操器材；

——第3部分：篮球架；

——第4部分：篮球；

——第5部分：排球；

——第6部分：软式排球；

——第7部分：乒乓球台；

——第8部分：乒乓球；

——第9部分：羽毛球拍；

——第10部分：网球拍；

——第11部分：合成材料面层运动场地；

——第12部分：学生体质健康测试器材；

——第13部分：排球网柱、羽毛球网柱、网球网柱；

——第14部分：球网；

——第15部分：足球门；

——第16部分：跨栏架；

——第17部分：跳高架；

——第18部分：实心球；

——第19部分：垒球；

——第20部分：跳绳；

——第21部分：毽球、花毽；

——第22部分：软式橄榄球。

本部分为GB/T 19851的第19部分。

本部分垒球圆周差的测量采用了GB/T 14625.5—1995《篮球、足球、排球、手球圆周长、圆周差的测量》中圆周长的测量方法。

本部分由中华人民共和国教育部提出。

本部分由全国体育用品标准化技术委员会归口。

本部分负责起草单位：教育部体育卫生与艺术教育司、中央教育科学研究所、朗捷体育用品有限公司、北京国体世纪体育用品质量认证中心。

本部分参加起草单位：北京市圣日体育设施工程有限公司、南京千方健身有限公司、山西澳瑞特健康产业股份有限公司、北京体之杰体育用品有限公司、宁波奇胜运动器材有限公司。

本部分主要起草人：凌镇球、吴键、曾文飞、张耀辉、庄弼、郭飞、刘少树、陆立青、王敬泽、贾志勇、侯力波、战善波、奚小刚。

中小学体育器材和场地
第19部分：垒球

1 范围

GB/T 19851的本部分规定了中小学生体育器材和场地中垒球产品的术语和定义、要求、试验方法、标志、包装、运输和贮存。

本部分适用于九年义务教育阶段学校教学和课外体育活动中使用的垒球。

2 规范性引用文件

下列文件中的条款通过GB/T 19851的本部分的引用而成为本部分的条款。凡是注日期的引用文件，其随后所有的修改单(不包括勘误的内容)或修订版均不适用于本部分，然而，鼓励根据本部分达成协议的各方研究是否可使用这些文件的最新版本。凡是不注日期的引用文件，其最新版本适用于本部分。

GB/T 14625.5—1995　篮球、足球、排球、手球圆周长、圆周差的测量

3 术语和定义

下列术语和定义适用于GB/T 19851的本部分。

垒球　softball

指中小学教学和课外体育活动中，用于发展和测试学生投掷能力的投掷用球。

4 要求

4.1 圆周长、质量

垒球的圆周长、质量应符合表1的规定。

表1　垒球圆周长、质量

名　称	圆周长 mm	质量 g
小学垒球	195±10	80±5
中学垒球	230±10	140±5

4.2 外观结构

垒球应采用适宜的材料制成；商标、图案应清晰；球表面应进行防滑处理，不得有颗粒脱落。

4.3 弹性

1 000 mm高度自由落体落下，回弹高度应不小于300 mm。

5 试验方法

5.1 圆周长检验

按GB/T 14625.5—1995中5.1的规定进行测量。

5.2 质量检验

球的质量用感量为1 g的衡器称量。

5.3　外观结构检验

用感官(目测、手触)检验。

5.4　弹性检验

将垒球从1 000 mm高度自由落体5次,测量回弹高度,计算出平均值。

6　标志、包装、运输和贮存

6.1　标志

产品及其包装应有下列标志:合格证、产品名称和型号、注册商标、生产日期、企业名称和地址、电话等。

6.2　包装

每只垒球应采用软性材料进行内包装;外包装用纸箱或木箱,应有防潮措施。

6.3　运输

运输途中不应雨淋、受潮、重压。

6.4　贮存

仓库应通风干燥,无漏雨和化学性污染,存放时箱底应有高于地面200 mm以上的干燥垫板。符合存放要求的产品,自生产之日起,其贮存期宜为一年。

ICS 97.220.30
Y 55

中华人民共和国国家标准

GB/T 19851.20—2007

中小学体育器材和场地
第20部分：跳绳

Sports equipment and playground for middle school and primary school
Part 20: Jump rope

2007-04-30 发布　　　　2007-06-01 实施

中华人民共和国国家质量监督检验检疫总局
中国国家标准化管理委员会　发布

前言

GB/T 19851《中小学体育器材和场地》分为22个部分：

——第1部分：健身器材；

——第2部分：体操器材；

——第3部分：篮球架；

——第4部分：篮球；

——第5部分：排球；

——第6部分：软式排球；

——第7部分：乒乓球台；

——第8部分：乒乓球；

——第9部分：羽毛球拍；

——第10部分：网球拍；

——第11部分：合成材料面层运动场地；

——第12部分：学生体质健康测试器材；

——第13部分：排球网柱、羽毛球网柱、网球网柱；

——第14部分：球网；

——第15部分：足球门；

——第16部分：跨栏架；

——第17部分：跳高架；

——第18部分：实心球；

——第19部分：垒球；

——第20部分：跳绳；

——第21部分：毽球、花毽；

——第22部分：软式橄榄球。

本部分为GB/T 19851的第20部分。

本部分的环保要求与GB 6675—2003《国家玩具安全技术规范》的环保要求一致。

本部分由中华人民共和国教育部提出。

本部分由全国体育用品标准化技术委员会归口。

本部分负责起草单位：教育部体育卫生与艺术教育司、中央教育科学研究所、朗捷体育用品有限公司、北京国体世纪体育用品质量认证中心。

本部分参加起草单位：太仓新塘毽绳厂、南京千方健身有限公司、山西澳瑞特健康产业股份有限公司、北京体之杰体育用品有限公司、宁波奇胜运动器材有限公司、北京市圣日体育设施工程有限公司。

本部分主要起草人：凌镇球、吴键、陆依凡、曾文飞、张耀辉、庄弼、郭飞、刘少树、陆立青、王敬泽、贾志勇、侯力波、战善波、奚小刚。

中小学体育器材和场地
第20部分：跳绳

1 范围

GB/T 19851的本部分规定了中小学生体育器材和场地中跳绳产品的分类、要求、试验方法、标志、包装、运输和贮存。

本部分适用于九年义务教育阶段学校教学和课外体育活动中使用的跳绳。

2 规范性引用文件

下列文件中的条款通过GB/T 19851的本部分的引用而成为本部分的条款。凡是注日期的引用文件，其随后所有的修改单(不包括勘误的内容)或修订版均不适用于本部分，然而，鼓励根据本部分达成协议的各方研究是否可使用这些文件的最新版本。凡是不注日期的引用文件，其最新版本适用于本部分。

GB 6675—2003 国家玩具安全技术规范

3 分类

根据有柄无柄划分，中小学生用跳绳分为：无柄跳绳、有柄跳绳。

根据使用功能划分，中小学生用跳绳分为：长跳绳、短跳绳。

4 要求

4.1 规格尺寸、质量

中小学生用跳绳规格尺寸、质量应符合表1的规定。

表1 中小学生用跳绳规格尺寸、质量

项目名称		长度 mm	直径 mm	质量 g
短跳绳	绳	2 600～2 800	ϕ6～ϕ7	60～80
		2 800～3 000	ϕ7～ϕ8	90～120
长跳绳	绳	4 000～6 000	ϕ8～ϕ9	140～235
		7 000～8 000		230～300
		9 000～10 000		290～370
柄		140～170	ϕ26～ϕ33(握手柄)	70～90(2个)

4.2 结构

跳绳的绳与柄连接，应滚动流畅，跳绳的长度调节方便，并有绳的锁紧装置。跳绳的易接触地面的中间部分应采用耐磨材料(例如橡胶等)进行保护。

4.3 环保要求

跳绳的绳和柄应采用无毒、环保、适宜的材料制成，其无毒环保要求应符合GB 6675—2003的相关要求。

5 试验方法

5.1 规格尺寸检验

用游标卡尺和钢卷尺测量。

5.2 质量检验

质量用感量为 1 g 的衡器称量。

5.3 结构检验

用感官(目测、手触)检验。

5.4 环保要求检验

按 GB 6675—2003 的规定执行。

6 标志、包装、运输和贮存

6.1 标志

产品及其包装应有下列标志:合格证、产品名称和型号、注册商标、生产日期、企业名称和地址、电话等。

6.2 包装

每根跳绳应采用软性材料进行内包装;外包装用纸箱或木箱,应有防潮措施。

6.3 运输

运输途中不应雨淋、受潮、重压。

6.4 贮存

仓库应通风干燥,无漏雨和化学性污染,存放时箱底应有高于地面 200 mm 以上的干燥垫板。符合存放要求的产品,自生产之日起,其贮存期宜为一年。

ICS 97.220.30
Y 55

中华人民共和国国家标准

GB/T 19851.21—2007

中小学体育器材和场地 第21部分：毽球、花毽

Sports equipment and playground for middle school and primary school
Part 21: Shuttlecock

2007-04-30 发布　　2007-06-01 实施

中华人民共和国国家质量监督检验检疫总局
中国国家标准化管理委员会　发布

前言

GB/T 19851《中小学体育器材和场地》分为22个部分：

——第1部分：健身器材；

——第2部分：体操器材；

——第3部分：篮球架；

——第4部分：篮球；

——第5部分：排球；

——第6部分：软式排球；

——第7部分：乒乓球台；

——第8部分：乒乓球；

——第9部分：羽毛球拍；

——第10部分：网球拍；

——第11部分：合成材料面层运动场地；

——第12部分：学生体质健康测试器材；

——第13部分：排球网柱、羽毛球网柱、网球网柱；

——第14部分：球网；

——第15部分：足球门；

——第16部分：跨栏架；

——第17部分：跳高架；

——第18部分：实心球；

——第19部分：垒球；

——第20部分：跳绳；

——第21部分：毽球、花毽；

——第22部分：软式橄榄球。

本部分为GB/T 19851的第21部分。

本部分由中华人民共和国教育部提出。

本部分由全国体育用品标准化技术委员会归口。

本部分负责起草单位：教育部体育卫生与艺术教育司、中央教育科学研究所、太仓新塘毽绳厂、北京国体世纪体育用品质量认证中心。

本部分参加起草单位：宁波奇胜运动器材有限公司、南京千方健身有限公司、山西澳瑞特健康产业股份有限公司、北京体之杰体育用品有限公司、北京市圣日体育设施工程有限公司。

本部分主要起草人：陆依凡、吴键、凌镇球、曾文飞、张耀辉、庄弼、郭飞、刘少树、陆立青、王敬泽、贾志勇、侯力波、战善波、奚小刚。

中小学体育器材和场地
第21部分:毽球、花毽

1 范围

GB/T 19851 的本部分规定了中小学生体育器材和场地中毽球、花毽产品的要求、试验方法、标志、包装、运输和贮存。

本部分适用于九年义务教育阶段学校教学和课外体育活动中使用的毽球、花毽。

2 要求

2.1 结构尺寸和质量

毽球、花毽的结构尺寸和质量应符合表1规定。

表1 结构尺寸和质量

项目		毽球	花毽
羽毛宽(mm)		32～35	—
插毛管高(mm)		22～24	—
毽垫	直径(mm)	38～40	30～32
	厚度(mm)	15～20	3～4
球高(mm)		130～135	130～180
球重(g)		13～15	13～15

2.2 毽球

2.2.1 毽毛应采用4支鹅翎,成十字型插在毛管内,鹅翎应整齐,无缺损。

2.2.2 毽垫应呈圆形,底面平整,有拉毛点。

2.2.3 插毛管应与下垫连接在一起,上下垫中间应有由三层以上硬质薄形皮革或类似材质制成的垫圈。

2.3 花毽

2.3.1 花毽毽毛应采用8支～10支彩色鸡羽扎成圆形,固定在毽垫上,毽毛应均匀、整齐。

2.3.2 毽垫采用一层皮革和二层金属片,用皮条串扎而成。

2.4 毛垫分离力

毽毛和毽垫应能承受25 N的拉力而不脱离。

3 试验方法

3.1 结构尺寸

用精度为0.02 mm游标卡尺进行测量。

3.2 质量检验

球的质量用感量为1 g的衡器称量。

3.3 外观检验

用感官(目测、手触)检查。

3.4 毛垫分离力检验

将毽毛固定,对毽垫上施加25 N的拉力(拉力计或砝码),保持10 s。

4 标志、包装、运输和贮存

4.1 标志

产品及其包装应有下列标志：合格证、产品名称和型号、注册商标、生产日期、企业名称和地址、电话等。

4.2 包装

每只毽球、花毽应采用软性材料进行内包装；外包装用纸箱或木箱，应有防潮措施。

4.3 运输

运输途中不应雨淋、受潮、重压。

4.4 贮存

仓库应通风干燥，无漏雨和化学性污染，存放时箱底应有高于地面 200 mm 以上的干燥垫板。符合存放要求的产品，自生产之日起，其贮存期宜为一年。

ICS 97.220.40
Y 55

中华人民共和国国家标准

GB/T 19851.22—2007

中小学体育器材和场地 第22部分：软式橄榄球

Sports equipment and playground for middle school and primary school Part 22:Soft-rugby

2007-04-30 发布 2007-06-01 实施

中华人民共和国国家质量监督检验检疫总局
中国国家标准化管理委员会 发布

前　言

GB/T 19851《中小学体育器材和场地》分为22个部分：

——第1部分：健身器材；

——第2部分：体操器材；

——第3部分：篮球架；

——第4部分：篮球；

——第5部分：排球；

——第6部分：软式排球；

——第7部分：乒乓球台；

——第8部分：乒乓球；

——第9部分：羽毛球拍；

——第10部分：网球拍；

——第11部分：合成材料面层运动场地；

——第12部分：学生体质健康测试器材；

——第13部分：排球网柱、羽毛球网柱、网球网柱；

——第14部分：球网；

——第15部分：足球门；

——第16部分：跨栏架；

——第17部分：跳高架；

——第18部分：实心球；

——第19部分：垒球；

——第20部分：跳绳；

——第21部分：毽球、花毽；

——第22部分：软式橄榄球。

本部分为GB/T 19851的第22部分。

本部分软式橄榄球的返弹高度检验采用了GB/T 14625.2—1993中的检验方法；冲击试验采用GB/T 14625.3—1993中的冲击试验方法；环保要求中对胶粘剂有害物质的要求和检验采用了GB 19340—2003中的对胶粘剂有害物质的要求和检验方法。

本部分由中华人民共和国教育部提出。

本部分由全国体育用品标准化技术委员会归口。

本部分负责起草单位：教育部体育卫生与艺术教育司、中央教育科学研究所、上海奥力健体育发展有限公司、北京国体世纪体育用品质量认证中心。

本部分参加起草单位：南京千方健身有限公司、宁波奇胜运动器材有限公司、北京体之杰体育用品有限公司、北京市圣日体育设施工程有限公司、太仓新塘毽绳厂。

本部分主要起草人：余韶真、贾志勇、张耀辉、庄弼、郭飞、刘少树、陆立青、王敬泽、吴键、侯力波、战善波、奚小刚、陆依凡。

中小学体育器材和场地
第22部分:软式橄榄球

1 范围

GB/T 19851的本部分规定了中小学生体育器材和场地中软式橄榄球产品的要求、试验方法、检验规则、标志、包装、运输和贮存。

本部分适用于九年义务教育阶段学校教学和课外体育活动中使用的软式橄榄球。

2 规范性引用文件

下列文件中的条款通过GB/T 19851的本部分的引用而成为本部分的条款。凡是注日期的引用文件,其随后所有的修改单(不包括勘误的内容)或修订版均不适用于本部分,然而,鼓励根据本部分达成协议的各方研究是否可使用这些文件的最新版本。凡是不注日期的引用文件,其最新版本适用于本部分。

GB/T 2828.1—2003 计数抽样检验程序 第1部分:按接收质量限(AQL)检索的逐批检验抽样计划

GB/T 2829—2002 周期检验计数抽样程序及表(适用于对过程稳定性的检验)

GB/T 14625.2—1993 篮球、足球、排球、手球反弹高度测定方法

GB/T 14625.3—1993 篮球、足球、排球、手球动态耐冲击试验方法

GB 19340—2003 鞋和箱包用胶粘剂

3 要求

3.1 规格尺寸、性能

软式橄榄球的规格尺寸、性能应符合表1的规定。

表1 软式橄榄球的规格尺寸

项目	球体长度 mm	球体最大直径 mm	质量 g
规格尺寸	270±10	155±10	195±10

3.2 性能

软式橄榄球的性能应符合表2的规定。

表2 软式橄榄球的性能

项目	自动复原时间 s	气孔大小 mm	反弹高度 mm	冲击次数
性能	≤30	≤4	≥600	≥15 000

3.3 环保要求

3.3.1 球用胶粘剂中有害物质限量应符合GB 19340—2003中表2的规定。

3.3.2 成品球内发泡塑料气孔中不应残留对人体和环境有害物质。

3.4 外观

3.4.1 产品的标志、图案应清晰,不允许有断线或模糊不清等缺陷。

3.4.2　球体颜色应均匀，不得出现偏色、杂色和花斑等缺陷。

3.4.3　球体表层允许有不大于 10 mm 的划痕、气泡。表层如有模具缝痕迹，接缝表面要平整，缝线高度不得高于球表层 1 mm，不得有划手现象。

3.4.4　球体表层可有一个自动充气孔，气孔处应平整不得有凹凸、划手现象。

4　试验方法

4.1　规格尺寸检验

球体长度和最大直径用钢直尺或相应精度的量具测量。

4.2　质量检验

球的质量用感量为 1 g 的衡器称量。

4.3　自动复原时间检验

将软式橄榄球压缩至一半，去除压力，测量其恢复的时间。

4.4　气孔尺寸检验

用精度 0.02 mm 的游标卡尺测量。

4.5　返弹高度检验

按 GB/T 14625.2—1993 的规定进行测量。

4.6　冲击试验

按 GB/T 14625.3—1993 的规定进行测量。

4.7　环保要求检验

胶粘剂有害物质应符合 GB 19340—2003 中 3.4 表 2 的规定，按 GB 19340—2003 中附录 B 和附录 C 的要求测定。

4.8　外观检验

用感官（目测、手触及塞尺和钢直尺测量）检验。

5　检验规则

5.1　交收检验

5.1.1　每批产品出厂前应由企业按本标准检验，并加注检验标识后方可出厂。

5.1.2　交收试验按 GB/T 2828.1—2003 一般检验水平Ⅰ、正常检验一次抽样方案进行，检验项目、要求，试验方法、接收质量限（AQL）应符合表 3 的规定。

5.1.3　抽样检验样本中的不合格品，供货方应以合格品替代；对判为合格批中的不合格品的处理，供货方也应以合格品替代，或由供货方进行返工或返修处理，以满足需方的使用要求。

表 3　检验项目、要求、试验方法、接收质量限（AQL）

检验项目	要求	试验方法	接收质量限（AQL）
球体长度	3.1	4.1	4.0
球体最大直径	3.1	4.1	
质量	3.1	4.2	
气孔大小	3.2	4.4	
外观	3.4	4.8	

5.2　型式检验

5.2.1　型式检验按本标准中规定的技术要求全部指标进行。

5.2.2　型式试验的样品应在交收检验合格的批中抽取，按交收检验规定项目全数进行复查，各项目均应合格，若不合格，则以合格品替换。

5.2.3 通常情况下，每年进行一次型式试验。有下列情况之一时，应进行型式试验：

——新产品生产前，产品主要结构设计、关键工艺或主要材料有更改时；

——成品检验与上次型式检验结果有很大差异时；

——停产六个月以上重新生产时；

——国家质量监督机构提出进行型式检验要求时。

5.2.4 型式试验按 GB/T 2829—2002 判别水平Ⅰ的一次抽样方案进行，检验项目、要求、试验方法、不合格质量水平(RQL)应符合表 4 的规定。

表 4 检验项目、要求、试验方法、不合格质量水平(RQL)

检 验 项 目	要 求	试 验 方 法	不合格质量水平(RQL)
自动复原时间	3.2	4.3	65
反弹高度	3.2	4.5	
冲击次数	3.2	4.6	
环保要求	3.3	4.7	

6 标志、包装、运输和贮存

6.1 标志

产品及其包装应有下列标志：合格证、产品名称和型号、注册商标、生产日期、企业名称和地址、电话等。

6.2 包装

每只软式橄榄球应采用软性材料进行内包装；外包装用纸箱或木箱，应有防潮措施。

6.3 运输

运输途中不应雨淋、受潮、重压。

6.4 贮存

仓库应通风干燥，无漏雨和化学性污染。存放时箱底应有高于地面 200 mm 以上的干燥垫板。符合存放要求的产品，自生产之日起，其贮存期宜为一年。

ICS 17.220.20
N 22

中华人民共和国国家标准

GB/T 19882.31—2007/IEC 62056-61:2002

自动抄表系统　第3-1部分:应用层数据交换协议　对象标识系统

Automatic meter reading system—Part 3-1: Application layer data exchange protocols—Object identification system

(IEC 62056-61:2002, Electricity metering—Data exchange for meter reading, tariff and laod control—Part 61: Object identification system, IDT)

2007-10-11 发布　　　　2007-12-01 实施

中华人民共和国国家质量监督检验检疫总局
中国国家标准化管理委员会　发布

前　言

《自动抄表系统　应用层数据交换协议》分为三个部分：

——第3-1部分：对象标识系统(IEC 62056-61:2002,IDT)；

——第3-2部分：接口类(IEC 62056-62:2002,IDT)；

——第3-3部分：COSEM应用层(IEC 62056-53:2002,IDT)。

本部分为《自动抄表系统　应用层数据交换协议》的第3-1部分。

本部分等同采用IEC 62056-61:2002。

《自动抄表系统　应用层数据交换协议》是《自动抄表系统》国家标准体系的一个重要组成部分。下面列出《自动抄表系统》国家标准的颁布和预计结构及对应的国际标准：

a)　GB/T 19882.1—2005《自动抄表系统　总则》。

b)　《自动抄表系统　抄表系统》：

——第2-1部分：低压电力线载波抄表系统；

——第2-2部分：无线通信抄表系统；

——第2-3部分：基于IP网络的抄表系统。

c)　《自动抄表系统　应用层数据交换协议》：

——第3-1部分：对象标识系统(IEC 62056-61:2002,IDT)；

——第3-2部分：接口类(IEC 62056-62:2002,IDT)；

——第3-3部分：COSEM应用层(IEC 62056-53:2002,IDT)。

d)　GB/T 19897—2005《自动抄表系统　低层通信协议》：

——第1部分：直接本地数据交换（IEC 62056-21:2002,IDT)；

——第2部分：基于双绞线载波信号的局域网使用（IEC 62056-31:1999,IDT)；

——第3部分：面向连接的异步数据交换的物理层服务进程（IEC 62056-42:2002,IDT)；

——第4部分：基于HDLC协议的链路层(IEC 62056-46:2002,IDT)。

本部分的附录A为规范性附录。

本部分由中国机械工业联合会提出。

本部分由全国电工仪器仪表标准化技术委员会归口。

本部分起草单位：哈尔滨电工仪表研究所、西北电力试验研究院、西安汇通测控技术有限公司、四川蜀达电力仪表公司、北京握奇智能科技有限公司、广州科立通用电气公司、杭州智源电子有限公司、北京供电局、华立集团公司、浙江正泰仪器仪表有限公司、长沙威胜仪表有限公司、深圳开发科技有限公司、南京电力自动化研究院。

本部分主要起草人：杨晓西、黄国兵、林柏、陈红军、区建斌、张小平、范国平、郭华喜、冯玉贵、关文举。

引　言

竞争中的电力市场对与电能使用有关的及时信息的需求量与日俱增，近期的技术发展使我们能够制造智能型静止式计量设备，这些设备能够捕获、处理这类信息，并能与所有相关设备进行通信。

为了进一步分析这些信息，达到进行计费、负荷管理、用户管理和合同管理的目的，有必要对所有通过本地或远方数据交换进行人工或自动采集的数据采取与制造商无关的方法进行唯一标识。

标识码的定义基于 DIN-43863-3：1997《电气仪表　第 3 部分：作为电气仪表附加设备的费率计量装置　EDIS 电能数据标识系统》。

自动抄表系统　第3-1部分:应用层数据交换协议　对象标识系统

1　范围

对象标识系统(OBIS)为电气计量设备中常用的数据项定义的标识码(ID码)。本部分规定了标识系统的总体结构以及所有数据项与相应标识码的映射关系。

OBIS为计量设备中的所有数据都提供了唯一的标识码,不仅包括测量值,而且还包括仪表设备的配置或获取仪表设备运行状态的抽象数据。本部分定义的ID码用于标识:

- 接口类的各种实例或对象的逻辑名,其定义见GB/T 19882.32—2007;
- 通过通信线传输的数据(见A.1);
- 计量设备显示的数据(见A.2)。

本部分适用于各种类型的电气计量设备,例如:全电子式集成电表、模块化仪表、费率附件、数据集中器等。

为了覆盖除电能以外的其他计量设备、组合式计量设备用于测量多种能量或者多个物理测量通道,为此引入通道和传输介质的概念。本部分允许对不同来源的数据进行标识。尽管本部分对其他介质标识系统的结构进行了完整的定义,非电能数据项及ID代码的映射还需独立完成。

注:CEN TC 294在prEN13757《仪表及远方读表的通信系统》草案中已实现了一些非电能数据的标识码。

2　规范性引用文件

下列文件中的条款通过GB/T 19882的本部分的引用而成为本部分的条款。凡是注日期的引用文件,其随后所有的修改单(不包括勘误的内容)或修订版均不适用于本部分,然而,鼓励根据本部分达成协议的各方研究是否可使用这些文件的最新版本。凡是不注日期的引用文件,其最新版本适用于本部分。

GB/T 17882—1999　2级和3级静止式交流无功电度表(eqv 61268:1995)

GB/T 19897.1—2005　自动抄表系统　低层通信协议　第1部分:直接本地数据交换(IEC 62056-21:2002,IDT)

GB/T 19882.32—2007　自动抄表系统　第3-2部分:应用层数据交换协议　接口类(IEC 62056-62:2002,IDT)

IEC 60050-300:2001　国际电工词汇　电气和电子测量方法与测量仪器
第311部分:有关测量的基本术语
第312部分:有关电气测量的基本术语
第313部分:电气测量仪器的类型
第314部分:按仪器分类的专用术语

IEC 62051:1999　电气测量　术语表

3　术语、定义和缩略语

3.1　术语和定义

IEC 60050-300和IEC 62051确立的以及下列术语和定义适用于本部分。

3.2 缩略语

3.2.1 COSEM COmpanion Specification for Energy Metering 能量计量配套规范

3.2.2 IC Interface Class 接口类

3.2.3 OBIS OBject Identification System 对象标识系统

4 OBIS 结构

OBIS 码是一个由 6 个数码组构成的组合编码，它以分层的形式描述了每个数据项的准确含义，见图1。

A	B	C	D	E	F

图 1 OBIS 码结构

4.1 数值组 A

数值组 A 定义了所要标识的数据项(抽象数据，电-、气-、热-、水-相关数据)的特性。

4.2 数值组 B

数值组 B 用于定义通道号，即计量设备的输入编号，计量设备具有多个测量相同或不同类型能量的输入通道(例如：数据集中器或记录单元)，其不同来源的数据因此可以得到标识。本数值组的定义与数值组 A 相互独立。

4.3 数值组 C

数值组 C 定义了与信息来源相关的抽象或物理数据项，例如：电流、电压、功率、容积、温度，这些定义取决于数值组 A 中的值。这些量的测量方法、费率处理和数据存储方法是由数值组 D、E 和 F 进行定义。

对抽象数据，这种 6 个数码域的分层结构是不适用的。

4.4 数值组 D

数值组 D 用于定义类型，或者由数值组 A 和 C 所标识的物理量按各种特定的算法处理的结果，这些算法可计算出能量和需量，以及其他物理量。

4.5 数值组 E

依照所使用的费率，数值组 E 用于定义对由数值组 A 到 D 标识的测量结果所做的进一步处理，对于抽象数据和与费率无关的测量结果，本数值组可以进一步分类。

4.6 数值组 F

数值组 F 用于定义由数值组 A 到 E 标识的不同计费周期的数据存储。对与此无关的数据，本数值组可以进一步分类。

4.7 制造商特定代码

数值组 C 至 F 中的任意一个数值组的数值在 128～254 之间，那么整个代码都被认为是制造商特定的。

5 数值组定义

5.1 数值组 A

数值组 A 的范围为 0～15(见表 1)。

表 1　数值组 A 代码

数值组 A	
0	抽象对象
1	与电有关的对象
4	与热费分配算符有关的对象
5	与冷却有关的对象
6	与加热有关的对象
7	与气体有关的对象
8	与冷水有关的对象
9	与热水有关的对象
其他数值保留[a]	

[a] 由 DLMS 的用户协会管理。

5.2　数值组 B

数值组 B 的范围为 1～255(见表 2)。

表 2　数值组 B 代码

数值组 B	
0	无指定通道
1	通道 1
…	…
64	通道 64
65…127	保留
128…254	制造商特定代码
255	保留

实现时如果仅有一个通道，即便是非指定通道数据也可以指定为通道 1。

5.3　数值组 C

数值组 C 的范围为 0～255(见表 3 和表 4)。

5.3.1　抽象对象

抽象对象是与特定类型的物理量无关的数据项。

表 3　数值组 C 代码(抽象对象)

数值组 C 抽象对象(A=0)	
0…89	正文特定标识符[a]
94	国家特定标识符
96	通用服务数据项，参见 5.7
97	通用差错信息，参见 5.7
98	通用列表对象
127	暂时不用的对象[b]
128…254	制造商特定代码
其他	保留

[a] 正文特定标识符标识协议和/或应用特定的对象。COSEM 的标识符在 GB/T 19882.32—2007 中定义。

[b] 暂时不用的对象在仪表中有定义，但是没有实现其功能。

5.3.2 与电有关的对象量(见表4)

表4 数值组C代码(电气对象)

数值组 C 与电有关的对象(A=1)	
0	通用目的对象(参见5.8)
1	∑Li 正向有功功率
2	∑Li 反向有功功率
3	∑Li 正向无功功率
4	∑Li 反向无功功率
5	∑Li 一象限无功功率
6	∑Li 二象限无功功率
7	∑Li 三象限无功功率
8	∑Li 四象限无功功率
9	∑Li 正向视在功率
10	∑Li 反向视在功率
11	电流:任意相
12	电压:任意相
13	平均功率因数
14	电网频率
15	∑L1 一象限+四象限+二象限+三象限有功功率
16	∑L1 一象限+四象限-二象限-三象限有功功率
17	∑Li 一象限有功功率
18	∑Li 二象限有功功率
19	∑Li 三象限有功功率
20	∑Li 四象限有功功率
21	L1 正向有功功率
22	L1 反向有功功率
23	L1 正向无功功率
24—30	L1 其他(参见4—10)
31	L1 电流[a]
32	L1 电压
33	L1 功率因数

表 4(续)

数值组 C 与电有关的对象(A=1)	
34	L1 频率
35—40	L1 有功功率等(参见 15—20)
41	L2 正向有功功率
42	L2 反向有功功率
43	L2 正向无功功率
44—60	L2 其他(参见 24—40)
61	L3 正向有功功率
62	L3 反向有功功率
63	L3 正向无功功率
64—80	L3 其他(见 24—40)
81	相位角[b]
82	无单位量[脉冲或块(piece)]
91	L0 电流(中性)
92	L0 电压(中性)
96	与电有关的服务数据项(见 5.7)
97	与电有关的错误信息
98	电量数据列表信息(见 5.9)
99	电量数据曲线(见 5.10)
…127	保留
128…254	制造商特定代码
255	保留

注 1：Li 量是第 i 相和参照点之间的相应测量值。在 3 相 4 线系统中，参照点是中性点。在 3 相 3 线系统中，参照点是 L2 相(B 相)。

注 2：$\sum$Li 量是总测量值。

[a] 有关详细扩充代码见 5.5.1。

[b] 有关详细扩充代码见 5.5.2。

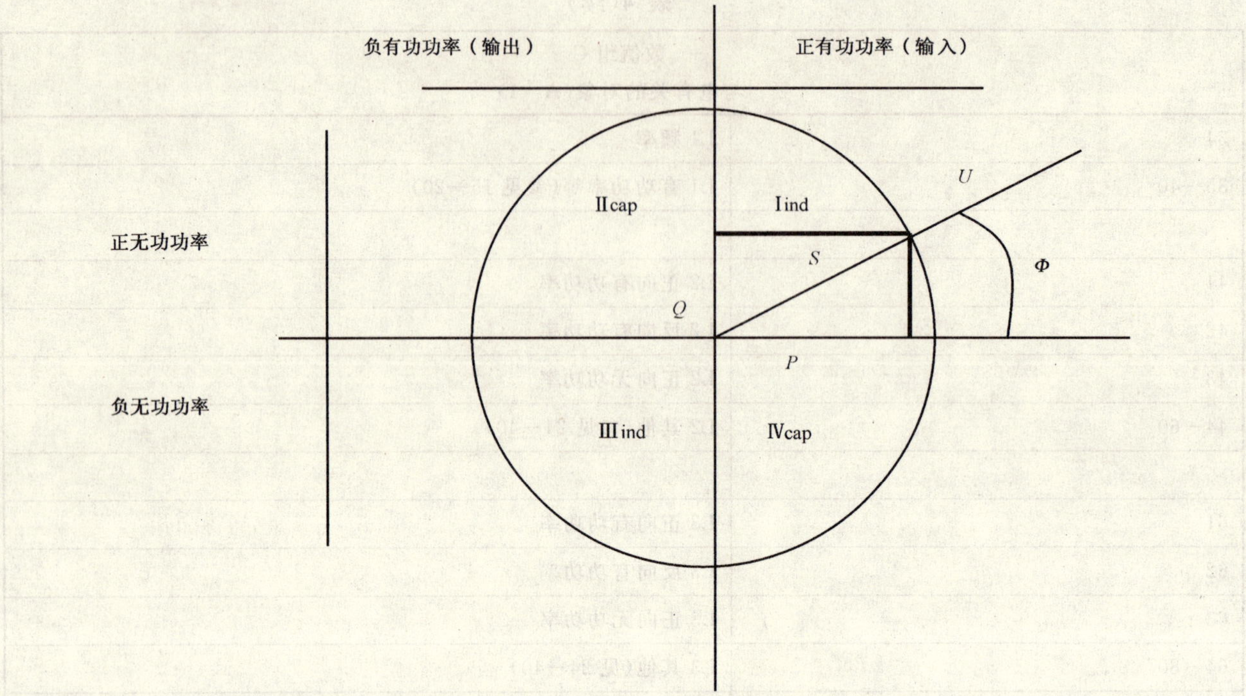

注：四象限的定义参见 GB/T 17882—1999。

图 2 功率测量的四象限划分

5.4 数值组 D

数值组 D 的范围为 0～255(见表 5 和表 6)

5.4.1 与电相关的对象

表 5 数值组 D 代码(电气)

数值组 D 与电有关的对象 A=1,C〈〉0，96,97,98,99	
0	计费周期平均值(从最后一次复位算起)
1	累计最小值 1
2	累计最大值 1
3	最小值 1
4	当前平均值 1
5	最终平均值 1
6	最大值 1
7	瞬时值
8	时间积分值 1
9	时间积分值 2
10	时间积分值 3
11	累计最小值 2
12	累计最大值 2
13	最小值 2
14	当前平均值 2

表 5(续)

数值组 D 与电有关的对象 A=1,C 〈〉 0 ，96,97,98,99	
15	最终平均值 2
16	最大值 2
21	累计最小值 3
22	累计最大值 3
23	最小值 3
24	当前平均值 3
25	最终平均值 3
26	最大值 3
27	当前平均值 5
28	当前平均值 6
29	时间积分值 5
30	时间积分值 6
31	越下限阈值
32	越下限时的计数器值
33	越下限持续时间
34	越下限幅值
35	越上限阈值
36	越上限时的计数器值
37	越上限持续时间
38	越上限幅值
39	缺省阈值
40	缺省时的计数器值
41	缺省持续时间
42	缺省幅值
55	测试平均值
58	时间积分值 4

表 5(续)

数值组 D 与电有关的对象 A=1,C 〈〉0 , 96,97,98,99	
128…254	制造商特定代码
其他	保留

注:

平均方案 1

由测量周期 1(参见 5.8)控制,由计量设备计算的一组寄存器(代码 1..6),典型用于计费方面。

平均方案 2

由测量周期 2(参见 5.8)控制,由计量设备计算的一组寄存器(代码 11..16),典型用于计费方面。

平均方案 3

由测量周期 3(见 5.8)控制,由计量设备计算的一组寄存器(代码 21..26),典型用于瞬时值。

平均方案 4

由测量周期 4(见 5.8)控制,由计量设备计算的测试平均值(代码 55)。

最终平均值

在最后一个测量周期结束时需量寄存器的值。

当前平均值 5

采用记录间隔时间 1 作为基准时间时,当前需量寄存器的值。

当前平均值 6

采用记录间隔时间 2 作为基准时间时,当前需量寄存器的值。

时间积分值 1

从起始时间(测量刚开始)到当前时刻,不包括计费周期代码(F〈〉255)的所计算出的相关量的时间积分。

从起始时间到计费周期代码给定的计费周期结束时刻,包括计费周期代码(0≤F<100)的所计算出的相关量的时间积分。

时间积分值 2

从当前积分周期开始时刻到当前时刻,不包括计费周期代码(F〈〉255)的所计算出的相关量的时间积分。

在计费周期代码给定的计费周期内,包括计费周期代码(0≤F<100)的所计算出的相关量的时间积分。

时间积分值 3

相关量与指定阈值之间正向偏差的积分。

时间积分值 4(测试时间积分)

在设备特定时间内或由测试仪器所决定的时间之内所计算出的相关量的时间积分。

时间积分值 5

用作负荷曲线记录的基准:对记录周期 1 来说,从当前记录开始时间直至当前时刻所算出的相关量的时间积分。

时间积分值 6

用作负荷曲线记录的基准:对记录周期 2 来说,从当前记录开始时间直至当前时刻所算出的相关量的时间积分。

越下限值:在确定阈值以下的那些值(例如:下降)。

越上限值:在确定阈值以上的那些值(例如:膨胀)。

丢失值:看作丢失的值(例如:中断)。

有关抽象对象的标识见 5.7。

与电气有关的通用目的对象的标识见 5.8。

5.4.2 数值组 D 国家特定的标识符

表 6 说明了国家规定应用的标识符。可能的情况下,采用电话号码。此表中没有保留制造商特定代码的范围。数值组 E 和 F 的用法在各国规定中定义。

表 6　数值组 D 代码(国家特定)

数值组 D 国家特定代码[a](A=0,C=94)	
00	芬兰标识符
01	美国标识符
02	加拿大标识符
07	俄罗斯标识符
10	捷克标识符
11	保加利亚标识符
12	克罗地亚标识符
13	爱尔兰标识符
14	以色列标识符
15	乌克兰标识符
16	南斯拉夫标识符
27	南非标识符
30	希腊标识符
31	荷兰标识符
32	比利时标识符
33	法国标识符
34	西班牙标识符
35	葡萄牙标识符
36	匈牙利标识符
38	斯洛文尼亚标识符
39	意大利标识符
40	罗马尼亚标识符
41	瑞士标识符
42	斯洛伐克标识符
43	奥地利标识符
44	英国标识符
45	丹麦标识符
46	瑞典标识符
47	挪威标识符
48	波兰标识符
49	德国标识符
55	巴西标识符
61	澳大利亚标识符
62	印度尼西亚标识符
64	新西兰标识符

表 6(续)

数值组 D 国家特定代码[a](A=0,C=94)	
65	新加坡标识符
81	日本标识符
86	中国标识符
90	土尔其标识符
91	印度标识符
注 1:其他代码保留。 注 2:在此文件中标识的但不在 5.4.2 中的对象应被国家特定标识符重新标识。	
[a] 应限定两个字符。	

5.5 数值组 E

数值组 E 的范围是 0～255,见表 7。

表 7 数值组 E 代码(电气)

数值组 E 与电能有关的对象(A=1)	
0	总量
1	费率 1
2	费率 2
3	费率 3
…	…
9	费率 9
…	…
63	费率 63
128…254	制造商特定代码
其他	保留

如果是下列数值组 E 应用说明之一,则该表是无效的。

5.5.1 数值组 E 用于测量电压和电流

表 8 显示测量电压和电流时数值组 E 的含义。

表 8 扩展的电流/电压测量

数值组 E 与电能有关的对象(A=1);电流/电压的测量(C=31,51,71,32,52 或 72 ;D=7)	
0	总量
1	一次谐波(基本的)
2	两次谐波
…	…
127	127 次谐波

表 8(续)

数值组 E 与电能有关的对象(A=1);电流/电压的测量(C=31,51,71,32,52 或 72 ; D=7)	
128…254	制造商特定代码
255	保留

5.5.2 用数值组 E 测量相角

表 9 表示测量相角时数值组 E 的含义。

表 9 扩展相角测量

数值组 E 与电能有关的对象(A=1);相角测量(C=81; D=7)								
相角	U(L1)	U(L2)	U(L3)	I(L1)	I(L2)	I(L3)	I(L0)	←自
U(L1)	(00)	01	02	04	05	06	07	
U(L2)	10	(11)	12	14	15	16	17	
U(L3)	20	21	(22)	24	25	26	27	
I(L1)	40	41	42	(44)	45	46	47	
I(L2)	50	51	52	54	(55)	56	57	
I(L3)	60	61	62	64	65	(66)	67	
I(L0)	70	71	72	74	75	76	(77)	
↑至(参照点)								

有关抽象对象的标识见 5.7。

与电气相关的通用目的对象的标识见 5.8。

5.6 数值组 F

数值组 F 的范围为 0～255。

在任何情况下,如果数值组 F 没有被使用,则它被设置为 255。

5.6.1 数值组 F 用于计费周期

对于含有下列代码的对象,数值组 F 规定了不同的收费周期的位置(历史数值集合):

数值组 A:1。

数值组 C:1～99。

数值组 D:0～3;6;8～13;16;21～23;26。

当 0≤F<100 时这个位置有效。见表 10。

5.7 抽象对象

表 10 抽象对象代码

抽象对象,通用服务项	OBIS 代码					
	A	B	C	D	E	F
设备标识(ID)号(与非能量/通道有关)						
完整的设备标识(制造号)	0	0	96	1		
设备标识 1	0	0	96	1	0	
……			…	…	…	
设备标识 10	0	0	96	1	9	

表 10(续)

抽象对象,通用服务项	OBIS 代码					
	A	B	C	D	E	F
参数变化、校准和访问						
配置程序修改的次数	0	×	96	2	0	
最后修改配置程序的日期	0	×	96	2	1	
最后修改开关程序的日期	0	×	96	2	2	
最后修改波纹控制接收器的日期	0	×	96	2	3	
安全开关的状态	0	×	96	2	4	
最后校准日期	0	×	96	2	5	
下一次修改配置程序的日期	0	×	96	2	6	
修改被保护的配置程序的次数[a]	0	×	96	2	10	
最后修改被保护配置程序的日期[a]	0	×	96	2	11	
输入/输出控制信号						
输入控制信号的状态	0	×	96	3	1	
输出控制信号的状态	0	×	96	3	2	
内部控制信号的状态	0	×	96	4	0	
内部工作状态	0	×	96	5	0	
电池						
电池使用时间计数器	0	×	96	6	0	
电池充电显示	0	×	96	6	1	
下一次变化日期	0	×	96	6	2	
电池电压	0	×	96	6	3	
电源故障次数						
长于内部自恢复时间的三相故障总量	0	0	96	7	0	
相位 L1	0	0	96	7	1	
相位 L2	0	0	96	7	2	
相位 L3	0	0	96	7	3	
工作时间						
工作时间	0	×	96	8	0	
注册费率 1 的时间	0	×	96	8	1	
注册费率 2 的时间	0	×	96	8	2	
……	…	…	…	…	…	
注册费率 63 的时间	0	×	96	8	63	
有关环境的参数						
环境温度						
制造商特定	0	×	96	50	×	×
……				…		
制造商特定	0	×	96	50	×	×

注:如果值域为灰色部分,则数值组不被使用。"×"表示范围内的任何值。

[a] 被保护的配置通过打开主表表盖并将其修改或拆开计量学的密封来标志。

表 11 通用的错误信息

抽象对象,通用错误信息	OBIS 代码					
	A	B	C	D	E	F
差错对象	0	×	97	97	×[a]	
注:如果值域为灰色部分,则数值组不被使用。"×"表示范围内的任何值。						
[a] 如果仅一个对象被示例,则值为 0。						

在制造商特定对象中,只有那些在显示时必需有,而又不能被其他已定义代码表示的值被代替。如果不要求替代,则此代码应该尽可能使用数组值中 127 以上的值。

5.8 与电有关的通用目的对象(见表 12)

表 12 通用目标代码(电气)

与电有关的通用目标对象	OBIS 代码					
	A	B	C	D	E	F
公用事业单位免费标识号						
完整的组合式电气标识	1	×	0	0		
电气标识号 1	1	×	0	0	0	
……						
电气标识号 10	1	×	0	0	9	
计费周期值/复位计数器						
计费周期计数器	1	×	0	1	0	
可用的计费周期数	1	×	0	1	1	
计费周期 VZ(最后复位)的时间标志	1	×	0	1	2	VZ
计费周期 VZ-1 的时间标志	1	×	0	1	2	VZ-1
……						…
计费周期 VZ-*n* 的时间标志	1	×	0	1	2	VZ-*n*
程序项						
配置程序版本号	1	×	0	2	0	
参数记录号	1	×	0	2	1	
时间开关程序号	1	×	0	2	2	
RCR 程序号	1	×	0	2	3	
仪表接线图标识	1	×	0	2	4	
输出脉冲常数						
RLW(有功电量,计量学的 LED)	1	×	0	3	0	
RLB(无功电量,计量学的 LED)	1	×	0	3	1	
RLS(视在电量,计量学的 LED)	1	×	0	3	2	
RAW(有功电量,输出脉冲)	1	×	0	3	3	
RAB(无功电量,输出脉冲)	1	×	0	3	4	
RAS(视在电量,输出脉冲)	1	×	0	3	5	
变换比						
功率指示因数	1	×	0	4	0	
能量指示因数	1	×	0	4	1	
电流变换比(分子)[b]	1	×	0	4	2	V-*y*[a]

表 12(续)

与电有关的通用目标对象	OBIS 代码					
	A	B	C	D	E	F
电压变换比(分子)[b]	1	×	0	4	3	V-y[a]
总变换比(分子)[b]	1	×	0	4	4	V-y[a]
电流变换比(分母)[b]	1	×	0	4	5	V-y[a]
电压变换比(分母)[b]	1	×	0	4	6	V-y[a]
总变换比(分母)[b]	1	×	0	4	7	V-y[a]
标称值						
电压/V	1	×	0	6	0	
基准/标称电流/A	1	×	0	6	1	
频率/Hz	1	×	0	6	2	
最大电流/A	1	×	0	6	3	
测量功率品质的参考电压	1	×	0	6	4	V-y[a]
输入脉冲常数						
REW/(Imp/kWh)(有功电量)	1	×	0	7	0	
REB/(Imp/kvarh)(无功电量)	1	×	0	7	1	
RES/(Imp/kAh)(视在电量)	1	×	0	7	2	
测量-/注册-周期的持续时间						
测量周期 1,用于平均值 1	1	×	0	8	0	V-y[a]
测量周期 2,用于平均值 2	1	×	0	8	1	V-y[a]
测量周期 3,用于瞬时值	1	×	0	8	2	V-y[a]
测量周期 4,对于测试值	1	×	0	8	3	
记录间隔 1,用于负荷曲线	1	×	0	8	4	V-y[a]
记录间隔 2,用于负荷曲线	1	×	0	8	5	V-y[a]
计费周期	1	×	0	8	6	V-y[a]
时间						
最后一次计费周期的终止时间期满	1	×	0	9	0	
本地时间	1	×	0	9	1	
本地日期	1	×	0	9	2	
保留	1	×	0	9	3	
保留	1	×	0	9	4	
星期天数(0…7)	1	×	0	9	5	
最后复位时间	1	×	0	9	6	
最后复位日期	1	×	0	9	7	
输出脉冲持续时间	1	×	0	9	8	
时钟同步窗口	1	×	0	9	9	
时钟同步方法	1	×	0	9	10	
系数						
变压器磁性损耗	1	×	0	10	0	V-y[a]
变压器热损耗	1	×	0	10	1	V-y[a]
电阻线路损耗	1	×	0	10	2	V-y[a]
电抗线路损耗	1	×	0	10	3	V-y[a]

表 12(续)

与电有关的通用目标对象	OBIS 代码					
	A	B	C	D	E	F
测量方法						
有功功率测量算法	1	x	0	11	1	
有功电量测量算法	1	x	0	11	2	
无功功率测量算法	1	x	0	11	3	
无功电量测量算法	1	x	0	11	4	
视在功率测量算法	1	x	0	11	5	
视在电量测量算法	1	x	0	11	6	
功率因数计算方法	1	x	0	11	7	

注：如果数值域 F 为灰色，则不使用数值组 F。

[a] 因为不使用当前的数值组 F，所以 y 可被设为 $-1 \sim n$ 之间的任何一个数值。

[b] 如果变换比为分数，则变换比为分子被分母除。如果变换比是整数或实数，则仅等于分子。

应注意的是，上述有些代码正常时并不使用，因为有关的数据包含在已定义的对象属性中(取决于具体应用)，详细情况见 GB/T 19882.32—2007。

5.9 列表对象

列表对象用于定义任意种类的数据序列(例如：测量值、常数、状态、事件)，列表对象采用单一 OBIS 码标识(见表 13)。

表 13 通用对象列表

通用列表对象	OBIS 代码					
	A	B	C	D	E	F
计费周期数据	0	x	98	1	x	VZ[a]

[a] 见 A.3。

5.10 电量数据曲线对象

数据曲线用于定义同种类型的测量数据序列或由许多不同测量数据组成的同种类型的测量数据组序列，数据曲线采用单一的 OBIS 标识(见表 14)。

表 14 曲线代码(电气)

电气数据集对象	OBIS 代码					
	A	B	C	D	E	F
记录周期 1 的负荷曲线	1	×	99	1	x[a]	
记录周期 2 的负荷曲线	1	×	99	2	x[a]	
测试期间的负荷曲线	1	×	99	3	0	
低电压曲线	1	×	99	10	1	0
过电压曲线	1	×	99	10	2	0
缺电压曲线	1	×	99	10	3	0
电流谐波曲线	1	×	99	10	nth	0
电压不平衡曲线	1	×	99	11	nth	0
事件日志		×				
认证数据日志	1	×	99	12	x[a]	
	1		99	13	x[a]	

[a] 如果每一类仅有一个对象被示例，则值为 0。

附　录　A
（规范性附录）
代　码　表　示

对于不同的应用环境，其代码表示方法略有不同。

A.1　简化的 ID 代码（例如：GB/T 19897.1—2005）

为了遵循 GB/T 19897.1—2005 协议模式 A 到 D 定义的语法，解决数字位数及其 ASCII 码表示的限制，ID 代码的范围被缩小，所有的数值组被限制在 0～99 的范围之内，在这个范围内，应满足各相关章节中给出的限制。

一些数值组如果与应用无关则可以删减。

可选数值组：A、B、E、F。

必选数值组：C、D。

为了方便对缩简代码进行解释说明，在所有的数值组之间应插入分隔符，见图 A.1。

A	-	B	:	C	.	D	.	E	*	F

图 A.1　简化的 ID 代码表示

在数值组 E 和 F 之间的分隔符可以被修改使其包含一些关于复位来源的信息（如果是用人工复位，则还包含替换复位）。

为了兼容现有的实现功能，在数值组 A 中，可以使用一个能量类型的标识符，即使对抽象对象也可用。

A.2　显示

通常，限定显示 OBIS 代码的方法与传输 OBIS 代码的方法相同，例如：符合 GB/T 19897.1—2005。

一些代码常被一些字母代替以便能清楚地表示出它与其他数据项目的不同之处（见表 A.1）。

表 A.1　显示代码替换举例

数值组 C	
OBIS 码	显示代码
96	C
97	D
98	L
99	P

A.3　数值组 F 的特殊处理

上次计费周期的标识值使用数值组 F 域表示实际时间周期/点（见表 A.2）。

表 A.2　计费周期的值

数值组 F
VZ+1 未来周期
VZ 周期 1
VZ−1 周期 2

表 A.2(续)

数值组 F
VZ－2 周期 3
VZ－3 周期 4
VZ－4 周期 5
…
101　最近的值
102　2 个最近的值
…
125　25 个最近的值
126　未指明个数的最近值

计费周期最新的数值用 ID 码 VZ(计费周期计数器的状态)来标识,次最新的数据用码 VZ－1 来标识等等。计费周期计数器的工作模式可以是不同的,例如:模式－12 或模式－100。当达到计费周期计数器的极限值时将显示数值,数值包括模式 100 的计费周期值代码 0 和其他模式(例如模式－12)的代码 1。

大于 100 的值可标识多于一个计费周期的数值的曲线。最大允许值为 125。

126 标识包含不定量的计费周期的数值的曲线。

就阈值而言,数值组 F 包括在几个相同的相关量的(如果适用的话)阈值水平上的参考值。

A.4　COSEM

在 COSEM 环境中,OBIS 码的用法在 GB/T 19882.32—2007 中定义。

ICS 17.220.20
N 22

中华人民共和国国家标准

GB/T 19882.32—2007/IEC 62056-62:2002

自动抄表系统 第3-2部分:应用层数据交换协议 接口类

Automatic meter reading system—
Part 3-2: Application layer data exchange protocols—Interface clasess

(IEC 62056-62:2002, Electricity metering—
Data exchange for meter reading, tariff and laod control—
Part 62: Interface clasess, IDT)

2007-10-11 发布 2007-12-01 实施

中华人民共和国国家质量监督检验检疫总局
中国国家标准化管理委员会 发布

前　言

《自动抄表系统　应用层数据交换协议》分为三个部分：

——第 3-1 部分：对象标识系统(IEC 62056-61:2002,IDT)；

——第 3-2 部分：接口类(IEC 62056-62:2002,IDT)；

——第 3-3 部分：COSEM 应用层(IEC 62056-53:2002,IDT)。

本部分为《自动抄表系统　应用层数据交换协议》的第 3-2 部分。

本部分为等同采用 IEC 62056-62:2002。

《自动抄表系统　应用层数据交换协议》是《自动抄表系统》国家标准体系的一个重要组成部分。下面列出《自动抄表系统》国家标准的颁布和预计结构及对应的国际标准。

a)　GB/T 19882.1—2005《自动抄表系统　总则》

b)《自动抄表系统　抄表系统》

——第 2-1 部分：低压电力线载波抄表系统；

——第 2-2 部分：无线通信抄表系统；

——第 2-3 部分：基于 IP 网络的抄表系统。

c)《自动抄表系统　应用层数据交换协议》

——第 3-1 部分：对象标识系统(IEC 62056-61:2002,IDT)；

——第 3-2 部分：接口类(IEC 62056-62:2002,IDT)；

——第 3-3 部分：COSEM 应用层(IEC 62056-53:2002,IDT)。

d)　GB/T 19897—2005《自动抄表系统　低层通信协议》

——第 1 部分：直接本地数据交换 (IEC 62056-21:2002,IDT)；

——第 2 部分：基于双绞线载波信号的局域网使用 (IEC 62056-31:1999,IDT)；

——第 3 部分：面向连接的异步数据交换的物理层服务进程 (IEC 62056-42:2002,IDT)；

——第 4 部分：基于 HDLC 协议的链路层(IEC 62056-46:2002,IDT)。

本部分的附录 A、附录 B、附录 C、附录 D 为规范性附录，附录 E 为资料性附录。

本部分由中国机械工业联合会提出。

本部分由全国电工仪器仪表标准化技术委员会归口。

本部分起草单位：哈尔滨电工仪表研究所、西北电力试验研究院、西安汇通测控技术有限公司、广州科立通用电气公司、北京握奇智能科技有限公司、杭州智源电子有限公司、北京供电局、华立集团公司、浙江正泰仪器仪表有限公司、长沙威胜仪表有限公司、深圳开发科技有限公司、南京电力自动化研究院。

本部分主要起草人：杨晓西、黄国兵、区建斌、陈红军、张小平、范国平、郑小平、郭华喜、冯玉贵、关文举。

引　言

公共事业部门为获取最佳商业利益，在计量计费系统中越来越多地使用仪表设备。在过去，仪表的主要商业价值来源于其数据采集与处理能力，如今主要来源于系统集成与互操作性。

能量计量配套技术规范(COSEM)致力于解决把仪表看成是一个商业过程的组成部分后带来的诸多挑战，这个商业过程从对交付产品(能量)的测量开始，到费用征收为止。

根据公共事业部门的商业过程的特点，仪表的规范由其“行为特征”来确定，正式技术规范建立在对象建模技术(接口类与对象)的基础上，这些对象的技术规范构成了COSEM的主要部分。

COSEM服务器模型(见4.5)仅代表仪表的外部可见部分。支持公共事业部门、用户和仪表制造商的客户机应用都采用了这种服务器模型。仪表为追索其结构模型(在表盘上可看到的对象列表)提供了检索手段，并为这些对象的属性和特殊处理方法提供了访问措施。

各种不同接口类的集合构成一个标准库，制造商可选择这个标准库的一个子集来生产(建模)自己的产品。元件的设计要求能适用于所有产品(从居民到商业和工业应用)。为制造一种仪表选择接口类子集，以及其安装和实现方法都是产品设计的组成部分，这些工作留给制造商自行处理。标准化仪表接口类库的概念为不同的用户和制造商提供多种多样的选择而且又不失互操作性。

自动抄表系统
第3-2部分:应用层数据交换协议　接口类

1　范围

本部分规定了从通信接口视角观看的仪表模型。本部分采用面向对象的方法定义了多种通用组合块,以接口类的形式构造了简单功能到非常复杂功能的仪表模型。

2　规范性引用文件

下列文件中的条款通过GB/T 19882的本部分的引用而成为本部分的条款。凡是注日期的引用文件,其随后所有的修改单(不包括勘误的内容)或修订版均不适用于本部分,然而,鼓励根据本部分达成协议的各方研究是否可使用这些文件的最新版本。凡是不注日期的引用文件,其最新版本适用于本部分。

GB/T 19897.1—2005　自动抄表系统低层通信协议　第1部分:直接本地数据交换(IEC 62056-21:2002,IDT)

GB/T 19897.2—2005　自动抄表系统低层通信协议　第2部分:基于双绞线载波信号的局域网使用(IEC 62056-31:1999,IDT)

GB/T 19897.4—2005　自动抄表系统低层通信协议　第4部分:基于HDLC协议的链路层(IEC 62056-46:2002,IDT)

GB/T 19882.31—2007　自动抄表系统　第3-1部分:应用层数据交换协议　对象标识系统(IEC 62056-61:2002,IDT)

GB/T 19882.33—2007　自动抄表系统　第3-3部分:应用层数据交换协议　COSEM应用层(IEC 62056-53:2002,IDT)

DL/T 790.41—2002　采用配电线载波的配电自动化　第4部分:数据通信协议第1篇:通信系统参考模型(IEC 61334-4-41:1996,IDT)

IEC 60050.300:2001　国际电工词汇　电气和电子测量方法与测量仪器
第311部分:有关测量的基本术语
第312部分:有关电气测量的基本术语
第313部分:电气测量仪器的类型
第314部分:按仪器分类的专用术语

IEC 62051:1999　电气测量　术语表

ANSI C12.19:1997/IEEE 1377:1997　公共事业部门终端设备数据表

3　术语、定义和缩略语

3.1　术语和定义

IEC 60050-300及IEC 62051确立的以及下列术语和定义适用于本部分。

3.1.1

基址名　base_name

与COSEM接口对象的第一个属性"Logical_name"(逻辑名)相对应的short_name(短名)。

3.1.2

类标识码 class_id

接口类的标识码。

3.1.3

COSEM 对象 COSEM object

COSEM 接口类的一个实例。

3.2 缩略语

AARE	Application Association Response	应用连接响应
AARQ	Application Association ReQuest	应用连接请求
ACSE	Application Control Service Element	应用控制服务元件
APDU	Application Protocol Data Unit	应用协议数据单元
ASE	Application Service Element	应用服务元件
A-XDR	Adapted eXtended Data Representation	适应扩展数据的表示
COSEM	Companion Specification for Energy Metering	能量计量配套规范
DLMS	Distribution Line Message Specification	配电线报文规范
GMT	Greenwich Mean Time	格林威治标准时间
HLS	High-level Security	高级安全
IC	Interface Class	接口类
LLS	Low Level Security	低级安全
LN	Logical Name	逻辑名
LSB	Least Significant Bit	最低有效位
M	Mandatory	强制的、必选的
MSB	Most Significant Bit	最高有效位
O	Optional	可选的
OBIS	OBject Identification System	对象标识系统
PDU	Protocol Data Unit	协议数据单元
SAP	Service Access Point	服务访问点
SN	Short Name	短名

4 基本原理

4.1 概述

本章详细描述构造 COSEM 接口类的基本原理，也简要说明了接口对象(接口类的范例)如何用于通信。遵循这些规范的仪表、支撑工具和其他系统元件能够采用互操作的方式进行相互通信。

对象建模：为制定技术规范，本部分采用对象建模技术，对象是属性和算法的集合。

对象的信息包含在其属性中。属性的值表示对象的特征，它能影响对象的行为特征。所有对象的第一个属性都是"逻辑名(logical_name)"，逻辑名是对象标识的一部分。

每个对象都提供了一些检查或修改属性值的方法。共享公共特征的对象被归纳为接口类，由类标识码(class_id)标识。对一个特定类，公共特征(属性和方法)为所有对象描述。接口类的范例称为 COSEM 对象。

制造商可以用负的数码为任何对象添加私有的方法和属性。

“寄存器”接口类从客户机(中央单元、手持终端)来看,是通过组合通用寄存器(包含测量信息或静态信息)必要的特征模型而形成的。寄存器的内容由属性“逻辑名(logical_name)”标识。逻辑名(logical_name)包含有 OBIS 标识符(见 GB/T 19882.31),寄存器实际内容(动态的)在“数值”属性中。

定义一种特定的仪表实际上意味着定义几种特定的寄存器。在图 1 的范例中,该仪表包含两个寄存器,即“寄存器”类范例化的两个特定 COSEM 对象,这表明赋给不同的属性以特定的数值,尽管“寄存器”类一个范例化的 COSEM 对象为“总的、正向的、有功电量寄存器”,而另一个为“总的、正向的、无功电量寄存器”。

图 1 举例说明这些术语:

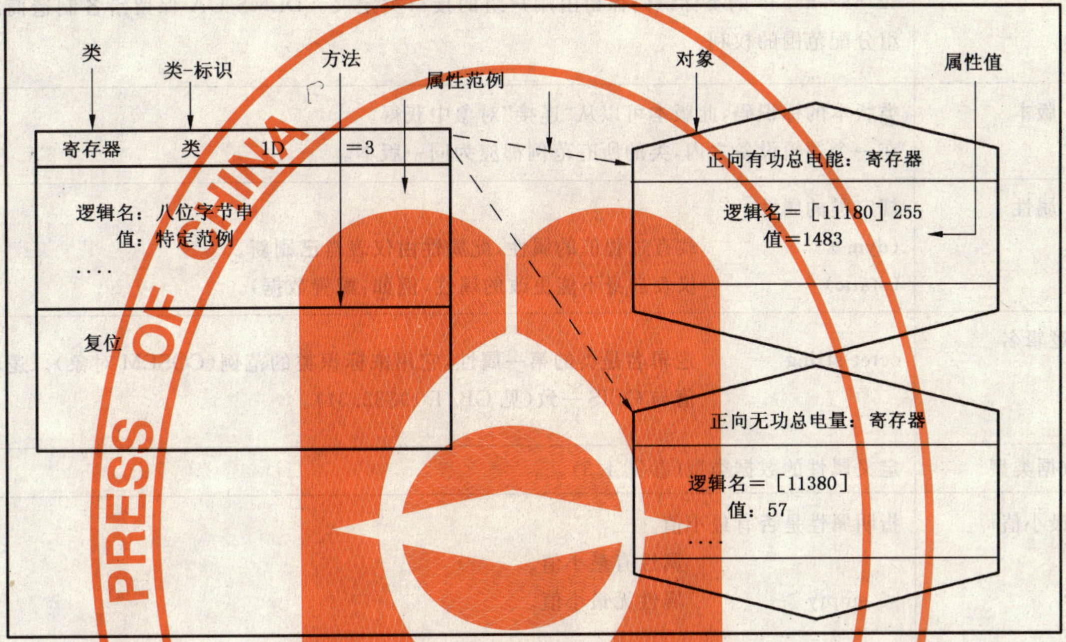

图 1　接口类及其范例

注:从“外部”看来,COSEM 对象(接口类的范例)代表仪表的行为特征。因此,修改属性的值需由外部开始(如复位寄存器的值)。由内部修改属性的值不在本模型中描述(例如刷新寄存器的值)。

4.2　类的表述方法

本条介绍用于定义接口类的表述方法。

首先,简要介绍类的功能和应用如下。以表格的形式给出类的概貌,表格中包括类名、属性和方法(类说明模板)。

类　名		基本情况	类标识码,版本		
属性		数据类型	最小值	最大值	缺省值
1. logical_name	(static)	octet-string			
2.	(..)	.....			
3.	(..)	.....			
特定方法(如需要)		基本/选用			
1.		.....			
2.		.....			

每个属性和方法都应详细说明。

类　名	类的说明(如:寄存器,时钟,集,...)
基本情况	规定逻辑设备内类的范例号(参见 4.5) value　　类范例化的准确次数("value")。 min...max　　类范例化的最小次数("min.")和最大次数("max.")。如果最小次数为 0,则类是可选的。反之,如 min.＞0,类至少需范例化"min."次。
类标识码	类的标识码(范围:0～65535)。类标识码(class_id)可以从"连接"对象中获得。从 0～8191 的类标识码保留由 DLMS UA 定义;从 8192～32767 的类标识码保留由制造商接口类定义;从 32768～65535 的类标识码保留由用户组的接口类定义。DLMS UA 保留给各制造商或用户组分配范围的权利。
版本	类版本的标识码,此版本可以从"连接"对象中获得。 在一个逻辑设备之内,类的所有范例都应为同一版本。
属性	规定类的属性。 (dyn.)　　载有过程值的属性,此属性由仪表自己刷新。 (static)　　仪表自身不能更改的属性(例如:配置数据)。
逻辑名	octet-string　　逻辑名是类的第一属性,它用来标识类的范例(COSEM 对象)。逻辑名的值与 OBIS 一致(见 GB/T 19882.31)。
数据类型	定义属性的数据类型(参见 4.3)。
最小值	指明属性是否有最小值。 ×　　属性有最小值。 ＜ empty ＞　　属性无最小值。
最大值	指明属性是否有最大值。 ×　　属性有最大值。 ＜ empty ＞　　属性无最大值。
缺省值	指明属性是否有缺省值。这是属性复位后的值。 ×　　属性有缺省值。 ＜ empty ＞　　类没有定义缺省值。
方法	提供属于对象的方法的表。 Method Name ()　　此方法应在"方法说明"中说明。
必选/可选	定义方法是必选的还是可选的。 m(mandatory)　　方法是必选的。 o(optional)　　方法是可选的。

属性说明(Attribute description)

说明属性的数据类型(如果是复杂数据类型)、数据格式和性质(最小值,最大值和缺省值)。

方法说明(Method description)

说明 COSEM 对象的每个方法和执行的行为特征。

注:用协议访问属性或方法的服务在 GB/T 19882.33 中描述。

选择性访问(Selective access)

常用方法 READ/WRITE 和 GET/SET 以整体访问属性为参考典型，也可以提供对属性一部分的选择性访问。属性选择访问部分由特定的选择性访问参数标识，这些选择性访问参数在属性规范中定义。

4.3 公用数据类型

下表包括所有接口类使用的公用数据类型。

简单数据类型	仅载有一个数据项
integer，long，double-long，unsigned，long-unsigned，double-longunsigned，boolean	简单数据类型在 DL/T 790.41—2002 的 A.12 中定义，数据举例： integer　Integer8　1 字节 long　Integer16　2 字节 double-long　Integer32　4 字节
enum(枚举)	需在“属性说明”中定义的枚举类型的元素。没有值列表的枚举被缺省保留。
real32，real64	按 DL/T 790.41—2002 的“REAL”规范定义的实数类型。
visible-string，octet-string	有序的 ASCII 字符由八位字节表示(octet：8 位字节)。
bit-string(位串)	有序的布尔值序列。
复杂数据类型	包括多个数据项，或数据项本身不是简单数据类型
array	数组元素需在“属性说明”部分定义。
compact array	数组元素需在“属性说明”部分定义。
structure	结构类型需在“属性说明” 部分定义。
instance specific	属性的数据类型需在特殊仪表(范例模型)对象的范例中规定。

4.4 表示日期和时间的数据格式

日期和时间常采用八位字节串(octet-string)作为数据类型来表示，但要明确定义其数据格式。

date(日期)	八位字节串{年 高字节，年 低字节，月，日，星期} 年：数据类型为 unsigned16，范围 0..最大 0xFFFF ＝ 非定义 年的高字节和低字节采用 unsigned 16 的 2 个字节。 月：数据类型为 unsigned8， 范围 1..12，0xFD，0xFE，255 1 为 1 月 0xFD ＝ 夏令时结束 0xFE ＝ 夏令时开始 0xFF ＝ 未规定 日：数据类型为 unsigned8 范围：1..31，0xFD，0xFE，255 0xFD ＝ 当月的倒数第二天 0xFE ＝ 当月的倒数第一天 0xE0 ～ 0xFC ＝ 保留 0xFF ＝ 未规定 星期：数据类型为 unsigned8， 范围：1..7，255 1 为星期一 255 ＝ 未规定 对重复的日期，没有使用的部分应置为“未规定”。

time(时间)	八位字节串｛小时，分，秒，1/100 秒｝ 小时：数据类型为 unsigned8， 范围：0..23，255 255 ＝ 未规定 分：数据类型为 unsigned8 范围：0..59，255 255 ＝ 未规定 秒：数据类型为 unsigned8 范围：0..59，255 255 ＝ 未规定 1/100 秒：数据类型为 unsigned8 范围：0..99，255 255 ＝ 未规定 对重复的时间，没有使用的部分应置为“未规定”。
deviation(偏差)	数据类型为 Integer16， 范围：-720..720， 当地时间与 GMT(格林威治时间)之间的分钟差值。 0x8000 ＝ 未规定
clock_status(时钟状态)	数据类型为 Unsigned8，为 8 位位串。 状态位的定义如下： 0(LSB)：数值无效[a] 位 1：数值不确定[b] 位 2：时钟基准不同[c] 位 3：时钟状态无效[d] 位 4：保留 位 5：保留 位 6：保留 位 7：(MSB)夏令时[e]

date_time(日期_时间)	八位字节串
	{
	年高字节
	年低字节
	月
	日
	小时
	分
	秒
	1/100 秒
	偏差高字节
	偏差低字节
	时钟状态
	}

日期_时间的各字段按上述结构编码，按照上述日期_时间的描述，有些可能会被置为“未规定”。	

a 发生事件后时间不能恢复，详情由制造商规定(例如：在时钟的电源被中断后)。

b 发生事件后时间能恢复，但是数值不能被保证，详情由制造商具体规定。

c 如果实际的时钟基准与规定源的时钟基准不同，该比特将会被置位。

d 此位表示至少有一个时钟状态位是无效的，某些位可能是正确的，准确的含义由制造商的文件解释。

e 标志位置为真：发出时间包含夏令时偏差(夏季)；标志位置为假：发出时间不包含夏令时偏差(正常时间)。

4.5 COSEM 服务器模型

COSEM 服务器为 3 层体系结构，如图 2 所示。

第 1 层：物理设备(Physical device)

第 2 层：逻辑设备(Logical device)

第 3 层：可访问的 COSEM 对象(Accessible COSEM objects)

图 3 举例说明了如何用 COSEM 服务器模型构建一台组合式计量设备。

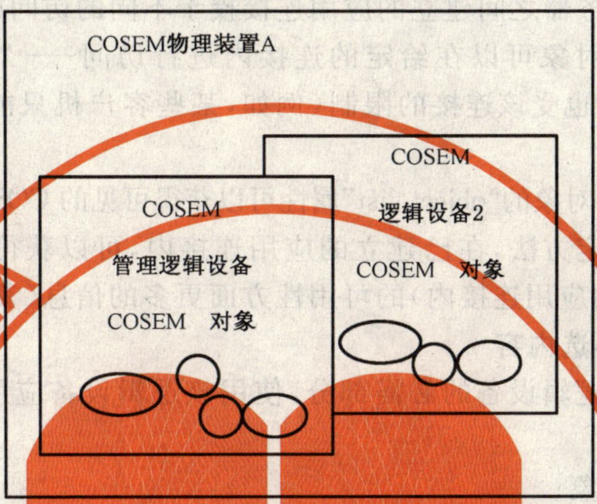

图 2 COSEM 服务器模型

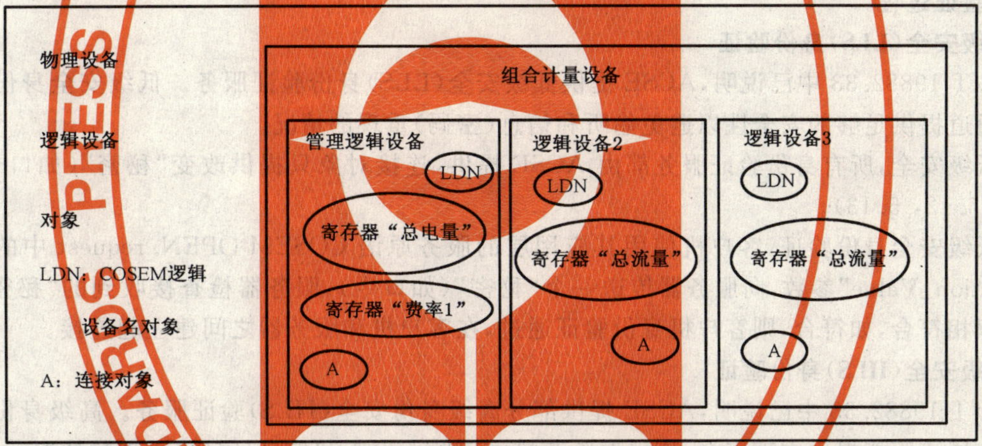

图 3 组合式计量设备

4.6 COSEM 逻辑设备

4.6.1 概述

COSEM 逻辑设备是一组 COSEM 对象，每个物理设备将包含一个“管理逻辑设备”。对 COSEM 逻辑设备的访问由所使用的协议低层的访问表提供。

4.6.2 COSEM 逻辑设备名

COSEM 逻辑设备可由其唯一的 COSEM 逻辑设备名标识，设备名可从“SAP 分配表”接口类的范例(见 5.14)或者 COSEM 对象“COSEM 逻辑设备名”(见 D.1.1.17)中检索。

该设备名由最多 16 个八位字节串定义，前三个八位字节唯一标识设备制造商[1]。制造商负责保证其余八位字节串(最多 13 个八位字节)的唯一性。

4.6.3 逻辑设备的“连接窗口”

为访问服务器端的 COSEM 对象，首先要建立一个应用连接，创建一个已连接的应用可以相互通信的语境。这个语境主要包含：

1) 由 DLMS 用户协会管理。

- 应用语境的信息；
- COSEM 语境的信息；
- 使用身份验证机制的信息；
- 其他。

这些信息包含在一个称之为“连接”对象的特定 COSEM 对象中，本部分定义了两种连接对象，一种是连接使用短名引用的连接对象(association SN)，另一种是使用逻辑名引用的连接对象(association LN)。

服务器可对在客户机与服务器之间建立的应用连接授予不同的访问权限。访问权限涉及一组 COSEM 对象——可视对象，这组对象可以在给定的连接内进行访问——“可看见”。此外，对这组 COSEM 对象的属性与方法的访问也受该连接的限制(例如，某些客户机只能读一个 COSEM 对象的某特定属性)。

客户机通过读取相应的连接对象的“object_list”属性可以获得可见的 COSEM 对象列表(“连接窗口”)。

利用连接对象所提供的特定方法，在已建立的应用连接内，可以获得对于属性的访问权(只读、只写，读和写)和方法(在已建立的应用连接内)的可用性方面更多的信息(参见 5.12，5.13)，

4.6.4 COSEM 逻辑设备的必选内容

下列对象是每个 COSEM 逻辑设备的必需部分，使用该逻辑设备应用连接中的 GET/READ 方法可以访问这些对象。

- COSEM 逻辑设备名对象；
- 当前连接(LN 或 SN)对象。

4.7 身份验证过程

4.7.1 低级安全(LLS)身份验证

在 GB/T 19882.33 中已说明，ACSE 提供低级安全(LLS)身份验证服务。低级安全身份验证适用于为通信通道提供足够的安全性以避免偷听和信息(密码)重现的情况。

对于低级安全，所有身份验证服务都由 ACSE 提供，连接对象只提供改变“秘密”(如口令)的方法和属性(见 5.12，5.13)。

对于低级安全身份验证，客户机使用其应用层的服务原语 COSEM-OPEN. request 中的“Calling_Authentication_Value”参数，向服务器传送一个“秘密”(如口令)，服务器检查接收到的“秘密”是否与客户机标识相符合，如符合，则客户机身份验证通过，在客户机和服务器之间建立起连接。

4.7.2 高级安全(HLS)身份验证

在 GB/T 19882.33 中已说明，ACSE 提供部分高级身份安全(HLS)验证服务。高级身份安全验证适用于通信通道不能提供内部安全，应采取防范措施以防止偷听和信息(密码)重现的情况。这时，采用 4 步身份验证协议，客户机和服务器采用下列方式进行 4 步身份验证：

第 1 步：客户机向服务器传送“密码”CtoS(例如：随机数)。

第 2 步：服务器向客户机传送“密码”StoC(例如：随机数)。

第 3 步：客户机对 StoC 进行加密处理(例如：用密钥加密)，处理结果 f(StoC)返送给服务器。服务器检查 f(StoC)是否正确，如果正确，服务器认为客户机的身份验证通过。

第 4 步：服务器对客户机的身份验证通过后，服务器对 StoC 进行加密处理(例如：用密钥加密)，处理结果 f(CtoS)返送给客户机。客户机检查 f(CtoS) 是否正确，如果正确，客户机认为服务器的身份验证通过。

高级安全(HLS)验证服务的第 1 步由客户机应用层的服务原语 COSEM-OPEN. request 实现。参数“Security_Mechanism_Name”包含 HLS 机制的标识，参数“Calling_ Authentication_Value”包含密码 CtoS。

高级安全(HLS)验证服务的第 2 步由服务器应用层的服务原语 COSEM-OPEN. response 实现。参数“Security_Mechanism_Name”包含 HLS 机制的标识，参数“Responding_Authentication_Value” 包含密码 StoC。

第 2 步完成后，连接已正式建立，但是客户机的访问受到当前“连接”对象的方法“reply_to_HLS_authentication”的限制。

第 3 步和第 4 步由连接对象的方法 reply_to HLS_authentication 支持(参见 5.12，5.13)。如果这两步都成功地完成，则准予当前连接包含所有访问权限，否则，客户机或服务器中断本次连接。

另外，连接对象提供改变 HLS“秘密”的方法(例如：密钥)，即 change_HLS_secret。

注：在客户机已经执行 change_HLS_secret()(或 change_LLS_secret())方法后，它等待服务器响应确认密码已经修改，有可能服务器已传送了确认，但是由于通信问题，确认信息并未传达到客户机端，因此，客户机不知道密码是否已经更改，为简单起见，在此种情况下，服务器不提供任何特别支持，也就是说它留给客户机处理这种情况。

5 接口类

目前为仪表所定义的接口类及其相互关系如图 4 所示。

注 1：接口类“base”本身没有明确规定，它只包含了一个属性“逻辑名”。

注 2：在“需量寄存器”，“时钟”，“通用集”的说明中，接口类的第二属性与“数据”接口类的第二属性标志不同，也就是说“current_average_value”，“time”和“buffer”与“value”.对应。“数值”，这是强调“value”的自然特性。

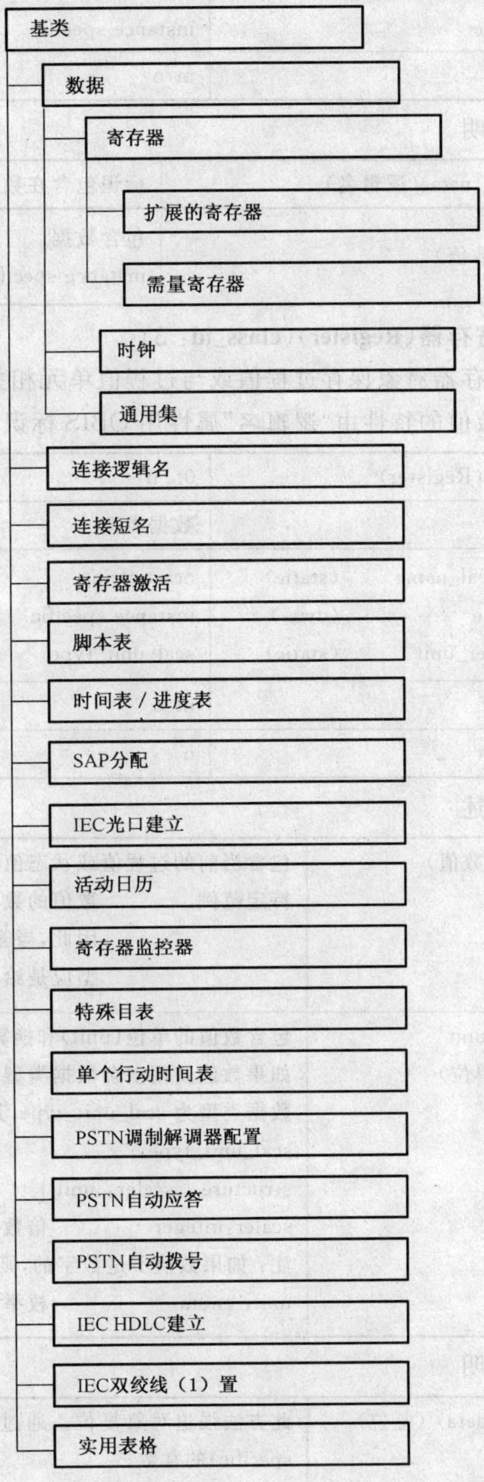

图 4　接口类概况

5.1 数据(Data)(class_id：1)

数据对象存储与内部仪表对象相关的数据，其含义由逻辑名来标识，其数据类型是特定的范例。数据的典型应用是存储组态数据和参数。

数据(Data)	0..n	class_id = 1, version = 0		
属性	数据类型	最小值	最大值	缺省值
1. logical_name (static) 2. value	octet-string instance specific			
方法	m/o			

属性说明

Logical_name(逻辑名)	标识包含在数值中的数据，标识符在 D.1 中规定。
value(数值)	包含数据。 instance specific 数据类型取决于由数值的"逻辑名"定义的范例。

5.2 寄存器(Register)(class_id：3)

寄存器对象保存过程值或与过程值单元相关的状态值，寄存器对象认知的过程值的自然特性或状态值，数值的特性由"逻辑名"属性用 OBIS 标识系统(见 D.1 及 GB/T 19882.31)说明。

寄存器(Register)	0..n	class_id = 3, version = 0		
属性	数据类型	最小值	最大值	缺省值
1. logical_name (static) 2. value (dyn.) 3. scaler_unit (static)	octet-string instance specific scal_unit_type			
方法	m/o			
1. reset	o			

属性描述

value (数值)	包含当前的过程值或状态值。 特定范例　数值的数据类型取决于由"逻辑名"定义的范例，也可以由制造商规定，因此，当客户机访问此属性时，它应提供属性的值和数据类型。数据类型应是给定的，只有这样，才能和逻辑名一起对数值进行明确的解释。
scaler_unit (换算单位)	包含数值的单位(unit)和换算(scaler)的信息。 如果数值使用复杂数据类型，则换算和单位适用于所有元素。 数据类型为 scal_unit_type，其定义为： scal_unit_type： structure { scaler, unit } scaler：integer　倍数因子的指数(基数为 10) 注：如果数值不是数字的，则换算应被置 0。 unit：enum　枚举类型定义物理单位；详见下面。

方法说明

reset (data) (复位)	此方法强迫对象复位。通过调用此方法将数值置为缺省值，缺省值是特定范例(instance specific)的常数。 data ::= integer(0)

unit ::= enum

代码	//单位符号		量	单位名称	SI 定义
(1)	a	//	时间	年	
(2)	mo	//	时间	月	
(3)	wk	//	时间	周	7×24×60×60 s
(4)	d	//	时间	日	24×60×60 s
(5)	h	//	时间	小时	60 ×60 s
(6)	min.	//	时间	分	60 s
(7)	s	//	时间(t)	秒	s
(8)	°	//	(相)角	度	rad×180/π
(9)	℃	//	温度(Θ)	摄氏度	K-273.15
(10)	货币	//	(当地)货币		
(11)	m	//	长度(*l*)	米	m
(12)	m/s	//	速度(*v*)		m/s
(13)	m^3	//	体积(*V*)		m^3
(14)	m^3	//	修正的体积		m^3
(15)	m^3/h	//	流量		$m^3/(60×60\ s)$
(16)	m^3/h	//	修正的流量		$m^3/(60×60\ s)$
(17)	m^3/d	//	流量		$m^3/(24×60×60\ s)$
(18)	m^3/d	//	修正的流量		$m^3/(24×60×60\ s)$
(19)	l	//	容积		$10^{-3}\ m^3$
(20)	kg	//	质量(*m*)	千克	kg
(21)	N	//	力(*F*)	牛顿	N
(22)	Nm	//	能量	牛顿米	J = Nm = Ws
(23)	Pa	//	压力(*p*)	帕斯卡	N/m^2
(24)	bar	//	压力	巴	$10^{-5}\ N/m^2$
(25)	J	//	能量	焦耳	J = Nm = Ws
(26)	J/h	//	热功		J/(60×60 s)
(27)	W	//	有功功率(*P*)	瓦特	W = J/s
(28)	VA	//	视在功率(*S*)		
(29)	var	//	无功功率(*Q*)		
(30)	Wh	//	有功能量		W×(60×60 s)
(31)	VAh	//	视在能量		VA×(60×60 s)
(32)	varh	//	无功能量		var×(60×60 s)
(33)	A	//	电流(*I*)	安培	A
(34)	C	//	电量(*Q*)	库仑	C = As
(35)	V	//	电压(*U*)	伏特	V
(36)	V/m	//	电场强度(*E*)		V/m
(37)	F	//	电容(*C*)	法拉	C/V = As/V
(38)	Ω	//	电阻(*R*)	欧姆	Ω = V/A

(39)	$\Omega m^2/m$	//	电阻系数 (ρ)		Ωm
(40)	Wb	//	磁通量 (Φ)	韦伯	Wb = Vs
(41)	T	//	磁通密度(T)	泰斯拉	Wb/m^2
(42)	A/m	//	磁场强度(H)		A/m
(43)	H	//	电感(L)	亨利	H = Wb/A
(44)	Hz	//	频率	赫兹	1/s
(45)	Rac	//	有功能量表常数		1/(Wh)
(46)	Rre	//	无功能量表常数		
(47)	Rap	//	视在能量表常数		
(48)	V^2/h	//	伏特平方每小时		$V^2(60\times60\ s)$
(49)	A^2/h	//	安培平方每小时		$A^2(60\times60\ s)$
(50)	kg/s	//	质量流量		kg/s
(51)	S mho	//	电导率	西门子	$1/\Omega$
(52)		//	保留		
……			……		
(253)		//	保留		
(254)	其他	//	其他单位		
(255)	计数	//	无单位,缺单位,计数		

数值范例:

数值	换算	单位	数据
263788	−3	m^3	263.783 m^3
593	3	Wh	593 kWh
3 467	0	V	3 467 V

5.3 扩展寄存器(Extended register)(class_id:4)

扩展寄存器类的范例保存过程值及其相关的状态、单位和时间信息。扩展寄存器对象认知此过程值的特性,其特性由属性“逻辑名”用OBIS标识系统来说明。

扩展寄存器(Extended register)		0..n	class_id = 4, version = 0		
属性		数据类型	Min.	Max.	Def
1. logical_name	(static)	octet-string			
2. value	(dyn.)	instance specific			
3. scaler_unit	(static)	scal_unit_type			
4. status	(dyn.)	instance specific			
5. capture_time	(dyn.)	octet-string			
方法		m/o			
1. reset		o			

属性说明

Logic_name...scaler_unit(换算单位)等属性的定义,见“寄存器”类的说明。

Status(状态)	包含扩展寄存器特定的状态信息,数据类型和状态编码由扩展寄存器的范例提供。 Instance specific 缺省值 缺省值取决于状态类型的定义。
capture_time (捕获时间)	包含扩展寄存器特定的日期和时间信息,表明属性"数值"的值是何时被捕获的。 octet-string,格式为 4.4 中的 date_time。

方法说明

reset (data) (复位)	此方法强迫对象复位。通过调用此方法将数值设为缺省值。缺省值是特定范例的常数。 置属性的状态表明此时已调用一个复位方法。 属性捕获时间置为复位执行的时间。 data ::= integer(0)

5.4 需量寄存器(Demand register)(class_id: 5)

需量寄存器类的范例保存需量值以及相关的状态、单位和时间信息,需量寄存器周期测量并计算 current_average_value(当前平均值)。时间间隔 T 通过测量和计算需量的"number_of_periods(周期数)"和"period(周期)"定义。

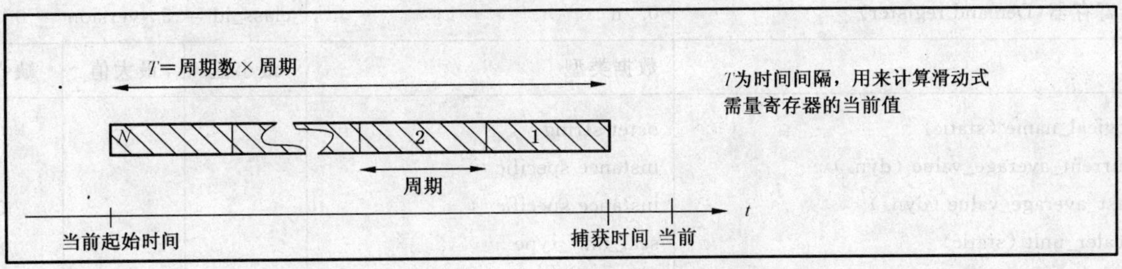

图 5 测量滑动式需量寄存器时的属性

需量寄存器有两种类型:current_average_value(当前平均值)和 last_average_value(最终平均值)(见图 6 和图 7)。

需量寄存器知道它的过程数值的类型,此类型由"逻辑名"用 OBIS 标识系统说明。

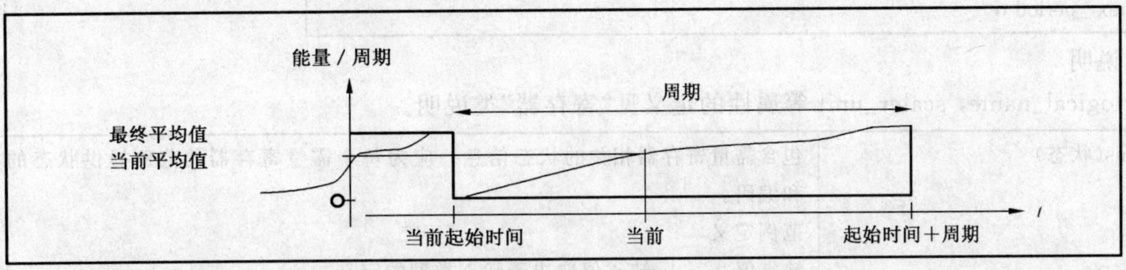

图 6 周期数=1 时测量当前平均值的属性

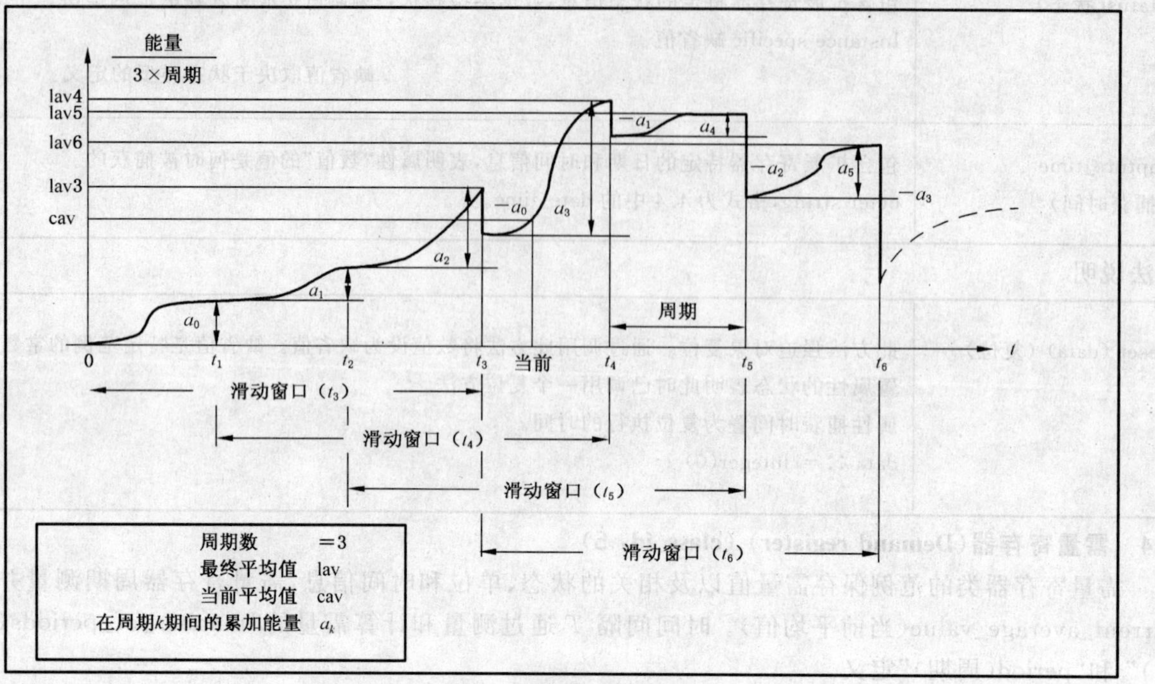

图 7 周期数=3 时的属性

需量寄存器(Demand register)	0..n	class_id = 5, version = 0		
属性	数据类型	最小值	最大值	缺省值
1. logical_name (static)	octet-string			
2. current_average_value (dyn.)	instance specific			0
3. last_average_value (dyn.)	instance specific			0
4. scaler_unit (static)	scal_unit_type			
5. status (dyn.)	instance specific			
6. capture_time (dyn.)	octet-string			
7. start_time_current (dyn.)	octet-string			
8. period (static)	double-long-unsigned	1		
9. number_of_periods (static)	long-unsigned	1		1
方法	m/o			
1. reset	o			
2. next_period o	o			

属性说明

logical_name，scaler_unit 等属性的定义见“寄存器”类说明。

status(状态)	包含需量寄存器相关的状态信息。应为每个需量寄存器的范例提供状态的类型和编码。 范例定义 缺省值　　缺省值取决于状态类型的定义。
current_average_value(当前平均值)	当前值(运行需量)是从 start_time 时间开始的累计值除以 number_of_periods * period(周期数 * 周期)的电能值。 该值仅用于简单数据类型。

last_average_value （最终平均值）	上一需量周期累计值除以 number_of_periods×period（周期数×周期）的电能值。 当前周期的能量（没有结束）在计算中不考虑。 该值仅用于简单数据类型。
capture_time （捕获时间）	包含最终平均值计算的日期和时间。 8 位字节串，格式见 4.4 中的 date_time 组。
start_time_current （当前开始时间）	包含当前平均值开始测量时的日期和时间。 octet-string，格式见 4.4 中的 date_time 组。
period（周期）	指两个连续的最终平均值更新的时间间隔（number_of_ periods×period 是需量计算公式中的分母）。 数据类型为 double-long-unsigned，测量周期以秒为单位。 该属性重新写入新数值后的仪表行为特征应由制造商规定。
number_of_periods （周期数）	周期数用来计算最终平均值，number_of_periods ＞＝ 1。数据类型为 long-unsigned。周期数＞1，表明最终平均值为“滑动式需量”。周期数＝＝1，表明最终平均值代表“块式需量”。 该属性重新写入新数值后的仪表行为特征应由制造商规定。

方法说明

reset (data)（复位）	该方法强迫对象复位，调用该方法可引起下列动作： 终止当前周期； current_average_value 和 last_average_value 置为缺省值； capture_time 和 start_time_current 置为 reset(data)执行时间； data ∷＝ integer(0)
next_period (data) （下一个周期）	该方法用触发来定期终止的一个周期（重新启动）。关闭（终止）当前的测量周期；更新 capture_time 和 start_time；将 current_average_value 的值复制给 last_average_value；将当前平均值设为缺省值；启动下一个测量周期。 注：旧的 last_average_value（和 capture_time）可以在时间“周期”内读出。但是旧的 current_average_value 在复制给 last_average_value 时不再可用。 data ∷＝ integer(0)

5.5 寄存器激活（Register activation）（class_id：6）

寄存器激活类的范例用于处理不同的费率结构。如果规定的激活掩码是激活的（active_mask），则对应的寄存器、扩展寄存器和需量寄存器对象是使能的。在寄存器分配表中没有 active_mask 的所有其他寄存器对象是非使能的。在任何寄存器分配表中，所有寄存器对象缺省的无定义是使能的。

寄存器激活（Register activation）		0..n	class_id ＝ 6，version ＝ 0		
属性		数据类型	最小值	最大值	缺省值
1. logical_name	(static)	octet-string			
2. register_assignment	(static)	array			
3. mask_list（掩码列表）	(static)	array			
4. active_mask（激活掩码）	(dyn.)	octet-string			
方法		m/o			
1. add_register		o			
2. add_mask		o			
3. delete_mask		o			

属性说明

logical_name (逻辑名)	包含在COSEM对象中定义的掩码组(代表费率)的标识符,正常情况下,此标识符与定义在寄存器分配中的寄存器特性有联系(如:能量寄存器,需量寄存器……)

register_assignment
(寄存器分配表)
	规定分配给本寄存器激活对象的COSEM对象的有序列表,此列表可同时包含各种不同的COSEM对象(如:寄存器、扩展寄存器和需量寄存器等)。
	array object_definition
	object_definition ::= structure
	{
	class_id: long-unsigned;
	logical_name: octet-string (SIZE(6))
	}

mask_list
(掩码列表)
	规定一个寄存器激活掩码的列表。每个入口(掩码)都由其mask_name(掩码名)标识,并包含一个指向掩码分配寄存器的索引数组(在寄存器分配表中的第一个对象索引号为1,第二个对象的索引号为2,...)。
	Array register_act_mask
	register_act_mask ::= structure
	{
	mask_name: octet-string;
	index_list: index_array
	}
	index_array ::= array unsigned
	定义在对象内的mask_name(掩码名)应是唯一的。

active_mask (激活掩码)	定义当前的激活掩码,此掩码由其mask_name(掩码名)(参见mask_list)定义。 数据类型为octet-string,它是mask_list中的一个mask_name。 active_mask定义当前寄存器的使能,而在寄存器分配表中的所有其他的寄存器是非使能的。

方法说明

add_register(data)
(附加寄存器)
	本方法用于再增加一个寄存器给寄存器分配表属性。新添加的寄存器放在数组末尾,也就是说,新添加寄存器的索引号最大,原有寄存器的索引号不变。
	data ::= structure
	{
	class_id: long-unsigned
	logical_name: octet-string;
	}

add_mask (data) (附加掩码)	本方法用于再添加一个掩码给属性掩码列表。如果掩码列表中已有一个掩码与之同名,原有的掩码被新的掩码取代。 data ::= register_act_mask(同上)
delete_mask(data) (删除掩码)	本方法用于从掩码列表属性中删除一个掩码。此掩码由其掩码名定义。 data ::= octet-string (mask_name)

5.6 通用集(Profile generic)(class_id:7)

通用集类定义了捕获对象存储动态过程值的广义概念。捕获对象可以是寄存器,也可以是时钟或集。捕获对象的过程值可以定期采集,也可以随机采集。集有一个缓冲区用于存储捕获到的数据。为了检索该缓冲区的部分数据,可以规定一个数值范围或一个记录范围,要求检索的所有记录数值或记录号落在给定范围内。

通过把相应的对象分配给集,可以规定捕获对象应保留的数值(用捕获方法)。集的缓冲区入口的结构是统一的(所有的入口的大小和结构相同),分配表的定义是静态的。更改捕获对象分配表将导致集的缓冲区被完全清除,而且所有把该集作为捕获对象的集也将被清除,以保证其记录的统一。

缓冲区中的记录可以根据其中某一个寄存器或时钟来排序,也可以采用"后进先出"的堆栈顺序存放。例如,采用记录深度为一的一个有序捕获集,按需量寄存器排序就可以很容易地构造一个"最大量需量寄存器"。定义一个保留某一周期内三个最大值的集也同样简单。

集的数据大小由下列三个参数来决定:

a) 填写记录号。清除集以后该参数归零。

b) 需保留的最大入口数。如果缓冲区的所有入口已写满又发生一次 capture()请求,则最不重要的入口(依据所请求的排序方法)将被丢失。最大的入口数可以被规定,一旦改变本参数,缓冲区将进行调整。

c) 缓冲区的物理限制。这种限制主要取决于要捕获的对象。该对象将拒绝企图超出物理限制的最大入口数的设置。

通用集(Profile generic)		0...n	class_id = 7, version = 1		
属性		数据类型	最小值	最大值	缺省值
1. logical_name	(static)	octet-string			
2. buffer	(dyn.)	compact array or array			×
3. capture_objects	(static)	array			
4. capture_period	(static)	double-long-unsigned			×
5. sort_method	(static)	enum			×
6. sort_object	(static)	object_definition			×
7. entries_in_use	(dyn.)	double-long-unsigned	0		0
8. profile_entries	(static)	double-long-unsigned	1		1
方法		m/o			
1. reset		o			
2. capture		o			
3. reserved from previous versions		o			
4. reserved from previous versions		o			

属性说明

buffer(缓冲区)	缓冲区属性包含一组按一定顺序保存的入口,每个入口包含捕获对象的值(这些值是 GET 或 READ.request 的返回值)。结构(见下文)内捕获对象值的顺序与在属性 capture_objects 中定义的顺序一致,数组(见下文)内入口的顺序取决于规定的排序方法,缓冲区通过调用方法 capture ()填写。 compact-array or array　　entry entry ::=　　structure 　　instance specific 缺省值:　　复位后缓冲区为空。 注 1: 读整个缓冲区时,仅传送"正在使用中(in use)"的入口。 注 2: 如果捕获对象的值可由先前的值确定,则可以由"空数据(nulldata)"替代。(例如,如果时间可用先前的时间和捕获周期(capture_period)来计算;或者值与前面的值相等。) 选择性访问(selective access)(见 4.2)可适用于缓冲区属性(任选项)。选择性访问参数在下文中定义。

capture_objects
(捕获对象)
	用于规定分配给集的对象的捕获对象列表(寄存器、时钟和集)。用调用方法 capture ()时,这些对象的规定属性将被复制到集的缓冲区中。
	array　capture_object_definition
	capture_object_definition ::= structure
	{
	　class_id: long-unsigned;
	　logical_name: octet-string;
	　attribute_index: integer;
	　data_index: long-unsigned
	}
	其中,attribute_index 是指向对象内属性的指针,attribute_index 1 指向第一个属性(即 logical_name),attribute_index 2 指向第二个属性,依此类推。attribute_index 0 指向所有公共属性。
	data_index 是选择属性特定元素的指针,data_index 1 指向属性结构的第一个元素。如果属性不是一个结构,则 data_index 没有意义。如果捕获对象是一个集的缓冲区,则 data_index 用于标识内部的集的缓冲区(即列)的捕获对象。Data_index 0 指向整个属性。

capture_period (捕获周期)	≥1:自动捕获,规定捕获周期用 s 作单位。 0:非自动捕获,由外部条件或异步发生的捕获事件触发。
sort_method (排序方法)	如果集不需排序,其缓冲区以"先进先出"的队列方式工作(实际上它按捕获时机排序,不需按时钟对象内的时间排序)。 如果缓冲区已满,下一次调用 capture ()方法时将把缓冲区中的第一个(最先的)入口挤出,为最新的入口腾出空间。如果集需要排序,调用 capture ()方法将新的入口存放在缓冲区的适当位置,并顺移后面的所有入口,无用的入口可能被丢失。 如果新的入口在最后一个入口写入缓冲区后需要写入,而且该缓冲区已满,则新的入口将不再保留。 enum　1) fifo (first in first out), 　2) lifo (last in first out), 　3) largest, 　4) smallest, 　5) nearest_to_zero, 　6) farest_from_zero 缺省值:　fifo
sort_object (排序对象)	如果集需要排序,则此属性规定作为排序依据的寄存器或时钟。 capture_object_definition　见上文。 缺省值:　没有作为排序依据的对象(只有 fifo 或 lifo 的 sort_method 没有作为排序依据的对象)。
entries_in_use (当前入口数)	保存在缓冲区中的入口数。调用方法 reset ()后,缓冲区中不包含任何入口,此时入口数为零。在每次调用方法 capture ()后,入口数将会加 1,直到入口数等于最大入口数(详见 profile_entries)。 double-long-unsigned　0... profile_entries 缺省值:　0
profile_entries (最大入口数)	规定要保存在缓冲区中的最大入口数。 double-long-unsigned 1...(上限受物理空间限制) 缺省值　1

对 buffer 属性进行选择访问的参数

访问选择器的值	参　数	注　释
1	范围描述器(range_descriptor)	该情况应只返回与范围描述器对应的缓冲区元素。
2	入口描述器(entry_descriptor)	该情况应只返回与入口描述器对应的缓冲区元素。

range_descriptor ::= structure

{

restricting_object	capture_object_definition	定义限定检索范围的寄存器或时钟
from_value	instance_specific	要检索的最先或最小的入口
to_value	instance_specific	要检索的最新或最大的入口
selected_values	array capture_object_definition	要检索的列的列表。如果数组为空(没有入口),所有捕获的数据被返回。否则,仅数组中规定列的数据被返回。capture_object_definition 已在上述 capture_objects 中定义。

}

entry_descriptor ::= structure

{

from_entry	double-long-unsigned	要检索的第一个入口。
to_entry	double-long-unsigned	要检索的最后一个入口。 to_entry=0 表明可能达到的最大入口。
from_selected_value	long-unsigned	要检索的第一个值的索引号。
to_selected_value	long-unsigned	要检索的最后一个值的索引号。 to_selected_value=0 表明可能达到的最大索引号。

}

方法说明

reset (data)) (复位)	清集的缓冲区,调用本方法后缓冲区将没有有效的入口,entries-in-use 归零,调用本方法不触发对捕获对象的任何附加操作,特别是它不会复位任何捕获缓冲区或寄存器。 data ::= integer(0)
capture (data) (捕获)	读取每个捕获对象的 object_attribute,并将捕获对象的值复制到缓冲区。根据 sort_method 和缓冲器的实际状态,调用本方法将生成一个新的入口或替代已经没有意义的入口。只要缓冲区的入口不满,entries_in_use 属性就会加 1。 与方法 reset ()一样,调用本方法不触发对捕获对象的任何附加操作,需要说明的是,仅有捕获对象的某些属性可能被存储,而不是全部对象。 data ::= integer(0)

某些属性更改后的对象行为特征

	对描述缓冲区静态结构的任何一个属性的任何一次更改都会自动调用一次方法 reset (),而且这次调用又会传播给所有捕获这个集的其他集。如果企图给 profile_entries 写入一个对缓冲区来说太大的值,将被拒绝。

限制

定义捕获对象时,应当避免循环(递归)引用。

用于定义优先读出数值子集的集

将 profile_entries 置为 1,则集的对象可用来定义一组优先读出值(readout-values)。在属性 capture_ objects 中,可以将这些对象和属性预先定义为用一条简单指令就可读出的。

将 capture_period 置为 1,可确保该值每秒更新一次。

5.7 时钟(Clock)(class_id:8)

时钟接口类的一个范例是处理所有与日期和时间有关的信息,包括闰年和本地时间与标准时间(格林威治时间 GMT)的时间偏差。本地时间与标准时间的偏差因季节变化而变化(例如夏季时间和冬季时间)。与外部客户机的接口基于以用年、月、日来表示的日期信息,用时、分、秒和百分之一秒表示的时间信息,以及当地时间与标准时间的偏差。

时钟接口类还可以用这种方式处理夏令时的功能,也就是说,它可依据这些属性调整当地时间与格林威治时间(GMT)的偏差值。夏令时起始时间和结束时间通常是一次设置的,内部算法依据这些设置来计算实际的切换时间。

通用化的时间概念可用图 8 表示。

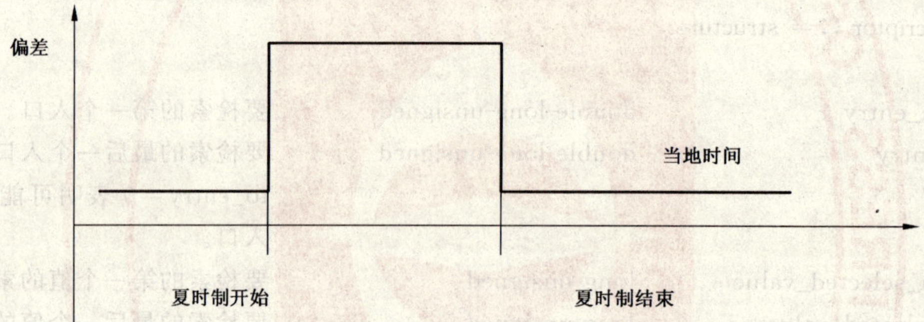

图 8 通用化的时间概念

时钟(Clock)	0..1	class_id = 8, version = 0		
属性	数据类型	最小值	最大值	缺省值
1. logical_name (static)	octet-string			
2. time (dyn.)	octet-string			
3. time_zone (static)	long			
4. status (dyn.)	unsigned8			
5. daylight_savings_begin (static)	octet-string			
6. daylight_savings_end (static)	octet-string			
7. daylight_savings_deviation (static)	integer			
8. daylight_savings_enabled (static)	boolean			
9. clock_base (static)	enum			
方法	m/o			
1. adjust_time	o			
2. adjust_to_measuring_period	o			
3. adjust_to_minute	o			
4. adjust_to_preset_time	o			
5. preset_adjusting_time	o			
6. shift_time	o			

属性说明

time(时间)	包含仪表的当地日期和时间,当地时间与 GMT 的时间差和状态。见 4.4 的说明。置日期和时间时,仅指定的 date_time 的字段被改变。例如:置日期字段时不改变时间字段的内容,date_time 中所有与时间相关的八位字节都应当置为"未规定",在写时间时 clock_status 被置位。 octet-string,格式见 4.4 中 date_time 的说明。
time_zone(时区)	本地正常时间与 GMT 时间偏差为分钟。 long。
status(状态)	此状态与从读 time 时得到的状态相同。也可见 4.4 的说明。 unsigned8,格式见 4.4 中 clock_status 的说明。
daylight_savings_begin (夏令时开始时间)	定义切换至夏令时的本地日期和时间。作为通用的定义时,允许使用通配符。 octet-string,格式见 4.4 中 date_time 的说明。
daylight_savings_end (夏令时结束时间)	同上。 octet-string,格式见 4.4 中 date_time 的说明。
daylight_savings_deviation (夏令时偏差)	包含正常时间调整到夏令时的分钟数。 integer　　时差范围:达±120 min。
daylight_savings_enabled (夏令时使能)	以 TRUE 启动夏令时功能。 boolean。
clock_base(时钟基准)	定义基本定时信息的来源。 Enum(列举)　　0)未定义 1)　　内部晶振 2)　　工频 50 Hz 3)　　工频 60 Hz 4)　　GPS 5)　　无线控制

方法说明

adjust_time (data) (调整时间)	将仪表时间置为最接近的(+/-)1 h 内时刻值(*:00, *:15, *:30, *:45)。 data ::= integer (0)
adjust_to_measuring_period (data) (调整测量周期)	将仪表的时间置为最接近的一个测量周期的起始点。 data ::= integer (0)
adjust_to_minute (data) (调整分)	将仪表的时间置为最接近的分钟值。 若 second-counter<30 s,则 second-counter 置为 0。 若 second-counter≥30 s,则 second-counter 置为 0,且根据需要,将 minute_counter 和所有相关时钟的值加 1。 data ::= integer(0)
adjust_to_preset_time (data) (调整预置时间)	本方法与 preset_adjusting_time 方法一起使用。如果仪表位于 validity_interval_start 和 validity_interval_end 之间,则把时间置为 preset_time。 data ::= integer(0)

preset_adjusting_time (data)
(预置调整时间)
	将时间预置为一个新值(preset_time),同时定义一个激活新时间的有效时间间隔(validity_interval)。
	data ::= structure
	{
	preset_time: octet-string;
	validity_interval_start: octet-string;
	validity_interval_end: octet-string
	}
	各八位字节串的格式见 4.4 中 date_time 的说明。

shift_time (data) (偏移时间)	将时间偏移 *n* s（−900≤*n*≤900）。 data ::= long

5.8 脚本表（Script table）（class_id：9）

脚本表接口类提供了通过激发一个执行方法来触发一系列操作的可能性。为达到这个目的，脚本表包含了一张脚本入口表，每个入口(脚本)表包含一个脚本标识符(script_identifier)和一系列操作说明(action_specification)。一个操作说明触发逻辑设备中一个 COSEM 对象的方法或修改一个 COSEM 对象的属性。

一个特定的脚本可以由同一逻辑设备内的其他 COSEM 对象触发，也可以由外部事件触发。

若两个脚本需要同时执行，则索引号小的首先执行。

脚本表(Script table)	0..n	class_id = 9, version = 0		
属性	数据类型	最小值	最大值	缺省值
1. logical_name (static)	octet-string			
2. scripts (static)	array			
具体方法	m/o			
1. execute	m			

属性说明

Scripts(脚本)	规定不同的脚本，即操作列表。
	array script
	script structure
	{
	script_identifier：long-unsigned
	actions：array action_specification
	}
	脚本标识符 0(script_identifier 0)保留。若规定一个执行方法的标识符(script_identifier)为 0，将产生一个空脚本(无任何可执行的操作)。
	action_specification structure
	{
	service_id：enum
	class_id：long-unsigned
	logical_name：octet-string
	index：integer
	parameter：service specific
	}
	其中：
	service_id：定义应作用于引用对象的操作。
	1) 写属性
	2) 执行特定的方法
	index：定义(若 service_id 为 1)所选对象的哪一个属性要受到影响，或定义(若 service_id 为 2)哪一个方法要被执行。第一个属性(logical_name)的索引号为 1。第一个方法的索引号也为 1。
	注：操作说明(action_specification)只限于激活不产生任何响应的方法(从服务器到客户机)。

方法说明

execute (data) (执行)	执行参数 data 规定的脚本。	
	data	long-unsigned 若 data 与脚本表中的任何一个 script_identifier 相匹配，则执行相应的 action_specification。

5.9 时间表(Schedule)(class_id: 10)

时间表接口类和特定日期表接口类的一个对象负责处理设备内驾驭活动的时间和日期。下表给予概括说明并显示它们之间的相互影响。

时间表

索引	使能	操作(脚本)	switch_time	validity_window	exec_weekdays							exec_specdays					日期范围	
					Mo	Tu	We	Th	Fr	Sa	Su	S1	S2		S8	S9	begin_date	end_date
120	是	xxxx:yy	06:00	255ff	×	×	×	×	×	×							01-04-××	30-09-××
121	是	xxxx:yy	22:00	15	×	×	×	×	×								01-04-××	30-09-××
122	是	xxxx:yy	12:00	0						×							01-04-××	30-09-××
200	否	xxxx:yy	06:30		×	×	×	×	×	×							01-04-××	30-09-××
201	否	xxxx:yy	21:30		×	×	×	×	×								01-04-××	30-09-××
202	否	xxxx:yy	11:00							×							01-04-××	30-09-××

特殊日期表

索引	special_day_date(特殊日期表)	day_id(星期标识)
12	24-12-××	S1
33	25-12-××	S3
77	31-03-97	S3

时间表(Schedule)		0..n	class_id = 10, version = 0		
属性		数据类型	最小值	最大值	缺省值
1. logical_name	(static)	octet-string			
2. entries	(static)	array			
方法		m/o			
1. enable/disable		o			
2. insert		o			
3. delete		o			

属性说明

entry(入口)	规定了在给定时间要执行的脚本,每个入口只有一个脚本能被执行。
	array schedule_table_entry
	schedule_table_entry structure
	{
	index: long-unsigned (1..9999)
	enable: Boolean
	script_logical_name: octet-string
	script_selector long-unsigned
	switch_time: octet-string
	validity_window: long-unsigned
	exec_weekdays: bit-string
	exec_specdays: bit-string
	begin_date: octet-string
	end_date: octet-string
	}
	script_logical_name:定义脚本对象的逻辑名。
	script_selector:定义了被执行的脚本 script_ identifier(脚本_标识)。
	switch_time:用通配符定义重复入口。
	octet-string 的格式按 4.4 中 time 的说明。
	validity_window 定义一个以分钟为单位的周期。在此周期内,在电源失效后确保一个入口被执行。(时间介于所定义的切换时间和实际加电时间之间。)
	0xFFFF:脚本应在任何时间都执行。
	exec_specdays 实现连接 IC 特定日期表,日期-ID。
	begin_date 和 end_date 定义了入口有效的日期周期(允许使用通配符)。格式按 4.4 中 date 的说明。

方法说明

enable/disable (data) (使能/禁止(数据))	置范围 A 入口的禁止位为真,同时使范围 B 入口使能。 data ::= structure { firstIndexA; lastIndexA; firstIndexB; lastIndexB firstIndexA 范围 A 的第一个索引是禁止的。 long-unsigned lastIndexA 范围 A 的最后一个索引是禁止的。 long-unsigned firstIndexB 范围 B 的第一个索引是使能的。 long-unsigned lastIndexB 范围 B 的最后一个索引是使能的。 long-unsigned。 firstIndexA/B<lastIndexA/B: 范围 A/B 所有入口都是禁止/使能的。 firstIndexA/B = = lastIndexA/B:一个入口是禁止/使能的。 firstIndexA/B>lastIndexA/B: 没有禁止/使能。 firstIndexA/B 及 lastIndexA/B > 9999:没有禁止/使能的入口。

insert (data)（插入）	在表中插入一个新的入口。如果该入口的索引已存在则原先的入口被新的入口所覆盖。 entry　　schedule_table_entry data corresponding to entry(数据对应于入口)

delete (data)（删除）	删除表中规定范围内的入口。
	data ::= structure
	{
	firstIndex;
	lastIndex
	}
	firstIndex　　范围的第一个索引被删除。
	　　　　　　long-unsigned
	lastIndex　　范围的最后一个索引被删除。
	　　　　　　long-unsigned
	firstIndex < lastIndex:删除给定范围内的所有入口。
	firstIndex ::= lastIndex:删除一个入口。
	firstIndex > lastIndex:没有禁止。

关于表中入口“不一致”的注：

若同一个脚本需要在一个特定的时间执行数次，则它只会执行一次。

若不同的脚本需要在同一时间执行，则执行顺序对应于“索引”顺序，最小索引的脚本首先执行。

电源故障后的恢复

电源故障后，整个时间表用于执行所有在电源故障中丢失的必要的脚本。为此，应检测在电源故障中未执行的入口。依据有效窗口属性，它们在正确的顺序下得到执行(正如它们在正常的操作中执行一样)。

处理时间变化

这里有四种不同的时间变化“操作”：

a)　时间向前置；

b)　时间向后置；

c)　时间同步；

d)　夏时制。

所有这 4 种操作都需要按时间表与时间设置的行为，相互作用而执行不同的处理。

时间向前置

与电源故障时的处理方式相同，所有丢失的入口依据有效窗口属性执行。(制造商明确定义的)短时间置可以按时间同步处理。

注：写入“时钟”对象的“时间”属性。

时间向后置

这导致那些在重复的时间内被激活的入口重复出现。(制造商明确定义的)短时间置可以按时间同步处理。

注：写入“时钟”对象的“时间”属性。

时间同步

时间同步用来校准主时钟与本地时钟的微小偏差，算法由制造商给定，它将确保时间表的任何一个入口不会丢失或执行两次。有效窗口属性不受影响，因为所有入口应在正常操作下执行。

注：用“时钟”对象的 adjust_time 方法。

夏时制

若时钟向前置,则所有在向前置时间间隔(以及因此而丢失)的脚本将被执行。

若时钟向后置,则取消在向后置时间间隔内要重复执行的脚本。

5.10 特殊日期表(Special days table)(class_id:11)

本接口类允许定义日期,对于特殊日期将不考虑正常转换行为。接口类与"时间表"或"活动日历"类共同起作用,链接的数据项是 day_id。

特殊日期表(Special days table)	0..1	class_id = 11, version = 0		
属性	数据类型	最小值	最大值	缺省值
1. logical_name (static) 2. entries (static)	octet-string array			
方法	m/o			
1. insert 2. delete	o o			

属性说明

entry(入口)	为给定日期规定一个特殊日期标识符。
	如圣诞节这样重复的特殊日期可用通配符。
	array spec_day_entry
	spec_day_entry structure
	{
	index: long-unsigned
	specialday_date: octet-string
	day_id: unsigned
	}
	specialday_date 的格式按 4.4 中日期的说明。day_id 的范围应与相关的"时间表"接口类对象中的位串 exec_specdays 的长度匹配。

方法说明

insert (data)(插入)	在表中插入一个新的入口。 entry spec_day_entry 若有相同索引或相同日期的特殊日期作为已定义的日期被插入,则旧的入口将被覆盖。
delete (data)(删除)	删除表中的一个入口 index 应被删除的入口的索引 long-unsigned data ::= long-unsigned

5.11 活动日历(Activity calendar)(class_id:20)

活动日历类的一个范例是处理不同费率结构。它是仪表内预设操作的定义,并遵循以季节、星期等定义的时间表为基础的日历的传统形式。它可与更通用的时间表对象并存并可与之互换。若操作被安排在时间表对象和活动日历对象中的同一时间,则由时间表触发的操作首先执行。

在电源故障后，只有从对象活动日历中丢失的“最后操作”才会被执行(延迟)，这将确保电源启动后正确计费。若存在一个时间表对象，则活动日历丢失的“最后操作”应按时间表请求操作的顺序在恰当的时间执行。

活动日历定义了特定脚本的激活，以使得完成逻辑设备中不同的活动。脚本对象的接口和对象时间表接口相同(参见 5.9)。

如果“特殊日期表”接口类(参见 5.10)的范例可用，则相关的入口优先于有日历表选择驱动的活动日历对象。在“特殊日期表”中引用的日历表激活“活动日历”对象中 day_profile_table 的 day_schedule，“活动日历”对象中的 day_profile_table 通过 day_id 引用。

活动日历(Activity calendar)		0..1	class_id = 20, version = 0		
属性		数据类型	最小值	最大值	缺省值
1. logical_name	(static)	octet-string			
2. calendar_name_active	(static)	octet-string			
3. season_profile_active	(static)	array			
4. week_profile_table_active	(static)	array			
5. day_profile_table_active	(static)	array			
6. calendar_name_passive	(static)	octet-string			
7. season_profile_passive	(static)	array			
8. week_profile_table_passive	(static)	array			
9. day_profile_table_passive	(static)	array			
10. activate_passive_calendar_time	(static)	octet-string			
方法		m/o			
1. activate_passive_calendar		o			

属性说明

被称为..._active 的属性当前是激活的，被称为..._passive 的属性通过方法 activate_passive_ calendar 激活。

calendar_name (日历名)	包含一个标识符，主要用于说明一组有对象激活的脚本。

season_profile
(季历表)
	包含一个定义季节起始日期的列表，该列表按 season_start 排序，每个季节激活一个特定的 week_profile。
	array　　season
	season ::=　　structure
	{
	season_profile_name:　　octet-string
	season_start:　　octet-string
	week_name:　　octet-string
	}
	其中，
	season_profile_name：由用户定义的当前 season_profile 的名称。
	season_start：定义季节开始的时间，格式见 4.4 中 date_ time 的说明。
	注：当前季节由下一个季节的 season_start 终止。
	week_name：定义由本季节激活的 week_profile。

week_profile_table
（周历表）
	包含不同季节使用的一周中每一天与 day_profile 之间关系的数组。
	array　　week_profile
	week_profile ::=　　structure
	{
	week_profile_name：　　octet-string；
	monday：　　day_id；
	tuesday：　　day_id；
	wednesday：　　day_id；
	thursday：　　day_id；
	friday：　　day_id；
	saturday：　　day_id；
	sunday：　　day_id
	}
	day_id：unsigned
	其中
	week_profile_name 是由用户定义的标识当前 week_profile 的名称。
	Monday 定义星期一在 day_profile 中有效的日期，
	……
	Sunday 定义星期日在 day_profile 中有效的日期。

day_profile_table
（日历表）
	包含一个脚本列表和相应的活动时间，列表对每个 day_profile 按 start_time 排序。
	array　　day_profile
	day_profile ::=　　structure
	{
	day_id：　　unsigned；
	day_schedule：　　array
	(day_profile_action)
	}
	day_profile_action ::=　　structure
	{
	start_time：　　octet-string；
	script_logical_name：　　octet-string；
	script_selector：　　long-unsigned
	}
	其中，
	day_id：用户定义的当前 day_profile 的标识符。
	start_time：定义脚本执行的时间（不能使用通配符）。格式见 4.4 中 time 的说明。
	script_logical_name：定义脚本对象的逻辑名。
	script_selector：定义要执行的脚本的 script_ identifier。

activate_passive_calendar_time（激活非活动日历时间）	定义对象自身调用方法 activate_passive_calendar 的时间。 各属性域都置为“未规定”将导致自动激活机制失效；也不允许将部分 date 和 time 字段置为“未确定”。 octet-string，格式见 4.4 中 date_time 的说明。

方法说明

activate_passive_ calendar(data) (激活被动日历)	本方法用于将所有称为..._passive 的属性复制到对应的称为..._active 的属性中。 data ::= integer(0)

5.12 连接 LN(Association LN)(class_id:15)

COSEM 逻辑设备能够在一个 COSEM 语境中用逻辑名引用建立应用连接,这种情况下,COSEM 逻辑设备通过 association LN 类的范例来建立连接。对设备所能支持的每个连接,每个 COSEM 逻辑设备有一个本接口类的范例。

连接 LN (Association LN)	0.... MaxNbofAss	class_id = 15, version = 0		
属性	数据类型	最小值	最大值	缺省值
1. logical_name (static) 2. object_list (static) 3. associated_partners_id 4. application_context_name 5. xDLMS_context_info 6. authentication_mechanism_name 7. LLS_secret 8. association status	octet-string object_list_type associated_partners_type application-context-name xDLMS-context-type mechanism-name octet-string enum			
方法	m/o 必选/可选			
1. reply_to_HLS_authentication 2. change_HLS_secret 3. add_object 4. remove_object	o o o o			

属性说明

logical_name (逻辑名)	标识连接 LN 对象的范例。在建立应用连接的过程中,该属性的值用于指示客户机的应用程序。

object_list
(对象列表)
	包含所有 COSEM 对象范例的列表和访问权描述符。这些 COSEM 对象在给定的连接中是"可见的"(可以被访问的)。
	object_list_type ::= array object_list_element
	object_list_element ::= structure
	{
	class_id: long-unsigned;
	version: unsigned;
	logical_name: octet-string;
	access_rights: access_right;
	}
	access_right ::= structure
	{

	attribute_access:　　attribute_access_descriptor;
	method_access:　　method_access_descriptor;
	}
	attribute_access_descriptor ::= array attribute_access_item
	attribute_access_item ::=　　structure
	{
	　attribute_id :　　integer;
	　access_mode :　　enum
	　　{
	　　no_access (0);
	　　read_only (1) ;
	　　write_only (2);
	　　read_and_write (3);
	　　}
	　access_selectors :　　array integer OPTIONAL;
	}
	method_access_descriptor ::= array method_access_item
	method_access_item ::=　　structure
	{
	　method_id :　　integer;
	　access_mode :　　boolean
	}
	attribute_access_descriptor 和 method_access_descriptor 包含所有实现的属性和方法。
	access_selectors 包含一组支持的选择器值的列表。
	选择性访问(selective access)(见 4.2)对属性 object_list 来说是可用的(可选的)。选择性访问参数在下文中定义。

associated_partners_id
(连接对标识)
	包含建立连接的 COSEM 服务器连接和客户机的标识符。此属性包含客户机和服务器应用程序的地址。
	associated_partners_id　::=　structure
	{
	client_SAP: integer;
	server_SAP: long-unsigned;
	}

application_context_name(应用语境名)	在 COSEM 环境中,应用语境是预先存在的,在建立一个应用连接过程中通过它的名称访问。该属性包含此连接的应用语境名。 application-context-name ::= OBJECT IDENTIFIER; 见 GB/T 19882.33。

xDLMS_context_info
(xDLMS 语境信息)
	包含给定的连接中有关 xDLMS 语境的所有必需信息。
	xDLMS-context-type ::= structure
	{
	conformance : bitstring(24);
	max_send_pdu_size : long-unsigned;
	dlms_version_number : unsigned;
	quality_of_service : integer;
	cyphering_info : octet-string
	}
	结构中 conformance 元素包含服务器支持的 xDLMS 一致性块。
	max_receive_pdu_size 元素包含客户机发送的一个 xDLMS。PDU 可能的最大长度(字节数)。这一参数与 DLMS-Initiate. response pdu 的 server-max-receive-pdu-size 相同(见 GB/T 19882.33)。
	激活连接中的 max_send_pdu_size 包含服务器发送的一个 xDLMS PDU 可能的最大长度(字节数)。这一参数与 DLMS-Initiate. request pdu 的 client-max-receivep-du-size 相同(参见 GB/T 19882.33)。
	dlms_version_number 元素包含服务器支持的 DLMS 版本号。
	quality_of_service 元素没有使用。
	激活连接中的 cyphering_info 包含 DLMS-Initiate. request pdu 的专用密钥参数(见 GB/T 19882.33)。

authentication_mechanism_name(身份验证机制名)	该属性包含为连接的身份验证机制名。 mechanism-name ::= OBJECT IDENTIFIER; 见 GB/T 19882.33。 不用身份验证时,不需要验证机制名。
LLS_secret(LLS 密码)	该属性包含 LLS 身份验证程序所需的身份验证值。

association_status
(连接状态)
	该属性指示由连接对象形成的当前连接状态。
	Association-status(连接状态): enum (列举)
	{
	(0) non-associated; (非连接)
	(1) association-pending; (未决连接)
	(2) associated; (连接)
	}

当此连接对象用于建立新的连接时,对连接 LN 对象属性的 SET 操作将变成有效。

对 object_list 属性的选择性访问参数

- 如不需要进行选择性访问,(在对 object_list 属性的 GET. request (. indication)服务请求中没有 access-selection-parameters 参数),则相应的响应(确认)服务将包含 object_list 属性的所有的 object_list_element。
- 如需要对 object_list 属性进行选择性访问(存在 access-selection-parameters 参数),则其响应应包含"过滤后的"的 object_list_element,如下表所示:

访问选择器的值	服务参数	注　释
1	NULL	除 access_right 之外的所有信息都应包含在响应中。
2	class_list	通过类访问,在这种情况下,只有 object_list 中那些 class_id 在 class-list 中的 object_list_element 将包含在响应中,它有一个与类_列表相同的类标识。不包含 access_right 信息。 class_list ::= array class_id class_id ::= long-unsigned

访问选择器的值	服务参数	注　释
3	object_Id_list	通过对象访问，将返回 object_Id_list 中对象范例的完整信息入口。 object_Id_list　∷=　array object_Id

4	object_Id	在这种情况下，将返回所请求的 COSEM 对象范例的完整信息入口。
		object_Id ∷= structure
		{
		class_id：long-unsigned；
		logical_name：octet-string
		}

方法说明

reply_to_HLS_authentication (data)（回答 HLS 身份验证数据）	本方法的远程调用将客户机"密码"处理过的"呼叫 StoC"(f(StoC))返给服务器，作为调用 ACTION.request 服务的数据服务参数(见 4.7.2)。 data ∷ = octet-string　　客户机对呼叫的响应。 如身份验证得到认可，则服务器的响应(ACTION.confirm)包含的结果为"OK"，并且服务器也将"秘密"处理过的"呼叫 CtoS"(f(CtoS))的结果传送给客户机，这个结果包含在响应服务的 data 参数中。 data ∷= octet-string 服务器对呼叫的响应。 如验证没有得到认可，则响应的结果参数包含一个"non-OK"的值，并且无任何数据返回。
change_HLS_secret (data)（更改 HLS 秘密）	更改 HLS 密码(如密钥)。 data ∷= octet-string[a]　新的 HLS 密码。
Add_object (data)（添加对象）	增加要引用的对象到 object_list 中。 data ∷= object_list_element (同上)
Remove_object (data)（删除对象）	从 object_list 中删除引用对象。 data ∷= object_list_element (同上)

a　"新密码"的结构取决于所实现的安全机制。"新密码"可能包含有附加的校验位(checkbit)，并可能加密。

5.13　连接 SN(Association SN)(class_id：12)

COSEM 逻辑设备能够在一个 COSEM 语境中利用短名引用建立应用连接，这种情况下，COSEM 逻辑设备通过连接 SN 类的范例来建立连接。对设备所能支持的每个连接，每个 COSEM 逻辑设备有一个本接口类的范例。

连接 SN 对象 short_name 本身固定在 COSEM 语境中。它在 C.2 中以 0XFA00 的形式给出。

连接 SN(Association SN)	0..n	class_id = 12，version = 1		
属性	数据类型	最小值	最大值	缺省值
1. logical_name (static)	octet-string			
2. object_list (static)	objlist_type			
方法	m/o			
1. reserved from previous versions	o			
2. reserved from previous versions	o			
3. read_by_logicalname	o			
4. get_attributes&methods	o			
5. change_LLS_secret	o			
6. change_HLS_secret	o			
7. reserved from previous versions				
8. reply_to_HLS_authentication	o			

属性说明

object_list
(对象列表)
	包含带有 base_name (short_name)，class_id，version 和 logical_name 的所有对象的列表。base_name 是第一属性(逻辑名)的 DLMS 对象名。
	objlist_type ::= array　　objlist_element
	objlist_element ::=　　structure
	{
	　base_name:　　long;
	　class_id:　　long-unsigned;
	　version:　　unsigned;
	　logical_name:　　octet-string
	}
	选择性访问(selective access)(见 4.2)对属性 object_list 来说是可用的(可选择的)。选择性访问参数定义如下:

对 object_list 属性的选择性访问参数

访问选择器的值	参　数	注　释
1	class_id: long-unsigned	传送 object_list 中具有规定 class_id 的子集。 对本响应:data ::= objlist_type

2	structure
	{
	　class_id:
	　long-unsigned;
	　logical_name:
	　octet-string
	}
		传送 object_list 中具有规定 class_id 和 logical_name 的入口。
		对本响应:data ::= objlist_element

方法说明

read_by_logicalname(data)
(按逻辑名读取数据)
	读取所选择对象的属性。对象由其 class_id 和 logical_name 规定。
	data ::= array　　attribute_identification
	attribute_identification ::=　　structure
	{
	　class_id:　　long-unsigned;
	　logical_name:　　octet-string;
	　attribute_index:　　integer
	}
	其中,attribute_index 是指向对象内属性的指针(即偏移量)。
	attribute_index 0 传送所有的属性[a],attribute_index 1 表传送第一属性(即 logical_name),等等。
	对本响应,data 的数据类型与属性数据类型一致。

get_attributes&methods(data)
(获取属性和方法)
	传送在实际连接中属性和方法的访问权限的信息。对象由其 class_id 和 logical_name 规定。
	data ∷= array object_identification
	object_identification ∷= structure
	{
	class_id: long-unsigned;
	logical_name: octet-string
	attribute_index: integer
	}
	对本响应
	data ∷= array access_description
	access_description ∷= structure
	{
	read_attributes: bit-string;
	write_attributes: bitstring;
	methods: bit-string
	}
	位串中的位置标识属性/方法的位置(第一位置↔第一属性,第一位置↔第一方法),并且位的值指示属性/方法是可用的(置位)或是不可用的(清除)。

change_ LLS _secret(data) (更改 LLS 秘密)	更改 LLS 密码(如密钥)。 data ∷=octet-string 新的 LLS 密码。
change_HLS_secret(data) (更改 HLS 秘密)	更改 HLS 密码(如密钥)。 data ∷=octet-string[b] 新的 HLS 密码
reply _ to _ HLS _ authentication (data) (回答 HLS 身份验证数据)	本方法的远程调用将客户机对"质询 StoC"(f(StoC)) 处理的"秘集"返回给服务器,该结果包含在客户机调用 ACTION. request 服务的 data 参数中(见 4.7.2)。 data ∷= octet-string 客户机对呼叫的响应。 如身份验证得到认可,则服务器的响应(ACTION. confirm)包含的结果为"OK",并且服务器也将"秘集"处理过的"质询 CtoS"(f(CtoS))的结果返回给客户机,这个结果包含在响应服务的 data 参数中。 data ∷= octet-string 服务器对呼叫的响应。 如验证没有得到认可,则响应的结果参数包含一个"non-OK"的值,并且无任何数据返回。

a 在当前连接下,如至少有一个属性没有读取访问权限,则通过方法对 read_by_logicalname( )对 attribute index 0 进行读取指示出错信息"访问范围冲突"(见 DL/L 790.41—2002)。

b "新密码"的结构依赖所实现的安全机制。"新密码"可能包含有附加的校验位(checkbit),并且可能是加密的。

5.14 SAP 分配表(SAP assignment)(class_id: 17)

接口类 SAP 分配表包含逻辑设备到其 SAP(服务访问点)的分配信息(参见 GB/T 19897.4)。

SAP 分配表(SAP Assignment)	0...1	class_id = 17, version = 0		
属性	数据类型	最小值	最大值	缺省值
1. logical_name (static) 2. SAP_assignment_list (static)	octet-string asslist_type			0
方法	m/o			
1. connect_logical_device ( )	o			

属性说明

SAP_assignment_list
(SAP 分配列表)
	包含物理设备中所有逻辑设备及其 SAP 地址的列表。
	asslist_type ::= array asslist_element
	asslist_element ::= structure
	{
	SAP: instance specific; (见下面的注)
	logical_device_name: octet-string
	}
	注：实际寻址由"较低的"通信层完成。有关面向连接的三层体系结构的详细资料见 GB/T 19897.4。

方法说明

connect_logical_device(data) (连接逻辑设备)	连接一个逻辑设备到一个 SAP。连接到 SAP 0 将切断设备与 SAP 的连接。多个的设备不能连接到一个 SAP 上(SAP 0 除外)。 data ::= asslist_element.

5.15 寄存器监视器(Register monitor)(class_id: 21)

本接口类可定义脚本集(见 5.8),在一个被监视的寄存器类型对象(数据、寄存器、扩展寄存器、需量寄存器等等)的一个属性值越过一组门槛值时执行。

在同一逻辑设备中,寄存器监视器接口类需要有一个脚本表接口类的范例。

寄存器监视器(Register monitor)	0..n	class_id = 21, version = 0		
属性	数据类型	最小值	最大值	缺省值
1. logical_name (static) 2. thresholds (static) 3. monitored_value (static) 4. actions (static)	octet-string array value_definition array			
方法	m/o			

属性说明

threshold(门槛值)	提供与引用寄存器的属性进行比较的门槛值。 array threshold threshold: instance specific　　threshold 的数据类型与引用对象监视属性的数据类型一致。

monitored_value(监视值)	定义一个对象的哪一个属性要进行监视,只有简单数据类型的值允许监视。
	value_definition ::= structure
	{
	class_id: long unsigned;
	logical_name: octet-string;
	attribute_index: integer
	}

action(操作)	定义引用对象的监视属性超越相应的门槛值时要执行的脚本。属性“action”与属性“threshold”有相同数量的元素。action_item 的顺序与门槛的顺序一致(见上文)。
	array action_set
	action_set ::= structure
	{
	action_up: action_item;
	action_down: action_item
	}
	其中,
	action_up,定义监视寄存器的属性数据超越门槛值上限时的操作
	action_item ::= structure
	{
	script_logical_name: octet-string;
	script_selector: long-unsigned
	}

5.16 实用表(Utility tables)(class_id:26)

实用表类的一个范例封装着 ANSI C12.19 表的数据。

在本接口类的定义中,每张“表”表述一个范例,特定范例由其逻辑名标识。

公用表(Utility tables)	0..n	class_id = 26, version = 0		
属性	数据类型	最小值	最大值	缺省值
1. logical_name (static) 2. table_ID (static) 3. length 4. buffer	octet-string long-unsigned double-long-unsigned octet-string			
方法	m/o			

属性说明

table_ID(表标识)	表号,表号的规定与 ANSI 标准一样,既可以是标准表也可以是制造商的表。
Length(长度)	表缓冲区中的八位字节数。
Buffer(缓冲区)	表的内容。 选择性访问(Selective access)(见 4.2)对 buffer 属性是可用的(可选择的),选择性访问参数定义如下:

对 buffer 属性的选择性访问参数

访问选择器	参 数	注 释
1	offset_access	对表按偏移量和计数进行访问使用 offset_selector 作为参数数据。
2	index_access	对表按元素标识和元素数目进行访问使用 index_ selector 作为参数数据。

offset_selector ::= structure

{

Offset double-longunsigned 访问区起始位置的偏移量(八位字节数),偏移量相对于表的开始。

Count long-unsigned 请求或传送的八位字节数。

}

index_selector ∷= structure

{

Index	array of long-unsigned	层次结构表中标识元素索引的序列。
Count	long-unsigned	请求或传送的元素数目。

index_selector ∷= structure

{

Index	array of long-unsigned	在表中标识元素索引的序列。
Count	long-unsigned	被请求的或被翻译的元素号。计数值大于1将返回多个元素。 在给定的请求语境中,计数值为0,表示层次结构的表中开始于选择点的整个子树。

5.17 单操作时间表(Single action schedule)(class_id:22)

许多应用程序请求仪表内周期性操作,这些操作并不需要与费率连接(活动日历或时间表)。

单操作时间表(Single action schedule)	0..n	class_id = 22, version = 0		
属性	数据类型	最小值	最大值	缺省值
1. logical_name (static) 2. executed_script (static) 3. type (static) 4. execution_time (static)	octet-string script enum array			
服务	m/o			

属性说明

executed_script
(运行脚本)
	包含脚本表的逻辑名和要执行的脚本的选择器。
	script Structure
	{
	Script_logical_name octet-string
	Script_selector long_unsigned
	}
	逻辑名和脚本选择器定义被执行的脚本。

type(类型)	enum 1) execution_time 的大小=1;允许日期用通配符。 2) execution_time 的大小=n;所有时间值相同;不允许日期用通配符 3) execution_time 的大小=n;所有时间值相同;允许日期用通配符 4) execution_time 的大小=n;时间值可能不同;不允许日期用通配符 5) execution_time 的大小=n;时间值可能不同;允许日期用通配符

execution_time
(执行时间)
	规定脚本执行的时刻(time of day)。
	array {octet-string, octet-string}
	两个八位字节串包含时间和日期,在该数组中,structure {
	time: octet-string;
	date: octet-string
	}
	时间和日期的数据格式见4.4的定义。
	"时间"不允许使用通配符;秒和百分之一秒字段应置为零。

6 接口类的维护

如6.2所述，对接口类作任何修改之后，旧的或不用的接口类版本都应记录到附录E中。

本部分制定前的接口类版本仅由DLMS UA保存。

6.1 新接口类

DLMS UA保留作为唯一接口类管理员的权力。

6.2 接口类的新版本

对现有的接口类做任何修改都将产生一个新的版本（version ∷= version+1），并且应进行存档。修改已有的接口类需遵循以下规则：

a) 可增加新的属性和方法。

b) 已有的属性和方法可能失效，但失效的属性和方法的索引不应被其他属性和方法再使用。

c) 如果不能满足上述规则，则应建立新的接口类。

d) COSEM接口类的新版本由DLMS UA管理。

6.3 接口类的撤消

除连接对象和逻辑设备名对象外，仪表内任何其他接口类的范例并非都是必需的。因此，即使是未使用的接口类也不应从标准中撤消。应保留它们以确保与已有的可能实现相兼容。

附 录 A
（规范性附录）
与接口类相关的协议

每一个通信装置及协议需要规定一些设置参数用于相应的操作。

A.1 IEC 本地端口启动(类_标:19)

代替该接口类规定的对于使用 GB/T 19897.1 通信的操作参数，若干端口需要组态，逻辑名定义如 D.1.1.11。

IEC 本地端口启动	0...n	class_id=19,version=0		
属性	数据类型	最小值	最大值	缺省值
1. logical_name (static)	八位字节串			
2. defaut_mode (static)	enum			
3. defaut baud (static)	enum			
4. prop_baud (static)	enum			
5. response_time (static)	enum			
6. device_addr (static)	八位字节串			
7. pass_p1 (static)	八位字节串			
8. pass_p2 (static)	八位字节串			
9. pass_p3 (static)	八位字节串			
具体方法	m/o			

属性描述

默认_模式	定义所使用的仪表端口协议 Enum (0) 协议按照 GB/T 19897.1(模式 A...E) (1) 协议按照 GB/T 19897.4，使用所有的列举数 enum，该类中的其他属性是不适用的。
默认_波特	定义开启序列的波特率 Enum (0) 300 波特 (1) 600 波特 (2) 1 200 波特 (3) 2 400 波特 (4) 4 800 波特 (5) 9 600 波特 (6) 19 200 波特 (7) 38 400 波特 (8) 57 600 波特 (9) 115 200 波特

推荐_波特	定义仪表推荐的波特率 enum (0) 300 波特 (1) 600 波特 (2) 1 200 波特 (3) 2 400 波特 (4) 4 800 波特 (5) 9 600 波特 (6) 19 200 波特 (7) 38 400 波特 (8) 57 600 波特 (9) 115 200 波特
响应_时间	定义接受一个请求和传送一个响应之间的最短时间 enum (0)20 ms (1) 200 ms
装置_地址	装置地址依据 GB/T 19897.1 的八位字串
密码_P1	密码 1 依据 GB/T 19897.1 的八位字串
密码_P2	密码 2 依据 GB/T 19897.1 的八位字串
密码_W5	密码 W5 用于国家应用保留的八位字串

A.2 PSTN 调制解调器配置(类_标:27)

一个 PSTN 调制解调器配置对象储存与调制解调器初始化的数据有关,该调制解调器用来从/向一个装置传送数据。需配置几个调制解调器.逻辑_名定义如 D.1.1.2。

PSTN 调制解调器配置		0....n	class_id=27,version=0		
属性		数据类型	最小值	最大值	缺省值
1.逻辑_名	(静态)	八位字节字符串	0	9	5
2.通信_速度	(静态)	enum			
3.初始化_字符串	(静态)	数组			
4.调制解调器_概要	(静态)	数组			
具体服务		m/o			

属性_描述

通信_速度	装置和调制解调器之间的通信速度,不一定是 WAN 通信速度。 Enum:(0) 300 波特 (1) 600 波特 (2) 1 200 波特 (3) 2 400 波特 (4) 4 800 波特 (5) 9 600 波特 (6) 19 200 波特 (7) 38 400 波特 (8) 57 600 波特 (9) 115 200 波特

初始化_字符串	该数据包含所有为正确配置调制解调器所需初始化指令,包括特殊调制解调器性能配置。
	初始化_字符串∷= 数组
	{
	初始化_字符串_元素
	}
	初始化_字符串_元素∷= 结构
	{
	请求:八位字符字符串
	响应:八位字符字符串
	}
	若该数组包含多于一个初始化字符串元素,则它们在接受一个匹配已定义响应的响应之后传送到调制解调器。
	
	注释:
	假定调制解调器已预先配置,接受初始化_字符串。
	若无须初始化,则初始化字符串为空。

调制解调器_概要	该数据定义从 Hayes 标准指令/响应到调制解调器具体字符串的映射。
	调制解调器_概要∷= 数组
	{
	调制解调器_概要_元素
	}
	调制解调器_概要_元素∷= 八位字节字符串
	调制解调器_概要数组务必包含调制解调器所需按以下顺序的字符串:
	元素 0: 确定
	元素 1: 连接
	元素 2: 响铃
	元素 3: 无载体
	元素 4: 错误
	元素 5: 连接 1 200
	元素 6: 无拨号音
	元素 7: 忙
	元素 8: 无响应
	元素 9: 连接 600
	元素 10: 连接 2 400
	元素 11: 连接 4 800
	元素 12: 连接 9 600
	元素 13: 连接 14 400
	元素 14: 连接 28 800
	元素 15: 连接 36 600
	元素 16: 连接 56 000

A.3 PSTN 自动响应(类_标:28)

一个 PSTN 自动响应对象和调制解调器之间数据传送管理的数据有关,该接口用来响应接入呼叫请求。若干个调制解调器需要配置。逻辑_名定义如 D.1.1.4。

PSTN 自动响应		0....n	class_id=28,version=0		
属性		数据类型	最小值	最大值	缺省值
1.逻辑_名	(静态)	八位字节字符串			
2.模式	(静态)	enum			
3.收听_窗口	(静态)	数组			
4.状态	(动态)	enum			
5.呼叫请求_次数	(静态)	unsigned			
6.响铃_次数	(静态)	响铃_次数_类型			
具体服务		m/o			

属性描述

模式	定义装置自动响应时 PSTN 线路的工作模式。 模式::= enum (0) 线路 dedicatedto 装置 (1) 允许共享线路管理和有限呼叫请求次数。一旦达到呼叫请求次数,窗口状态变为无效,直到下一个起始日期,而不管呼叫请求的结果。 (2) 允许共享线路管理和有限成功呼叫请求次数。一旦达到成功通信次数,窗口状态变为无效,直到下一个起始日期。 (200...255) 制造商具体模式

收听_窗口	包含起始和结束瞬时,当窗口有效(起始瞬时),窗口无效(结束瞬时)。日期格式是 UTC。起始_日期中定义周期。例如:当没有指定日期(等于 255)这意味着我们有一个日常线路管理。每天,每月……窗口管理可以得到定义。
	收听_窗口::= 数组　　　窗口_元素
	窗口_元素::= 结构
	{
	起始_时间 UTC
	结束_时间 UTC
	}

状态	定义窗口的状态 状态::= enum (0) 失效:装置控制无新的呼叫请求接入。该状态在下一个收听窗口起始时自动复位成有效。 (1) 有效:装置响应下一个接入呼叫请求。 (2) 锁定:该值可由装置自动设置或由一个具体客户端设置,当该客户端已完成读取对话并想要在窗口持续期结束之前将线路交换用户。该状态在下一个收听窗口起始时自动复位成有效。
呼叫请求_次数	该次数用于在模式 1 和模式 2 中引用。 当设为 0,意味着无限。

响铃_次数	定义仪表连接到调制解调器之前的响铃次数。判别两种情况:窗口内响铃次数由属性“收听_窗口”定义,和“收听_窗口”以外的响铃次数。
	响铃_次数_类型:= 结构
	{
	响铃_次数_窗口内 unsigned
	(0=窗口内无连接)
	响铃_次数_窗口外 unsigned
	(0=窗口外无连接)
	}

A.4 PSTN 自动拨号(类_标:29)

一个 PSTN 自动拨号对象储存装置和调制解调器之间为实现自动拨号进行的数据传送控制的数据。需配置几个调制解调器。逻辑_名定义如 D.1.1.3。

PSTN 自动拨号		0....n	class_id=29,version=0		
属性		数据类型	最小值	最大值	缺省值
1.逻辑_名	(静态)	八位字节字符串			
2.模式	(静态)	enum			
3.重复	(静态)	unsigned			
4.重复_延迟	(静态)	long-unsigned			
5.呼叫请求_窗口	(静态)	数组			
6.电话_列表	(静态)	数组			
具体服务		m/o			

属性描述

模式	定义装置是否能够自动拨号 模式::= enum (0) 无自动拨号 (1) 任何时间允许自动拨号。 (2) 在呼叫请求窗口有效时间内允许自动拨号。 (3) 在呼叫请求窗口有效时间内允许"正常"自动拨号;任何时间允许"警告"启动自动拨号。 (200...255) 制造商具体模式。
重复	在拨号不成功情况下最大尝试次数。
重复_延迟	时间延迟,以秒计时直到可以重复一个不成功拨号尝试。重复_延迟=0 意味着未确定延迟。

呼叫请求_窗口	包含起始和结束日期/时间标志,当窗口有效(起始瞬时),或无效(结束瞬时),日期格式是 UTC。起始_日期暗中定义周期。例如:当没有指定日期(等于 255)这意味着我们有一个日常线路管理。每天,每月……窗口管理可以得到定义。
	呼叫请求_窗口::= 数组　　窗口_元素
	窗口_元素::= 结构
	{
	起始_时间　　UTC
	结束_时间　　UTC
	}

电话_列表	包含电话数目,装置调制解调器需要在特定情况下呼叫。不包含数组入口和环境之间的连接。
	电话_列表::= 数组
	{
	电话_数目
	}
	电话_数目::= 八位字节字符串

A.5 IEC HDLC 启动(类_标:23)

HDLC 启动事例包含所有建立通信通道所需的数据，依据 GB/T 19897.4 若干个通信通道需要配置。逻辑_名定义如 D.1.1.13。

IEC HDLC 启动		0....n	class_id=23，version=0		
属性		数据类型	最小值	最大值	缺省值
1. 逻辑_名	(静态)	八位字节字符			
2. 通信_速度	(静态)	串	0	9	5
3. 传输_窗口_大小	(静态)	enum	1	7	1
4. 接收_窗口_大小	(静态)	unsigned	1	7	1
5. 最大_传输_信息_长度	(静态)	unsigned	32	128	128
6. 最大_接收_信息_长度	(静态)	unsigned	32	128	128
7. 字符间_暂停时间	(静态)	unsigned	20	1 000	30
8. 休止_暂停时间	(静态)	long-unsigned	0		120
9. 装置_地址	(静态)	long-unsigned	16	0x3ffd	0
		long-unsigned			
具体服务		m/o			

属性描述

通信_速度	装置和调制解调器之间的通信速度，不一定是 WAN 上的通信速度。 Enum：(0) 300 波特 (1) 600 波特 (2) 1 200 波特 (3) 2 400 波特 (4) 4 800 波特 (5) 9 600 波特 (6) 19 200 波特 (7) 38 400 波特 (8) 57 600 波特 (9) 115 200 波特 该通信速度可被覆盖，若另一个协议的特殊模式通过装置的 HDLC 模式。
传输_窗口_大小	装置或系统在需要从对应工作站得到确认之前可以传输窗体的最大数目，在登录期间允许一个较小的值。
接收_窗口_大小	装置或系统在需要向对应工作站发送确认之前可以接收窗体的最大数目，在登录期间允许一个较小的值。
最大_传输_信息_长度	装置能够传输的最大信息字段长度，在登录期间允许一个较小的值。
最大_接收_信息_长度	装置能够接收的最大信息字段长度，在登录期间允许一个较小的值。
字符间_暂停时间	定义时间，以毫秒计时，当从主工作站上接收到任何字符，装置将已接收到的数据看作一个已完成的窗体。
休止_暂停时间	定义时间，以秒计时，当从主工作站接收到任何窗体，装置将进行一次断开。 当该值设为 0，表明休止_暂停时间无法操作。

装置_地址	包含装置的物理装置地址： 在单精度比特寻址中： 0x00： 无_工作站地址 0x01...0x0f 预留 0x10...0x7d 可用地址空间 0x7e： "呼叫请求"装置地址 0x7f： 广播地址 在双精度比特寻址中： 0x0000 无_工作站地址 0x0001...0x000f 预留 0x0010...0x3ffd 可用地址空间 0x2fff： "呼叫请求"装置地址 0x3fff 发送地址

A.6 IEC 双绞线(1)启动(类_标:24)

IEC 双绞线(1)启动对象包含所有启动通信通道所需数据，依据草案 GB/T 19897.2—2005 需配置几个通信通道。逻辑_名定义如 D.1.1.13。

IEC 双绞线(1)启动		0....n	class_id＝24，version＝0		
属性		数据类型	最小值	最大值	缺省值
1.逻辑_名	(静态)	八位字节字符串			
2.二级地址	(静态)	八位字节字符串			
3.一级_地址_列表	(静态)	一级_地址_列表_类型			
4.tabi_列表	(静态)	tabi_列表_类型			
5.致命_错误	(动态)	enum			
具体服务		m/o			

属性描述

二级_地址	二级_地址储存对应真实设备的二级工作站的 ADS(comp. GB/T 19897.2—2005)。 八位字节字符串(大小(6))

一级_地址_列表	一级_地址_列表储存 ADP 列表或一级工作站物理地址，实际设备(二级工作站)的各个逻辑装置均已程序化(comp. GB/T 19897.2—2005)。
	一级_地址_列表_类型∷＝ 数组
	{
	一级_地址_元素
	}
	一级_地址_元素∷＝ 八位字节字符串(大小(1))

tabi_列表	tabi_列表代表 TAB(i)列表，当实际设备(二级工作站)已程序化，在出现"忽略工作站呼叫请求"情况下(comp. GB/T 19897.2—2005)。 Tabi_列表_类型∷＝ 数组 tabi_元素 Tabi_元素∷＝ 整型 8

致命_错误	致命错误代表如 GB/T 19897.2—2005 所述协议致命错误之一的最后一次出现。 该变量的初始默认值是 00H。各个致命错误均表示出来。 Enum　(0) 无_错误 (1) t-EP-1F (2) t-EP-2F (3) t-EL-4F (4) t-EL-5F (5) eT-1F (6) eT-2F (7) e-EP-3F (8) e-EP-4F (9) e-EP-5F (10) e-EL-2F

附 录 B
（规范性附录）
数据模型和协议

此数据模型使用通用构架模块来定义计量设备的复杂功能，此模型不涉及内部具体执行内容，它仅提供了一种类似于在接口处获得仪表功能性的视角。

该通信协议定义了数据如何被访问和交换的，下列图形是对它的说明：

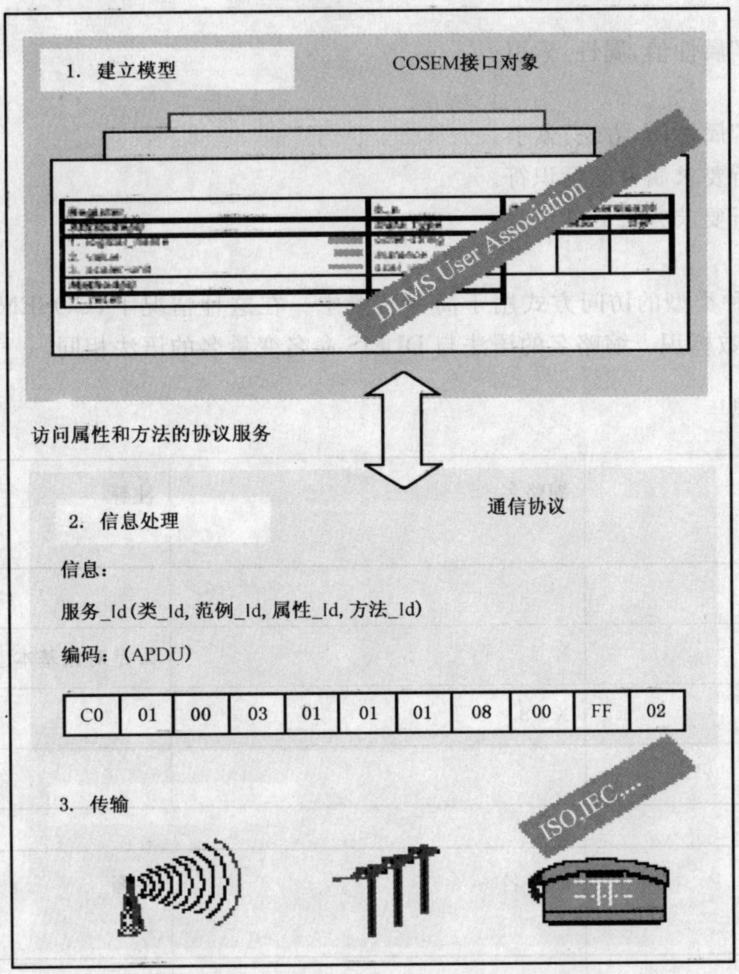

图 B.1 COSEM 的三步处理协议

- COSEM 规范规定了计量领域中具体的接口类，仪表的功能性由这些称之为 COSEM 接口对象的接口类实例来定义，这些实例在本部分中定义，标识 COSEM 接口对象的逻辑名在 GB/T 19882.31 中定义；
- COSEM 接口对象的属性和方法可以通过应用层报文服务来访问和使用。
- 低层通信协议传输这些信息。

附 录 C
（规范性附录）
使用短名访问属性和方法

COSEM 对象的属性和方法可以通过两种不同方法访问。

利用 COSEM 逻辑名：在这种情况下，COSEM 对象的属性和方法可以通过 COSEM 对象范例所属标识符访问。

属性访问是：

类_标，“逻辑_名”属性值，属性_索引。

方法访问是：

类_标，“逻辑_名”属性值，方法_索引。

属性_索引用作所要求属性的标识符。

方法_索引用作所要求方法的标识符。

利用缩略名：这种类型的访问方式用于简单装置中。在这种情况下，COSEM 对象的各个属性和方法由一个 13 bit 整数标识。缩略名的语法与 DLMS 命名变量名的语法相同。

C.1 分配缩略名准则

数据 类_标＝1，版本＝0	缩略名	注释
属性		
逻辑_名	X	X 是对象基本_名
值	X＋8	
具体方法		

寄存器 类_标＝3，版本＝0	缩略名	注释
属性		
逻辑_名	X	X 是对象基本_名
值	X＋8	
标尺_单元	X＋16	
具体方法		
复位	X＋40	

扩展寄存器 类_标=4,版本=0	缩略名	注释
属性		
逻辑_名	X	X是对象基本_名
值	X+8	
标尺_单元	X+16	
状态	X+24	
俘获_时间	X+32	
具体方法		
复位	X+56	

用量寄存器 类_标=5,版本=0	缩略名	注释
属性		
逻辑_名	X	X是对象基本_名
当前_平均_值	X+8	
最终_平均_值	X+16	
标尺_单元	X+24	
状态	X+32	
俘获_时间	X+40	
当前_起始_时间	X+48	
周期	X+56	
周期_数目	X+64	
具体方法		
复位	X+88	
下一_周期	X+96	

寄存器激活 类_标=6,版本=0	缩略名	注释
属性		
逻辑_名	X	X是对象基本_名
寄存器_分配	X+8	
屏蔽_列表	X+16	
有效_屏蔽	X+24	
具体方法		
增加_寄存器	X+48	
增加屏蔽	X+56	
删除屏蔽	X+64	

概要类 类_标=7,版本=1	缩略名	注释
属性		
逻辑_名	X	X是对象基本_名
缓冲区	X+8	利用参数化访问实现选择性访问缓冲区
俘获_对象	X+16	
俘获_周期	X+24	
排序_方法	X+32	
排序_对象	X+40	
使用_入口	X+48	
概要_入口	X+56	
具体方法		
复位		
俘获	X+88	
	X+96	

时钟 类_标=8,版本=0	缩略名	注释
属性		
逻辑_名	X	X是对象基本_名
时间	X+8	
时区	X+16	
状态	X+24	
白天_保存_开始	X+32	
白天_保存_结束	X+40	
白天_保存_偏差	X+48	
白天_保存_允许	X+56	
时钟_基点	X+64	
具体方法		
校准_时间	X+96	
校准_到_测量_周期	X+104	
校准_到_分	X+112	
校准_到_当前_时间	X+120	
预设_校准_时间	X+128	
转换_时间	X+136	

命令表 类_标=9,版本=0	缩略名	注释
属性		
逻辑_名	X	X是对象基本_名
命令	X+8	
具体方法		
执行	X+32	

时间表 类_标=10,版本=0	缩略名	注释
属性		
逻辑_名	X	X是对象基本_名
入口	X+8	
具体方法		
允许/禁止	X+32	
插入	X+40	
删除	X+48	

具体日期表 类_标=11,版本=0	缩略名	注释
属性		
逻辑_名	X	X是对象基本_名
入口	X+8	
具体方法		
插入	X+32	
删除	X+40	

活动日历 类_标=20,版本=0	缩略名	注释
属性		
逻辑_名	X	X是对象基本_名
日历_名_有效	X+8	
季节_概要_有效	X+16	
星期_概要_有效	X+24	
日期_概要_表_有效	X+32	
日历_名_无效	X+40	
季节_概要_表_无效	X+48	
星期_概要_无效	X+56	
日期_概要_表_无效	X+64	
激活_无效_日历_时间	X+72	
具体方法		
激活_无效_日历	X+96	

连接 SN 类_标=12,版本=1	短名	注释
属性		
逻辑_名	X∷=0×FA00	X是对象基本_名
对象_列表	X+8	利用参数化访问实现选择性访问对象_列表
具体方法		
按逻辑名_读取	X+48	这种方法可以用参数化访问功能
取得_属性和方法	X+56	这种方法可以用参数化访问功能
变更_LLS_密码	X+64	
变更_HLS_密码	X+72	
响应_HLS_验证	X+88	
连接 SN 对象的基名对应于当前连接是 0xFA00		

SAP 赋值 类_标=17,版本=0	缩略名	注释
属性		
逻辑_名	X	X是对象基本_名
SAP_赋值_列表	X+8	
具体方法		
连接_逻辑_装置	X+32	

寄存器监视器 类_标=21,版本=0	缩略名	注释
属性		
逻辑_名	X	X是对象基本_名
阈值	X+8	
监视_值	X+16	
事件	X+24	
具体方法		

公用表 类_标=26,版本=0	缩略名	注释
属性		
逻辑_名	X	X是对象基本_名
表_标	X+8	
长度	X+16	
缓冲区	X+24	
具体方法		

单事件时间表 类_标=22,版本=0	缩略名	注释
属性		
逻辑_名	X	X是对象基本_名
执行_命令	X+8	
类型	X+16	
执行_时间	X+24	
具体方法		

IEC光学端口启动 类_标=19,版本=0	缩略名	注释
属性		
逻辑_名	X	X是对象基本_名
默认_模式	X+8	
默认_波特	X+16	
推荐_波特	X+24	
响应_时间	X+32	
装置_地址	X+40	
密码_P1	X+48	
密码_P2	X+56	
密码_W5	X+64	
具体方法		

PSTN调制解调器配置 类_标=27,版本=0	缩略名	注释
属性		
逻辑_名	X	X是对象基本_名
通信_速度	X+8	
初始化_字符串	X+16	
调制解调器_概要	X+24	
具体方法		

PSTN 自动响应 类_标＝28,版本＝0	缩略名	注释
属性		
逻辑_名	X	X是对象基本_名
模式	X＋8	
收听_窗口	X＋16	
状态	X＋24	
呼叫请求_次数	X＋32	
响铃_次数	X＋40	
具体方法		

PSTN 自动拨号 类_标＝29,版本＝0	缩略名	注释
属性		
逻辑_名	X	X是对象基本_名
模式	X＋8	
重复	X＋16	
重复_延迟	X＋24	
呼叫请求_窗口	X＋32	
电话_列表	X＋40	
具体方法		

IEC HDLC 启动 类_标＝23,版本＝0	缩略名	注释
属性		
逻辑_名	X	X是对象基本_名
通信_速度	X＋8	
传输_窗口_大小	X＋16	
接收_窗口_大小	X＋24	
最大_传输_信息_长度	X＋32	

最大_接收_信息_长度	X+40	
字符间_暂停时间	X+48	
休止_暂停时间	X+56	
装置_地址	X+64	
具体方法		

IEC 双绞线(1)启动 类_标=24,版本=0	缩略名	注释
属性		
逻辑_名	X	X 是对象基本_名
二级_地址	X+8	
一级_地址_列表	X+16	
Tabi_列表	X+24	
致命_错误	X+32	
具体方法		

C.2 为特殊 COSEM 对象保留基本_名

为准许访问装置，提供按缩略_名访问。有些缩略_名保留作为特殊 COSEM 对象的基本_名。保留名的范围是从 0xFA00 到 255F8。

定义以下具体基本_名：

基本_名 (对象名)	COSEM 对象
0Xfa00	短名 SN
0XFB00	命令表(范例:"发送_接收命令")
0XFC00	SAP 分配
0XFD00	寄存器对象包含"COSEM 逻辑装置名"在属性"值"中

附　录　D
（规范性附录）
标准与 OBIS 关系

OBIS 标识系统作为 COSEM 逻辑_名的一个基础。COSEM 对象命名系统由基本准则（第 4 章）确定。实际数据项的标识由 GB/T 19882.31 确定。

以下章节中规定了在 COSEM 环境中定义的使用。

所有代码并未明确列出，但预留了制造商代码范围(128..255)。

D.1　数据项映射到 COSEM 对象和属性

本章确定 OBIS 标识的用法和其映射到 COSEM 特定接口类对象和它们的属性。

D.1.1　抽象 COSEM 对象

本条包含未直接连接到能量类型的数据项的定义。

值集合 C 抽象对象(A=0)	
0	常规用途 COSEM 对象
1	IC“时钟”COSEM 对象
2	COSEM 对象 IC“PSTN”调制解调器配置和相关 IC-s
10	IC“命令表” COSEM 对象
11	IC“具体日期表” COSEM 对象
12	IC“日历时间表” COSEM 对象
13	IC“活动日历” COSEM 对象
14	IC“寄存器激活” COSEM 对象
15	IC“单事件时间表” COSEM 对象
20	IC“IEC 光学端口启动” COSEM 对象
21	标准读出定义
22	IC“IEC HDLC 启动” COSEM 对象
23	IC“IEC 双绞线(1)启动” COSEM 对象
40	IC“协同 SN/LN” COSEM 对象
41	IC“SAP 分配” COSEM 对象
42	COSEM 逻辑装置名
65	IC“公用表” COSEM 对象
128...175	制造商具体 COSEM 相关抽象对象
保留所有其他代码。	

D.1.1.1　时钟

该COSEM对象控制物理装置的系统时钟，是接口类“时钟”的一个范例。

时钟		OBIS标识					
	IC	A	B	C	D	E	F
时钟对象	时钟	0	×	1	0	×	0×FF

值集合E的用法：

若只有一个对象范例，则值E为0。

若在同一物理装置中有多于一个对象范例，则其值集合E将从0开始计数范例到所需最大值。

D.1.1.2　PSTN调制解调器配置

该COSEM对象确定和控制装置性能，通过一个PSTN调制解调器实现通信，是接口类“PSTN调制解调器配置”的一个范例。

PSTN调制解调器配置		OBIS标识					
	IC	A	B	C	D	E	F
PSTN调制解调器配置对象	PSTN调制解调器配置 开	0	×	2	0	0	0×FF

值集合B的用法：

若在同一物理装置中有多于一个对象范例，则其值集合B将计数通信通道。

D.1.1.3　PSTN自动拨号

该COSEM对象确定和控制装置性能，利用一个PSTN调制解调器实现自动拨号，是接口类“PSTN自动拨号”的一个范例。

PSTN自动拨号		OBIS标识					
	IC	A	B	C	D	E	F
PSTN自动拨号对象	PSTN自动拨号	0	×	2	1	0	255

值集合B的用法：

若在同一物理装置中有多于一个对象范例，则其值集合B将计数通信通道。

D.1.1.4　PSTN自动响应

该COSEM对象确定和控制装置性能，通过一个PSTN调制解调器实现自动响应，是接口类“PSTN自动响应”的一个范例。

PSTN自动响应		OBIS标识					
	IC	A	B	C	D	E	F
PSTN自动响应对象	PSTN自动响应	0	×	2	2	0	255

值集合B的用法：

若在同一物理装置中有多于一个对象范例，则其值集合B将计数通信通道。

D.1.1.5　脚本表

这些COSEM对象控制装置性能。

预定义几个接口类“命令表”的范例，以隐藏命令形式出现，只有action()方法可以访问。

下表仅包含列表命令的“标准”范例标识，执行这些命令的具体范例使用值集合D中非零值。

命令表对象	OBIS 标识						
	IC	A	B	C	D	E	F
全程仪表复位[a]	命令表	0	×	10	0	0	255
MDI 复位/计费周期结束[a]	命令表	0	×	10	0	1	255
计费 命令表	命令表	0	×	10	0	100	255
启动测试模式[a]	命令表	0	×	10	0	101	255
启动正常模式[a]	命令表	0	×	10	0	102	255
设置输出信号	命令表	0	×	10	0	103	255
发送命令表	命令表	0	×	10	0	105	255

a 启动这些命令通过调用 action()方法到对应命令对象的标识符 1。

计费命令表规定了通过标准化应用程序，如何调用特定 TARIFF 环境的启动，进入计费的入口点。

发送命令表允许标准化应用程序扩展正常需求功能进入点。

D.1.1.6 特殊日期表

该 COSEM 对象确定和控制装置性能，通过特殊日期日历实现时钟控制，是接口类“特殊日期表”的一个范例。

特殊日期表	OBIS 标识						
	IC	A	B	C	D	E	F
特殊日期表对象	特殊日期表	0	×	11	0	0	255

D.1.1.7 时间表

该 COSEM 对象通过有序方法确定和控制装置性能，是接口类“时间表”的一个范例。

时间表	OBIS 标识						
	IC	A	B	C	D	E	F
时间表对象	时间表	0	×	12	0	×	255

值集合 E 的用法：

若只有一个对象范例，则值 E 为 0。

若在同一物理装置中有多于一个对象范例，则其值集合 E 将从 0 开始计数范例到所需最大值。

D.1.1.8 活动日历

该 COSEM 对象通过基于日历的方法规定和控制装置性能，是接口类“活动日历”的一个范例。

活动日历	OBIS 标识						
	IC	A	B	C	D	E	F
活动日历对象	活动日历	0	×	13	0	0	255

D.1.1.9 寄存器激活

该 COSEM 对象用于处理不同的费率结构，这是一个接口类“寄存器激活”的范例。

寄存器激活	OBIS 标识						
	IC	A	B	C	D	E	F
寄存器激活对象	寄存器激活	0	×	14	0	0	255

D.1.1.10 单操作时间表

该 COSEM 对象控制装置的状态，预定义一个接口类范例“单操作时间表”。下表仅包含所列“单操作时间表”的“标准”范例标识。执行这些接口类具体范例应使用数组 D 中非零值。

单操作时间表	OBIS 标识						
	IC	A	B	C	D	E	F
记帐结束时间表	单事件时间表	0	×	15	0	0	255

D.1.1.11　IEC 本地端口建立

依据 GB/T 19897.1 中的本地端口通信参数，该 COSEM 对象规定和控制着装置状态，这是接口类"IEC 本地端口建立"的一个范例。

IEC 本地端口建立	OBIS 标识						
	IC	A	B	C	D	E	F
IEC 光学端口建立对象	IEC 本地端口建立	0	×	20	0	0	255
IEC 电气端口建立对象	IEC 本地端口建立	0	×	20	0	1	255

数组 B 的用法：

若在同一物理装置中有多于一个对象范例，则数组 B 将计数通信通道。

D.1.1.12　标准读出集

定义一组 COSEM 对象，如 GB/T 19897.1(模式 A 到 D)所示，携带标准读数。

标准读数	OBIS 标识						
	IC	A	B	C	D	E	F
常规本地端口读数	集	0	0	21	0	0	255
常规显示读数	集	0	0	21	0	1	255
备用显示读数	集	0	0	21	0	2	255
服务显示读数	集	0	0	21	0	3	255
可组态仪表数据列表	集	0	0	21	0	4	255
附加读数集 1	集	0	0	21	0	5	255
……………………							
附加读数集 n	集	0	0	21	0	N	255

标准读数对象也可与一个能量类型以及一个通道有关，见 GB/T 19882.31。

D.1.1.13　HDLC 建立

该 COSEM 对象在连接协调时刻，利用 HDLC 协议规定和控制装置的状态。这是接口类"IEC HDLC 建立"的一个范例。

IEC HDLC 建立	OBIS 标识						
	IC	A	B	C	D	E	F
IEC HDLC 建立对象	IEC HDLC 建立	0	×	22	0	0	0×FF

数组 B 的用法：

若在同一物理装置中有多于一个对象范例，则其值集合 B 将计数通信通道。

D.1.1.14 IEC 双绞线(1)建立

依据 GB/T 19897.2 中的通信参数，该 COSEM 对象规定和控制着装置状态，这是接口类“IEC 双绞线(1)建立”的一个范例。

IEC 双绞线(1)建立	OBIS 标识						
	IC	A	B	C	D	E	F
IEC 双绞线(1)建立对象	IEC 双绞线(1)建立	0	×	23	0	0	255

数值组 B 的用法：

若在同一物理装置中有多于一个对象范例，则数组 B 将计数通信通道。

D.1.1.15 连接对象

一系列 COSEM 对象用来标识物理装置内的连接对象。

协同对象	OBIS 标识						
	IC	A	B	C	D	E	F
当前连接	连接 n LN/SN	0	0	40	0	0	255
连接，范例 1	连接 n LN/SN	0	0	40	0	1	255
……………							
连接，范例 n	连接 n LN/SN	0	0	40	0	*N*	255

D.1.1.16 SAP 分配

一个 COSEM 对象用来传递物理装置内 SAP 分配信息。

SAP 分配对象	OBIS 标识						
	IC	A	B	C	D	E	F
当前物理装置 SAP 分配	SAP 分配	0	0	41	0	0	255

D.1.1.17 COSEM 逻辑装置名

每个 COSEM 逻辑装置由其逻辑名在全世界范围内标识。

若用短名寻址，COSEM 逻辑装置名总是可以在相同位置找到。这是一个基址为 0xfd00 的数据或寄存器对象。

COSEM 逻辑装置名	OBIS 标识						
	IC	A	B	C	D	E	F
COSEM 逻辑装置名	数据[a]	0	0	42	0	0	0×FF

a 即使类“数据”无用，类“寄存器”(使用标尺＝0，单位＝255)仍可以使用。

D.1.1.18 实用表

以下概括了利用逻辑名 OBIS 编码的 ANSI 公用表范例编码。

a) 利用 0 值确定抽象对象。

b) 范例表组。

c) 利用值 65 标示实用表的特殊定义。

d) 表组选择器。

e) 组内表标号。

f) 利用值 255 用于当前费率周期。

实用表	OBIS 标识					
	IC	A	B	C	D	E	F
标准表 0—127	实用表	0	×	65	0	n	255
标准表 128—255	实用表	0	×	65	1	n	255
…………							
标准表 1920—2047	实用表	0	×	65	15	n	255
制造商表 0—127	实用表	0	×	65	16	n	255
制造商表 128—255	实用表	0	×	65	17	n	255
……………							
制造商表 1920—2047	实用表	0	×	65	31	n	255
标准挂起表 0—127	实用表	0	×	65	32	n	255
标准挂起表 128—255	实用表	0	×	65	33	n	255
…………							
标准挂起表 1920—2047	实用表	0	×	65	47	n	255
Mfg 挂起表 0—127	实用表	0	×	65	48	n	255
Mfg 挂起表 128—255	实用表	0	×	65	49	n	255
…………							
Mfg 挂起表 1920—2047	实用表	0	×	65	63	n	255

D.1.1.19 装置标识

一系列 COSEM 对象用来传递装置标识号。可由制造商确定编号(制造商编号)或由用户确定。

不同标识号是接口类“数据”的范例,数据类型是八位字串。

若使用一个以上标识号,则允许将它们整和进一个接口类“通用集”范例。在这种情况下,所俘获对象是装置标识数据对象,俘获周期是 1,有实际值。排序方法是 FIFO,集的入口限定到 1。

装置标识	OBIS 标识						
	IC	A	B	C	D	E	F
装置标识 1 对象(制造商号)	数据[a]	0	×	96	1	0	255
………							
装置标识 10 对象	数据[a]	0	×	96	1	9	255
装置标识的对象	通用集	0	×	96	1	255	255

a 即使类“数据”无用,类“寄存器”(使用 标尺=0,单位=255)仍可以使用。

D.1.1.20 参数变化

一组简单 COSEM 对象描述装置配置历史。所有的值由接口类“数据”传递。

参数变化	OBIS 标识						
	IC	A	B	C	D	E	F
配置程序变更数对象	数据[a]	0	×	96	2	0	0×FF
配置程序变化最后日期对象	数据[a]	0	×	96	2	1	0×FF
时间开关程序变化最后日期对象	数据[a]	0	×	96	2	2	0×FF
纹波控制接收机程序变化最后日期对象	数据[a]	0	×	96	2	3	0×FF
保护配置程序变化数[b]	数据[a]	0	×	96	2	10	0×FF

a 即使类“数据”无用,类“寄存器”(使用 标尺=0,单位=255)仍可以使用。

b 保护配置表示需要打开表壳才能修改的特征。

D.1.1.21 输入/输出控制信号

这些 COSEM 对象确定和控制装置输入/输出线路状态。状态由接口类“数据”一个范例规定。

D.1.1.22 内部状态

这些 COSEM 对象规定了控制信号的内部状态和内部运行状态。

用于这些对象的接口类是采用八位字串类型的“数据”,这些数据类型以位图形式传递二进制信息。

D.1.1.23 电源故障

可利用各种可能方式表示来自装置电源故障监控的值。对事件的简单计数由 COSEM 对象接口类“数据”及 unsigned 或 long unsigned. 数据类型来表示。若有更复杂的信息需要表示,则应采用 COSEM 对象接口类“寄存器”或“通用集”。

D.1.1.24 错误值

一组 COSEM 对象用来传递装置错误指示。

不同错误值是接口类“数据”的范例,数据类型是八位字节串。

若使用一个以上的编号,则允许将它们整和进一个接口类“通用集”范例。在这种情况下,所捕获对象是装置标识数据对象,捕获周期是 1 且具有实效值,排序方法是 FIFO,集的入口限于 1。

错误值	OBIS 标识						
	IC	A	B	C	D	E	F
错误 1 对象	数据[a]	0	0	97	97	0	0×FF
………							
错误 10 对象	数据[a]	0	0	97	97	9	0×FF
错误集对象	通用集	0	0	97	97	0	0×FF

[a] 即使类“数据”无用,类“寄存器”(使用 标尺=0, 单位=255)仍可以使用。

错误编码对象也可与一个能量类型以及一个通道有关,见 GB/T 19882.31。

D.1.2 有关电气能量 COSEM 对象

D.1.2.1 数值组 D 定义

由数值组 D 定义的不同值,不是表述先前的费率周期,并按如下方式建模:

- 累积值由接口类“寄存器”范例的 COSEM 对象表述。
- 最大值和最小值由接口类“通用集”范例 COSEM 对象按最大值和最小值排序方法表示,深度依据执行确定,捕获对象依据执行确定。单一最大值或最小值可由接口类“扩展寄存器”范例的 COSEM 对象交替表述。
- 当前和最终平均值是 COSEM 对象的各自的属性,该对象是接口类“需量寄存器”的范例,并使用当前值的 OBIS 编码作为逻辑名。
- 时间积分值由接口类“寄存器”或“扩展寄存器”范例的 COSEM 对象表述。

D.1.2.2 前期费率周期数据

COSEM 将若干费率周期的值或值列表作为集来处理。

数值组 F 具有一个介于 1 和 99 之间的值,101 直接访问前期费率周期的数据是可行的(见 GB/T 19882.31 数值组 F)。附加在保存值的入口深度 1 及包含的保存时间标签由接口类“通用集”COSEM 对象管理。

注意:无任何前期有效值用于当前和最终平均类型值。

数值组 F 具有一个介于 102 和 126 之间的值,该数据由接口类“通用集”范例 COSEM 对象表述,这是适用于控制属性的值。

D.1.2.3 电气标识号

不同电气标识编码是接口类“数据”的范例，并采用八位字节串数据类型。

若使用一个以上的编号，则允许将它们整和进一个接口类“通用集”范例。在这种情况下，所捕获对象是电气标识数据对象，捕获周期是1且具有实效值，排序方法是FIFO，集的入口限于1。

电气标识	OBIS 标识						
	IC	A	B	C	D	E	F
电气标识1对象	数据[a]	1	×	0	0	0	0×FF
………							
电气标识10对象	数据[a]	1	×	0	0	9	0×FF
电气标识的对象	集	1	×	0	0	0×FF	0×FF
[a] 即使类“数据”无用，类“寄存器”(使用 标尺=0，单位=255)仍可以使用。							

D.1.2.4 记帐周期入口

这些值由接口类“数据”范例表述，数据类型是 unsigned。

与入口有关的历史数据	OBIS 标识						
	IC	A	B	C	D	E	F
费率周期计数器对象	数据[a]	1	×	0	1	0	0×FF
有效记账周期数据数目对象	数据[a]	1	×	0	1	1	0×FF
[a] 即使类“数据”无用，类“寄存器”(使用 标尺=0，单位=255)仍可以使用。							

在表述先前费率周期数据的COSEM对象中，先前数据值的时间标签是捕获对象的一部分。该值与一个通道有关。

D.1.2.5 程序入口

这些值由接口类“数据”范例表述，数据类型是 unsigned 或 long unsigned。

程序入口	OBIS 标识						
	IC	A	B	C	D	E	F
配置程序编号对象	数据[a]	1	×	0	2	0	0×FF
时间转换程序编号对象	数据[a]	1	×	0	2	2	0×FF
RCR 程序编号对象	数据[a]	1	×	0	2	3	0×FF
[a] 即使类“数据”无用，类“寄存器”(使用 标尺=0，单位=255)仍可以使用。							

程序入口也与一个通道相关，见GB/T 19882.31。

注：对于完整的列表，见GB/T 19882.31—2007 表12。

D.1.2.6 输入和输出脉冲常数，额定值

这些值由接口类“寄存器”范例表述。

D.1.2.7 费率

这些值由接口类“数据”范例表述，以及可用的数据类型。

D.1.2.8 阈值

这些值由接口类“寄存器监视器”范例表述，通过定义受控寄存器，以及阈值本身和超出阈值时所完成的操作。

D.1.2.9 测量-寄存器-周期值，时间入口

这些值由接口类“数据”或“寄存器”范例表述。

时间入口	OBIS 标识						
	IC	A	B	C	D	E	F
时钟同步方法	数据[a]	1	×	0	9	10	0×FF

a 即使类"数据"无用,类"寄存器"(使用 标尺=0, 单位=255)仍可以使用。

同步方法:列举

(0) 非同步

(1) 调整到刻

(2) 调整到测量周期

(3) 调整到分钟

(4) 保留

(5) 调整到预设时间

(6) 移动时间

D.1.2.10 正向功率的测量算法

这些值由接口类"数据"范例表述。

正向功率的测量算法	OBIS 标识						
	IC	A	B	C	D	E	F
测量算法	数据	1	×	0	11	1	255

测量算法:列举

(0) 非指定

(1) 仅使用电压和电流的基本量

(2) 使用电压和电流的谐波量

(3) 仅使用电压和电流的直流量

(4) 使用电压和电流的直流量和谐波量

D.1.2.11 正向电能的测量算法

这些值由接口类"数据"范例表述。

正向电能的测量算法	OBIS 标识						
	IC	A	B	C	D	E	F
测量算法	数据	1	×	0	11	2	255

测量算法:列举。

用于正向功率联合值的类似列举在 D.1.2.10 中描述。

D.1.2.12 反向功率的测量算法

这些值由接口类"数据"范例表述。

反向功率的测量算法	OBIS 标识						
	IC	A	B	C	D	E	F
测量算法	数据	1	×	0	11	3	255

测量算法:列举

(0) 无定义

(1) 每相的反向功率(和)采用基本的相电压和相电流计算

(2) 三相反向功率采用三相视在功率和三相正向功率计算

(3) 反向功率(和)采用相视在功率和相正向功率计算

D.1.2.13 反向电能的测量算法

这些值由接口类"数据"范例表述。

反向电能的测量算法	OBIS 标识						
	IC	A	B	C	D	E	F
测量算法	数据	1	×	0	11	4	255

测量算法：列举。

用于反向功率联合值的类似列举在 D.1.2.12 中描述。

D.1.2.14 视在功率的测量算法

这些值由接口类"数据"范例表述。

视在功率的测量算法	OBIS 标识						
	IC	A	B	C	D	E	F
测量算法	数据	1	×	0	11	5	255

测量算法：列举。

(0) 无定义

(1) $S = U \times I$，其中电压：基本量；电流：基本量

(2) $S = U \times I$，其中电压：基本量；电流：所有谐波

(3) $S = U \times I$，其中电压：基本量；电流：所有谐波和直流部分

(4) $S = U \times I$，其中电压：所有谐波；电流：基本量

(5) $S = U \times I$，其中电压：所有谐波；电流：所有谐波

(6) $S = U \times I$，其中电压：所有谐波；电流：所有谐波和直流部分

(7) $S = U \times I$，其中电压：所有谐波和直流部分；电流：基本量

(8) $S = U \times I$，其中电压：所有谐波和直流部分；电流：所有谐波

(9) $S = U \times I$，其中电压：所有谐波和直流部分；电流：所有谐波和直流部分

(10) $S = \sqrt{P^2 + Q^2}$，其中 P：电压和电流基本量；Q：电压和电流基本量。

(11) $S = \sqrt{P^2 + Q^2}$，其中 P：电压和电流中所有谐波量，Q：电压和电流基本量。P 和 Q 为三相参量。

(12) $S = \sqrt{P^2 + Q^2}$，其中 P：电压和电流中所有谐波量和直流部分，Q：电压和电流基本量。P 和 Q 为三相参量。

(13) $S = \sqrt{P^2 + Q^2}$，其中 P：电压和电流基本量，Q：电压和电流基本量。P 和 Q 为单相参量。

(14) $S = \sqrt{P^2 + Q^2}$，其中 P：电压和电流中所有谐波量，Q：电压和电流基本量。P 和 Q 为单相参量。

(15) $S = \sqrt{P^2 + Q^2}$，其中 P：电压和电流中所有谐波量和直流部分，Q：电压和电流基本量。P 和 Q 为单相参量。

D.1.2.15 视在电能的测量算法

这些值由接口类"数据"范例表述。

视在电能的测量算法	OBIS 标识						
	IC	A	B	C	D	E	F
测量算法	数据	1	×	0	11	6	255

测量算法：列举。

用于视在功率联合值的类似列举在 D.1.2.14 中描述。

D.1.2.16 功率因数计算的测量算法

这些值由接口类“数据”范例表述。

功率因数计算的测量算法	OBIS 标识						
	IC	A	B	C	D	E	F
测量算法	数据	1	×	0	11	7	255

测量算法：列举。

(0) 无定义

(1) 功率因数：取决于基本电压和电流的矢量，也可以通过基本视在功率和正向功率，或者其他相应的算法

(2) 功率因数真值，功率因数是由含有谐波的电压乘以电流，也可以通过含有谐波的视在功率和正向功率计算

D.2 OBIS 标识的译码

为辨别同一接口类的不同范例，它们必须具有不同的逻辑_名。COSEM 逻辑_名是在 OBIS 中定义的(见 GB/T 19882.31)。

在 COSEM 环境中，OBIS 编码用作一个八位字节串[6]。每一个八位字节包含相应 OBIS 数值组的 unsigned 值，编码无标记。

如果一个数据项少于 6 的数值组标识，所有未使用数值组需充填值 255。

包含二进制编码值 A 的八位字节 1，在右边四位(A=1,2,...,8)，左边 4 位包含标识系统信息。左边 4 位设为 0，表示 OBIS 标识系统(版本 1)用作逻辑_名。

使用标识系统	八位字节 1 左边 4 位(MSB 左)
OBIS, GB/T 19882.31	0000
预留	0001 1111

在所有数值组中，一定的选择用法已充分定义，并为未来使用预留空间。数值组 A 用所有可能值充分定义各自预留值。在数值组 B 到 F 中，非定义数值组项存于 127 以上。

编码空间 128～254(0xfe)的使用表述了制造商具体编码。若数值组 B 到 F 中一个高于 127 值被使用，则整个编码都作为制造商特定编码，甚至其他数值组(除数值组 A 外)都无须具有任何由此标准确定的意义。

附 录 E
（资料性附录）
接口类早期版本

先于本标准颁布的接口类版本的定义可以从 DLMS 用户联合会获得。

——通用集(class_id = 7，版本 = 0)

——连接短名(class_id = 12，版本 =0)

参考文献

[1] IEC 61334-6:2000 Distribution automation using distribution line carrier systems - Part 6: A-XDR encoding rule.

[2] ITU Recommendation X. 217:1995 Information technology—Open systems Interconnection—service definition for the association control service element.

[3] ITU Recommendation X. 227:1995 Information technology—Open systems Interconnection—Connection-oriented protocol for the association control service element: Protocol specification.

[4] IEEE 754:1985 IEEE Standard for Binary Floating-Point Arithmetic.

ICS 17.220.20
N 22

中华人民共和国国家标准

GB/T 19882.33—2007/IEC 62056-53:2002

自动抄表系统
第3-3部分:应用层数据交换协议
COSEM应用层

Automatic meter reading system—
Part 3-3:Application layer data exchange protocol—
COSEM application layer

(IEC 62056-53:2002,Electricity metering—
Data exchange for meter reading,tariff and laod control—
Part 53:COSEM application layer,IDT)

2007-10-11 发布 2007-12-01 实施

中华人民共和国国家质量监督检验检疫总局
中国国家标准化管理委员会 发布

前　言

《自动抄表系统　应用层数据交换协议》分为三个部分：

——第 3-1 部分：对象标识系统；(IEC 62056-61:2002,IDT)

——第 3-2 部分：接口类；(IEC 62056-62:2002,IDT)

——第 3-3 部分：COSEM 应用层；(IEC 62056-53:2002,IDT)

本部分为《自动抄表系统　应用层数据交换协议》的第 3-3 部分。

本部分为等同采用 IEC 62056-53:2002。

《自动抄表系统　应用层数据交换协议》是《自动抄表系统》国家标准体系的一个重要组成部分。下面列出《自动抄表系统》国家标准的颁布和预计结构及对应的国际标准。

a)　GB/T 19882.1—2005《自动抄表系统　总则》

b)　《自动抄表系统　抄表系统》

——第 2-1 部分：低压电力线载波抄表系统

——第 2-2 部分：无线通信抄表系统

——第 2-3 部分：基于 IP 网络的抄表系统

c)　《自动抄表系统　应用层数据交换协议》

——第 3-1 部分：对象标识系统；(IEC 62056-61:2002,IDT)

——第 3-2 部分：接口类；(IEC 62056-62:2002,IDT)

——第 3-3 部分：COSEM 应用层；(IEC 62056-53:2002,IDT)

d)　GB/T 19897—2005《自动抄表系统　低层通信协议》

——第 1 部分：直接本地数据交换 (IEC 62056-21:2002,IDT)

——第 2 部分：基于双绞线载波信号的局域网使用 (IEC 62056-31:1999,IDT)

——第 3 部分：面向连接的异步数据交换的物理层服务进程 (IEC 62056-42:2002,IDT)

——第 4 部分：基于 HDLC 协议的链路层(IEC 62056-46:2002,IDT)

本部分附录 A、附录 B 均为规范性附录，附录 C、附录 D 为资料性附录。

本部分由中国机械工业联合会提出。

本部分由全国电工仪器仪表标准化技术委员会归口。

本部分起草的单位：哈尔滨电工仪表研究所、西北电力试验研究院、西安汇通测控技术有限公司、广州华南信息产业集团有限公司、北京握奇智能科技有限公司、杭州智源电子有限公司、北京供电局、华立集团公司、浙江正泰仪器仪表有限公司、长沙威胜仪表有限公司、深圳开发科技有限公司、南京电力自动化研究院。

本标准主要起草人：杨晓西、黄国兵、冷明全、陈红军、张小平、范国平、左平、林炳海、徐人恒、关文举。

自动抄表系统
第3-3部分:应用层数据交换协议
COSEM应用层

1 范围

本部分为COSEM客户机和服务器规定了COSEM应用层的结构、服务和协议等方面的规范。

本部分规定了使用COSEM接口对象,通过逻辑名(LN)引用和短名(SN)引用的数据通信服务。COSEM服务器在给定的连接中既可以使用LN引用,也可以使用SN引用:这要求在建立应用连接时协商确定。COSEM客户机通常使用LN连接,如果客户机与使用SN引用与服务器通信,LN服务要映射到SN服务。

附录C给出了APDU编码的示例,附录D解释了数据模型和协议在仪表数据交换中的作用。

2 规范性引用文件

下列文件中的条款通过本部分的引用而成为本部分的条款。凡是注日期的引用文件,其随后所有的修改单(不包括勘误的内容)或修订版均不适用于本部分,然而,鼓励根据本部分达成协议的各方研究是否可使用这些文件的最新版本。凡是不注日期的引用文件,其最新版本适用于本部分。

GB/T 16263—1996 信息处理系统 开放系统互连 抽象语法记法——(ASN.1)基本编码规则规范(idt ISO/IEC 8825:1990)

GB/T 19882.31—2007 自动抄表系统 第3-1部分:应用层数据交换协议对象标识系统(IEC 62056-61:2002,IDT)

GB/T 19882.32—2007 自动抄表系统 第3-2部分:应用层数据交换协议 接口类(IEC 62056-62:2002,IDT)

GB/T 19897.1—2005 自动抄表系统低层通信协议 第1部分:直接本地数据交换(IEC 62056-21:2002,IDT)

GB/T 19897.3—2005 自动抄表系统低层通信协议 第3部分:面向连接的异步数据交换的物理层服务进程(IEC 62056-42:2002,IDT)

GB/T 19897.4—2005 自动抄表系统低层通信协议 第4部分:基于HDLC协议的链路层(IEC 62056-46:2002,IDT)

DL/T 790.41—2002 采用配电线载波的配电自动化 第4部分:数据通信协议 第1篇:通信系统参考模型(IEC 61334-4-41:1996,IDT)

IEC 60050.300—2001 国际电工词汇 电气和电子测量方法与测量仪器
第311部分:有关测量的基本术语
第312部分:有关电气测量的基本术语
第313部分:电气测量仪器的类型
第314部分:按仪器分类的专用术语

IEC 61334-6:2000 采用配电线载波的配电自动化系统 第6部分:A-XDR编码规则

IEC/TR2 62051:1999 电气仪表 术语表

ISO/IEC 8649:1996 信息技术 开放式系统互连-连接控制服务组件的服务定义

ISO/IEC/TR2 8650-1:1996　信息技术　开放式系统互连-连接控制服务组件面向连接的协议

ISO/IEC 8824:1990　信息技术　开放式系统互连　抽象语法表示法之一(ASN.1)的规范

ISO/IEC 13239:2000　信息技术　远程通信与信息交换　高级数据链路控制(HDLC)过程

3　术语、定义及缩略语

3.1　术语和定义

IEC 60050-300 和 IEC/TR 62051 提出的术语以及下列术语适用于本部分。

3.1.1

基址名　base_name

与 COSEM 接口对象的第一个属性"logical_name"(逻辑名)相对应的 short_name(短名)。

3.1.2

类标识码　class_id

接口类的标识码。

3.1.3

client　客户机

请求服务的站点。

3.1.4

COSEM 接口对象　COSEM interface object

COSEM 接口类的一个实例。

3.1.5

服务器　server

提供服务的站点，费率装置(仪表设备)通常作为服务器，它向客户机提供其所请求的数据、处理其所请求的任务。

3.2　缩略语

AA	Application Association	应用连接
AARE	Application Association Response	应用连接响应
AARQ	Application Association Request	应用连接请求
ACSE	Application Control Service Element	应用控制服务组件
AE	Application Entity	应用实体
AP	Application Process	应用进程
APDU	Application layer Protocol Data Unit	应用层协议数据单元
API	Application Programming Interface	应用程序接口
ASE	Application Service Element	应用服务组件
ASO	Application Service Object	应用服务对象
A-XDR	Adapted eXtended Data Representation	适应的扩展数据表示
BER	Basic Encoding Rules	基本编码规则
CF	Control Function	控制功能
cnf	confirm service primitive	确定的服务原语
CO	Connection Oriented	面向连接
COSEM	COmpanion Specification for Energy Metering	计量仪表配套技术规范
DLMS	Device Line Message Specification	配电线报文规范
DSAP	Data link Service Access Point	数据链路服务访问点

GMT	Greenwich Mean Time	格林威治时间
HDLC	High-level Data Link Control	高级数据链路控制
HLS	High-Level Security	高级别安全
IC	Interface Class	接口类
LLC	Logical Link Control (sub-layer)	逻辑链路控制(子层)
LLS	Low-Level Security	低级别安全
LPDU	LLC Protocol Data Unit	LLC 协议数据单元
LSB	Least Significant Bit	最低有效位
LSAP	LLC sub-layer Service Access Point	LLC 子层服务访问点
m	mandatory, used in conjunction with attribute and method definitions	必选的,用于与属性和方法相关的定义
MSB	Most Significant Bit	最高有效位
MSC	Message Sequence Chart	报文序列图
o	optional, used in conjunction with attribute and method definitions	可选的,用于与属性和方法相关的定义
OBIS	OBject Identification System	对象标识系统
PDU	Protocol Data Unit	协议数据单元
. req	request service primitive	请求服务原语
. res	response service primitive	响应服务原语
SAP	Service Access Point	服务访问点
xDLMS-ASE	extended DLMS Application Service Element	扩展的 DLMS 应用服务元素

4 COSEM 的通信结构

4.1 Client/Server 类型的操作、通信概况

使用 COSEM 接口类与电表通信是以 Client/Server 模型为基础的,计量设备[1]在此模型中充当服务器的角色。在此环境中,通信在客户机与服务器应用进程之间进行,换句话说,服务器的应用进程向客户机的应用进程提供了远程服务。如图 1 所示,这些服务是通过在客户机和服务器应用进程之间的信息交换来提供的。

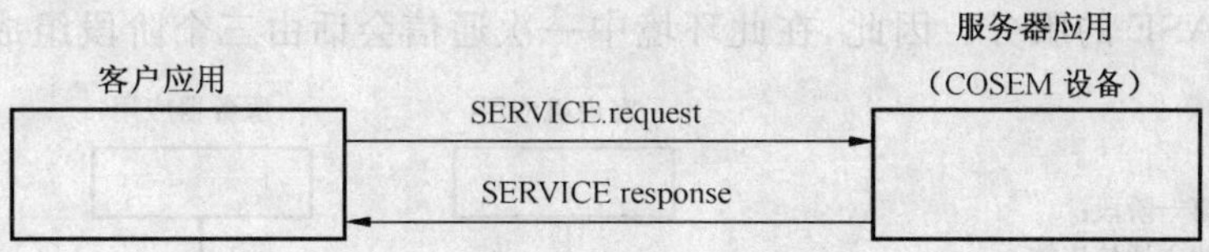

图 1 COSEM 中的客户 / 服务器的关系

通常情况下,客户机和服务器的应用进程分别位于不同的设备,它们的信息交换借助于通信协议实现,如图 2 所示。

一般说来,通信协议是分层结构的,客户机和服务器的 COSEM 应用使用最高层协议的服务(即应用层的服务),所以应用层是唯一包含 COSEM 特定组件的协议层,COSEM 特定组件也称为 xDLMS_ASE。所有 COSEM 接口对象与服务有关(xDLMS 应用协议)都由 xDLMS_ASE 来提供。

其他的协议层独立于 COSEM 模型,因此,COSEM 应用层可用于各种低层协议堆栈的顶层,如图 3 所示。

1) 在这里计量设备是一种抽象概念,因此充当服务器角色的设备可以是符合该抽象概念的任何一种设备。

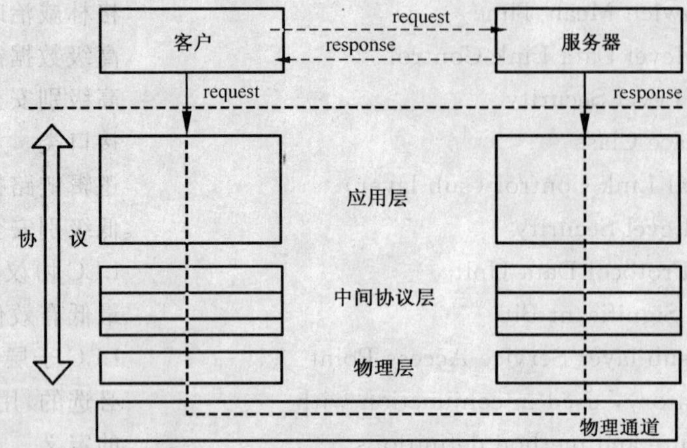

图 2 通过通信协议进行信息交换

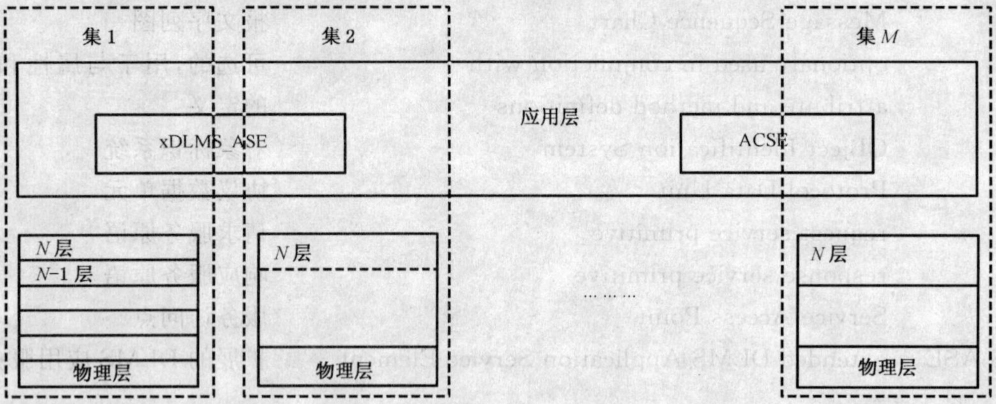

图 3 COSEM 应用层位于各种不同的低层协议栈的顶层

一个完整的协议栈（包括应用层、物理层和所有位于这两个特定协议层之间的其他协议层）被称为一个通信协议集（profile）。

通信协议集根据它包含的协议层、协议层的参数和应用层的 ASCE[2] 的类型（面向连接的和无连接）具有不同的特征。

4.2 面向连接的操作

xDLMS 应用协议是面向连接的协议，也就是说，只有在建立连接[3] 之后，客户机和服务器的应用进程才能使用 xDLMS_ASE 的服务。因此，在此环境中一次通信会话由三个阶段组成，如图 4 所示。

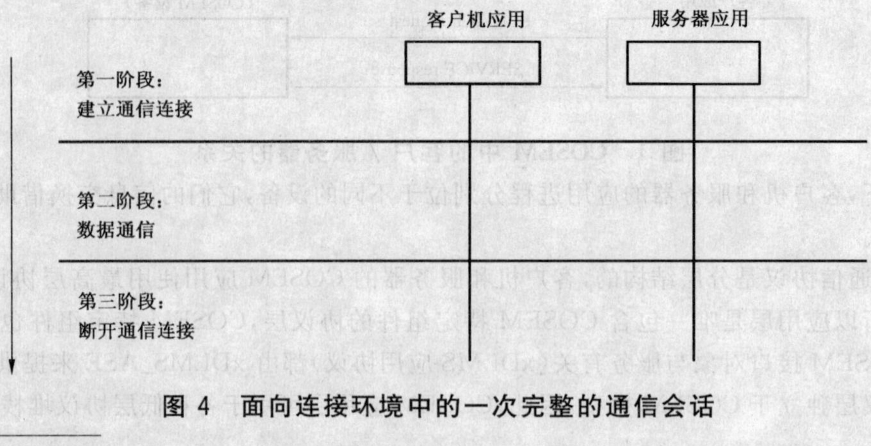

图 4 面向连接环境中的一次完整的通信会话

2) ACSE = 应用连接控制服务单元。

3) 应用连接可以看成是应用级的链路。

在 COSEM 环境中，通常使用标准连接控制服务组件的连接请求/响应服务来建立应用连接。另一方面，对于一些非常简单的设备、单线通道(one-way)设备，以及组播(multicasting)与广播(boardcasting)的情况，预先建立应用连接也是允许的，参见 6.3.2。对于这样的连接，不需要使用 ACSE 的服务：一次完整通信会话可以只包括数据通信阶段。(可认为建立通信连接的阶段在过去已完成。)

5 概述：COSEM 应用层

5.1 规范方法

本部分按结构、服务和协议三方面的内容来制定 COSEM 应用层的规范。

5.2 应用层结构

构成客户机和服务器 COSEM 应用层的主要组件是 COSEM ASO，它向 COSEM 应用进程提供服务，并使用低层支撑协议提供的服务。

客户机和服务器侧的 COSEM ASO 都包括下列三个必需的组件：

a) ACSE，本组件的任务是建立、维护和断开应用连接。对于面向连接的模型、面向连接的 ASCE，本部分采用了 ISO/IEC 8649 和 ISO/IEC/TR2 8650-1 的规范。

b) 扩展的 DLMS 应用服务组件(xDLMS_ASE)，本组件的任务是在 COSEM 设备之间提供数据通信服务，参见附录 B。

c) 控制功能(CF)，本组件规定了 ASO 服务如何调用 ACSE 和 xDLMS ASE 的相应服务原语和支撑层的服务。

注：客户机和服务器的 COSEM ASO 都可以包含其他可选择的应用协议组件。

图 5 显示了"最小的"COSEM ASO，它仅包含了三个必需的组件。

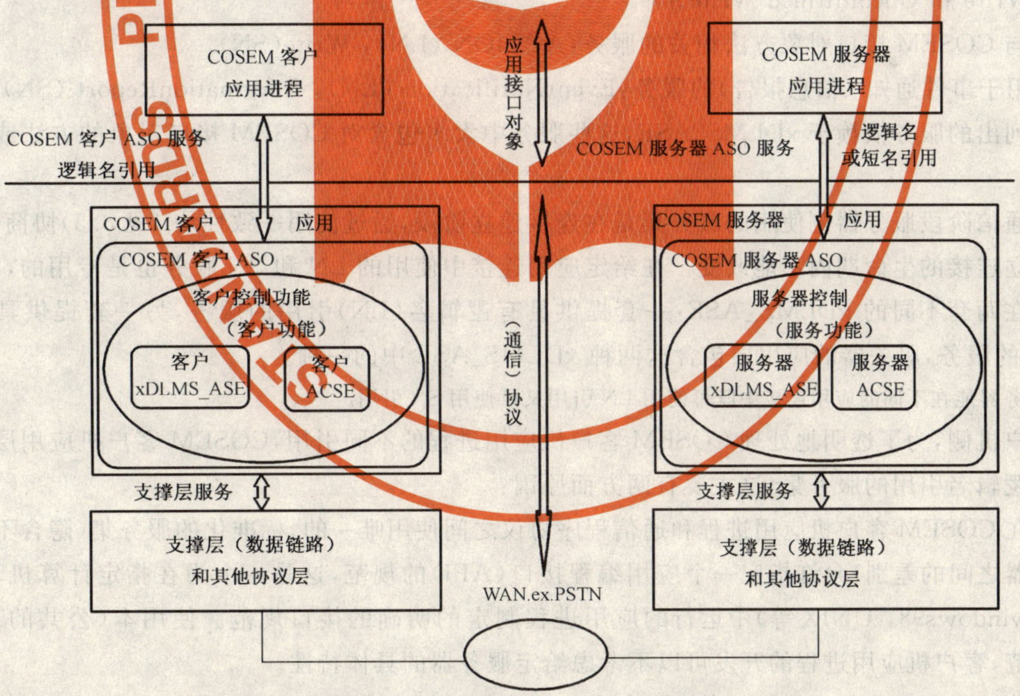

图 5 COSEM 应用层的内部结构

5.3 服务规范

服务规范包含 COSEM 客户机和服务器的应用进程在各自 COSEM 应用层的逻辑接口，使用面向连接过程所需的服务。

由 COSEM ASO 提供的服务分为三类：

a） 建立和断开应用连接；

b） 数据通信；

c） 通信层管理。

客户机和服务器的应用层服务规范在第 6 章中定义。

5.3.1 为建立和断开应用连接提供的服务

服务如下：

a） COSEM-OPEN；

b） COSEM-RELEASE；

c） COSEM-ABORT。

COSEM-OPEN 用在连接建立阶段，它依赖于 ACSE 的连接请求/响应服务。在预先建立的应用连接中，这些服务并不需要(6.3.2)。

由于在任何 COSEM 通信模型中，应用连接和低层支撑协议层连接之间存在着一一对应的关系，COSEM-RELEASE 和 COSEM-ABORT 服务（用在断开连接阶段）不依赖 ACSE，断开或终止应用连接只是简单地断开相应支撑层的连接。

5.3.2 数据通信服务

GB/T 19882.32 对 COSEM 服务器规定了两种引用方法：通过逻辑名(LN)引用和通过短名(SN)引用，因此，要为服务器侧的 xDLMS_ASE 制定两组不同服务集，一组使用特定 LN 引用，另一组使用特定 SN 引用。这些服务如下：

a） 与 COSEM 接口对象属性相关的服务：用 LN 引用的 GET 和 SET，以及用 SN 引用的 Read，Write 和 Unconfirmed Write。

b） 与 COSEM 接口对象方法相关的服务：ACTION (LN)，Write(SN)。

c） 用于事件通知（信息报告）的服务：EventNotification (LN)，InformationReport (SN)。

上面列出的服务依赖于 xDLMS_ASE，这些服务中大多包含对 COSEM 接口对象的方法或属性的引用。

数据通信阶段服务器侧使用的服务集是在连接建立阶段，通过使用一致性块（见 8.5）协商确定的，它在已建立连接的生命期内不能改变。在给定应用连接中使用的 LN 和 SN 服务也是专用的，因此，可以认为存在两套不同的 xDLMS_ASE：一套提供具有逻辑名(LN)引用的服务，另一套提供具有短名(SN)引用的服务，服务器的应用层包含这两种 xDLMS_ASE 中的一种。

注：服务器能在不同的应用连接中既可使用 LN 引用又可使用 SN 引用。

在客户机侧，为了透明地处理 COSEM 客户机应用进程的不同引用，COSEM 客户机应用层只提供一套使用逻辑名引用的服务集，这主要有两方面原因：

a） 在 COSEM 客户机应用进程和通信程序协议之间使用唯一的、标准化的服务集（隐含不同服务器之间的差别）允许指定一个应用编程接口(API)的规范，这是一个为在指定计算机环境（如 windows98，UNIX 等）中运行的应用进程制定的明确的接口规范。使用本（公共的）API 规范，客户机应用进程的开发可以不考虑给定服务器的具体特性。

b） 当 COSEM 服务器设备不使用逻辑名(LN)引用时，客户机应用层应包含一种附加组件，该组件的作用在于应客户机应用进程使用的 LN 服务集映射到(/自)服务器应用进程使用的服务集。图 6 显示了当服务器使用短名引用时 COSEM 客户机应用层的情况。附加组件称为 SN_MAPPER_ASE。详细情况见 6.5.5.2。

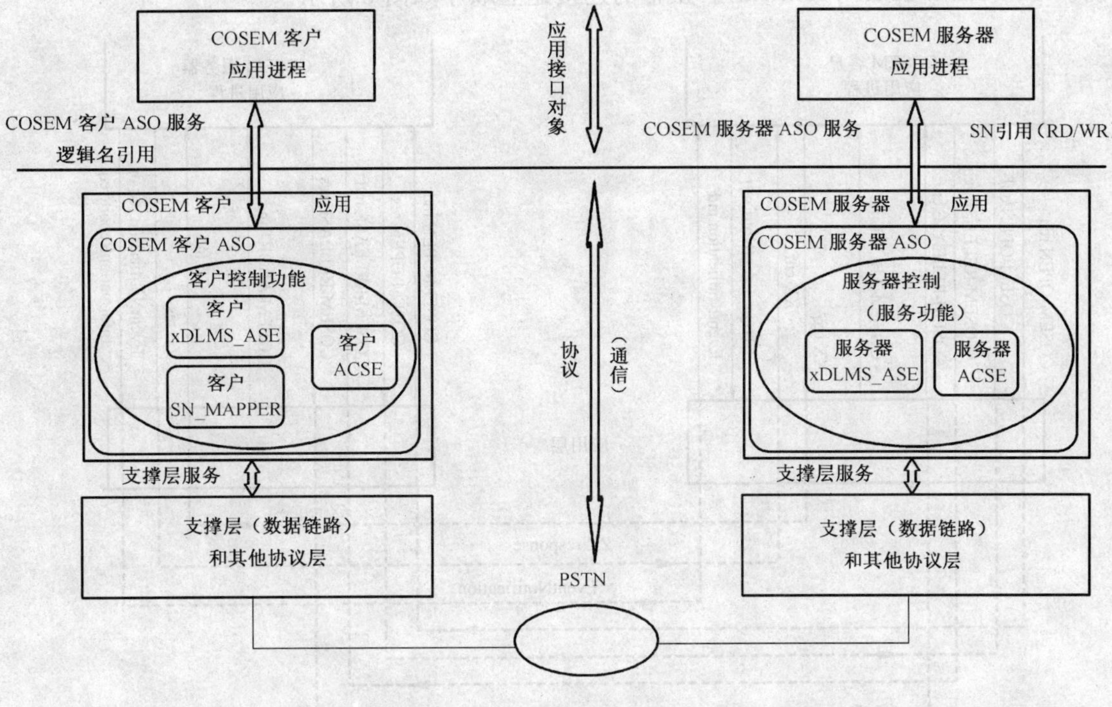

图 6　当服务器使用 SN 引用时 COSEM AL 结构

5.4　协议层管理服务

协议层管理服务仅在局部起重要作用,因此,这些服务的规范不在本部分的范围之内。SetMapperTables 服务在 6.5.5.1 中定义。

5.5　协议规范

COSEM 的应用协议制定了应用连接控制、身份验证(ACSE 过程)以及 COSEM 客户机和服务器之间的数据交换(xDMLS 过程)的信息传输过程的规范。这些过程按照下列内容定义:

a)　ACSE 和对等的 xDLMS 协议机之间使用支撑协议层服务时的相互作用。

b)　ACSE 和 xDLMS 协议机与它们的用户之间的相互作用。

c)　应用协议数据单元(APDU)的抽象语法(ASN.1,ISO/IEC 8824)表示法也作为应用协议规范的一部分,见第 8 章。

注:所有 COSEM 服务都在已经建立物理连接运行,建立物理连接在 COSEM 协议范围之外,因此,它不在本部分的范围之内。

6　COSEM 应用层的服务规范

6.1　服务概要

图 7 是 COSEM 应用层顶部能提供的服务的概要。

6.2　建立和断开应用连接

在建立和断开应用连接时,使用 COSEM-OPEN, COSEM-RELEASE 及 COSEM-ABORT 服务。COSEM 客户机应用进程在与 COSEM 服务器应用进程建立连接时,要调用 COSEM-OPEN.request 服务。调用这个服务意味着(在低层[4]连接建立后)在服务器侧应产生一个 COSEM-OPEN.indicaion 的

4) 物理层除外,物理层连接应已建立好。

服务原语。服务器为了响应这次请求调用 COSEM-OPEN. response 服务，它给客户机应用进程传送一个远方确认（COSEM-OPEN. confirm）。正常的连接建立顺序如图 8 所示。

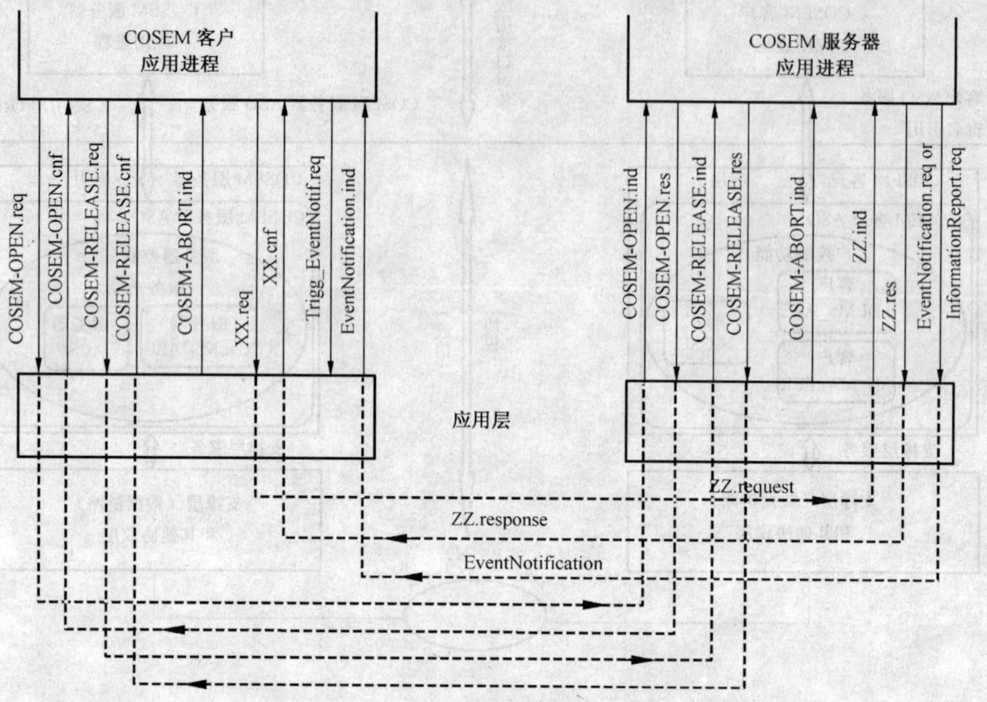

图 7 COSEM 应用层服务概要

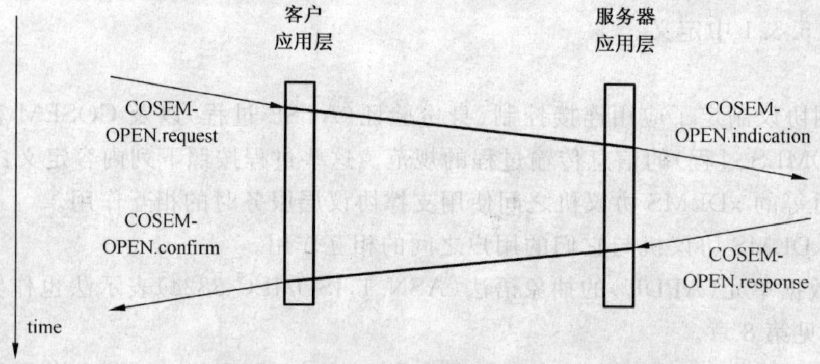

图 8 COSEM-OPEN 的正常服务顺序

注：COSEM-OPEN. request 也可在本地确认，例如当低层连接失败的时候。

COSEM-RELEASE 服务用于正常断开一个已经建立的连接。由于不允许 COSEM 服务器提出正常断开连接的请求，所以 COSEM-RELEASE. request 服务只能由 COSEM 客户机提出。COSEM-RELEASE 正常的服务请求顺序与图 8 显示的一样，只需要把 OPEN 换成 RELEASE。

ABORT 服务用于指示断开物理连接，本服务在服务器和客户机两侧是相同的。

6.3 特殊的应用连接

6.3.1 强制性的应用连接

在 GB/T 19882.32—2007 的 4.6 中规定，每个物理设备都包含一个管理逻辑设备，管理逻辑设备的必选内容也在 GB/T 19882.32—2007 4.6.4 中进行定义。管理逻辑设备必需支持与一个具有最低安全级别的公用客户机建立应用连接，客户地址 0x10 为公用客户机保留。

6.3.2 预先建立的应用连接

预先建立的应用连接不需要使用 COSEM-OPEN 服务，可以认为 OPEN 已经完成(如何完成并不重要)，因此，预先建立的应用连接可以看成是在客户机和服务器设备之间建立物理连接时应用连接已经存在。预先建立的连接可以是确认的或无确认的(这取决于预先建立的方式)，任何时候它都不能被断开。这种连接类型的目的在于简化简单设备之间的数据交换(例如仅支持单线的通信)。预先建立的连接省掉了建立和断开连接的阶段(图 4 中的第一、三阶段)，仅仅有数据通信服务，这些必需使用低层支撑协议[5]的无连接服务。

6.3.3 无确认的应用连接

客户应用进程可以采用两种不同方式调用 COSEM-OPEN. request：确认的或无确认的。无确认的 COSEM-OPEN. request 调用应导致建立无确认的应用连接，在无确认的应用连接中，客户 COSEM 应用层应仅接受无确认的 xDLMS 服务请求(GET，SET，ACTION)，这个连接类型的目的在于实现组播和广播式传送。

6.4 数据传输

为了进行数据通信，客户机应用层提供以下的服务集(图 7 中所示的 XX)：

- GET 服务(. request，. confirm)；
- SET 服务(. request，. confirm)；
- ACTION 服务(. request，. confirm)。

所有这些服务都是通过 LN 引用来访问 COSEM 接口对象的属性或方法。

也有一些非客户机/服务器类型的服务用于支持接收 COSEM 服务器的告警之类的信息，这类信息是客户机事先没有发送请求命令，由服务器主动发送的。这些服务如下：

- EventNotification 服务(. indicate)；
- Trigger_EventNotification_Sending (. request)。

在连接建立阶段，客户应用层已经知道了服务器引用类型，客户机应用进程调用数据通信服务时，COSEM 客户机应用层发送的 APDU 与向服务器提请的调用服务相对应 (图 7 中的 ZZ)。

服务器同样使用 LN 引用时，服务器侧和客户机侧的服务集是完全对等互补的(服务集相同，只是. request服务换成了. indication 服务，. confirm 服务实质上是. response 服务)。

服务器使用 SN 引用时，服务集如下：

- READ 服务(. indication，. response)；
- WRITE 服务(. indication，. response)；
- UNCONFIRMED WRITE 服务(. indication)；
- InformationReport 服务(. request)。

5.3.2 已经说明，为了能够在不同的服务集间进行映射(‘map’)，客户应用层包含一个被称为“Client SN_MAPPER”的附加协议组件。

相应的服务器应用层应标识该(LN 或 SN 引用的)APDU，以便服务器的应用进程进行接收处理。在绝大多数情况下，服务器的应用进程通过调用相应的. response 服务响应所接收. request 服务。客户机应用层一旦接收到(服务器发送的). response APDU，应产生相应的 LN 引用服务原语给客户应用进程。

6.5 客户机 COSEM 应用层服务

6.5.1 建立应用连接

6.5.1.1 概述

图 9 表示客户机应用层为建立应用连接提供的服务，这些服务是由 ACSE 提供的。

---

5) 预先建立的连接可以不由不提供非连接的数据通信服务的低层协议层支撑。

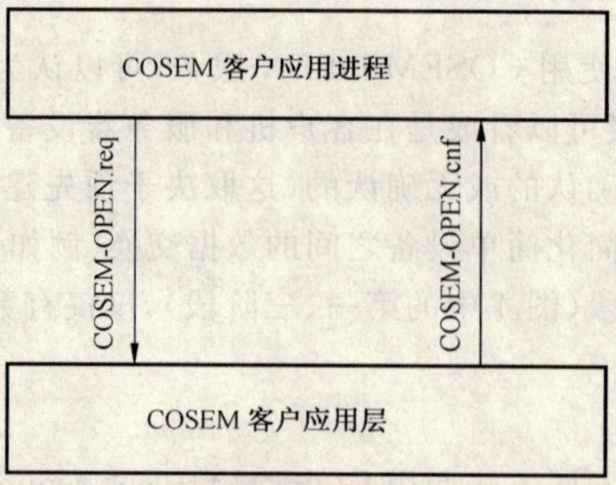

图 9　客户机为建立应用连接提供的服务

6.5.1.2　**COSEM-OPEN.request**

功能

本服务由 COSEM 客户机的应用进程调用，用于向远方 COSEM 服务器的应用进程请求建立连接。

服务参数

本原语的语义如下：

COSEM-OPEN.request
(
Protocol_Connection_Parameters,
DLMS_Version_Number,
DLMS_Conformance,
Client_Max_Receive_PDU_Size,
ACSE_Protocol_Version,
Application_Context_Name,
Calling_Authentication_Value,
Implementation_Information,
User_Information,
Service_Class
)

Protccol_Connection_Parameters 服务参数包含建立低层协议连接所需的所有信息，见附录 A。

Dedicated_Key，DLMS_Version_Number，DLMS_Conformance 和 Client_Max_Receive_PDU_Size 等参数分别包含有 xDLMS-Initiate.request PDU 中 dedicated-key（专用密钥），proposed-dlms-version- number（建议的 dlms 版本号），proposed-conformance（建议的一致性）和 client-max-receive-pdusize（客户机最大能接收的 pdu 大小）的值，这些参数在 DL/T 790.41—2002 和本部分的 8.4 中规定。附录 C 给出一些关于它们用法的示例。xDLMS-Initiate.request PDU 插在 AARQ APDU 的user_Information 域中传送。

ACSE_Protocol_Version，Application_Context_Name，Application_Ids_and_Titles，Security_Mechanism_ Name 和 Calling_Authentication_Value 等参数插在 AARQ APDU 相应的域中传送。

xDLMS-ASE 和 ACSE 仅提供传输这些信息的框架，提供和校验这些信息是 COSEM 应用进程的任务，这些域的缺省或允许值在 7.3.7 中定义。

Implmentation_information 参数是可选择的，如果存在的话，它应插在 AARQ APDU 的 Implementation_Information 域中传送。

User_Information 参数是可选的，如果存在的话，它应被传送到支持层。

Service_Class 参数表明该服务是以确认的或无确认的方式调用。

用法

客户机应用进程使用这些服务建立与远方服务器应用进程的应用连接。

当服务用 Service_class == Confirmed 的方式调用时，COSEM 客户机首先应使用所接收到的服务参数建立所有需要的低层连接（物理层连接除外，它必须先于服务调用建立连接）。然后，COSEM 客户机应用层发送 AARQ APDU 给对等的应用层，其中包含接收到的服务参数。

如果客户机应用进程用与已建立应用连接相同的参数，且 Service_class == Confirmed 的方式调用 COSEM-OPEN. request，那么应用层应在本地否认第二次 COSEM-OPEN. request，因为该请求的应用连接已经存在。

使用 Service_class == Unconfirmed 的 COSEM-OPEN. request 服务用于建立无确认的应用连接（参见 6.3.3）。无确认的连接通常用于面向无连接的模型，但是为了一些特殊的目的（如组播和广播），COSEM 也允许在面向连接的模型中建立无确认的连接。

使用 Service_class == Unconfirmed 的 COSEM-OPEN. request 服务的主要目的在于在数据通信阶段向客户机应用层传送一些必要的参数：低层地址、应用和 xDLMS 的语境等。根据所实现的方法，服务调用应引起或不引起客户机应用层发送一个相应的 AARQ 帧 [6]。如需要发送，该 AARQ 应使用低层支撑协议栈面向无连接的数据服务来发送。在这两种情况下，该服务都由客户机应用层本地确认。

建立应用连接的协议在 7.3.1 中说明。

6.5.1.3 COSEM-OPEN. confirm

功能

本服务由 COSEM 客户机应用层调用，指示先前的应用连接请求是否被接受。

服务参数

本原语的语义如下：

COSEM-OPEN. confirm
(
Protocol_Connection_Parameters,
Local_or_Remote,
Result,
Failure_type,
DLMS_Version_Number,
DLMS_Conformance,
Server_Max_Receive_PDU_Size,
ACSE_Protocol_Version,
Application_Context_Name,
Application_Ids_and_Titles,
Security_Mechanism_Name,
Responding_Authentication_Value,
Implementation_Information
)

Protocol_Connection_Parameters 服务参数包含了所有标识协议连接已经建立所需的所有信息，这些参数标明了由先前 COSEM-OPEN. request 服务请求建立的应用连接的特性。

Local_or_Remote 参数标明 COSEM-OPEN. conform 服务原语调用的来源。当该参数设置为 Remote 时，服务调用来源于接收到的远方服务器响应的 AARE APDU；否则该服务由本地发出。

6）两种行为都允许，而且都与本部分相符。

在远方确认的情况下,Result参数表示COSEM服务器的应用进程是否接受连接请求。在本地确认的情况下,Result参数表示客户机的协议栈是否接受请求。在没有接受(远方或本地)的情况下,Failure_type参数表明不接受所提出请求的原因。

DLMS_Version_Number,DLMS_Conformance和Server_Max_Receive_PDU_Size分别包含negotiated-dlms-version-number, negotiated-conformance和xDLMS-Initiate. response PDU中server-max-receive-PDU-size参数的值。这些参数已在DL/T 790.41—2002和本部分的8.4中说明。附录C给出一些它们用法的示例。xDLMS-Initiate. response PDU插在所接收到的AARE APDU的user_Information域中传送。

ACSE_Protocol_Version, Application_Context_Name,Security_Mechanism_Name Application_Ids_ and_Titles,和Responed_Authentication_Value参数包含了所接收到的AARE APDU中相应域的值。

Implementation_Information参数,如果存在的话,代表所接收到的AARE APDU中的implementation-information域的值。

用法

COSEM客户机应用层使用这个服务原语来表明客户机的应用进程先前提出的应用连接请求是否被接收,它可以由已接收到的AARE APDU(远方确认)产生,也可以基于下列情况由本地产生:

- 预先建立的应用连接或无确认的应用连接的情况;
- 如果请求连接已经存在;
- 由于本地检测到的差错(参数丢失或出错,低层连接建立失败或物理连接丢失)。

6.5.2 断开应用连接

6.5.2.1 概述

图10表示客户机应用层在断开一个已存在的应用连接时所提供的服务。

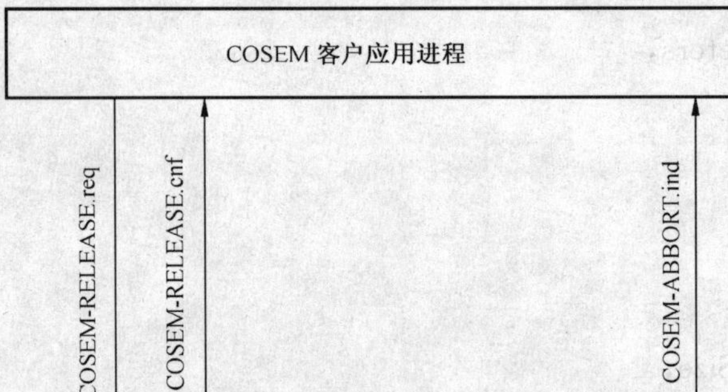

图10 客户机应用层在断开应用连接时所提供的服务

在COSEM环境中,应用连接由相应的较低协议层地址(SAPs)明确标识,因而应用连接能够通过断开相应的较低层连接而断开。因此,没有与RELEASE服务相关联的APDU:该服务仅在较低协议层完成。

正常断开连接(断开应用层/数据链路层,并不意味断开物理层)只有COSEM客户机应用进程能够通过调用COSEM-RELEASE. request服务来请求,这是一个远方确认[7]的服务,意味着在客户机与服务器的支撑层之间要进行一次报文交换。

---

7) 本地确认仅在发生错误后使用,例如,没有接收到服务器的响应。

客户机应用进程由 COSEM-RELESE. conform 服务原语来告知断开请求的执行结果。

当物理连接断开时，任何已存在的应用连接都应终止。请求断开物理通道在本协议之外完成，因此，它不属于本部分的范围。COSEM-ABORT. indication 原语表明应用进程的物理链路被异常断开。

6.5.2.2 **COSEM-RELESE. request**

功能

本服务原语由 COSEM 客户机应用进程请求，用于断开与远方 COSEM 服务器应用进程的应用连接。

服务参数

本原语的语义如下：

COSEM-RELEASE. request

(

User-Information

)

User_Information 参数是可选的，如果存在的话，它应被传送给支撑层。这个参数内容的详细说明不在本部分范围之内。

用法

客户机应用进程使用本服务原语正常断开一个已经存在的与远方服务器应用进程的应用连接，由于应用连接与支撑层的连接是基于一对一绑定的，本服务的调用并不表示要发送一个 APDU。实际上，COSEM 客户机应用层通过调用低层支撑协议层相应的 XX-DISCONNECT. request 服务来断开相应的低层连接。

断开应用连接的协议在 7.3.6 中说明。

6.5.2.3 **COSEM-RELESE. confirm**

功能

COSEM 客户机应用层调用本服务原语指示应用进程其先前提交的断开连接请求是否被接受。

注：服务器不能拒绝断开连接的请求。

服务参数

本原语的语义如下：

COSEM-RELEASE. confirm

(

Result

Failure_type

User-Information

)

如果是远方确认，其 Result 参数表示断开相应连接的请求成功与否。如果是本地确认，Result 参数总被置为 ERROR。

如果请求未被接受，则 Failure_type 参数表明失败的原因。

注：本参数仅在本地产生。

User-Information 域仅在连接是远方确认时出现，在这种情况下，它包含由较低支撑协议层加载的用户特定信息，其详细内容的说明不在本部分范围内。

用法

COSEM 客户机应用层使用本服务原语指示客户机应用进程其先前断开连接请求的执行结果。本服务原语源于 XX-DISCONNECT 调用的执行结果(其中，XX 是低层支撑协议层)，或在本地检测到的错误(参数丢失或错误，或者低层协议层通信失败)。

6.5.2.4 COSEM_ABORT.indication

功能

本服务由客户机应用层调用，用于向客户机应用进程表明物理层非请求地(异常)断开。

服务参数

本原语的语义如下：

COSEM-ABORT.indication

(

Diagnostics

)

Diagnostics 参数是可选的，它表明物理连接断开的可能的原因，也可带有较低协议层依赖的信息。这个参数内容的详细说明不在本部分的范围之内。

用法

客户机应用层使用本服务原语向 COSEM 客户机应用进程表明在非请求的情况下，物理连接被终止(例如物理线路被切断)。

6.5.3 Client/Server 类型的数据通信服务

6.5.3.1 服务综述

图 11 表示在数据通信阶段由客户机侧应用层提供的服务。

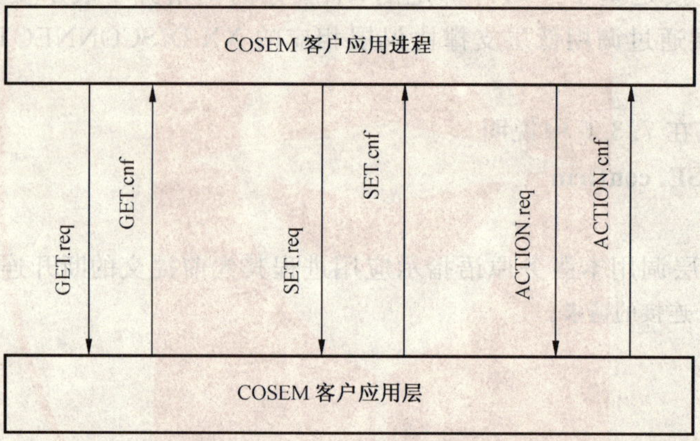

图 11 客户机侧数据通信服务

数据通信服务依赖于 XDLMS_ASE 的服务，包含对 COSEM 接口对象的方法或属性的引用。

对 COSEM 服务器而言，GB/T 19882.32—2007 中规定了两种引用类型：逻辑名(LN)和短名(SN)，COSEM 客户机应用层只提供使用逻辑名引用的服务集。因此，在 COSEM 服务器设备不使用逻辑名引用时，客户机应用层应包含一个附加的应用协议组件，见图 6，其目的在于将 LN 服务集映射到(/自)服务器应用进程使用的服务集。

COSEM 客户机提供的服务包括：

- 与 COSEM 接口对象的属性相关的服务：GET，SET(.request，.confirm)；
- 与 COSEM 接口对象的方法相关的服务：ACTION(.request，.confirm)。

这些服务原语中的.request 由 COSEM 客户机应用进程调用。协议关于这些服务的作用在于它以.indication 的形式将这些请求传送给 COSEM 服务器应用进程。

注：因此，一个.request APDU 与一个.indication APDU 对等，而一个.response APDU 与一个.confirm APDU 对等，APDU 的定义参照 8.6。

在确认的应用连接中，所有的数据通信服务既可以采用确认或无确认的方法调用。如果是无确认的应用连接，则只能采用无确认的方式调用。

如果采用确认的方式调用,服务器应用进程将调用相应的.response服务原语来返回确认信息。客户机应用层接收到该响应后用.confirm服务原语通知客户机应用进程。

无确认服务调用并不意味着.response/.confirm原语的调用,其原因在于避免冲突,因为在组播或广播时可能会出现多个潜在的响应。

确认服务调用的协议在7.4.1.1中说明,无确认服务调用的协议在7.4.1.2中说明。

6.5.3.2 GET.request

功能

本服务由客户机应用进程调用,用于向远方服务器应用进程请求一个或多个COSEM接口对象的一个或所有属性的值。

服务参数

本原语的语义如下:

GET.request
(
Invoke_Id,
Priority,
Service_Class,
Request_type,
Attribute_descritor,(Attribute_descriptor,)
Block_no,
)
COSEM_Attribute_descriptor
(
COSEM__Class_Id,
COSEM_Object_Instance_id,
COSEM_Object_Attribute_id,
Access_Selection_Parameters
)

Invoke_id标识本服务调用的实例。

Piority参数的值表示接收到的请求的优先级,有两个优先级:NORMAL(fales)和HIGH(true)。

Service_Class参数表明服务调用的方式是确认的或无确认的。

Request_type参数表明当前GET.request服务调用的类型。可以为:NORMAL、NEXT或者WITH_LIST。GET.request总是以NORMAL或者WITH_LIST类型开始,只有当被请求的数据太长,不能在一个.response APDU传送的时候才使用NEXT类型。使用GET服务传输非透明长数据的协议在7.4.1.8.2中说明。

一个GET.request服务包含一个或者多个COSEM_Attribute_descriptor服务参数,其每一个参数引用COSEM接口对象的一个或者所有的属性。COSEM_Attribute_Descriptor服务参数是一个复合参数,由以下部分组成:

- {COSEM_Class_Id,COSEM_Object_Instance_Id}两个参数明确地标识一个而且只有一个COSEM接口对象的实例。
- COSEM_Object_Attribute_id标识对象实例的属性。COSEM_Object_Attribute_Id=0时引用指定接口对象实例的所有属性。
- 如果是选择性访问,可选的Access_Selection_Parameters参数包含由选择GET操作所要求的附加信息,这个参数仅仅在COSEM_Interface_Object_Instance_Id!=0时使用。

一个 GET. REQUEST 调用可以包含多个 COSEM_Attribute_Descriptor，数量受 server-max- receive-pdu-size 限制。只有在 Request_type＝＝NORMAL 或 WITH_LIST 时，COSEM_Attribute_ Descriptor 参数才出现。

只有在 Request_type＝＝NEXT 时，可选的 Block_Number 参数才出现，它包含之前接收到的长数据块的序号。

用法

客户机应用进程使用本服务原语向服务器应用进程请求一个或多个 COSEM 接口对象的一个或全部属性的值。

6.5.3.3 **GET. confirm**

功能

本服务由客户机应用层调用，向客户机应用进程指示从 COSEM 服务器应用进程接收到的 GET. response APDU。

服务参数

本原语的语义如下：

GET. confirm
(
Invoke_id
Priority，
Response_type，
Result，{Result.}
Block_Number，
)

Invoke_id 参数标识本服务调用的实例，其值与对应的 GET. request 服务调用的 Invoke_id 相等。

Priority 参数的值表示接收到的响应的优先级，其值与对应的 GET. request 服务调用的 Priority 参数的值相等。

Response_type 参数表示. confirm 服务调用是否包含先前 GET. request 服务调用的完整响应，或者只包含请求数据的一个数据块，本参数应包含下列值之一：

- NORMAL：本服务调用包含对 NORMAL 类型的 GET. request 服务的完整响应。
- WITH_LIST：本服务调用包含 WITH_LIST 类型的 GET. request 服务的完整响应(包括一个属性引用的列表)。
- ONE_BLOCK：本服务调用只包含完整响应的一个块，Block_Number 参数包含数据块的序号，一个数据块包含一部分结果参数作为原始数据。
- LAST_BLOCK：本服务调用包含本次响应的最后一个数据块。

Result 参数包含请求的数据，在出错的时候，包含错误类型指示。如果 Result 参数的编码形式不适合在一个 APDU 中，则它应包含在 Get-Confirm-With-Datablock APDU 的结果参数中，以 DataBlock-G 类型的块传送，本参数包含数据块的序号和执行结果作为原始数据的编码形式。

GET. confirm 服务中 Result 参数的序号与 GET. request 服务中的 COSEM_Attribute_Descriptor 参数的序号相同(一个响应对应一个请求)。

用法

客户机应用层调用本服务原语向客户机应用进程指示接收到的一个 GET. response APDU。

6.5.3.4 **SET. request**

功能

本服务原语由客户机应用进程向远方服务器请求应用进程设置一个 COSEM 接口对象的一个或多

个属性的值。

服务参数

本原语的语义如下：

SET. request

(

Invoke_Id,

Priority,

Service_Class,

Request_type,

Attribute_descriptor, { Attribute_descriptor , },

Block_Number,

Data, { Data, }

)

COSEM_Attribute_descriptor

(

COSEM_Class_Id,

COSEM_ Object_Instance_Id,

COSEM_ Object_Attribute_Id,

Access_Selection_Parameters

)

Invoke_Id 参数标识本服务调用的实例。

Priority 参数的值表示接收到的请求的优先级，有两个优先级：NORMAL 和 HIGH。

Service_Class 参数表明服务调用的方式是确认的还是无确认的。

Request_type 参数表明本服务原语的 Data 参数所包含的全部数据是否用于设定由 COSEM_Attribute_Descriptor(list) 引用的所有属性，或者仅是它引用属性的一部分，本参数包含下列值之一：

- NORMAL：本服务调用包含 COSEM 接口对象中的一个属性引用或全部属性引用（Attribute_0，参见 7.4.1.7.1）及其所需要的所有数据。在本服务调用中，可选参数 Block_Number 不出现。
- WITH_LIST：本服务调用包含 COSEM 接口对象属性引用的一个列表及其所需要的所有数据。在本服务调用中，可选参数 Block_Number 不出现。
- FIRST_BLOCK：本服务调用仅包含 COSEM 接口对象的一个或所有属性引用以及所需要数据的第一部分。Block_Number 参数设为 0001。
- FIRST-BLOCK-WITH-LIST：本服务调用包含 COSEM 接口对象属性引用的一个列表及其所需要数据的第一部分。BLOCK_NUMBER 参数为 0001。
- ONE_BLOCK：本服务调用仅包含一个数据块，Block_Number 参数包含当前数据块的序号，一个数据块包含一部分 Data 参数作为原始数据。COSEM_Attribute_Descriptor 在本调用中不出现。
- LAST_BLOCK：本服务调用包含最后一个数据块。Block_Number 参数包含最后数据块的序号。COSEM_Attribute_Descriptor 在本调用中不出现。

注：在使用 ONE-BLOCK 和 LAST-BLOCK 的服务调用时，生成 SET-Request-With-Datablock 的 APDU。

一个 SET. request 服务包含一个或者多个 COSEM_Attribute_Descriptor 服务参数，其每一个服务参数引用 COSEM 接口对象的一个或多个属性。COSEM_Attribute_Descriptor 服务参数是一个复合参数，由以下部分组成：

- {COSEM_Class_Id, COSEM_Object_Instance_Id} 参数对标识一个而且只有一个 COSEM 接口对象的实例。

- COSEM_Object_Attribute_Id 元素标识对象实例的属性。COSEM_Object_Attribute_Id=0 时引用指定对象实例的全部属性。

如果是选择性访问(参见 7.4.1.6),可选的 Access_Selection_Parameters 参数包含选择性 SET 操作所需要的附加数据。本参数仅在 COSEM_Interface_Object_Instance_Id! =0 时使用。

一个 SET. request 调用可以包含多个 COSEM_Attribute_Descriptor,其数目由 server-max-receive- pdu-size 参数限定。只有在 Request_type == NORMAL,或 Request_type == WITH-LIST,或 Request_ type == FIRST-BLOCK-XXX 时,COSEM_Attribute_Descriptor 参数才出现。

只有在 Request_type ! = NORMAL 或 WITHLIST 时,可选的 Block_Number 参数才出现,它包含当前调用数据块的序号。

Data 参数包含设置 Attribute_descriptor 参数标识属性所必需的数据。如果数据的编码形式不适合在一个 APDU 中,则它应包含在相应的 Set-Request-XX APDU 的数据块参数之中,以 DataBlock-SA 类型的块传送。本参数应包含数据块序号和 Data 作为原始数据的编码形式。使用 SET 服务传送长数据的协议在 7.4.1.8.3 中说明。

SET. request 服务中 Data 参数序号应与对应的 COSEM_Attribute_Descriptor 参数序号相同:每个 Data 对应一个 COSEM_Attribute_Descriptor。

用法

客户机应用进程调用本服务原语的目的是为了请求远方服务器应用进程设置一个或多个 COSEM 接口对象的一个或多个属性的值。

6.5.3.5 **SET. confirm**

功能

客户机应用层使用本服务原语,向客户机的应用进程指示从 COSEM 服务器应用进程接收到的 SET. response。

服务参数

本原语的语义如下:

SET. confirm
(
Invoke_Id,
Priority,
Response_type,
Result { Result, },
Block_Number
)

Invoke_Id 参数标识本服务调用的实例,它的值与相应的 SET. request 的服务调用的 Invoke_Id 相等。

Priority 参数的值表示接收到的响应的优先级,它的值与相应的 SET. request 的服务调用的 Priority 相等。

Response_type 参数指示本. confirm 服务调用是包含先前 SET. request 操作的完整响应,或者只是对先前接收到的数据块的简单确认,本参数包含下列值之一:

- NORMAL:本. confirm 服务包含先前 SET. request 操作的确认信息,确认信息中包含一个单一的 COSEM 对象引用,Result 参数包含请求操作的执行结果。
- WITH_LIST:本. confirm 服务包含先前 SET. request 操作的确认信息,确认信息中包含 COSEM 接口对象属性引用的一个列表。Result 参数包含请求操作的执行结果的列表。
- ACK_BLOCK:此值表示本. confirm 服务包含对上一次接收到的数据块的确认信息,Block_Number 参数包含已接收到的数据块的序号。

- LAST_BLOCK：本.confirm 服务在接收到 SET.request 服务的最后一个数据块后被调用，其中包含一个对单一 COSEM 对象的引用。这个值表明本.confirm 包含对最初 SET.request 服务的响应已经在几个数据块传送。Result 参数包含请求操作的执行结果，BLOCK_NUMBER 参数包含最后一个数据块的序号。
- LAST_BLOCK_WITH_LIST：本.confirm 服务在接收到 SET.request 服务的最后一个数据块后被调用，其中包含 COSEM 对象属性引用的一个列表。这个值表明.confirm 包含最初 SET.request 服务的响应已经在几个数据块传送。Result 参数包含请求操作的执行结果的列表，Block_Number 参数包含最后一个数据块的序号。

Response_type 为 RESPONSE_WITH_LIST 和 LAST_BLOCK_WITH_LIST 时，SET.confirm 的 Result 参数的序号应与对应的 SET.request 服务中的属性引用的序号相同，每个执行结果对应一个请求。每个 Result 参数应包含对应的 SET.request 操作的执行结果。

用法

客户机应用层使用服务原语向客户机的应用进程指示已接收到的 SET.response APDU。

6.5.3.6 ACTION.request

功能

本服务原语由客户机应用层调用，用于调用远方服务器应用进程中的一个或多个 COSEM 接口对象的一个或多个方法。

服务参数

本原语的语义如下：

ACTION.request
(
Invoke_Id，
Priority，
Service_Class，
Request_Type，
COSEM_Method_Descriptor，{ COSEM_Method_Descriptor，}，
Block_Number，
Method_Invocation_Parameters，{ Method_Invocation_Parameters，}
)
COSEM_Method_Descriptor
(
COSEM_Class_Id，
COSEM_Object_Instance_Id，
COSEM_Object_Method_Id
)
Method_Invocation_Parameters ∷= Data

Invoke_Id 参数标识本服务调用的实例。

Priority 参数的值表示接收到的请求的优先级，有两个优先级：NORMAL 和 HIGH。

Service_Class 参数表明服务调用的方式是确认的还是无确认的。

Request_type 参数表示给定的调用是包含一个完整的请求，或者只是其中一部分，本参数应包含下列值之一：

- NORMAL：本服务调用包含对一个 COSEM 接口对象方法的引用以及调用这个方法所需的 Method_Ivocation_Parameters 参数，可选参数 Block_Number 在本服务调用中不出现。
- WITH_LIST：本服务调用包含 COSEM 接口对象方法引用的列表以及调用这些方法所需的全部

Method_Ivocation_Parameters 参数，可选参数 Block_Number 在本服务调用中不出现。

- FIRST_BLOCK：本服务调用包含一个 COSEM 接口对象方法的引用和以及所需 Method_Ivocation_Parameters 参数的第一部分，Block_Number 参数置为 0001。
- WITH_LIST_AND_ FIRST_BLOCK：本服务调用包含 COSEM 接口对象方法引用的列表以及所需 Method_Ivocation_Parameter 参数的第一部分，Block_Number 参数置为 0001。
- ONE_BLOCK：本服务调用只包含 Method_Ivocation_Parameters 参数的一个数据块，Block_Number 参数为包含一部分 Method_Ivocation_Parameters 参数的参数块序号，此时 COSEM_Method_Descriptor 参数不出现。
- LAST_BLOCK：该值表示当前块是最后传送的参数块。Block_Number 参数包含最后参数块的序号，此时 COSEM_Method_Descriptor 参数不出现。
- NEXT：该值表示. request 包含对先前接收到的参数块的确认信息，并请求服务器发送下一个参数块。此时 Block_Number 参数包含最后正确接收的参数块的序号。

一个 ACTION. request 服务应包括一个或者多个 COSEM_Method_Descriptor 服务参数，每一个服务参数引用一个 COSEM 接口对象的一个方法。COSEM_Method_Descriptor 服务参数是一个复合参数，由以下部分组成：

{COSEM_Class_Id，COSEM_Object_Instance_Id}参数对明确标识一个而且只有一个 COSEM 接口对象的实例。一个完整的 COSEM_Method_Descriptor 引用该对象实例的一个方法：这个方法由 COSEM_Object_Method_Id 来标识。

可选参数 Block_Number 在. request 包含一个要发送的参数块或者在确认一个先前接收到的参数块(Request_type == NEXT)时出现，此时(Request_type == NEXT)Block_Number 参数包含之前接收到的参数块的序号。

调用一个方法可能需要附加参数，Method_Invocation_Parameters 参数包含调用方法所需要的数据，该方法由 COSEM_Method_Descriptor 服务参数标识。如果 Method_Invocation_Parameters 参数的编码形式不适合在一个 APDU 中，则它应以块方式传送，此时块的类型为 DataBlock-SA，Method_Invocation_Parameters 参数包含在对应 Action-Request-XX APDU 的 pBlock 参数中。pBlock 参数应包含 Block_Number 参数和 Method_Invocation_Parameters 作为原始数据的编码形式。

ACTION. request 服务包含的 Method_Invocation_Parameters 参数与 COSEM_Method_Descriptor 一样多：每个 COSEM_Method_Descriptor 对应一个 Method_Invocation_Parameters。因此，即便调用一个方法不需要附加的参数，对应的 Method_Invocation_Parameters 都应在服务调用中出现，此时该参数应为空。

在 Request_type == ONE_BLOCK 或者 LAST_BLOCK 时，COSEM_Method_Descriptor 不出现。

用法

本服务原语由客户机应用进程使用，用于远程调用远方服务器应用进程中一个或多个 COSEM 接口对象的一个或多个方法。

6.5.3.7 ACTION. confirm

功能

本服务原语由客户机应用层调用，向客户机应用进程指示已经从 COSEM 服务器应用进程接收了一个 ACTION. response。

服务参数

本原语的语义如下：

ACTION. confirm

(

Invoke_Id，

Priority，
Response_type，
Result，{ Result，}，
Block_Number，
Response_Parameters，{ Response_Parameters，}
)

Invoke_Id 参数标识本服务调用的实例。它的值与对应的 ACTON. request 的服务调用的 Invoke_Id 相等。

Priority 参数的值表示接收到的响应的优先级，它的值与相应的 ACTON. request 的服务调用的 Priority 相等。

Response_type 参数指示本. confirm 服务调用是否包含先前 ACTION. request 服务调用所要求的完整响应，还是只是所需的一个数据块，或者只是对先前接收到的数据块的简单确认。本参数包含下列值之一：

- NORMAL：本服务调用包含对一个 NORMAL Action. request 服务的完整响应，该 Action. request 服务包含一个对单一 COSEM 接口对象方法的引用。
- WITH_LIST：本服务调用包含对 WITH_LIST Action. request 服务的完整响应，该 Action. request 服务包含 COSEM 接口对象方法引用的一个列表。
- ONE_BLOCK：本服务调用仅包含完整响应的一个块，Block_Number 参数包含参数块的序号，本参数块把部分响应作为原始数据。
- LAST_BLOCK：该值表示本服务调用包含响应的最后一个块作为原始数据。
- NEXT：该值指示本服务调用包含对先前接收到的参数块的确认信息，并请求客户机发送下一个块，此时 Block_Number 参数含有之前正确接收到的参数块的序号。

Result 参数包含调用 COSEM 接口对象方法的执行结果。

Response_Parameters 包含可选的数据，它是调用 COSEM 接口对象方法执行结果的返回参数。

在 ACTION. comfirm 服务原语中，当 Response_type＝＝WITH_LIST 或. confirm 服务由几个参数块发送时，其 Result 和 Response_Parameters 参数的数目应与对应的 ACTION. request 服务中的 COSEM 接口对象方法引用的数目相同，每个请求对应一个 Result 和 Response_Parameters 参数。

如果 Result 和 Response_Parameters 的编码形式不适合在一个 APDU 中，则它们以块方式传送，此时块的类型为 DataBlock-SA，参数块包含在 Action-Response-With-Pblock APDU 的 pBlock 参数中。pBlock 参数应包含 Block_Number 参数和 Response_Parameters 作为原始数据的编码形式。

用法

客户机应用层使用本服务原语向客户机应用进程指示已接收到一个 ACTION. response APDU。

6.5.4 客户机侧事件通告服务

图 12 显示了客户机应用层为事件通知提供的服务。

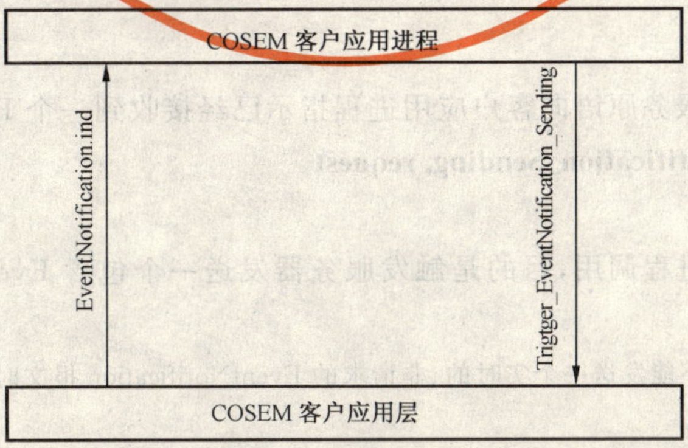

图 12 客户机侧事件通知服务

EventNotification 服务是 COSEM 提供的唯一非 client/Server 类型的服务。通过使用 EventNotification. request 服务，服务器应用进程能够在发生事件后，向远方客户机应用发送非请求的通告。客户机应用层使用 EventNotification. indication 原语向客户机应用进程指示接收到 EventNotification 报文，有关协议在 7.4.1.3 中说明。

有时，低层支撑协议不允许采用实用的非请求方式发送一个协议数据单元。这些情况下，客户机应通过调用 Trigger_EventNotification_sending 服务原语表明请求发送一个 EventNotification 帧。

6.5.4.1 **EventNotification. indication**

功能

本服务由客户机应用层调用，向客户机应用进程指示从 COSEM 服务器应用进程接收到了一个 EventNotification. indication。

服务参数

本原语的语义如下：

EventNotification. indication
(
Time,
Protocol_Parameters,
COSEM_Attribute_Descriptor
Attribute_Value
)
COSEM_Attribute_Descriptor
(
COSEM_Class_Id,
COSEM_Object_Instance_Id,
COSEM_Object_Attribute_Id
)

可选的 Time 服务参数为服务器赋给事件的时间。

Protocol_Parameters 服务参数包含用来标识 EventNotification. indication 报文的源和目标应用进程的所有协议参数。

{COSEM_Class_Id，COSEM_Object_Instance_Id，COSEM_Object_Attribute_Id}三元参数组明确标识一个而且只有一个 COSEM 接口对象实例的属性。

Attribute_Value 服务参数包含该属性的值，有关通知事件的更多信息可以查询该 COSEM 接口对象。

用法

客户机应用层使用本服务原语向客户应用进程指示已经接收到一个 EventNotification. indication。

6.5.4.2 **Trigger_EventNotification_Sending. request**

功能

本服务由客户机应用进程调用，目的是触发服务器发送一个包含 Event-Notification-Request APDU 的帧。

注：在服务器的低层协议不能发送一个实时的、非请求的 EventNotification 报文时，需要使用此服务。

服务参数

本原语的语义如下：

Trigger_EventNotification_Sending. req
(
Protocol_Parameters
)

Protocol_Parameters 服务参数包含所有依赖低层协议的信息，这些信息是触发服务器发送一个包含 Event-Notification-request APDU 的最后补充的帧所必需的，包括协议标识和所有需要的低层参数。

用途

一旦从客户应用进程接收到一个 Trigger_EventNotification_Sending. request 服务调用时，客户机应用层应调用相应的支持层服务向服务器发送一个触发报文。

6.5.5 客户端层管理服务

本条款定义了一个特殊的协议层管理服务，用来管理短名映射器应用服务组件。只有在服务器使用 SN 引用时，客户端才需要本服务，所有其他协议层管理服务不在本部分的范围之内。

6.5.5.1 SetMapperTable. request

功能

本服务由客户机应用进程调用，用于向客户机的 SN_MAPPER ASE 提供映射信息。本服务在客户机和服务器之间产生任何数据传输。另外，只有在服务器侧使用 SN 引用时，才需要本服务。

服务参数

本原语的语义如下：

SetMapperTable. request
(
Mapping_table
)

Mapping_table 参数包含所请求的服务器和应用连接的“object_list”属性的内容。该内容的结构在 GB/T 19882.32—2007 中定义。

用途

客户机应用进程使用本服务原语的目的是为了在服务器使用 SN 引用时，提高映射过程的有效性。

6.5.5.2 用短名为服务器映射客户机服务

服务器引用 SN(短名)时，上述服务通过客户机控制功能(见图 6)以下列方式映射到相应的 xDLMS 服务(comp. DL/T 790.41—2002)。

客户机侧 xDLMS 服务(LN 引用)	服务器侧 xDLMS 服务(SN 引用)
GET. request	ReadRequest
GET. confirm	ReadResponse
SET. request (Service_Class="confirmed")	WriteRequest
SET. request (Service_Class="unconfirmed")	UnconfirmedWriteRequest
SET. confirm	WriteResponse
ACTION. request (Service_Class="unconfirmed")	UnconfirmedWriteRequest

客户机侧 xDLMS 服务(LN 引用)	服务器侧 xDLMS 服务(SN 引用)
ACTION. request (Service_class="confirmed")	如果操作有参数返回： ReadRequest VariableAccessSpecification：= 参数访问 (DL/T 790.41—2002) Selector：= 0； 如果没有调用参数方法， Parameter ：= null-data 如果操作没有参数返回： WriteRequest 如果没有调用参数方法， Data ：= null-data
ACTION. confirm	ReadResponse 如果没有数据返回， data：=null-data
EVENTNOTIFICATION. indication	informationReportRequest

有关 LN(逻辑名)到 SN(短名)映射的详情在 GB/T 19882.32—2007 中说明。

6.6 服务器 COSEM 应用层服务

6.6.1 建立应用连接

6.6.1.1 概述

图 13 显示服务器应用层为建立应用连接所提供的服务，这些服务由 ACSE 提供。

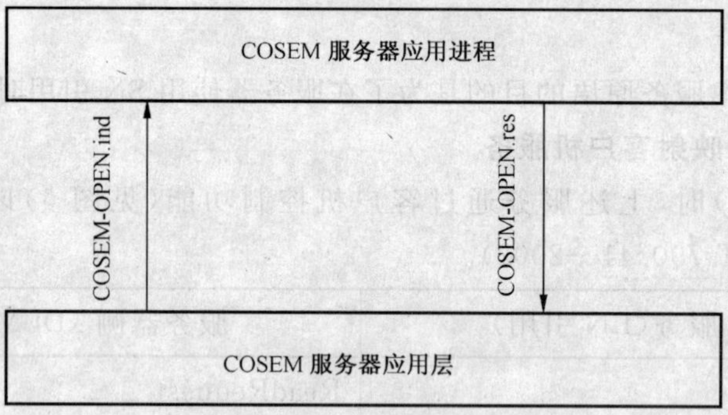

图 13 服务器侧建立应用连接的服务

6.6.1.2 COSEM-OPEN. indication

功能

本服务由服务器侧的应用层在接收到一个 AARQ APDU 后调用，向 COSEM 服务器应用进程指示对等的(客户机)应用进程请求建立一个应用连接。

服务参数

本原语的语义如下：

COSEM-OPEN. indication

(

Protocol_Connection_Parameters，
Dedicated _Key，
DLMS_Version_Number，
DLMS_Conformance，
Client_Max_Receive_PDU_Size，
ACSE_Protocol_Version，
Application_Context_Name，
Application-Ids_and_Titles，
Security_Mechanism_Name，
Calling_Authentication_Value，
Implementation_Information，
User_Information，
Service_Class
)

Protocol_Connection_Parameters 服务参数包含建立低层协议连接所需的全部信息，参见附录 A。

Dedicated_Key、DLMS_Version_Number，DLMS_Conformance 和 Client_Max_Receive_PDU_Size 参数分别包含 edicated-key，proposed-dlms-version-number，proposed-conformance 和 the client-max-receive-pdusize 参数的值，这些参数已在DL/T 790.41—2002和本部分的 8.4 中说明，附录 C 给出了一些它们用法的示例。xDLMS-Initiate. response PDU 插在 AARQ APDU 4_Information 参数的 user-information（用户信息）域中发送。如果 xDLMS-Initiate. response PDU 存在的话，它包含接收到的 AARQ APDU 的 Implementation_Information 域的值。

User_Information 参数是可选项，如果存在的话，它包含由客户机应用进程发送的信息，与对应的. request原语中使用的参数相同。

Service_Class 参数表明服务调用的方式是确认的还是无确认的。

用法

本服务由服务器侧应用层使用，用于向 COSEM 服务器应用进程表明已经接收到一个格式正确的 AARQ APDU。所有低层连接必需已经建立。

建立应用连接的协议在 7.3.1 中说明。

6.6.1.3 **COSEM-OPEN. response**

功能

本服务由服务器应用进程调用，表明先前提请的应用连接是否被接受。

服务参数

本原语的语义如下：

COSEM-OPEN. response
(
Protocol_Connection_Parameters，
Result，
Failure_type，
DLMS_Version_Number，
DLMS_Conformance，
Server_Max_Receive_PDU_Size，
ACSE_Protocol_Version，
Application_Context_Name，

Application_Ids_and_Titles,
Security_Mechanism_Name,
Responding_Authentication_Value,
Implementation_Information
)

Protocol_Connection_Parameters 服务参数包含标识已建立的协议连接所需要的所有信息。

Result 参数表名 COSEM 服务器应用进程是否接受连接请求。

在不接受的情况下,Failure_type 参数表明不接受连接请求的原因。

DLMS_Version_Number, DLMS_Conformance 和 Server_Max_Receive_PDU_Size 参数分别包含 negotiated-dlms-version-number, negotiated-conformance 和 xDLMS Initiate. response PDU 的 server-max-receive-pdu-size 参数的值,这些参数在DL/T 790.41—2002和本部分的 8.4 中说明。附录 C 给出了一些它们用法的示例。xDLMS-Initiate. response PDU 插在 AARE APDU 的 user-information 域中传送。

ACSE_Protocol_Version, Application_Context_Name, Application-Ids_and_Titles, Security_Mechanism_Name 和 Responding_Authentication_Value 等参数插在 AARE APDU 相应的域中传送。

如果存在 Implementation_Information 参数,则插在 AARE APDU 的 Implementation_ Information 域中传送。

用法

本服务原语由 COSEM 服务器应用进程调用,用于指示服务器的应用层先前请求的应用连接是否被接受。本原语只有在 COSEM-OPEN. indication 已经以确认的方式调用后才被调用。

6.6.2 断开应用连接

图 14 表示服务器侧应用层为断开一个应用连接所提供的服务。

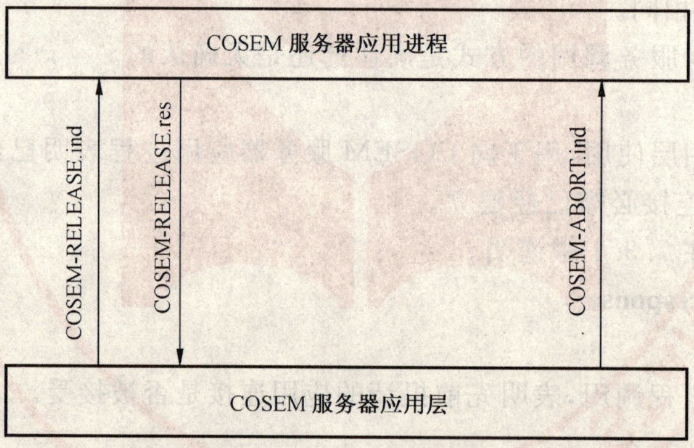

图 14 服务器侧为断开一个应用连接提供的服务

在 COSEM 环境中,一个应用连接由相应的低层地址(SAPs)明确标识,断开相应的低层连接就可断开应用连接,因此没有与 RELEASE 服务相关的 APDU:本服务在低层协议层简单完成。

正常断开连接(断开应用层/数据链路层,并不意味断开物理层)只有 COSEM 客户机应用进程能够通过调用 COSEM-RELEASE. request 服务来请求,这是一个远方确认[8]的服务,意味着在客户机与服务器的支撑层之间要进行一次信息交换。服务器应用进程通过调用 COSEM- RELEASE. response 服务原语来响应 COSEM-RELEASE. indication。

一旦接收到该响应服务原语时,客户机应用层就用 COSEM-RELEASE. confirm 服务原语向客户机应用进程确认先前的. request 服务。

8) 只在出现差错时才在本地确认,例如,没有接收到该 DISC 帧(断开连接帧)的响应。

物理连接断开时，任何已存在的应用连接都将终止。请求断开物理通道在本协议之外完成，因此，它不属于本部分的范围。COSEM-ABORT.indication 原语表明应用进程的物理链路被异常断开。

6.6.2.1 **COSEM-RELEASE.indication**

功能

本服务原语由 COSEM 服务器应用层调用，用于向服务器应用进程指示支撑层连接已经断开。

服务参数

本原语的语义如下：

COSEM-RELEASE.indication
(
User_Information
)

User_Information 参数是可选项。如果存在的话，它包含由支撑低层协议层加载的 User-specific 信息。本参数内容的详细说明不在本部分的范围之内。

用法

本服务由服务器应用层一旦从支撑层接收到带有 REASON＝＝REMOTE 的断开连接指示后调用，用于向服务器应用进程指示有一个正常断开应用连接的请求，服务器必须接受本请求。

6.6.2.2 **COSEM-RELEASE.response**

功能

本服务原语由 COSEM 服务器应用进程调用，用于向服务器应用层表明先前接收到的断开连接的请求是否被接受。

注：服务器不能拒绝已收到的断开连接请求。

服务参数

本原语的语义如下：

COSEM-RELEASE.response
(
Result,
User_Information
)

Result 参数表明服务器应用层是否能接受先前的 COSEM-RELEASE.request 请求。它的值取决于被请求断开的应用连接是否还存在。

如果 User_Information 参数存在，它应传送到支撑协议层。其内容的说明不在本部分的范围内。

用法

本服务原语由服务器应用进程使用，服务器应用进程一旦调用本服务原语时，服务器应用层应调用支撑层的.response 服务原语，Result 参数包括为：OK、NOK 或 NO_RESPONSE。

6.6.2.3 **COSEM-ABORT.indication**

功能

本服务由服务器应用层调用，向服务器应用进程指示物理层连接被非请求地断开。

服务参数

本原语的语义如下：

COSEM-ABORT.indication
(
Diagnostics
)

Diagnostics 参数为可选项，用于表明物理层连接断开的可能原因，并包含有依赖于低协议层的信息。本参数内容的说明不在本部分的范围之内。

用法

服务器应用层一旦从支撑层接收到带有 REASON＝＝LOCAL 的断开连接指示后调用本服务原语，支撑层的该服务原语表明物理层连接以非请求的方式(异常)中断。(如：物理信道被切断。)

6.6.3 Client/server 类型的数据通信服务

6.6.3.1 服务概述

数据通信阶段提供的服务依赖于 xDLMS_ASE 的服务，这些服务包含 COSEM 接口对象的属性或方法的引用。GB/T 19882.32—2007 定义了两种不同引用类型：逻辑名引用(LN)和短名引用(SN)，与此相对应，本部分要定义两种不同的服务器 xDLMS_ASE，即两个不同的服务器应用层。这两个服务器侧应用层提供两套不同的服务，一套服务(GET，SET，ACTION and EventNotification)专门用逻辑名引用，另一套服务(Read，Write，Unconfirmed Write，InformationReport)专门用短名引用。

然而，在已建立的应用连接的生命期内，COSEM 服务器应用层中只有一种 xDLMS_ASE 服务器。这种 xDLMS_ASE 服务器的类型是在连接建立阶段通过协商确定的，只有被选中的 xDLMS_ASE 存在于服务器应用层中。这说明为什么只用这一种或另一种服务。使用 LN 引用建立的连接语境时，COSEM 服务器的 ASO 不提供 Read/Write/UnconfirmedWrite 服务，反之使用 SN 引用建立的连接语境时，COSEM 服务器的 ASO 也不提供 GET/SET/ACTION/ EventNotification 服务。

6.6.3.2 LN 引用提供的服务

图 15 显示在数据传输阶段使用 LN 引用时，服务器侧提供的服务。

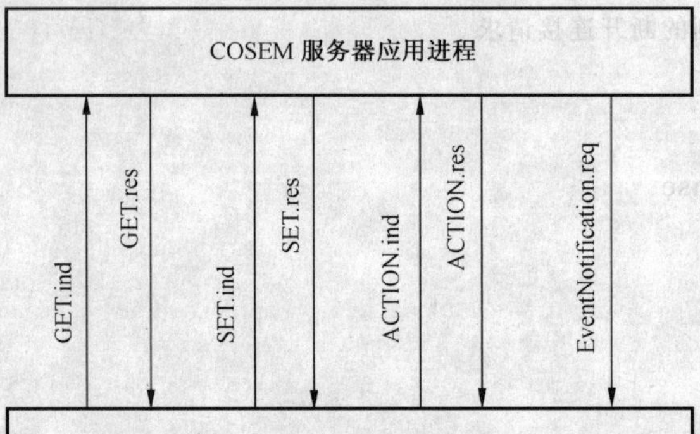

图 15 使用 LN 引用时服务器侧的数据通信服务

使用 LN 引用时服务器侧应用层支持三种 client/server 类型的服务：GET，SET 和 ACTION，这些服务的请求原语.request 由 COSEM 客户应用进程调用，服务器侧与这些服务相关的协议作用是把它们传送给 COSEM 服务器的应用进程，服务器侧应用层通过.indication 服务原语向服务器应用进程指示收到了一个请求。

每个服务都可采用确认的或无确认的方式请求，然而，在无确认的应用连接中，数据通信服务只能采用无确认的方式调用。

对确认的服务调用，服务器应用进程应通过调用对应的.response 服务原语返回确认信息。客户机应用层通过.confirm 服务原语向客户应用进程指示接收到一个应答。

无确认的服务请求并不一定要求服务器应用进程调用.response/.confirm 原语，在 COSEM 中，只有在组播或广播的情况下，为了避免潜在的多重应答冲突才这么做。

确认的服务调用的协议在 7.4.1.1 中说明，无确认的服务调用的协议在 7.4.1.2 中说明。

EventNotification 服务是 COSEM 中提供的唯一的非 client/server 类型的服务。通过调用这个服务,服务器应用进程能够随时向远方客户机传送事件通告。

6.6.3.2.1 **GET. indication**

功能

本服务由服务器应用层调用,向服务器应用进程指示远方客户机请求一个或多个 COSEM 接口对象的一个或所有属性的值。

服务参数

本原语的语义如下:

GET. indication
(
Invoke_Id,
Priority,
Service_Class,
Request_type,
COSEM_Attribute_Descriptor, { COSEM_Attribute_Descriptor, },
Block_Number
)

COSEM_Attribute_Descriptor
(
COSEM_Class_Id,
COSEM_Object_Instance_Id,
COSEM_Object_Attribute_Id,
Access_Selection_Parameters
)

Invoke_Id 用于标识本服务调用的实例。

Priority 参数的值表示接收到请求的优先级,有两个优先级别:normal 和 high。

Service_Class 参数表明服务调用的方式是确认的还是无确认的。

Request_type 参数表明当前 GET. indication 服务调用的来源和类型,它可以是 NORMAL, WITH-LIST 和 NEXT 中的一个。

第一个 GET. indication 总是 NORMAL 或者 WITH-LIST 类型,它表示从客户机接收一个 NORMAL 类型的 GET. request。NEXT 类型的 GET. indication 表示远方客户机正在请求下一个数据块。使用 GET 服务进行非透明的长数据传输在 7.4.1.8.2 中说明。

一个 GET. indication 服务应包含一个或者多个 COSEM_Attribute_Descriptor 服务参数,每个参数引用 COSEM 接口对象的属性。COSEM_Attribute_Descriptor 服务参数为复合参数,它由下列部分组成:

- { COSEM_Class_Id, COSEM_Object_Instance_Id } 参数对明确地标识了一个而且仅一个 COSEM 接口对象实例。
- COSEM_Object_Attribute_Id 元素标识对象实例的属性。COSEM_Object_Attribute_Id=0 时,引用指定对象实例的所有属性。
- 如果是选择性访问 (参见 7.4.1.6),可选元素 Access_Selection_Parameters 包含选择性 GET 操作的附加信息,这个参数只在 COSEM_Object_Attribute_Id ! = 0 时使用。

一个 Get. indication 调用可以包含多个 COSEM_Attribute_Descriptors 参数,其数目由 server-max- receive-pdu-size 参数限定。只有在 Request_type==NORMAL 或者 WITH_LIST 时,服务中才包含有 COSEM_Attribute_Descriptors 参数。

只有在 Request_type==NEXT 时，可选参数 Block_Number 才出现。Block_Number 参数包含最新正确接收到的长数据的块序号，调用中不包含 COSEM_Attribute_Descriptor 参数。

用法

一旦从支持层接收到一个 GET. request，服务器应用层就产生 GET. indication 服务原语。

6.6.3.2.2 **GET. response**

功能

本服务由服务器应用进程调用，针对先前接收到的 GET. indication 服务原语发送一个响应。

服务参数

本服务原语语义如下：

GET. response
(
Invoke_Id,
Priority,
Response_type,
Result, { Result , }
Block_Number
)

Invoke_Id 参数用于标识本服务调用的实例，其值与对应的 GET. indication 服务调用的 Invoke_Id 值相等。

Priority 参数的值表明所收到的. indication 的优先级，此参数的值与对应的 GET. indication 服务调用的 Priority 参数的值相等。

Response_type 参数表示本. response 服务调用是否包含先前 GET. request 服务调用的完整响应，或者只包含请求数据的一个数据块，本参数包含下列值之一：

- NORMAL：本服务调用包含对 NORMAL 类型的 GET. request 服务的完整响应。
- WITH_LIST：本服务调用包含 WITH_LIST 类型的 GET. request 服务的完整响应。
- ONE_BLOCK：本服务调用只包含完整响应的一个块，Block_Number 参数包含数据块的序号，一个数据块包含一部分结果参数作为原始数据。
- LAST_BLOCK：该值表示当前块为所发送的的最后一个数据块。

Result 参数包含所请求的数据或在发生差错时指示差错的类型。如果 Result 参数的编码形式不适合在一个 APDU 中，则它应包含在 Get-Response-With-Datablock APDU 的 Result 参数中，以 DataBlock-G 类型的块传送。本参数应包含数据块的序号和执行结果作为原始数据的编码形式（或数据访问结果）。

GET. response 服务中 Result 参数的数目应与对应的 GET. indication 服务中的 COSEM_Attribute_ Descriptor 参数的数目相同，每个请求对应一个响应。

用途

本服务由服务器应用进程使用。一旦接收到 GET. response 服务调用，COSEM 服务器应用层应构造一个 GET-Response-XX-APDU。如果成功的话（对应的 GET. indication 被接受），这个 APDU 通过对接收到的 Data 参数进行编码来构造，否则，APDU 应包含 data_access_result 参数的值。在两种情况下，Invoke_Id 和 Priority 都应插入到 APDU 中。

6.6.3.2.3 **SET. indication**

功能

本服务原语由服务器应用层调用，用于向服务器应用进程指示远方客户机请求设置一个 COSEM 接口对象的一个或多个属性。

服务参数

本服务原语的语义如下：

SET. indication
(
Invoke_Id,
Priority,
Service_Class,
Request_type,
COSEM_Attribute_Descriptor,{ COSEM_Attribute_Descriptor ,},
Block_Number,
Data,{ Data,}
)

COSEM_Attribute_Descriptor
(
COSEM_Class_Id,
COSEM_Object_Instance_Id,
COSEM_Object_Attribute_Id,
Access_Selection_Parameters
)

Priority 参数的值表示接收到请求的优先级，有两个优先级：normal 和 high。

Service_Class 参数表明服务调用的方式是确认的还是无确认的。

Request_type 参数表示服务原语中的 Data 参数是否包含一个完整的属性，或者只是属性的一个块。该参数应设置为下列值之一：

- NORMAL：本服务调用包含 COSEM 接口对象中的一个属性引用或全部属性引用(Attribute_0，参见 7.4.1.7.1)及其所需要的所有数据。在本服务调用中，可选参数 Block_Number 不出现。
- WITH_LIST：本服务调用包含 COSEM 接口对象属性引用的一个列表及其所需要的所有数据。在本服务调用中，可选参数 Block_Number 不出现。
- FIRST_BLOCK：本服务调用包含一个 COSEM 接口对象的一种属性引用及其所需要的数据的第一部分。Block_Number 参数应设置为 0001。
- FIRST-BLOCK-WITH-LIST：本服务调用包含 COSEM 接口对象属性引用的一个列表及其所需要的数据的第一部分。BLOCK_NUMBER 参数应设置为 0001。
- ONE_BLOCK：本服务调用仅包含一个数据块，Block_Number 参数包含当前数据块的序号，一个数据块包含一部分 Data 参数作为原始数据。COSEM_Attribute_Descriptor 在本调用中不出现。
- LAST_BLOCK：本服务调用包含最后一个数据块。Block_Number 参数包含最后数据块的序号。COSEM_Attribute_Descriptor 在本调用中不出现。

一个 SET. indication 服务应包含一个或者多个 COSEM_Attribute_Descriptor 服务参数，每个参数引用一个 COSEM 接口对象的一个或者所有属性。这个 COSEM_Attribute_Descriptor 服务参数是一个复合的参数，它由下列部分组成：

- {COSEM_Class_Id,COSEM_Object_Instance_Id}参数对标识一个而且只有一个 COSEM 接口对象的实例。
- COSEM_Object_Attribute_Id 元素标识对象实例的属性。COSEM_Object_Attribute_Id＝0 时引用指定对象实例的全部属性。
- 如果是选择性访问(参见 7.4.1.6)，可选参数 Access_Selection_Parameters 包含选择性 SET 操作

所需要的附加数据。本参数仅在 COSEM_Interface_Object_Instance_Id! =0 时使用。

一个 Set. indication 调用可以包含多个 COSEM_Attribute_Descriptor,其数目由 server-max-receive- pdu-size 参数限定。只有在 Request_type == NORMAL,或 Request_type == WITH-LIST,或 Request_ type == FIRST-BLOCK-XXX 时,COSEM_Attribute_Descriptor 参数才出现。

只有在 Request_type ! = NORMAL 或 WITHLIST 时,可选的 Block_Number 参数才出现,它包含当前调用中数据块的序号。

Data 参数包含设置 Attribute_descriptor 参数标识的属性所必需的数据。如果数据的编码形式不适合在一个 APDU 中,则它应包含在相应的 Set-Request-XX APDU 的数据块参数中,以 DataBlock-SA 类型的块传送。本参数应包含数据块序号和 Data 作为原始数据的编码形式。

SET. request 服务中 Data 参数的数目应与 COSEM_Attribute_Descriptors 参数的数目相同,每个 COSEM_Attribute_Descriptors 参数对应一个 Data。

用法

一旦从支持层接收到一个 SET. request,服务器应用层就产生 SET. indication 服务原语。

6.6.3.2.4 SET. response

功能

本服务原语由服务器应用进程调用,针对先前接收到的 SET. indication 原语发送一个响应。

服务参数

本原语的语义如下:

SET. response
(
Invoke_Id,
Priority,
Response_type,
Result { Result,},
Block_Number
)

Invoke_Id 参数用于标识本服务调用的实例,其值与对应的 SET. indication 服务的 Invoke_Id 相等。

Priority 参数的值表明所收到的响应的优先级,此参数的值与对应的 SET. indication 服务调用的 Priority 参数的值相等。

Response_type 参数表明本. response 服务调用是包含先前 SET. request 操作的完整响应,或者只是对先前接收到的数据块的简单确认,本参数包含下列值之一:

- NORMAL:本. response 服务包含先前 SET. indication 操作的确认信息,确认信息中包含一个单一的 COSEM 对象引用,Result 参数包含请求操作的执行结果。
- WITH_LIST:本. response 服务包含先前 SET. request 操作的确认信息,确认信息中包含 COSEM 接口对象属性引用的一个列表。Result 参数包含请求操作的执行结果的列表。
- ACK_BLOCK:此值表示本. response 服务包含对上一次接收到的数据块的确认或否认信息,Block _Number 参数包含最新接收到的数据块的序号。
- LAST_BLOCK:本. response 服务在接收到 SET. request 服务的最后一个数据块后被调用,其中包含一个对单一 COSEM 对象的引用。这个值表明本. response 包含对最初 SET. request 服务的响应已经在几个数据块传送。Result 参数包含请求操作的执行结果,BLOCK_NUMBER 参数包含最后一个数据块的序号。
- LAST_BLOCK_WITH_LIST:本. response 服务在接收到 SET. request 服务的最后一个数据块后

被调用，其中包含 COSEM 对象属性引用的一个列表。这个值表明. response 包含的对最初 SET. request 服务的响应已经在几个数据块传送。Result 参数包含请求操作的执行结果的列表，Block_Number 参数包含最后一个数据块的序号。

Response_type 为 WITH_LIST 和 LAST_BLOCK_WITH_LIST 时，SET. response 的 Result 参数的序号应与对应的 SET. request 服务中的属性引用的序号相同，每个执行结果对应一个请求。每个 Result 参数应包含对应的 SET. request 操作的执行结果。

用途

本服务由服务器应用进程使用。一旦接收到一个 SET. response 服务调用，COSEM 服务器应用层就构造一个 SET. response APDU。该 APDU 包含对相应的 SET. request 的响应，对每个属性设置请求对应一个 Data-Access-Result 参数。如果成功的话，这个参数包含对所请求的设置操作的肯定确认；否则，这个参数的值指明失败的原因。在两种情况下，参数 Invoke_Id 和 the Priority 都要插入到 APDU 中。

6.6.3.2.5 **ACTION. indication**

功能

本服务由服务器应用层调用，用于向服务器应用进程指示远方客户机请求调用一个或多个 COSEM 接口对象的一个或多个方法。

服务参数

本服务原语语义如下：

ACTION. indication
(
Invoke_Id，
Priority，
Service_Class，
Request_Type，
COSEM_Method_Descriptor，{ COSEM_Method_Descriptor，}，
Block_Number，
Method_Invocation_Parameters，{ Method_Invocation_Parameters，}
)
COSEM_Method_Descriptor
(
COSEM_Class_Id，
COSEM_Object_Instance_Id，
Method_Id
Method_Invocation_Parameters∷＝Data
)
Method_Invocation_Parameters ∷＝ Data

Invoke_Id 参数用于标识本服务调用的实例。

Priority 参数的值表示接收到请求的优先级，有两个优先级别：normal 和 high。

Service_Class 参数表明服务调用的方式是确认的还是无确认的。

Request_type 参数表示给定的调用是包含一个完整的请求，或者只是其中一部分，本参数应包含下列值之一：

- NORMAL：本服务调用包含对一个 COSEM 接口对象方法的引用以及调用这个方法所需的 Method_Ivocation_Parameters 参数，可选参数 Block_Number 在本服务调用中不出现。

- WITH_LIST:本服务调用包含 COSEM 接口对象方法引用的列表以及调用这些方法所需的全部 Method_Ivocation_Parameters 参数,可选参数 Block_Number 在本服务调用中不出现。
- FIRST_BLOCK:本服务调用包含一个 COSEM 接口对象方法的引用和以及所需 Method_Ivocation_Parameters 参数的第一部分,Block_Number 参数置为 0001。
- WITH_LIST_AND_ FIRST_BLOCK:本服务调用包含 COSEM 接口对象方法引用的列表以及所需 Method_Ivocation_Parameter 参数的第一部分,Block_Number 参数置为 0001。
- ONE_BLOCK:本服务调用只包含 Method_Ivocation_Parameters 参数的一个数据块,Block_Number 参数为包含一部分 Method_Ivocation_Parameters 参数的参数块序号,此时 COSEM_Method_Descriptor 参数不出现。
- LAST_BLOCK:该值表示当前块是最后传送的参数块。Block_Number 参数包含最后参数块的序号,此时 COSEM_Method_Descriptor 参数不出现。
- NEXT:该值表示. request 包含对先前接收到的参数块的确认信息,并请求服务器发送下一个参数块。此时 Block_Number 参数包含最新正确接收的参数块的序号。

一个 ACTION. indication 服务应包括一个或者多个 COSEM_Method_Descriptor 服务参数,每个服务参数引用一个 COSEM 接口对象的一个方法。COSEM_Method_Descriptor 服务参数是一个复合参数,由以下部分组成:

{COSEM_Class_Id,COSEM_Object_Instance_Id}参数对明确标识一个而且只有一个 COSEM 接口对象实例。完整的 COSEM_Method_Descriptor 引用该对象实例的一个方法:这个方法由 COSEM_Object_Method_Id 标识。

可选参数 Block_Number 在. indication 包含一个已发送的参数块或者在. request 确认一个先前接收到的参数块(Request_type == NEXT)时出现,此时(Request_type == NEXT)Block_Number 参数包含最新接收到的参数块的序号。

调用一个方法可能需要附加参数。Method_Invocation_Parameters 参数包含调用方法所需要的数据,该方法由 COSEM_Method_Descriptor 服务参数标识。如果 Method_Invocation_Parameters 参数的编码形式不适合在一个 APDU 中,则它应以块方式传送,此时块的类型为 DataBlock-SA,Method_Invocation_Parameters 参数包含在对应 Action-Indication-XX APDU 的 pBlock 参数中。pBlock 参数应包含 Block_Number 参数和 Method_Invocation_Parameters 作为原始数据的编码形式。

ACTION. indication 服务包含的 Method_Invocation_Parameters 参数与 COSEM_Method_Descriptor 一样多:每个 COSEM_Method_Descriptor 对应一个 Method_Invocation_Parameters。因此,即便调用一个方法不需要附加的参数,对应的 Method_Invocation_Parameters 都应在服务调用中出现,此时该参数应为空。

在 Request_type == ONE_BLOCK 或者 LAST_BLOCK 时,COSEM_Method_Descriptor 不出现。

用法

一旦从支持层接收到一个 ACTION. request APDU,服务器应用层就产生 ACTION. indication 服务原语。

6.6.3.2.6 **ACTION. response**

功能

本服务原语由服务器应用进程调用,针对先前接收到的 ACTION. indication 原语发送一个响应。

服务参数

本服务原语语义如下:

ACTION. response

(

Invoke_Id,
Priority,
Response_type,
Result, { Result, },
Block_Number,
Response_Parameters, { Response_Parameters, }
)

Invoke_Id 参数标识本服务调用的实例。它的值与对应的 ACTON. indication 的服务调用的 Invoke_Id 相等。

Priority 参数的值表示接收到的响应的优先级,它的值与相应的 ACTON. indication 的服务调用的 Priority 相等。

Response_type 参数指示本. response 服务调用是否包含先前 ACTION. indication 服务调用所要求的完整响应,还是只是所需的一个数据块,或者只是对先前接收到的数据块的简单确认。本参数包含下列值之一:

- NORMAL:本服务调用包含对一个 NORMAL Action. indication 服务的完整响应,该 Action. indication 服务包含一个对单一 COSEM 接口对象方法的引用。
- WITH_LIST:本服务调用包含对 WITH_LIST 类型 Action. indication 服务的完整响应,该 Action. indication 服务包含 COSEM 接口对象方法引用的一个列表。
- ONE_BLOCK:本服务调用仅包含完整响应的一个块,Block_Number 参数包含参数块的序号,本参数块把部分响应作为原始数据。
- LAST_BLOCK:该值表示本. response 原语包含响应的最后一个块作为原始数据。
- NEXT:该值指示本. response 包含对先前接收到的参数块的确认信息,并请求客户机发送下一个块,此时 Block_Number 参数含有最新(之前)正确接收到的参数块的序号。

Result 参数包含调用 COSEM 接口对象方法的执行结果。

Response_Parameters 包含可选的数据,它是调用 COSEM 接口对象方法执行结果的返回参数。

ACTION. comfirm 服务原语中,当 Response_type＝＝WITH_LIST 或. confirm 服务由几个参数块发送时,其 Result 和 Response_Parameters 参数的数目应与对应的 ACTION. request 服务中的 COSEM 接口对象方法引用的数目相同,每个请求对应一个 Result 和 Response_Parameters 参数。

如果 Result 和 Response_Parameters 的编码形式不适合在一个 APDU 中,则它们以块方式传送,此时块的类型为 DataBlock-SA,参数块包含在 Action-Response-With-Pblock APDU 的 pBlock 参数中。pBlock 参数应包含 Block_Number 参数和 Response_Parameters 作为原始数据的编码形式。

用法

本服务由服务器应用进程使用。一旦接收到 ACTION. response 服务调用,COSEM 服务器应用层就应构造 ACTION. response APDU。如果成功的话(对应的 ACTION. indication 已经被接受),APDU 就只包含肯定的确认和返回数据(如果请求的 ACTION 必须返回数据,返回数据也填入该 APDU)。

如果请求的 ACTION 返回数据不适合在一个 APDU 中,与 GET. response 服务一样,它应借助透明或非透明的长数据传输机制,以数据块的形式返送给客户机,这些机制在 7.4.1.8 中定义。

如果失败的话,应发送否认信息,指明失败原因:不能接受请求的操作(action-error),或者不能接受请求的数据(data-access-error)。

在这两种情况下,Invoke_Id 和 Priority 参数都应插入到 ADPU 中。

6.6.3.2.7 **EventNotification. request**

功能

本服务原语由服务器应用进程调用,用于发送一个 EventNotification 报文给远方的客户机。

服务参数

本原语的语义如下：

EventNotification. request

(

Time,

COSEM_Attribute_Descriptor

Attribute_Value

)

COSEM_Attribute_Descriptor

(

COSEM_Class_Id,

COSEM_Object_Instance_Id,

COSEM_Object_Attribute_Id,

)

可选服务参数 Time 为服务器赋给事件的时间。

{COSEM_Class_Id，COSEM_Object_Instance_Id，COSEM_Object_Attribute_Id}三元参数组明确标识一个而且只有一个 COSEM 接口对象实例的属性。

Attribute_Value 服务参数包含该属性的值，有关通知事件的更多信息可查询该 COSEM 接口对象。

EventNotification. request 服务调用不包含协议信息，它总是从服务器管理逻辑设备的地址传送到客户管理应用进程，这两个应用进程总是存在，并且在任何协议模型中，它们都被绑定在一个固定的地址上。

用法

本服务由服务器应用进程使用。一旦接收到 EventNotification. request 服务调用，COSEM 服务器应用层就应构造 Even-Notification-Request APDU。

6.6.3.3 短名引用提供的服务

6.6.3.3.1 **ReadRequest**

本服务在DL/T 790.41—2002中的附录 A 中说明。

参数化的访问(作为 VariableAccessSpecification 的附加变量)使得 ReadRequest 服务具有传输附加参数的能力。

参数化的访问通过增加下列访问方法而引入(对照 DL/T 790.41—2002)

VariableAccessSpecification：＝ CHOICE

... [2]...

... [3]...

parameterized access [4] IMPLICIT SEQUENCE{

variable_name ObjectName,

selector integer,

parameter Data

}

选择器和访问参数的含义依赖于被引用的变量，它在相应的 COSEM 接口类规范中定义，详见 GB/T 19882.32—2007。

6.6.3.3.2 **ReadResponse**

本服务在DL/T 790.41—2002中说明。

6.6.3.3.3 **WriteRequest**

本服务在DL/T 790.41—2002中说明。

参数化的访问(作为 VariableAccessSpecification 的附加变量)使得用 WriteRequest 服务具有传输附加参数的能力。见6.6.3.3.1的说明。

6.6.3.3.4 **WriteResponse**

本服务在DL/T 790.41—2002的附录A中说明。

6.6.3.3.5 **UnconfimedWriteRequest**

本服务在DL/T 790.41—2002的附录A中说明。

6.6.3.3.6 **InformationReportRequest**

本服务在DL/T 790.41—2002的附录A中说明。

7 COSEM 应用层协议规范

COSEM 应用层是基于扩展的 DLMS-xDLMS(参见附录B)和本部分的面向连接的 ACSE 组件。因此,这一层的协议基于 DLMS 和 ACSE 协议,它们分别在DL/T 790.41—2002 和 ISO/IEC/TR2 8650-1 中说明。

DLMS 和应用语境都可在建立连接阶段协商确定。

COSEM 应用协议规范包括客户机与服务器侧应用层的协议机的规范和应用协议数据单元(APDU)的抽象语法(ASN.1)表示的规范。由于客户机与服务器侧的 APDU 相同,例如,客户机发送的.request 类型的 APDU 与对等的服务器侧收到的.indication 类型的 APDU 是相同的,因此,两侧的应用层实体的抽象语法规范是共用的,见第8章。

7.1 客户机侧控制功能的状态定义

图16显示了客户机侧控制功能的状态机(CF,参见图5)。

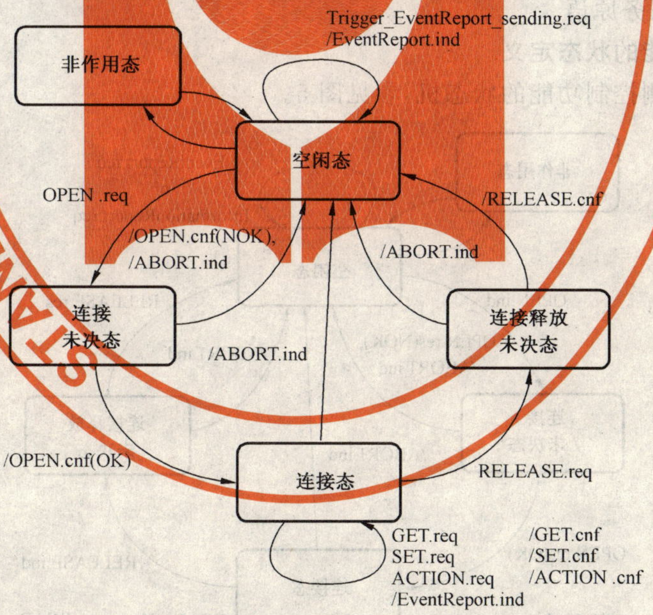

图16 客户机控制功能的部分状态机

注:在状态图中,使用下列约定:

——没有"/"作为首字符的服务原语是"激励",调用这些服务是给定状态变换的起因。

——使用"/"作为首字符的服务原语是"输出",在状态转换过程中执行这些服务的调用。

状态定义如下:

- INACTIVE(静止)——在该状态下,客户机 CF (以及应用层)完全没有活动:它既不给应用进程提供服务,也不使用支持协议层服务。

- IDLE(空闲)——客户机应用层协议实体的 CF 在还没有创建应用连接时,正在断开应用连接的过程中,或者在当前已经创建的连接环境中时所处的状态[9]。虽然如此,在这种状态下,如果物理通道已经建立,客户机与服务器之间可能会存在一些数据交换。

INACTIVE 和 IDLE 状态之间的状态变换在协议之外控制。例如,可以这样认为,CF(以及包含 CF 的应用层)在实例化和绑定到支撑协议层的顶层时,CF 的状态从 INACTIVE 到 IDLE 变换,反之,在删除 CF(应用层)的实例时,其状态变换的方向相反。

- ASSOCIATION PENDING(连接建立之中)——在 COSEM 客户机应用进程调用 COSEM-OPEN.request(OPEN.req)请求服务原语时,客户机应用层协议实体的 CF 进入该状态。CF 在给应用进程发送一个 COSEM-OPEN.confirmation (/OPEN.cnf)确认服务之后,或者由于物理连接断开,给应用进程发送一个 COSEM-ABORT.indication (/ABORT.indication)服务原语之后都退出该状态。根据连接请求的执行结果,客户机的 CF 可能返回 IDLE 状态(NOK),或者进入 ASSOCIATED 状态。
- ASSOCIATED(连接已经建立)——在应用连接成功建立时,CF 进入该状态。数据通信服务(GET,SET,ACTION)只能在该状态下进行。在应用进程调用 COSEM-RELEASE.request(RELEASE.req)服务原语明确请求断开连接之前,或者由于物理连接异常中断,应用连接被迫终止之前,客户机 CF 应一直保持该状态。
- ASSOCIATION RELEASE PENDING (连接断开之中)——在 COSEM 客户机应用进程调用 COSEM-RELEASE.request(RELEASE.req)服务原语,请求断开已建立的应用连接时,客户机应用层协议实体的 CF 进入该状态,CF 应保持在该状态,等待应用进程对该请求的响应。由于服务器不允许拒绝断开连接的请求,所以 CF 退出该状态后总是进入 IDLE 状态。退出该状态可能源于接收到远方服务器断开连接的响应,或者从数据链路层接收到表示物理连接已终止的 DL-DISCONNECT.indication 服务原语。

7.2 服务器侧控制功能的状态定义

图 17 显示服务器侧控制功能的状态机,参见图 5。

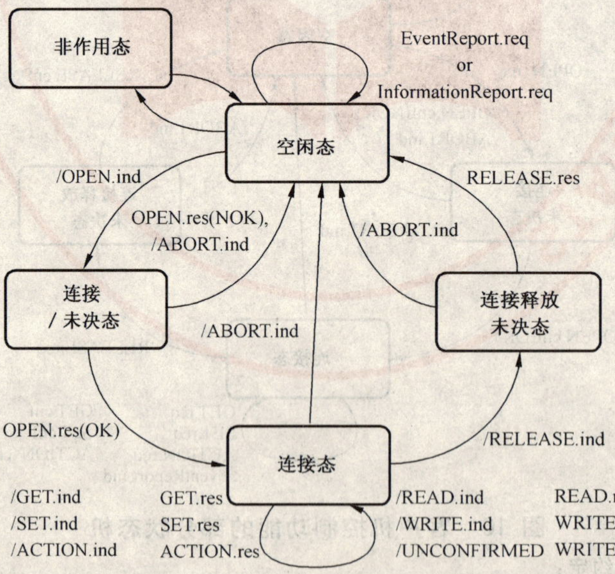

图 17 服务器侧控制功能的部分状态机

9) 这是应用层的状态机,包括物理层在内的低层连接没有考虑。此外,建立物理层连接在本协议之外。

状态的定义如下：

- INACTIVE(静止)——在该状态下，服务器 CF (以及应用层)完全没有活动：它既不给应用进程提供服务，也不使用支撑协议层服务。
- IDLE(空闲)——服务器应用层协议实体的 CF 在还没有创建应用连接时，正在断开应用连接的过程中或者在当前已经创建的连接环境中时处于该状态。虽然如此，在这种状态下，如果物理通道已经建立，客户机与服务器之间可能会存在一些数据交换。
- ASSOCIATION PENDING(连接建立之中)——一旦从远程客户机接收到 COSEM-OPEN. request 请求报文时，服务器应用层协议实体的 CF 应退出 IDLE 状态，它通过 COSEM- OPEN. indication (/OPEN. indication)服务原语向服务器应用进程指示所接收到的报文并进入 ASSOCIATION PENDING 状态。在该状态下，服务器 CF 等待应用进程的响应，如果响应是确认的(表明 AP 接受提请的连接)，则 CF 进入 ASSOCIATED 状态，如果响应是否认的(或者检测到物理连接断开)，则 CF 进入 IDLE 状态。
- ASSOCIATED(连接已经建立)——在应用连接成功建立时，服务器 CF 应进入该状态。数据通信服务(GET，SET，ACTION 或者 READE，WRITE 和 UNCONFIRMED WRITE，取决于所建立的应用环境)只能在该状态下进行。在远方客户机通过调用 COSEM-RELEASE. request (/RELEASE. ind)服务原语明确请求断开连接之前，或者由于物理连接异常中断，应用连接被迫终止之前，服务器 CF 应一直保持该状态。
- ASSOCIATION RELEASE PENDING(连接断开之中)——一旦从远方客户机应用进程接收到 COSEM-RELEASE. request 服务原语时，服务器应用层协议实体的 CF 应就所接收到的服务原语通知服务器应用进程(/RELEASE. IND)，并进入该状态，CF 应保持在该状态，等待 AP 对该请求的响应。由于服务器不能拒绝该请求，所以 CF 在退出该状态后总是进入 IDLE 状态。退出该状态也可能源于从数据链路层接收到表示物理连接已终止的 DL-DISCONNECT. indication 服务原语。

7.3 建立/断开应用连接的协议

7.3.1 建立应用连接

本部分的 ACSE 和 ISO/IEC/TR2 8650-1 是 COSEM 互操作性的关键组件，建立应用连接借助于其提供的 Assocation. request /. indication /. response /. confirmation 服务，应用连接的参与者是互操作通信的伙伴：

- 客户机应用进程，它总是应用连接请求的提出者；
- 服务器应用进程[10)]。

客户应用进程应首先[11)]调用客户机 COSEM ASO 的 COSEM-Open. Request 请求服务，一旦接收到该服务调用，客户机 ASO 的控制功能组件首先建立所需要的低层连接。

假如没有问题，两个支撑层之间应建立连接，MSC 如图 18 所示。

一旦建立低层连接，客户机 CF 应借助服务器应用层的两个服务组件(ACSE 和 xDLMS)构造一个 AARQ APDU。这个 AARQ APDU 是发送给服务器应用层的第一个报文。

服务器应用层的 CF 首先应接收到的 AARQ APDU 交给 ACSE，ACSE 提取相关的参数，然后把控制权交还给 CF。CF 应 AARQ 中的 user-information(用户信息)域的内容当作一个 DLMS-Initiate. indication DLMS PDU 发送给 xDLMS-ASE。

xDLMS-ASE 应取出 xDLMS-Initiate. indication 的参数，然后把控制权交还给 CF，

CF 应采用从 AARQ APDU [12)] 中提取出来的适当参数调用 COSEM-OPEN. indication 服务原语

10) 为了广播和组播服务，在 COSEM 中，可以在一个客户机与一组服务器应用进程之间建立连接。

11) 调用 COSEM-OPEN. request 服务需要已经建立好的物理连接，不过建立物理连接不在本协议的范围之内。

12) 本 COSEM-OPEN. indication 服务原语中的一些参数(如，地址信息、用户信息、服务类别)并不从 AARQ APDU 获取，而是从加载 AARQ APDU 的支撑层的帧中获取。

向 COSEM 服务器应用进程发出指示。与此同时，服务器控制功能组件应进入‘ASSOCIATION PENDING’状态。

服务器应用进程分析接收到的COSEM-OPEN.indication原语，并且决定是否接受提出的应用连

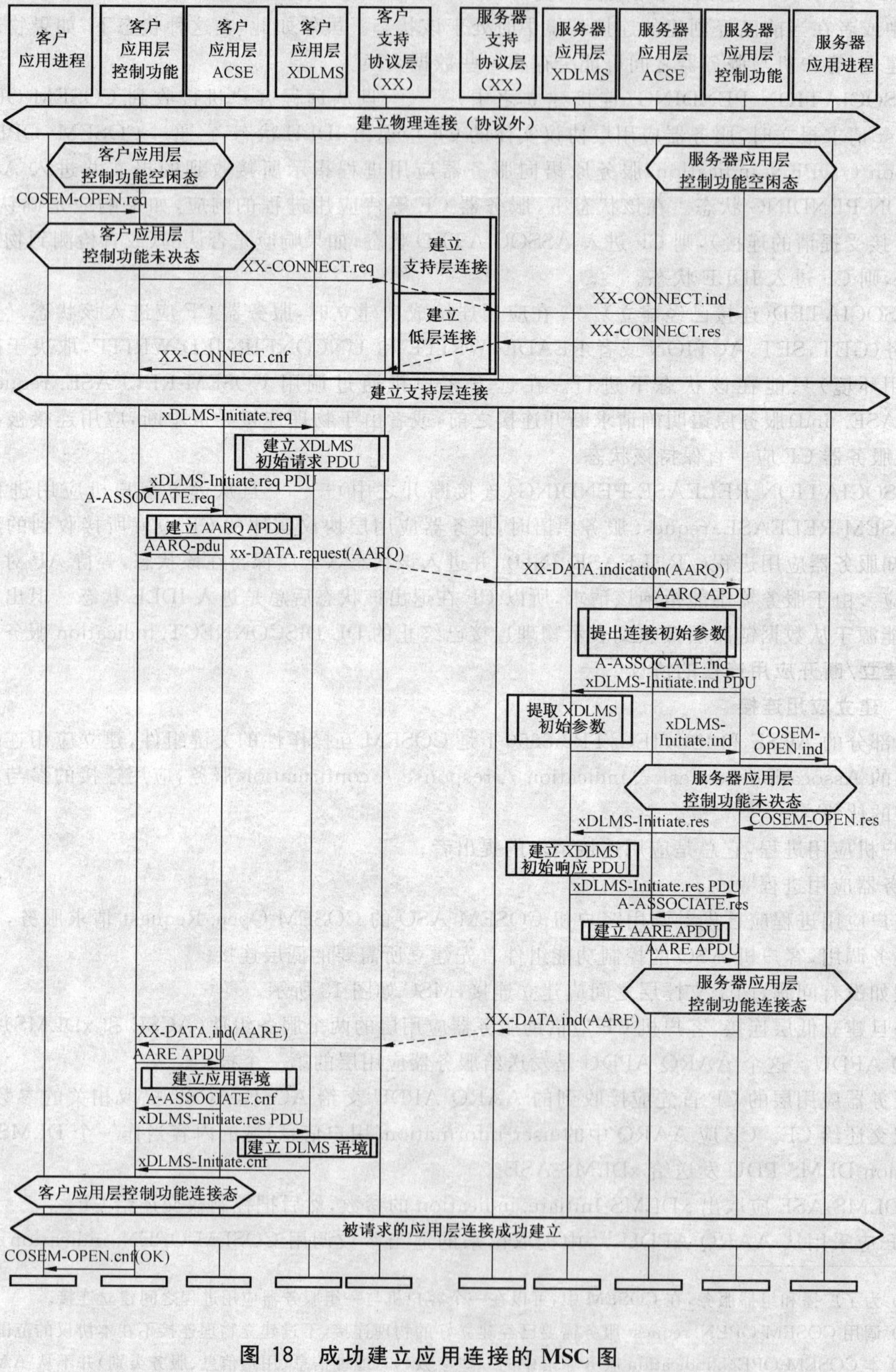

图 18 成功建立应用连接的 MSC 图

接请求[13]，通过核实之后，COSEM 服务器应用进程应调用 COSEM-OPEN. response 服务原语，表明接受或不接受提出的连接请求。如果成功的话，CF 应构造相应的 AARE APDU，并通过现有的支持层连接它发送给远方客户机应用层，与此同时服务器应用层应进入“ASSOCIATED”状态。从这一时刻起，服务器能够在该连接内接收数据通信服务请求，发送相应的响应。换句话说，已经建立好连接，服务器已进入数据通信阶段。

在客户机侧，借助于 ACSE 和 XDLMS-ASE 提取接收到的 AARE APDU 中的参数，并通过 COSEM-OPEN. confirm 服务原语发送给客户机应用进程，与此同时，客户机应用层应进入“ASSOCIATED”状态。从这时刻起，在协商应用和 XDLMS 语境中，应用连接建立起来。

7.3.2 建立特殊的应用连接

7.3.2.1 预先建立的应用连接

预先建立的应用连接不需要再使用 COSEM-OPEN 服务来建立连接，本部分也不再说明建立这些连接的方式，在客户机和服务器设备之间建立物理连接时，预先建立的连接应认为已经存在。

根据预先建立的方式，预先建立的应用连接既可以是确认的方式也可以是无确认的方式。

7.3.2.2 建立无确认的应用连接

无确认的 COSEM-OPEN. request 调用应导致建立无确认的应用连接，在这个应用连接中，客户机 COSEM 应用层仅接受无确认的 xDLMS 服务请求(GET，SET，ACTION)。采用本连接类型的目的是为了实现组播和广播功能。

如检测到本地差错，无确认的 COSEM-OPEN. request 调用可以是本地确认的。

7.3.3 AARQ 和 AARE 的 APDU

为了在建立连接的阶段协商 ACSE 用户请求，本部分面向连接的 ACSE 提供几个功能部件，在 COSEM 中，仅使用其中的两个功能部件：内核功能部件和身份验证功能部件。

内核功能部件总是可用的，它是缺省功能部件；身份验证功能部件仅在被明确请求[14]时才出现，身份验证功能部件的选择支持 AARQ 和 AARE APDU 的附加字段。

AARQ 和 AARE APDU 的规范如下：

```
AARQ-apdu ::= [APPLICATION 0] IMPLICIT SEQUENCE
{
  protocol-version              [0] IMPLICIT BIT STRING {version1 (0)} DEFAULT {version1},
  application-context-name      [1] Application-context-name,
  called-AP-title               [2] AP-title  OPTIONAL,
  called-AE-qualifier           [3] AE-qualifier  OPTIONAL,
  called-AP-invocation-id       [4] AP-invocation-identifier  OPTIONAL,
  called-AE-invocation-id       [5] AE-invocation-identifier  OPTIONAL,
  calling-AP-title              [6] AP-title  OPTIONAL,
  calling-AE-qualifier          [7] AE-qualifier  OPTIONAL,
  calling-AP-invocation-id      [8] AP-invocation-identifier  OPTIONAL,
  calling-AE-invocation-id      [9] AE-invocation-identifier  OPTIONAL,
    ——如果只使用内核功能部件，下列字段不出现。
  sender-acse-requirements          [10] IMPLICIT ACSE-requirements OPTIONAL,
    ——只有在选用身份验证功能部件时，下列字段出现。
```

---

13) 应用服务组件仅提取应用环境与身份验证等参数，这些参数的解释以及是否接受连接请求的工作由 COSEM 服务器应用进程完成。

14) 出现本功能部件(以及与该功能部件的使用相对应的可选字段)依赖于所使用的身份验证安全级别。

```
    mechanism-name                  [11] IMPLICIT mechanism-name OPTIONAL,
      ——只有在选用身份验证功能部件时,下列字段出现。
    calling-authentication-value    [12] EXPLICIT authentication-value OPTIONAL,
    implementation-information      [29] IMPLICIT implementation-data OPTIONAL,
    user-information                [30] IMPLICIT association-information OPTIONAL
}
及
AARE-apdu ::= [APPLICATION 1] IMPLICIT SEQUENCE
{
protocol-version                  [0] IMPLICIT BIT STRING {version1 (0) } DEFAULT {version1},
application-context-name          [1] Application-context-name,
result                            [2] Association-result,
result-source-diagnostic          [3] Associate-source-diagnostic,
responding-AP-title               [4] AP-title OPTIONAL,
responding-AE-qualifier           [5] AE-qualifier OPTIONAL,
responding-AP-invocation-id       [6] AP-invocation-identifier OPTIONAL,
responding-AE-invocation-id       [7] AE-invocation-identifier OPTIONAL,
      ——如果只使用内核功能部件,下列字段不出现。
    responder-acse-requirements         [8] IMPLICIT ACSE-requirements OPTIONAL,
      ——只有在选用身份验证功能部件时,下列字段出现。
    mechanism-name                      [9] IMPLICIT mechanism-name OPTIONAL,
      ——只有在选用身份验证功能部件时,下列字段出现。
    responding-authentication-value     [10] EXPLICIT authentication-value OPTIONAL,
    implementation-information          [29] IMPLICIT implementation-data OPTIONAL,
    user-information                    [30] IMPLICIT association-information OPTIONAL
}
```

COSEM 中 AARQ 和 AARE 字段的值如下:

- protocol-version:ACSE 协议版本,使用缺省值。
- Application-context-name:使用合适的 COSEM application-context-name。缺省的 COSEM 应用语境的 application-context-name 在 7.3.7.1 中说明。
- 可选字段 called, caller 与 responding title, qualifier 与 identifier:这些可选字段包含 COSEM_OPEN 服务中的可选参数 Application_Ids_and_Title 的内容,这些字段的使用方法与 ISO/IEC 8649 ACSE 的规定一样。

  注:如果这些字段在 AARQ 中出现,服务器却不能识别它们,则服务器可以忽略它们,在这种情况下,这些参数不影响建立连接,并且在 AARE 中应不包含其中任何一个字段。另一方面,如果服务器能识别这些参数,在建立应用连接时就会考虑这些参数的值,并且在 AARE 中应出现这些字段。

- sender- 和 responder-acse-requirements: 如出现,它包含 BIT STRING {authentication (0) }的值。
- mechanism-name:如出现,它包括验证机制的名称。COSEM 的验证机制名称在 7.3.7.2 中说明。

  注:在 AARQ 中,机制名定义了由客户机要求的验证机制,它也是服务器期望使用的验证机制。在 AARE 中,机制名定义了服务器要求的验证机制,它也是客户机期望使用的验证机制。

- calling- 和 responding-authentication value:如出现,它是具体实现所特定的,不在本部分的范围之内。
- implementation-information:本字段使用方法基于通信站之间的事先约定,其用法不在本部分的范围之内。

- user-information：本参数总是出现。在 AARQ APDU 中，该参数包含 xDLMS-Initiate. request PDU（可选择加密）；在 AARE APDU 中，该参数包含 xDLMS-Initiate. response PDU 或 DLMS-ConfirmedServiceError PDU。

  注：在 COSEM 环境中，xDLMS-Initiate. request PDU 的 response-allowed 参数总是设为真。

- result：本参数包含建立应用连接请求的执行结果。
- result-source-diagnostics：按 ISO/IEC/TR2 8650-1 的规定，本字段包含建立连接请求的执行结果和连接请求被拒绝的最终原因，如果不包含诊断信息，本字段赋空值。

AARQ 和 AARE APDU 都按 BER (GB/T 16263—1996)进行编码，另一方面，上述 APDU 的 user-information 字段（包含 DLMSInitiate. request/. response 或 ConfirmedServiceError DLMS pdus）按照 A-XDR 编码，详见附录 C 中给出的按 IEC61334-6 给 AARQ/AARE APDU 编码的示例。

7.3.4 建立应用连接的管理参数

根据上面描述的协议，建立应用连接请求由客户机提出，由服务器决定接受或者不接受，服务器接受或者拒绝建立应用连接请求的条件在下面的章条中定义。

有两个可通过 COSEM-OPEN 服务协商确定的语境：COSEM 应用语境和 xDLMS 语境。COSEM 应用语境的元素包含在 AARQ APDU 的字段中，xDLMS 语境由包含在 AARQ/AARE user-information 字段中的 xDLMS-Initiate. request/. response PDU 的参数定义，详情参见附录 B。

一旦接收到的 AARQ APDU，服务器首先检查 COSEM 应用语境，如果提请的应用语境不能被接受，建立应用连接的请求应会被拒绝（例如，应用语境名不同，没有提供期望的验证机制名和身份验证值，身份验证值不正确等等）。

AARQ 和 AARE 的语法分析顺序如下：

a) 低层参数，服务等级；

注：这些参数包含在 AARQ/AARE 之中，它们由支撑层提供。

b) AARQ 语法；

c) ACSE 协议的版本号；

d) 应用语境名；

e) 与身份验证相关的字段：

   1) 如果存在发送者 ACSE 请求，但是 bit0＝0；或者参数不存在：忽略任何后面的身份验证参数。

   2) 如果存在发送者 ACSE 请求，但是 bit0＝1；且后面的身份验证参数前后矛盾，则返回一个出错信息。

如果出于 COSEM 应用语境级别不匹配（non-fit）的原因而拒绝建立应用连接请求，服务器应返送一个诊断失败信息的 AARE APDU，在此情况下，响应 AARE APDU 的 user-information 字段包含服务器自己的 xDLMS 语境：支持的 DLMS 的版本号、支持的一致性块和 server-max-receive-pdu-size。

如果提请的 COSEM 应用语境被接受，服务器应检查提请的 xDLMS 语境，语法分析顺序如下：

a) proposed-dlms-version-number

b) client-max-receive-pdu-size.

如果该语境也被接受，服务器应接受这个连接请求，并发送一个 AARE APDU 应用协议数据单元，其中包括连接成功的标志和在 user-information 域中正确构造的 xDLMS-Initiate. response PDU 协议数据单元，此数据单元包含协商后的 xDLMS 语境参数。

在这种情况下，AARE 包含 xDLMS-Initiate. response PDU，该 PDU 的 negotiated-conformance 字段的值总是商定的一致性块：接收到的一致性块与服务器自己的一致性块按位与运算的结果，参见 8.5。

如果客户机提请的 xDLMS 语境不能接受，服务器应拒绝连接请求，在这种情况下，应用语境匹配但 xDLMS 语境不匹配（如商定的一致性块的值为零），服务器应返送一个包含"no-reason-given"诊断信息的 AARE PDU，此时 AARE 的 user-information 字段包含已正确构造的 DLMS- ConfirmedServiceError 报文，指明出错的原因。

7.3.5 重复的 COSEM-OPEN. request 服务调用

对一个与现有应用连接参数相同的 COSEM-OPEN. request 的处理依赖于新请求应用连接的类型和现有应用连接的类型。

7.3.5.1 对重复的无确认 COSEM-OPEN. request 的处理

7.3.5.1.1 客户机侧

如果现有的应用连接是由确认的 COSEM-OPEN. request 建立的，新调用的无确认 OPEN. request 服务应不会对服务器产生任何操作，先前建立的应用连接保持不变，（客户机）应用层采用 COSEM-OPEN. confirm 在本地否认第二次 COSEM-OPEN. request，表明由于所请求的应用连接已经存在，本次 COSEM-OPEN. request 在本地即被拒绝。

如果现有的应用连接是由无确认的 COSEM-OPEN. request 建立的，客户机应用层应用最新的 COSEM-OPEN. request 参数发送一个 AARQ，并且用最新的应用连接代替先前的应用连接。

图 19 的流程图总结了客户机侧对无确认的 COSEM-OPEN. request 的处理。

如果现有的应用连接是预先建立的，则第二次 COSEM-OPEN. request 应不会对服务器产生任何操作，预先建立的连接保持不变，（客户机）应用层在本地采用 COSEM-OPEN. confirm 否认第二次 COSEM-OPEN. request，表明由于已经存在预先建立的应用连接，本次 COSEM-OPEN. request 在本地即被拒绝。

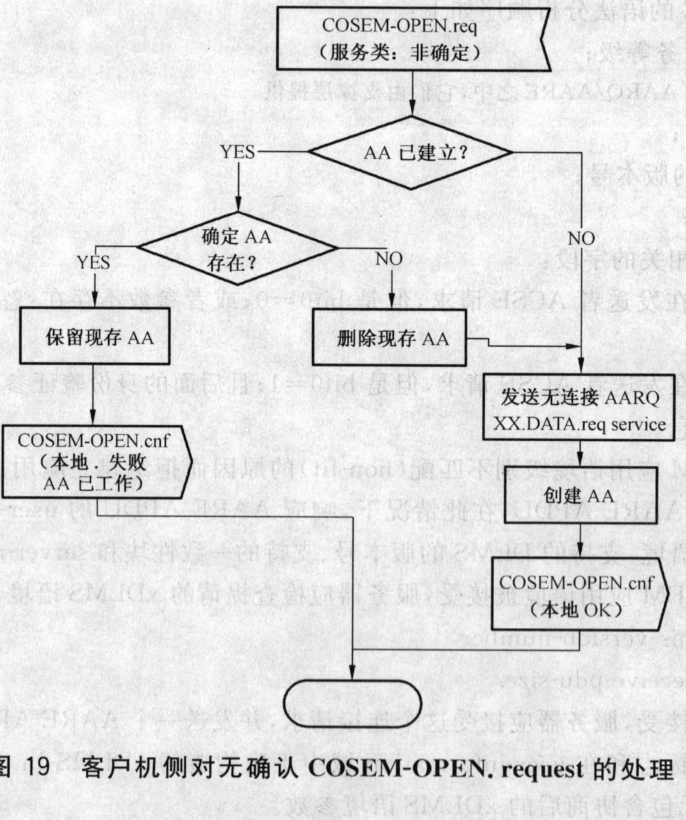

图 19 客户机侧对无确认 COSEM-OPEN. request 的处理

7.3.5.1.2 服务器侧

如果服务器接收到一个包含与现有应用连接参数相同的 AARQ，并且该 AARQ 包含在在低层支撑协议层的面向无连接的 XX-DATA. indication 服务中传送（表明它是一个无确认的 COSEM-OPEN. request），则服务器的行为依赖于现有应用连接的类型。

倘若如此，而且现有的应用连接是无确认的，现有的应用连接应被删除(断开)，并且服务器应试图建立与新接收到请求相对应的应用连接。即便不能确保新的应用连接能够建立(如接收到的 AARQ 的口令错误)，先前的应用连接都应被断开。

另一方面，如果接收到的 AARQ 指示包含现有确认的应用连接参数，所接收到的 AARQ 应被简单丢弃，现有的应用连接保持不变。

图 20 的流程图总结了服务器侧对无确认的 COSEM-OPEN. indication 的处理。

最后，如果现有的应用连接是预先建立的，则第二次 COSEM-OPEN. request 应不会产生任何操作：预先建立的连接保持不变，接收到的 AARQ 应被丢弃(不产生 COSEM-OPEN. indication)。

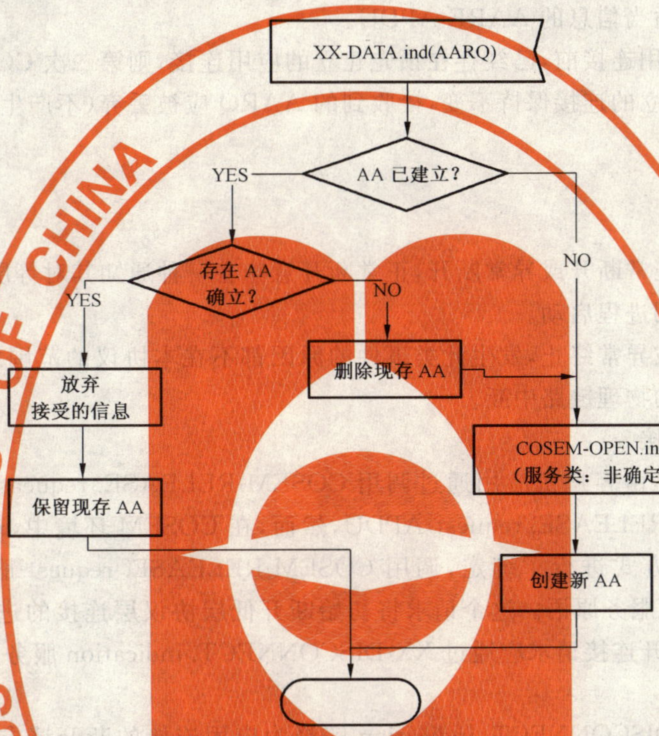

图 20　服务器侧对接收到的无确认 AARQ 的处理

7.3.5.2　对重复的确认 COSEM-OPEN. request 的处理

7.3.5.2.1　客户机侧

如果现有的应用连接采用确认的 COSEM-OPEN. request 建立，新调用的确认 COSEM-OPEN. request 服务应不会对服务器产生任何操作：先前建立的应用连接保持不变，(客户机)应用连接层采用 COSEM-OPEN. confirm 在本地否认第二次 COSEM-OPEN. request，表明由于已经存在应用连接，COSEM-OPEN. request 在本地被拒绝。

如果现有的应用连接采用无确认的 COSEM-OPEN. request 建立，客户应用层应试图建立新请求的应用连接，建立新连接的过程为：建立所需的低层连接，然后采用 connection-oriented XX-DATA. request 服务向服务器发送 AARQ APDU。在这种情况下，如果新请求的确认应用连接建立失败(任何原因)，先前的无确认的 AA 应被保留。否则，即新请求的应用连接成功建立，则现有的无确认应用连接应被新请求的确认应用连接所替代。

最后，如果请求建立应用连接前，已经存在预先建立的应用连接，则第二次 COSEM-OPEN. request 应不会对服务器产生任何操作，预先建立的连接保持不变，(客户机)应用层采用 COSEM-OPEN. confirm 在本地否认第二次 COSEM-OPEN. request，表明由于已经存在预先建立的应用连接，本次 COSEM-OPEN. request 在本地即被拒绝。

7.3.5.2.2 服务器侧

只有在已建立低协议层连接上，才可能以确认的方式接收到一个 AARQ。如果接收到的 AARQ 包含的参数与现有应用连接的参数相同，服务器的行为依赖于现有连接的类型，如现有应用连接采用确认方式建立，接收到 AARQ 应会被看成是出错：现有应用连接保持不变，接收到的 AARQ 被丢弃。

如果现有应用连接以无确认的方式建立，接收到的 AARQ 应正常处理，AARQ 的参数应被解释，服务器应用层利用这些参数产生一个 COSEM-OPEN. indication 服务原语。如果 COSEM 应用进程决定接受所请求的应用连接，服务器应采用新的应用连接代替现有的应用连接。

否则，如果请求的应用连接不能接受，则现有无确认的应用连接保持不变。在这两种情况下，服务器都应向客户机返送包含适当信息的 AARE APDU。

最后，如果请求建立应用连接前，已经存在预先建立的应用连接，则第二次 COSEM-OPEN. request 应不产生任何操作：预先建立的连接保持不变，接收到的 AARQ 应被丢弃(不产生 COSEM- OPEN. indication)。

7.3.6 断开应用连接

7.3.6.1 概述

现有应用连接能够被正常断开或异常断开，正常断开意味着一种通知其对等层断开连接的协议机，正常断开只能由客户机应用进程启动。

异常断开意味着连接被异常终止，发生此类事件的原因都不在本协议的范围之内：例如，它可能是检测不是由应用进程启动的物理链路中断。

7.3.6.2 正常断开应用连接

正常断开应用连接总是由客户机应用通过调用 COSEM-RELEASE. requeast 的服务启动。根据 ACSE 的协议生成一个 A_RELEASE. request APDU，然而，在 COSEM 环境中，现有的应用连接都和低层协议连接以一对一的方式进行了绑定，调用 COSEM-RELEASE. request 服务意味着直接调用 XXDISCONNECT. request 服务原语。这个请求将初始断开低层协议层连接的进程，作为请求报文在低层协议级交换的结果，断开连接请求应通过 XX-DISCONNECT. indication 服务原语向服务器应用层进行指示，如图 21 所示。

服务器应用层把 XX-DISCONNECT. indication 解释为应用连接的断开请求，并且通过 COSEM-RELEASE. indication 服务原语向 COSEM 服务器应用进程指示该请求。

COSEM 服务器应用进程应接受断开请求并使用适当的参数调用 COSEM-RELEASE. response 服务。

一旦收到 COSEM-RELEASE. response 服务调用，服务器应用层将使用适当的服务参数调用支撑层的 XX-DISCONNECT. response 服务。与此同时，服务器应用层的控制功能组件应进入“IDLE”状态[15)]。

调用 XX-DISCONNECT. response 服务原语导致服务器支撑层断开相关的连接，并通知对等的支撑层。支撑层接收到该信息后使用 XX-DISCONNECT. confirm 服务原语指示客户机应用层，并通过客户机应用层 COSEM-RELEASE. confirm 服务原语切换客户机应用进程。调用这个原语意味着已经成功断开连接。

7.3.6.3 异常断开应用连接

在 COSEM 中，异常断开应用连接可由检测到物理链路断开而产生，物理链路中断可由客户机或者服务器自发请求(超出本协议的范围)，或是外部事件的结果，在这两种情况下，检测的物理链路断开由两侧支撑协议层使用 XX-DISCONNECT. indication 服务通知应用层的控制功能组件。

图 22 显示了终止应用连接的报文顺序流程图。

---

15) 断开现有的应用连接可能需要在应用服务组件(ACSE，xDLMS-ASE)与应用层内的控制功能组件之间进行内部通信，其相互作用图中没有显示。

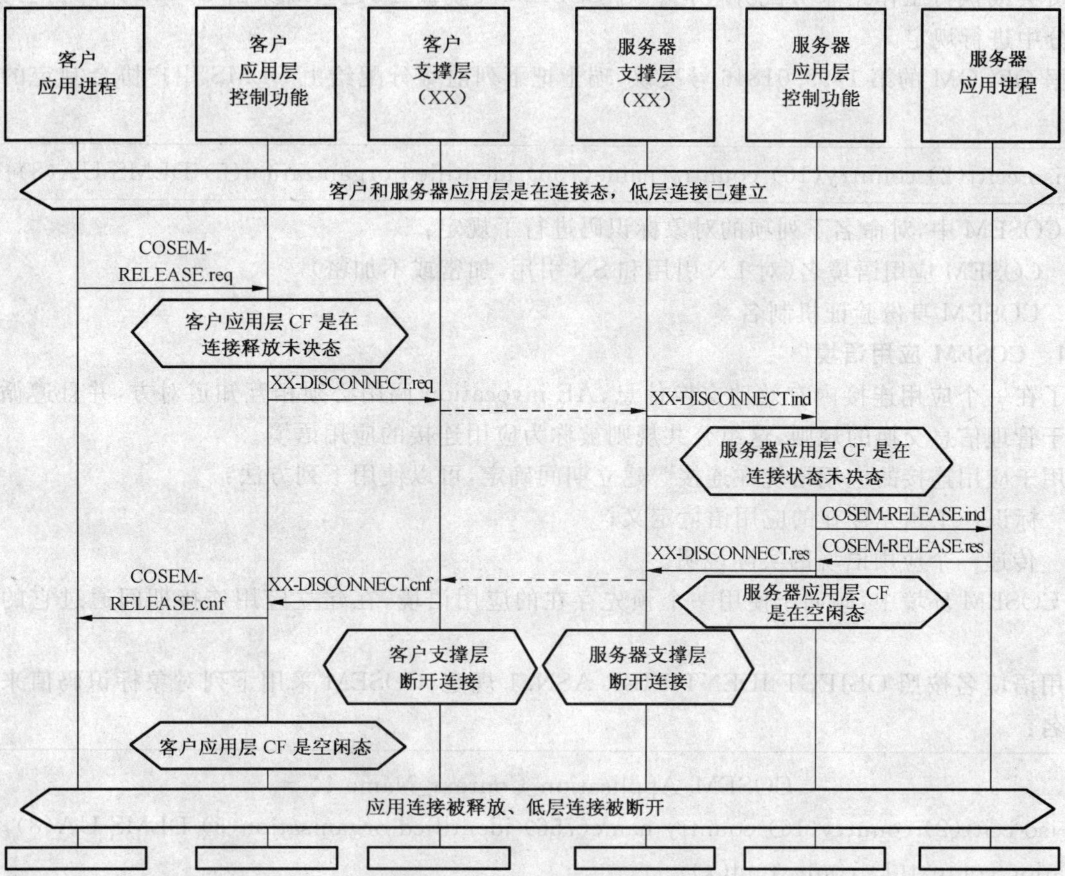

图 21　正常断开应用连接

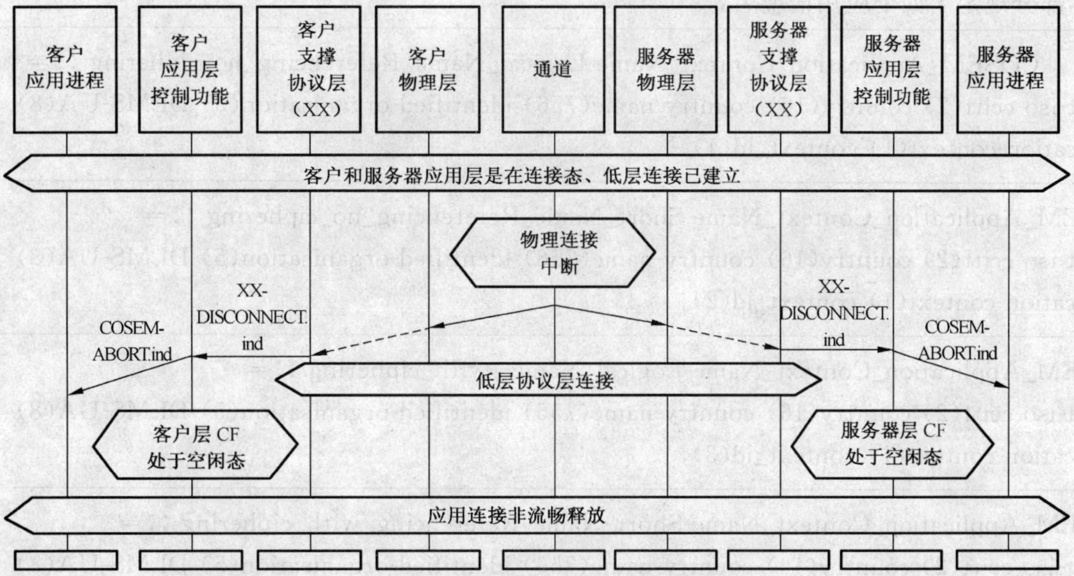

图 22　收到 PH-ABORT. indication 之后的终止应用连接的过程

注：应用连接异常断开是没有选择性的，如果它发生，所有现存的应用连接都应被中止。

7.3.7　COSEM 名注册

在 OSI 环境中，许多不同类型的网络对象必需在全球范围内明确标识，这些网络对象包括抽象语法、转换语法、应用语境、身份验证机制名等等，在多数情况下，这些对象的名称由开发特别基本的 ISO

标准委员会或执行工作组来分配并登记。对 COSEM 环境而言,这些对象由 DLMS 用户协会分配,并在本部分中进行规定。

根据 OFCOM 的第 1999.01846 号决议,瑞士把下列前缀分配给由 DLMS 用户协会制定的对象标识码。

{joint-iso-ccitt(2) country(16) country-name(756) identified-organization(5) DLMS-UA(8)}

在 COSEM 中,对命名下列项的对象标识码进行了规定:

a) COSEM 应用语境名(对 LN 引用和 SN 引用,加密或不加密)

b) COSEM 身份验证机制名

7.3.7.1 COSEM 应用语境

为了在一个应用连接内有效地交换信息,AE-invocation 调用必须相互知道对方,并且遵循一组公共的用于管理信息交换的规则,这组公共规则被称为应用连接的应用语境。

适用于应用连接的应用语境在连接[16]建立期间确定,可以使用下列方法:

a) 标识一个预先存在的应用语境定义;

b) 传递一个应用语境的实际说明。

在 COSEM 环境中,倾向于使用一个预先存在的应用语境,在建立应用连接期间通过它的名称来引用。

应用语境名按照 OBJECT IDENTIFIER ASN.1 规定,COSEM 采用下列对象标识码值来标识应用语境名:

COSEM_Application_Context_Name ::= {joint-iso-ccitt(2) country(16) country-name(756) identified-organisation(5) DLMS-UA(8) application-context(1) context_id(x)}

其中,context_id 参数的值用于选择一个预先存在的应用语境。

本部分规定了四个应用语境名:

COSEM_Application_Context_Name-Logical_Name_Referencing_no_ciphering ::= {joint-iso-ccitt(2) country(16) country-name(756) identified-organisation(5) DLMS-UA(8) application-context(1) context_id(1)}
COSEM_Application_Context_Name-Short_Name_Referencing_no_ciphering ::= {joint-iso-ccitt(2) country(16) country-name(756) identified-organisation(5) DLMS-UA(8) application-context(1) context_id(2)}
COSEM_Application_Context_Name-Logical_Name _with_ciphering ::= {joint-iso-ccitt(2) country(16) country-name(756) identified-organisation(5) DLMS-UA(8) application-context(1) context_id(3)}
COSEM_Application_Context_Name-Short_Name_Referencing_with_ciphering ::= {joint-iso-ccitt(2) country(16) country-name(756) identified-organisation(5) DLMS-UA(8) application-context(1) context_id(4) }

这些 COMSEM 应用语境的意义是:

---

16) 每个应用连接都有一个唯一的应用环境,然而这组构成应用连接的应用环境的规则可能包含在应用连接的生命期内,改变这组规则的规则。

- 在应用实体调用中,存在两种 ASE 组件:ACSE 和 xDLMS-ASE ;
- xDLSM-ASE 在 DL/T 790.41—2002[17] 中详细说明;
- 转换语法为 A-XDR;
- Context_id(1):逻辑名引用,不加密;
- Context_id(2):短名引用,不加密;
- Context_id(3):逻辑名引用,加密;
- Context_id(4):短名引用,加密。

注:加密算法不在本部分的范围之内。

为了建立一个缺省的应用语境,ACSE AARQ 和 AARE APDU 应包含上述值之一。

7.3.7.2 COSEM 身份验证机制名

身份验证是 COSEM 规范中信息访问安全的措施之一,为了提供不同安全级别的身份验证支持,COSEM 规定了三个安全级别的身份验证方法:

- 无身份验证(最低的安全级别);
- 低级安全,仅识别客户机的基于口令的身份验证(LLS);
- 高级安全,识别客户机和服务器,采用四步过程的身份验证(HLS)。

COSEM 使用面向连接的 ACSE 的身份验证特性,高级安全身份验证的特性,以及连接 LN/SN 对象的方法。LLS 和 HLS 身份验证在 GB/T 19882.32—2007 中说明,为了标识所使用的身份验证机制,规定了下列用于身份验证机制名的对象标识码:

OSEM_Authentication_Mechanism_Name ::= {joint-iso-ccitt(2) country(16) country-name(756) identified-organization(5) DLMS-UA(8) authentication_mechanism_name(2) mechanism_id(x)}

mechanism_id 参数的值选用本部分规定的安全机制之一。

本部分规定了三种身份验证机制名:

default-COSEM-lowest-level-security-mechanism-name[18] ::= {joint-iso-ccitt(2) country(16) country-name(756) identified-organization(5) DLMS-UA(8) authentication_mechanism_name(2) mechanism_id(0)}
default-COSEM-low-level-security-mechanism-name ::= {joint-iso-ccitt(2) country(16) country-name(756) identified-organization(5) DLMS-UA(8) authentication_mechanism_name(2) mechanism_id(1)}
default-COSEM-high-level-security-mechanism-name ::= {joint-iso-ccitt(2) country(16) country-name(756) identified-organization(5) DLMS-UA(8) authentication_mechanism_name(2) mechanism_id(2)} 注:高级安全机制名从 2 开始,并且由 DLMS UA 注册。

只有在使用身份验证时,AARQ/AARE APDU 中才出现机制名组件,参见 7.3.3。

7.4 数据通信协议

除 EventNotification 服务之外,所有其他数据通信服务都是 client/server 类型的服务,数据通信服务总是由客户机调用 GET/SET/ACTION.request 服务启动。一旦调用其中任何一个服务,客户应用

17) 有关 COSEM 对 DLMS 扩展的部分,参见附录 B。

18) 在组播和广播时,本机制用作客户机标识码。

层协议机将构建相应的 APDU 并发送给对等的服务器应用层。

数据通信服务请求可以采用确认的或无确认的方式调用，如果采用以确认的方式调用，服务器应响应该请求，否则不需要应用层级的确认，参见 7.4.1.1。

无确认的服务可以采用两种不同的方式调用：独立访问或广播（组播），参见 7.4.1.2。

还有第四种情况，就是非 client/server 类型的数据通信服务，即 EventNotification 服务。通过请求该服务，服务器应用进程可以主动给远方客户机发送突发事件通告，参见 7.4.1.3。

7.4.1 使用 LN 引用 xDLMS 服务的协议

7.4.1.1 确认服务的协议

对确认的数据通信服务，可使用下列服务原语：

- GET (.request/.indication/.response/.confirm)；
- SET (.request/.indication/.response/.confirm)；
- ACTION (.request/.indication/.response/.confirm)。

GET 和 SET 服务用于引用 COSEM 接口对象实例的属性，ACTION 服务用于引用 COSEM 接口对象的一个方法（例如：获取预先定义的数据集）。有关 COSEM 接口类的属性和方法的定义参见 GB/T 19882.32—2007。

COSEM 客户机只能在确认的应用连接中采用确认的方式调用这些服务的.request 原语。如果 COSEM 服务器接收到任何一种服务的.indication 原语，该原语以确认的方式调用但其包含的 client/server 类型的标识码却引用了不存在的应用连接，则该报文应被丢弃（不调用.response 原语）。

COSEM 服务器的应用进程一旦接收到数据通信服务指示，应检查该服务能否被提供（检查合法性、客户机访问权限、可行性等），如果一切都正确，服务器应用进程应在本地使用相应的“实际”对象提供所请求的服务。如果需要响应，COSEM 服务器应用进程应生成一个适当的.response 报文。

图 23 是成功情况下，一个确认的 GET.request 服务调用的完整的报文顺序图。

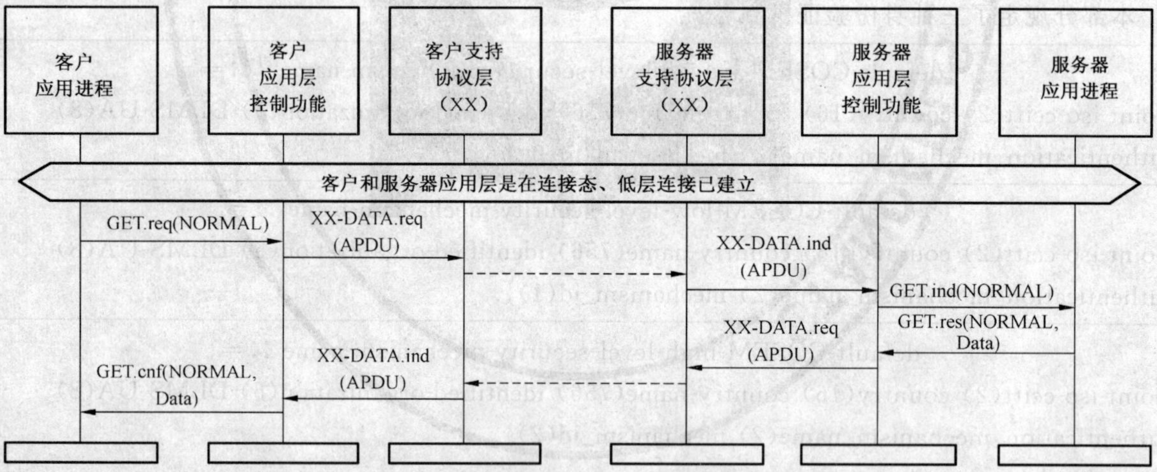

图 23 成功情况下，确认的 GET 服务的 MSC

注：图 23 所示的报文顺序图仅适用于传送数据（的长度）不超过 APDU 所支持的最大长度的情况，为了能够使用 GET 服务传送更长的数据，COSEM 提供了一种应用层级的协议。另外，数据链路层级的协议也是可用的，它对应用层来说是透明的，参见 7.4.8.1。

图 24 是在成功情况下，一个确认的 SET 服务调用的完整的报文顺序图。

注：图 25 所示的报文顺序图仅适用于传送数据（的长度）不超过 APDU 所支持的最大长度的情况，为了能够使用 GET 服务传送更长的数据，COSEM 提供了一种应用层级的协议，详情参见 7.4.8.1。

失败情况下，服务器（替代图 24 中确认信息）应发送否认信息，并指出失败原因，如图 25 所示。

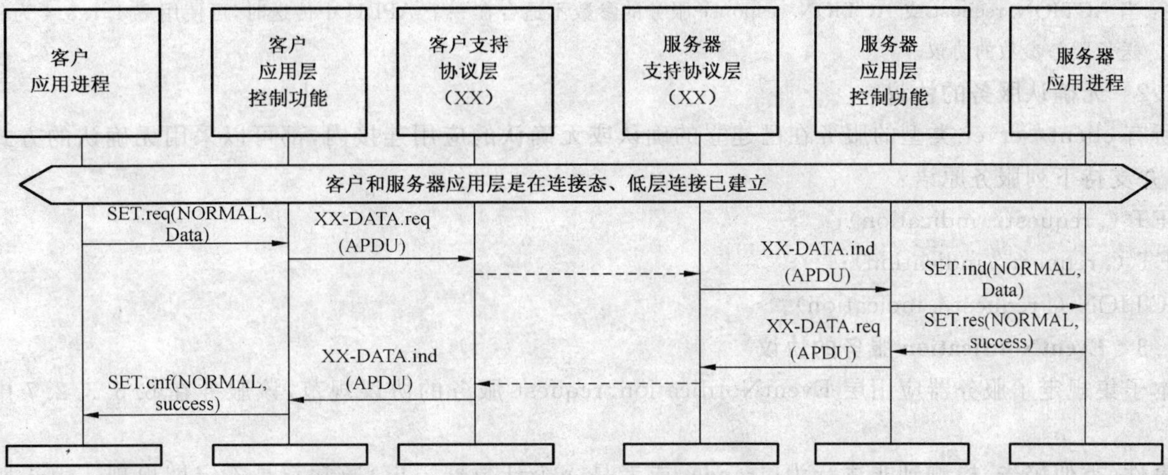

图 24　成功情况下,确认的 SET 服务的 MSC

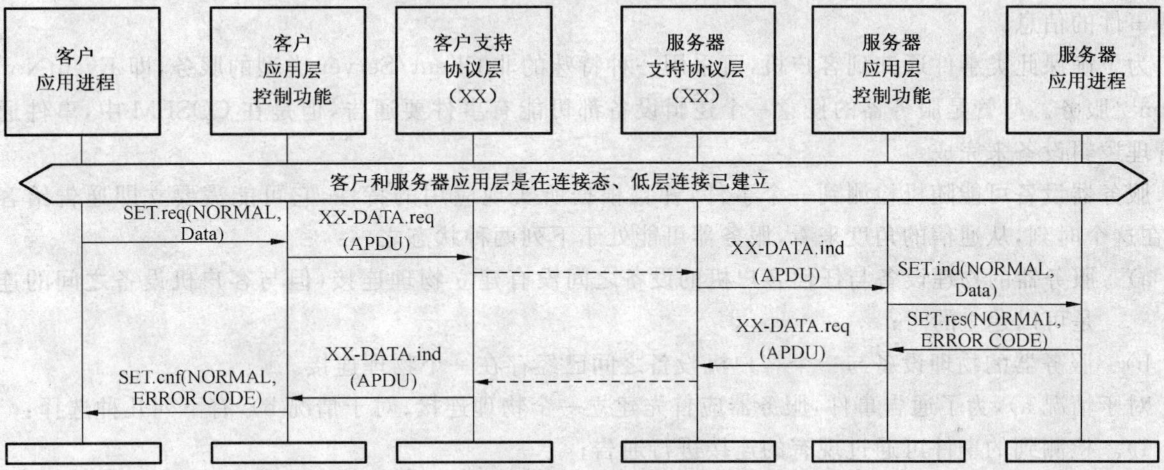

图 25　失败情况下,SET 服务的 MSC

ACTION 服务的行为最复杂,它用于调用远方服务器上的一个 COSEM 接口对象的方法,复杂的原因是调用方法可能隐含从客户机到服务器和从服务器到客户机的双向数据交换,而且可能数据太长,不适合在一个 APDU 中传送。

图 26 是这种情况下的报文顺序图,图中所示请求服务被服务器接受,并且其方法调用不返回数据。

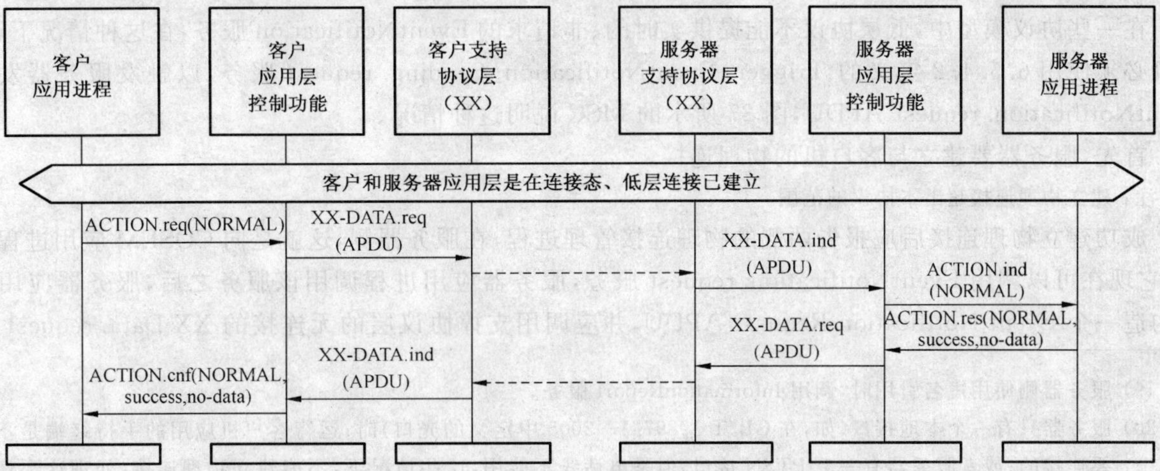

图 26　最简单情况下 ACTION 服务的 MSC

注：当 ACTION. request 或 ACTION. response 服务的参数不适合在一个 APDU 中传送时，可使用 7.4.1.8.4 为传送长服务参数的协议。

7.4.1.2 无确认服务的协议

所有 client/server 类型的服务在已建立的确认或无确认的应用连接内，都可以采用无确认的方式调用，并支持下列服务原语：

- GET (. request/. indication)；
- SET (. request/. indication)；
- ACTION (. request/. indication)。

7.4.1.3 EventNotification 服务的协议

本子集规定了服务器应用层 EventNotification. request 服务的协议规范，该服务在 6.6.3.2.7 中说明。

事件(类似警告、检测到非法行为(fraud)、或者是一个计数器溢出)通常都是不定期出现。由于服务器仅在接收到客户机的请求后才能发送信息，客户机可以或者不采用 Client/Server 类型的服务获取这些事件的信息。

为了确保此类事件通知到客户机，可采用一种特殊的非 Client/Server 类型的服务，即 EventNotification[19] 服务。尽管是服务器的任意一个逻辑设备都可能有事件要通告，但是在 COSEM 中，事件通告由管理逻辑设备来完成。

服务器设备可能随机检测到一个事件，并且根据所实现应用的特性，它可能需要立即通告给客户机，在这个时刻，从通信的角度来看，服务器可能处于下列两种状态之一：

a） 服务器的物理设备与任何客户机的设备之间没有建立物理连接(但与客户机设备之间的连接是可以建立的[20])；

b） 服务器的物理设备与一个客户机设备之间已经存在一个物理连接。

对于情况 a)，为了通告事件，服务器应首先建立一个物理连接；对于情况 b)，有下列几种选择：

1） 检测到的事件可通过现有的连接进行通告；

2） 为启动一个新的连接，立即终止当前的连接；

3） 服务器启动新的连接之前等待当前会话结束；

……

一旦调用 EventNotification. request 服务，COSEM 服务器应用层应构造一个 EventNotification. request APDU，该 APDU 使用低层的数据通信服务以非请求的方式从管理逻辑设备的 SAP 发送给客户机管理应用进程的 SAP。

在一些协议模型中，低层协议不能提供实时的、非请求的 EventNotification 服务，在这种情况下，客户机必须使用 6.5.4.2 定义的 Trigger_EventNotification_Sending. request 服务，以触发服务器发送 EventNotification. request APDU，图 27 所示的 MSC 说明这种情况。

首先，服务器要建立与客户机的物理连接。

注：建立物理连接超出本协议的范围。

成功建立物理连接后应报告两侧的物理连接管理进程，在服务器侧，这就是向 COSEM 应用进程指示，它现在可以调用 EventNotification. request 服务，服务器应用进程调用该服务之后，服务器应用层应构造一个 Event-Notification-Request APDU，并应调用支撑协议层的无连接的 XX-Data. request 服

19）服务器侧使用短名引用时，调用 InformationReport 服务。

20）服务器只有一个本地接口(如，在 GB/T 19897.1—2005 中定义的光口)时；运行客户机应用的手持终端是不需要连接的；或者服务器有一个 PTSN 接口，但是电话线不能用，这些情况下，不能建立物理连接，处理这类情况与特定实现有关。

务，其数据参数加载 Event-Notification-Request APDU。

这时，支持层不能立即发送 PDU，因此，它应保存在服务器的支持层等待发送。

当客户机检测到物理连接建立成功，且没有其他的原因收到一个输入呼叫，客户机认为此呼叫是由打算发送 EventNotification 报文的远方服务器发出的。

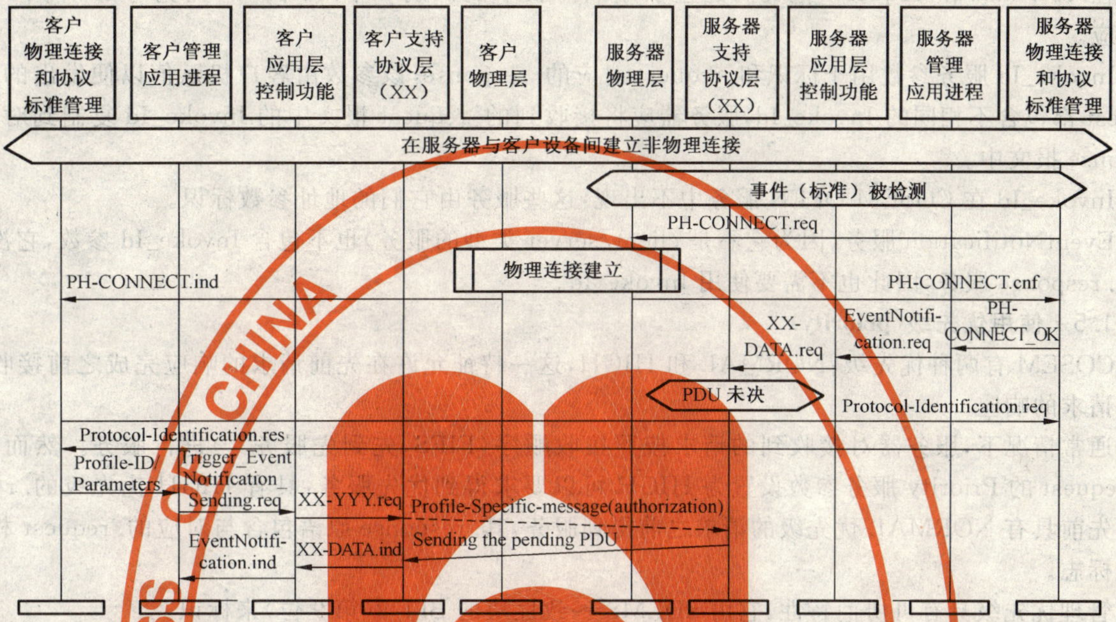

图 27　客户机触发的 EventNotification 的示例

此时客户机可能不知道呼叫服务器使用的协议模型，因此客户机必须使用 GB/T 19897.3—2005 中描述的协议标识服务来识别协议栈，这就是图 27 中所示的“Protocol-Identification. req”和“Protocol-Identification. res”报文。在确定服务器使用的协议模型后，客户机就能够示例正确的协议栈，如果给定模型正是所需要的，则客户机将调用客户机应用层的 Trigger_EventNotification_Sending. request 服务。

一旦调用此服务，客户机应把“授权信息”发送给服务器：此“授权信息”报文依赖所使用的通信模型。服务器接收到授权信息后，应使用无连接的数据传送服务把等待发送的 Event-Notification-Request APDU 发送出去。客户机应用层接收到 Event-Notification-Request APDU 后，使用 EventNotification. indication 服务指示客户机应用进程。到此为止，事件已经通告给客户机，通告过程完成。

上述过程仅仅是阐述了事件通告的一个示例：根据具体的实现特性，服务器可以采用不同方式进行事件通告，不论怎么实现，其目的都是为了向客户机通告所检测到的事件：

- 服务器使用 EventNotification. request 服务调用。
- 本服务的调用应导致服务器应用层构造一个 EventNotification. request APDU。
- 服务器应用层使用支撑层无连接的数据传输服务应将支撑层 PDU 发送给客户机，第一时机的特性依赖于所使用的通信模型。
- 一旦接收到包含 EventNotification. request 报文的支撑层 PDU，应使用无连接的 XX-DATA 指示给客户机应用层。客户机应用层一旦接收到该服务，应产生一个 Event-Notification. indication[21] 服务向 COSEM 客户机应用进行指示。
- 事件通告经常被从管理逻辑设备发送到管理应用进程。

21）在客户机侧总是使用 EventNotification. indication 服务，它独立于服务器侧所使用的引用方式（逻辑名引用或短名引用）。

7.4.1.4 标识服务调用:使用 **Invoke_Id**

一个完整的确认的数据通信服务过程由一个.request和一个.response(通过.indication和.confirmation服务原语指示给对等的协议层)类型的报文交换组成。在Client/Server模型中,请求由客户发出,响应由服务器发出。由于客户机在接收到先前请求的.response之前,允许发出几个.requests,这就需要在.response和.requests报文间建立引用,否则,不能识别一个.response究竟与哪一个.request相对应。

Invoke_Id服务参数用于标识和.request对应的.response,该参数由客户机赋值以便发出的每个.request都包含不相同的Invoke_Id,服务器应将接收到的.request报文中的Invoke_Id复制到对应的.response报文中。

Invoke_Id在COSEM-OPEN服务中不出现:这些服务由它们的地址参数标识。

EventNotification服务(因为它不是client/server类型的服务)也不包含Invoke_Id参数,它没有对应的.response服务,因此也不需要使用Invoke_Id。

7.4.1.5 使用优先级(**priority**)

COSEM有两种优先级:NORMAL和HIGH,这一特征允许在先前请求的响应完成之前接收一个对新请求的响应。

通常情况下,服务器对接收到的请求按照接收顺序(FIFS,先到先服务[22])进行服务。然而,通过将.request的Priority服务参数设置为HIGH可以要求得到优先服务:具有HIGH优先级的.request应在先前具有NORMAL优先级的请求之前得到服务,其.response原语包含与对应的.request相同的优先标志。

管理优先级具有可协商特性:它由xDLMS一致性块的BIT 9(第9位)来标识。

注:如果服务器不支持此特性,具有HIGH优先级的请求应按照NORMAL优先级进行服务。

7.4.1.6 选择性访问

GET/SET服务类型用在对一个COSEM接口对象的完整属性进行引用,然而,对某些属性,也可以提供对属性的某一部分进行选择性访问,属性的这部分由特定的选择性访问参数[23]进行标识。参见GB/T 19882.32—2007,这些选择性访问参数在给定COSEM接口类规范中作为属性说明的一部分进行了定义。

选择性访问说明总是从访问选择器开始,后面紧跟一个特定访问参数列表,为了对选择性访问参数进行编码,定义了一个"special-access-descriptor"数据类型:

```
Selective-Access-Descriptor ::= SEQUENCE
{
    access-selector          Unsigned8,
    access-parameters        Data
}
```

使用该数据类型,所需要的选择性访问参数应作为可选字段包含在相应的LN APDU中,表示如下:

Access_Selection   selective-access-descriptor   OPTIONAL

选择性访问具有可协商特性:它由xDLMS一致性块的BIT 21(第21位)标识。

7.4.1.7 在同一个服务请求中使用多重引用

7.4.1.7.1 **Attribute_0** 引用

GET/SET服务典型用在对一个COSEM接口对象一个属性进行引用,所引用的属性由COSEM_

22) 由于服务调用采用Invoke_Id进行标识,因此对具有相同优先级的调用可以采用任何顺序进行服务。

23) 尽管选择参数的规范不依赖于所使用的引用方式(LN或SN),但是使用逻辑名引用(LN)的服务(GET/SET)和使用短名引用的服务(read/write)时,这些参数的使用方法是不相同的。本条讨论LN引用时选择性访问的情况。使用SN引用的选择性访问称之为"参数化的访问",在7.4.2.7条中说明。

Object_Attribute_Id 服务参数的值标识。

按照约定，属性从 1 到 n 进行编号，其中 Attribute_1 是 COSEM 接口对象的逻辑名。制造商可以使用负序号给任何对象增加专有的方法和/或属性，参见 GB/T 19882.32—2007 的 4.1。

COSEM_Object_Attribute_Id 取 0 值（Attribute_0）[24] 有特定的含义：引用具有正索引号的所有属性（公共属性）。

具有 COSEM_Object_Attribute_Id = 0 的 GET.request 服务请求引用对象的所有公共属性值，对该请求的响应是一个数据结构，该数据结构包含所有公共属性（数据）值，结构中元素的顺序为给定对象规范中属性出现的顺序。对给定连接中没有授予访问权限的属性，或者由于其他原因不能访问的属性，应返回 null_data 类型的 NULL 值。

具有 COSEM_Object_Attribute_Id = 0 的 SET.request 服务设置引用对象的所有公共属性的值，在该请求中发送数据是一个数据结构，该数据结构包含每一个公共属性，结构中元素的顺序为给定对象规范中属性出现的顺序，结构中元素的值可以是一个值，也可以是一个 null_data 类型的 NULL 值，NULL 值表示给定的属性不需要设置。

对该请求的响应也应是一个数据结构，该数据结构包含每个公共属性设置的结果（data- access-result），结构中元素的顺序为给定对象规范中属性出现的顺序，结构中的元素指示所请求的 SET 操作成功或者失败，该响应由 SET-Response-With-List-type 的 APDU 加载。

Attribute_0 引用具有可协商特性：GET 服务由 xDLMS 一致性块的 BIT 10（第 10 位）标识，SET 服务由 xDLMS 一致性块的 BIT 8（第 8 位）标识。

7.4.1.7.2 属性引用列表

对一个属性的完整 LN 引用包含下列参数：

class-id	Cosem-Class-Id，
instance-id	Cosem-Object-Instance-Id，
attribute-id	Cosem-Object-Attribute-Id，
access-selection	Selective-Access-Descriptor OPTIONAL

一个.request 服务可以包含一个上述引用或一个上述引用的列表，对不同类型的.request 的 APDU 规范在 8.6 中给出。

7.4.1.8 传输长服务参数

7.4.1.8.1 非透明和透明的传输机制

数据通信服务的服务参数以编码形式通过 APDU 进行传送，在对等层之间进行信息交换。在一些情况下，APDU 的报文长度超过了协议所支持的一个传输信息片（碎片）的长度，为传输这些长数据，本协议提供了两种传输机制：

a) 使用应用层协议进行长数据传输。该机制适用于任何特定服务（GET，SET 和 ACTION）以及任何协议模型，该机制在下面的章条中详细说明。

b) 以透明方式向客户机应用传输长数据。该特性仅适用于低层协议提供分段传输功能的情况。由于透明的长数据传输规范仅适用于服务器到客户机的方向，因此服务器侧支撑协议层要为应用层提供几个特定服务。由于这些服务对支撑协议层来说是特殊的，处理这些服务超出了本部分的范围，换句话说，没有专门针对这个目的制定特殊应用层服务和协议规范，在支撑协议层支持透明的长数据传输时，服务器侧应用层实现可以能够管理这些服务。

7.4.1.8.2 GET 服务使用长数据传输的应用协议

GET 服务的长数据传输规范仅适用于 GET.response 服务原语中的数据。

24）使用短名引用时，Attribute_0 不适用。

在 GET. request 服务中，选择性访问和/或多重属性引用时，其服务参数编码形式的长度不能超过一个 APDU 所允许的最大长度。

GET. request 服务的类型应是 NORMAL 和 WITH-LIST 之一。一旦接收到一个 GET. request，服务器应用进程就应组装所请求的数据，如果这些数据能够放在一个 APDU 中，服务器应用进程应调用 NORMAL 或 WITH-LIST 类型的 Get. response 服务，其结果参数包含所请求属性的值。

如果数据不能够放在一个 APDU 中，但能支持数据块传输（由 xDLMS 一致性块的 BIT 11 标识），服务器应用进程应以数据块的形式发送这些数据。

与数据能够放在 APDU 中一样，首先要对数据进行编码，编码的结果是一个字节串：D1，D2，D3，…，DN，然后服务器将其组装到一个包含下列内容的 DataBlock-G 数据结构：

Last-block (BOOLEAN) = FALSE
Block-number (Unsigned32) = 0001
Result (IMPLICIT OCTETSTRING)[25] = 编码数据的前 K 个字节（D1，D2，D3，…，DK）

该 DataBlock-G 是响应服务的第一部分，服务器应用进程调用 Response_type = ONE-BLOCK 的 GET. response 服务，其中的 Invoke_Id 和 Priority 参数从 GET. request 中复制过来，并且 DataBlock-G 作为 Result 参数。

一旦接收到该 GET. response（如. confirm），客户机应用进程就知道所请求的响应数据不能够放在一个 APDU，并准备处理长数据传输，它应保存所接收的 APDU（D1，D2，D3，…，DK）的数据内容，并调用 Request_type = NEXT 的 GET. request 服务对所接收到的数据块进行确认，该服务还包含下列参数：

invoke-id-and-priority =与第一个 GET. request 服务的 Invoke-Id 和 Priority 相同。
Block-number =与所接收到的数据块的 Block-number 相同。

服务器在接收到该确认报文后应准备并传输下一个数据块，此数据块包含 Dk+1，Dk+2，Dk+3，…，DL，Block-number = 0002，这样数据块的交换和确认应正常继续下去，直到发送包含字节串 DM，DM+1，DM+2，…，DN 的最后一个数据块，此时 DataBlock-G 的 Last-block (BOOLEAN) 参数应置为 TRUE，并且客户机不对该数据块进行确认，在接收到最后一个数据块后，GET 服务的长数据传输过程完成。

图 28 显示了一个这种情况的示例，所请求的数据分为三部分发送，而且传输过程未被中断。一旦接收到第一个 GET. Request，服务器可能产生完整的（D1，D2，D3，…，DN）响应，也可能动态地产生一串数据块。

如果长数据传输期间发生任何差错，传输过程将终止。差错情况如下：

- 服务器出于任何原因不能提供下一个数据块。这种情况下，服务器应发送一个 Get-Response-With-Datablock 的 APDU，在 DataBlock-G 中，Last-block 参数应置为 TRUE，Block-number 置为客户机所期望的值（接收到的 Block-number+1），Result 参数包含一个 data-access-result 参数，用来指明差错原因。
- NEXT 类型的 GET. indication 服务的 Block_Number 参数的值与服务器上一次发送的 Block_Number 参数值不相等。服务器对这种情况的解释为客户机期望终止正在进行的传输，服务器不再发送下一个数据块给服务器，而是返送一个 Get-Response-With-Datablock APDU，在 DataBlock-G 中，Last-block 参数应置为 TRUE，Block-number 为 Get-Request-Next APDU 中接收到的 Block-number 参数值，Result 参数为 data-access-result=long-get-aborted。

25）这是原始数据 CHOICE。

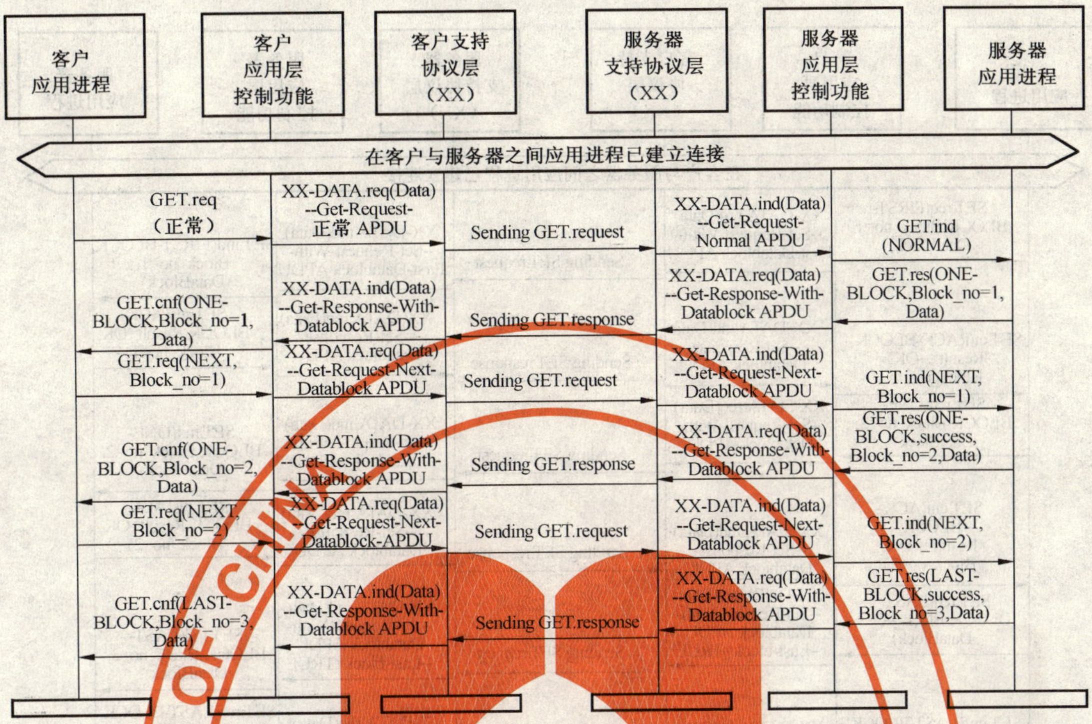

图 28　采用三个数据块发送 GET 服务的长数据传输过程

- 服务器在没有进行长数据传输时接收到 NEXT 类型的 GET. indication。在这种情况下，响应为 Get-Response-With-Datablock APDU。在 DataBlock-G 中，Last-block 参数应置为 TRUE，Block-number 为 Get-Request-Next APDU 中接收到的 Block-number 参数值，Result 参数为 data-access-result＝no-long-get-in-progress。

在长数据交换期间，所有 APDU 中的 Invoke-Id 和 Priority 参数的值相同。如果在长数据传输期间，接收到其他服务请求，则按照优先级原则进行服务。

GET 服务的数据块传输具有可协商特性：它由 xDLMS 一致性块的 BIT11(第 11 位)标识。

7.4.1.8.3　SET 服务使用长数据传输的应用协议

SET 服务的长数据传输规范仅适用于 SET. request 服务原语中的数据。

在 GET. response 服务中，选择性访问和/或多重属性引用时，其服务参数编码形式的长度不能超过一个 APDU 所允许的最大长度。

GET 和 SET. request 服务主要不同之处在于客户机在发出第一个 SET. request 服务请求之前已经知道是否需要使用长数据传输，如果需要使用长数据传输(支持数据块传输，由 xDLMS 一致性块的 BIT12 指示)，则第一个 SET. request 服务已经包含了第一个数据块。

在这两种情况下，第一个 SET. request 服务调用都可包含一个单一属性引用，也可包含属性引用的一个列表。尽管 SET. request 中的数据内容可分成几个数据块传输，但是属性引用只能在第一个 SET. request 服务调用中出现。

客户机采用前一条介绍的方法构造数据块，数据块作为原始数据放入 DataBlock-SA 结构中发往服务器。

服务器调用 Request_type ＝ ACK_BLOCK 类型的 SET. response 服务原语对每一个数据块进行确认，Result 参数仅指明接收到数据块的好坏。

在接收到最后一个数据块时，服务器调用 SET. response 服务原语的 LAST-BLOCK 或 LAST-BLOCK-WITH-LIST 类型的 SET. response 服务原语对整个 SET. request 服务调用进行确认，该服务中的 Result 参数指出 SET 操作的执行结果。

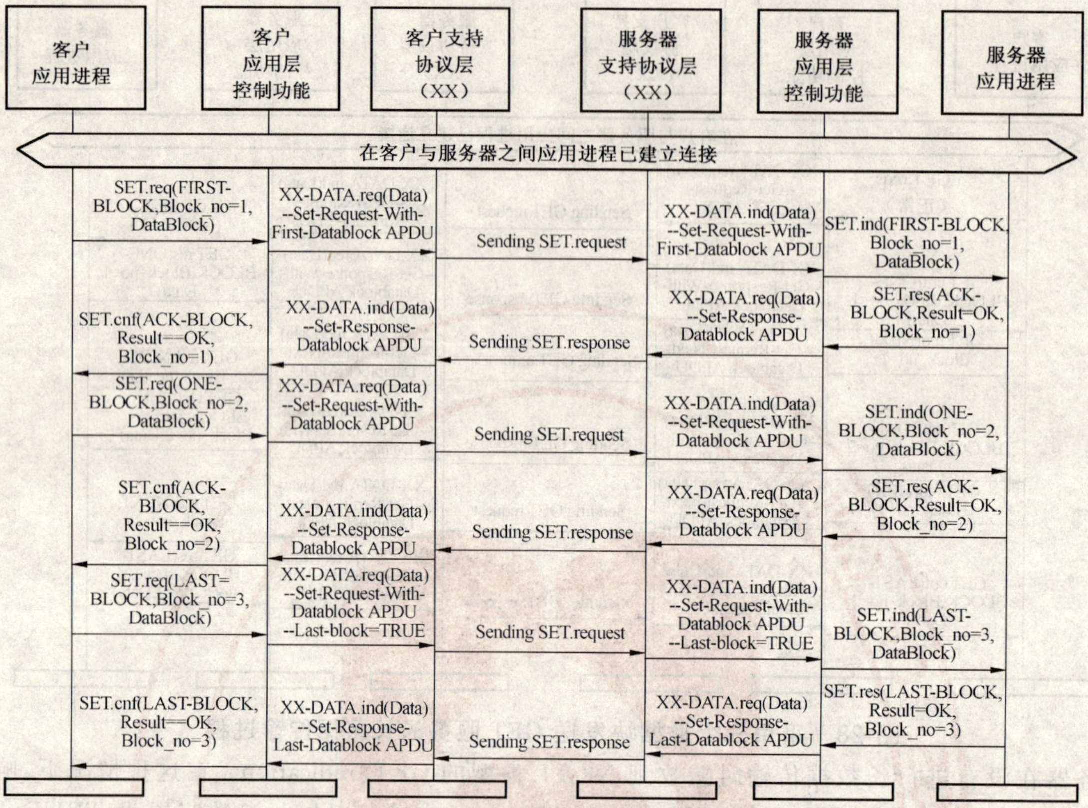

图 29 采用三个数据块发送 SET 服务的长数据传输过程

长数据传输过程中发生任何差错都将导致传输中断，差错情况如下：

- 服务器出于任何原因不能处理接收到的下一个 DataBlock-SA。这种情况下，服务器应返送一个 Set-Response-Last-Datablock APDU，其 Result 参数应指明终止传输的原因，并认为传输已经终止。
- 服务器接收到的 ONE_BLOCK 类型的 SET. indication 服务中 Block_Number 参数的值与期望值（上一次接收到的 Block-number＋1）不符。服务器对这种情况的解释为客户机期望终止正在进行的传输，服务器不再发送下一个数据块给客户机，而是返送一个 Set-Response-Last-Datablock APDU，其 Result 参数 Data-Access-Result ＝ long-set-aborted。
- 服务器在没有进行长数据传输时接收到一个 ONE_BLOCK 类型的 SET. indication。这种情况下，服务器应返送一个 Set-Response-Last-Datablock APDU，其 Result 参数 Data-Access-Result ＝ no-long-set-in-progress 。

在长数据交换期间，所有 APDU 中的 Invoke-Id 和 Priority 参数的值相同。如果在长数据传输期间，接收到其他服务请求，则按照优先级原则进行服务。

SET 服务的数据块传输具有可协商特性：它由 xDLMS 一致性块的 BIT12（第 12 位）标识。

7.4.1.8.4 ACTION 服务使用长数据传输的应用协议

使用 ACTION 服务对 COSEM 接口对象的方法进行远程调用可能需要一些参数，这些参数编码形式的长度超过一个 APDU 允许的最大长度；另一方面，方法调用可能导致服务器返送数据，这些数据也可能不能放在一个 APDU 内，因此，ACTION 服务的长数据传输可能在两个方向上进行。

在两个方向上的长数据传输包含两个阶段：

- 首先，客户机发送整个 ACTION. request 给服务器（如果需要的话，按参数块传输）。
- 其次，服务器发送整个 ACTION. response 给客户机（如果需要的话，按参数块传输）。

与 SET 服务类似，客户机在发出第一个 ACTION. request 服务请求之前已经知道是否需要采用长数据传输，如果需要，（支持数据块传输，由 xDLMS 一致性块的 BIT13 标识），则第一个 ACTION. request 服务调用已经包含第一个数据块。

在这两种情况下，第一个 ACTION. request 调用都可以包含一个单一方法的引用，也可包含方法引用的一个列表，尽管 ACTION. request 的数据内容(Method_Invocation _Parameters)可以分成多个数据块传输，方法引用仅在第一个 ACTION. request 服务中出现。

客户机构造数据块的方法与 7.4.1.8.3 说明的一样，数据块应作为原始数据放入 DataBlock-SA 结构中发往服务器。

一旦完成完整的 ACTION. request 传输，服务器应在本地激活所有请求的方法，并应调用 ACTION. response 响应服务。对一个方法调用的响应包含一个具有两个参数的序列，第一个参数指明方法调用的结果，第二个参数是可选参数，它包含 ACTION 调用所需的数据。

ACTION. response 服务原语可以采用下列形式之一：

- NORMAL：相应的 ACTION. request 服务仅包含一个方法引用，并且响应服务可以放在一个 APDU 中。
- WITH-LIST：相应的 ACTION. request 服务包含方法引用的一个列表，并且整个响应服务可以放在一个 APDU 中。
- BLOCK：相应的 ACTION. request 服务可能仅包含一个方法引用也可能包含方法引用的一个列表(它仅决定参数块的内容)，对 ACTION. request 的响应不能放在一个 APDU 中。在此情况下，服务器应启动长数据传输，这与 7.4.1.8.2 中所描述的 GET 服务类似。

图 30 说明了这样一种情况，客户机发送了一个 ACTION. request，它包含多个方法引用，用三个数据块传送；服务器对该请求的响应用两个数据块传送。与 GET 服务类似，服务器发送响应的最后一个数据块后整个服务完成，该数据块不需要客户机确认。

图 30 ACTION 服务使用长数据传输

长数据传输的第一部分(客户机→服务器)与 SET 服务类似,第二部分(服务器→客户机)与 GET 服务类似:ACTION 服务可看成是组合的 SET/GET 服务。

如在长数据传输中发生任何差错,则传输过程终止,差错情况与 7.4.1.8.2 和 7.4.1.8.3 所述相同。

在长数据交换期间,所有 APDU 中的 Invoke-Id 和 Priority 参数的值相同。如果在长数据传输期间,接收到其他服务请求,则按照优先级原则进行服务。

ACTION 服务的数据块传输具有可协商特性:它由 xDLMS 一致性块的 BIT13(第 13 位)标识。

7.4.2 使用 SN 引用 xDLMS 服务的协议

7.4.2.1 确认服务的协议

支持确认方式调用的服务如下:

- Read;
- Write。

按照 5.3.2 的定义,COSEM 客户应用进程总是使用逻辑名引用调用数据传输服务。当服务器使用短名引用时,客户应用层应将逻辑名引用(LN)的服务调用转换为短名引用(SN)的服务调用,转换任务由 ASO 的短名映射服务组件完成,映射关系已在 6.5.5.2 中定义,转换之后,应将这些 SN 引用传送给服务器。

一旦接收到服务请求,服务器应用进程应检查是否能提供该服务(检查合法性,客户机访问权限,可用性等)。如果一切都正确,服务器应用进程在本地将所请求的服务提供给相应的“实际”对象。然后,COSEM 服务器应用进程生成相应的使用 SN 引用的响应报文,客户机应用层应重新把该报文转换成相应的使用 LN 引用的服务。

图 31 是一个完整的 ReadRequest/Response 服务调用的报文顺序图。

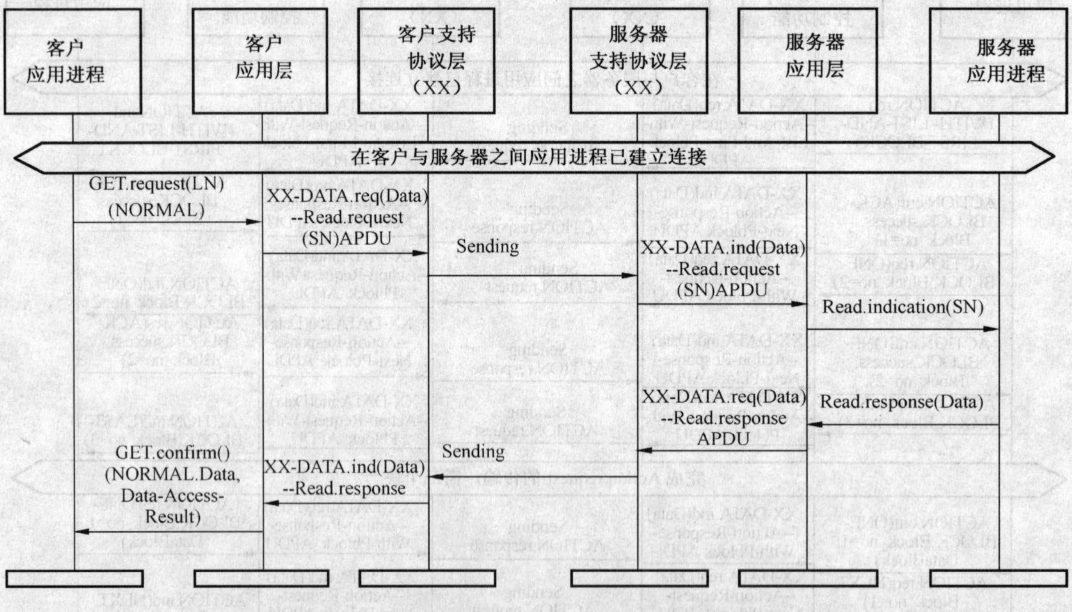

图 31 **ReadRequest/Response 服务的 MSC**

注:图 31 所示的报文顺序图仅适用于传送数据的大小不超过 APDU 所支持的最大长度的情况,非透明的长数据传输(参见 7.4.1.8)不适用于使用短名引用的情况。

7.4.2.2 非确认服务的协议

对于无确认的请求,提供下列服务:

- UnconfirmedWriteRequest。COSEM 客户机只有在建立应用连接之后,才可调用该请求服务原语,一旦接收到该请求,客户机应用层应使用正确的 APDU 格式作为数据参数调用支撑协议层(XX-

DATA. request)的无连接的数据传输服务。

在支撑层，所生成的 XX-PDU 通过采用无连接的数据传输服务发送给指定的目的地址，目的地址有三种不同可能：单独地址，组地址或广播地址。根据目的地址类型，接收站应按照下列方式对接收到的信息进行相应处理：

- XX-PDU 的目的地址为单独的 COSEM 逻辑设备地址。如果所接收的 XX-PDU 在一个已建立的应用连接之内，应按目的地址发送给指定的 COSEM 逻辑设备，否则该报文应被丢弃。
- XX-PDU 的目的地址为一组 COSEM 逻辑设备的组地址。XX-PDU 应按目的地址发送给指定的 COSEM 逻辑设备组，不过，如果客户机和 COSEM 逻辑设备组之间没有建立连接的话，所接收的信息应被丢弃。
- XX-PDU 的目的地址为发送给所有 COSEM 逻辑设备的广播地址。不过，如果客户机和所有这些 COSEM 逻辑设备之间没有建立连接的话，所接收的信息应被丢弃。

7.4.2.3 InformationReport 服务的协议

本条详细说明服务器应用层的 EventNotification. request 服务的协议，该服务规范在 6.6.3.3.6 中说明。

事件(类似警告、检测到非法行为(fraud)或只是一个计数器溢出)通常都是不定期出现。

为了确保此类事件通知到客户机，可采用一种特殊的非 Client/Server 类型的服务，即 Information-Report[26] 服务。尽管是服务器的任意一个逻辑设备都可能有事件要通告，但是在 COSEM 中，事件通告由管理逻辑设备来完成。

服务器设备可能随时检测到一个事件，并且需要立即通告给客户机，在这个时刻，从通信的角度来看，服务器可能处于下列两种状态之一：

a) 检测到事件的服务器的物理设备与任何客户机的设备之间没有建立物理连接(但与客户机设备之间的连接是可以建立的[27])；

b) 检测到事件的服务器的物理设备与一个客户机设备之间已经存在一个物理连接。

对于情况 a)，为了通告事件，服务器应首先建立一个物理连接；对于情况 b)，有下列几种选择：

1) 检测到的事件可通过现有的连接进行通告；

2) 为启动一个新的连接，立即终止当前的连接；

3) 服务器启动新的连接之前等待当前会话结束；

……

一旦调用 InformationReport. request 服务，COSEM 服务器应用层应构造一个 Information- Report. request APDU，并使用低层的数据通信服务以非请求的方式应将该 APDU 从管理逻辑设备的 SAP 发送给客户机管理应用进程的 SAP。

图 27 是一个 EventNotification 服务的示例：该示例也适用于 InformationReport 服务。不同之处是在 SN 引用时，服务器调用服务器应用层的 InformationReport. request 服务，而不是 Event- Notification. request 服务，当然，传送的 APDU 相应也是 InformationReport 服务。在客户机侧没有变化：一旦接收到 InformationReport APDU 时，客户应用层应产生 EventNotification. indication 原语向客户机应用进程进行指示。

7.4.2.4 InformationReport 服务对 EventNotification. indication 服务的映射

InformationReport 服务的说明与相应的 APDU 的说明都可在DL/T 790.41—2002 中找到：

---

26) 使用逻辑名引用时，在服务器侧调用的服务为 EventNotification。在客户机侧，收到使用短名引用的 InformationReport 服务将按下面的说明映射到 EventNotification. indication 服务。

27) 服务器只有一个本地接口(如，在 GB/T 19897.1—2005 中定义的光口)时；运行客户机应用的手持终端是不需要连接的；或者服务器有一个 PTSN 接口，但是电话线不能用，这些情况下，不能建立物理连接。处理这些情况与特定的实现有关。

```
InformationReportRequest::= SEQUENCE{
  current-time                GeneralizedTime  OPTIONAL
      variable-access-specification  SEQUENCE OF VariableAccessSpecification,
  list-of-data
};
```

其中,current_time 参数定义了事件发生的时间。variable-access-specification 参数包含描述属性的短名列表,这些属性包含与事件有关的信息。list-of-data 参数包含 variable-access-specification 中定义的所有属性的值。

InformationReportRequest APDU 可以包含多个属性名及其内容,然而 EventNotification. ind(参见 6.5.4.1)只能包含一个属性引用。因此,如果 InformationReportRequest APDU 包含多于一个属性时,它应被映射到几个 EventNotification. ind 服务,服务参数映射如下:

EventNotification. ind	InformationReport
Time (optional)	current-time (optional)
COSEM_Interface_Class_Id, COSEM_Interface_Object_Instance_Id, Attribute_Id	variable -name (variable-access-specification 的一部分)
属性值	Data(list-of-data 部分)

7.4.2.5 标识服务调用

使用 SN 引用时,该特性不提供。

7.4.2.6 使用优先级

使用 SN 引用时,优先级特性不提供。服务器以"先到先服务"的原则处理服务。

7.4.2.7 选择性访问

READ/WRITE 服务典型用于对一个 COSEM 接口对象的完整属性进行引用,然而,对某些属性,也可以提供对属性的某一部分进行选择性访问。属性的这部分由特定的选择性访问参数标识。这些选择性访问参数在给定 COSEM 接口类规范中作为属性说明的一部分定义,见 GB/T 19882.32—2007。

选择性访问规范从访问选择器开始,后面紧跟一个特定访问参数列表,为了将选择性访问参数编码到 Read/WriteRequest 服务之中,DLMS 的"VariableAccessSpecification"部分扩充如下:

```
variableaccessspecification:=choice
                          ...[2]...
                          ...[3]...
    parameterised access [4] IMPLICIT SEQUENCE {
    variable_name                ObjectName,
    access_selector              integer,
    parameter                    Data
    }
```

access_selector 和 parameter 的含义依赖于所引用的变量,有关定义参见 GB/T 19882.32—2007。

参数化访问具有可协商特性:它由 xDLMS 一致性块的 BIT 18(第 18 位)标识。

7.4.2.8 同一个服务调用中的多重引用

在 Read,Write 和 UnconfirmedWrite 服务中使用多重短名引用是允许的(见DL/T 790.41—2002)。

多重引用具有可协商特性:它由 xDLMS 一致性块的 BIT 14(第 14 位)标识。

7.4.2.9 传送长服务参数

长服务参数使用数据链路层提供的分段特性进行传送,如 GB/T 19897.4—2005 所述(使用 SN 引用时,只能使用透明的长数据的传送)。

8 COSEM 数据类型规范

8.1 COSEM APDU

除 DL/T 790.41—2002 中定义的 APDU 外,COSEM 也定义了一些新的 APDU,这些新的 APDU 与 DLMS PDU 兼容,因此,COSEM 中使用的 APDU 如下:

```
COSEMpdu    ::= CHOICE {
  ——COSEM 中使用的标准化的 DLMS PDU
  ——DLMS PDU (没有选择加密28))
  initiateRequest              [1] IMPLICIT     InitiateRequest,
  readRequest                  [5] IMPLICIT     ReadRequest,
  writeRequest                 [6] IMPLICIT     WriteRequest,
  initiateResponse             [8] IMPLICIT     InitiateResponse,
  readResponse                 [12] IMPLICIT    ReadResponse,
  writeResponse                [13] IMPLICIT    WriteResponse,
  confirmedServiceError        [14]             ConfirmedServiceError,
  unconfirmedWriteRequest      [22] IMPLICIT    UnconfirmedWriteRequest,
  informationReportRequest     [24] IMPLICIT    InformationReportRequest,

  ——两个 ACSE APDU
  aarq AARQ-apdu
   aare AARE-apdu
  ——采用 LN 引用时数据通信服务所使用的 APDU
    get-request                    [192] IMPLICIT    GET-Request,
    set-request                    [193] IMPLICIT    SET-Request,
    event-notification-request     [194] IMPLICIT  EVENT-NOTIFICATION-Request,
    action-request                 [195] IMPLICIT    ACTION-Request,
    get-response                   [196] IMPLICIT    GET-Response,
    set-response                   [197] IMPLICIT    SET-Response,
    action-response                [199] IMPLICIT    ACTION-Response,
  ——全局加密的 PDU
    glo-get-request                [200] IMPLICIT    OCTET STRING,
    glo-set-request                [201] IMPLICIT    OCTET STRING,
    glo-event-notification-request [202] IMPLICIT    OCTET STRING,
    glo-action-request             [203] IMPLICIT    OCTET STRING,
   glo-get-response                [204] IMPLICIT    OCTET STRING,
   glo-set-response                [205] IMPLICIT    OCTET STRING,
    glo-action-response            [207] IMPLICIT    OCTET STRING,
  ——专用加密的 pdu
```

28) 在加密的应用环境中将使用相应的加密 DLMS PDU。

```
        ded-get-request                      [208] IMPLICIT          OCTET STRING,
        ded-set-request                      [209] IMPLICIT          OCTET STRING,
        ded-event-notification-request       [210] IMPLICIT          OCTET STRING,
        ded-actionRequest                    [211] IMPLICIT          OCTET STRING,
        ded-get-response                     [212] IMPLICIT          OCTET STRING,
        ded-set-response                     [213] IMPLICIT          OCTET STRING,
        ded-action-response                  [215] IMPLICIT          OCTET STRING
```

8.2 AARQ 和 AARE APDU

```
  AARQ-apdu    ::= [APPLICATION 0] IMPLICIT SEQUENCE
                                       ——[APPLICATION 0] == [ 60H ] = [ 96 ]
{
protocol-version             [0] IMPLICIT BIT STRING {version1 (0) } DEFAULT
                                 {version1},
application-context-name     [1] Application-context-name,
called-AP-title              [2] AP-title OPTIONAL,
called-AE-qualifier          [3] AE-qualifier OPTIONAL,
called-AP-invocation-id      [4] AP-invocation-identifier OPTIONAL,
called-AE-invocation-id      [5] AE-invocation-identifier OPTIONAL,
calling-AP-title             [6] AP-title OPTIONAL,
calling-AE-qualifier         [7] AE-qualifier OPTIONAL,
calling-AP-invocation-id     [8] AP-invocation-identifier OPTIONAL,
calling-AE-invocation-id     [9] AE-invocation-identifier OPTIONAL,
    ——如果只使用内核,下面的字段不出现。
sender-acse-requirements     [10] IMPLICIT ACSE-requirements OPTIONAL,
    ——如果选用身份验证单元,下面的字段应出现。
mechanism-name               [11] IMPLICIT Mechanism-name OPTIONAL,
    ——如果选用身份验证单元,下面的字段应出现。
  calling-authentication-value   [12] EXPLICIT Authentication-value OPTIONAL,
  implementation-information     [29] IMPLICIT Implementation-data OPTIONAL,
  user-information               [30] IMPLICIT Association-information OPTIONAL
  }
  AARE-apdu    ::= [APPLICATION 1] IMPLICIT SEQUENCE
                                       ——[APPLICATION 1] == [ 61H ] = [ 97 ]
  {
  protocol-version             [0] IMPLICIT BIT STRING {version1 (0) } DEFAULT
  {version1},
  application-context-name     [1] Application-context-name,
  result                       [2] Association-result,
  result-source-diagnostic     [3] Associate-source-diagnostic,
  responding-AP-title          [4] AP-title OPTIONAL,
  responding-AE-qualifier      [5] AE-qualifier OPTIONAL,
  responding-AP-invocation-id  [6] AP-invocation-identifier OPTIONAL,
  responding-AE-invocation-id  [7] AE-invocation-identifier OPTIONAL,
```

——如果只使用内核，下面的字段不出现。

responder-acse-requirements [8] IMPLICIT ACSE-requirements OPTIONAL,

——如果选用身份验证单元，下面的字段应出现。

mechanism-name [9] IMPLICIT Mechanism-name OPTIONAL,

——如果选用身份验证单元，下面的字段应出现。

responding-authentication-value [10] EXPLICIT Authentication-value OPTIONAL,
implementation-information [29] IMPLICIT Implementation-data OPTIONAL,
user-information [30] IMPLICIT Association-information OPTIONAL
}
ACSE-requirements ::= BIT STRING { authentication (0) }
Application-context-name ::= OBJECT IDENTIFIER
Mechanism-name ::= OBJECT IDENTIFIER
Authentication-value ::= CHOICE
{
charstring [0] IMPLICIT GraphicString,
bitstring [1] IMPLICIT BIT STRING,
external [2] IMPLICIT EXTERNAL,
other [3] IMPLICIT SEQUENCE
{
other-mechanism-name Mechanism-name,
other-mechanism-value ANY DEFINED BY other-mechanism-name
}
}
Implementation-data ::= GraphicString
Association-information ::= OCTETSTRING[29]
Association-result ::= INTEGER
{
accepted (0),
rejected-permanent (1),
rejected-transient (2)
}
Associate-source-diagnostic ::= CHOICE
{
acse-service-user [1] INTEGER
{
null (0),
no-reason-given (1),
application-context-name-not-supported (2),
authentication-mechanism-name-not-recognised (11),

29) 在 ISO/IEC/TR2 8650-1 中，association-information 字段定义为 ::= SEQUENCE OF EXTERNAL。对 COSEM 而言，该字段总是包含采用 A-XDR 编码的 DLMS-Initiate . request/. response pdu（在服务器不支持所请求的 xDLMS 环境时，该字段包含一个 ConfirmedServiceError-pdu），作为采用 BER 编码的 OCTETSTRING。

```
authentication-mechanism-name-required (12),
authentication-failure (13),
authentication-required (14)
}
    acse-service-provider [2] INTEGER
    {
    null (0),
    no-reason-given (1),
    no-common-acse-version (2)
    }
}
```

8.3 采用的数据类型

—— 采用的数据类型

```
    Integer8                ::= INTEGER(-128..127)
    Integer16               ::= INTEGER(-32 768..32 767)
    Integer32               ::= INTEGER(-2 147 483 648..2 147 483 647)
    Integer64               ::= INTEGER(-263.. 263-1)
    Unsigned8               ::= INTEGER(0..255)
    Unsigned16              ::= INTEGER(0..65 535)
    Unsigned32              ::= INTEGER(0..4 294 967 295)
    Unsigned64              ::= INTEGER(0..264-1)
    Invoke-Id-And-Priority        ::= BIT STRING (SIZE(8))
  {
       invoke-id (0…6),
       priority (7)
  }
    ObjectName                    ::= Integer16
    Cosem-Class-Id                ::= Unsigned16
    Cosem-Object-Instance-Id      ::= OCTET STRING (SIZE(6))
    Cosem-Object-Attribute-Id     ::= Integer8
    Cosem-Object-Method-Id        ::= Integer8
    Cosem-Attribute-Descriptor    ::= SEQUENCE
      {
    class-id            Cosem-Class-Id,
    instance-id         Cosem-Object-Instance-Id,
    attribute-id        Cosem-Object-Attribute-Id
      }
Cosem-Method-Descriptor ::= SEQUENCE
  {
class-id            Cosem-Class-Id,
instance-id         Cosem-Object-Instance-Id,
method-id           Cosem-Object-Method-Id
```

```
  }
Selective-Access-Descriptor ::= SEQUENCE
  {
access-selector          Unsigned8,
access-parameters Data
  }
Cosem-Attribute-Descriptor-With-Selection ::= SEQUENCE
  {
cosem-attribute-descriptor      Cosem-Attribute-Descriptor
access-selection              Selective-Access-Descriptor OPTIONAL
  }
Get-Data-Result ::= CHOICE
  {
data                    [0] Data,
data-access-result      [1] IMPLICIT Data-Access-Result
  }
Action-Response-With-Optional_Data          ::= SEQUENCE
  {
result                      Action-Result,
return-parameters       Get-Data-Result OPTIONAL
  }
ConfirmedServiceError ::= CHOICE
  {
    ——标记 0 保留
initiateError             [1]          ServiceError,
getStatus                 [2]          ServiceError,30)
getNameList               [3]          ServiceError,
getVariableAttribute      [4]          ServiceError,
read                      [5]          ServiceError,
write                     [6]          ServiceError,
getDataSetAttribute       [7]          ServiceError,
getTIAttribute            [8]          ServiceError,
changeScope               [9]          ServiceError,
start                     [10]         ServiceError,
stop                      [11]         ServiceError,
resume                    [12]         ServiceError,
makeUsable                [13]         ServiceError,
initiateLoad              [14]         ServiceError,
loadSegment               [15]         ServiceError,
terminateLoad             [16]         ServiceError
initiateUpLoad            [17]         ServiceError,
```

30) 灰色数据在 DLMS 文本中不使用。

```
upLoadSegment          [18]        ServiceError,
terminateUpLoad        [19]        ServiceError
  }
ServiceError ::= CHOICE
  {
application-reference        [0]         IMPLICIT ENUMERATED {
    ——DLMS 提供者
 other                                  (0),
 time-elapsed                           (1),——请求已超时
 application-unreachable                (2),——找不到对等的 AEi
 application-reference-invalid          (3),       ——访问出错
 application-context-unsupported        (4),       ——application-context 不兼容
 provider-communication-error           (5),       ——在本地或远方设备中发生错误
 deciphering-error                      (6)        ——检测到加密功能出错
    },
hardware-resource                  [1]         IMPLICIT ENUMERATED {
    ——VDE 硬件故障
other                                   (0),
memory-unavailable                      (1),
processor-resource-unavailable          (2),
mass-storage-unavailable                (3),
other-resource-unavailable              (4)
    },

    vde-state-error                 [2]         IMPLICIT ENUMERATED {
    ——差错源说明
other                                   (0),
no-dlms-context                         (1),
loading-data-set                        (2),
status-nochange                         (3),
status-inoperable                       (4)
    },
service                          [3]         IMPLICIT ENUMERATED {
    ——服务处理出错
other                                   (0),
pdu-size                                (1),——pdu 太长
                                             ——(参见配套规范)
    service-unsupported                 (2),——参见一致性块的说明
},
definition                      [4]         IMPLICIT ENUMERATED {
    ——服务中绑定的对象出错
other                                   (0),
object-undefined                        (1),——VDE 中没有定义该对象
```

```
object-class-inconsistent          (2), ——对象类与请求的服务不兼容
object-attribute-inconsistent      (3) ——对象属性不一致
},
access                      [5]    IMPLICIT ENUMERATED {
    ——对象访问出错
    other                          (0),
    scope-of-access-violated       (1), ——由于权限的原因,访问被否定
    object-access-invalid          (2), ——访问与对象属性不兼容
    hardware-fault                 (3), ——由于硬件的原因,访问失败
    object-unavailable             (4) ——找不到 VDE 处理的对象
},
initiate                    [6]    IMPLICIT ENUMERATED {
    ——初始化服务出错
  other                            (0),
  dlms-version-too-low             (1), ——提请的 DLMS 版本太低
  incompatible-conformance         (2), ——提请的服务不满足
  pdu-size-too-short               (3), ——提请的 pdu 太短
  refused-by-the-VDE-Handler       (4) ——VAA 不能创建或不允许创建
      },
    load-data-set               [7]    IMPLICIT ENUMERATED {
    ——数据集装入服务出错
      other                        (0),
    primitive-out-of-sequence      (1), ——按照 DataSet
                                        ——装入状态变换
  not-loadable                     (2), ——可装入属性被设为 FALSE
    dataset-size-too-large         (3), ——Data Set 太大
      not-awaited-segment          (4), ——提请的段不处于等待状态
    interpretation-failure         (5), ——段解释出错
    storage-failure                (6), ——段存储出错
    data-set-not-ready             (7) ——上载时 Data Set 处于不正确的状态
    },
    ——change-scope              [8]    IMPLICIT 保留。
      task                      [9]    IMPLICIT ENUMERATED {
    ——TI 服务出错
other                              (0),
no-remote-control                  (1), ——远方控制参数被设为 FALSE
ti-stopped                         (2), ——TI 处于停止状态
ti-running                         (3), ——TI 处于运行状态
ti-unusable                        (4) ——TI 处于不可用状态
  }
    ——other                     [10]   IMPLICIT ENUMERATED
      }
  Data                             ::= CHOICE
```

```
    {
null-data                          [0]       IMPLICIT NULL,
array                              [1]       IMPLICIT SEQUENCE OF Data,
  structure                        [2]       IMPLICIT SEQUENCE OF Data,
  boolean                          [3]       IMPLICIT BOOLEAN,
   bit-string                      [4]       IMPLICIT BIT STRING,
    double-long                    [5]       IMPLICIT Integer32,
      double-long-unsigned         [6]       IMPLICIT Unsigned32,
 floating-point                    [7]       IMPLICIT OCTET STRING(SIZE(4))31),
  octet-string                     [9]       IMPLICIT OCTET STRING,
  visible-string                   [10]      IMPLICIT VisibleString,
   time                            [11]      IMPLICIT GeneralizedTime,
    bcd                            [13]      IMPLICIT Integer8,
      integer                      [15]      IMPLICIT Integer8,
 long                              [16]      IMPLICIT Integer16,
  unsigned                         [17]      IMPLICIT Unsigned8,
  long-unsigned                    [18]      IMPLICIT Unsigned16,
   compact-array                   [19]      IMPLICIT SEQUENCE
    {
contents-description     [0]   TypeDescription,
 array-contents          [1]     IMPLICIT OCTET STRING
      }
      long64                    [20]     IMPLICIT Integer64,
long64-unsigned                 [21]     IMPLICIT Unsigned64,
 enum                           [22]     IMPLICIT ENUMERATED,
  float32                       [23]     IMPLICIT OCTET STRING (SIZE(4)),
  float64                       [24]     IMPLICIT OCTET STRING (SIZE(8)),
   don't-care                   [255]    IMPLICIT NULL
      }
   TypeDescription        ::= CHOICE
    {
null-data                      [0]       IMPLICIT NULL,
array                          [1]       IMPLICIT SEQUENCE {
     number-of-elements           Unsigned16,
     type-description              TypeDescription
}
structure                      [2]       IMPLICIT SEQUENCE OF TypeDescription,
boolean                        [3]       IMPLICIT NULL,
  bit-string                   [4]       IMPLICIT NULL,
   double-long                 [5]       IMPLICIT NULL,
   double-long-unsigned        [6]       IMPLICIT NULL,
```

31) 四字节字符串将含有一个浮点数，作为短型浮点数格式在 IEEE 745:1985 中规定。

```
  floating-point              [7]          IMPLICIT NULL,
 octet-string                 [9]          IMPLICIT NULL,
  visible-string              [10]         IMPLICIT NULL,
        time                  [11]         IMPLICIT NULL,
bcd                           [13]         IMPLICIT NULL,
integer                       [15]         IMPLICIT NULL,
long                          [16]         IMPLICIT NULL,
unsigned                      [17]         IMPLICIT NULL,
long-unsigned                 [18]         IMPLICIT NULL,
long64                        [20]         IMPLICIT NULL,
enum                          [22]         IMPLICIT NULL,
long64-unsigned               [21]         IMPLICIT NULL,
float32                       [23]         IMPLICIT NULL,
float64                       [24]         IMPLICIT NULL,
don't-care                    [255]        IMPLICIT NULL
     }
  DataBlock-G ::= SEQUENCE      ——G == GET.response 服务使用的 DataBlock
     {
     last-block               BOOLEAN,
     block-number             Unsigned32,
     result                   CHOICE {
     raw-data                 [0] IMPLICIT OCTETSTRING,
       data-access-result     [1] IMPLICIT Data-Access-Result
         }
     }
  DataBlock-SA::= SEQUENCE ——SA == SET.request 和 ACTION.request 服务使用的 DataBlock
     {
     last-block            BOOLEAN,
     block-number          Unsigned32,
     raw-data              OCTETSTRING
     }
  Data-Access-Result::= ENUMERATED
     {
     success                        (0),
     hardware-fault                 (1),
     temporary-failure              (2),
     read-write-denied              (3),
object-undefined                    (4),
object-class-inconsistent           (9),
object-unavailable                  (11),
type-unmatched                      (12),
scope-of-access-violated            (13),
```

```
data-block-unavailable              (14),
long-get-aborted                    (15),
no-long-get-in-progress             (16),
long-set-aborted                    (17),
no-long-set-in-progress             (18),
other-reason                        (250)
}
  Action-Result ::= ENUMERATED
    {
    success                         (0),
    hardware-fault                  (1),
    temporary-failure               (2),
    read-write-denied               (3),
    object-undefined                (4),
    object-class-inconsistent       (9),
    object-unavailable              (11),
    type-unmatched                  (12),
    scope-of-access-violated        (13),
    data-block-unavailable          (14),
    long-action-aborted             (15),
    no-long-action-in-progress      (16),
    other-reason                    (250)
}
```

8.4 xDLMS-Initiate. request/response/Confirmed Service Error PDUs

```
xDLMS-Initiate. request          ::= SEQUENCE
    {
    dedicated-key                   OCTET STRING OPTIONAL,
    ——在没有加密的 DLMS 中不应编码
    response-allowed                BOOLEAN DEFAULT TRUE,
    proposed-quality-of-service     [0] IMPLICIT Integer8 OPTIONAL,
    proposed-dlms-version-number    Unsigned8,
    proposed-conformance            Conformance,
    client-max-received-pdu-size    Unsigned16
    }
  xDLMS-Initiate. response         ::= SEQUENCE
    {
    negotiated-quality-of-service   [0] IMPLICIT Integer8 OPTIONAL,
    negotiated-dlms-version-number  Unsigned8,
    negotiated-conformance          Conformance,
    server-max-receive-pdu-size     Unsigned16,
    vaa-name ObjectName
    }
```

```
ConfirmedServiceError ::= CHOICE
{
  ——标记 0 保留
  initiateError          [1]        ServiceError,
  getStatus              [2]        ServiceError,
  getNameList            [3]        ServiceError,
...
terminateUpLoad          [19]       ServiceError
}
```

其中 ServiceError 的定义如下：

```
ServiceError ::= CHOICE
{
...
  initiate [6] IMPLICIT ENUMERATED
  ——初始化服务错误
  {
    other                              (0),
  DLMS-version-too-low                 (1), ——提出的 DLMS 的版本太低
  incompatible-conformance             (2), ——提出的服务不满足
  PDU-size-too-short                   (3), ——提出的 PDU 太短
  refused-by-the-VDE-Handler           (4), ——vaa 不能创建或不允许创建
  }
  ...
}
```

注：参见附录 B。

8.5 一致性块

为了优化 COSEM 服务的实现，增加了一个有扩展功能的一致性块，COSEM 一致性块和标准一致性块由其标记“APPLICATION31”区分。

```
Conformance ::= [APPLICATION 31] IMPLICIT BIT STRING (SIZE(24)) {
——相应的服务或功能可用时，对应的位被设置。
reserved (0)                          (0),
reserved (0)                          (1),
reserved (0)                          (2),
read                                  (3),
write                                 (4),
unconfirmed-write                     (5),
reserved (0)                          (6),
reserved (0)                          (7),
attribute0-supported-with-SET         (8),
priority-mgmt-supported               (9),
attribute0-supported-with-GET         (10),
block-transfer-with-get               (11),
block-transfer-with-set               (12),
```

```
block-transfer-with-action          (13),
multiple-references                 (14),
information-report                  (15),
reserved (0)                        (16),
reserved (0)                        (17),
parameterized-access                (18),
get                                 (19),
set                                 (20),
selective-access                    (21),
event-notification                  (22),
action                              (23)
    }
```

参数化访问（作为 VariableAccessSpecification 的附加变量）使 ReadRequest 或 WriteRequest 服务具有传送附加参数的能力。

参数化访问增加下列访问方法（对照 DL/T 790.41—2002）：

```
VariableAccessSpecification       ::=CHOICE
                                  ...[2]...
                                  ...[3]...
      parameterised access        [4]IMPLICIT SEQUENCE{
            varialbe_name               ObjetName,
            selector                    Integer,
            parameter                   Data
      }
```

选择器和访问参数的意义依赖于所引用的变量，它在相应的 COSEM IC 规范中定义。

8.6 数据通信 APDU 的定义

8.6.1 使用逻辑引用的 COSEM APDU

——使用逻辑引用的 COSEM APDU

```
GET-Request              ::= CHOICE
  {
    get-request-normal             [1] IMPLICIT Get-Request-Normal,
get-request-next                   [2] IMPLICIT Get-Request-Next,
 get-request-with-list             [3] IMPLICIT Get-Request-With-List
    }
  Get-Request-Normal               ::= SEQUENCE
    {
    invoke-id-and-priority I       Invoke-Id-And-Priority,
    cosem-attribute-descriptor     Cosem-Attribute-Descriptor,
    access-selection-parameters    Selective-Access-Descriptor OPTIONAL
    }
  Get-Request-Next            ::= SEQUENCE
    {
    invoke-id-and-priority         Invoke-Id-And-Priority,
    block-number                   Unsigned32
```

```
    }
  Get-Request-With-List          ::= SEQUENCE
    {
invoke-id-and-priority                       Invoke-Id-And-Priority,
 attribute-descriptor-list                   SEQUENCE OF Cosem-Attribute-Descriptor-With-Selection
    }
  GET-Response                   ::= CHOICE
    {
    get-response-normal                      [1] IMPLICIT Get-Response-Normal,
    get-response-with-datablock              [2] IMPLICIT Get-Response-With-Datablock,
    get-response-with-list                   [3] IMPLICIT Get-Response-With-List
    }
  Get-Response-Normal            ::= SEQUENCE
    {
    invoke-id-and-priority                   Invoke-Id-And-Priority,
    result                                   Get-Data-Result
    }
  Get-Response-With-Datablock         ::= SEQUENCE
    {
    invoke-id-and-priority                   Invoke-Id-And-Priority,
    result                                   DataBlock-G
    }
  Get-Response-With-List              ::= SEQUENCE
    {
    invoke-id-and-priority                   Invoke-Id-And-Priority,
    result                                   SEQUENCE OF Get-Data-Result
    }
  SET-Request          ::= CHOICE
    {
set-request-normal                                [1] IMPLICIT Set-Request-Normal,
 set-request-with-first-datablock                 [2] IMPLICIT Set-Request-With-First-Datablock,
  set-request-with-datablock                      [3] IMPLICIT Set-Request-With-Datablock,
  set-request-with-list                           [4] IMPLICIT Set-Request-With-List,
  set-request-with-list-and-first-datablock       [5] IMPLICIT Set-Request-With-List-And-First-
                                                      Datablock
    }
  Set-Request-Normal               ::= SEQUENCE
    {
    invoke-id-and-priority                   Invoke-Id-And-Priority,
    cosem-attribute-descriptor               Cosem-Attribute-Descriptor,
    access-selection                         Selective-Access-Descriptor OPTIONAL,
    value                                    Data
    }
```

```
Set-Request-With-First-Datablock        ::= SEQUENCE
  {
  invoke-id-and-priority        Invoke-Id-And-Priority,
  cosem-attribute-descriptor    Cosem-Attribute-Descriptor,
  access-selection              Selective-Access-Descriptor OPTIONAL,
  datablock                     DataBlock-SA
  }
Set-Request-With-Datablock              ::= SEQUENCE
  {
  invoke-id-and-priority        Invoke-Id-And-Priority,
  datablock                     DataBlock-SA
  }
Set-Request-With-List               ::= SEQUENCE
  {
invoke-id-and-priority          Invoke-Id-And-Priority,
attribute-descriptor-list       SEQUENCE OF Cosem-Attribute-Descriptor-With-Selection,
value-list                      SEQUENCE OF Data
  }
Set-Request-With-List-And-With-First-Datablock      ::= SEQUENCE
  {
  invoke-id-and-priority        Invoke-Id-And-Priority,
attribute-descriptor-list       SEQUENCE OF Cosem-Attribute-Descriptor-With-Selection,
  datablock                     DataBlock-SA
  }
SET-Response            ::= CHOICE
  {
set-response-normal                     [1] IMPLICIT Set-Response-Normal,
set-response-datablock                  [2] IMPLICIT Set-Response-Datablock,
set-response-last-datablock             [3] IMPLICIT Set-Response-Last-Datablock,
set-response-last-datablock-with-list   [4] IMPLICIT Set-Response-Last-Datablock-With-List,
set-response-with-list                  [5] IMPLICIT Set-Response-With-List
  }
Set-Response-Normal     ::= SEQUENCE
  {
  invoke-id-and-priority        Invoke-Id-And-Priority,
  result                        Data-Access-Result
  }
Set-Response-Datablock          ::= SEQUENCE
  {
  invoke-id-and-priority        Invoke-Id-And-Priority,
  block-number                  Unsigned32
  }
Set-Response-Last-Datablock   ::= SEQUENCE
```

```
    {
    invoke-id-and-priority          Invoke-Id-And-Priority,
    result                          Data-Access-Result,
    block-number                    Unsigned32
    }
Set-Response-Last-Datablock-With-List          ::= SEQUENCE
    {
    invoke-id-and-priority          Invoke-Id-And-Priority,
    result                          SEQUENCE OF Data-Access-Result,
    block-number                    Unsigned32
    }
Set-Response-With-List          ::= SEQUENCE
    {
    invoke-id-and-priority          Invoke-Id-And-Priority,
    result                          SEQUENCE OF Data-Access-Result
    }
ACTION-Request          ::= CHOICE
    {
    action-request-normal                   [1] IMPLICIT Action-Request-Normal,
    action-request-next-pblock              [2] IMPLICIT Action-Request-Next-Pblock,
    action-request-with-list                [3] IMPLICIT Action-Request-With-List,
    action-request-with-first-pblock        [4] IMPLICIT Action-Request-With-First-Pblock,
    action-request-with-list-and-first-pblock [5]IMPLICITAction-Request-With-List-And-First-Pblock,
      action-request-with-pblock            [6] IMPLICIT Action-Request-With-Pblock
    }
Action-Request-Normal          ::= SEQUENCE
    {
    invoke-id-and-priority          Invoke-Id-And-Priority,
    cosem-method-descriptor         Cosem-Method-Descriptor,
    method-invocation-parameters    Data OPTIONAL
    }
Action-Request-Next-Pblock          ::= SEQUENCE
    {
    invoke-id-and-priority          Invoke-Id-And-Priority,
    block-number                    Unsigned32
    }
Action-Request-With-List          ::= SEQUENCE
    {
    invoke-id-and-priority          Invoke-Id-And-Priority,
    cosem-method-descriptor-list    SEQUENCE OF Cosem-Method-Descriptor,
    method-invocation-parameters    SEQUENCE OF Data32)
    }
```

32）每一个方法标识符都应该有一个方法，调用参数与之对应。当被调用的方法(由方法标识符标志)不需要额外参数，在方法调用参数序列中相应的数据应用 null-data 表示。

```
Action-Request-With-First-Pblock                ::= SEQUENCE
  {
  invoke-id-and-priority              Invoke-Id-And-Priority,
  cosem-method-descriptor             Cosem-Method-Descriptor,
  pblock                              DataBlock-SA
  }
Action-Request-With-List-And-With-First-Pblock      ::= SEQUENCE
  {
  invoke-id-and-priority              Invoke-Id-And-Priority,
  cosem-method-descriptor-list        SEQUENCE OF Cosem-Method-Descriptor,
  pblock                              DataBlock-SA
  }
Action-Request-With-Pblock                ::= SEQUENCE
  {
  invoke-id-and-priority              Invoke-Id-And-Priority,
  pBlock                              DataBlock-SA
  }
ACTION-Response                   ::= CHOICE
  {
action-response-normal              [1] IMPLICIT Action-Response-Normal,
action-response-with-pblock         [2] IMPLICIT Action-Response-With-Pblock,
action-response-with-list           [3] IMPLICIT Action-Response-With-List,
action-response-next-pblock         [4] IMPLICIT Action-Response-Next-Pblock
  }
Action-Response-Normal              ::= SEQUENCE
  {
  invoke-id-and-priority            Invoke-Id-And-Priority,
  single-response                   Action-Response
  }
Action-Response-With-Pblock         ::= SEQUENCE
  {
  invoke-id-and-priority            Invoke-Id-And-Priority,
  pblock                            DataBlock-SA
  }
Action-Response-With-List           ::= SEQUENCE
  {
  invoke-id-and-priority            Invoke-Id-And-Priority,
  list-of-responses                 SEQUENCE OF Action-Response-With-Optional-Data
  }
Action-Response-Next-Pblock ::= SEQUENCE
  {
  invoke-id-and-priority            Invoke-Id-And-Priority,
  block-number                      Unsigned32
```

```
}
EVENT-NOTIFICATION-Request ::= SEQUENCE
{
  time                          OCTET STRING 33) OPTIONAL,
  cosem-attribute-descriptor    Cosem-Attribute-Descriptor,
  attribute-value               Data
}
```

8.6.2 使用短名引用的 DLMS APDU

——使用短名引用的 APDU

```
ReadRequest          ::= SEQUENCE OF Variable-Access-Specification
ReadResponse         ::= SEQUENCE OF CHOICE
{
  data                    [0]        Data,
  data-access-error       [1]        IMPLICIT Data-Access-Result
}
WriteRequest         ::= SEQUENCE
{
  variable-access-specification    SEQUENCE OF Variable-Access-Specification,
  list-of-data                     SEQUENCE OF Data
}
WriteResponse          ::= SEQUENCE OF CHOICE
{
  success                  [0]        IMPLICIT NULL,
  data-access-error        [1]        IMPLICIT Data-Access-Result
}
UnconfirmedWriteRequest      ::= SEQUENCE
{
  variable-access-specification    SEQUENCE OF Variable-Access-Specification,
  list-of-data                     SEQUENCE OF Data
}
InformationReportRequest     ::= SEQUENCE
{
  current-time                     GeneralizedTime OPTIONAL,
  variable-access-specification    SEQUENCE OF Variable-Access-Specification,
  list-of-data                     SEQUENCE OF Data
}
```

33）该八位字节串的内容是日期_时间的编码，相关定义在 GB/T 19882.32—2007 中。

附 录 A
（规范性附录）
面向连接的基于 HDLC 三层模型

A.1 引言

COSEM 应用层仅是包含 COSEM 特定的服务组件、扩展的 DLMS 应用服务组件（xDLMS-ASE）的协议层。

该应用层可以使用各种不同的低层协议完成通信功能，一个完整的协议栈（包括应用层）称之为通信模型（参见第 4 章）。

通信模型的特征取决于：

- 低层协议层；
- 应用层中应用控制服务组件（ACSE）类型（面向连接或无连接）。

COSEM 制定的第一个标准化的通信模型是一个面向连接的、基于 HDLC 的三层模型，该模型由三个协议层组成：

- COSEM 应用层，其应用层中包含面向连接的 ACSE，在本部分中定义；
- 数据链路层，基于 ISO/IEC 13239 HDLC 协议，在 GB/T 19897.4—2005 中定义；
- 物理接口层，在 GB/T 19897.3—2005 中定义。

A.2 基于 HDLC 的数据链路层——综述

为了构建本通信模型，从 HDLC 标准 ISO/IEC 13239 中选择下列内容：

- 非平衡连接模式的数据链路层操作[34]；
- 两通道交替数据传输；
- 选择 HDLC 类过程是 UNC（非平衡操作正常响应模式类），采用 UI 帧扩展；
- 帧格式类型 3；
- 非要素透明帧格式。

在非平衡连接模式数据链路操作中，要涉及两个或多个站，主站通过发送命令帧负责组织数据流和处理不可恢复的数据链路级出错情况，从站通过发送响应帧来响应主站的命令。

为了提供组播、广播以及从服务器到客户机的非请求信息传送功能，过程的 UNC 类的基本命令和响应集采用不计数信息（UI）帧进行扩展，以支持无连接的数据通信服务。使用非平衡连接模式数据链路操作意味着客户机和服务器侧的数据链路层的 HDLC 帧集和状态机不相同。

A.2.1 基于 HDLC 的数据链路层服务

基于 HDLC 的数据链路层提供的服务包括：

- 数据链路层连接管理；
- 面向连接的数据通信（I 帧）；
- 无连接的数据通信（UI 帧）。

A.2.1.1 客户机侧的服务

图 A.1 概括了 COSEM 客户机应用层面向连接的基于 HDLC 三层通信模型中数据链路层服务。

34) 在 COSEM 中，主站对应于客户应用，从站仍是从站。

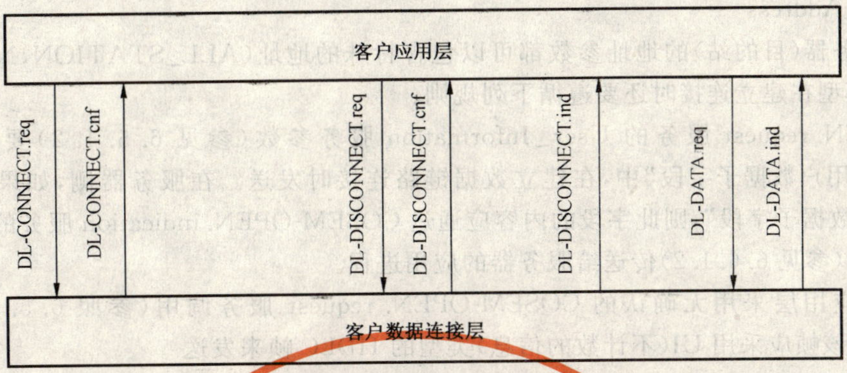

图 A.1 COSEM 客户机应用层使用的数据链路服务

对某些服务，对应于应用层(ASO)服务调用和支撑数据链路层服务调用之间的通信是直接的(例如，COSEM-OPEN. request 服务调用直接意味着调用 DLCONNECT. request 服务)。对其他服务，不能建立这种直接的服务映射。

A.2.1.2 服务器侧的服务

图 A.2 概括了 COSEM 服务器应用层使用面向连接的基于 HDLC 的三层通信模型中数据链路层的服务。

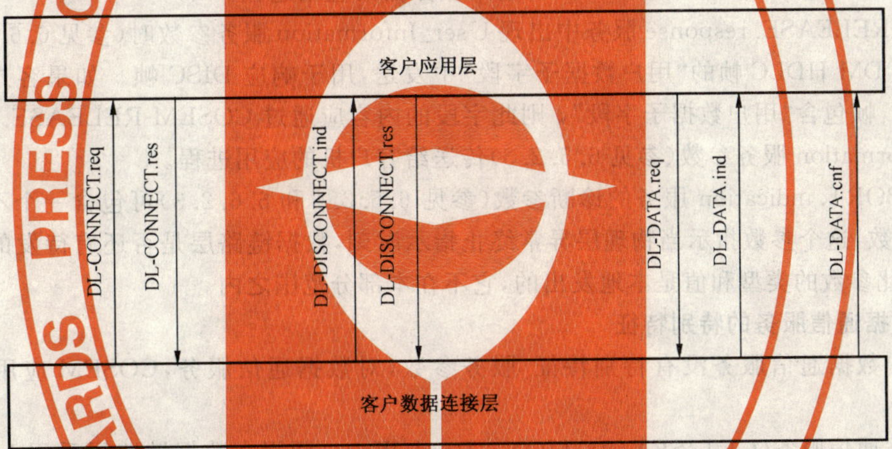

图 A.2 COSEM 服务器应用层使用的数据链路服务

与客户机类似，对某些服务，应用层(ASO)服务调用和支撑数据链路层服务调用之间的通信是直接的，对其他服务，不能被建立这种直接的服务映射。

为了支持从服务器到客户机透明的长数据传送，服务器侧规定了本地的 DLDATA. confirm 服务。

A.2.1.3 面向连接的基于 HDLC 三层模型的特殊组件

A.2.1.3.1 支持应用连接的特别特征

在 COSEM 环境中，一个 AA 完全由客户机和服务器应用进程使用的一对低层 SAPs 所标识，换而言之，在应用连接和支持该 AA 的低层连接之间存在着一一对应的关系。

在基于 HDLC 的 CO 三层模型中，每个 AA 都与一个支撑数据链路层连接相对应，建立一个 AA 意味着建立一个客户机和服务器数据链路层之间的连接。请求建立此连接的地址信息包含在 COSEM-OPEN 的 Protocol_Connection_Parameters 服务参数中，此信息包括下列数据：

Server_Lower_MAC_Address，　　　　(COSEM 物理设备地址)

Server_Upper_MAC_Address，　　　　(COSEM 逻辑设备地址)

Client_MAC_Address，

Server_LLC_Address，

Client_LLC_Address

任何一个服务器(目的站)的地址参数都可以包含特殊的地址(ALL_STATION,NO_STATION,等等),此外,此模型在建立连接时还要遵循下列规则:

- COSEM-OPEN. request 服务的 User_Information 服务参数(参见 6.5.1.2)要插入到 SNRM HDLC 帧的“用户数据子字段”中,在建立数据链路连接时发送。在服务器侧,如果接收到 SNRM 帧包含“用户数据子字段”,则此字段的内容应通过 COSEM-OPEN. indication 服务的 user_information 服务参数(参见 6.6.1.2)传送给服务器的应用进程。
- 如果客户机应用层采用无确认的 COSEM-OPEN. request 服务调用(参照 6.5.1.2)发送一个 AARQ 帧,则该帧应采用 UI(不计数的信息)类型的 HDLC 帧来发送 。

在 COSEM 中,通常通过断开低层连接来断开应用连接,参照 6.5.2。在面向连接的基于 HDLC 的三层模型中,调用 COSEM-RELEASE. request 服务原语将导致相应的 HDLC 连接的断开,数据链路层使用 DISC 命令帧并且 UA/DM 响应 HDLC 帧(参见 GB/T 19897.4—2005)。

对于 AA 的正常或异常断开,要遵循以下附加规则:

- 在 COSEM-RELEASE. request 服务中出现 User_Information 服务参数时(参见 6.5.2.2),它应插入到 DISC HDLC 帧的“用户数据子字段”中,在断开数据链路连接时发送,如果被服务器接收到的 DISC 帧包含“用户数据子字段”, 则此字段的内容应通过 COSEMRELEASE. indication 服务的 user_information 服务参数(参见 6.6.1.2)传送给服务器的应用进程。
- 在 COSEM-RELEASE. response 服务中出现 User_Information 服务参数时(参见 6.6.2.2),它应插入到 UA 或 DM HDLC 帧的“用户数据子字段”中发送,用于响应 DISC 帧。如果客户机接收到的 UA 或 DISC 帧包含“用户数据子字段”, 则此字段的内容应通过 COSEM-RELEASE. confirm 服务的 user_information 服务参数(参见 6.5.2.3)传送给客户机的应用进程。
- COSEM-ABORT. indication 服务的诊断参数(参见 6.5.2.4 和 6.6.2.3)可包含一个不计数信息的发送状态参数,这个参数指示当物理层异常终止指示时刻,数据链路层是否还有待发的不计数信息报文(UI),此参数的类型和值是本地发出的,它不在本部分范围之内。

A.2.1.3.2 数据通信服务的特别特征

在本模型中数据通信服务没有特别特征/服务参数,对数据通信服务,COSEM 应用层是完全透明的。

确认的数据通信服务(GET/SET/ACTION - Read/Write)调用在数据链路层采用 I 帧传送,另一方面,无确认的数据通信服务调用采用 UI 帧传送。因此,无确认服务的编码形式应放入一个 HDLC 帧中。

A.2.1.3.3 EventNotification 服务的特别特征

在数据链路层 EventNotification APDU 采用 HDLC UI 帧传送,因此,与数据通信服务类似,本服务的编码形式也应放入一个 HDLC 帧中。传送 EventNotification APDU 的 HDLC UI 帧的源和目的地址总是相同的。源地址是管理逻辑设备(必选的)的 HDLC 地址(保留的 HDLC 地址为 0x01),目的地址总是客户机管理应用进程的 HDLC 地址(保留的 HDLC 地址为 0x01)。

非平衡的 HDLC 模型不允许采用实时的、非请求的方式发送一个协议数据单元,因此,在本模型中,通过调用客户机应用层的 Trigger_EventNotification_sending 服务原语来明确请求发送一个 EventNotification 帧(参见 6.5.4.2)。一旦调用该服务,客户机将发送一个空的 UI 帧,并使 P/F 位设为 TRUE,允许服务器数据链路层发送事件通告帧,服务器数据链路层发送未响应的 Event-Notification-Request APDU 作为 UI 帧,并利用 EventNotification. indication 向客户机应用进行指示,至此,事件通告过程完成。

附 录 B
（规范性附录）
xDLMS 应用服务组件

B.1 引言

COSEM 方法的主要目的在于向商业领域为计量设备和系统提供面向 COSEM 接口对象的模型，同时保持对现有的 DLMS 标准向后的兼容性。为达到这些目的，COSEM 对 DLMS 进行了发展，在保持完全遵循 DLMS 标准的同时，COSEM 可通过 COSEM 接口对象提供更多计量方面特定的意图。

COSEM 应用层的 xDLMS 服务组件基于DL/T 790.41—2002制定的 DLMS 规范。

B.2 DLMS 一致性

COSEM 数据交换会话总是从建立应用连接开始，建立应用连接总是由客户机启动。在建立连接期间，借助 xDLMS-Initiate 服务，用于访问 COSEM 接口对象的属性和方法的 DLMS 服务在客户机和服务器之间进行协商。如果响应是确认的，则应用连接建立在给定的 COSEM 应用语境和 xDLMS 语境中。

另外，COSEM 制定了一个新的一致性块规范以扩展有效的 DLMS 服务数量，见 8.5。

B.3 COSEM 扩展的 DLMS

为了制定 COSEM 规范，对 DLMS 标准进行一些扩展是必要的。扩展部分定义了增加的功能，而不是对现有功能的修改。扩展部分与现有的 DLMS 标准不存在冲突。

B.3.1 增加的服务

为了能够使用逻辑名对 COSEM 接口对象的属性和方法进行引用，定义了下列新的服务：

- GET——用于读取 COSEM 接口对象属性的值；
- SET——用于设置 COSEM 接口对象属性的值；
- ACTION——用于调用 COSEM 接口对象的方法；
- EventNotification——用于从服务器到客户发送一个非请求消息。

这些服务已分别在 6.5.3 和 6.6.3.2 中定义，相应的 APDU 在 8.6.1 中定义。

B.3.2 附加的数据类型

增加的数据类型在 8.3 中定义。

B.3.3 一致性块

为了能够优化 COSEM 服务器的实现，增加了一个具有扩展功能的一致性块，参见 8.5。COSEM 一致性块可以通过其标记“Application 31”与 DLMS 标准的一致性块进行区分。

DLMS 应用语境通过该一致性块和修改的 xDLMS-Initiate/DLMS-Response 服务进行协商。

B.3.4 DLMS 版本号

DLMS 版本号与 xDLMS 协议的第一版的版本号一致，都为 6。

B.3.5 其他必要的修改

为了阐明客户机和服务器可使用的最大 PDU 大小的含义，下列修改是必要的。

DL/T 790.41—2002表 3：

DLMS 标准	COSEM 修改
请求的最大 PDU 大小	客户机最大可接收的 PDU 大小
DLMS 标准	COSEM 修改
协商的最大 PDU 大小	服务器最大可接收的 PDU 大小

DL/T 790.41—2002

DLMS 标准	COSEM 修改
建议最大的 PDU 长度参数，其数据类型为 Unsigned16，用于为信息交换的 DLMS PDU 申请最大的长度（用字节数表示）。在启动请求中申请最大的长度必需足够大，以确保初始错误 PDU 的传送	客户机最大可接收的 PDU 长度参数，其数据类型为 Unsigned16，包含服务器可以发送的 DLMS PDU 的最大长度（用字节数表示），客户机应丢弃接收到的超过该最大长度的 PDU。该值必需足够大，以确保启动出错 PDU 的传送。 小于 10 的值被保留，该值为 0 表示对 PDU 的大小没有限制

DL/T 790.41—2002

DLMS 标准	COSEM 修改
协商的最大 PDU 长度参数，其数据类型为 Unsigned16，包含信息交换的 DLMS PDU 的最大长度（用字节数表示），超过该最大长度的 PDU 应被丢弃。该最大值取请求的最大 PDU 大小和 VDE 处理器所支持的最大 PDU 大小中较小的一个	服务器最大可接收的 PDU 长度参数，其数据类型为 Unsigned16，包含客户机可以发送的 DLMS PDU 的最大长度（用字节数表示），服务器应丢弃接收到的超过该最大长度的 PDU。 小于 10 的值被保留，该值为 0 表示对 PDU 的大小没有限制

附 录 C
（资料性附录）
AARQ 和 AARE 编码的示例

本附录包含一些 AARQ 和 AARE APDU 的示例，这些示例包括各种不同等级的身份验证情况，以及成功和失败的情况。

在 COSEM 中，AARQ 和 AARE APDU（见 8.2）以 BER（GB/T 16263—1996）编码。在 user-information 方面，它们分别包含采用 A-XDR 编码成为 OCTETSTRING 的 xDLMS Initiate. Request/. Response 或 DLMS ConfirmedServiceError PDU。

C.1 xDLMS-Initiate. request PDU 编码的示例

首先，是 xDLMS-Initiate. request PDU 编码的示例，其定义如下：

```
xDLMS-Initiate. request ::= SEQUENCE
{
dedicated-key                      OCTET STRING OPTIONAL,
response-allowed                   BOOLEAN DEFAULT TRUE,
proposed-quality-of-service        [0] IMPLICIT Integer8 OPTIONAL,
proposed-dlms-version-number       Unsigned8,
proposed-conformance               Conformance,
client-max-receive-pdu-size        Unsigned16
}
```

其中 proposed-conformance 参数包含客户机请求的 COSEM 一致性块，见 8.5。

假定客户机希望构建下列 xDLMS 语境的应用连接：

- 不加密（可选的 dedicated-key 不出现）；
- response-allowed = TRUE（取缺省值）；
- 无 proposed-quality-of-service（可选的 proposed-quality-of-service 参数不出现）；
- proposed-dlms-version-number 为 6（xDLMS）；
- proposed-conformance（为 LN 和 SN 引用请求所有可能的服务和特别特征）如下：

	Bit_00	Bit_01	Bit_02	Bit_03	Bit_04	Bit_05	Bit_06	Bit_07	Bit_08	Bit_09	Bit_10	Bit_11	Bit_12	Bit_13	Bit_14	Bit_15	Bit_16	Bit_17	Bit_18	Bit_19	Bit_20	Bit_21	Bit_22	Bit_23	位串值
LN	0	0	0	0	0	0	0	0	0	1	1	1	1	1	1	0	0	0	0	1	1	1	1	1	00 7E 1F
SN	0	0	0	1	1	1	0	0	0	0	0	0	0	0	1	1	0	0	1	0	0	0	0	0	1C 03 20

本一致性块中 LN 的引用的含义为：

- 不支持 SET 的 Attibute_0 引用 (Bit_08)
- 支持优先级管理 (Bit_09)
- 支持 GET 的 Attibute_0 引用 (Bit_10)
- 支持 GET 服务的块传输 (Bit_11)
- 支持 SET 服务的块传输 (Bit_12)

- 支持 ACTION 服务的块传输 (Bit_13)
- 支持多重引用 (Bit_14)
- 支持所有的 LN 服务（GET，SET，
  ACTION，EVENT NOTIFICATION） (Bit_19，20，22，23)
- 支持选择性访问特征 (Bit_21)

本一致性块中 SN 引用的含义：

- 支持所有的 SN 服务（READ，WRITE，
- UNCONFIRMED WRITE(信息报告） (Bit_03，04，05，15)
- 支持多重引用（Bit_14）
- 支持参数化访问（Bit_18）
- client-max-receive-pdu-size 为 1200D = 0x4B0。

对上述参数的 xDLMS-Initiate. request PDU 一起采用 A-XDR 规则进行编码：

——对 xDLMS-Initiate. request PDU 采用 A-XDR 规则进行编码

01 // DLMS PDU 中 InitiateRequest 的编码标记(显式标记)

——dedicated-key 组件的编码(OPTIONAL，不出现)

00 // dedicated-key 组件的使用标志(FALSE，不出现)

——response-allowed 组件的编码(TRUE，缺省值)

00 // response-allowed 组件的使用标志(FALSE，default value conveyed)

——proposed-quality-of-service 组件的编码(OPTIONAL，不出现)

00 // proposed-quality-of-service 组件的使用标志(FALSE，不出现)

——proposed-dlms-version-number 组件的编码(Unsigned8，value=6)

06 //Unsigned8 类型的数据的 A-XDR 编码就是它的值

——对 Conformance block [APPLICATION 31] IMPLICIT BITSTRING (SIZE(24))进行编码

5F 1F // [APPLICATION 31]标记(ASN. 1 显式标记)的编码

04 //'contents'字段的长度(八位字节数)的编码(长度=4)

00 // 对 BITSTRING 的最后字节中不使用的比特数进行编码

重要说明 为了与现有的实现一致，在采用面向连接的基于 HDLC 的三层模型时，对[Application 31]标记的编码采用一个字节(5F)代替两个字节(5F 1F)是可以接受的。

LN 引用	SN 引用
00 7E 1F //对固定长度的位串值的编码	1C 03 20 //对固定长度的位串值的编码

——对 client-max-receive-pdu-size 组件的编码(Unsigned16，value=0x4B0)

04 B0 // Unsigned16 的数据的 A-XDR 编码就是它的值

因此，对上述给定参数的 xDLMS-Initiate. request PDU 采用 A-XDR 规则进行编码，产生的八位字节序列为：

LN 引用	SN 引用
01 00 00 00 06 5F 1F 04 00 00 7E 1F 04 B0	01 00 00 00 06 5F 1F 04 00 1C 03 20 04 B0

该八位字节序列应作为一个 OCTET STRING 插入到 AARQ APDU 的 user-information 字段。

C.2 AARQ 不使用 ACSE 安全机制时的编码示例

对 ACSE 的使用，假定客户机期望按下列应用语境建立应用连接：

- protocol-version 为缺省的 ACSE 版本；

● application-context-name：

LN 引用	SN 引用
{joint-iso-ccitt（2） country（16） country-name(756) identified-organization(5) DLMS-UA(8) applicationcontext(1) context_id(1)}	{joint-iso-ccitt(2) country(16) country-name(756) identified-organization(5) DLMS-UA(8) applicationcontext(1) context_id(2)}

● 不使用身份验证：mechanism-name 和 calling-authenticationvalue 都不出现；

● 不包含 implementation-information。

AARQ APDU 采用 BER 编码，对应参数如下：

——对 AARQ APDU 进行 BER 编码

60 // AARQ APDU ([APPLICATION 0]，Application)的编码标记

1D // AARQ content 字段长度的编码(29 个八位字节)

——对协议版本没有进行编码，因此，认为协议版本为缺省值

——application-context-name 组件的编码(tagged component [1])

A1 // application-context-name 组件([1]，Context-specific)标记的编码

09 // 标记的组件值的长度编码

——application-context-name 组件(OBJECT IDENTIFIER)的编码

06 // 对 application-context-name (OBJECT IDENTIFIER，Universal)选择的编码

07 // Object Identifier 的值字段的长度的编码(7 个八位字节)

// Object Identifier 35) 值的编码

LN 引用	SN 引用
60 85 74 05 08 01 01	60 85 74 05 08 01 02

——user-information 字段组件 (tagged component，[30])的编码

BE // user-information 字段 component ([30]，Context-specific)的标记的编码

10 // 标记的组件值字段的长度的编码

——the application-context-name 组件 (OCTET STRING)的编码

04 // 对 user-information (OCTET STRING，Universal)选择的编码

0E // OCTET STRING 值字段长度的编码(14 个八位字节)

// 下面是 xDLMS-Initiate. request PDU 的八位字节序列

LN 引用	SN 引用
01 00 00 00 06 5F 1F 04 00 00 7E 1F 04 B0	01 00 00 00 06 5F 1F 04 00 1C 03 20 04 B0

因此，一个具有上述给定参数的 AARQ APDU 完整编码如下(所有数据都用十六进制表示)：

---

35) 八位字节标识码的 BER 编码是一个表示弧形标签的数字包序列，每个数字(最开始的两个除外，这两个数字要合成为一个数字)代表一串八位字节，除最后的八位字节之外，在每个八位字节中使用七位，最高有效位置 1，所使用的八位字节数必须是最少的。

本示例对象标识码(2,16,756,5,8,1,1)编码的第一个八位字节是最开始的两个数字组合而成的一个数字，遵循的规则为 40 * First＋Second -> 40 * 2 ＋ 16 ＝ 96 ＝ 0x60。对象标识码的第三个数字(756)需要两个字节：其十六进制的值为 0x2F4，二进制表示为 00000010 11110100，按照上述规则，第二个八位字节的 MSB 应置为 0，将其 MSB 移位到第一个八位字节，并把第一个八位字节的 MSB 置为 1，得到的二进制数为 10000101 01110100，其十六进制为 0x8574。对象标识码的其余每个数字要求编码为一个八位字节，上述标识码的编码结果为 60 85 74 05 08 01 01。

LN 引用	SN 引用
AARQ-pdu = [60 1D A1 09 06 07 60 85 74 05 08 01 01 BE 10 04 0E 01 00 00 00 06 5F 1F 04 00 00 7E 1F 04 B0]	AARQ-pdu = [60 1D A1 09 06 07 60 85 74 05 08 01 02 BE 10 04 0E 01 00 00 00 06 5F 1F 04 00 1C 03 20 04 B0]

C.3 AARQ 使用低级身份验证时编码的示例

本编码的示例与 C.2 示例类似，只有必需进行编码的三个附加字段与上面示例不同，这些字段是：

- sender-acse-requirements：指示选用的 ACSE 功能单元；
- mechanism-name：default-COSEM-low-level-security-mechanism-name
  {joint-iso-ccitt (2) country (16) country-name (756) identified-organization (5) DLMSUA (8) authentication_mechanism_name (2) mechanism_id (1)}；
- calling-authentication-value：包含口令（假定为“12345678”）的 GraphicString。

注：这三个字段在 user-information-field 之前立即编码。

——sender-acse-requirements 字段组件（tagged component，[10] ）的编码

8A // acse-requirements 字段 component ([10]，IMPLICIT，Context-specific）标记的编码

02 //标记的组件值字段的长度的编码

——sender-acse-requirements 组件（ACSE-requirements ::= BIT STRING）的编码

07 // BIT STRING 最后字节中没有使用的比特数的编码

80 //身份验证功能单元(0)的编码

注：比特数在不同的客户机之间可以不同，但是在 COSEM 环境中，只有 BIT 0 置为 1 时（指示身份验证功能单元是否需要）值得注意。

——mechanism-name 组件（tagged component [11]）的编码

8B // mechanism-name 组件（component [11]，IMPLICIT，Context-specific）的标记的编码

07 //标记的组件值字段的长度的编码

——对象标识码值的编码

60 85 74 05 08 02 01

——calling-authentication-value 组件（tagged component [12]）的编码

AC // mechanism-name 组件（component [12]，Context-specific）标记的编码

0A // 标记的组件值字段的长度的编码

——calling-authentication-value 组件 (Authentication-information ::= CHOICE）的编码

80 // 对 Authentication-information (charstring [0] IMPLICIT GraphicString）的编码选择

08 // Authentication-information 值字段长度的编码（8 个八位字节）

——口令值 (GraphicString “12345678”）的编码

31 32 33 34 35 36 37 38

因此，一个具有上述给定参数的 AARQ APDU 的完整的编码如下（所有数据都用十六进制表示）：

LN 引用	SN 引用
AARQ-pdu = [60 36 A1 09 06 07 60 85 74 05 08 01 01 8A 02 07 80 8B 07 60 85 74 05 08 02 01 AC 0A 80 08 31 32 33 34 35 36 37 38 BE 10 04 0E 01 00 00 00 06 5F 1F 04 00 00 7E 1F 04 B0]	AARQ-pdu = [60 36 A1 09 06 07 60 85 74 05 08 01 02 8A 02 07 80 8B 07 60 85 74 05 08 02 01 AC 0A 80 08 31 32 33 34 35 36 37 38 BE 10 04 0E 01 00 00 00 06 5F 1F 04 00 1C 03 20 04 B0]

C.4 使用高级身份验证时 AARQ 编码的示例

本编码的示例与 C.3 的示例类似，只有两个字段的内容不同：

- mechanism-name：default-COSEM-high-level-security-mechanism-name；
- calling-authentication-value：假定不需要客户机到服务器的呼叫信息。

——mechanism-name 组件（tagged component [11]）的编码

8B // mechanism-name 组件(component [11]，IMPLICIT，Context-specific)标记的编码

07 // 标记的组件值字段的长度的编码

——Object Identifier (default-COSEM-high-level-security-mechanism-name)的编码

60 85 74 05 08 02 02

——calling-authentication-value 组件(tagged component [12])的编码

AC // mechanism-name 组件(component [12]，Context-specific)标记的编码

02 // 标记的组件值字段的长度的编码

——calling-authentication-value 组件 (Authentication-information ::= CHOICE)的编码

80 // 对 Authentication-information (charstring [0] IMPLICIT GraphicString)选择的编码

00 // Authentication-information 值字段的长度的编码(0 个八位字节)

——口令 (GraphicString)的编码

// 由于串是空的，不需要编码

因此，一个具有上述给定参数的 AARQ APDU 的完整的编码如下(所有数据都用十六进制表示)：

LN 引用	SN 引用
AARQ-pdu = [60 2E A1 09 06 07 60 85 74 05 08 01 01 8A 02 07 80 8B 07 60 85 74 05 08 02 02 AC 02 80 00 BE 10 04 0E 01 00 00 00 06 5F 1F 04 00 00 7E 1F 04 B0]	AARQ-pdu = [60 2E A1 09 06 07 60 85 74 05 08 01 02 8A 02 07 80 8B 07 60 85 74 05 08 02 02 AC 02 80 00 BE 10 04 0E 01 00 00 00 06 5F 1F 04 00 1C 03 20 04 B0]

C.5 AARE APDU 编码示例，成功的情况

AARE ADPU 的 ASN.1 规范：

AARE-apdu ::= [APPLICATION 1] IMPLICIT SEQUENCE

{

protocol-version	[0] IMPLICIT BIT STRING {version1 (0) } DEFAULT {version1},
application-context-name	[1] Application-context-name,
result	[2] Association-result,
result-source-diagnostic	[3] Associate-source-diagnostic,
responding-AP-title	[4] AP-title OPTIONAL,
responding-AE-qualifier	[5] AE-qualifier OPTIONAL,
responding-AP-invocation-id	[6] AP-invocation-identifier OPTIONAL,
responding-AE-invocation-id	[7] AE-invocation-identifier OPTIONAL,

——如果仅仅使用内核，下列字段不出现

responder-acse-requirements	[8] IMPLICIT ACSE-requirements OPTIONAL,

——只有在选用身份验证单元时，下列字段出现

mechanism-name [9] IMPLICIT Mechanism-name OPTIONAL,

——只有在选用身份验证单元时,下列字段出现

responding-authentication-value [10] EXPLICIT Authentication-value OPTIONAL,

implementation-information [29] IMPLICIT Implementation-data OPTIONAL,

user-information [30] IMPLICIT Association-information OPTIONAL

}

在 COSEM 中,该 APDU 采用 BER 进行编码,user-information 包含一个 xDLMS-Initiate. response PDU 的 A-XDR 编码(OCTETSTRING)。

C.6 xDLMS-Initiate. response PDU 编码示例

xDLMS-Initiate. response 的规范如下:

xDLMS-Initiate. response ::= SEQUENCE

{

negotiated-quality-of-service [0] IMPLICIT Integer8 OPTIONAL,

negotiated-dlms-version-number Unsigned8,

negotiated-conformance Conformance,

server-max-receive-pdu-size Unsigned16,

vaa-name ObjectName

}

其中,ObjectName 的数据类型为 ObjectName ::= Unsigned16,协商的一致性参数包含服务器支持的 xDLMS 服务和特征。

假定服务器接受请求的具有下列 xDLMS 语境的应用连接:

- 没有 negotiated-quality-of-service(可选的 proposed-quality-of-service 参数不出现);
- 协商的 DLMS 版本号为 6(xDLMS);
- 接受的 xDLMS 一致性块(其指示接受的 LN 引用和 SN 引用的服务与特别特征)如下:

	Bit_00	Bit_01	Bit_02	Bit_03	Bit_04	Bit_05	Bit_06	Bit_07	Bit_08	Bit_09	Bit_10	Bit_11	Bit_12	Bit_13	Bit_14	Bit_15	Bit_16	Bit_17	Bit_18	Bit_19	Bit_20	Bit_21	Bit_22	Bit_23	位串值
LN	0	0	0	0	0	0	0	0	0	1	0	1	0	0	0	0	0	0	0	1	1	1	1	1	00 50 1F
SN	0	0	0	1	1	1	0	0	0	0	0	0	0	0	1	1	0	0	1	0	0	0	0	0	1C03 20

本一致性块中 LN 引用的含义为:

不支持 SET 的 Attibute_0 引用 (Bit_08)

支持优先级管理 (Bit_09)

不支持 GET 的 Attibute_0 引用 (Bit_10)

支持 GET 服务的块传输 (Bit_11)

不支持 SET 服务的块传输 (Bit_12)

不支持 ACTION 服务的块传输 (Bit_13)

不支持多重引用 (Bit_14)

支持所有的 LN 服务(GET, SET,

ACTION,EVENT NOTIFICATION)(Bit_19, 20, 22, 23)

支持选择性访问特征 (Bit_21)

本一致性块中 SN 引用的含义：
支持所有的 SN 服务（READ，WRITE，
UNCONFIRMED WRITE(信息报告）　(Bit_03，04，05，15)
支持多重引用　(Bit_14)
支持参数化访问　(Bit_18)

- server-max-receive-pdu-size 为 500D = 0x1F4；
- vaa-name.

LN 引用	SN 引用
给该连接赋一个虚设的 VAA 名	返回标准的连接 SN 的短名(0xFA00)

具有上述参数的 xDLMS-Initiate. response PDU 的 A-XDR 编码如下：

——xDLMS-Initiate. response PDU 的 A-XDR 编码

08 // DLMS PDU 选项表中 InitiateResponse 的标记(显式标记)的编码

——negotiated-quality-of-service 组件(可选项，不出现)

00 // proposed-quality-of-service 组件的使用标记(FALSE，不出现)

——negotiated-dlms-version-number 组件的编码(Unsigned8，value=6)

06 // 类型为 Unsigned8 的数据的 A-XDR 编码就是它的值

——一致性块[APPLICATION 31] IMPLICIT BITSTRING (SIZE(24))的编码

5F 1F // [APPLICATION 31] 标记 (ASN. 1 显式标记)的编码

04 //'contents'字段长度(用八位字节数表示)的编码(4 个八位字节)

00 // 位串的最后一个八位字节没有使用的比特数的编码

// 固定长度位串值的编码

LN 引用	SN 引用
00 50 1F	1C 03 20

——server-max-receive-pdu-size 组件的编码(Unsigned16，value=0x01F4)

01 F4 // 类型为 Unsigned16 的数据的 A-XDR 编码就是它的值

——VAA-Name 组件的编码 (Unsigned16，使用 LN 引用时值=0x0007,使用 SN 引用时值= FA 00)

// 类型为 Unsigned16 的数据的 A-XDR 编码就是它的值

LN 引用	SN 引用
00 07	FA 00

因此,对具有上述给定参数的 xDLMS-Initiate. response PDU 进行 A-XDR 编码应产生如下八位字节序列：

LN 引用	SN 引用
08 00 06 5F 1F 04 00 00 50 1F 01 F4 00 07	08 00 06 5F 1F 04 00 1C 03 20 01 F4 FA 00

这个八位字节序列应作为一个 OCTET STRING 插入到 AARE APDU 的 user-information 字段。

C.7 不使用安全措施或使用低级安全措施时 AARE 的编码

对 ACSE 的使用,假定服务器接受按下列应用语境建立应用连接：

- protocol-version 为缺省的 ACSE 版本
- application-context-name：

LN 引用	SN 引用
{joint-iso-ccitt(2) country(16) country-name(756) identified-organization(5) DLMS-UA(8) applicationcontext(1) context_id(1)}	{joint-iso-ccitt(2) country(16) country-name(756) identified-organization(5) DLMS-UA(8) applicationcontext(1) context_id(2)}

- 不使用附加的身份验证(低级身份验证或无身份验证)：mechanism-name 和 calling-authenticationvalue 都不出现；
- 不包含 implementation-information。

AARE APDU 采用 BER 编码,对应参数如下：

——AARE APDU 的 BER 编码

61 // AARE-pdu ([APPLICATION 1], Application)标记的编码

29 // AARE content 字段的长度的编码(41 个八位字节)

// 没有协议版本的编码,因此认为是它的缺省值

——application-context-name 组件(tagged component [1])的编码

A1 // application-context-name 组件(component [1], Context-specific)标记的编码

09 // 标记的组件值字段的长度的编码

——application-context-name 组件的编码(OBJECT IDENTIFIER)

06 // application-context-name (OBJECT IDENTIFIER, Universal)选择的编码

07 // 对象标识码值字段的长度的编码(7 个八位字节)

// 对象标识码值的编码

LN 引用	SN 引用
60 85 74 05 08 01 01	60 85 74 05 08 01 02

——result 组件(tagged component [2]) 的编码

A2 // result 组件 (component [2], Context-specific)的标记和长度的编码

03 // 标记的组件值字段的长度的编码

——result-component (INTEGER)的编码

02 // result (INTEGER, Universal)选择的编码

01 // result 值字段的长度的编码(1 个八位字节)

00 // Result (0, 接受)值的编码

——result-source-diagnostic (tagged component [3])的编码

A3 // result-source-diagnostic 组件(component [3], Context-specific)标记的编码

05 // 标记的组件值字段的长度的编码

A1 // acse-service-user 选项(1)标记的编码

03 // 标记的组件值字段的长度的编码

——result-source-diagnostics 组件(INTEGER)的编码

02 // result-source-diagnostics (INTEGER, Universal)选择的编码

01 // 值字段长度的编码 (1 个八位字节)

00 // 值的编码:0, 没有诊断参数提供

——user-information 字段组件(tagged component, [30])的编码

BE // user-information 字段组件(component [30], Context-specific)标记的编码

10 // 标记的组件值字段的长度的编码

——application-context-name 组件(OCTET STRING)的编码

04 // user-information (OCTET STRING, Universal)选择的编码

0E // OCTET STRING 值字段的长度的编码(14 个八位字节)

// 下面是 xDLMS-Initiate. response PDU 的八位字节序列

LN 引用	SN 引用
08 00 06 5F 1F 04 00 00 50 1F 01 F4 00 07	08 00 06 5F 1F 04 00 00 50 1F 01 F4 00 07

因此,具有给定参数的 AARE APDU 完整编码的示例如下(所有数据都用十六进制表示):

LN 引用	SN 引用
AARE-pdu = [61 29 A1 09 06 07 60 85 74 05 08 01 01 A2 03 02 01 00 A3 05 A1 03 02 01 00 BE 10 04 0E 08 00 06 5F 1F 04 00 00 50 1F 01 F4 00 07]	AARE-pdu = [61 29 A1 09 06 07 60 85 74 05 08 01 02 A2 03 02 01 00 A3 05 A1 03 02 01 00 BE 10 04 0E 08 00 06 5F 1F 04 00 1C 03 20 01 F4 FA 00]

C.8 使用高级安全措施的 AARE 编码

本示例与 C.7 的示例类似,但有下列差别:

a) 有三个必须编码的附加字段:

1) responder-acse-requirements:指示选用了 ACSE 功能单元;

2) mechanism-name:default-COSEM-high-level-security-mechanism-name {joint-iso-ccitt(2) country(16) country-name(756) identified-organization(5) DLMSUA(8) authentication_mechanism_name(2) mechanism_id(2)};

● responding-authentication-value:一个包含服务器到客户机的呼叫信息的 GraphicString (假定是 "P6wRJ21")。

b) 在 result-source-diagnostic 参数中,该值设置为"authentication-required",表明需要附加的身份验证步骤。

注:这三个字段在 user-information-field 之前立即编码。

——responder-acse-requirements 字段组件 (tagged component, [8])的编码

88 // acse-requirements 字段组件(component[8], IMPLICIT, Context-specific)标记的编码

02 // 标记的组件值字段的长度的编码

——sender-acse-requirements 组件(ACSE-requirements ::= BIT STRING)的编码

07 // BIT STRING 最后字节未使用比特数的编码

80 // 身份验证功能单元的编码(0)

——mechanism-name 组件(tagged component [9])的编码

89 // mechanism-name 组件(component [9], IMPLICIT, Context-specific)标记的编码

07 // 标记的组件值字段的长度的编码

——对象标识码值的编码 (default-COSEM-high-level-securitymechanism-name)

60 85 74 05 08 02 02

——responding-authentication-value 组件(tagged component [10])的编码

AA // mechanism-name 组件(component [10], Context-specific)标记的编码

0A // 标记的组件值字段的长度的编码

——responding-authentication-value 组件（Authentication-information ::= CHOICE)的编码

80 // Authentication-information (charstring [0] IMPLICIT GraphicString)选择的编码

08 // Authentication-information 值字段的长度的编码(8 个八位字节)

——口令值 (GraphicString)的编码

50 36 77 52 4A 32 31

result-source-diagnostic 的编码如下：

——result-source-diagnostic (tagged component [3])的组件

A3 // result-source-diagnostics 组件(component [3], Context-specific)标记的编码

05 // 标记的组件值字段的长度的编码

A1 // acse-service-user 选项(1)标记的编码

03 // 标记的组件值字段的长度的编码

——result-source-diagnostics 组件(INTEGER)的编码

02 // result-source-diagnostics (INTEGER, Universal)选择的编码

01 // 值字段的长度的编码(1 个八位字节)

0E // 值的编码:14, authentication-required

因此,具有上述给定参数的 AARE APDU 的完整的编码如下(所有数据都用十六进制表示)：

LN 引用	SN 引用
AARE-pdu = [61 41 A1 09 06 07 60 85 74 05 08 01 01 A2 03 02 01 00 A3 05 A1 03 02 01 0E 88 02 07 80 89 07 60 85 74 05 08 02 02 AA 0A 80 08 50 36 77 52 4A 32 31 BE 10 04 0E 08 00 06 5F 1F 04 00 00 50 1F 01 F4 00 07]	AARE-pdu = [61 41 A1 09 06 07 60 85 74 05 08 01 02 A2 03 02 01 00 A3 05 A1 03 02 01 0E 88 02 07 80 89 07 60 85 74 05 08 02 02 AA 0A 80 08 50 36 77 52 4A 32 31 BE 10 04 0E 08 00 06 5F 1F 04 00 1C 03 20 01 F4 FA 00]

C.9 AARE-pdu 编码示例,失败情况之一

本示例表明在服务器由于接收到的 application-context-name 与所支持的应用语境不匹配,不能接受请求的连接时 AARE-pdu 的结构。

在这种情况下,AARE PDU 的“result”字段应包含“rejected-permanent”值,“result-source-diagnostic”字段包含“application-context-name-not-supported”值。同时(假定服务器能支持请求的 xDLMS 语境),userinformation 应包含正确构造的 xDLMS-Initiate. response PDU(采用 A-XDR 编码,充当一个 BER 编码的 OCTET STRING,与先前的示例相同)。

因此,xDLMS-Initiate. response PDU 的 A-XDR 编码如下：

LN 引用	SN 引用
08 00 06 5F 1F 04 00 00 50 1F 01 F4 00 07	08 00 06 5F 1F 04 00 00 50 1F 01 F4 00 07

AARE 的参数如下：

- protocol-version 为缺省的 ACSE 版本；
- application-context-name:COSEM_Application_Context_Name-Logical_Name_Referencing (请求的)

{joint-iso-ccitt(2) country(16) country-name(756) identified-organization(5) DLMSUA(8) application-context(1) context_id(1)}；

- 没有使用身份验证：mechanism-name 和 calling-authenticationvalue 都不出现；
- 不包含 implementation-information；
- result = rejected-permanent；
- associate-source-diagnostics = application-context-name-not-supported.

AARE APDU 采用 BER 编码，对应参数如下：

——AARE APDU 的 BER 编码

61 // AARE-pdu ([APPLICATION 1]，Application)标记的编码
29 // AARE content 字段的长度的编码(41 个八位字节)
// 没有协议版本的编码，因此认为是它的缺省值
——application-context-name 组件(tagged component [1])的编码
A1 // application-context-name 组件(component [1]，Context-specific)标记的编码
09 // 标记的组件值字段的长度的编码
——application-context-name 组件的编码(OBJECT IDENTIFIER)
06 // application-context-name (OBJECT IDENTIFIER，Universal)选择的编码
07 // 对象标识码值字段的长度的编码(7 个八位字节)

LN 引用	SN 引用
60 85 74 05 08 01 01 // 对象标识码值的编码 (2,16,756,5,8,1,1)	60 85 74 05 08 01 02 // 对象标识码值的编码 (2,16,756,5,8,1,2)

——result 组件(tagged component [2])的标记和长度的编码
A2 // result 组件(component[2]，Context-specific) 标记的编码
03 // 标记的组件值字段的长度的编码
——result-component (INTEGER)的编码
02 // result (INTEGER，Universal)选择的编码
01 // result 值字段的长度的编码(1 个八位字节)
01 // Result (1，rejected-permanent)值的编码
——result-source-diagnostic (tagged component [3])的编码
A3 // result-source-diagnostic 组件(component [3]，Context-specific)标记的编码
05 // 标记的组件值字段的长度的编码
A1 // acse-service-user 选项(1)标记的编码
03 // 标记的组件值字段的长度的编码
——result-source-diagnostics 组件(INTEGER)的编码
02 // result-source-diagnostics (INTEGER，Universal)选择的编码
01 // 值字段的长度的编码(1 个八位字节)
...02 // 值的编码：2，application-context-name-not-supported.
——user-information 字段组件 (tagged component，[30]) 的编码
BE // user-information 字段组件(component[30]，Context-specific)的标记的编码
10 // 标记的组件值字段的长度的编码
——application-context-name 组件(OCTET STRING)的编码
04 // user-information (OCTET STRING，Universal)选择的编码
0E // OCTET STRING 值字段长度的编码(14 个八位字节)

// 下面是 xDLMS-Initiate. response PDU 的八位字节序列：

LN 引用	SN 引用
08 00 06 5F 1F 04 00 00 50 1F 01 F4 00 07	08 00 06 5F 1F 04 00 00 50 1F 01 F4 00 07

因此，具有上述给定参数的 AARE APDU（使用 LN 引用时）的完整的编码如下（所有数据都用十六进制表示）：

LN 引用	SN 引用
AARE-pdu ＝［ 61 29 A1 09 06 07 60 85 74 05 08 01 01 A2 03 02 01 01 A3 05 A1 03 02 01 02 BE 10 04 0E 08 00 06 5F 1F 04 00 00 50 1F 01 F4 00 07 ］	AARE-pdu ＝［ 61 29 A1 09 06 07 60 85 74 05 08 01 02 A2 03 02 01 01 A3 05 A1 03 02 01 02 BE 10 04 0E 08 00 06 5F 1F 04 00 1C 03 20 01 F4 FA 00 ］

C.10 AARE APDU 编码的示例，失败情况之二

本示例表明由于服务器不支持请求的 xDLMS 语境（原因是请求的 DLMS 版本号太低），服务器不能接受请求的应用连接时 AARE-pdu 的结构，其中请求的 COSEM 应用语境能接受。

在这种情况下，AARE PDU 的"result"字段应包含"rejected-permanent"值，"result-source-diagnostic"字段包含"no-reason-given"值。同时 user-information 字段应包含正确构造的 DLMSConfirmed- ServiceError PDU（采用 A-XDR 编码，充当一个 BER 编码的 OCTET STRING），表明失败的原因。

DLMS ConfirmedServiceError 报文的规范如下：

```
ConfirmedServiceError ::=            CHOICE
{
    ——tag 0 is reserved
    initiateError          [1]        ServiceError,
    getStatus              [2]        ServiceError,
    getNameList            [3]        ServiceError,
    terminateUpLoad        [19]       ServiceError
}
```

其中 ServiceError 定义如下：

```
ServiceError ::= CHOICE
{
    initiate               [6]        IMPLICIT ENUMERATED
    ——initiate service error
    {
    other (0),
    DLMS-version-too-low              (1),  ——proposed DLMS version too low
    incompatible-conformance          (2),  ——proposed services not sufficient
    PDU-size-too-short                (3),  ——proposed PDU size too short
    refused-by-the-VDE-Handler        (4)   ——vaa creation impossible or not allowed
    }
}
```

因此，具备上述条件的 DLMS ConfirmedServiceError PDU 的 A-XDR 编码如下：

——DLMS ConfirmedServiceError-pdu 的 A-XDR 编码

0E　// DLMS PDU 表中 ConfirmedServiceError 标记（显式标记）的编码

——encoding the tag for selecting 选择的 InitiateError (InitiateError = 1)标记的编码

01　// ConfirmedServiceError 标记（显式标记，InitiateError =1）的编码

——encoding the tag for 选择的 ServiceError (Initiate = 6)标记的编码

06　// ServiceError 的标记（显式标记，Initiate 6）

——对列举的失败原因的编码（proposed DLMS version too low = 1）

01　// 枚举类型的值的编码

因此，具有上述参数的 ConfirmedServiceError PDU 的 A-XDR 进行编码，产生八位字节序列如下：

DLMS ConfirmedServiceError PDU：0E 01 06 01（LN 和 SN 引用相同）

这个八位字节序列应作为一个 OCTET STRING 插入到 AARE APDU 的 user-information 字段中。

假定 AARE 的参数如下：

- protocol-version 为缺省 ACSE 版本；
- application-context-name：

COSEM_Application_Context_Name_Logical_Name_Referencing (the proposed)
{joint-iso-ccitt(2) country(16) country-name(756) identified-organization(5) DLMSUA(8) application-context(1) context_id(1)}；

- 没有使用身份验证：mechanism-name 和 calling-authenticationvalue 都不出现；
- 不包含 implementation-information；
- result = rejected-permanent；
- associate-source-diagnostics = no-reason-given。

与这些参数相对应的 AARE-pdu 的 BER 编码如下：

——AARE APDU 的 BER 编码

61　// AARE-pdu ([APPLICATION 1], Application)标记的编码

1F　// AARE content 字段长度的编码(31 个八位字节)

// 没有规约版本的编码，因此，认为是缺省值

——application-context-name 组件(tagged component [1])的编码

A1　// application-context-name 组件(component [1], Context-specific)标记的编码

09　// 标记的组件值字段的长度的编码

——application-context-name 组件 (OBJECT IDENTIFIER)的编码

06　// application-context-name (OBJECT IDENTIFIER, Universal)选择的编码

07　// 对象标识码值字段的长度的编码(7 个八位字节)

60 85 74 05 08 01 01 // 对象标识码的值(2,16,756,5,8,1,1) 的编码

——result 组件的标记和长度的编码(tagged component [2])

A2　// result 组件标记的编码(component[2], Context-specific)

03　//　标记的组件值字段的长度的编码

——Result 组件(INTEGER)的编码

02　// result (INTEGER, Universal)选择的编码

01　// result 值字段的长度的编码(1 个八位字节)

01　// Result (1, rejected-permanent)值的编码

——result-source-diagnostic (tagged component [3])的编码

A3 // result-source-diagnostic 组件(component [3], Context-specific)标记的编码

05 // 标记的组件值字段的长度的编码

A1 // acse-service-user 选项(1)标记的编码

03 // 标记的组件值字段的长度的编码

——result-source-diagnostics 组件(INTEGER)的编码

02 // result-source-diagnostics (INTEGER, Universal)选择的编码

01 // 值字段的长度的编码(1 个八位字节)

03 // 值的编码:1, no-reason-given

——user-information 字段组件 (tagged component, [30]) 的编码

BE // user-information 字段组件(component[30], Context-specific)的标记的编码

06 // 标记的组件值字段的长度的编码

——application-context-name 组件(OCTET STRING)的编码

04 // user-information (OCTET STRING, Universal)选择的编码

04 // OCTET STRING 值字段长度的编码

0E 01 06 01 // 这就是 DLMS-ConfirmedServiceError-pdu 的八位字节序列

因此,对于给定参数的 AARE APDU 使用 LN 引用的完整编码如下(所有数据都用十六进制表示):

LN 引用	SN 引用
AARE-pdu = [61 1F A1 09 06 07 60 85 74 05 08 01 01 A2 03 02 01 01 A3 05 A1 03 02 01 03 BE 06 04 04 0E 01 06 01]	AARE-pdu = [61 1F A1 09 06 07 60 85 74 05 08 01 02 A2 03 02 01 01 A3 05 A1 03 02 01 03 BE 06 04 04 0E 01 06 01]

附 录 D
（资料性附录）
数据模型和协议

此数据模型使用通用构架模块来定义计量设备的复杂功能，此模型不涉及内部具体执行内容。它仅提供了一种类似于在接口处获得仪表功能性的视角。

该通信协议定义了数据如何被访问和交换，图 D.1 是对它的说明：

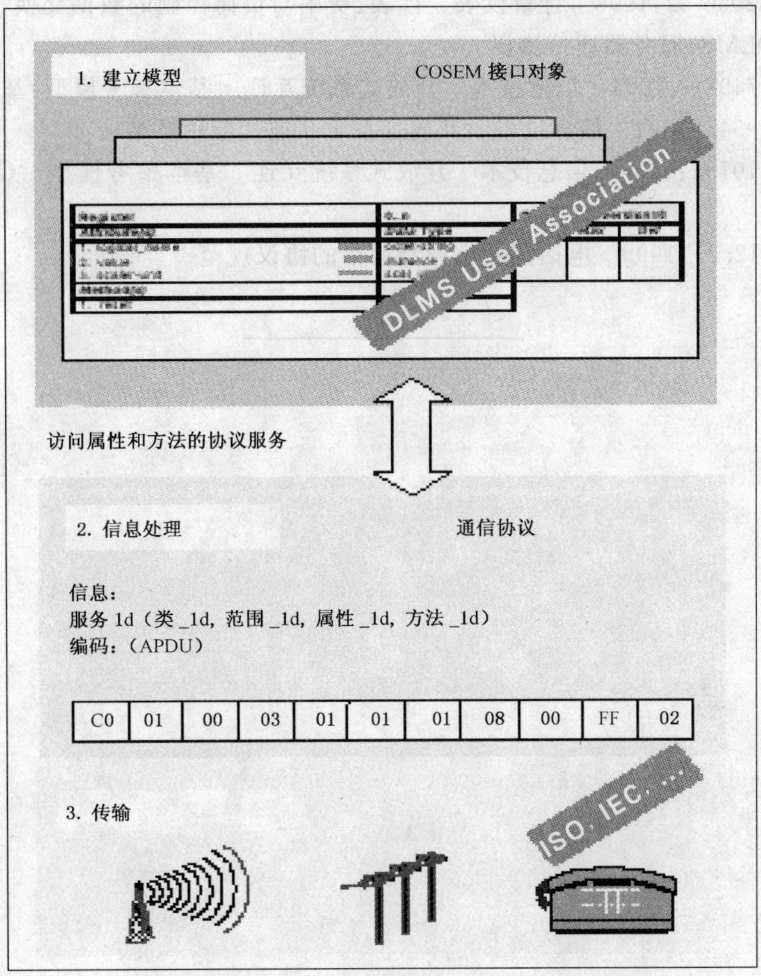

图 D.1　COSEM 的三步处理协议

- COSEM 规范规定了计量领域中具体的接口类，仪表的功能性由这些称之为 COSEM 接口对象的接口类实例来定义，这些实例在 GB/T 19882.32—2007 中定义，标识 COSEM 接口对象的逻辑名在 GB/T 19882.31—2007 中定义；
- COSEM 接口对象的属性和方法可以通过应用层报文服务来访问和使用。
- 低层通信协议传输这些信息。

参 考 文 献

[1] IEC 62056-41:1998 抄表、费率与负荷控制的数据交换 第41部分:使用广域网的数据交换

[2] IEC/TS 62056-51:1998 计量仪表 抄表、费率与负荷控制的数据交换 第51部分:应用层协议

[3] IEC/TS 62056-52:1998 计量仪表 抄表、费率与负荷控制的数据交换 第52部分:设备语言规范(DLMS)服务器通信协议

[4] ISO/IEC 7498-1:1994 信息技术 开放式系统互连 基本参考模型:基本模型

[5] ISO/IEC 9545:1994 信息技术 开放式系统互连 应用层结构

[6] ISO/IEC 10731:1994 信息技术 开放式系统互连 基本参考模型 OSI服务定义的约定方法

[7] NEMA C12.21:1999 电话调制解调器通信的协议规范

ICS 25.040
N 10

中华人民共和国国家标准

GB/T 19892.2—2007/IEC 61512-2:2001

批控制　第2部分:数据结构和语言指南

Batch control—Part 2:Data structures and guidelines for languages

(IEC 61512-2:2001,IDT)

2007-12-28 发布　　　　2008-05-01 实施

中华人民共和国国家质量监督检验检疫总局
中国国家标准化管理委员会　发布

前　言

GB/T 19892《批控制》分成以下三个部分：

——第1部分：模型和术语；

——第2部分：数据结构和语言指南；

——第3部分：通用和现场处方模型及表达。

本部分为GB/T 19892的第2部分。

本部分等同采用国际标准IEC 61512-2:2001《批控制　第2部分：数据结构和语言指南》(英文版)。为便于使用，对原标准做了下列编辑性修改：

a) 删除了国际标准的前言，按照GB/T 1.1的规定重新编写了本部分的前言；

b) 凡有“IEC 61512”的地方改为“GB/T 19892”；

c) “本国际标准”一词改为“本部分”；

d) 用小数点“.”代替作小数点的逗号“,”。

本部分的附录A和附录B为规范性附录。

本部分的附录C、附录D和附录E为资料性附录。

本部分由中国机械工业联合会提出。

本部分由全国工业过程测量和控制标准化技术委员会归口。

本部分主要起草单位：机械工业仪器仪表综合技术经济研究所、上海工业自动化仪表研究所。

本部分主要起草人：欧阳劲松、李明华、蔡廷安、马光武等。

GB/T 19892.2—2007为首次发布。

引　言

GB/T 19892.1—2007 提供了适用于批控制的模型和术语。GB/T 19892.2—2007 论述了数据结构和语言指南，其中：

——第 4 章中所定义的数据模型论述了数据结构，该数据模型更精确地表示了由 GB/T 19892.1 的模型和概念所论述的对象和关系；

——第 5 章中所定义的信息交换的关系表也论述了数据结构；

——第 6 章中所定义的处方描绘方法论述了语言。

数据模型的预期用途是为编写软部件接口规范提供一个起点，这些软部件讲述了 GB/T 19892.1 的所有子集。作为集成对象模型，数据模型论述了 GB/T 19892.1 的所有内容，但它并未假定或者排除任何专用系统体系结构或信息交换。该模型并未明确划分系统之间的功能性。

本部分第 5 章定义了一种交换所选数据的专用方法。把关系表作为信息交换的方法是因为在被处理信息的界限范围内，它们：

——广泛应用了适用的技术；

——可以转换成其他的技术；

——是足够的；

——是同标准的其他内容相一致的。

本部分既未规定多种信息传送的方法，也未打算确定所有可能要交换的信息。将来也许会规定一些额外的方法来作为交换数据的替代方法。

本部分第 6 章规定了可用来描述处方图形语言的符号和规则。处方是批控制的核心特征，可以处理各种复杂的事物，但没有一种描述能理想地适用于任何情况。例如，一个简单的表格很有可能是某些简单事例的一种最合适的处方形式。本部分规定了适用于大部分复杂事物的主处方程序和控制处方程序的一种描绘方法。

虽然本部分主要用于批过程，但对其他类型的过程也具有重要价值。

批控制　第2部分:数据结构和语言指南

1　范围

GB/T 19892 的本部分规定了描述过程工业中应用的批控制数据模型和用来简化批控制实现范围内及其之间的通信的数据结构,以及表示处方的语言指南。使用时参照附录 A 对本部分中使用的 UML(统一建模语言)符号的说明,另参照附录 B 关于第 5 章中所有 SQL(结构化查询语言)的总汇。

2　规范性引用文件

下列文件中的条款通过 GB/T 19892 的本部分的引用而成为本部分的条款。凡是注日期的引用文件,其随后所有的修改单(不包括勘误的内容)或修订版均不适用于本部分,然而,鼓励根据本部分达成协议的各方研究是否可使用这些文件的最新版本。凡是不注日期的引用文件,其最新版本均适用于本部分。

GB/T 2900.56—2002　电工术语　自动控制(IEC 60050-351:1998,IDT)

GB/T 6988.6—1993　控制系统功能表图的绘制(eqv IEC 60848:1988)

GB/T 15969.3—1995　可编程序控制器　第3部分:编程语言(idt IEC 61131-3:1993)

GB/T 19892.1—2005　批控制　第1部分:模型和术语(IEC 61512-1:1997,IDT)

ISO/IEC 9075:1992　信息处理系统　数据库语言——完整性增强型 SQL(结构化查询语言)

3　术语和定义

下列术语和定义以及 GB/T 19892.1 中所明确的那些术语和定义,除了其中明确说明的不同之处外,均适用于 GB/T 19892 的本部分。另外,还使用了 GB/T 2900.56—2002 中的术语和定义作为依据。

3.1

分配符号　allocation symbol

一种图形符号,用于表示处方程序元素的资源分配和解除分配规则的封装。

3.2

构件块　building block

程序库中的处方实体。

3.3

枚举集　enumeration set

预定义的字符串及其关联数值的列表。

3.4

交换表　exchange table

用于系统之间交换批相关信息的数据库表。

3.5

链路　link

规定两个不同对象之间的连接(例如处方实体之间或者处方实体和转换之间的连接)的一种对象。

3.6

程序功能图　procedure function chart

规定处方程序元素处理次序的处方程序的图形表示。

3.7

处方元素　recipe element

程序功能图中,用来表示除转换和有向链路外的处方实体和符号的结构实体。

3.8

处方实体　recipe entity

一个程序元素和与之相关的一条处方信息(例如文件头、公式、装置要求、其他信息)的组合。通用处方,现场处方、主处方和控制处方也是处方实体。

4　数据模型

4.1　概述

本章定义了一些数据模型,这些模型规定了一组对象、属性和它们的基本关系。这些对象、属性及其基本关系涉及 GB/T 19892.1 所述的高度抽象的概念。这些模型适用于以非技术方式同批控制系统的接口。这些模型不用于论述批控制系统的内部系统结构。

这些模型旨在为论述 GB/T 19892.1 的任何子集的软部件制定接口规范提供一个起点。

这些数据模型将 GB/T 19892.1 的所有内容作为一个完整的对象模型加以阐述,而并未假定或者排除任何特殊的系统体系结构或信息交换。这些模型也未对系统之间功能性的任何特定划分作假设。

在通过一个接口表现本章定义的对象和关系的情况下,该接口应使用本章中与所选接口技术和所提供的能力相当的对象名、属性名及关系。这种接口的一个例子就是第 5 章中规定的 SQL 关系表接口。

一种交换格式或者接口规范仅可实现某些对象或部分对象(例如并未定义全部属性)。一种交换格式或接口规范还可提供额外的对象或属性(例如阶段持续时间信息),包括将任何一种数据模型属性扩展成多个属性。任何这种实现应同本文提出的数据模型和 GB/T 19892.1 的概念一致。

本章描述的模型的基础是统一建模语言(UML)(见 A.1)。

下列各章条中的表描述了对象的类属性,下列各章条中的图描述了对象之间的关系。

4.2　概观模型

本模型(见图 1)在较高的层次上概述了 GB/T 19892.1 中的控制活动模型所定义的批定义域的主要类,以及该模型所描述的这些类之间的关系。在本章的下列模型中较详尽地描述了各个对象类。

通用处方或现场处方可由相当于程序实体(过程段、过程操作和过程动作)的通用处方实体的一个层次构成。

主处方可从通用处方或现场处方导出。主处方本身可被看成是一个顶层主处方实体。主处方可由相当于程序实体(即程序、单元程序、操作、阶段)的主处方实体的一个层次构成。

通过执行一个处方,一个批调度表表项规定一个特定批的生产。原则上,批调度表是规定多批生产的一份清单,并包含有定时信息。为此目的所必要的产品专用信息可由一个相关的主处方实体导出。

根据批调度表表项复制的一个特定版本的主处方,将作为控制处方的原型然后对其进行修改以便创建生产该批的处方。控制处方包含装置控制所必需的信息。

控制处方实体是根据主处方实体创建的。控制处方可用附加信息(例如标定、装置指派)增强,并可对它进行修改(包括创建或去除控制处方实体)。

选择装置实体并分配给控制处方实体。

控制处方实体可链接到装置实体(通常是单元)内的一个装置程序实体上。可启动装置程序实体并可用处方值给它的参数赋值。

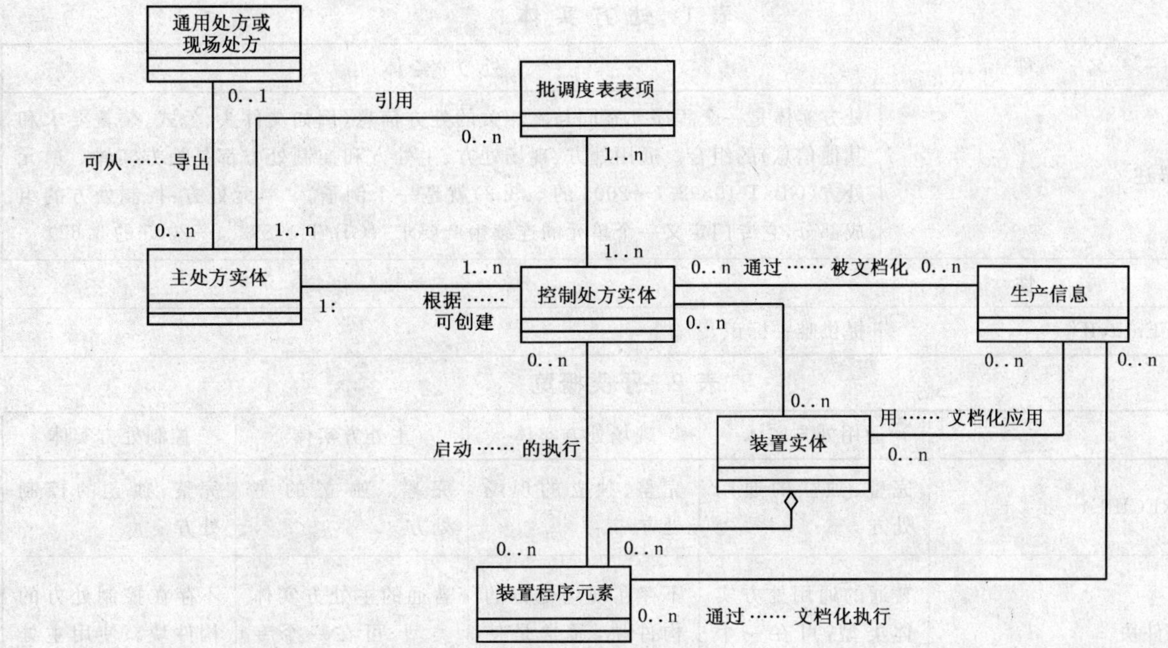

图 1 概观模型

4.3 处方模型

4.3.1 处方实体

处方是按层次构建的,每一层都包含有各种信息。处方实体是用来表示某个特定层次的紧密耦合数据的结构。

在所有类型的处方(见图2)中,处方实体是基本结构。处方实体在结构上可代替 GB/T 19892.1 所定义的处方程序元素,但它可包含任何或者全部的处方成分:程序定义、带值参数、装置要求和其他信息。

表1给出了类规范。

一个处方本身就被认为是一个处方实体(种类:处方)。处方由下层处方实体构成(例如单元处方)(种类:成分)。当构建一个专用处方时,可用库元素(种类:构件块)创建那些成分。

处方实体概念适用于所有处方类型:通用处方、现场处方、主处方和控制处方。当执行一个处方时,被执行处方实体批历史中的表示法的结构几乎都是相同的,因此把它作为一个子类显示出来。表2所示为子类的概览。表3～表5给出子类的种类。表6～表9给出子类的类型。本条不再讨论通用处方和现场处方。

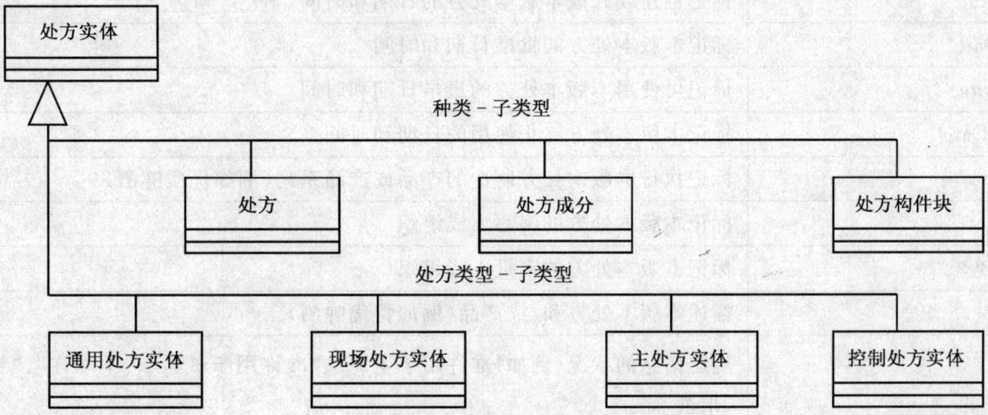

图 2 处方实体

表 1 处方实体

名 称	处方实体
功能描述	处方实体是一个程序元素同与之相关的处方信息(例如文件头、公式、装置要求和其他信息)的组合。通用处方、现场处方、主处方和控制处方都是处方实体。单元处方(GB/T 19892.1—2005 的 5.3.2)就是一个例子。"单元处方:控制处方的组成部分,它专门定义一个单元的连续生产要求"(GB/T 19892.1—2005 的 3.62)
属 性	
RecipeEntityID	提供唯一标识。

表 2 子类概览

	通用处方实体	现场处方实体	主处方实体	控制处方实体
处方(RECIPE)	完整、独立的通用处方	完整、独立的现场处方	完整、独立的主处方	完整、独立的控制处方
处方构件块(RECIPEBUILDINGBLOCK)	普通的通用处方实体类型,可在一个专用处方或另一构件块中实例化	不存在现场处方的构件块,通常是使用通用处方构件块来修改现场处方	普通的主处方实体类型,可在一个专用处方或另一构件块中实例化	不存在控制处方的构件块。使用主处方构件块来修改控制处方
处方成分(RECIPECOMPONENT)	通用处方或者库元素的一个成分,可能是构件块的一个实例	现场处方或者库元素的一个成分,可能是通用处方构件块的一个实例	主处方或库元素的一个成分,可能是构件块的一个实例	控制处方的一个成分,可能是主处方构件块的一个实例

表 3 处方

名 称	处 方
功能描述	最高层处方实体
属 性	
RecipeID	标记处方。与"处方版本"组合可确定一个独特的处方实例
RecipeVersion	标记处方版本。与"处方标识"组合可确定一个独特的处方实例(例如 Red Oak-A10.3)
VersionDate[a]	标记创建或修改本版本处方的日期和时间
ApprovalDate[a]	标记本版本处方的批准日期和时间
EffectiveDate[a]	标记可使用本版本处方的最早日期和时间
ExpirationDate[a]	标记本版本处方终止使用的日期和时间
ProductID[a]	标记执行本版本处方制造的产品或产品系列(例如优质啤酒)
Author[a]	标记本版本处方的编写人或组织
ApprovedBy[a]	标记本版本处方的审批人或组织
Dscription	描述本版本处方和/或产品(例如特优啤酒)
Status[a]	规定信息的状况(例如"准许用于生产"、"准许用于试验"、"不准许"、"暂停不用"、"报废")

a 控制处方无此要求(参考主处方可得出)。

表 4 处方成分

名　　称	处方成分
功能描述	作为处方组成部分或构件块的处方实体(即特定处方或包含构件块的处方实体中的构件块实例)
属　　性	
Level	指明程序层次级(即通用处方和现场处方的过程段、过程操作或过程动作,以及主处方和控制处方的单元程序、操作或阶段)
RE_Use	确定处方成分是否是一个构件块的复本或引用本

表 5 处方构件块

名　　称	处方构件块
功能描述	库中的处方实体。构建处方时可以使用构件块并确定其参数
属　　性	
RecipeVersion	标记处方实体的版本
VersionDate	标记本版本处方的创建或修改日期和时间
ApprovalDate	标记本版本处方的批准日期和时间
Author	标记本版本处方的编写人或组织
ApprovedBy	标记本版本处方的审批人或组织
Description	描述通过执行本版本处方实体所实现的功能
Level	指明处方实体的层次
UsageConstraint	确定其他限制使用的规则(例如只能由……接替,或者绝不能与……同时运行)
Status	规定处方实体的状况(例如“准许用于生产”、“准许用于试验”、“不准许”、“暂停不用”、“报废”)
Function	规定怎样执行处方实体(例如通过引用一个装置程序元素、通过执行包含的逻辑)

表 6 通用处方实体

名　　称	通用处方实体
功能描述	整个的通用处方或现场处方,通用处方或现场处方的一个成分,或者创建通用处方或现场处方的构件块
属　　性	
ScaleReference	规定参数值的基准标度

表 7 现场处方实体

名　　称	现场处方实体
功能描述	整个现场处方、现场处方的成分或者创建现场处方的构件块
属　　性	
ScaleReference	规定参数值的基准标度

表 8 主处方实体

名　称	主处方实体
功能描述	整个主处方、主处方的成分或者创建主处方的构件块
属　性	
ScaleReference	规定参数值的基准标度
ProcessCellID	标记确定处方实体的装置种类(例如确定此主处方的某个过程组元或某些过程组元)

表 9 控制处方实体

名　称	控制处方实体
功能描述	一种处方实体,可以是整个控制处方,也可以是控制处方的一部分
属　性	
BatchID	规定实际批的标识(ID)
BatchSize	根据主处方中确定的批的比例系数确定请求的批大小或者比例系数
Status	描述执行状况(例如尚未启用,已启用或者已完成)

4.3.2 处方实体的组成部分

模型(见图 3 和表 10～表 13)显示了 GB/T 19892.1 所规定的处方信息的种类。模型指明:在处方分解的任何一层都可能存在这些成分(例如一个单元处方可以有它自己的装置要求)。

——在本模型中,信息文件头种类包含在处方实体本身的属性中,而不是一个不同的对象类。

——GB/T 19892.1 的公式种类按一组参数对象那样建模。处方分解的各层,包括处方本身都可能有参数。关于参数见 4.3.6。

——装置要求的建模在 4.3.5 中讨论。

——如 GB/T 19892.1 中规定的那样,即使其他的信息可有多个元素和不同的结构,这些信息种类也只用一个对象类表示。

——GB/T 19892.1 的程序种类作为一组程序结构元素被建模。

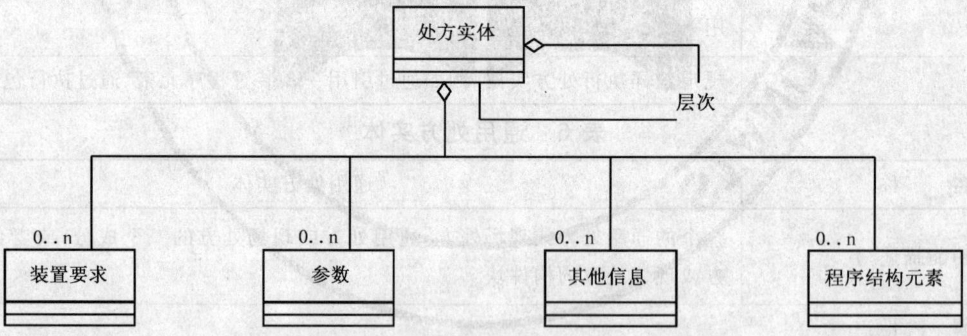

图 3 处方实体的组成部分

表 10 参数

名　称	参　数
功能描述	公式值或执行期间往来于处方实体被传递的数值的占位符
属　性	
ParameterID	提供一个独有的标识
ParameterType	规定怎样解释参数值(例如常数、参考方程)

表 10（续）

名　称	参　数
Description	描述参数或者参数的使用
EngineeringUnits	标志数值的工程度量单位(例如 kg)
Value	包含参数值。如果值是一个关系，它包含方程、表格、延迟规则或者把相关参数联系到一起的任何事物。如果值是一个构件块参数，此属性应保持为默认值
Scaled	规定标定规则。最简单的情况：用批基准大小进行标定或不标定
Usage	按过程输入、过程输出或过程参数规定参数

表 11　装置要求

名　称	装置要求
功能描述	表示处方实体中所规定的装置要求
属　性	

表 12　其他信息

名　称	其他信息
功能描述	包含有处方其他部分并不包含的批处理支持信息的一种处方信息(例如调节一致性信息、材料和过程安全信息、过程流程图、包装/标签信息)
属　性	

表 13　程序结构元素

名　称	程序结构元素
功能描述	处方程序元素和执行它们时的排序信息
属　性	

4.3.3　处方实体关系(程序结构)

遵循 GB/T 19892.1 规定的程序实体结构(即一个处方程序包括几个单元程序，单元程序包括几个操作，操作又包括几个阶段)按层次分解处方实体。使用递推包容法(recursive containment)建立该层次模型。高层对象可包含低层对象。

程序结构元素包括处方程序元素(例如，一个单元处方的程序结构元素是包含在其中的一些操作及其排序)和用于它们排序的连接(例如，链路、转换)。这些程序结构元素可能与其他程序结构元素有关联。

4.3.4　处方构件块

在数据模型中，处方构件块是一个重要的概念(见图 4)，此图表明了在程序层次结构的一个单独层次上的关系。

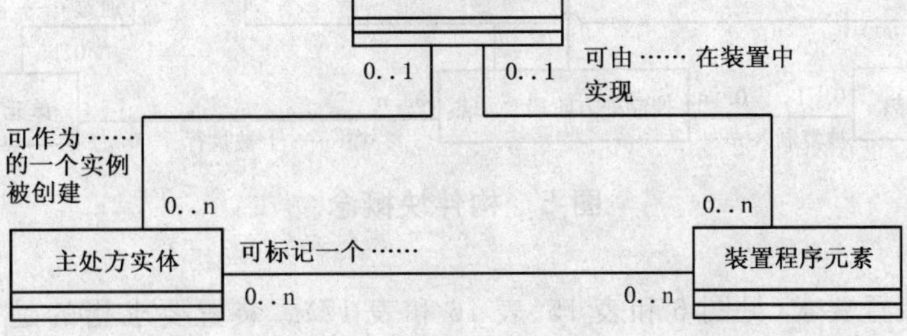

图 4　处方构件块

处方构件块是创建主处方的构件块。当处方构件块在主处方中被实例化为一个主处方实体时，它可携带参数、装置要求和可能赋与主处方专用值的其他信息。处方构件块的下层内容（如从属处方实体）可复制入主处方实体中。引用处方构件块，也可获得这些同样的下层内容。

通过装置程序元素可在装置中实现处方构件块的功能性（见表14），这种功能性是执行最下层处方实体（即打算与装置程序元素链接的处方实体）所必需的。

表 14 装置程序元素

名　称	装置程序元素
功能描述	与装置相关联的一种程序元素（例如装置阶段或装置操作）
属　性	
EquipmentProceduralElementID	提供唯一标识
Version	标记程序元素的版本
VersionDate	标记创建或修改本版本的日期和时间
ApprovalDate	标记本版本的批准日期和时间
Author	标记本版本的编写人或组织
ApprovedBy	标记本版本的审批人或组织
Description	描述通过执行处方实体所达到的功能
Level	指明装置实体的层次。装置实体只能在该层使用
Mode	指明程序元素的当前方式
State	指明程序元素的当前状态

以下例子（见图5）可说明其机制，此例子可代表某一实际应用的一部分的一个对象模型。构件块的一般概念被实例化为一个专用构件块“加热”。构件块和成分之间的“基于”关系用子类关系代替（这是一种可能的实现，它表明当改变“加热”构件块时，则此改变将传播给所有使用“加热”的处方）。另一种实现也许是在用具体实例化时才复制“加热”。

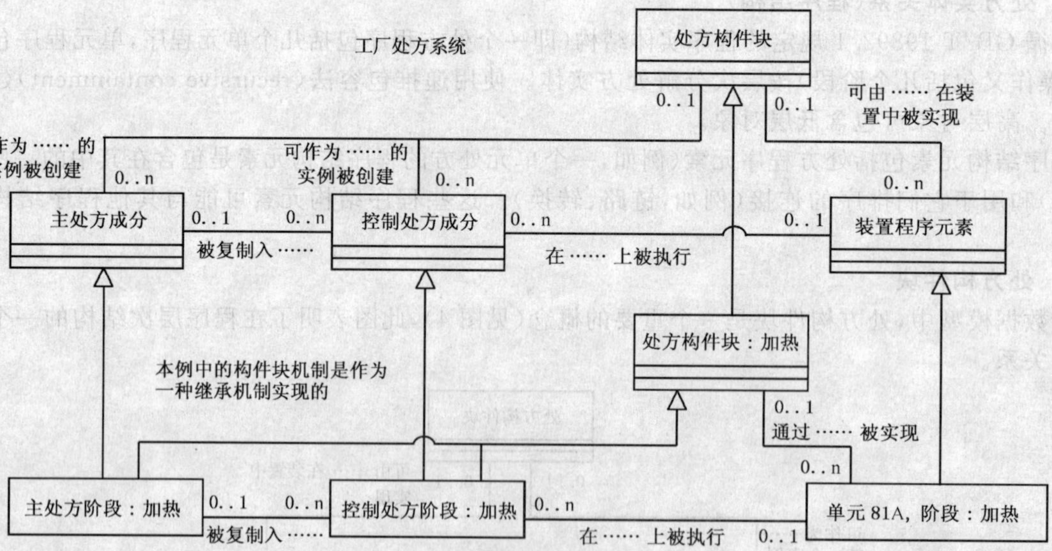

图 5 构件块概念

4.3.5 装置要求

处方实体可包含装置要求（见图6和表15、表16和表17）。装置要求指的是一种特定的装置特性类型（例如一个装置特性类型可以是“容器大小”或者“容器内衬”）。于是一个特定的装置要求则可规定容器大小的最小值。

一台具有某一装置特性(指同一装置特性类型)的装置则可满足该要求。例如,专用单元 UNIT12 就具有特性类型“容器大小”的值。

一个装置实体就是一台专用装置,可以用装置的一类(装置类)来代替它。见 4.4。

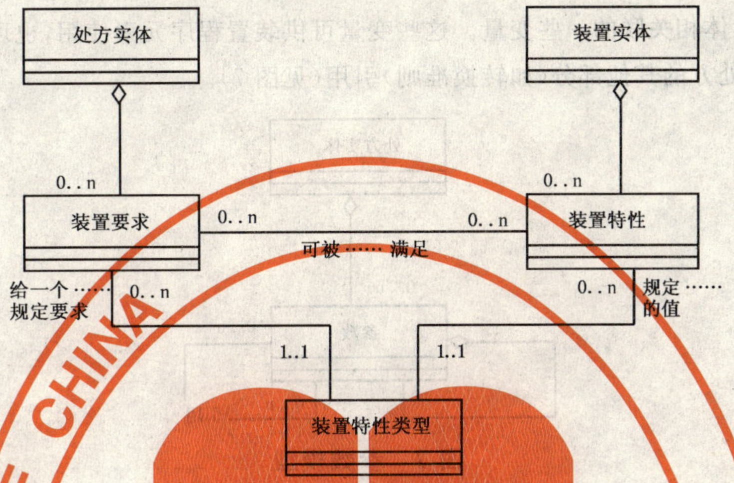

图 6 处方实体装置要求

表 15 装置实体

名称	装置实体
功能描述	将实际处理、控制装置和装置控制组合起来执行某个或某组控制功能的集合
属性	
EquipmentEntityID	提供唯一标识
EquipmentLevel	规定实际分层层次(例如过程组元、单元、装置模块、控制模块)
Mode	指明装置实体的当前方式
State	指明装置实体的当前状态

表 16 装置特性

名称	装置特性
功能描述	标记装置实体或类提供的某个特性。这些特性都是特定的应用特性(如内衬类型、大小、加热能力、蒸汽温度)
属性	
PropertyID	提供唯一标识
Value	标记特性的值(如玻璃、50 000、650)
ValueRange	规定与值有关的限制或约束
EngineeringUnits	规定特性的工程单位
Description	描述装置特性的类型

表 17 装置特性类型

名称	装置特性类型
功能描述	装置属性的一般类(如内衬类型、大小、加热能力、蒸汽温度)
属性	

控制处方实体最初包含从主处方实体复制来的装置要求，这些要求需要由一个或几个装置实体的相应特性来满足以便分配专用装置。最初的装置要求可被专用装置分配所取代。这些分配也按照装置要求建模。

4.3.6 处方参数

参数是同处方实体相关联的一些变量。这些变量可供装置程序元素使用，也可供其他活动(如调度表编制)使用或者被处方的其他部分(如转换准则)引用(见图7)。

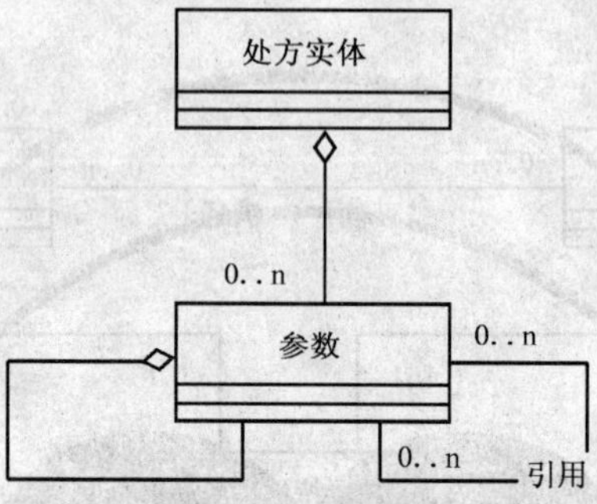

图7　参数模型

参数可以按过程输入、过程输出或过程参数分类。

参数可由一组其他参数构成。模型支持结构化参数的概念。因此，模型定义了单一类型的数据结构，也允许在同一结构中包含不同类型的参数(过程参数、过程输入、过程输出)的可能性。

通过定义参数值类型可确定参数值属性。参数值类型包括：

——GB/T 15969.3的基本数据类型；

——用于确定就地清除(CIP)或者就地消除(SIP)要求的兼容矩阵信息；

——定义材料的事务(材料的传送、消耗、生成)的数据集；

——数据系列(例如：要跟踪的一个温度曲线分布图)。

参数值可以是简单值、表达式或者是引用程序层次中同一层或更高层所定义的那些参数。表达式的值可包含引用的其他参数。

参数间相关联的方式很多，包括：

——代数方程或布尔方程；

——使用一个或几个参数的产品专用表项表格；

——显示参数或使用参数的标准操作规程(SOP)(例如动态值、处方值)；

——相对于不同处方实体(同一层次或另一层次)参数的延迟；

——使用参数的外部应用。

公式在数据模型中由处方参数表示(见表10)。一个处方的公式是处方程序的一组选定参数，它可能还包含在程序层次的下层所规定的参数。

参数通常是根据批大小或其他关键属性标定的。标定也可能比简单的线性关系更复杂。较复杂的标定方法能适合用户定义的算法和关系。

4.4 装置模型

在执行处方过程中对装置选择的评价应考虑工厂的物理结构(见图8和表18)。尤其是装置之间的传送能力或者分配共享装置的能力对确定某批的传送路线是很重要的。

装置实体在GB/T 19892.1规定的层次结构中定义。通过对象的递归特性对该层次建模。这种结构考虑了配置的可扩展性和可压缩性。

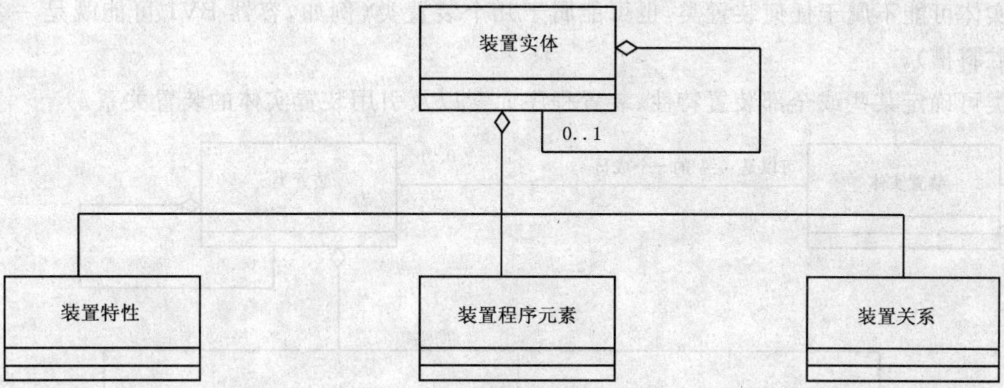

图 8　装置结构

表 18　装 置 关 系

名　　称	装 置 关 系
功能描述	装置间连接的一种表示法(例如管道、传送机、柔性连接),但也可用来代表装置间的其他关系类型(如与共享装置的关系)
属　　性	
RelationID	提供唯一标识

例如,在一个过程组元(即单元、装置模块、控制模块)中的装置通常由管道或其他连接互相联系。这些连接可按装置关系(见图 9)那样建模,是否选择一个方向(如某个流向)是可选的。关系(如管道)是上层装置实体的组成部分。连接可方便地按关系类分类,它保证了评价的一致性。装置关系包括:

——永久性连接;

——暂时性连接;

——可用作……的资源;

——总是运送同……一样的产品。

注:除连接以外关系也是可能的。

装置可能具有特性。每个用户实现都有特定的特性。装置特性可用于检验装置性能,匹配处方装置要求。见 4.3.5。

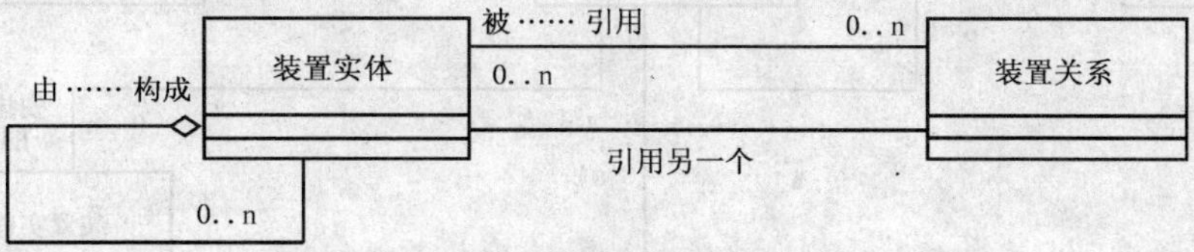

图 9　装置实体关系

装置类(见图 10 和表 19)提供了利用共性对装置进行分类的一种方法。装置实体可以是一个或几个装置类的一个成员或者它们完全不属于任何类。装置类可用来规定单元组,在选择装置期间可用作候选对象。例如,某个处方需要一个单元程序用的反应器:它的装置要求可能会规定一个专用反应器(如 R-101)、一组反应器单元(如 R-101、R-103)或者反应器类(如包含反应器 R-101、R-102 和 R-103 的"反应器"类)。

装置实体可以是一个装置类的成员,类确定了类成员的某些特性。作为一个示例,某些装置特性(如玻璃内衬)为该类共有。

装置实体可能不属于任何装置类，也可能属于几个装置类（例如，容器 BV1 可能既是一个反应器，也是一个贮料槽）。

装置类可确定某些或全部装置特性、装置程序元素以及引用装置实体的装置关系。

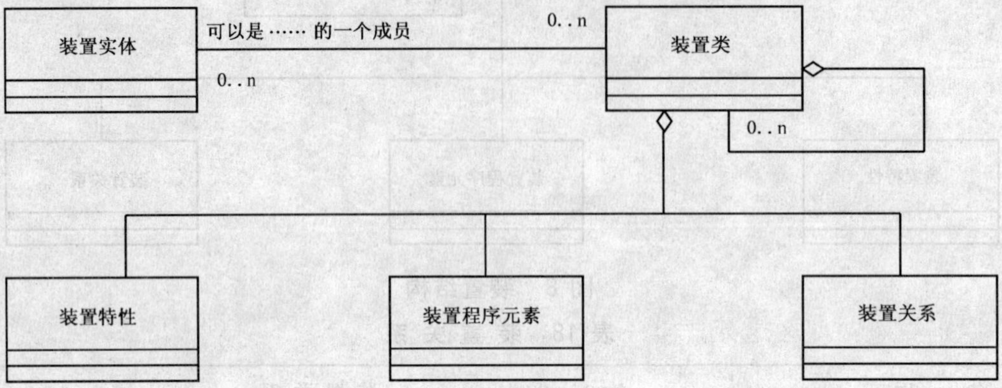

图 10 装置类

表 19 装 置 类

名　　称	装置类
功能描述	一个装置实体类
属　　性	
EquipmentClass	提供唯一标识
EquipmentLevel	规定物理分层层次（例如过程组元、单元、装置模块、控制模块）

4.5 生产计划和调度表编制

调度表的核心实体（见图 11）是批调度表表项。此对象规定了预定要执行的一个或几个批/控制处方或者其他控制处方实体（典型的是单元程序）（见表 20）。批调度表表项也可用于安排其他的活动（如装置停机时间）。一个批调度表表项可包括控制处方中使用的公式值/参数值（见表 21）。

批调度表表项可用来表示上层调度表实体（如生产量或者生产订单）。

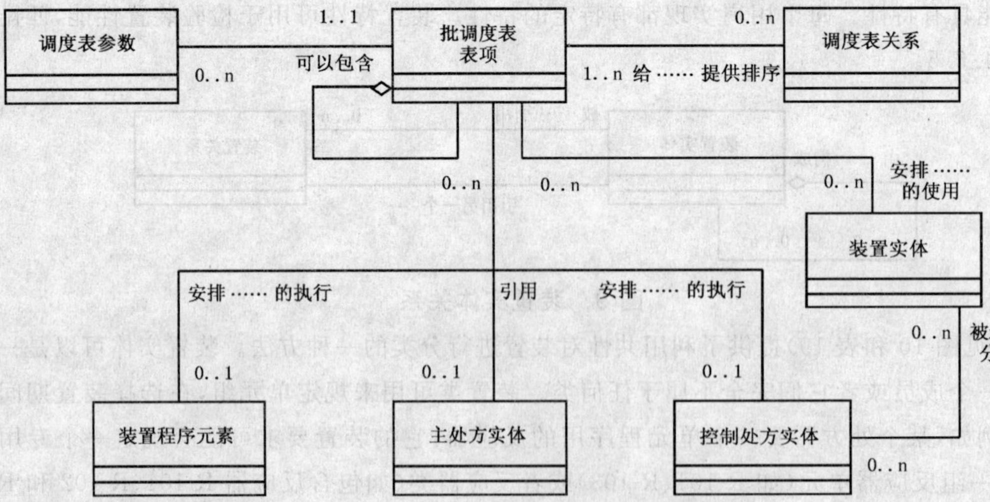

图 11 批调度表

表 20 批调度表表项

名　　称	调度表表项
功能描述	表示批中的一个单元程序，一个完整的批或一组批的一个预定表项，(例如一个生产量)
属　　性	
ID	提供唯一标识(例如实际生产量、批量、批标识、程序实体标识)
Level	规定分层层次(如生产量、批、单元程序)
BatchSize	根据主处方确定的批比例因子，确定所请求的批大小或比例因子
Schedule	确定预定执行时间(起/停)
ResourceUsage	规定本调度表表项的资源使用
Status	规定调度表状况(如评价(如:假设分析)已建议、已安排、已提交、已起动、已完成)

表 21 调度表参数

名　　称	批调度表参数
功能描述	传递进出批调度表表项的公式值
属　　性	
ParameterID	提供唯一标识
ParameterType	包括如何解释值(如常数、基准值或方程)
Description	描述参数或参数的使用
EngineeringUnits	标记量度数值的工程单位(如 kg)
Value	包括参数值。如果值是一个关系，它包括方程、表格、延迟规则或者使相关参数结合在一起的任何事物。如果值是一个构件块参数，此属性应保持为默认值。
Scaled	规定标定规则。最简单的情况：用批基准大小标定或不标定。
Usage	按过程输入、过程输出或过程参数标记参数

调度表关系可用来表示与调度表编制有关的处方关系的子集(如与批传送有关的关系)(见表 22)。在上层，它们可用来表示调度表表项之间所需要或要求的关系(例如：批 xx 应紧随批 yy 之后，或者一次特定的清除应在两个批之间进行)。调度表表项关系的具体子类和特点不在此处建立模型。

一个上层批调度表表项应包含下层调度表表项和关系(例如：一个预定的生产量可包含预定的一些批和这些批之间的关系)。

最简单的情况下，批调度表表项表示批执行清单或预期依次启动的队列中的一个批。可加上预计的开始时间和计划的持续时间/结束时间。此外批调度表表项还可规定装置的分配和其他资源的使用。调度表编制可在更细的层次上发生(例如，编制各单元处方和把它们分派给装置的调度表，还可能编制各个操作或阶段以及它们的计划持续时间、资源的消耗——包括约束调度表的共享资源或专用资源)。按专用控制处方的要求分配或解除分配单元和装置模块。

可从不同的角度看待调度表表项的集合：

——过程组元或部分过程组元中的批图表，它提供了过程组元使用的一个总览；

——资源利用图表，它提供了一份资源或装置调度表。

表 22 调度表关系

名　　称	调度表关系
功能描述	调度表表项之间的关系的一种表示法(例如,要求的行间隙、被调度项目之间的清除、在一个程序中顺序关系的规范)
属　　性	
ExecuteOrder	规定了彼此有关的多个调度表表项应按怎样的顺序进行处理。

4.6 生产信息管理

本条描述了定义生产信息集合的模型。

生产信息包括事情怎样进展的实时信息,它分两种:批专用信息和选定的非批专用,或者公用信息(见图 12 和表 23～表 28)。

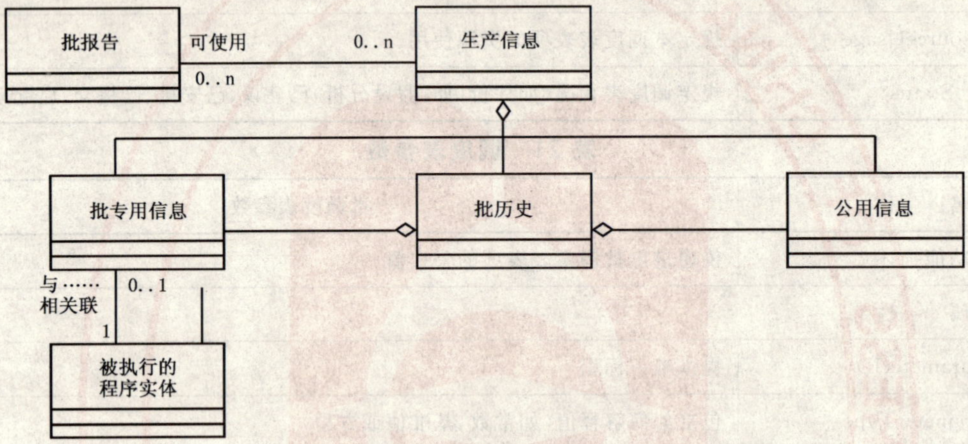

图 12 生产信息

表 23 生产信息

名　　称	生产信息
功能描述	在生产某批的过程中生成的信息
属　　性	

表 24 批专用信息

名　　称	批专用信息
功能描述	与一个批历史表项有关的数据
属　　性	
BatchID	规定一个实际批的标识
EntryID	提供唯一标识
NewValue	指示当前的实际值
EngineeringUnits	规定适合于 NewValue 的工程单元(若有的话)
EquipmentID	标记可能与表项相关的一个装置元素
UTC	标记国际标准时间(UTC)和记录的表项数据
UserID	标记与改变有关联的用户(若有的话)

表 25 批历史

名　　称	批历史
功能描述	记录批生产的一项信息
属　　性	
BatchID	定义实际批的标识

表 26 公用信息

名　　称	公用信息
功能描述	与多个批历史表项有关的数据(如冷却水温度、大气压、蒸发量)
属　　性	
EntryID	提供唯一标识
NewValue	指示当前的实际值
EngineeringUnits	定义适合于 NewValue 的工程单元(若有的话)
EquipmentID	标记可能与表项相关的一个装置元素
UTC	标记国际标准时间(UTC)和记录的表项数据
UserID	标记与改变有关联的用户(若有的话)

生产信息可以包括以下信息：

——控制处方的复件；

——主处方的复件；

——使用材料和生产材料的信息；

——趋势信息；

——报警和报文；

——操作者与批的相互作用(如重写、确认)；

——近期记录和异步记录(如实验室样品测量)；

——附加信息(如分配、起/停)。

被执行的程序实体是记录一个处方实体的执行或者一个装置程序实体的执行的一个实例(见表27)。数据与执行实例相关联，并且该数据被保存在相关的批历史记录中。

执行一个控制处方产生的被执行程序实体的结构通常和控制处方实体的结构相同。在某些情况下，被执行程序元素的结构也可能与控制处方有差异。下面是一些典型的例子：

——在程序逻辑中通过循环创建的一个处方实体的多重实例；

——在程序逻辑中，由于分支或者转向(GoTo)而不被执行的实例；

——手工插入或重复的处方实体；

——在已经同某批产生联系或者通过手工方式同该批产生联系的一些单元中当场激活的一些处方实体。

因为历史是有关事实的记录而不是预想的结构，本部分不论述处方实体关系及处方实体设计模式的其他等问题。

表 27 被执行的程序实体

名　　称	被执行的程序实体
功能描述	已被执行的处方实体(如装置程序元素)的一种表示法
属　　性	
ExecutedProceduralEntityID	提供一个唯一标识
ProceduralEntityCounter	反复执行同一程序实体的唯一标识

批报告(见表28)是从生产信息中摘录的批数据,以便在荧屏上或纸上显示,或者传送给其他系统。

表28 批报告

名称	批报告
功能描述	批报告的一个成分
属性	
ReportID	提供唯一标识

5 信息交换关系表

5.1 概述

本章确定了系统间与所选批控制信息的交换有关的结构化查询语言(SQL)关系表的结构。本章确定了一个能满足第4章要求的接口规范,以便交换下列所选种类的批信息:

——主处方和控制处方信息;

——过程组元装置信息;

——调度表信息;

——生产信息。

应使用本章确定的表名、字段名和关系建立交换表。不需要实现所有的表,但应包含被实现的表中的所有字段。任何这样的实现都应同本章给出的表定义和GB/T 19892.1的概念一致。

交换表格式只规定了可交换的标准信息。通过包含附加属性、附加关系表和附加枚举可扩展表定义。扩展后的结构可用于在理解结构的工具之间交换信息,不过这种信息并不在本部分的范围之内。

附加信息,如:

——表示装置层次的不同元素,从而可用不同工具一致地表示装置的附加图符;

——装置元素程序、程序参数和数据元素的附加控制系统地址。

5.1.1 方法

按ISO/IEC 9075的规定,使用SQL定义关系表结构。

交换机制基于数据库表的一种公用结构。这些表被定义成能在SQL表中定义的一种数据库模式。交换表的SQL表定义见附录B。

图13说明如何使用交换表在不同工具之间交换批信息。每个工具一般都有自己的批信息本地数据存储器,每个工具都负责从交换表输入信息和向交换表输出信息。

本章中的其余大多数模型使用实体关系图(ERS)(见A.3)表示。

本部分未规定使用批信息的工具的类型和用途。可能的工具包括(但不限于):

——处方编辑系统;

——处方执行系统;

——文档编制系统;

——配置管理系统;

——仿真系统;

——批控制系统;

——计划和调度表的编制系统;

——信息管理系统。

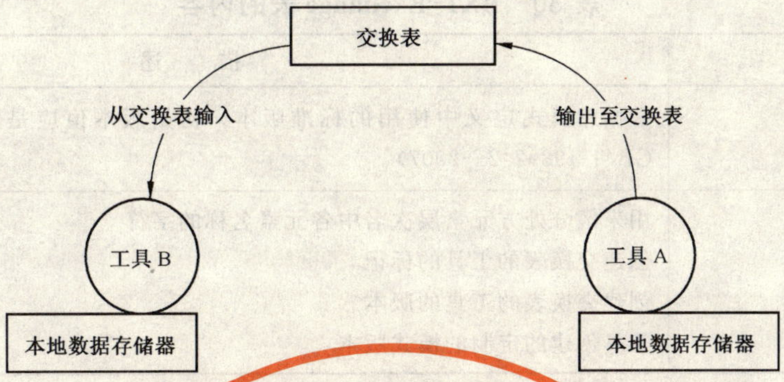

图 13 使用交换表传送数据

5.1.2 交换表

本部分未规定创建和维护交换表的工具，而只规定了表的结构。工具可以被设计成只能读预先存在的交换表；只能写预先存在的交换表；读和写预先存在的交换表；或者创建、读和写交换表。

交换表结构被设计成允许在同一组表中交换多个处方，并且允许交换同一处方的多个版本。交换表结构还允许交换装置能力和有关过程组元和过程组元装置的规范信息。

交换表结构还允许传送主处方、装置描述、调度表信息或批历史的完整或不完整子集。

本部分未规定交换表中数据串(例如：被计算的公式项、转换条件)的语法。读和写 SQL 交换表的工具应解决语法差异。

交换表 SQL 定义中确定的字段长度代表默认值，并不要求符合某个最短或最长字段长度标准。读和写 SQL 交换表的工具应解决字段长度的差异。

5.1.3 公用交换信息

包含描述交换格式和通常用于不同交换表组的信息的一组表。图 14 表示了论述公用交换信息的表。

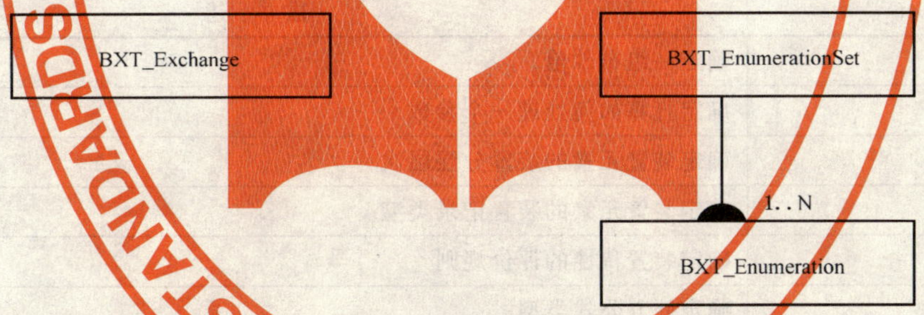

图 14 公用信息交换表

5.1.3.1 交换信息

公用交换信息表 BXT_Exchange 包含了在数据交换中只需要一次的所有信息(见表 29)。

BXT_Exchange 表的内容(见表 30)包含每个规定项的一个记录(如 SCHEMA(模式)字符和 DELIMITER(定界)字符)。它可能还包含其他用户定义的信息。

表 29 BXT_Exchange

属 性	描 述
ExchangeID	标记交换元素
ExchangeValue	标记被交换信息的值

表 30 BXT_Exchange 表的内容

交换标识(ID)	描述
Schema	数据库模式定义中使用的标准版本。初始版本值应是该标准的标题(如版本 GB/T 19892.2—2007)
Delimiter	用来区分处方元素层次名中各元素名称的字符
ToolID	创建交换表的工具的标记
ToolVersion	创建交换表的工具的版本
ToolSchema	工具创建的定制的模式版本

5.1.3.2 枚举集

许多表都包含有字段,字段可包含标准的枚举项目或用户定义的枚举项目。这些枚举项目作为数字随枚举集表中包含的数据串一起在交换表中传送。枚举集表(见表 31)用于不同语言数据串间的互译。BXT_EnumerationSet 表定义枚举集。BXT_Enumeration 表定义集的成员和相关的数值。

枚举表包含标准的枚举和值。用户可扩展它们。标准枚举集的附加用户枚举可采用等于和大于 100 的值。GB/T 19892.2 中 0～99 的枚举值既可使用也可保留。此外,在枚举表中还可定义用户定义的枚举集以及它们相应的值。例如,可以使用数值分别为 101、102 和 103 的"初榨油"、"混合油"和"回收油"定义枚举集"混合油"的阶段参数。

表 31 BXT_EnumerationSet

属性	描述
EnumSet	标记标准枚举集
Description	包含枚举集的用途(给 TextString 的翻译提供帮助)

表 32 列出了本部分中定义的标准枚举集。

表 32 标准枚举集

EnumSet	描述
Boolean	确定一组布尔值
DirectionType	确定打算如何处理一个参数
EquipmentLevel	确定装置元素的装置分层层次
EquipmentType	确定装置元素的装置记录类型
EvaluationRule	确定装置特性的评价规则
FormulaType	确定处方公式类型
FormulaSubType	规定用户提供的公式子类型定义
LinkDepiction	确定如何描绘处方元素之间的链路
LinkToType	确定一个链路是否引用一个步骤或是一个转换
LinkType	确定链路类型
RE_Type	确定处方元素(RE),既可是处方程序层,也可是分配符号
RE_Use	确定处方中如何使用处方元素
RecipeStatus	定义处方可能的状况
RecordSet	确定用于划分记录的批历史信息种类的枚举集
RecordSetControlRecipe	在控制处方种类下,提供进一步的历史记录分类
RecordSetMasterRecipe	在主处方种类下,提供进一步的历史记录分类

表 32（续）

EnumSet	描　述
RecordSetExecutionInfo	在执行信息种类下,提供进一步的历史记录分类
RecordSetMaterialInfo	在材料信息种类下,提供进一步的历史记录分类
RecordSetContinuousData	在连续数据种类下,提供进一步的历史记录分类
RecordSetEvents	在事件种类下,提供进一步的历史记录分类
RecordSetOperatorChange	在操作员变更种类下,提供进一步的历史记录分类
RecordSetOperatorComment	在操作员说明种类下,提供进一步的历史记录分类
RecordSetAnalysisData	在分析数据种类下,提供进一步的历史记录分类
ReacordSetLateRecord	在近期记录种类下,提供进一步的历史记录分类
RecordSetRecipeData	在处方数据种类下,提供进一步的历史记录分类
RecordSetRecipeSpecified	在记录集规定处方种类下,提供进一步的历史记录分类
RecordSetSummaryData	在汇总数据种类下,提供进一步的历史记录分类
ScheduleAction	确定调度表记录的预定动作
SchenduleMode	确定开始执行调度表记录的方式
ScheduleStatus	确定调度表可能的状况
SE_Type	确定调度表记录中实体的类型
ValueDataType	确定关联数据值的数据类型
ValueType	确定数值串的解释方式

表 33 列出了本部分中枚举的定义。

表 33　BXT_Enumeration

属　性	描　述
EnumSet	标记枚举集名
EnumValue	规定与枚举成员的相关数值
EnumString	定义枚举成员的相关文本
Description	包含枚举成员的使用(给 TextString 的翻译提供帮助)

表 34 列出了本部分中标准枚举成员的定义。

表 34　标准枚举

枚举集	枚举值	枚举串	描　述
Boolean	0	FALSE	布尔值的定义
	1	TRUE	
DirectionType	0	Invalid	表项无效
	1	Internal	标记如何处理一个参数。内部＝只在处方元素内可用。在创建时确定或创建成一个中间值
	2	Input	处方元素接受来自一个外部的值
	3	Output	处方元素建立一个值,并使它可用于外部
	4	Input/Output	处方元素和外部元素交换值,并可能改变它的值
	5～99	—	保留
	100＋	—	由用户确定

表 34（续）

枚举集	枚举值	枚举串	描　　述
EquipmentLevel	0	Invalid	表项无效
	1	Enterprise	标记 BXT_EquiElement 的装置分层层次
	2	Site	
	3	Area	
	4	Process Cell	
	5	Unit	
	6	Equipment Module	
	7	Control Module	
	8～99	—	保留
	100＋	—	由用户确定
EquipmentType	0	Invalid	表项无效
	1	Class	标记 BXT_EquipElement 的记录类型
	2	Element	
	3～99	—	保留
	100＋	—	由用户确定
EvaluationRule	0	Invalid	表项无效
	1	＝	装置特性相等比较运算符
	2	<>	装置特性不相等比较运算符
	3	<	装置特性“小于”比较运算符
	4	>	装置特性“大于”比较运算符
	5	<＝	装置特性“小于或等于”比较运算符
	6	>＝	装置特性“大于或等于”比较运算符
	7	Member	装置特性“是……的一个成员”比较运算符
	8	Not member	装置特性“不是……的一个成员”比较运算符
	9	Not	装置特性非比较运算符
	10～99	—	保留
	100＋	—	由用户确定
FormulaSubType	0	Invalid	表项无效
	1～99	—	保留
	100＋	—	由用户确定。允许用户进一步对一个公式类型进行分类
FormulaType	0	Invalid	表项无效
	1	Process Input	处方公式类型
	2	Process Output	
	3	Process Parameter	
	4～99	—	保留
	100＋	—	由用户确定

表 34（续）

枚举集	枚举值	枚举串	描　述
LinkDepiction	0	Invalid	表项无效
	1	None	无链路描绘
	2	Line	仅用线条显示链路
	3	ID	仅用标识符显示链路
	4	Line & ID	用线条和标识显示链路
	5	Line & Arrow	用线条和材料流箭头显示链路
	6	Line, Arrow, & ID	用线条、材料流箭头和标识显示链路
	7～99		保留
	100＋		由用户确定
LinkToType	0	Invalid	表项无效
	1	Recipe Element	链路指示 BXT_MRecipeElement 表中的一个记录
	2	Transition	链路指示 BXT_MRecipeTransition 表中的一个记录
	3～99	—	保留
	100＋	—	由用户确定
LinkType	0	Invalid	表项无效
	1	ControlLink	确定处方元素之间指示程序控制流的链路
	2	TransferLink	确定处方元素之间指示材料传送的链路
	3	SynchronizationLink	确定存在某种同步的处方元素之间的链路
	4～99	—	保留
	100＋	—	由用户确定
RE_Type	0	Invalid	表项无效
	1	Master Recipe	规定处方元素的类型
	2	Procedure	
	3	Unit Procedure	
	4	Operation	
	5	Phase	
	6	Allocation	
	7	Begin	
	8	End	
	9	Start Parallel	
	10	End Parallel	
	11	Start Branch	
	12	End Branch	
	13～99	—	保留
	100＋	—	由用户确定

表 34（续）

枚举集	枚举值	枚举串	描述
RE_Use	0	Invalid	表项无效
	1	Linked	一个处方元素(RE)可有几个关联 RE 步骤
	2	Embedded	一个 RE 只有一个关联 RE;RE 的一种应用只定义一个 RE
	3	Copied	和 Embedded 相同,但要根据专用 RE 的原始定义修改专用 RE
	4～99	—	保留
	100＋	—	由用户确定
RecipeStatus	0	Invalid	表项无效
	1	Approved for Production	处方被批准用于生产
	2	Approved for Test	处方只被批准用于试验
	3	Not Approved	处方未被批准用于生产或试验
	4	Inactive	处方未启用
	5	Obsolete	处方作废
	6～99	—	保留
	100＋	—	由用户确定
RecordSet	0	Invalid	表项无效
	1	RecordSetControlRecipe	确定一个批历史信息记录是控制处方种类的组成部分
	2	RecordSetMasterRecipe	—
	3	RecordSetExecutionInfo	—
	4	RecordSetMaterialInfo	—
	5	RecordSetContinuousData	—
	6	RecordSetEvents	—
	7	RecordSetOperatorChange	—
	8	RecordSetOperatorComment	—
	9	RecordSetAnalysisData	—
	10	RecordSetLateRecord	—
	11	RecordSetRecipeData	—
	12	RecordSetRecipeSpecified	—
	13	RecordSetSummaryData	—
	14～99	—	保留
	100＋	—	由用户确定
RecordSet ControlRecipe	0	Invalid	表项无效
	1	Entire Control Recipe	历史记录与整个控制处方有关
	2～99	—	保留
	100＋	—	由用户确定

表 34（续）

枚举集	枚举值	枚举串	描　述
RecordSet MasterRecipe	0	Invalid	表项无效
	1	Entire Master Recipe	历史记录与整个主处方有关
	2～99	—	保留
	100＋	—	由用户确定
RecordSet ExecutionInfo	0	Invalid	表项无效
	1	Allocation	—
	2	De-allocation	—
	3	State Change	—
	4	State Command	—
	5	Mode Change	—
	6	Mode Command	—
	7	Procedural Entity Message	—
	8	Procedural Entity Alarm	—
	9	Procedural Entity Version	—
	10	Procedural Entity Prompt	—
	11	Procedural Entity Prompt Response	—
	12～99	—	保留
	100＋	—	由用户确定
RecordSet MaterialInfo	0	Invalid	表项无效
	1	Material Consumption	—
	2	Material Production	—
	3	Material Allocation	—
	4	Material De-allocation	—
	5～99	—	保留
	100＋	—	由用户确定
RecordSet ContinuousData	0	Invalid	表项无效
	1	Continuous Data Value	—
	2	Trend Association	—
	3	Trend Disassociation	—
	4～99	—	保留
	100＋	—	由用户确定
RecordSet Events	0	Invalid	表项无效
	1	General Event	—
	2～99	—	保留
	100＋	—	由用户确定

表 34（续）

枚举集	枚举值	枚举串	描　述
RecordSet OperatorChange	0	Invalid	表项无效
	1	General Operator Intervention	—
	2～99	—	保留
	100+	—	由用户确定
RecordSet OperatorComment	0	Invalid	表项无效
	1	General Operator Comment	—
	2～99	—	保留
	100+	—	由用户确定
RecordSetAnalysis Data	0	Invalid	表项无效
	1	General Analysis Message	—
	2～99	—	保留
	100+	—	由用户定义
RecordSet LateRecord	0	Invalid	表项无效
	1	General Late Record	—
	2～99	—	保留
	100+	—	由用户确定
RecordSetRecipe Data	0	Invalid	表项无效
	1	Generic Recipe Data	—
	2	Recipe Parameter Value Change	—
	3	Recipe Result Data	—
	4～99	—	保留
	100+	—	由用户确定
RecordSetRecipe Specified	0	Invalid	表项无效
	1	Generic Recipe Specified Data	—
	2～99	—	保留
	100+	—	由用户确定
SummaryData	0	Invalid	表项无效
	1	Generic Summary Data	—
	2	Utilities Consumption	—
	3	Equipment Run Time	—
	4～99	—	保留
	100+	—	由用户确定
ScheduleAction	0	Invalid	表项无效
	1	New	调度表记录变更动作
	2	Update	—
	3	Delete	—
	4～99	—	保留
	100+	—	由用户确定

表 34（续）

枚举集	枚举值	枚举串	描　述
ScheduleMode	0	Invalid	表项无效
	1	Automatic	调度表记录方式
	2	Semi-automatic	—
	3	Manual	—
	4	NOT Specified	—
	5～99	—	保留
	100＋	—	由用户确定
ScheduleStatus	0	Invalid	表项无效
	1	Complete	批调度表记录状况
	2	In-progress	
	3	Scheduled	
	4	Schedule Hold	
	5	Not Specified	
	6～99	—	保留
	100＋	—	由用户确定
SE_Type	0	Invalid	表项无效
	1	Campaign	确定调度表表项类型
	2	Batch	
	3	Unit Procedure	
	4	Operation	
	5	Phase	
	6～99	—	保留
	100＋	—	由用户确定
ValueDataType	0	Invalid	表项无效
	1	Boolean	确定一个相关值的预期数据类型
	2	8-Bit String	
	3	16-Bit String	
	4	32-Bit String	
	5	8-Bit Unsigned integer	
	6	16-Bit unsigned integer	
	7	32-Bit unsigned integer	
	8	8-Bit signed integer	
	9	16-Bit signed integer	
	10	32-Bit signed integer	
	11	32-Bit float	
	12	Double float	
	13	Octet string	
	14	Date Time	
	15～99	—	保留
	100＋	—	由用户确定

表 34（续）

枚举集	枚举值	枚举串	描　述
ValueType	0	Invalid	表项无效
	1	Constant	确定如何解释数值串，它包含一个串的固定值
	2	Reference	确定如何解释数值串。它指向数值的来源
	3	Equation	为了确定数值，确定一个数值串表示一个待评价的表达式
	4	External	数值由某些外部的手段提供，它不包含在处方中（即数值可由操作员或调度表编制系统提供）
	5～99	—	保留
	100＋	—	由用户确定

5.2　主处方信息

本条仅涉及主处方。如 GB/T 19892.1 所规定的那样，被交换的信息都是交换主处方所需的那些信息。此信息包含程序控制定义、公式值定义、处方装置要求、文件头信息、过程组元专用信息、其他信息和协调控制要求。

被交换的信息是交换主处方所需的信息，但此信息并不规定：

——如何创建此信息；

——在系统中如何使用主处方。

5.2.1　处方定义

按 GB/T 19892.1 的规定，创建主处方可以使用来自现场处方的信息以及过程组元处理能力的定义。主处方被链接到过程组元的处理能力，但处理能力的定义并不是被交换的部分处方信息。

5.2.2　处方结构

处方由下列种类的信息组成：文件头、公式、程序、装置要求和其他信息。

处方交换模式的性质是递归。该模式的基本结构（如图 15 所示）是根据这 5 种信息建立的。定义的每一层都包含所有这 5 种信息，直到程序定义引用一个装置程序实体为止。

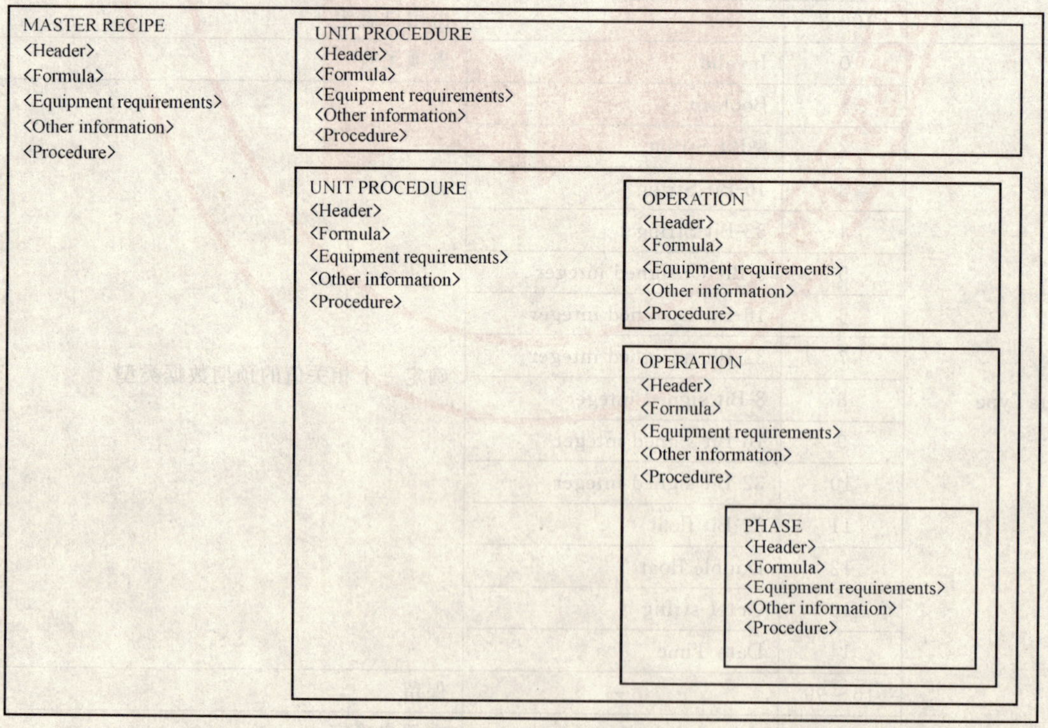

图 15　嵌套处方元素组建一个处方

术语处方元素(RE)用来定义处方中的某些结构化的实体。如表34中所规定的那样,处方元素可以是主处方本身、处方程序、处方单元程序、处方操作、处方阶段、分配符号或者其他图符。

在该模式的递归模型中,处方元素包含下层处方元素,或引用装置程序元素。当处方元素表中包含了处方元素的定义时,每使用一个处方元素则称为一个步骤。

5.2.3 表概述和完整性约束

图16表示了交换处方所使用的表格以及它们的关系,并规定了这些表格之间的关联完整性约束。

没有描绘如LINK(链路)和RE(处方元素)之间的间接关系;然而表中的公用关键字段组对它们作了规定。相关的SQL表中的"NOT NULL"(非零)表项只用来强制执行实体关系图的完整性约束。

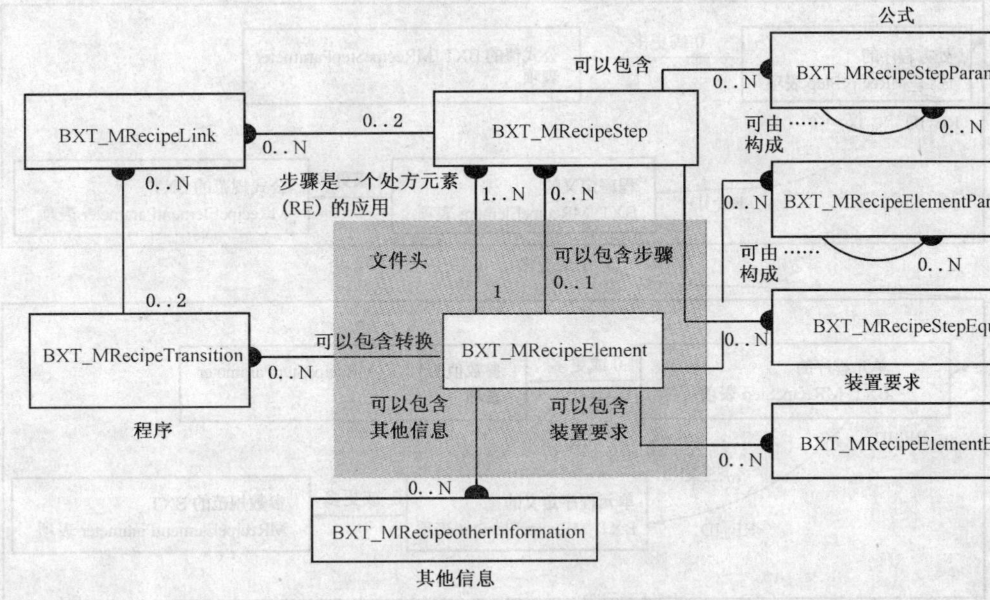

图16 交换表关系

处方元素(RE)的递归定义借助了BXT_MRecipeStep和BXT_MRecipeElement实体之间的两个关联。处方元素的每个规定应用都记录在BXT_MRecipeStep表中。处方元素的每个定义都记录在BXT_MRecipeElement表中。一个关联显示了一个处方元素中包含哪些步骤。另一个关联显示了一个步骤引用了哪个元素。被所属RE引用的每个RE在步骤表中都有记录。步骤表则引用实际的RE定义。这些表在每个步骤支持一个单独的RE定义,并且支持引用同一个RE的多个步骤。

BXT_MRecipeLink表维持步骤和转换之间的关系。

主处方公式定义是所有主处方参数记录的集合,它描述了处方中的过程输入、过程输出和过程参数。公式值包含在BXT_MRecipeStepParameter表中,在BXT_MRecipeElementParameter表中有它们的定义。

BXT_MRecipeStepEquip和BXT_MRecipeElementEquip表中包含处方的装置要求。

图17表示了BXT_MRecipeStep、BXT_MRecipeElement、BXT_MRecipeElementParameter和BXT_MRecipeStepParameter各表中表项之间的相互关系。被交换处方的每个版本都存在一个BXT_MRecipeElement记录。这个BXT_MRecipeElement记录只和一个BXT_MRecipeStep表记录之间存在关系,此关系含有专用处方信息,包括BXT_MRecipeStepParameter表中的公式值。

BXT_MRecipeStep表包含有进入BXT_MRecipeElement表中一个单独记录的关键字。该BXT_MrecipeElement表记录含有处方程序的定义,包括BXT_MRecipeElementParameter表中的公式值定义。

该程序的BXT_MRecipeElement表包含有进入BXT_MRecipeStep表中多个记录的关键字,每个单元程序一个(为简便起见,本例中省略掉了其他程序层处方元素)。单元程序的BXT_MRecipeStep

记录包含有确定单元程序的 BXT_MRecipeElement 记录的关键字。每个单元程序的 BXT_MRecipeElement 记录包含有进入每个操作的 BXT_MRecipeStep 表的关键字。这种结构一直往下到阶段定义。

为了包含处方程序的程序分层结构，处方交换表使用了 BXT_MRecipeStep 表和 BXT_MRecipeElement 表的格式。

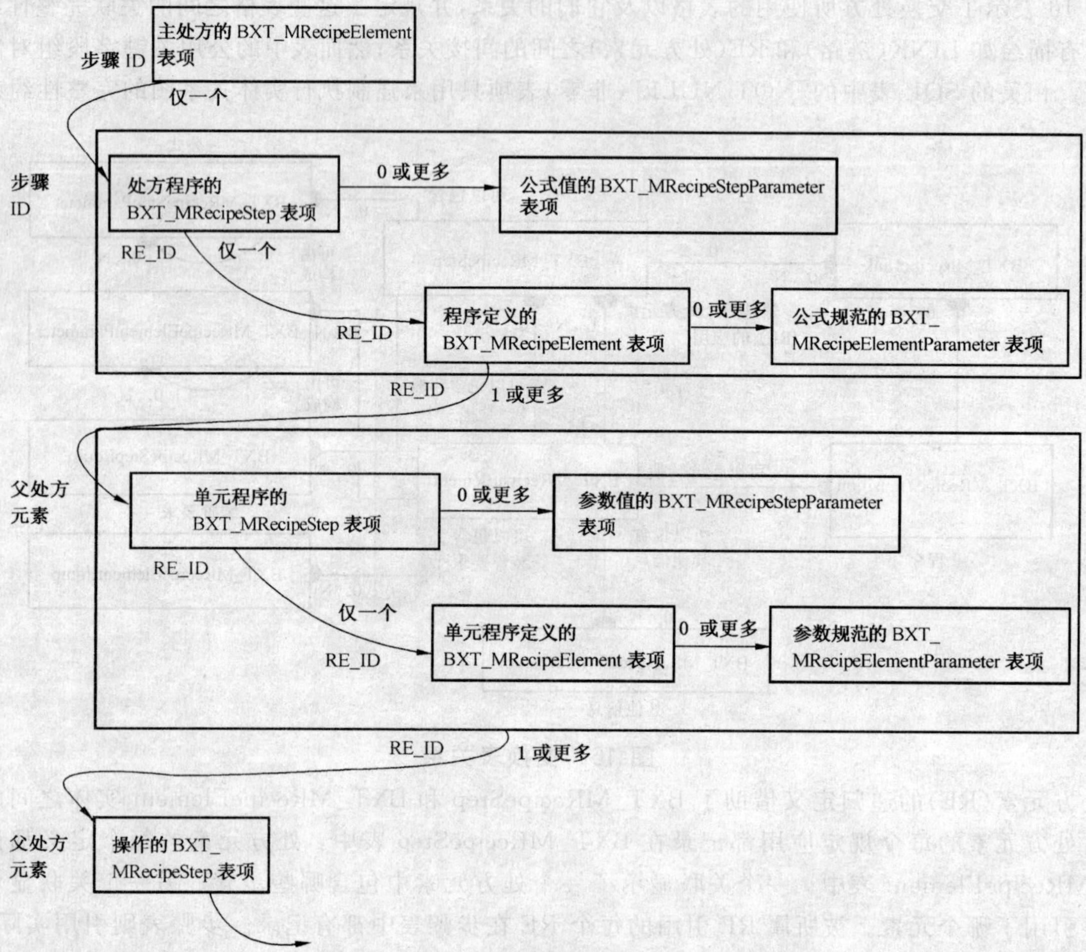

图 17　表中各表项之间的联系

5.2.4　处方表总汇

处方交换表见表 35。

表 35　处方交换表

表　名	描　述
BXT_MRecipeStep	RE 内，RE 每次应用的一个记录
BXT_MRecipeElement	被交换的每个处方元素的一个记录
BXT_MRecipeTransition	RE 内使用的每个转换的一个记录
BXT_MRecipeLink	步骤和转换之间每个链路的一个记录
BXT_MRecipeElementParameter	每个 RE 的每个参数的一个记录
BXT_MRecipeStepParameter	每个步骤的每个参数的一个记录
BXT_MRecipeOtherInformation	其他信息的每个元素的一个记录
BXT_MRecipeElementEquip	RE 的每一特性要求的一个记录
BXT_MRecipeStepEquip	步骤中定义的装置特性的每个值的一个记录

5.2.5 处方表定义

5.2.5.1 文件头信息

主处方文件头信息被作为 BXT_MRecipeElement 表中一个记录的字段传送。BXT_MRecipeElement 表(见表 36)包含将被交换的每个主处方的一个元素。RE_ID 和 REVersion 的组合规定了被交换的主处方。

表 36 **BXT_MRecipeElement**

属性	描述
RE_ID	标记将被交换的处方元素(如 Red Oak)。当与"版本"组合时,此字段定义 RE 的一个唯一实例。当记录代表主处方时,此字段包含主处方 ID
REVersion	RE 的版本,当同一个 RE_ID 组合时,此字段定义 RE 的一个唯一实例(如 V10.3)
VersionDate	标记本版本的 RE 最新修订日期和时间
ApprovalDate	标记本版本处方的批准日期和时间
EffectiveDate	标记本版本处方的生效日期和时间
ExpirationDate	标记本版本处方的失效日期和时间
Author	标记本版本处方的编写人或组织
ApprovedBy	标记本版本处方的批准人或组织
ProcessCellID	标记已确定主处方版本的过程组元或过程组元类
ProductID	标记执行本版本处方产生的产品和产品系列(如优质啤酒)
UsageConstraint	确定其他使用的规则(例如只能由……接替,或者绝不能与……同时运行)
Description	描述处方元素
Status	确定被作为"处方状况"枚举集中的一个枚举进行交换的信息的状况
RE_Type	标记枚举集的"RE_Type" RE 的类型
RE_Function	包含对装置信息交换表的可选引用。本章未定义此信息的格式。例如对于一个装置程序元素的引用(见 BXT_EquipInterface 表)。如该表项是 NULL,则由 BXT_MRecipeStep 和 BXT_MRecipeTransition 表项定义此 RE 的功能,这些表项有一个与本表的 RE_ID 匹配的 ParentRE
RE_Use	根据枚举"RE_Use",标记 RE 和 BXT_MRecipeStep 之间的关系。"Linked"规定 RE 定义可以有多种 BXT_MRecipeStep 应用。当 BXT_MRecipeElement 是一个库构件块时,就要使用 Linked。"Embedded"规定了 RE 只有一个引用 RE,并且每次使用 RE 时就定义一个 RE。在这种情况下,RE"被嵌入"单一处方步骤的处方定义中,在别的地方不使用它。"Copied"的规定同"Embedded"一样,只是根据一些原始定义对 RE 作了修改。当 RE 曾是在处方中整个被复制的一个库构件块、并且它与库的连接被去除时,才使用"Copied"
DerivedRE	标记导出本处方元素的那个处方元素
DerivedVersion	标记导出本处方元素的那个处方元素的版本

5.2.5.2 程序信息

主处方的程序部分包括或者包含在表的组合或集合中。这些记录确定了:

——程序控制元素步骤;

——程序控制元素;

——分配符号和其他图形表示符号;

——使用极限值的程序元素参数化；

——元素间的连接，以及

——元素间的转换定义。

步骤、转换和链路表包含了含有底层 RE 的 RE 的定义。BXT_MRecipeStep 表(见表 37)包含使用 RE 的每个实例。每个 BXT_MRecipeStep 表包含使用 RE 时所用的参数。因为 RE 在一个处方中可能被多次使用，在 BXT_MRecipeElement 表中只有一个记录，但在 BXT_MRecipeStep 表中则有多个记录，RE 每使用一次就有一个记录。

表 37 BXT_MRecipeStep

属性	描述
ParentRE	标记与本步骤关联的 RE 或主处方
ParentVersion	标记与本步骤关联的 RE 或主处方的版本。当同“ParentRE”组合时，该字段定义 RE 的唯一实例
StepID	标记所引用 RE 的唯一执行实例，它使用其 ParentRE 的范围内唯一的名称(简单的例子就是 RE 中的步骤号)
RE_ID	标记此步骤是其一个实例的 RE 名，它使用其 ParentRE 的范围内唯一的名称
REVersion	标记此步骤是其一个实例的 RE 的版本
VerticalStart	在左上(0,0)到右下(1,1)的规格化坐标中，规定在 ParentRE 的程序视图中显示此元素的垂直开始位置
VerticalStop	在左上(0,0)到右下(1,1)的标准坐标中，规定在 ParentRE 的程序视图中显示此元素的垂直停止位置
HorizontalStart	在左上(0,0)到右下(1,1)的标准坐标中，规定在 ParentRE 的程序视图中显示此元素的水平开始位置
HorizontalStop	在左上(0,0)到右下(1,1)的标准坐标中，规定在 ParentRE 的程序视图中显示此元素的水平停止位置
ScaleReference	规定处方元素的基准大小；所有的公式值都基于此基准大小(如 1234.5kg)
ScaleEngrUnits	规定 ScaleReference 的单位
MaximumScale	规定处方元素的最大比例因子或大小
MinimumScale	规定处方元素的最小比例因子或者大小

5.2.5.2.1 处方元素

BXT_MRecipeElement 表(见表 36)包含被交换的主处方中引用的每个程序元素的一个记录。此表包含元素的定义，而不是元素的使用。在表中，被交换的程序、每个单元程序、每个操作和每个处方阶段都有一个记录。BXT_MRecipeElement 和 BXT_MRecipeElementParameter 表包含 RE 的使用规范、被传送参数的数量和类型以及参数的默认值。

一些处方元素对某个 ParentRE 唯一的。RE_ID 是其 ParentRE 下经充分鉴定过 RE 的名称，因此，RE_ID 足以包含所有的父 RE_ID。

5.2.5.2.2 转换

BXT_MRecipeTransition 表包含 RE 定义的每个转换连接的一个记录(见表 38)。这些记录相当于程序功能图中的转换(见第 6 章)。

表 38 **BXT_MRecipeTransition**

属性	描述
RE_ID	标记其中包含转换的 RE
REVersion	标记 RE 的版本。当与一个"RE_ID"组合时,则规定主处方的唯一实例
TransitionID	标记此转换元素的唯一执行实例。ID 包含 ParentRE 的实例名的全部层次,此转换是实例名的成员元素
Condition	包含当 TRUE 引起或允许转换时的表示方式或条件
VerticalStart	在左上(0,0)到右下(1,1)的标准坐标中,在 RE 的程序视图中显示此元素的垂直开始位置
VerticalStop	在左上(0,0)到右下(1,1)的标准坐标中,在 RE 的程序视图中显示此元素的垂直停止位置
HorizontalStart	在左上(0,0)到右下(1,1)的标准坐标中,在 RE 的程序视图中显示此元素的水平开始位置
HorizontalStop	在左上(0,0)到右下(1,1)的标准坐标中,在 RE 的程序视图中显示此元素的水平停止位置

5.2.5.2.3 链路

BXT_MRecipeLink 表包含那些处方元素和(或)转换中定义的每个连接的一个记录(见表 39)。这些记录相当于第 6 章中描述的程序功能图中连接各元素的那些线。

表 39 **BXT_MRecipeLink**

属性	描述
RE_ID	标记与步骤和/或转换相关联的 RE
REVersion	标记 RE 的版本。当与"RE_ID"组合时,此字段定义 RE 的一个唯一实例
LinkID	规定链路的一个唯一标识,它简化了对表的访问
FromType	作为枚举集"LinkToType"的一个枚举,它确定 FromElement 是为一个步骤规定 StepID 还是为一个转换规定 TransitionID
FromElement	规定步骤名或 TransitionID。ID 包含 ParentRE 的实例名的全部层次,此元素则包含在其中。这应和步骤表或转换表中的步骤名或转换名相匹配
ToType	作为枚举集"LinkToType"的一个枚举,它确定 ToElement 是为一个步骤规定 StepID 还是为一个转换规定标识
ToElement	规定步骤名或 TransitionID。ID 包含 ParentRE 的实例名的全部层次,此元素则包含在其中。这应和步骤表或转换表中的步骤或转换名相匹配
LinkType	规定链路是一个程序控制流程还是一个材料传送关联。作为枚举集"LinkType"的 Controllink 或是 TransferLink 那样的一个枚举
VerticalStart	在左上(0,0)到右下(1,1)的标准坐标中,规定在 ParentRE 的程序视图中显示此元素的垂直开始位置
VerticalStop	在左上(0,0)到右下(1,1)的标准坐标中,规定在 ParentRE 的程序视图中显示此元素的垂直停止位置

表 39（续）

属　性	描　述
HorizontalStart	在左上(0,0)到右下(1,1)的标准坐标中，规定在 ParentRE 的程序视图中显示此元素的水平开始位置
HorizontalStop	在左上(0,0)到右下(1,1)的标准坐标中，规定在 ParentRE 的程序视图中显示此元素的水平停止位置
Depiction	根据枚举集“LinkDepiction”，确定怎样显示链路
EvaluationOrder	确定链路评价的指定次序（若需要的话）以满足第 6 章中规定的 PFC（程序功能图）转换检验的从左到右评价。假定自同一步骤到多个转换的所有链路都按次序字段规定的次序进行评价。先评价编号小的

5.2.5.2.4　参数

BXT_MRecipeElementParameter 表包含被确定的每个 RE 的每个参数的一个记录（见表 40）。例如，被叫做 CHARGE 的一个 RE 由两个参数定义，这两个参数是被装原料的类型和装料的总量。RE CHARGE 在 BXT_MRecipeElement 表中有一个记录，在 BXT_MRecipeElementParameter 表中有两个记录。

表 40　**BXT_MRecipeElementParameter**

属　性	描　述
RE_ID	标记与参数相关联的 RE
REVersion	标记 RE 的版本。当同一个“RE_ID”组合时，此字段定义主处方的一个唯一实例
ParameterID	标记程序元素参数。注意如参数是一个集的组成部分，则使用 ParentParamID 字段并且参数集成为参数名的组成部分。例如，对一个参数集 MINOR_CHARGES 和一个参数 BLUE_DYE 而言，如果定界符字符是一个周期，则 ParameterID 就是 MINOR_CHARGES. BLUE_DYE
ParentParamID	标记此参数是它的一个成员的父参数集。当不存在参数集时，此字段是 NULL
DataInterpretation	确定怎样把默认参数值解释成枚举集“ValueType”中的一个枚举（即常数、基准或方程）
DataDirection	确定打算怎样把参数值作为枚举集“DirectionType 的一个枚举（即输入、输出、输入/输出、二者都不是）来处理”
DefaultValue	包含执行实例没有规定数值时所使用的默认参数值，并且它可以是用户枚举集中的一个成员
ValueType	根据枚举集“ValueDataTypes”确定数值的数据类型
Description	描述 RE 中的参数或参数的使用
EngrUnits	标记数值测量的工程单位（如 kg、磅）
EnumSet	标记此元素是其成员的枚举（若非 NULL）
DefaultScaling	规定被定义成 BXT_MRecipeStepParameter 表中的一个实例时的默认选择。作为枚举集“Boolean”的一个枚举。若为 TRUE，当标定了批的大小时则应标定公式值。若为 FALSE，当标定了批的大小时，并不标定公式值。利用公式值中的表达式可完成非线性标定

表 40（续）

属　性	描　述
ParamType	规定被定义成 BXT_MRecipeStepParameter 表中的一个实例时的默认选择。本字段标记作为枚举集“FormulaType”的一个枚举(即过程输入、过程输出或一个过程参数)使用的公式值。枚举集是用户可扩充的
ParamSubType	规定被定义成 BXT_MRecipeStepParameter 表中的一个实例时的默认选择。本字段标记作为枚举集“FormulaSubType”的一个枚举使用的公式值。该集中的元素全都由用户确定

5.2.5.2.5　**标准子参数**

本部分定义可能与参数值有关的一组子参数，以便进一步限制它的定义和使用，例如确定和传送一个参数被允许使用的上限和下限可能是有用的。通过确定受影响参数的子参数，这类信息在交换表中传送。通过用作 ParentParamID 的受影响的 ParameterID 创建一个新记录表，就可确定一个给定参数的子参数。表 41 给出了这组标准子参数及其规定用途。用户也可确定其他子参数。应支持此组子参数用于 BXT_MRecipeElementParameter 表、BXT_MRecipeStepParameter 表(见 5.2.5.3)、BXT_EquipInterfaceParameter 表(见 5.3.5.7)和 BXT_ScheduleParameter 表(见 5.4.3.4)。

表 41　标准子参数

ParameterID	描　述
HighValueLimit	规定允许相关参数具有的最大值
LowValueLimit	规定允许相关参数具有的最小值
HighTolerance	规定允许的相关参数值的最大上偏差
LowTolerance	规定允许的相关参数值的最大下偏差

5.2.5.3　**公式**

在生产或者执行某一批时，所使用的成分的值是作为步骤参数传递的。所确定的每个步骤所使用的每个参数在 BXT_MRecipeStepParameter 表中都有一个记录(见表 42)。因为那些 RE 能评价默认参数值，所以无需在步骤中确定一个 RE 的所有参数。

表 42　**BXT_MRecipeStepParameter**

属　性	描　述
ParentRE	此参数的 BXT_MRecipeStep 表的部分关键字
ParentVersion	此参数的 BXT_MRecipeStep 表的部分关键字
StepID	使用在其 ParentRE 范围内唯一的名字，标记 RE 的唯一执行实例
ParameterID	标记 RE 参数
ParentParameterID	标记已确定的父参数 ID(可供参数集用)
ParameterValue	包含参数值。数字都按 ASCII 码表示法传送。如果参数类型是一个用户枚举集，则它可以是该集的成员
DataInterpretation	确定怎样把参数值解释成“ValueType”集的一个枚举(常数、基准值、外部值或方程)
Scaled	保存为枚举集“Boolean”的一个枚举。如为 TRUE，则当标定批大小时应标定参数值。如为 FALSE，则当标定批大小时不标定公式值

5.2.5.4 其他信息

典型地其他信息只能同处方一道传送(见表43)。信息的含义并不在交换定义中规定,而是由发送者和接收者商定的。通常这种其他信息是附加文档或描述性信息,它们可能是交换一个有效主处方所必须的,但执行处方并不需要这种信息。其他信息的例子可能包括一致性文档、分子结构图或甚至预期产品的图片。RE其他信息表BXT_MRecipeOtherInformation包含该数据。

因为该数据的结构及形式的变化太多,处方交换语言提供了一种引用或者命名此信息的方法。如果是文本信息,则实际信息可在DataValue字段进行交换,或者它可以引用那些名称列在DataValue字段中的其他文件。别的文件的交换则不在本部分的范围之内。

表43 BXT_MRecipeOtherInformation

属　　性	描　　述
RE_ID	标记与"其他"数据关联的RE
REVersion	标记RE的版本。当与一个"RE_ID"组合时,该字段定义RE的一个唯一实例
StepID	当其他信息与步骤有关时,标记RE的唯一执行实例。如为NULL,则其他信息与RE关联
DataID	确定带有其他信息的数据元素的标识
DataType	标记枚举集ValueDataType的数据值的类型
DataValue	规定其他数据信息的值。此字段可以是包含实际数据的一个文件的名称。输入工具应能访问此文件
Description	描述数据元素类型

5.2.5.5 装置要求

RE装置要求包含处方的装置约束和条件,可以使用与5.3中确定装置能力类似的表和关系来确定它们。

装置约束和条件可以同处方元素层次中每一处方元素关联。RE装置要求规定适用于该层(如在单元程序层或操作层)的装置约束和条件。

装置要求包含在BXT_MRecipeElementEquip表和BXT_MRecipeStepEquip表中。BXT_MRecipeElementEquip表包含特性的定义和默认值,BXT_MRecipeStepEquip表包含一个步骤所需的专用特性值。

5.2.5.5.1 RE装置要求

RE可以有装置要求(例如"反应器名称"或者"反应器内衬"),这些要求规定执行RE所需的特性。BXT_MRecipeStepEquip表规定了一个特定步骤的特性的特定允许值。

装置要求可规定处方中过程组元提供使用的数据元素。这些元素可用在处方的转换条件中或者表达式的其他各处。数据元素的例子有来自一个单元的"VesselPressure"和来自一个装置模块的"SteamPressure"。

表44 BXT_MRecipeElementEquip定义了这一组相关的装置要求。

表44 BXT_MRecipeElementEquip

属　　性	描　　述
RE_ID	标记需要装置要求的RE。当同"Version"组合时,该字段定义RE的一个唯一实例
REVersion	标记RE的版本。当与"RE_ID"组合时,该字段定义RE的唯一实例
PropertyID	确定执行RE所需的装置特性(如"反应器类"或者"容器压力标签")

表 44（续）

属　性	描　述
DefaultValue	当步骤中未规定时，规定特性的默认值(如“放热反应器”或者“容器压力”)
DataInterpretation	规定怎样解释值，怎样定义成枚举集“ValueType”的一个枚举(即常数、基准、外部值或方程)
EvaluationRule	规定怎样把值同装置特性值作比较，怎样定义成枚举集“EvaluationRule”的一个枚举
EngrUnits	标记数值测量的工程单位(如 kg、磅)
Description	描述是什么特性，它可包含处方为什么需要它

5.2.5.5.2　**RE 步骤装置要求**

BXT_MRecipeStep 可能有装置特性的特定值(例如，“放热”的“反应器类”或者“反应器内衬”=“玻璃”)。表 45 BXT_MRecipeStepEquip 定义了这一组有关的装置要求。

表 45　**BXT_MRecipeStepEquip**

属　性	描　述
ParentRE	此参数的 BXT_MRecipeStep 表的部分关键字
ParentVersion	此参数的 BXT_MRecipeStep 表的部分关键字
StepID	用在 ParentRE 的范围内唯一的名称，标记 RE 的唯一执行实例
PropertyID	标记 RE 特性
PropertyValue	包含特性值，数字都按 ASCII 码表示法传送。如果参数类型是一个用户枚举集，则它可以是该集的成员

对语言定义而言，约束的“含义”并不重要，然而它却是装置集或者装置实体命名的一个协议。

5.3　过程组元装置模型交换

定义描述过程组元中装置能力的一组表。此信息反映了过程组元的实际能力。即使并不和处方一起使用，过程组元能力的交换作为一种信息交换还是有用的。

5.3.1　装置描述

过程组元能力表是以装置描述的层次为基础构成的。层次中的元素相当于 GB/T 19892.1 装置层次中的元素。

装置信息交换表包括以下信息：

a)　装置元素：定义一个专用的装置元素或一类装置。

b)　装置程序元素接口：定义在装置元素中可用的一个程序元素的接口。

c)　装置元素特性：以映射 RE 装置特性的特性规范的方式定义装置特性。

d)　装置元素链路：以映射主处方 RE 装置链路的特性规范的方式定义装置之间的连接。

5.3.2　表概述和完整性约束

图 18 表示装置信息表的结构。

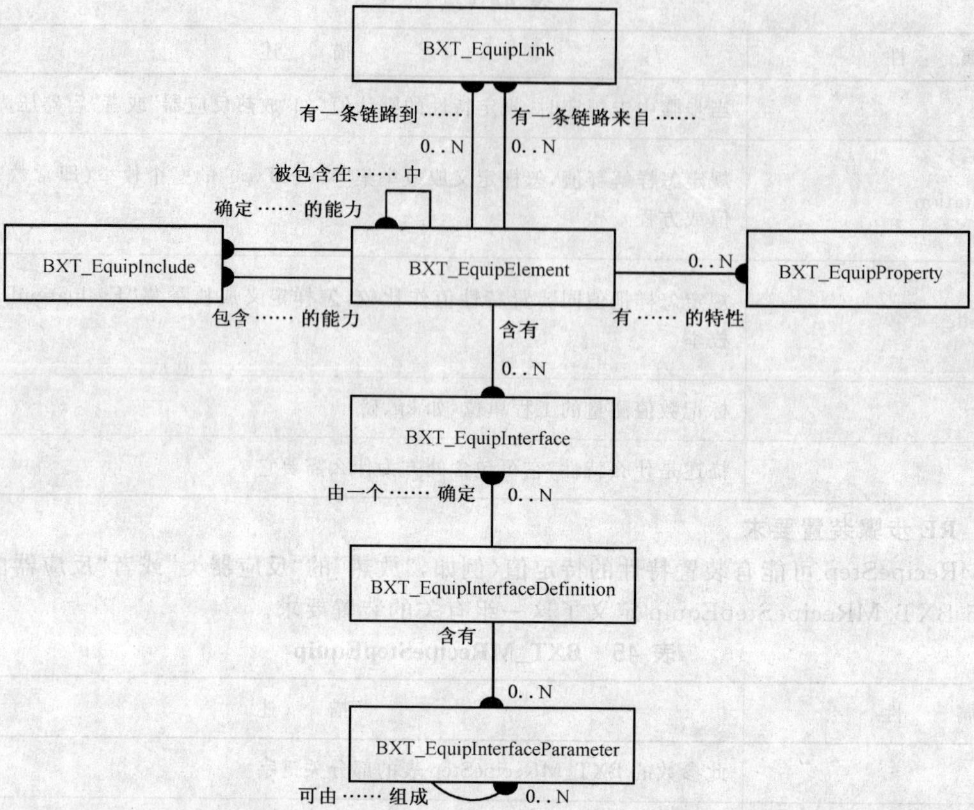

图 18　装置信息交换表

5.3.3　装置描述表概述

5.3.3.1　装置层次

装置信息表通过 BXT_EquipElement 表的“ContainedIn”属性包含装置层次定义。此表描述了另一台装置中所包含的一台装置。例如，一个过程组元装置元素可包含由单元和/或装置模块组成的一些装置元素。

每一层可能有相关联的特性规范、数据规范和链路规范。每层还可有一些相关联的程序元素以便支持 GB/T 19892.1 中定义的全模型(full model)，但这些程序元素典型地都与一些单元或装置模块有关联。

5.3.3.2　装置类

装置信息表允许通过元素之间的“包含……的能力”关联给出装置类的规范。一个装置元素也可包含一个或几个装置元素中定义的能力。

例如，一个单元可以是一个单元类的一员，因为它实现该类定义的一组程序，因为它包含该类的一组特性或者此信息的任何组合。每个装置实例定义在 BXT_EquipElement 表中都有一个记录，每个类的定义在 BXT_EquipElement 表中也有一个记录。

5.3.4　装置信息表汇总

表 46 中列出了装置信息交换表。

表 46　装置信息交换表

表　　名	全　　名	描　　述
BXT_EquipElement	装置元素	每个装置元素或装置类的一个记录
BXT_EquipLink	装置元素链路规范	装置元素之间的每一链路的一个记录

表 46（续）

表　　名	全　　名	描　　述
BXT_EquipInclude	装置元素包含	属于装置元素类的每个装置元素的一个记录
BXT_EquipProperty	装置元素特性规范	装置元素的每个特性规范和它的值的一个记录
BXT_EquipInterface	装置程序元素接口	在装置元素内定义的每个装置程序元素的一个记录
BXT_EquipInterfaceDefinition	装置程序元素接口定义	在装置元素内所定义的每个装置程序元素接口类的一个记录
BXT_EquipInterfaceParameter	装置程序元素接口参数	来自或者输入到装置元素内定义的装置程序元素输入输出的每个数据元素的一个记录

5.3.5 装置表定义

本条包含装置信息表的详细规范。

5.3.5.1 装置元素

BXT_EquipElement 表包含每个装置实体(即过程组元、单元、装置模块、控制模块)的一个记录(见表 47)。BXT_EquipElement 表包含实体定义和实体类(例如,“反应器 101”、“过滤器 20”、“反应器”、“过滤器”)。下面定义的 BXT_EquipInclude 表用来包含类关系。

表 47　BXT_EquipElement

属　　性	描　　述
EquipmentID	标记装置元素或者装置类
EE_Type	按照枚举“EquipmentType”的一个枚举(即类定义或元素定义)标记记录的类型
EE_Level	按照枚举“EquipmentLevel”的一个枚举(即区域、单元、装置模块、控制模块)标记装置层次
ContainedIn	标记包含此装置的装置元素(例如包含一个单元的过程组元)。如果任何装置中都不包含此装置或者包含它的装置尚未确定,则该字段可以是 NULL
DescriPtion	描述装置元素

5.3.5.2 装置元素链路

一个装置元素可以有一个装置链接规范(例如该装置可以馈入另一装置中)。这些链路典型地定义了过程组元(或单元)支持的材料传送。例如,一个处方可以规定 MIXER 链接到一个 REACTOR。BXT_EquipLink 表包含装置链接(见表 48)。

表 48　BXT_EquipLink

属　　性	描　　述
EquipmentID	标记装置元素或者装置类
ToEquipmentID	标记“EquipmentID”所链接的装置元素或装置类
Description	描述装置元素链路的类型

5.3.5.3 装置元素包含的能力

一个装置元素包含一个或几个装置元素类的能力。例如，可能存在一种装置元素，它可以代表一类具有一组专用程序元素的反应器，而这组专用程序元素可代表反应器的处理能力。一个专用单元应包含这一类反应器的能力，并且还可加上一些附加能力或规范。BXT_EquipInclude 表包含装置类和装置实例之间的关系(见表 49)。

表 49 BXT_EquipInclude

属　　性	描　　述
EquipmentID	标记一个装置元素或装置类
ClassEquipmentID	标记包含 EquipmentID 的一类装置
Description	描述关联

5.3.5.4 装置元素特性

装置元素特性定义了一个装置元素内可使用的能力，它是通过规定可以使用什么装置来实现的，其形式同在处方要求中对规范定义和规范值所作的规定一样。

规范可同装置分层中的任何装置元素关联，并且它们定义了适用于该层次(例如，在过程组元层，单元层或装置模块层)的一些规范。

BXT_EquipProperty(见表 50)包含装置元素适用的每一特性的一个记录(例如："内衬类型"、"玻璃内衬单元"、"大小"、"50000 加仑")。规范还可包含来自装置的装置数据元素(例如，来自一个加热装置模块的"蒸汽温度"、来自一个单元的"容器压力")。处方转换和表达式中应有可供使用的数据元素。

表 50 BXT_EquipProperty

属　　性	描　　述
EquipmentID	标记装置元素或装置类
PropertyID	标记此装置提供的特性(如"内衬类型"、"大小"、"加热能力"、"蒸汽温度")
PropertyValue	标记特性的值(如"玻璃"、"5 0000"、"650")
EngrUnits	标记特性的工程单位(如"加仑"、"BTU/hr")
Description	描述装置元素特性的类型

5.3.5.5 装置程序元素接口

BXT_EquipInterface 表(见表 51)包含装置元素内定义的每一装置元素程序的一个记录。每个 BXT_EquipInterface 记录都提供了对关联的装置元素程序的接口定义的一个映射。因为多个 BXT_EquipInterface(如几个装置阶段)可能有完全相同的外部接口定义，它们可能全都引用同一个 BXT_EquipInterface 接口定义。为了考虑以类为基础的处方，这种结构允许定义功能上相当的一些 BXT_EquipInterface。

表 51 BXT_EquipInterface

属　　性	描　　述
EquipmentID	标记装置元素或装置类
EPI_ID	标记装置程序元素的装置程序元素接口
EPI_Definition	标记 BXT_EquipInterface 的定义
Description	描述装置程序元素的类型

5.3.5.6 装置程序元素接口定义

BXT_EquipInterfaceDefinition 表(见表 52)包含被定义的每个装置程序元素接口的一个记录。

BXT_EquipInterfaceDefinition 表包含 BXT_EquipInterface 的输入和输出参数的定义。

表 52 **BXT_EquipInterfaceDefinition**

属　性	描　述
EPI_Definition	标记装置程序元素接口定义
Description	描述 BXT_EquipInterface 的预定行为

5.3.5.7 装置程序元素接口参数

BXT_EquipInterfaceParameter 表(见表 53)包含在一个装置元素内定义的装置程序元素的一次执行所要求的、生成的或修改的每个数据元素的一个记录。BXT_EquipInterfaceParameter 表包含所需数据元素的类型和单位的定义、单位和对枚举集的可选择引用。

BXT_EquipInterfaceParameter 表也指出输入值是否可标定，并且还提供一个默认值，供没有实际值传送给装置程序元素时使用。

表 53 **BXT_EquipInterfaceParameter**

属　性	描　述
EPI_Definition	标记装置程序元素接口类
ParameterID	标记装置程序元素使用的参数的名称
ParentParamID	标记父参数集，此参数是该集的一员，并且当无参数集时，该字段为 NULL
Type	根据枚举集 ValueDataType 标记装置程序元素使用的数据的类型
EngrUnits	标记装置程序元素使用的数据的工程单位
EnumSet	标记包含此元素所属的枚举集(即若非 NULL 时)
Scaled	规定在参数被传送给装置程序元素之前是否可根据枚举集"Boolean"对它进行标定。如果此字段是 TRUE，则可标定参数
DefaultValue	标记在没有值可传送给装置程序元素时所使用的默认值
Description	描述装置程序元素参数

5.4 调度表信息交换

调度表为一个给定过程组元定义一个或几个预定的批。为了创建一个控制处方，每个预定的批包含有可随同主处方信息一起使用的附加批专用信息。每个预定的批可定义一组创建处方所需的参数值和一组装置要求。执行一个控制处方所需的信息并不需要全部由调度表信息交换表提供。控制系统或操作员也可提供附加信息。

除了这些表提供的信息外，调度活动可能还需要其他一些信息。为了得到某些数据(如装置状况、材料库存、使用条件)，调度可能还需要使用其他办法。最好通过别的方法交换这种信息。

5.4.1 调度表概述

调度表信息交换表允许把有关多个预定批的信息放在一组表中。

调度表信息交换表不规定怎样创建信息或者怎样使用该信息。使用信息的工具可包含调度程序包、批自动化程序包、操作显示包和工作次序跟踪包。输入和输出工具应决定表中调度表信息的正确使用。

图 19 显示了组成调度表信息交换表的各表。

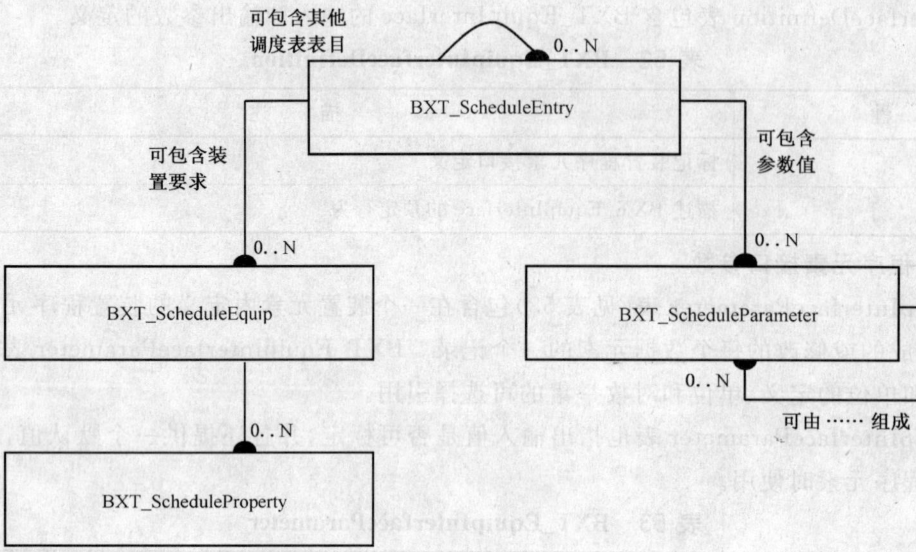

图 19　调度表结构

5.4.2　调度表汇总

调度表信息交换使用的表见表 54。

表 54　调度表信息交换表

属　性	描　述
BXT_ScheduleEntry	每个预定项(即一批、单元处方或清除事件)的一个记录
BXT_ScheduleEquip	每个装置选择要求的一个记录。可定义允许的装置选择
BXT_ScheduleProperty	每个装置要求的每个特性规范的一个记录
BXT_ScheduleParameter	调度表记录的每个参数项的一个记录

5.4.3　调度表定义

5.4.3.1　调度表表项

BXT_ScheduleEntry 表(见表 55)包含每个预定事件的一个元素。调度表表项可代表一个批或者某些其他的处理活动(例如,一个单元处方)。如果预定事件是一个批,表中包含与 SchduleEntryID 字段中的预定批(即如果是此时指定)相关的批标识,并且与预定的批相关的主处方则可在 RE_ID 字段中标记。当还未分配调度表表项的"真实"ID 时,用 ScheduleEntryString 字段来唯一地标记它们。

表 55　BXT_ScheduleEntry

属　性	描　述
ScheduleEntryID	标记调度表表项的唯一标识符(本表范围内)。它可以是一个 CampaignID,批 ID,单元程序 ID 或者无外在含义的唯一串
ParentSchedID	标记预定的父项目记录,通过使用父 ScheduleEntryString 此记录与预定父项目记录联系起来
ExternalID	确定商业使用来标记此调度表表项的标识
RE_ID	标记处方元素(如 Red Oak)。当同"版本"组合时,此字段定义 RE 的唯一实例。当记录代表主处方时,该字段包含主处方标识(标记此调度表表项引用的处方元素)
REVersion	标记主处方的版本

表 55（续）

属性	描述
SE_Type	根据枚举集“SE_Type”定义调度表记录代表的表项的类型。此定义允许在程序层次的下层批记录具有更详细的调度表信息(即能够标记处方中每个单元程序的特性和装置要求)，以及允许处理连续运行时间和批组的调度表编制
BatchID	标记批的标识，此调度表表项是该批的一部分
LotID	标记批量的标识，此调度表表项是该批量的一部分
CampaignID	标记生产连续生产时间的标识，此调度表表项是该连续生产时间的一部分
ProductID	标记生产的产品
OrderID	标记生产定单或客户定单，此调度表记录与它们有关
SE_Action	由接收工具按照枚举集“ScheduleAction”的一个枚举(即新建、更新、删除、用户定义)确定预定行动
SchedStatus	根据枚举集“ScheduleStatus”定义调度表记录的状态(即已完成、正在进行中、已调度、调度表保持)
StartCondition	规定调度表记录的预定开始条件(如“在……之前开始”、“随……之后”)，如果已知的话
InitialMode	按照枚举集“ScheduleMode”的一个枚举(即自动、半自动、手动)确定调度表记录开始执行的方式
SchedStartTime	规定调度表记录的预定开始时间，如已知的话
SchedEndTime	规定调度表记录的预定完成时间，如已知的话
BatchPriority	规定调度表记录的一个优先级，如已知的话。数字越小，优先级越高(如优先级 1 比优先级 7 更重要)
BatchSize	根据主处方中定义的批的比例因子，确定请求的批大小或者批的比例因子
EngrUnits	可选择地标记 BatchSize 的工程度量单位
SENote	提供操作信息或说明
Description	描述预定的项目和/或产品(如优质啤酒)

5.4.3.2 调度表记录装置要求

BXT_ScheduleEquip 表(见表 56)包含调度表记录的每个装置要求的一个元素。相关的 BXT_ScheduleEquipProperty 表包含该装置需要满足的一个专用特性定义。

批的典型要求可能是装置选择。调度表记录的装置要求和特性通常相当于主处方的装置要求和特性。例如，一个调度表程序包可以规定生产中使用的一个专用单元。BXT_ScheduleEquip 应规定 RE 中的确定的装置标识，并且 BXT_ScheduleProPerty 应规定所选单元的名称。

表 56 BXT_ScheduleEquip

属性	描述
ScheduleEntryID	标记被交换的预定项目
RequirementID	给预定项目的装置要求提供唯一的名称。此名称可以指单台装置、一类装置、允许装置目录或者其他的装置组(例如一组列车)
Description	描述要求(如批中的第一个反应器单元)

5.4.3.3 调度表记录装置特性要求

BXT_ScheduleProPerty 表(见表 57)包含调度表记录的每个装置要求的每个特性规范的一个元素。

因为一个给定的预定项目的一个装置要求可以有多个特性准则(例如建筑材料和容积),因此单独用一个表来列出这些要求。

表 57 BXT_ScheduleProperty

属　　性	描　　述
ScheduleEntryID	标记被交换的预定项目
RequirementID	标记与批、典型地与装置或材料类相关的要求集
PropertyName	标记预定批的特性名
PropertyValue	规定预定批的特性值
EngrUnits	可选择地标记 PropertyValue 的工程度量单位
Description	特性的描述(如把 UNIT345 用作批中的第一反应器单元)

5.4.3.4 调度表参数

BXT_ScheduleParameter 表(见表 58)包含预定项目的每个参数的一个元素。调度表项目中的这些参数典型地是主处方中的参数,但它们也可能是供操作员或者调度表信息的其他用户使用的信息。

可以用处方中子参数进一步定义参数的相同办法来定义调度表参数项目的极限值。

表 58 BXT_ScheduleParameter

属　　性	描　　述
ScheduleEntryID	标记被交换的预定项目
ParameterID	标记预定批的参数
ParentParameterID	标记父参数集,此参数项目是该集的一个成员(如不存在此集则为 NULL)
ParameterValue	规定预定批的参数值
EngrUnits	可选择地标记参数值的工程度量单位
ItemLocation	确定此参数项用在处方结构中的位置。当 ParameterID 是一个简单的别名,并且 ParameterID 不能提供识别它用在何处的足够信息时就要使用此记录
EnumSet	标记枚举,此元素是该枚举的一员(如果不是 NULL)
Description	描述有关预定项目和/或产品的参数(如优质啤酒)

5.5 生产信息交换

生产信息交换提供了一种结构,以便交换与执行一个批有关的全部信息。

许多工具(如批自动化系统、实验室信息管理系统、批报表编制系统、批分析系统、调度表编制系统、仿真系统)都能使用此信息。

交换表的结构考虑了在相同的一些表中交换多个批的数据。

生产信息包含在三个区域中:

a) 控制处方;

b) 运行处方的装置;

c) 在执行处方过程中发生的所有事件的日志。

5.5.1 控制处方信息

用 ProductID 代表批标记,使用 MR 表可交换控制处方信息。

因为控制处方开始作为主处方的复制品,MR 表可包含用于生产的主处方,事件表可包含对控制处方的任何变更,或者在修改之后 MR 表可包含控制处方。在任何一种情况下,RecipeID 和 REVersion 信息都可用来标记创建控制处方用的专用主处方。

5.5.2 装置信息

使用 BXT_EquipElement(装置实体)表可以交换批生产中使用的装置。这些表可包含生产中使用的整个过程组元的定义,或者它们只包含批生产中实际使用的装置子集。

5.5.3 批历史

批历史包含在两个表中,即 BXT_HistoryElement 表和 BXT_HistoryLog 表。

BXT_HistoryElement 表是每次执行一个处方程序元素和/或相等的装置程序元素的记录。此表包含执行每个 RE 或者 EPE 的一个元素。图 20 显示了批历史的各个元素以及同前面定义的装置元素表的关系。BXT_HistoryElement 表(见表 59)包含可用来引用相关装置和装置程序元素的记录。

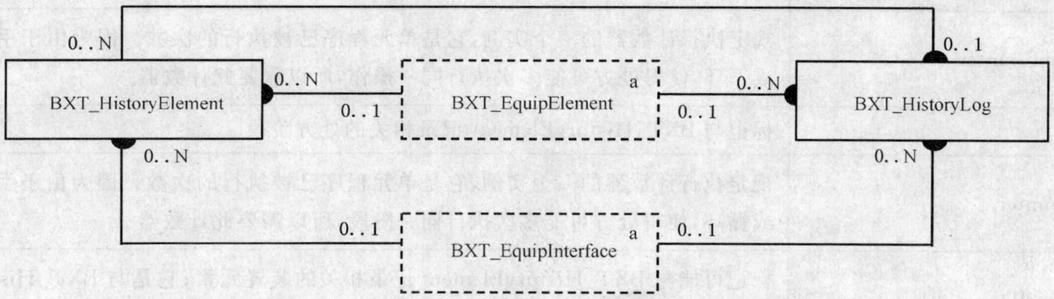

a 在 5.5.2 中定义。

图 20 批历史

BXT_HistoryLog 和 BXT_HistoryElement 表包含批生产过程中发生的事件以时间界定的记录清单,每个批事件有一个记录。BXT_HistoryElement 表包含使用处方程序元素或者装置程序元素的每个实例。BXT_HistoryLog 表包含程序元素所发生的每个事件的一个记录(例如,执行程序元素的开始、方式改变、状态改变、元素报告的一个值)。

设计批历史表有几个目的:

——将在多个记录中复制的信息移到 BXT_HistoryElement 表中,这样能显著缩小 BXT_HistoryLog 表。

——可在装置表中描述的信息仅被关键字值引用。BXT_HistoryElement 记录包含相关装置所属的装置元素的标识以及相关装置程序元素的标识。

——BXT_HistoryLog 表还包含对装置元素和装置程序元素的引用,以便简化 BXT_HistoryLog 表的使用,即使在 BXT_HistoryElement 中该信息是完全相同的。

5.5.3.1 历史元素

BXT_HistoryElement 表包含每个处方元素的一个记录(见表 59)。

表 59 BXT_HistoryElement

属　性	描　述
HistoryElementID	提供关系完整性所需的生成标识码
BatchID	规定与 BXT_HistoryElement 记录相关的批的唯一标识,这是与 BXT_HistoryLog 表完全相同的信息
MasterRecipeID	规定与批相关的主处方的标识
MasterRecipeVersion	规定相关主处方的版本标识
ControlRecipeID	标记控制处方 ID,在某些情况下,此标识可与批 ID 不同

表 59（续）

属　　性	描　　述
ReferenceEquipProcedure	标记是否确定了程序控制层次，以便把处方或装置当作一个 Boolean 枚举，用 TRUE 标记对装置的引用
RecipeProcedure	标记与 BXT_HistoryElement 记录关联的程序
UnitProcedure	标记与 BXT_HistoryElement 记录关联的单元程序
UnitProcedureCounter	规定执行计数器的一个实例，它是单元程序已被执行的次数。因为由于手动干预或者循环，使得处方可能多次执行同一单元程序，所以需要此计数器
Operation	标记与 BXT_HistoryElement 记录相关的操作
OperationCounter	规定执行计数器的一个实例，它是单元程序已被执行的次数。因为由于手动干预或循环，使得处方可能多次执行同一操作，所以需要此计数器
Phase	标记与 BXT_HistoryElement 记录相关的处方阶段
PhaseCounter	规定执行计数器的一个实例，它是单元程序已被执行的次数。因为由于手动干预或循环，使得处方可能多次执行同一阶段，所以需要此计数器
EquipmentID	标记可能与 BXT_HistoryElement 记录相关的装置元素；它是与 BXT_HistoryLog 表记录完全相同的信息
EPI_ID	标记可能与记录相关的装置程序元素；它是与 BXT_Historylog 表记录安全相同的信息

5.5.3.2　历史日志

BXT_HistoryLog 表（见表 60）包含 5 组应记录事件的信息：

——事件的时间；

——与事件有关的批和处方信息；

——与事件有关的装置；

——与事件有关的操作员；

——事件信息。

BXT_HistoryLog 表包含生产信息事件。生产信息事件可使用 RecordSet 和 RecordSubSet 字段中的枚举进行分类以帮助处理信息（例如筛选、分类）。

表 60　**BXT_HistoryLog**

属　　性	描　　述
RecordID	规定关系完整性所需的生成标识码
UTC	标记记录的通用协调时间（UTC）和日期
LocalTime	标记记录的当地时间和日期
BatchID	提供与记录相关的批的一个唯一标识
HistoryElementID	提供可能与记录相关的执行实例或者有关处方元素或装置程序元素的唯一标识。该字段是进入 BXT_HistoryElement 表的关键字
EquipmentID	标记可能与记录有关的装置元素
EPI_ID	标记可能与记录有关的装置程序元素
UserID	规定与记录有关的用户（若有的话）名

表 60（续）

属 性	描 述
RecordSet	根据 RecordSet 枚举规定记录类型
RecordSubSet	根据 RecordSet 记录规定的枚举集规定记录的子类型
RecordAlias	定义一个装置单独的记录规范（如“容器顶部温度”）
NewValue	规定与记录类型和子类型有关的数据值
OldValue	定义可能包含先前的数据值的一个字段
EngrUnits	规定工程单位，若有的话，它应适合 NewValue 和 OldValue

5.6 交换表定义域

多个关键字段表中都包含有同样的信息，并且表中的许多字段有同样的定义域（即专门的数据类型和范围）。ISO/IEC 9075 的 SQL 并未定义域，所以表 61 包含了交换表中所选表属性的域的定义。

表 61 交换表定义域

域 名	类 型	描 述
BXT_MRecipeElement-Author	CHAR(32)	作者名或 ID
BXT_MRecipeStep-StepID BXT_MRecipeStepParameter-StepID BXT_MRecipeStepEquip-StepID BXT_ScheduleEntry-StepID	CHAR(128)	标记处方程序元素内的步骤
BXT_MRecipeElementParameter-EngrUnits BXT_MRecipeStep-ScaleEngrUnits BXT_EquipProperty-EngrUnits BXT_EquipInterfaceParameter-EngrUnits BXT_ScheduleEntry-EngrUnits BXT_ScheduleProperty-EngrUnits BXT_SchdeuleParameter-EngrUnits BXT_HistoryLog-EngrUnits	CHAR(32)	工程单位规范
BXT_MRecipeElement-Status BXT_ScheduleEntry-SchedStatus	INTEGER	作为枚举的处方或者程序元素的状况
BXT_MRecipeElement-RE_ID BXT_MRecipeElementParameter-RE_ID BXT_MRecipeStep-ParentRE BXT_MRecipeStep-RE_ID BXT_MRecipeStepParameter-ParentRE BXT_MRecipeTransition-RE_ID BXT_MRecipeLink-RE_ID BXT_MRecipeElementEquip-RE_ID BXT_MRrecipeOtherInformation-RE_ID BXT_MRecipeStepEquip-ParentRE	CHAR(128)	标记处方程序元素

表 61（续）

域　　名	类　型	描　　述
BXT_MRecipeElement-REVersion BXT_MRecipeElementParameter-REVersion BXT_MRecipeStep-ParentVersion BXT_MRecipeStep-REVersion BXT_MRecipeStepParameter-ParentVersion BXT_MRecipeTransition-REVersion BXT_MRecipelink-REVersion BXT_MRecipeElementEquip-REVersion BXT_MRecipeStepEquip-ParentVersion BXT_MRecipeOtherInformation-REVersion BXT_ScheduleEntry-Version BXT_HistoryElement-MasterRecipeVersion	CHAR(16)	所有有版本元素的版本标识
BXT_MRecipeElementParameter-ParameterID BXT_MRecipeElementParameter-ParentParamID BXT_MRecipeStepParameter-ParameterID BXT_MRecipeStepParameter-ParentParamID BXT_EquipInterfaceParameter-ParameterID BXT_EquipInterface-ParentParamID BXT_ScheduleParameter-ParameterID	CHAR(32)	标记 RE 的参数，使用的定义
BXT_MRecipeElement-ProcessCellID BXT_EquipElement-EquipmentID BXT_EquipLink-EquipmentID BXT_EquipLink-ToEquipmentID BXT_EquipInclude-EquipmentID BXT_EquipInclude-ClassEquipmentID BXT_EquipProperty-EquipmentID BXT_EquipInterface-EquipmentID BXT_EquipInterfaceParameter-EPI_Definition BXT_ScheduleProperty-RequirementID BXT_ScheduleEquip-RequirementID BXT_HistoryLog-EquipmentID BXT_HistoryElement-EquipmentID BXT_ScheduleEquip-RequirementID BXT_HistoryLog-EquipmentID BXT_HistoryElement-EquipmentID	CHAR(32)	标记过程组元或者其他装置实体

6　程序功能图

本章详细说明了主处方和控制处方的图形表示法。程序的图形表示叫做程序功能图(PFC)。本章还论述了表示公式、装置要求、文件头和其他信息的要求。本部分所述的 PFC 语言支持具有随产品的变化而变化的复杂程序(如并行步骤、选择)的处方。

程序功能图是根据IEC60848确定的功能图建立的。正如IEC60848中描述的那样，在程序功能图中假设步骤跟随转换，转换跟随步骤。但IEC 60848和GB/T 19892.2之间存在很大的差异，这些差异是为满足与文档集不同的程序控制要求所必需的。在批控制中，装置程序元素包含调节何时及怎样完成它们的程序逻辑。此外，批控制中的许多装置阶段被设计用来完成某个任务然后终止。通过识别装置程序元素一旦起动就独立执行这种特点，PFC方案支持处方程序元素同装置程序元素的分离。程序功能图中的另一不同之处是处方程序元素的多层次结构；因此，要分清符号代表的是处方阶段、处方操作，处方单元程序还是整个处方程序。

6.1 程序功能图符号表示法

为了确定程序元素的执行顺序，程序功能图使用一系列符号描绘程序逻辑，这些符号由有向链路互联。程序元素的执行可串行发生或并行发生，并且可根据条件逻辑来执行。所描绘的活动包括执行预计的单元程序、操作、阶段和转换评价。通常，执行流程是从上到下和从左到右。程序功能图被用来描绘处方各个层次的程序逻辑：处方程序、处方单元程序和处方操作。

6.1.1 符号

程序功能图由代表下列各项的一组符号定义：

——元素(即处方程序元素)；

——起点和终点；

——资源分配；

——元素同步；

——处方转换；

——基本结构(即有向链路、顺序选择、同时序列)。

只有符号的总体表示法是硬性规定的；由每个实现确定尺寸和细节(如线条宽度、字符字体)。

6.1.1.1 元素

符号用来表示处方阶段、处方操作、处方单元程序或者处方程序。符号内的图形标志用来表示代表处方阶段、处方操作、处方单元程序或者处方程序的符号。图21显示了标记程序元素的示例。

GB/T 19892.1只定义了程序层次的4个层次，本部分也只描述了那4个层次。但附加一些层次是可能的，并且可因各种目的而定义它们。虽然本部分只论述了GB/T 19892.1中定义的程序元素的那4层，但任何单独定义的附加层次既可根据此处描述的一般原理用图形标记也可用矩形左上角开始的字符串以文字的方式标记。

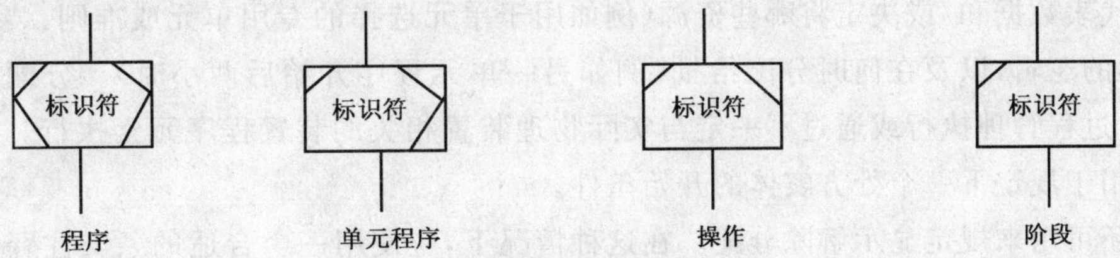

图21 处方程序元素符号

在程序控制层次中阶段层上面的程序元素可代表下一层次中的其他程序元素的一个封装。应采用代表程序元素的矩形右上角中的加号(+)来标记代表封装的那个程序元素，该处未显示出下层处方程序元素(见图22)。被封装的程序元素符号应用减号(—)标记(见图38)。引用装置程序元素的程序元素符号应无指示。

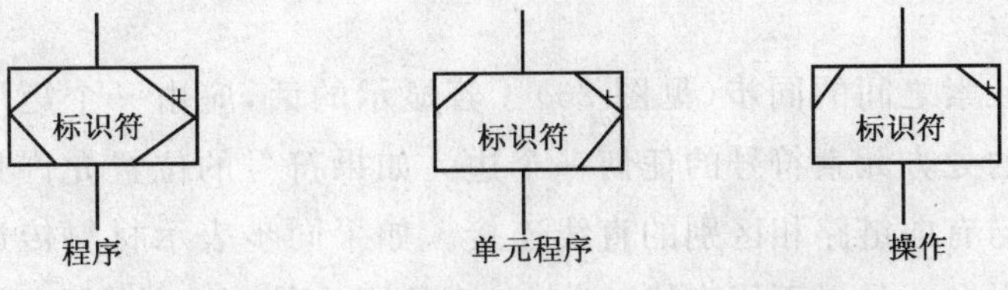

图22 封装下层处方程序元素的程序元素

当程序元素代表下位程序元素的封装时，可以使用规定下位程序元素和相关的定序符的独立的下层程序功能图来定义它。也可以扩充代表封装处方程序元素的图符，以便能在封装图符的边界内画出下层程序功能图。扩充单个符号的过程可持续到再无下位层为止。装置程序有可能被表示成所涉及的处方程序元素的扩充。

6.1.1.2　起点和终点

与可连续循环的顺序功能图不同，程序功能图应至少有一个起点和一个终点。

6.1.1.2.1　开始

至少应使用一个开始符号(见图 23)来指示每个程序功能图和/或每个下位程序功能图的开始。

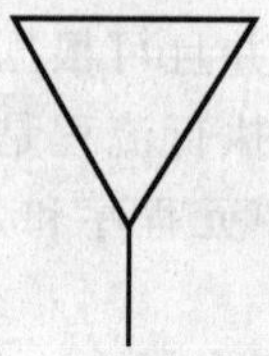

图 23　开始符号

6.1.1.2.2　结束

至少应使用一个结束符号(见图 24)来指示每个程序功能图和/或下位程序功能图的结束。

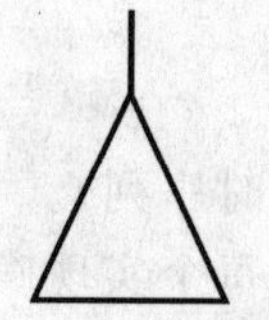

图 24　结束符号

6.1.1.3　资源分配

某些资源是在批能够使用它们之前分配给一个批的。控制资源分配的时机对处方或者调度编制有重要意义；因此需要有资源分配规则和起始条件。如要显示分配的话，可用代表处方实体资源分配要求封装的椭圆图符(见图 25)来表示。分配符是适合程序功能图层次的处方程序元素，并且它可用在程序层次结构的任何一层。

分配符号代表数据和/或决定将哪些资源(例如用于单元选择的专用单元或准则、装置模块、材料、人员)分配给批的逻辑，以及在何时分配给批(例如另一单元程序开始后两小时)。分配符号可包含逻辑，该逻辑将由过程管理执行或通过不一定与实际物理装置相关的装置程序元素执行。跟随分配符号的显示转换可用于规定下一个处方实体的开始条件。

分配符号还可用来规定显示解除分配。在这种情况下，应使用一个合适的条文注释来指明它用于解除分配。

图 25　分配符号

6.1.1.4　元素同步

可能需要描绘处方元素之间的同步(见图 26)。若显示的话，应由一个矩形来描绘同步，此矩形可伸出任何一个涉及同步的处方元素符号的任何一个边。如果符号的位置允许且不致混淆，对应的同步符号可用虚线或其他能与有向链路相区别的直线连接。如果同步表示材料传送时，应增加一个箭头以便指示材料的预定运动方向。如果不用直线，则应在涉及同步的每个处方元素处提供标记特定相互作用的唯一标识符。

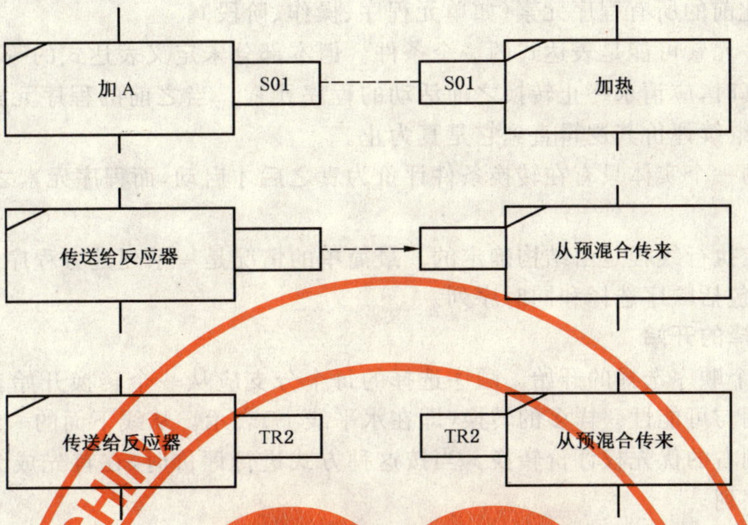

图 26　元素同步示例

6.1.1.5　处方转换

程序功能图描绘两种转换：一种是隐式转换，另一种是显式转换。

6.1.1.5.1　隐式转换

应由处方实体之间的单条直线组成的有向链路指示转换(见图 27)，其唯一条件就是转换之前的实体已完成它们的执行。对此类转换不加入逻辑条件。

图 27　隐式转换

6.1.1.5.2　显式转换

应由处方实体之间的一条直线和垂直于此链路直线的两条紧密排列短线条构成的有向链路来指示显式处方转换(见图 28)。

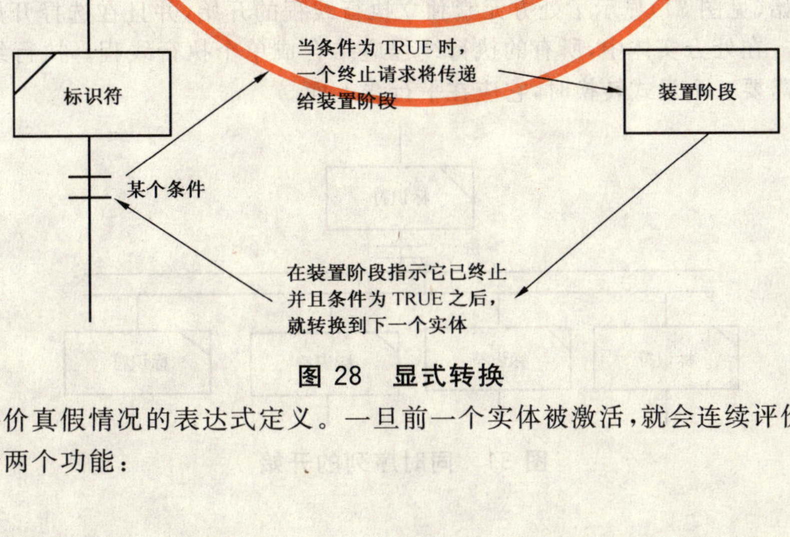

图 28　显式转换

此种转换由评价真假情况的表达式定义。一旦前一个实体被激活，就会连续评价转换。

转换用于执行两个功能：

a） 中断处方程序逻辑一个分支的执行；

b） 请求终止此前的所有程序元素（如单元程序、操作、阶段）。

终止此前的程序元素可能是表达式的一个条件。但本部分未定义表达式的一种条件语言。

当一个转换为真时，应请求终止转换之前活动的程序元素。当之前的程序元素是在转换评价为真之前终止时，转换应继续评价其逻辑直到它是真为止。

紧随转换后面的一个实体只有在转换条件评价为真之后才启动，而程序元素之前的转换则终止。

6.1.1.6 基本结构

处方元素的预定执行线程是由结构确定的。最简单的情况是一系列处方程序元素一个接一个地被启动，更复杂的结构包括顺序选择和同时序列。

6.1.1.6.1 顺序选择的开始

图 29 表示了一个顺序选择的开始。顺序选择的每个分支应从一个转换开始。从若干个可能性中选出的一条路径可用与可能性一样多的转换（即在水平线下）表示。从线下面的一组序列中只应选择一个序列。应按从左到右的优先权评价转换。当按这种方式进行评价时，在首先成为真的那个转换下面的序列应成为被选序列。

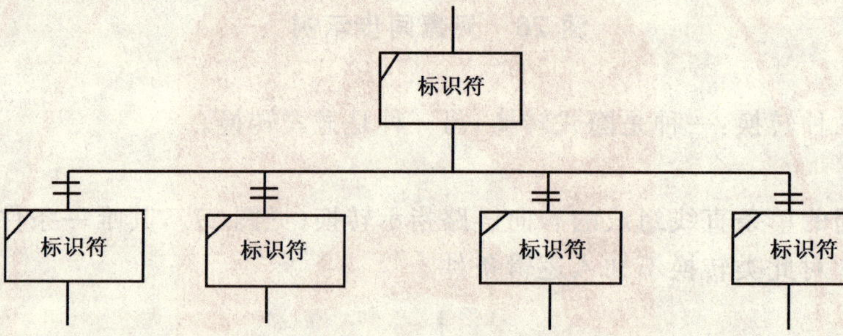

图 29 顺序选择的开始

6.1.1.6.2 顺序选择的终止

顺序选择的终止显示了顺序选择产生的可能执行线程的组合（见图 30）。

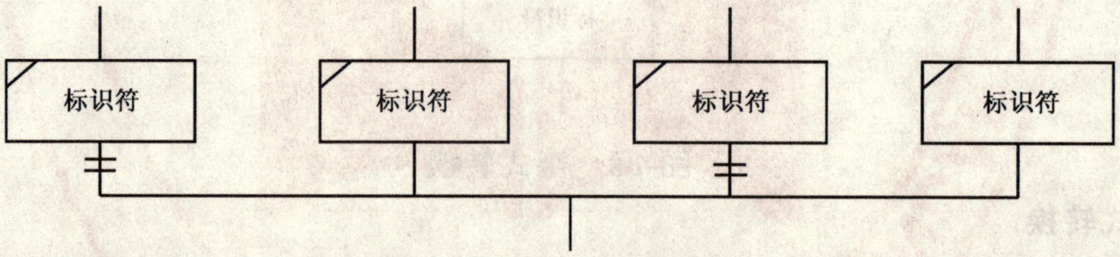

图 30 顺序选择的终止

6.1.1.6.3 同时序列的开始

同时序列的开始（见图 31）显示了处方元素独立执行线程的开始，并且在选择开始以下的每条路径都有一个执行线程。在处方实体中，所有的执行线程应结合成单个执行线程。执行线程的开始和终止不一定要匹配。当需要一个显式转换时，它应在平行线上面。

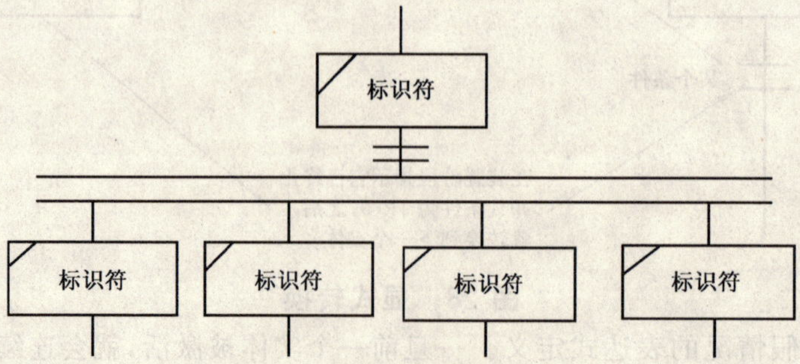

图 31 同时序列的开始

6.1.1.6.4 **同时序列的终止**

同时序列的终止显示了处方元素各独立执行线程的结合(见图 32)。只有当平行线之前的所有实体均为启用或已完成时,才评价平行线之后的转换。

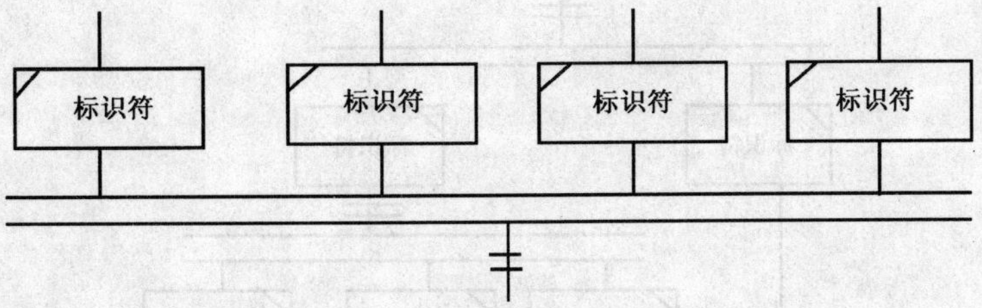

图 32 同时序列的终止

6.1.1.6.5 **有效图的规则**

有效图应遵循执行线程的一致规则。独立的同时执行线程应结合在一起。不能用顺序选择的终止来结合同时执行线程。图 33 显示了一个具有序列选择和序列终止的有效图段的示例。

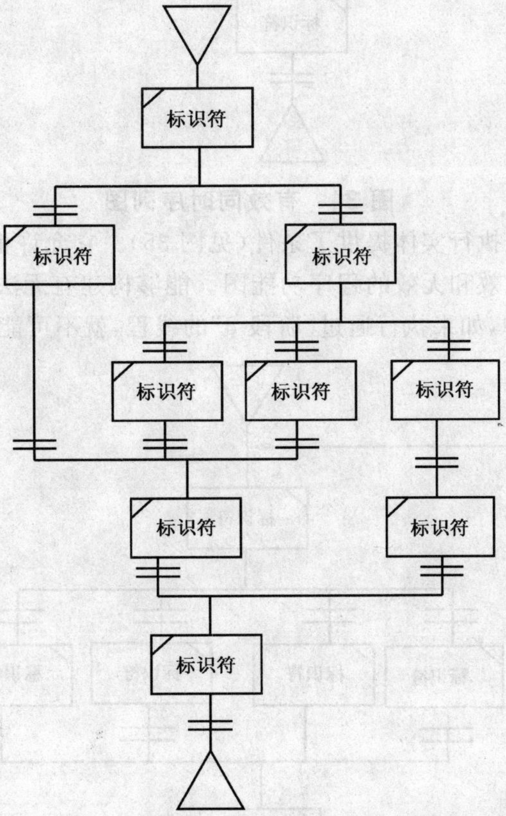

图 33 有效序列选择图

图 34 给出了一个显示同时序列的开始和终止的有效图段的示例。

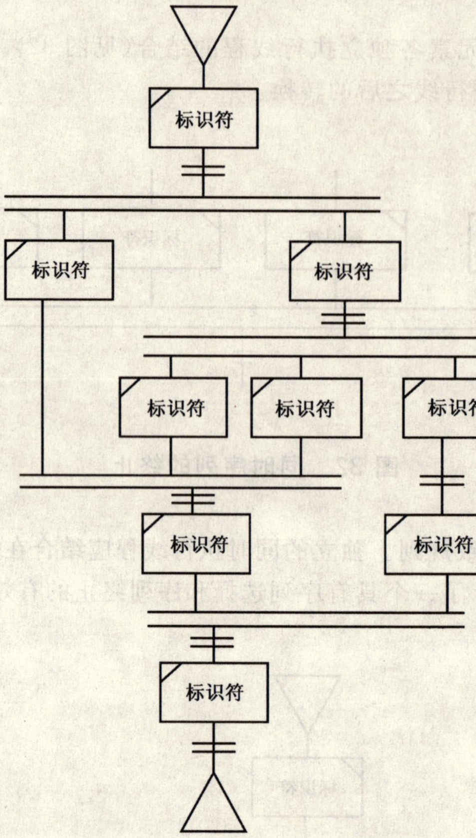

图 34　有效同时序列图

循环为根据转换条件重复执行实体提供了条件(见图 35)。它允许根据不同条件动态执行实体。

本部分不能定义全部的有效和无效的程序功能图。能够构建有无法到达的程序实体或者有无效执行路径的 PFC(例如在图 36 中,如果执行通过“阶段 5”的线程,就不可能完成通过阶段 1 的线程)。

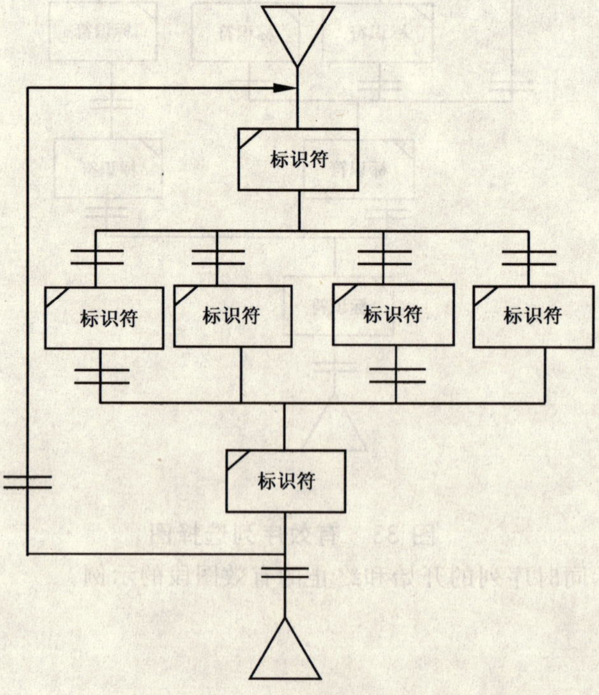

图 35　具有显式处方程序元素的循环

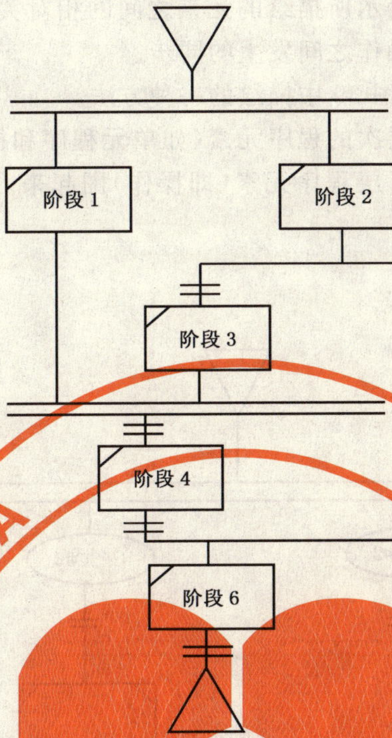

图 36 无效程序功能图

6.1.2 程序和单元程序启动

图 37 为处方程序开始的示意图。在单元程序以下的各层,有向链路清楚地指出了处方程序元素变成活动或被启动的次序。一个处方程序的启动很可能与安排要求有关,因此它需要起动规则,某些规则可能以调度表为基础。紧随分配符的转换是真之后,单元程序便成为活动了。

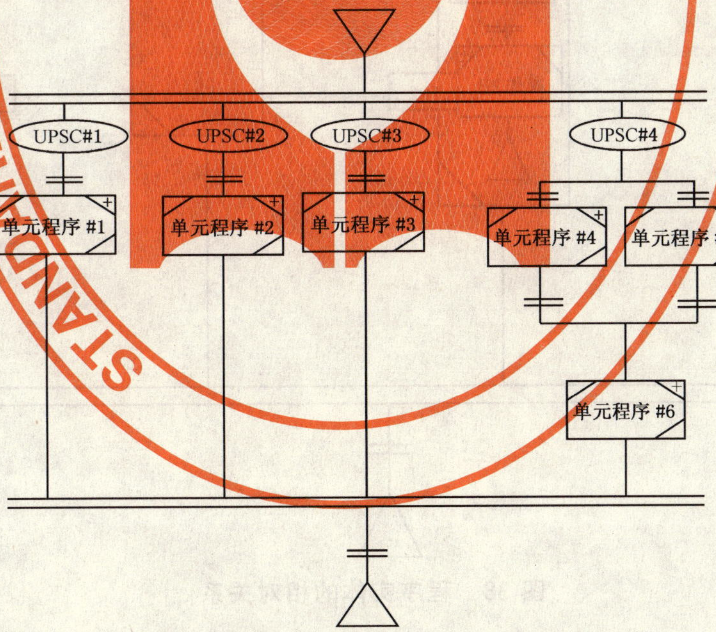

图 37 程序和单元程序启动示意图

6.1.2.1 程序、单元程序和操作完成

当到达程序功能图中的终止符时,就完成程序元素的封装。

6.1.2.2 程序实体之间的相对关系

图 38 和图 39 表示了描绘程序功能图中程序元素之间的相对关系的两种方法。通过程序元素彼此

之间垂直编排就能实现这种关系。为了表示所描绘的元素之间的相对关系，也可改变程序元素的垂直大小。水平虚线表示每个单元程序内各操作之间发生的同步。

一个一致性系统应至少实现图 38 和图 39 中描绘的一种方法。

当在此种类型的图上显示两个不同层次的程序元素（如单元程序和操作）时，显示和上层程序元素（即单元程序）一样分组的一个方框应将下层程序元素（即操作）围起来。图 38 中的单元程序 ♯1 显示了一个其中封装有下层 PFC 的程序元素。

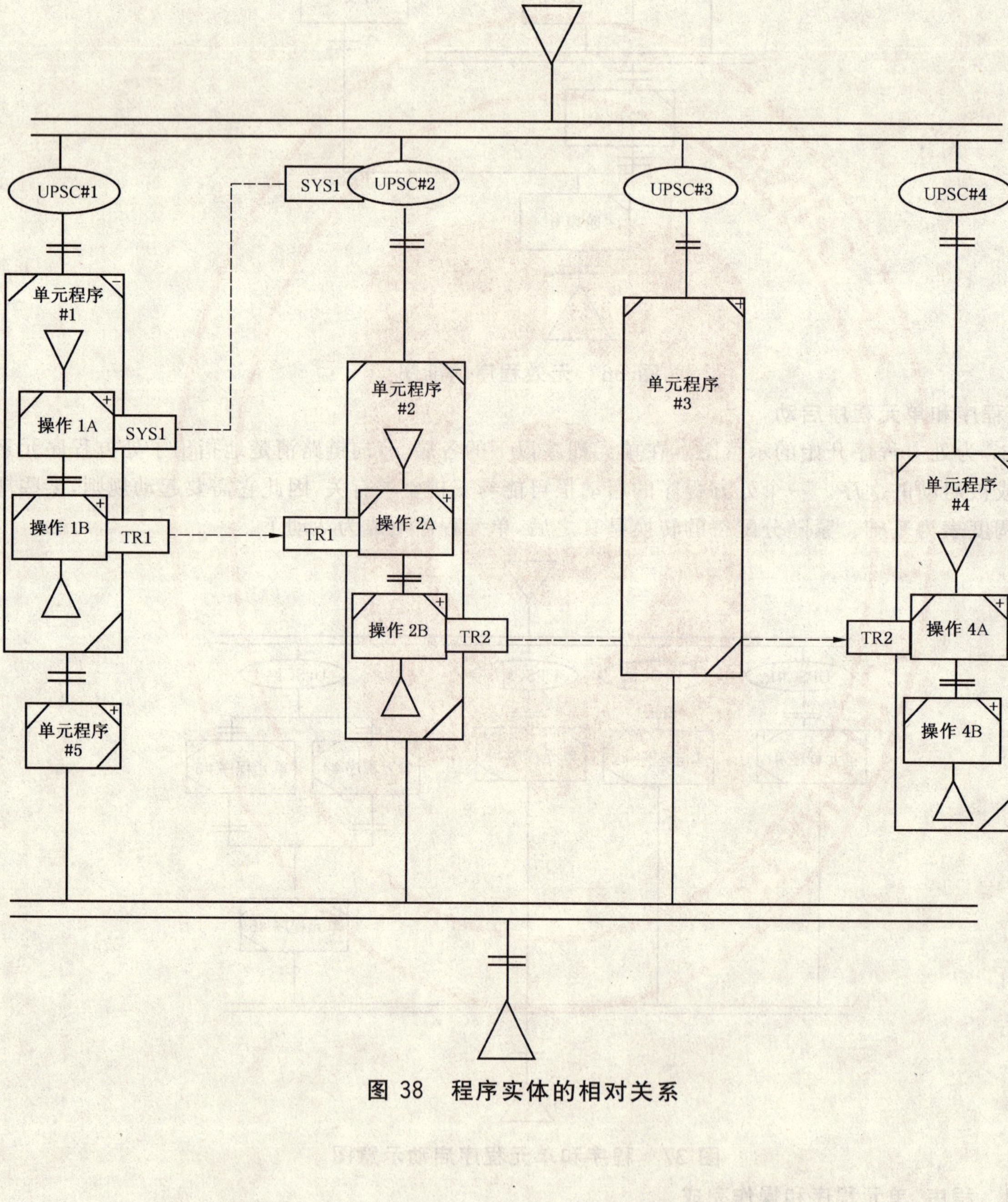

图 38　程序实体的相对关系

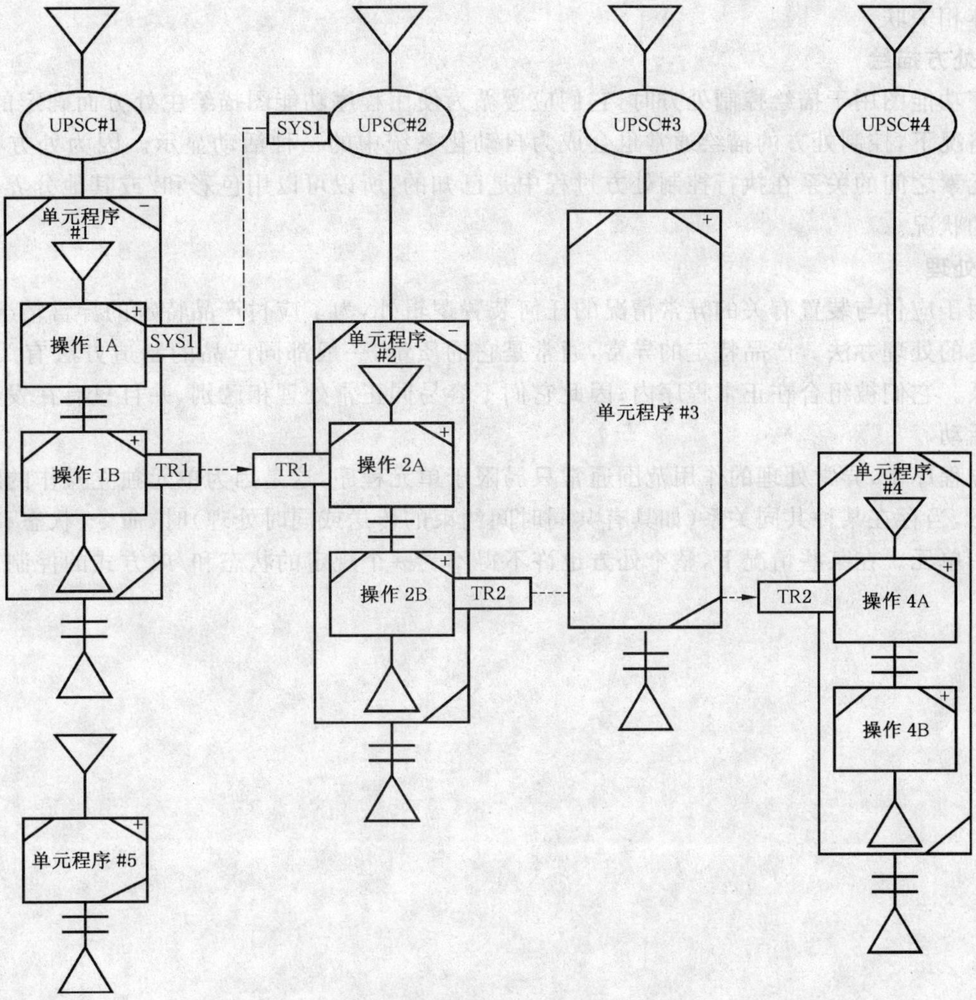

图 39 程序实体的相对关系——替代 1

6.1.3 非程序主处方信息

作为主处方组成部分的所有其他信息都与主处方程序中某个专用元素或符号有关。本部分并不特意规定怎样实现那种关系或引用。例如，在用纸和笔来实现时，可用类似于脚注之类的形式来实现该引用，或者把信息写在所述程序元素的旁边。在用电子方法实现时，弹出信息框或某种尚未发明的机制可能是可供选择的实现方式。但是应指明关系，并且在每个应用当中的关系应当一致。

6.1.3.1 主处方公式

公式信息由过程输入、过程参数和过程输出组成。公式信息应能被完整表示（例如与处方程序关联）、部分表示（例如仅过程输入或者某一专用单元程序）或者以适合于上下文和预定应用那样的下层公式的摘要形式表示。在描述时，公式应与处方程序元素相关联。

例如，一个处方生产的产品的数量可同处方程序相关联，而加到一个反应器中的材料的数量则可同一个特定的阶段相关联。使用公式就能求出已被标记成过程输入的所有处方程序元素参数的总和，因而能提供整个处方、单元程序或操作的过程输入的一份清单。

6.1.3.2 主处方装置要求

装置要求是执行处方程序元素专用的。表示法应提供一种方法供用户观察与每个程序元素相关的各自的装置要求或者所有元素的总的装置要求。

6.1.3.3 文件头和其他信息

处方信息的文件头信息和“其他信息”种类通常和处方（如处方 ID、调整状况）或者专用处方程序实体（如保护性装置要求、化学危险信息）相关。所有文件头和“其他信息”应可被完整表示或与涉及信息的程序实体相关联。

6.2 控制处方描绘

当程序功能图用于描绘控制处方时,它们应遵循为使用程序功能图描绘主处方而确定的那些原则。但在这种情况下,控制处方的描绘通常也会成为自动化系统中的一种活动显示。因为处方程序元素和装置程序元素之间的关系在执行控制处方过程中是已知的,所以可以用色彩和/或其他分界办法来指示程序元素的状况。

6.3 异常处理

除了用于应付与装置有关的异常情况的任何装置逻辑外,为了应付产品特定的异常情况,处方中还可包含特定的处理办法。产品特定的异常,通常是它的质量,一般都同产品的制造方法有关,与装置并无特定关系。它们被组合在正常程序内;因此它们不容易同正常处理相区别,并且只有在发生异常情况时才变成活动。

在处方程序中,异常处理的作用范围通常只局限于单元程序,这是因为单元独立操作的缘故。但在某些情况下,当存在某种共同关系(如具有共同时间约束的传送或同时处理)时,命令、状态和/或方式被传送给另一单元。在某些情况下,整个处方也许不得不受一个规定的状态和/或方式的控制。

附　录　A
（规范性附录）
数据建模技术

A.1　UML 符号表示法

表 A.1 定义了本部分中使用的 UML 符号表示法[1][1)]。

表 A.1　UML 符号表示法

符　号	定　义
类 属性：类型	定义一个对象类，每个对象都有同样的属性类型。每个对象都可唯一地标记或者枚举。没有为这些类列出操作或方法。其名称之前带有一个“—”号的属性表明在该类的任何应用中这些属性通常是可选的
作用　1..1 0..n　关联名称　作用	一个类的元素和另一个类的元素之间或同一类的元素之间的关联。每个关联都被标记。可有预期的子类成员数目或范围，其中“n”表示一个未定数（例如，“0，n”意味着可能存在 0 个或多个子类）
是……的　一个类型	通用化（箭头指向上面的类型）表明该类的一个元素是上面一类的一个专用类型
取决于	相关性（即项目之间的紧密关系）表明该类的一个元素取决于另一类的一个元素
由……组成	聚集（即由……组成）表明该类的一个元素由其他类的元素组成
	一个对象类，它是另一对象类的一个实例

A.2　定义

A.2.1

类　class

对一组具有相同的属性、行为、关系和语义学的对象的描述。

A.2.2

封装　encapsulation

把一个对象的外部特征同对象内部的实现细节分隔开的技术（也称为信息隐藏）。

A.2.3

实例　instance

用于指一个对象属于某个特定的类，但它本身并不是一个类或者一个子类的术语。例如“反应器401”是类“反应器”的一个实例。

1）　方括号内的数字指参考文献。

A.2.4

模型 model

系统的一种形式抽象表示。通常模型表示成一个图集和一个数据字典。

A.2.5

对象 object

由状态和行为组成的实体。状态是某个给定时刻所有属性的值。属性是现定对象的一条信息。对象的行为是对象中包含的功能性,这些功能性是处理属性所必要的。

A.2.6

子类 subclass

指一个类,它是一个更为通用的类的一种特殊情况(例如玻璃内衬反应器是“反应器”类的一个子类)。

A.2.7

统一建模语言(UML) unified modeling language(UML)

用于规定、可视化、构建和文档化软件系统的制品,以及用于商业建模和其他非软件系统的一种语言。

A.3 实体关系图(ERD)符号表示法

表 A.2 定义本部分中使用的 ERD 符号表示法。

表 A.2 ERD 符号表示法

符 号	定 义
	定义一个实体
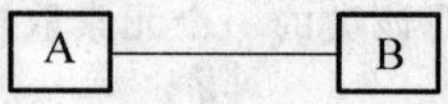	每次出现 A,就会出现一次并且仅出现一次 B。在 B 处的关联也可用数 1 标记
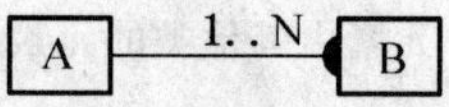	用数字规定的关联。本例中,每次出现 A 时,就可能出现一次或几次 B。另一例子是 0..N。如未给出数字关联,则假设为 0..N
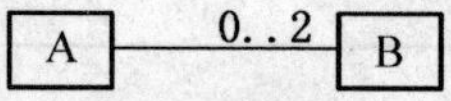	用数字规定的关联:从 0 到某个正数。本例中,每当出现 A 时,B 就可能出现 0~2 次
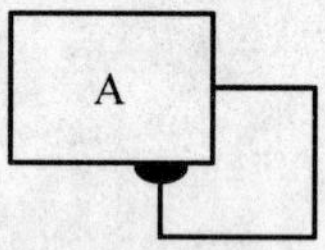	循环关联。A 的出现可由同类型实体的 0 次或多次出现构成。一个可选择的关联是实体 A 的出现可包含同类型实体的 0 次或多次出现。另一种用法是 A 的出现可包含同类型实体的 0 次或多次出现
	为了规定关系的性质,实体之间的关联都有标记,标记施加在最靠近它的实体上。本例中,关联可理解成:A 的每次出现包含出现一次且只出现一次 B

附　录　B
（规范性附录）
SQL 定义列举

本附录包含第5章确定的全部表的 ISO/IEC 9075:1992 标准定义。

```
CREATE TABLE BXT_Exchange(
    ExchangeID                    CHAR(32)                 NOT NULL,
    ExchangeValue                 CHAR(128)                NOT NULL,
    PRIMARY KEY(ExchangeID))
    INSERT INTO BXT_Exchange (ExchangeID, ExchangeValue)
    VALUES('Schema', 'GB/T19892.2—2007')
    VALUES('Delimiter', '/')
    VALUES('ToolID', 'ToolName')
    VALUES('ToolVersion', '4.0')
    VALUES('ToolSchema', '1.2')
    CREATE TABLE BXT_EnumerationSet (
    EnumSet                       CHAR (32)                NOT NULL
    Description                   CHAR (255),
    PRIMARY KEY (EnumSet))
    CREATE TABLE BXT_Enumeration (
    EnumSet                       CHAR (32)                NOT NULL,
    EnumValue                     INTEGER                  NOT NULL,
    EnumString                    CHAR (32),
    Description                   CHAR (255),
    PRIMARY KEY (EnumSet、EnumValue))

    INSERT INTO BXT_EnumerationSet (EnumSet, Description)
    VALUES ('Boolean', '定义一组布尔值')
    VALUES ('DirectionType ', '定义打算怎样处理一个参数')
    VALUES ('EquipmentLevel', '定义装置元素的装置分层层次')
    VALUES ('EquipmentType', '定义装置元素的装置记录类型')
    VALUES ('EvaluationRule', '定义装置特性的评价规则')
    VALUES ('FormulaSubType', '定义处方公式子类型')
    VALUES ('FormulaType', '用户提供的公式类型定义')
    VALUES ('LinkDepiction', '定义怎样描绘处方元素之间的链路')
    VALUES ('LinkToType', '定义链路引用一个步骤还是一个转换')
    VALUES ('LinkType', '定义链路的类型')
    VALUES ('RE_Type', '定义处方元素,既可是处方程序层也可是分配实体')
    VALUES ('RE_Use', '定义在处方中怎样使用处方元素')
    VALUES ('RecipeStatus', '定义一个处方可能的状况')
    VALUES ('RecordSet', '定义对记录进行批历史信息分类所用的枚举集')
    VALUES ('RecordSetControlRecipe', '对控制处方种类下的历史记录作进一步分类')
```

```
VALUES（‘RecordSetMasterRecipe’，‘对主处方种类下的历史记录作进一步分类’）
VALUES（‘RecordSetExecutionInfo’，‘对执行信息种类下的历史记录作进一步分类’）
VALUES（‘RecordSetMaterialInfo’，‘对材料信息种类下的历史记录作进一步分类’）
VALUES（‘RecordSetContinuousData’，‘对连续数据种类下的历史记录作进一步分类’）
VALUES（‘RecordSetEvents’，‘对事件种类下的历史记录作进一步分类’）
VALUES（‘RecordSetOperatorChange’，‘对操作员变更种类下的历史记录作进一步分类’）
VALUES（‘RecordSetOperatorComment’，‘对操作员说明种类下的历史记录作进一步分类’）
VALUES（‘RecordSetAnalysisData’，‘对分析数据种类下的历史记录作进一步分类’）
VALUES（‘RecordSetLateRecord’，‘对近期记录种类下的历史记录作进一步分类’）
VALUES（‘RecordSetRecipeData’，‘对处方数据种类下的历史记录作进一步分类’）
VALUES（‘RecordSetRecipeSpecified’，‘对规定处方种类下的历史记录和进一步分类’）
VALUES（‘RecordSetSummaryData’，‘对汇总数据种类下的历史记录作进一步分类’）
VALUES（‘ScheduleAction’，‘定义调度表表项的预定行动’）
VALUES（‘ScheduleMode’，‘定义开始执行调度表表项的方式’）
VALUES（‘ScheduleStatus’，‘定义调度表的可能状况’）
VALUES（‘SE_Type’，‘定义调度表记录中实体的类型’）
VALUES（‘ValueDataType’，‘定义怎样表示一个值(如布尔值、浮点等)’）
VALUES（‘ValueType’，‘定义怎样解释一个数值串’）

INSERT INTO BXT_Enumeration (EnumSet,EnumValue,EnumString,Description)
VALUES（‘Boolean’，0，‘FALSE’，‘定义一个布尔值’）
VALUES（‘Boolean’，1，‘TRUE’，‘’）
VALUES（‘DirectionType’，0，‘Invalid’‘表项无效’）
VALUES（‘DirectionType’，1，‘Interal’，‘标记怎样处理一个参数’）
VALUES（‘DirectionType’，2，‘Input’‘处方元素接收来自外部源的值’）
VALUES（‘DirectionType’，3，‘Output’，‘处方元素建立一个值并使它可供外部使用’）
VALUES（‘DirectionType’，4，‘Input/Output’，‘处方元素和外部元素交换值并改变它的值’）
VALUES（‘EquipmentLevel’，0，‘Invalid’，‘表项无效’）
VALUES（‘EquipmentLevel’，1，‘Enterprise’，‘标记 BXT_EquipElement 的装置层次级’）
VALUES（‘EquipmentLevel’，2，‘Site’，‘’）
VALUES（‘EquipmentLevel’，3，‘Area’，‘’）
VALUES（‘EquipmentLevel’，4，‘Process Cell’，‘’）
VALUES（‘EquipmentLevel’，5，‘Unit’，‘’）
VALUES（‘EquipmentLevel’，6，‘Equipment Module，’‘’）
VALUES（‘EquipmentLevel’，7，‘Control Module’，‘’）
VALUES（‘EquipmentType’，0，‘Invalid’，‘表项无效’）
VALUES（‘EquipmentType’，1，‘Class’，‘标记 BXT_Equip Element 的记录类型’）
VALUES（‘EquipmentType’，2，‘Element’，‘’）
VALUES（‘EvaluationRule’，0，‘Invalid’，‘表项无效’）
VALUES（‘EvaluationRule’，1，‘＝’，‘装置特性相等的比较运算符’）
VALUES（‘EvaluationRule’，2，‘＜＞’，‘装置特性不相等的比较运算符’）
VALUES（‘EvaluationRule’，3，‘＜’，‘装置特性小于比较运算符’）
VALUES（‘EvaluationRule’，4，‘＞’，‘装置特性大于比较运算符’）
```

VALUES（'EvaluationRule', 5, '＜＝', '装置特性小于或等于比较运算符'）

VALUES（'EvaluationRule', 6, '＞＝', '装置特性大于或等于比较运算符'）

VALUES（'EvaluationRule', 7, 'Member', '是装置特性比较运算符的一个成员'）

VALUES（'Evaluation Rule', 8, 'Not member', '不是装置特性比较运算符的一个成员'）

VALUES（'EvaluationRule', 9, 'Not', '装置特性的非比较运算符'）

VALUES（'FormulaType', 0, 'Invalid', '表项无效'）

VALUES（'FormulaType', 1, 'Process Input', '处方公式类型'）

VALUES（'FormulaType', 2, 'Process Output', ''）

VALUES（'FormulaType', 3, 'Process Parameter', ''）

VALUES（'FormulaSubType', 0, 'Invalid', '表项无效'）

VALUES（'LinkDepiction', 0, 'Invalid', '表项无效'）

VALUES（'LinkDepiction', 1, 'None', '无链路描绘'）

VALUES（'LinkDepiction', 2, 'Line', '仅用线条显示链路'）

VALUES（'LinkDepiction', 3, 'ID', '仅用标识显示链路'）

VALUES（'LinkDepiction', 4, 'Line & ID', '用线条和标识显示链路'）

VALUES（'LinkDepiction', 5, 'Line & Arrow', '用线条和材料流箭头显示链路'）

VALUES（'LinkDepiction', 6, 'Line, Arrow, & ID', '用线条、材料流箭头和标识显示链路'）

VALUES（'LinkToType', 0, 'Invalid', '表项无效'）

VALUES（'LinkToType', 1, 'Recipe Element', '链路涉及到 BXT_MRecipeElement 表中的一个表项'）

VALUES（'LinkToType', 2, 'Transition', '链路涉及到 BXT_MRecipeTransition 表中的一个表项'）

VALUES（'LinkType', 0, 'Invalid', '表项无效'）

VALUES（'LinkType', 1, 'ControlLink', '定义处方元素之间指示程序控制流程的链路'）

VALUES（'LinkType', 2, 'TransferLink', '定义处方元素之间指示材料传送的链路'）

VALUES（'LinkType', 3, 'SynchronizationLink', '定义存在某种形式同步的处方元素之间的链路'）

VALUES（'RE_Type', 0, 'Invalid', '表项无效'）

VALUES（'RE_Type', 1, 'Master Recipe', '规定处方元素的类型'）

VALUES（'RE_Type', 2, 'Procedure', ''）

VALUES（'RE_Type', 3, 'Unit Procedure', ''）

VALUES（'RE_Type', 4, 'Operation', ''）

VALUES（'RE_Type', 5, 'Phase', ''）

VALUES（'RE_Type', 6, 'Allocation', ''）

VALUES（'RE_Type', 7, 'Begin', ''）

VALUES（'RE_Type', 8, 'End', ''）

VALUES（'RE_Type', 9, 'Start Parallel', ''）

VALUES（'RE_Type', 10, 'End Parallel', ''）

VALUES（'RE_Type', 11, 'Start Branch', ''）

VALUES（'RE_Type', 12, 'End Branch', ''）

VALUES（'RE_Use', 0, 'Invalid', '表项无效'）

VALUES（'RE_Use', 1, 'Linked', '一个 RE 可能有几个关联 RE 步骤'）

VALUES（'RE_Use', 2, 'Embedded', '一个处方元素只有一个关联 RE,RE 的每次应用只定

义一个 RE')

VALUES ('RE_Use', 3, 'Copied', '同被嵌入一样,但要根据 RE 原始定义修改专用 RE')

VALUES ('RecipeStatus', 0, 'Invalid', '表项无效')

VALUES ('RecipeStatus', 1, 'Approved for Production', '处方被批准用于生产')

VALUES ('RecipeStatus', 2, 'Approved for Test', '处方只被批准用于试验')

VALUES ('RecipeStatus', 3, 'Not Approved', '处方未被批准用于生产或试验')

VALUES ('RecipeStatus', 4, 'Inactive', '处方未启用')

VALUES ('RecipeStatus', 5, 'Obsolete', '处方作废')

VALUES ('RecordSet', 0, 'Invalid', '表项无效')

VALUES ('RecordSet', 1, 'RecordSetControlRecipe',
'定义一个批历史信息记录是 ControlRecipe 种类的组成部分')

VALUES ('RecordSet', 2, 'RecordSetMasterRecipe', '')

VALUES ('RecordSet', 3, 'RecordSetExecutionInfo', '')

VALUES ('RecordSet', 4, 'RecordSetMaterialInfo', '')

VALUES ('RecordSet', 5, 'RecordSetContinuousData', '')

VALUES ('RecordSet', 6, 'RecordSetEvent', '')

VALUES ('RecordSet', 7, 'RecordSetOperatorChange', '')

VALUES ('RecordSet', 8, 'RecordSetOperatorComment', '')

VALUES ('RecordSet', 9, 'RecordSetAnalysisData', '')

VALUES ('RecordSet', 10, 'RecordSetLateRecord', '')

VALUES ('RecordSet', 11, 'RecordSetRecipeDate', '')

VALUES ('RecordSet', 12, 'RecordSetRecipeSpecified', '')

VALUES ('RecordSet', 13, 'RecrdSetSummaryData', '')

VALVES ('RecordSetControlRecipe', 0, 'Invalid', '表项无效')

VALVES ('RecordSetControlRecipe', 1, 'Entire Control Recipe', '历史记录与整个控制处方有关')

VALUES ('RecordSetMasterRecipe', 0, 'Invalid', '表项无效')

VALUES ('RecordSetMasterRecipe', 1, 'Entire Master Recipe', '历史记录与整个主处方有关')

VALUES ('RecordSetExecutionInfo' 0, 'Invalid', '表项无效')

VALUES ('RecordSetExecutionInfo', 1, 'Allocation', '')

VALUES ('RecordSetExecutionInfo', 2, 'De-Allocation', '')

VALUES ('RecordSetExecutionInfo', 3, 'State Change', '')

VALUES ('RecordSetExecutionInfo', 4, 'State Command', '')

VALUES ('RecordSetExecutionInfo', 5, 'Mode Change', '')

VALUES ('RecordSetExecutionInfo', 6, 'Mode Command', '')

VALUES ('RecordSetExecutionInfo', 7, 'Procedural Entity Message', '')

VALUES ('RecordSetExecutionInfo', 8, 'Procedural Entity Alarm', '')

VALUES ('RecordSetExecutionInfo', 9, 'Procedural Entity Version', '')

VALUES ('RecordSetExecutionInfo', 10, 'Procedural Entity Prompt', '')

VALUES ('RecordSetExecutionInfo', 11, 'Procedural Entity Prompt Response', '')

VALUES ('RecordSetMaterialInfo', 0, 'Invalid', 'Entry not valid')

VALUES ('RecordSetMaterialInfo', 1, 'Material Consumption', '')

VALUES ('RecordSetMaterialInfo', 2, 'Material Production', '')
VALUES ('RecordSetMaterialInfo', 3, 'Material Allocation', '')
VALUES ('RecordSetMaterialInfo', 4, 'Material De-Allocation', '')
VALUES ('RecordSetContinuousData', 0, 'Invalid', '表项无效')
VALUES ('RecordSetContinuousData', 1, 'Continuous Data Value', '')
VALUES ('RecordSetContinuousData', 2, 'Trend Association', '')
VALUES ('RecordSetContinuousData', 3, 'Trend Disassociation', '')
VALUES ('RecordSetEvent', 0, 'Invalid', '表项无效')
VALUES ('RecordSetEvent', 1, 'General Event', '')
VALUES ('RecordSetOperatorChange', 0, 'Invalid', '表项无效')
VALUES ('RecordSetOperatorChange', 1, 'General Operator Intervention', '')
VALUES ('RecordSetOperaforComment', 0, 'Invalid', '表项无效')
VALUES ('RecordSetOperatorComment', 1, 'General Operator Comment', '')
VALUES ('RecordSetAnalysisData', 0, 'Invalid', '表项无效')
VALUES ('RecordSetAnalysisData', 1, 'General Analysis Message', '')
VALUES ('RecordSetLateRecord', 0, 'Invalid', '表项无效')
VALUES ('RecordSetLateRecord', 1, 'General Late Record', '')
VALUES ('RecordSetRecipeData', 0, 'Invalid', '表项无效')
VALUES ('RecordSetRecipeData', 1, 'Generic Recipe Data', '')
VALUES ('RecordSetRecipeData', 2, 'Recipe Parameter Value Change', '')
VALUES ('RecordSetRecipeData', 3, 'Recipe Result Data', '')
VALUES ('RecordSetRecipeSpecified', 0, 'Invalid', '表项无效')
VALUES ('RecordSetRecipeSpecified', 1, 'Generic Recipe Specified Data', '')
VALUES ('RecordSetSummaryData', 0, 'Invalid', '表项无效')
VALUES ('RecordSetSummaryData', 1, 'Generic Summary Data', '')
VALUES ('RecordSetSummaryData', 2, 'Utilities Consumption', '')
VALUES ('RecordSetSummaryData', 3, 'Equipment Run Time', '')
VALUES ('ScheduleChange', 0, 'Invalid', '表项无效')
VALUES ('ScheduleChange', 1, 'New', '调度表记录变更动作')
VALUES ('ScheduleChange', 2, 'Update', '')
VALUES ('ScheduleChange', 3, 'Delete', '')
VALUES ('ScheduleMode', 0, 'Invalid', '表项无效')
VALUES ('ScheduleMode', 1, 'Automatic', '调度表记录方式')
VALUES ('ScheduleMode', 2, 'Semi-Automatic', '')
VALUES ('ScheduleMode', 3, 'Manual', '')
VALUES ('ScheduleMode', 4, 'Not Specified', '')
VALUES ('ScheduleStatus', 0, 'Invalid', '表项无效')
VALUES ('ScheduleStatus', 1, 'Complete', '批调度表记录状况')
VALUES ('ScheduleStatus', 2, 'In_progress', '')
VALUES ('ScheduleStatus', 3, 'Scheduled', '')
VALUES ('ScheduleStatus', 4, 'Schedule Hold', '')
VALUES ('ScheduleStatus', 5, 'NotSpecified', '')
VALUES ('SE_Type', 0, 'Invalid', '表项无效')

VALUES（'SE_Type'，1，'Campaign'，'定义调度表表项的类型'）
VALUES（'SE_Type'，2，'Batch'，''）
VALUES（'SE_Type'，3，'Unit Procedure'，''）
VALUES（'SE_Type'，4，'Operation'，''）
VALUES（'SE_Type'，5，'Phase'，''）
VALUES（'ValueDataType'，0，'Invalid'，'表项无效'）
VALUES（'ValueDataType'，1，'Boolean'，'定义一个相关值的预期数据类型'）
VALUES（'ValueDataType'，2，'8-Bit string'，''）
VALUES（'ValueDataType'，3，'16-Bit string'，''）
VALUES（'ValueDataType'，4，'32-Bit string'，''）
VALUES（'ValueDataType'，5，'8-Bit unsigned integer'，''）
VALUES（'ValueDataType'，6，'16-Bit unsigned integer'，''）
VALUES（'ValueDataType'，7，'32-Bit unsigned integer'，''）
VALUES（'ValueDataType'，8，'8-Bit signed integer'，''）
VALUES（'ValueDataType'，9，'16-Bit signed integer'，''）
VALUES（'ValueDataType'，10，'32-Bit signed integer'，''）
VALUES（'ValueDataType'，11，'32-Bit float'，''）
VALUES（'ValueDataType'，12，'Double float'，''）
VALUES（'ValueDataType'，13，'Octet string'，''）
VALUES（'ValueDataType'，14，'Date Time'，''）
VALUES（'ValueType'，0，'Invalid'，'表项无效'）
VALUES（'ValueType'，1，'Constant'，'定义怎样解释数值串。它包含成一个数值串的固定值'）
VALUES（'ValueType'，2，'Reference'，'定义怎样解释数值串。它指出数值的来源'）
VALUES（'ValueType'，3，'Equation'，'定义一个用来确定数据的代表待求值表达式的数值串'）
VALUES（'ValueType'，4，'External'，
'数值由某些外部手段提供，它不包含在处方中（即数值可由操作员或一个调度表编制系统提供）'）

CREATE TABLE BXT_MRecipeElement（
RE_ID CHAR(128) NOT NULL，
REVersion CHAR(16) NOT NULL，
VersionDate DATETIME，
ApprovalDate DATETIME，
EffectiveDate DATETIME，
ExpirationDate DATETIME，
Author CHAR(32)，
ApprovedBy CHAR(32)，
ProcessCellID CHAR(32)，
ProductID CHAR(32)，
UsageConstraint CHAR(255)，
Description CHAR(255)，

```
    Status                    INTEGER,
    RE_Type                   INTEGER,
    RE_Function               CHAR(255),
    RE_Use                    INTEGER,
    DerivedRE                 CHAR(128),
    DerivedVersion            CHAR(16),
    PRIMARY KEY (RE_ID, REVersion))

CREATE TABLE BXT_MRecipeStep (
    ParentRE                  CHAR(128)          NOT NULL,
    ParentVersion             CHAR(16)           NOT NULL,
    StepID                    CHAR(128)          NOT NULL,
    RE_ID                     CHAR(128)          NOT NULL,
    REVersion                 CHAR(16)           NOT NULL,
    VerticalStart             FLOAT,
    VerticalStop              FLOAT,
    HorizontalStart           FLOAT,
    HorizontalStop            FLOAT,
    ScaleReference            FLOAT,
    ScaleEngrUnits            CHAR(32),
    MaximumScale              FLOAT,
    MinimumScale              FLOAT,
    PRIMARY KEY (ParentRE, ParentVersion, StepID),
    FOREIGN KEY (RE_ID, REVersion)
      REFERENCES BXT_MRecipeElement (RE_ID, REVersion)

CREATE TABLE BXT_MRecipeTransition (
    RE_ID                     CHAR(128)          NOT NULL,
    REVersion                 CHAR(16)           NOT NULL,
    TransitionID              CHAR(128)          NOT NULL,
    Condition                 CHAR(255),
    VerticalStart             FLOAT,
    VerticalStop              FLOAT,
    HorizontalStart           FLOAT,
    HorizontalStop            FLOAT,
    PRIMARY KEY (RE_ID, REVersion, TransitionID),
    FOREIGN KEY (RE_ID, REVersion)
     REFERENCES BXT_MRecipeElement (RE_ID, REVersion))

CREATE TABLE BXT_MRecipeLink (
    RE_ID                     CHAR(128)          NOT NULL,
    REVersion                 CHAR(16)           NOT NULL,
    LinkID                    CHAR(32)           NOT NULL,
```

```
    FromType                  INTEGER,
    FromElement               CHAR(128),
    ToType                    INTEGER,
    ToElement                 CHAR(128),
    LinkType                  INTEGER,
    VerticalStart             FLOAT,
    VerticalStop              FLOAT,
    HorizontalStart           FLOAT,
    HorizontalStop            FLOAT,
    Depiction                 INTEGER,
    EvaluationOrder           INTEGER,
    PRIMARY KEY (RE_ID, REVersion, LinkID),
    FOREIGN KEY (RE_ID, REVersion)
        REFERENCES BXT_MRecipeElement (RE_ID, REVersion))

CREATE TABLE BXT_MRecipeElementParameter (
    RE_ID                     CHAR(128)          NOT NULL,
    REVersion                 CHAR(16)           NOT NULL,
    ParameterID               CHAR(32)           NOT NULL,
    ParentParamID             CHAR(32),
    DataInterpretation        INTEGER,
    DataDirection             INTEGER,
    DefaultValue              CHAR(128),
    Description               CHAR(255),
    EngrUnits                 CHAR(32),
    EnumSet                   CHAR(32),
    DefaultScaling            INTEGER,
    ParamType                 INTEGER,
    ParamSubType              INTEGER,
    PRIMARY KEY (RE_ID, REVersion, ParameterID),
    FOREIGN KEY (RE_ID, REVersion)
        REFERENCES BXT_MRecipeElement (RE_ID, REVersion))

CREATE TABLE BXT_MRecipeStepParameter (
    ParentRE                  CHAR(128)          NOT NULL,
    ParentVersion             CHAR(16)           NOT NULL,
    StepID                    CHAR(128)          NOT NULL,
    ParameterID               CHAR(32)           NOT NULL,
    ParentParamID             CHAR(32),
    ParameterValue            CHAR(128),
    DataInterpretation        INTEGER,
    Scaled                    INTEGER,
    PRIMARY KEY (ParentRE, ParentVersion, StepID, ParameterID),
```

```
    FOREIGN KEY (ParentRE, ParentVersion, StepID)
        REFERENCES BXT_MRecipeStep (ParentRE, ParentVersion,StepID))

CREATE TABLE BXT_MRecipeOtherInformation (
    RE_ID                      CHAR(128)              NOT NULL,
    REVersion                  CHAR(16)               NOT NULL,
    StepID                     CHAR(128)              NOT NULL,
    DataID                     CHAR(32)               NOT NULL,
    DataType                   CHAR(32),
    DataValue                  CHAR(255),
    Description                CHAR(255),
    PRIMARY KEY (RE_ID, REVersion, DataID),
    FOREIGN KEY (RE_ID, REVersion)
        REFERENCES BXT_MRecipeElement (RE_ID, REVersion))

CREATE TABLE BXT_MRecipeElementEquip (
    RE_ID                      CHAR(128)              NOT NULL,
    REVersion                  CHAR(16)               NOT NULL,
    PropertyID                 CHAR(32)               NOT NULL,
    DefaultValue               CHAR(128),
    DataInterpretation         INTEGER,
    EvaluationRule             INTEGER,
    EngrUnits                  CHAR(32),
    Description                CHAR(255),
    PRIMARY KEY (RE_ID, REVersion, PropertyID),
    FOREIGN KEY (RE_ID, REVersion)
        REFERENCES BXT_MRecipeElement)

CREATETABLEBXT_MRecipeStepEquip (
    ParentRE                   CHAR(128)              NOT NULL,
    ParentVersion              CHAR(16)               NOT NULL,
    StepID                     CHAR(128)              NOT NULL,
    PropertyID                 CHAR(32)               NOT NULL,
    PropertyValue              CHAR(128),
    PRIMARY KEY (ParentRE, ParentVersion, StepID, PropertyID),
    FOREIGN KEY (ParentRE, ParentVersion, StepID)
        REFERENCES BXT_MRecipeStep (ParentRE, ParentVersion, StepID))

CREATE TABLE BXT_EquipElement (
    EquipmentID                CHAR(32)               NOT NULL,
    EE_Type                    INTEGER,
    EE_Level                   INTEGER,
    Containedln                CHAR(32),
```

```
    Description                       CHAR(255),
    PRIMARY KEY (EquipmentID))

CREATE TABLE BXT_EquipLink (
    EquipmentID                       CHAR(32)                    NOT NULL,
    ToEquipmentID                     CHAR(32)                    NOT NULL,
    Description                       CHAR(255),
    PRIMARY KEY (EquipmentID, ToEquipmentID),
    FOREIGN KEY (EquipmentID)
      REFERENCES BXT_EquipElement,
    FOREIGN KEY (ToEquipmentID)
      REFERENCES BXT_EquipElement)

CREATE TABLE BXT_EquipInclude (
    EquipmentID                       CHAR(32)                    NOT NULL,
    ClassEquipmentID                  CHAR(32)                    NOT NULL,
    Description                       CHAR(255),
    PRIMARY KEY (EquipmentID, ClassEquipmentID),
    FORELGN KEY (EquipmentID)
      REFERENCES BXT_EquipElement,
    FORELGN KEY (ClassEquipmentID)
      REFERENCES BXT_EquipElement)

CREATE TABLE BXT_EquipProperty (
    EquipmentID                       CHAR(32)                    NOT NULL,
    PropertyID                        CHAR(32)                    NOT NULL,
    PropertyValue                     CHAR(255),
    EngrUnits                         CHAR(32),
    Description                       CHAR(255,)
    PRIMARY KEY (EquipmentID, PropertyID),
    FOREIGN KEY (EquipmentID)
      REFERENCES BXT_EquipElement)

CREATE TABLE BXT_EquipInterface (
    EquipmentID                       CHAR(32)                    NOT NULL,
    EPI_ID                            CHAR(32)                    NOT NULL,
    EPI_Definition                    CHAR(32)                    NOT NULL,
    Description                       CHAR(255),
    PRIMARY KEY (EPI_ID, EquipmentID),
    FOREIGN KEY (EquipmentID),
      REFERENCES BXT_EquipElement)

CREATE TABLE BXT_EquipInterfaceDefinition (
```

```
    EPI_Definition                  CHAR(32)                 NOT NULL,
    Description                     CHAR(255),
    PRIMARY KEY (EPI_Definition))

CREATE TABLE BXT_EquipInterfaceParameter (
    EPI_Definition                  CHAR(32)                 NOT NULL,
    ParameterID                     CHAR(32)                 NOT NULL,
    ParentParamID                   CHAR(32),
    Type                            INTEGER                  NOT NULL,
    EngrUnits                       CHAR(32),
    EnumSet                         CHAR(32),
    Scaled                          INTEGER,
    DefaultValue                    CHAR(128),
    Description                     CHAR(255),
    PRIMARY KEY (EPI_Definition, ParameterID),
    FOREIGN KEY (EPI_Definition)
      REFERENCES BXT_EquipInterfaceDefinition)

CREATE TABLE BXT_ScheduleEntry (
    ScheduleEntryID                 CHAR(64)                 NOT UNLL,
    ParentSchedID                   CHAR(64),
    ExternalID                      CHAR(64),
    RE_ID                           CHAR(128),
    REVersion                       CHAR(16),
    SE_Type                         INTEGER,
    BatchID                         CHAR(128),
    LotID                           CHAR(128),
    CampaignID                      CHAR(128),
    ProductID                       CHAR(32),
    OrderID                         CHAR(128),
    SE_Action                       INTEGER,
    SchedStatus                     INTEGER,
    StartCondition                  CHAR(255),
    InitialMode                     INTEGER,
    SchedStartTime                  DATETIME,
    SchedEndTime                    DATETIME,
    BatchPriority                   INTEGER,
    BatchSize                       FLOAT,
    EngrUnits                       CHAR(32),
    SENote                          CHAR(255),
    Description                     CHAR(255),
    PRIMARY KEY (ScheduleEntryID))
```

```
CREATE TABLE BXT_ScheduleEquip (
    ScheduleEntryID            CHAR(64)                NOT NULL,
    RequirementID              CHAR(32)                NOT NULL,
    Description                CHAR(255),
    PRIMARY DEY (ScheduleEntryID, RequirementID))

CREATE TABLE BXT_ScheduleProperty (
    ScheduleEntryID            CHAR(64)                NOT NULL,
    RequirementID              CHAR(32)                NOT NULL,
    PropertyName               CHAR(32)                NOT NULL,
    PropertyValue              CHAR(255),
    EngrUnits                  CHAR(32),
    Description                CHAR(255),
    PRIMARY KEY (ScheduleEntryID, RequirementID, PropertyName))

CREATE TABLE BXT_ScheduleParameter (
    ScheduleEntryID            CHAR(64)                NOT NULL,
    ParameterID                CHAR(32)                NOT NULL,
    ParentParameterID          CHAR(32),
    ParameterValue             CHAR(255),
    EngrUnits                  CHAR(32),
    ItemLocation               CHAR(128),
    EnumSet                    CHAR(32),
    Description                CHAR(255),
    PRIMARY KEY (ScheduleEntryID, ParameterID))

CREATE TABLE BXT_HistoryElement (
    HistoryElementID           INTEGER                 NOT NULL,
    BatchID                    CHAR(128),
    MasterRecipeID             CHAR(128),
    MasterRecipeVersion        CHAR(16),
    ControlRecipeID            CHAR(28),
    ReferenceEquipProcedure    INTEGER,
    RecipeProcedure            CHAR(128),
    UnitProcedure              CHAR(128),
    UnitProcedureCounter       INTEGER,
    Operation                  CHAR(128),
    OperationCounter           INTEGER,
    Phase                      CHAR(128),
    PhaseCounter               INTEGER,
    EquipmentID                CHAR(32),
    EPI_ID                     CHAR(32),
    PRIMARY KEY (HistoryElementID))
```

```
CREATE TABLE BXT_HistoryLog (
    RecordID                INTEGER             NOT NULL,
    UTC                     DATETIME,
    LocalTime               DATETIME            NOT NULL,
    BatchID                 CHAR(128),
    HistoryElementID        NTEGER,
    EquipmentID             CHAR(32),
    EPI_ID                  CHAR(32),
    UserID                  CHAR(64),
    RecordSet               INTEGER             NOT NULL,
    RecordSubSet            INTEGER,
    RecordAlias             CHAR(32),
    NewValue                CHAR(128),
    OldValue                CHAR(128),
    EngrUnits               CHAR(32),
    PRIMARY KEY (RecordID))
```

附 录 C
（资料性附录）
缩 略 语

以下是本部分中使用的缩略语：

BXT	Batch exchange table	批交换表
EPE	Equipment procedural element	装置程序元素
ID	Identification	标识
ISA	Instrument Society of America	美国仪表协会
MR	Master recipe	主处方
PFC	Procedure function chart	程序功能图
RE	Recipe element	处方元素
SFC	Sequential function chart	顺序功能图
SOP	Standard operating procedure	标准操作程序
SQL	Structured query language	结构化查询语言
UML	Unified modeling language	统一建模语言
UTC	Universal coordinated time	标准时间

附 录 D
（资料性附录）
语 言 指 南

D.1 概述

语言是一组符号和它们在通信中的使用规则。第6章描述了创建所选批过程相关通信所需的符号和规则的指南。

通信牵涉到机器和人，发生在GB/T 19892.1中描述的所有6种控制活动当中。通信路径两端一定要理解同样的符号，并且一定要使用同样的规则。

人和批处理电子系统之间的通信一般是借助视频设备或其他图像设备，以及各种点击和输入设备进行的。细节通信通常使用文字，但对于传递复杂关系，可视符号往往更有效。

批控制的核心特征是处方。在第6章中定义了与程序有关的图形符号和它们的使用规则。处方的其他部分（如公式）包含的细节最好用文字直观地表示。

D.2 PFC的导出

ISA TR88.00.03:1996[2]论述了三种描绘方法实例：表格格式、甘特(Gantt)图符号表示法和顺序功能图(SFC)。

表格格式因其简明性、直观的解释和灵活性（例如支持用表格形式列出附加属性、支持插入）而具有吸引力。但因为表格格式不适合论述选择和并行步骤，所以它只限于线性性质的程序。

Gantt（甘特）图符号表示法一般用来描绘与时间有关的活动，并且可扩展成描绘比表格格式更复杂情况下的处方程序。但甘特图符号表示法不适合于描绘条件判定。

顺序功能图可用来描绘程序中的条件判定。然而程序的某些方面不适合用SFC表示，或者用顺序功能图描绘将会变得不必要的复杂。

把这三种描绘方法的元素组合起来建立的一种表示法叫做程序功能图(PFC)。PFC被定义成用图形方式描绘处方的程序部分。它源于IEC 60848定义的功能图表示法，经修改以适用于描绘处方并增加了甘特图表示法和表格格式法的某些长处。

D.3 处方程序

分离开处方程序（它定义所需的过程功能性）同装置程序（它定义控制的执行）以支持GB/T 19892.1中清楚讲述的目的之一，即不用牵涉例行控制工程就能建立处方。这个目的定义了控制工程功能和处方编辑功能之间的一个分工。此目的需要控制工程功能定义和实现装置程序元素（如装置阶段）并为主处方作者使用时提供带有适当约束的说明。

GB/T 19892.1定义了以下4层程序元素：

——程序；

——单元程序；

——操作；

——阶段。

程序由许多单元程序组成。单元程序由一组描绘单元内发生的连续生产序列的有序操作组成。操作由一组有序的阶段组成。虽然没有限制一个单元内可同时启用的阶段的数量，但假定了在一个单元内在任何时刻都只有一个操作被启用。单元程序基本上都是独立的，但它们封装或者引用可同其他单元程序中的操作和阶段相互作用的下层操作和阶段。

D.4 程序控制元素描绘要求

必需要有一种描绘处方程序中程序控制元素的明确方法。这种方法一定要满足以下要求：

——容易理解：容易为人们理解；

——容易建立：几乎无需学习语法要求和符号；

——明确定义的边界：标准化的开始和终止图形符号；

——执行次序的描绘无歧义：顺序、并行性、选择（发散性）和收敛性；

——协调关系的表达：材料传送、等待、同步；

——分层层次：程序、单元程序、操作、阶段的标准化符号；

——层次的存在性：表示层次元素可能分解的标准化图形符号；

——适用于主处方和控制处方；

——适用于所有层次：处方各个层次的符号和规则都相似；

——与介质无关：无论是用笔和纸还是用全彩色计算机动画图来实现都同样可用和可理解。

附 录 E
（资料性附录）
程序功能图处理示例

处理程序功能图的许多规则都和系统有关。以下示例说明可能的 PFC 处理系统。

以下例子中用一个圆点来标记启用的符号。圆点并非是符号的一部分，它只是用于说明。启用指的程序功能图处理系统正在评价或执行那些符号。

当某个程序元素为活动时，它所代表的下层 PFC 或者装置程序元素当前正在按其状态模型被处理之中。这些示例使用了 GB/T 19892.1 的示例状态模型。非活动意味着 PFC 处理系统当前没有评价或执行那些符号。当一个程序元素为非活动时，它代表的下层 PFC 或者程序元素的状态符合它的状态模型，但当前并未被处理，因此它不能改变其状态。

当一个显式转化被激活时，PFC 处理系统就评价它的表示法或者它的表示法已经被评价为 TRUE 并且相关的通知已被传送给了前一处方元素代表的下层 PFC 或装置程序实体。

例 1：在结尾转换被评价是 TRUE 之后，此阶段就完成了。

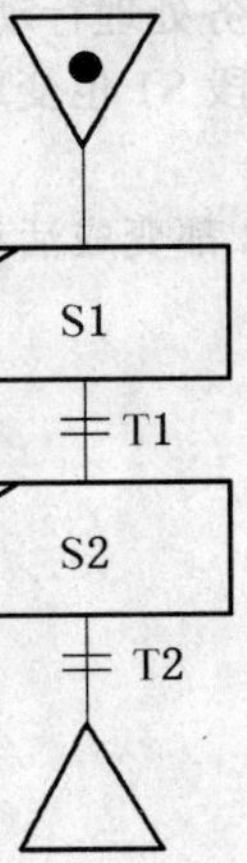

PFC 已起动并且开始符号被激活。

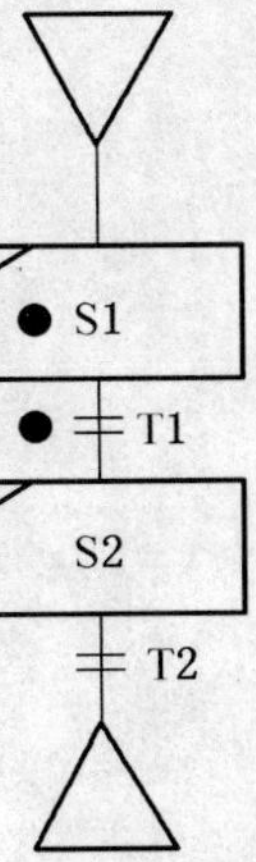

处方阶段 S1 成为活动。相应的装置阶段（未示出）也已变成活动。

一旦处方阶段 S1 成为活动，显式转换 T1 也变成活动，并且被不断评价。

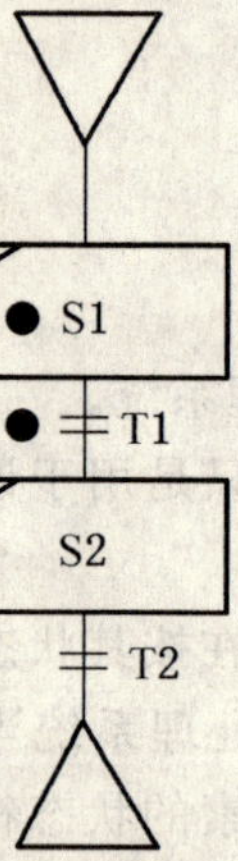

T1 被评价为 TRUE。
装置阶段 S1 接收到 T1 是 TRUE 的输入。
装置阶段 S1 继续为活动，
直至其逻辑使其成为非活动为止。

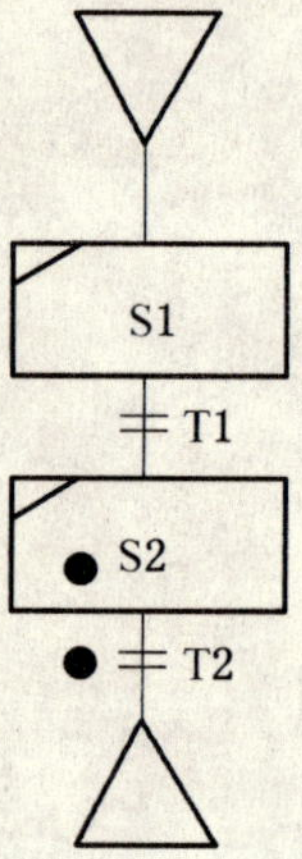

装置阶段 S1 进入完成状态，并变成非活动。这种完成状态可以是来自 T1 的输入以及成功完成内务处理行动的结果。
一旦装置阶段 S1 变成非活动，处方阶段 S1 也变成非活动。
T1 停止被评价，并且变成非活动。
处方阶段 S2 以及其相应的装置阶段 S2 都变成活动。
显式转换变成活动，并被连续评价。

参 考 文 献

［1］ Rumbaugh,J,Jacobsen,I.和 G.Booch,统一建模语言参考手册.Addison-Wesley:1999

［2］ ISA TR88.0.03:1996 可能的处方程序表示格式